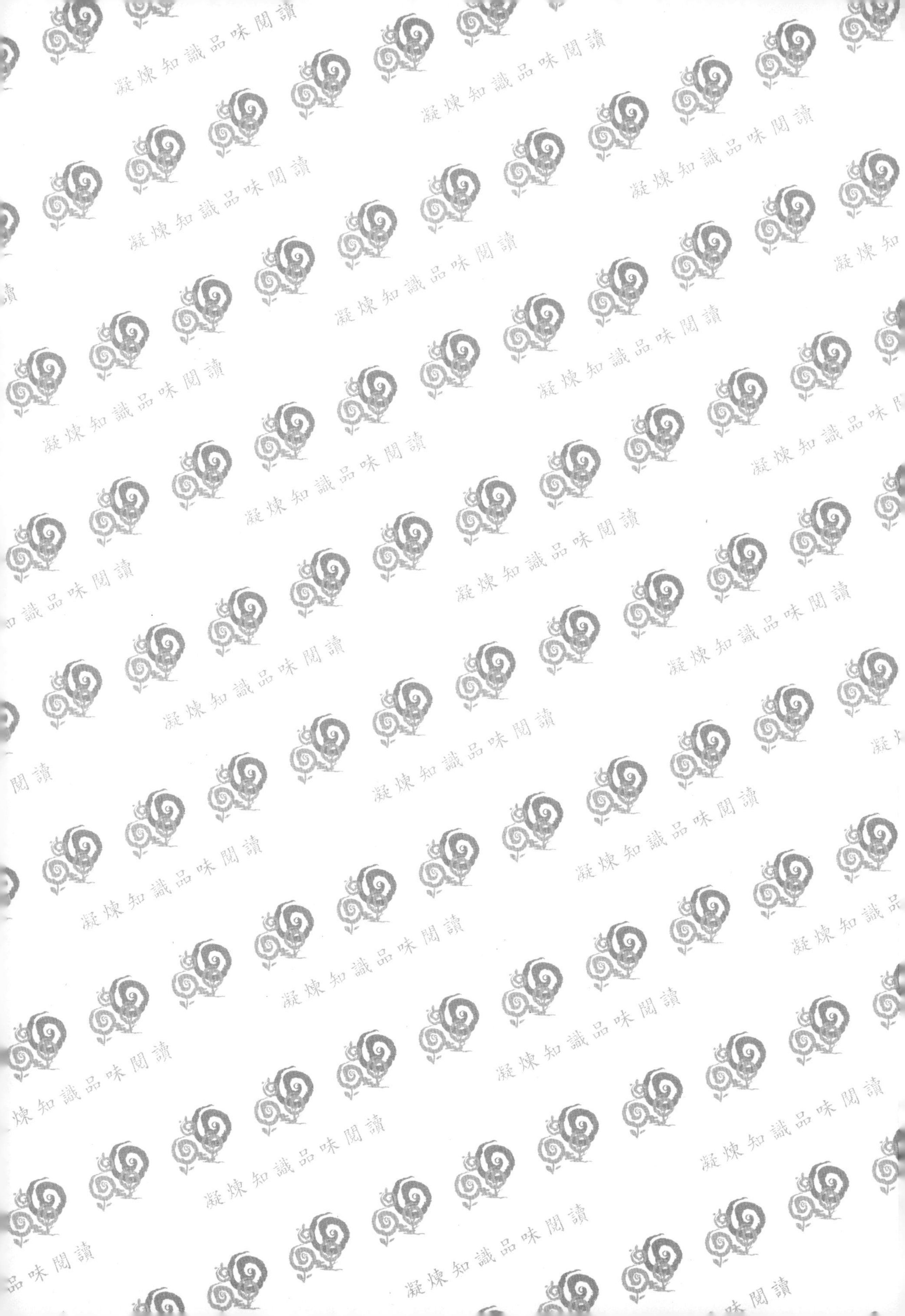

凝煉知識品味閱讀

圖 1-1　馬克斯威爾的幽靈（Maxwell's demon）

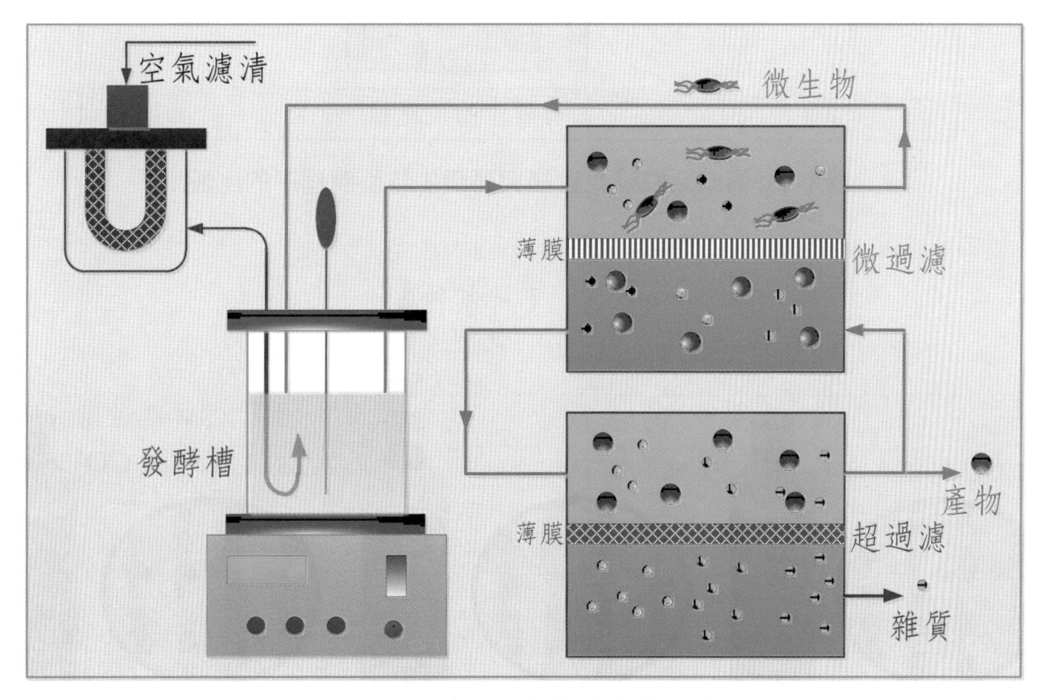


圖 1-3　MF 與 UF 在生技產業之應用

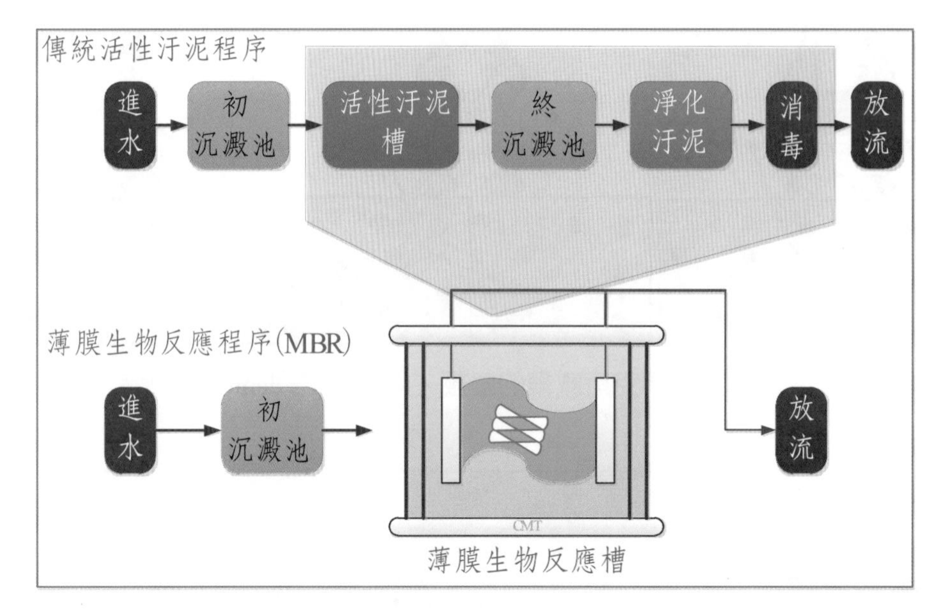


圖 1-4　傳統活性汙泥程序與薄膜生物反應程序的比較

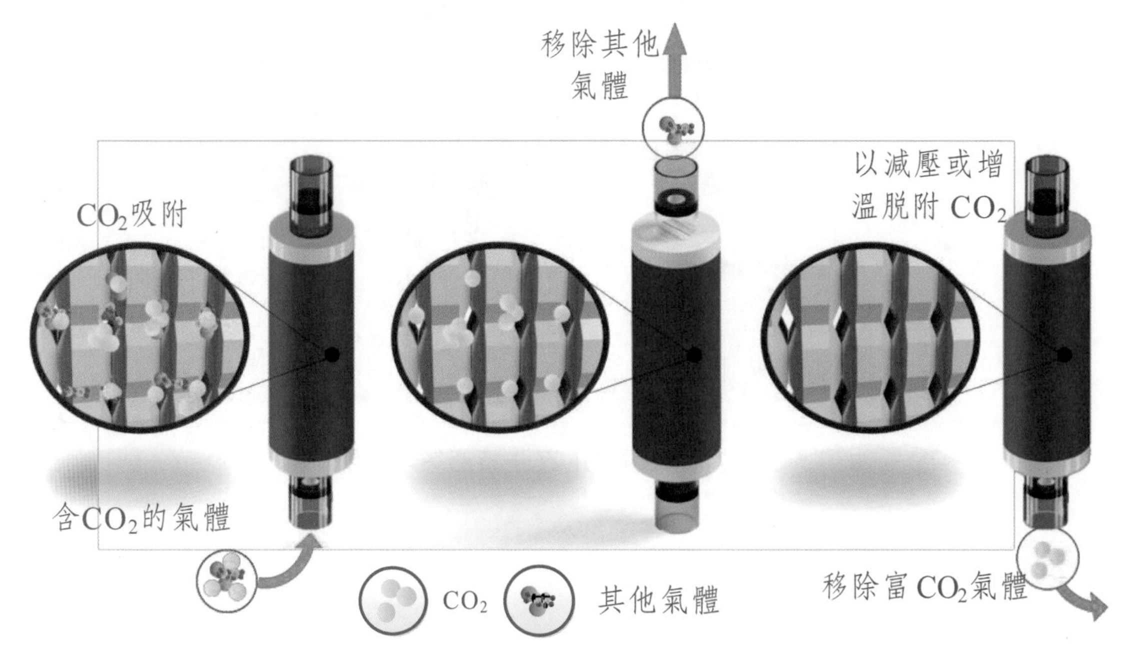


圖 1-8　吸附劑捕捉二氧化碳技術（Wong, 2012）

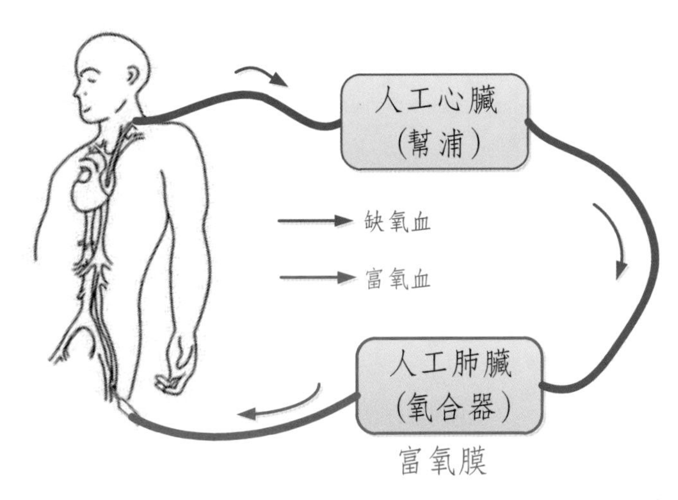


圖 1-14　體外膜氧合，俗稱「葉克膜」

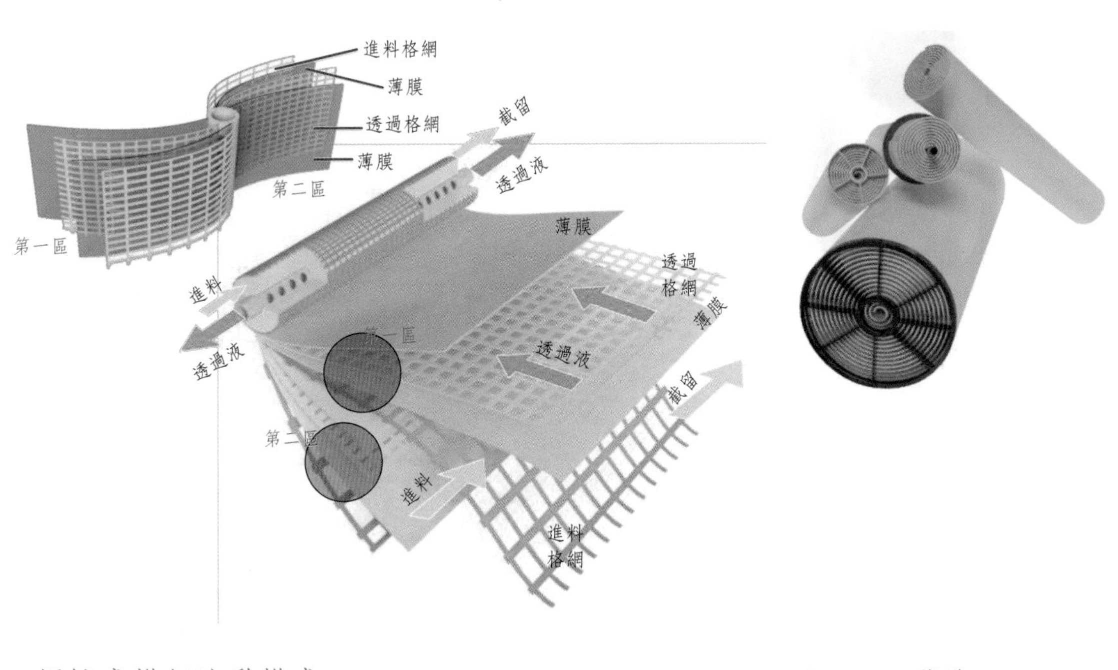


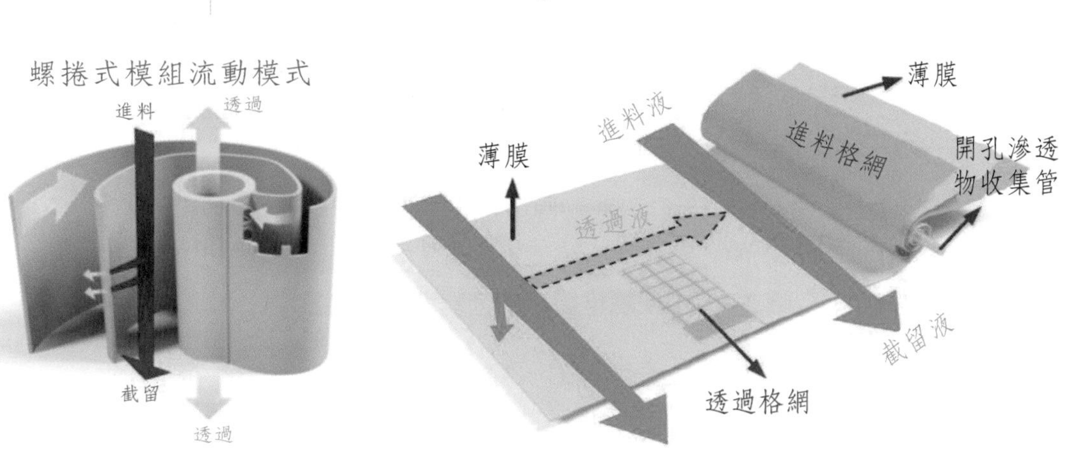


圖 2-7　螺捲式模組

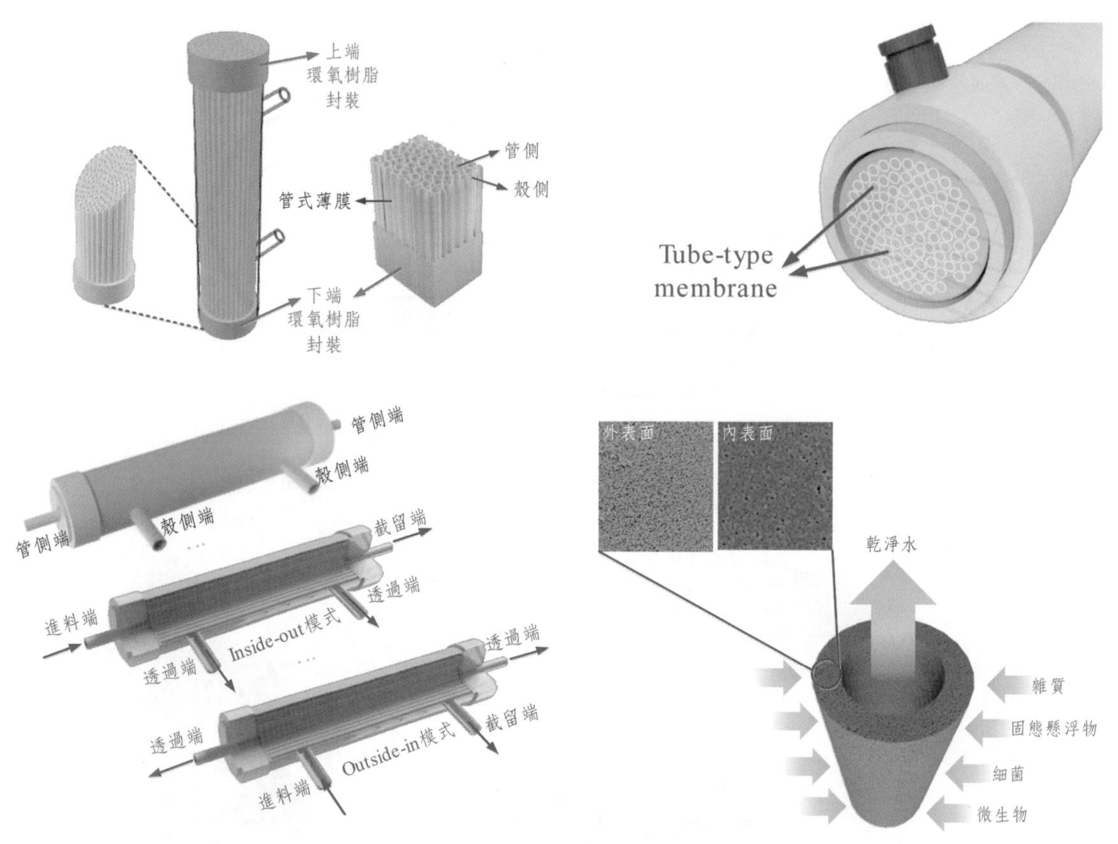


圖 2-8　中空纖維、毛細管及管狀模組

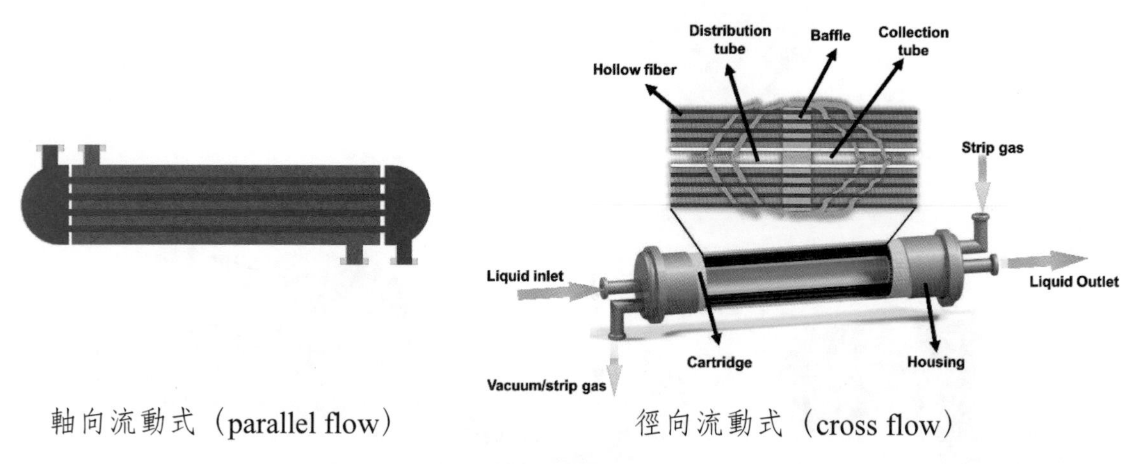


軸向流動式（parallel flow）　　　徑向流動式（cross flow）

圖 2-9　中空纖維模組的進料液流動方式

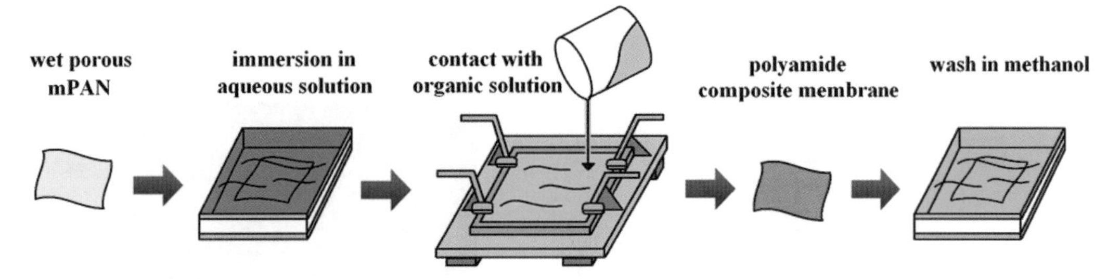


圖 3-4　界面聚合反應程序（Huang, 2010）

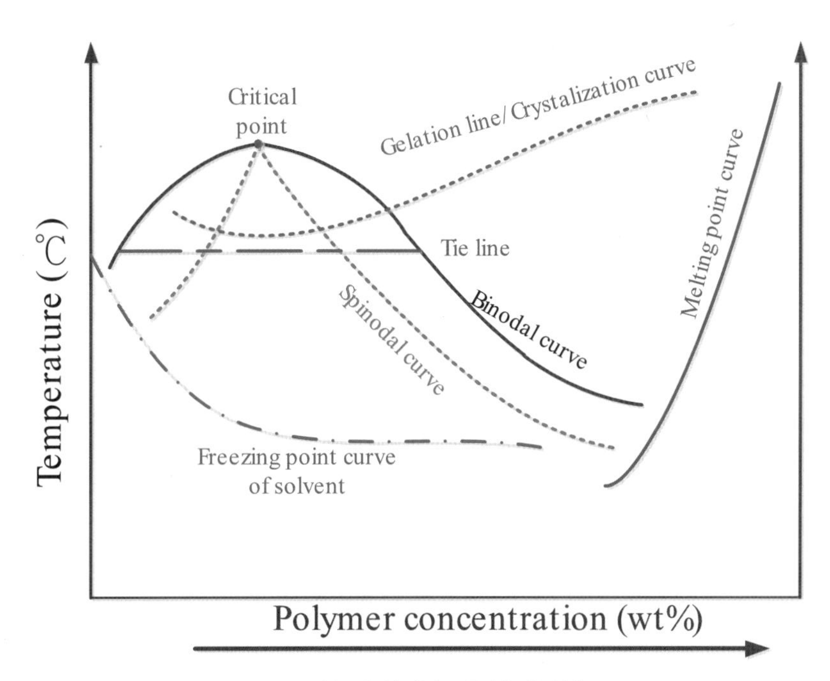


圖 3-5　熱誘導式相分離成膜相圖

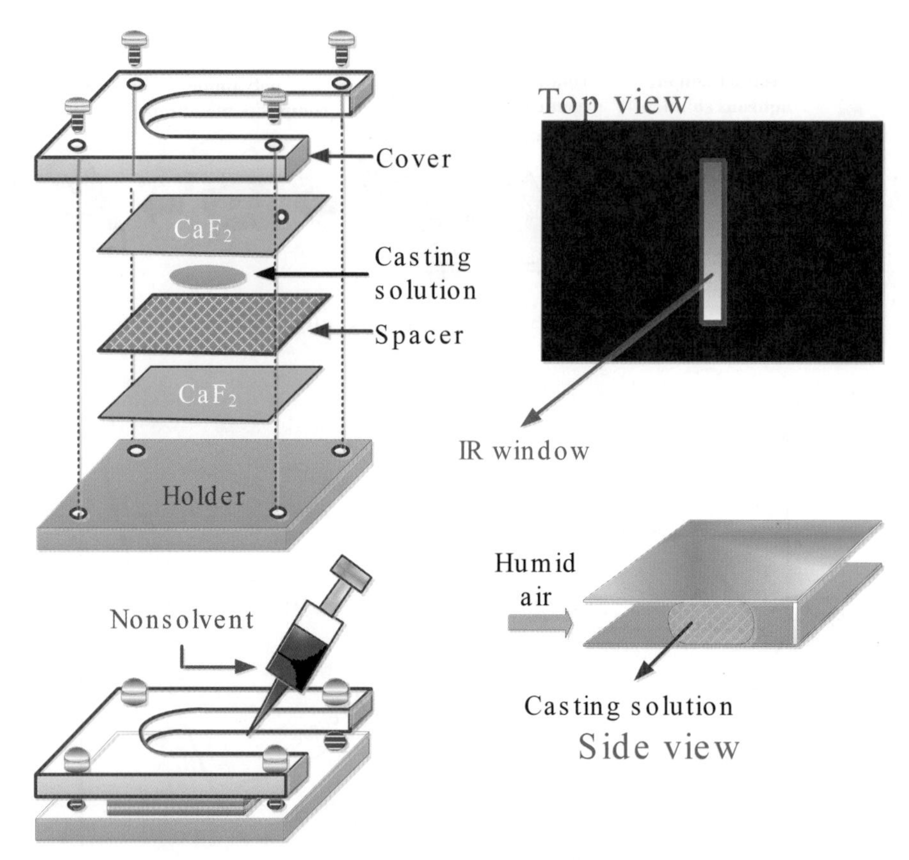


圖 3-13　FT-IR Microscopy 分析系統組件剖視圖

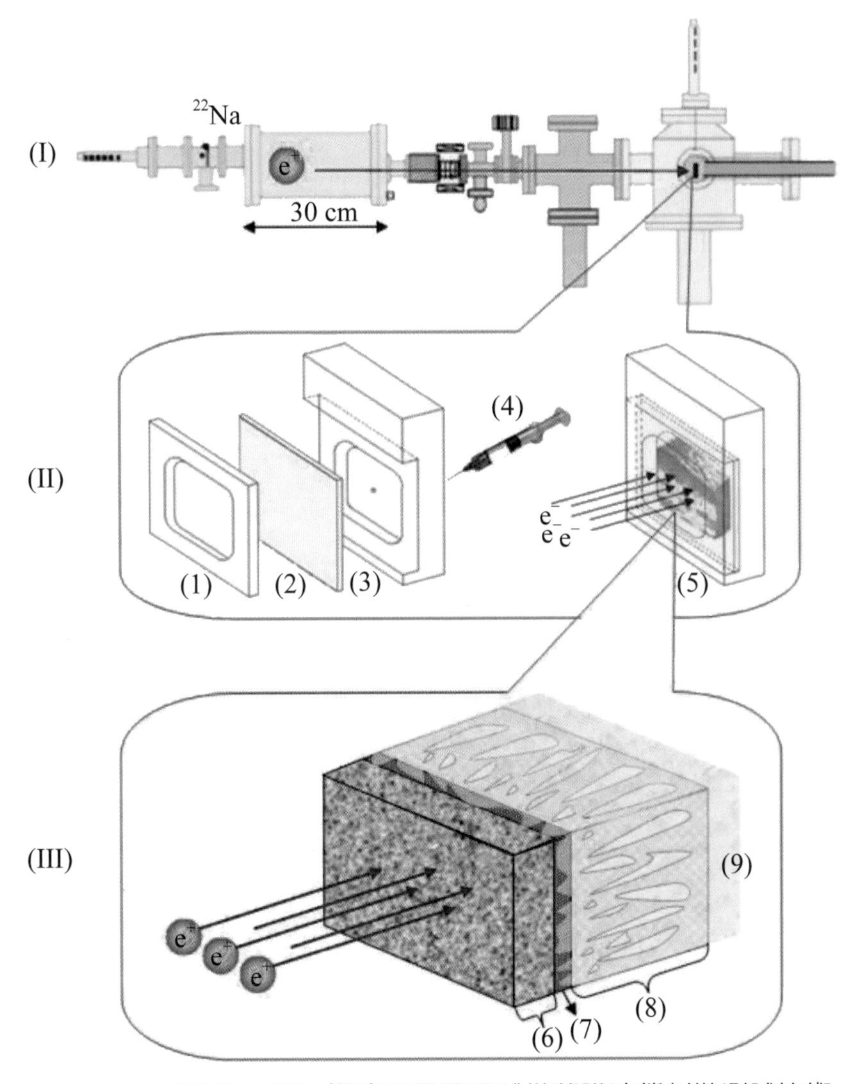


圖 4-11　可變單一能量慢速正電子湮滅儀薄膜液態封裝測試技術

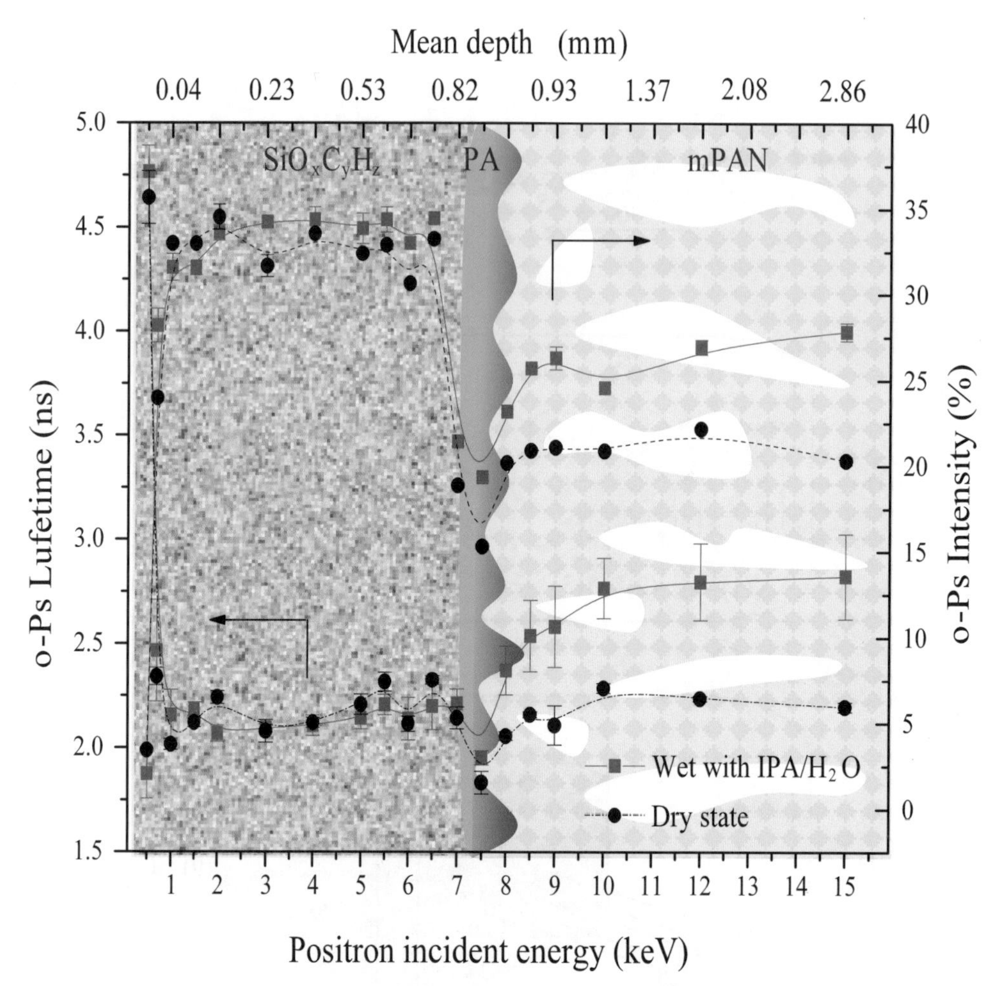


圖 4-12　利用正電子湮滅光譜探討乾、濕態聚醯胺複合膜在不同層間自由體積的變化

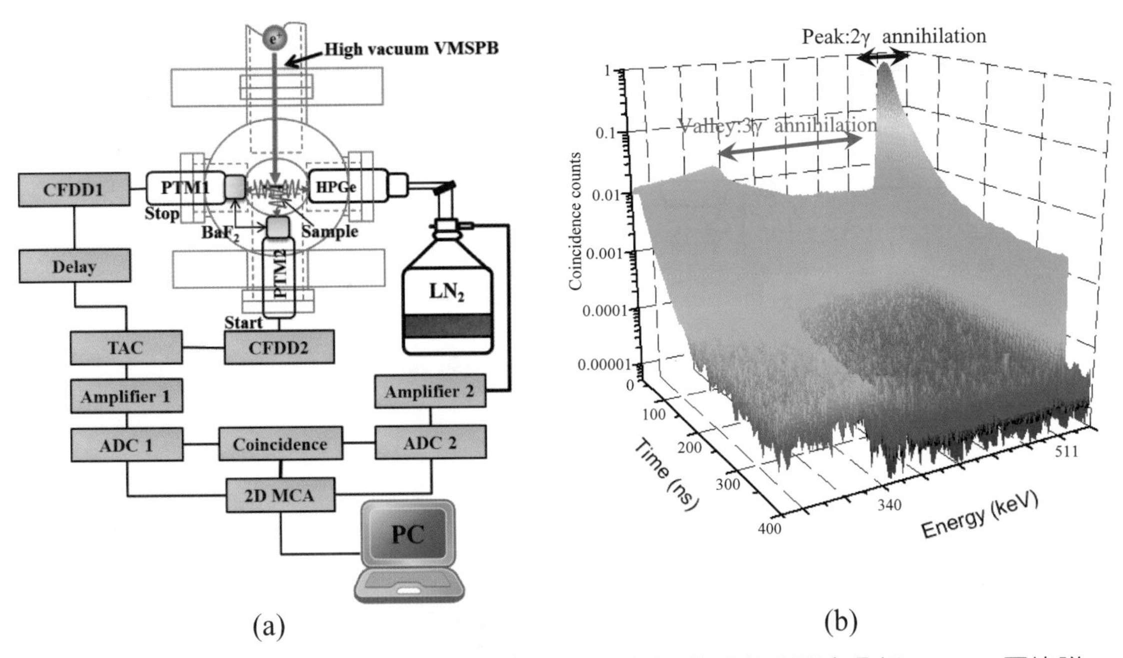


(a) (b)

圖 4-13 (a)AMOC 裝置圖；(b) 聚醯胺複合膜進行動量與時間合分析 AMOC 原始譜

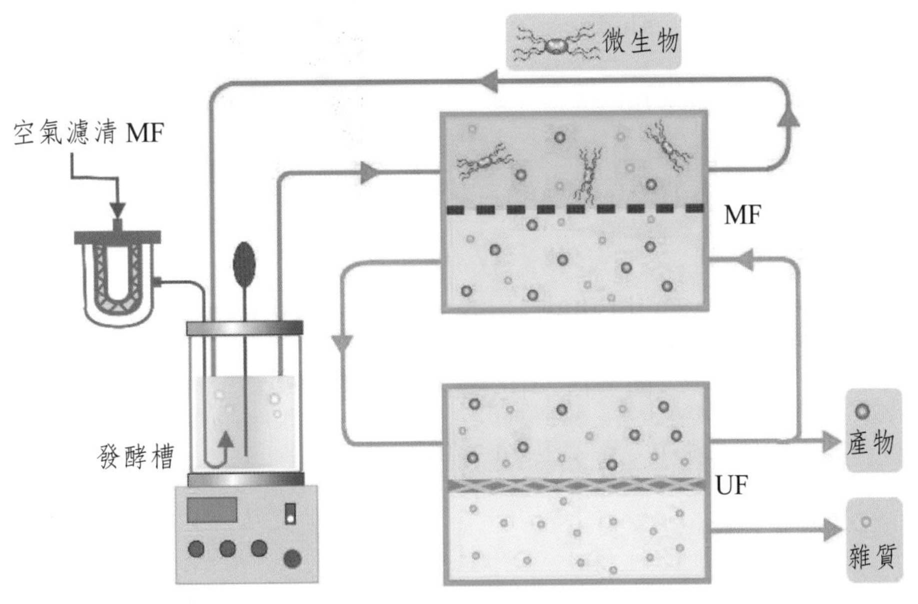


圖 5-11 應用 MF/UF 於高密度及連續的發酵程序

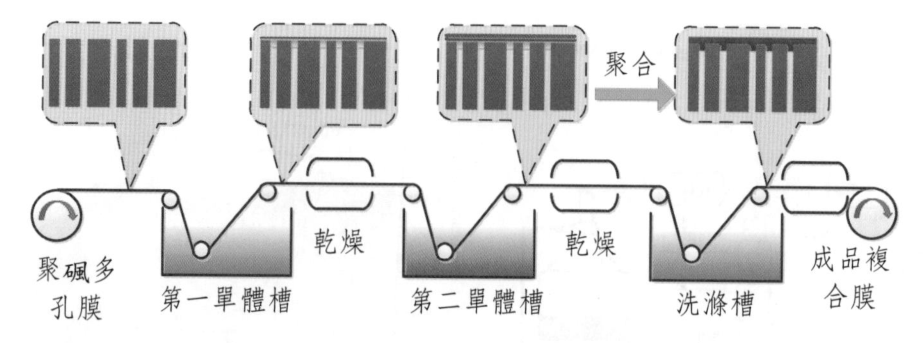


圖 7-4　界面聚合製備複合膜製備示意圖

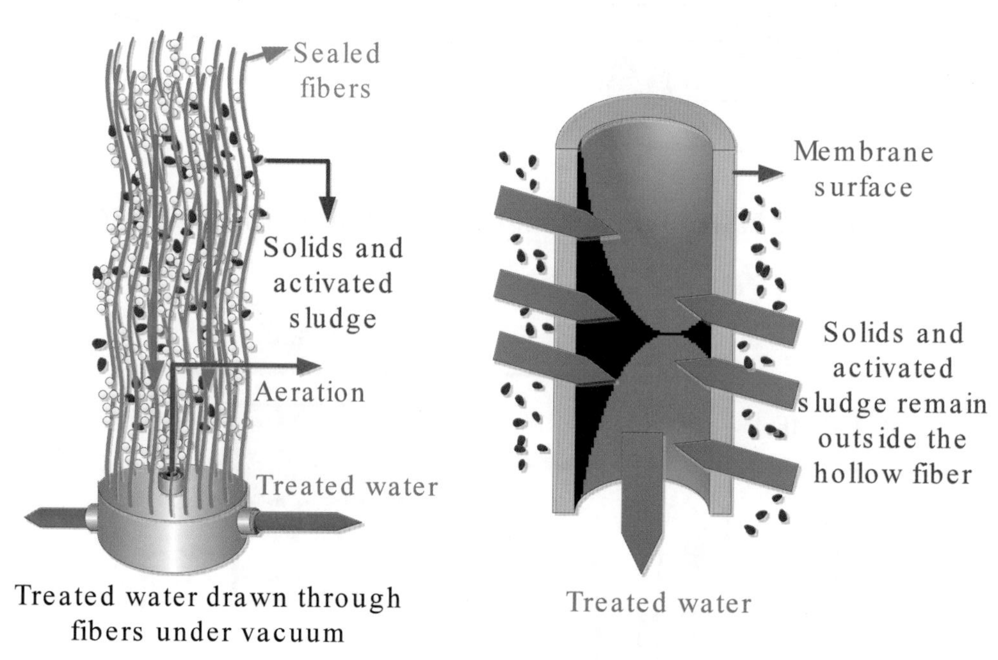


圖 7-15　中空纖維逆滲透模組器

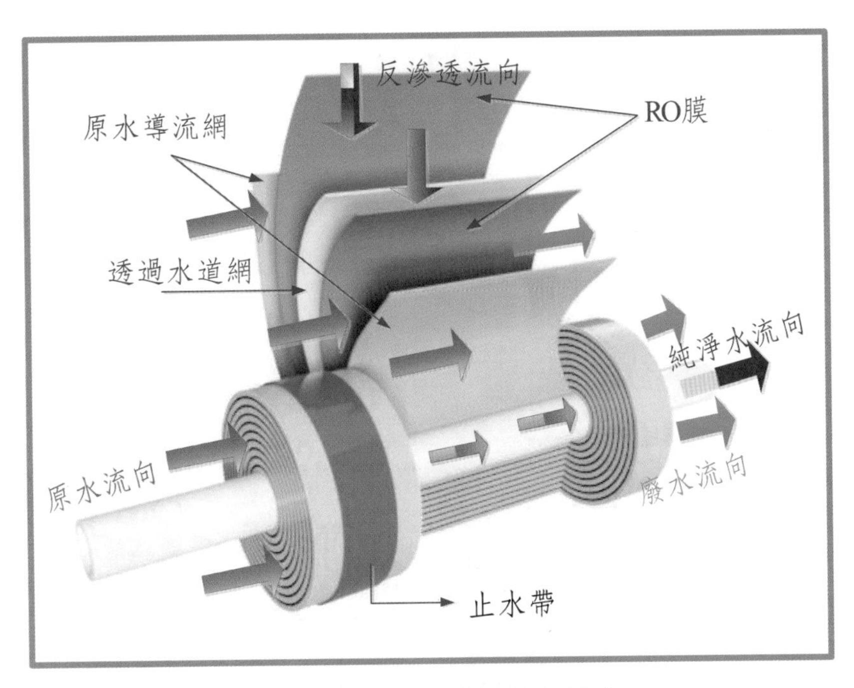


圖 7-16　捲式逆滲透模組元件

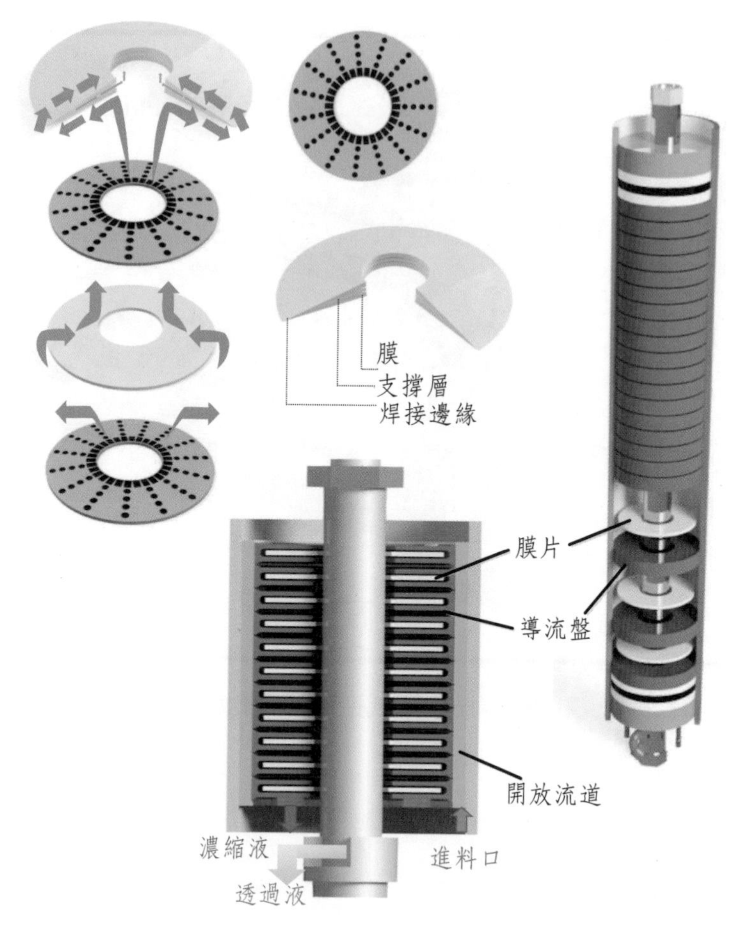


圖 7-17　碟管狀（DTRO）逆滲透模組件

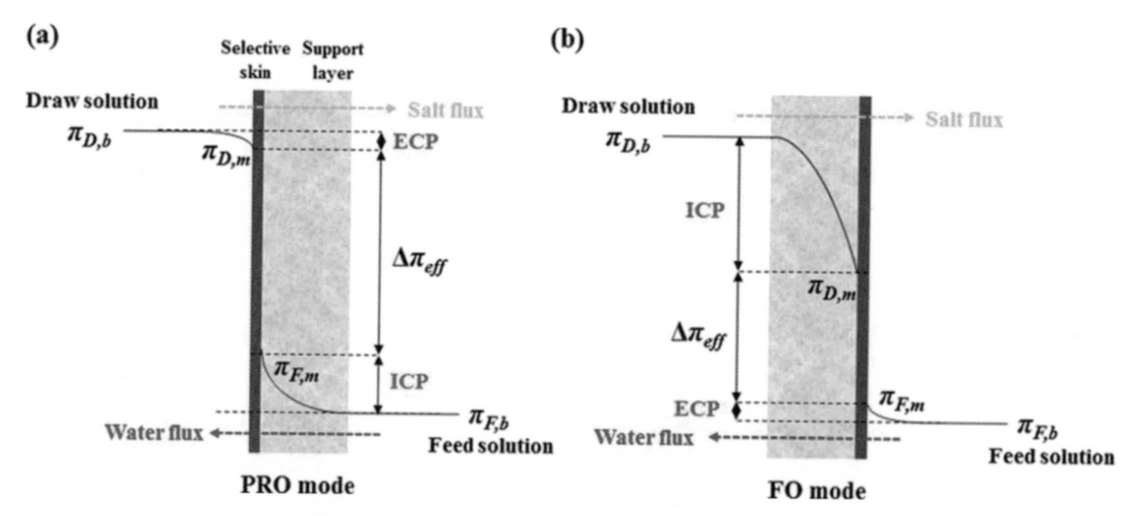


圖 8-4　不同 FO 膜取向中的溶質濃度分布示意圖：(a) 活性層朝向汲取液一側（PRO 模式）；(b) 活性層朝向供給液一側（FO 模式）

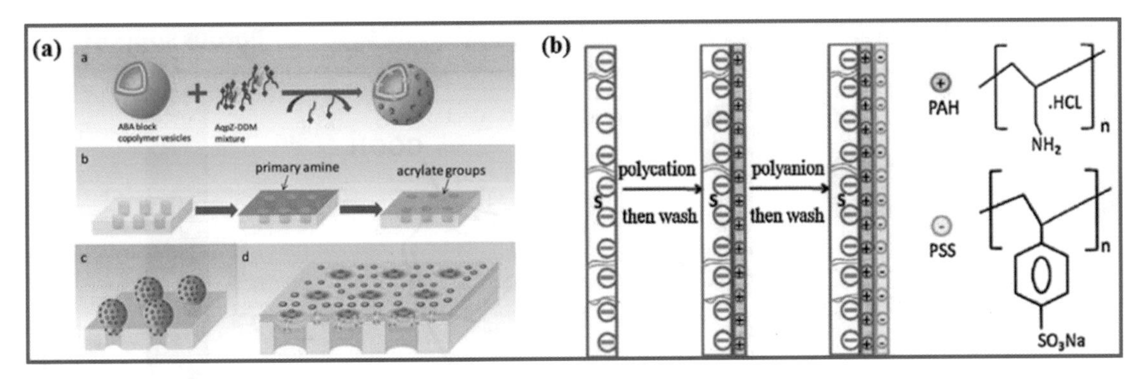


圖 8-11　(a) 水通道蛋白嵌入式生物仿真膜（Wang 等人，2012b）；(b) 與 LbL 層層沉積膜示意圖（Qiu 等人，2011）

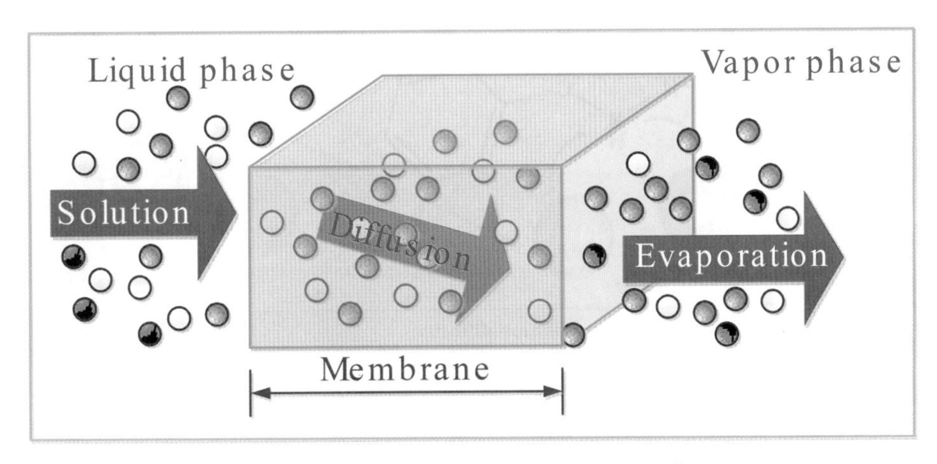


圖 1-11、圖 9-4　溶解 - 擴散模式示意圖

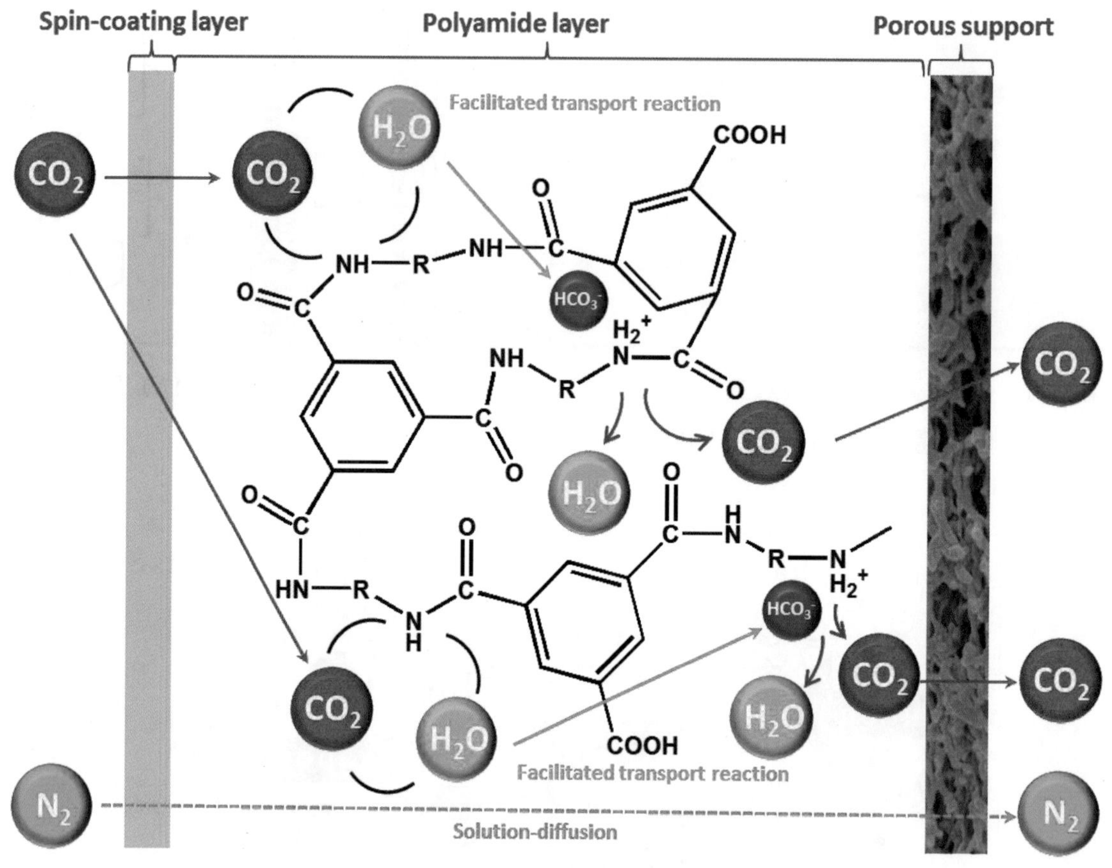


圖 10-3　促進傳輸機制

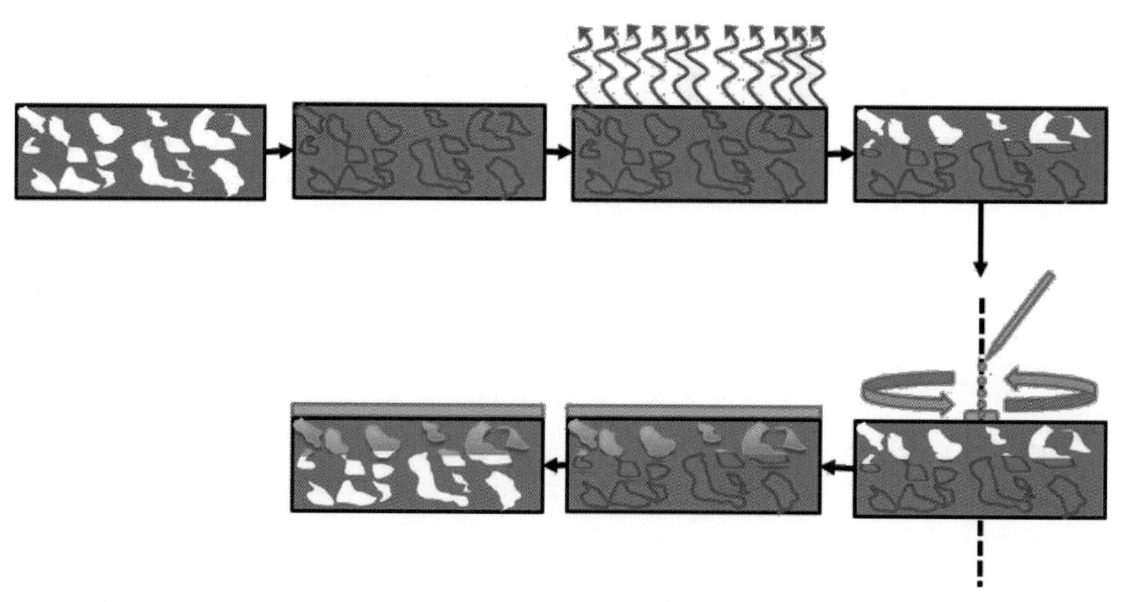

圖 10-17　旋轉塗佈製備含支撐層先驅物薄膜

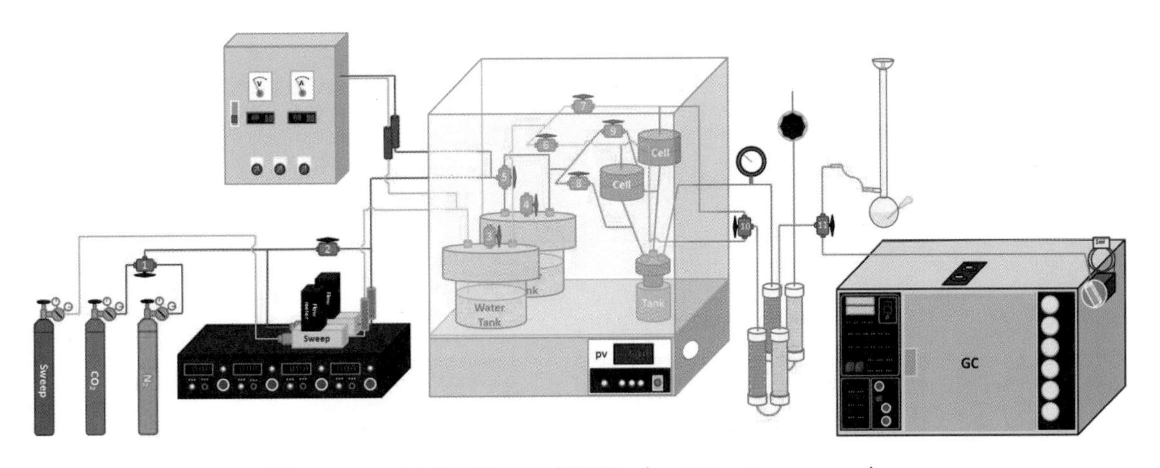


圖 10-20　氣體透過測試裝置（bubble flow meter）

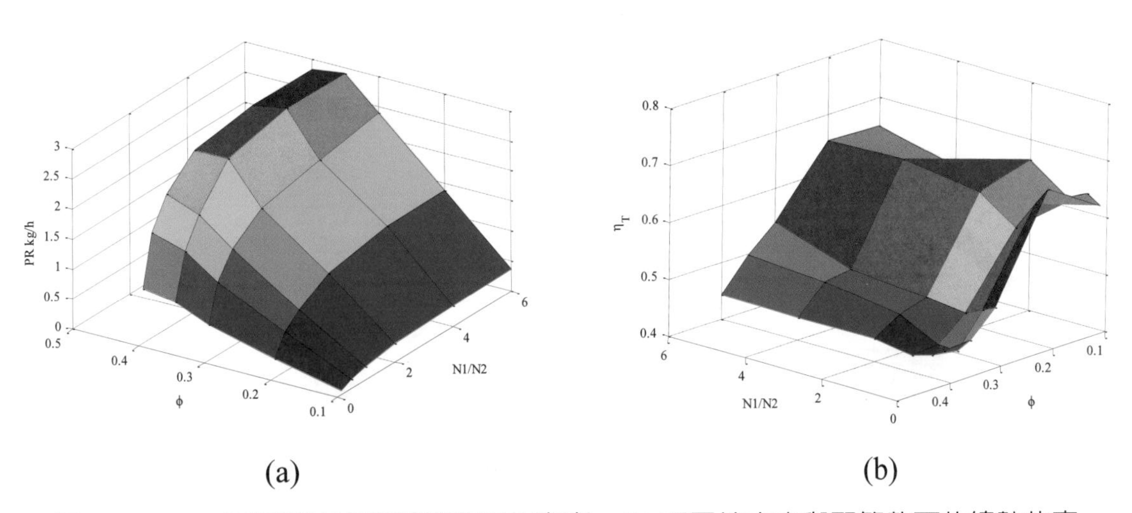


圖 11-12　(a) 不同填充度與配管數下的產率；(b) 不同填充度與配管數下的總熱效率

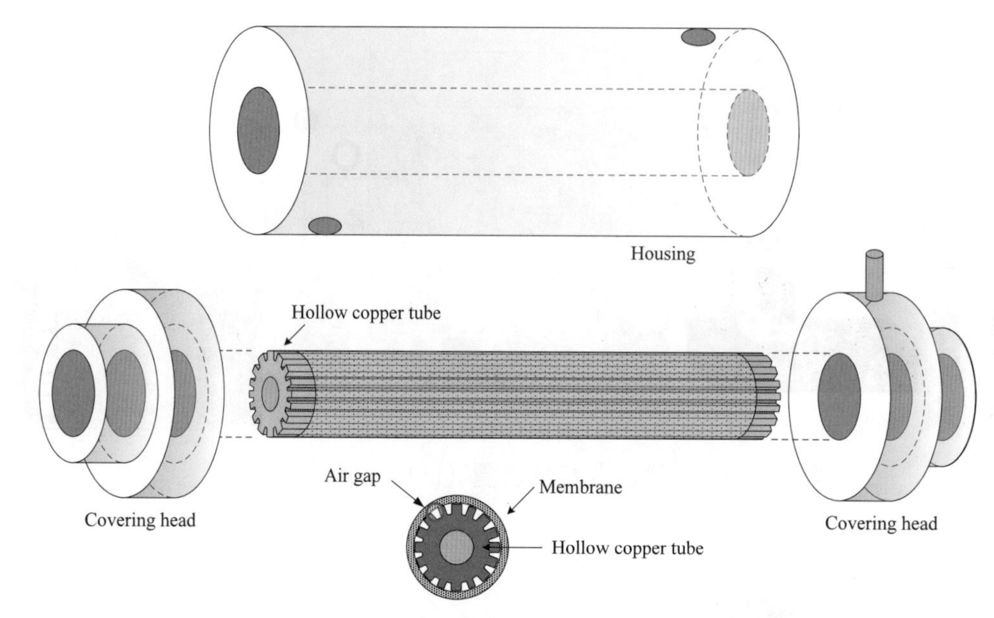


圖 11-14　單鰭片管狀 AGMD 模組的示意圖

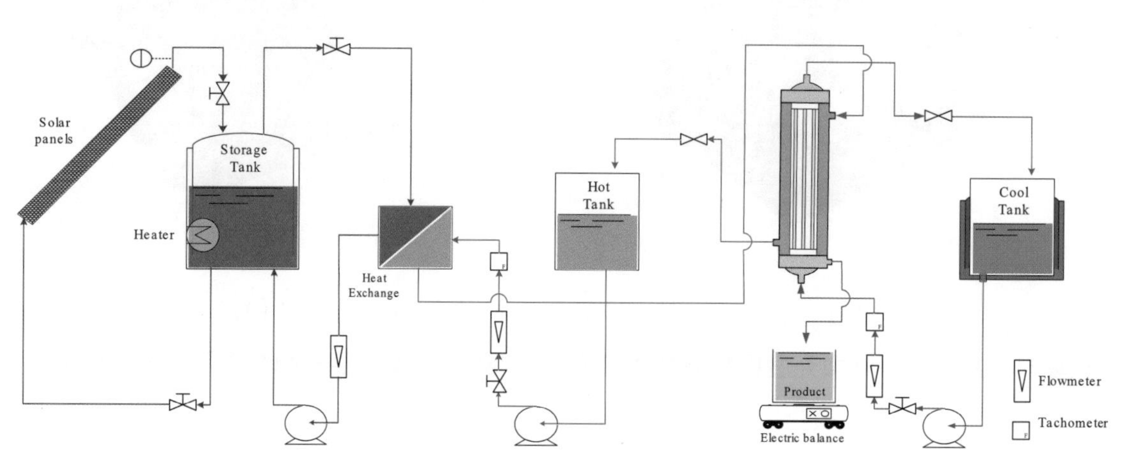


圖 11-15　AGMD 海水淡化系統

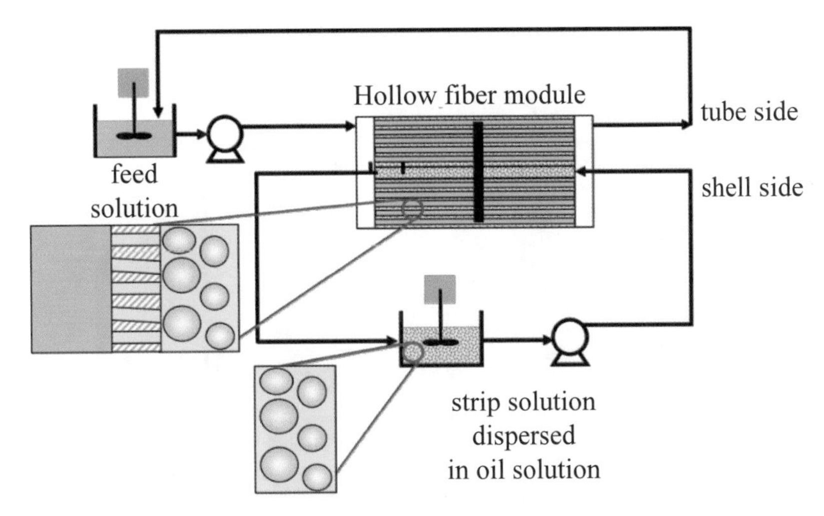


圖 13-22　中空纖維 SLMSD 操作系統的示意圖

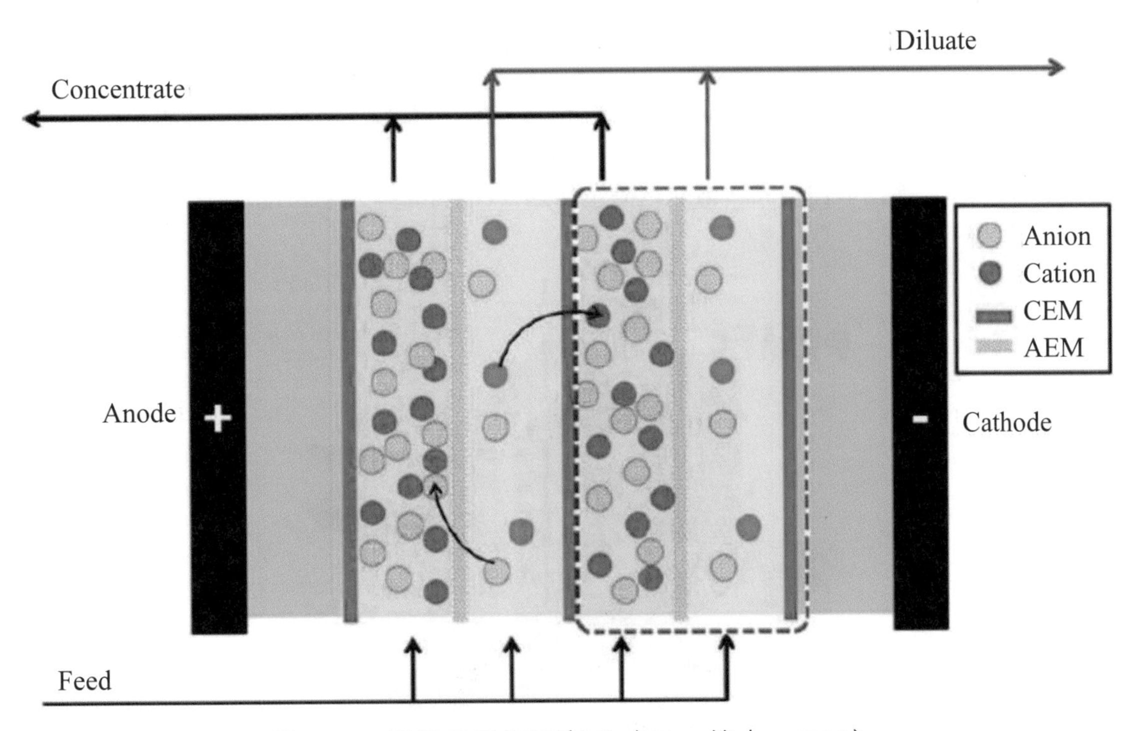


圖 14-4　電透析操作示意圖（Silva 等人，2013）

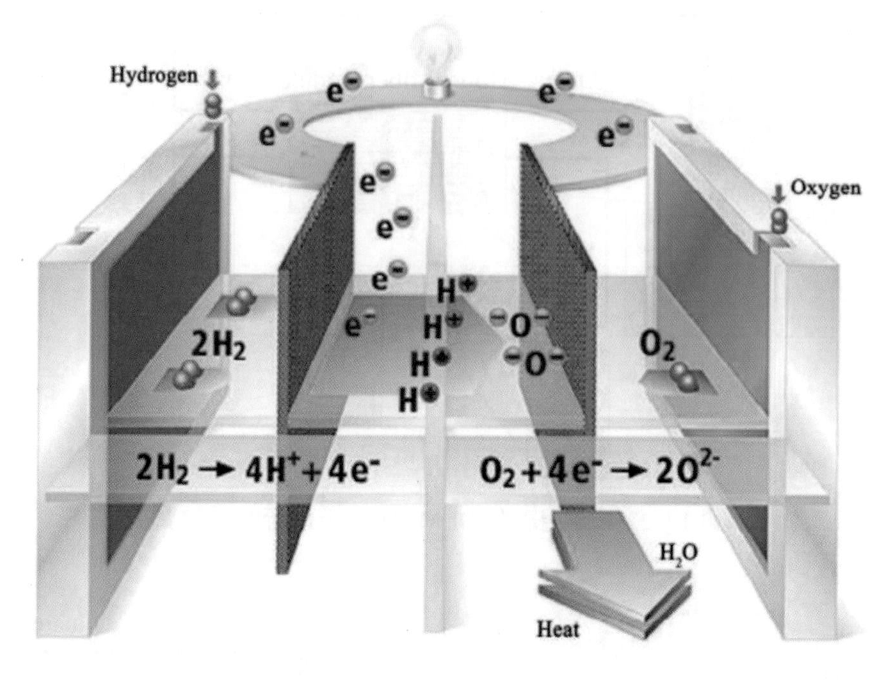


圖 14-18　燃料電池結構示意圖（Garraín 等人，2011）

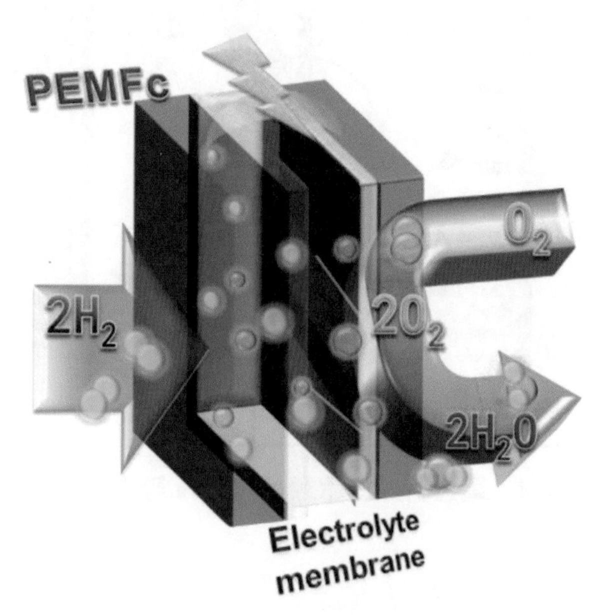


圖 15-1　質子交換膜燃料電池

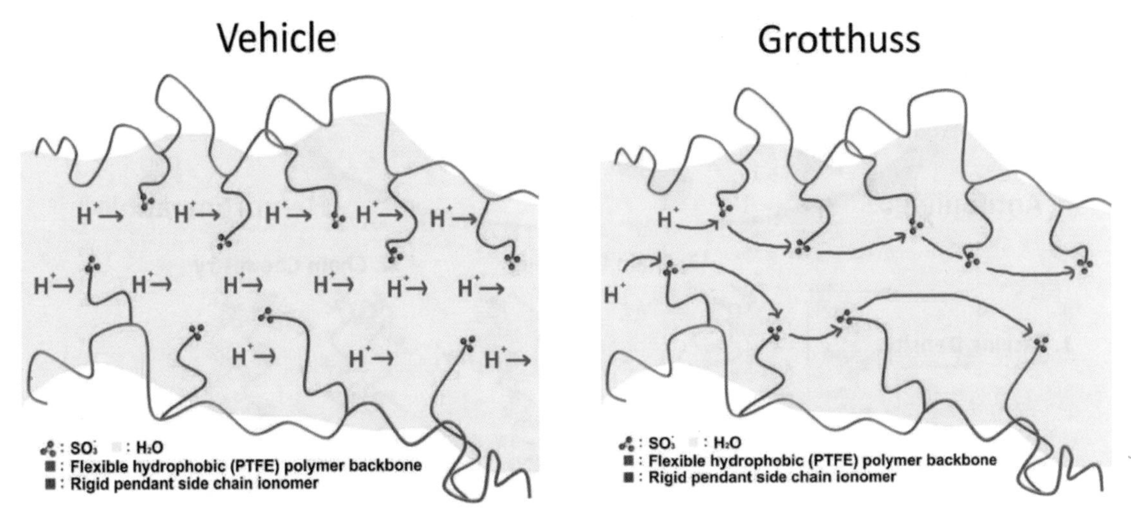


圖 15-2　帶有酸基的材料所形成的質子交換膜，其傳導質子的機制

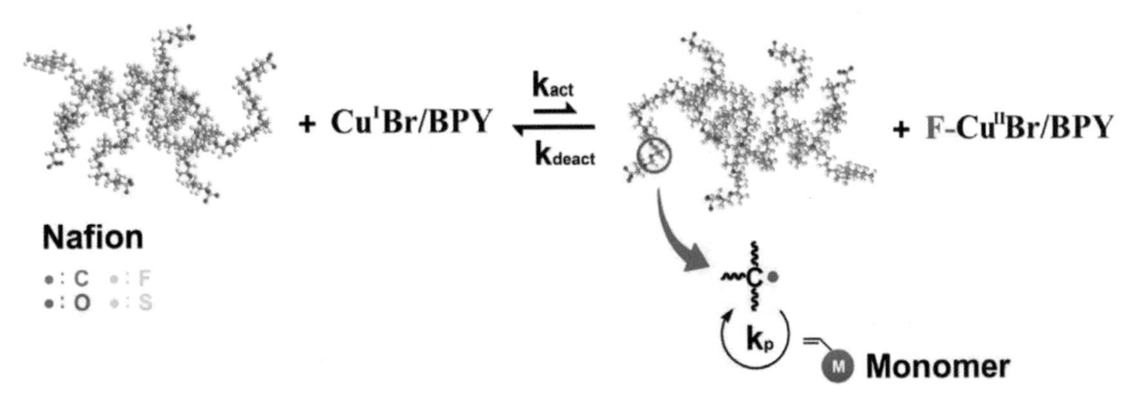


圖 15-5　Nafion 高分子鏈以 C-F 鍵結為活性點，進行原子轉移自由基聚合反應

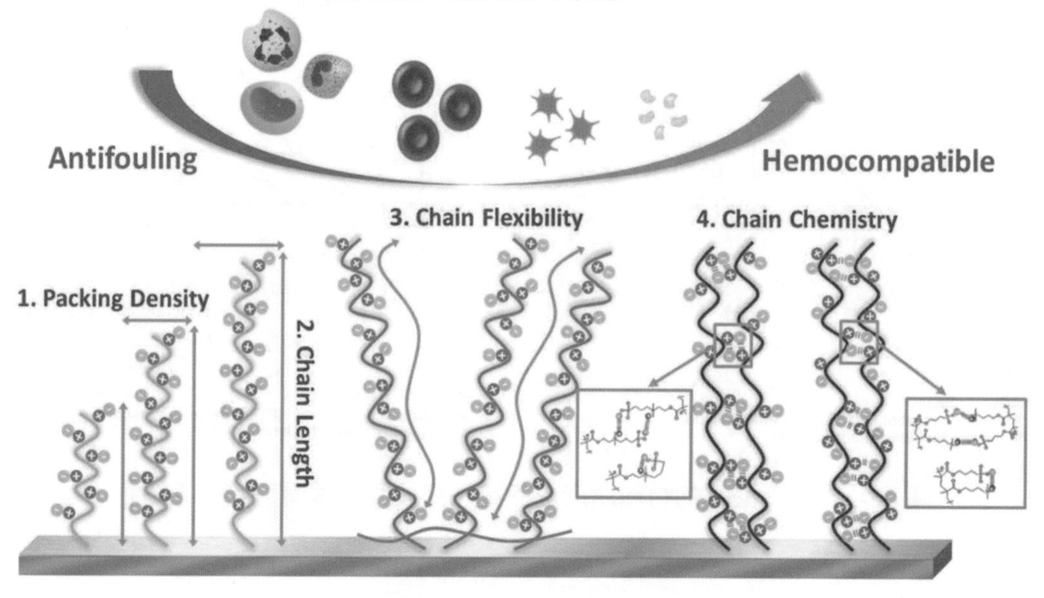


圖 16-2　保有血液相容性之雙離子性材料於薄膜基材表面所需控制的四種因素

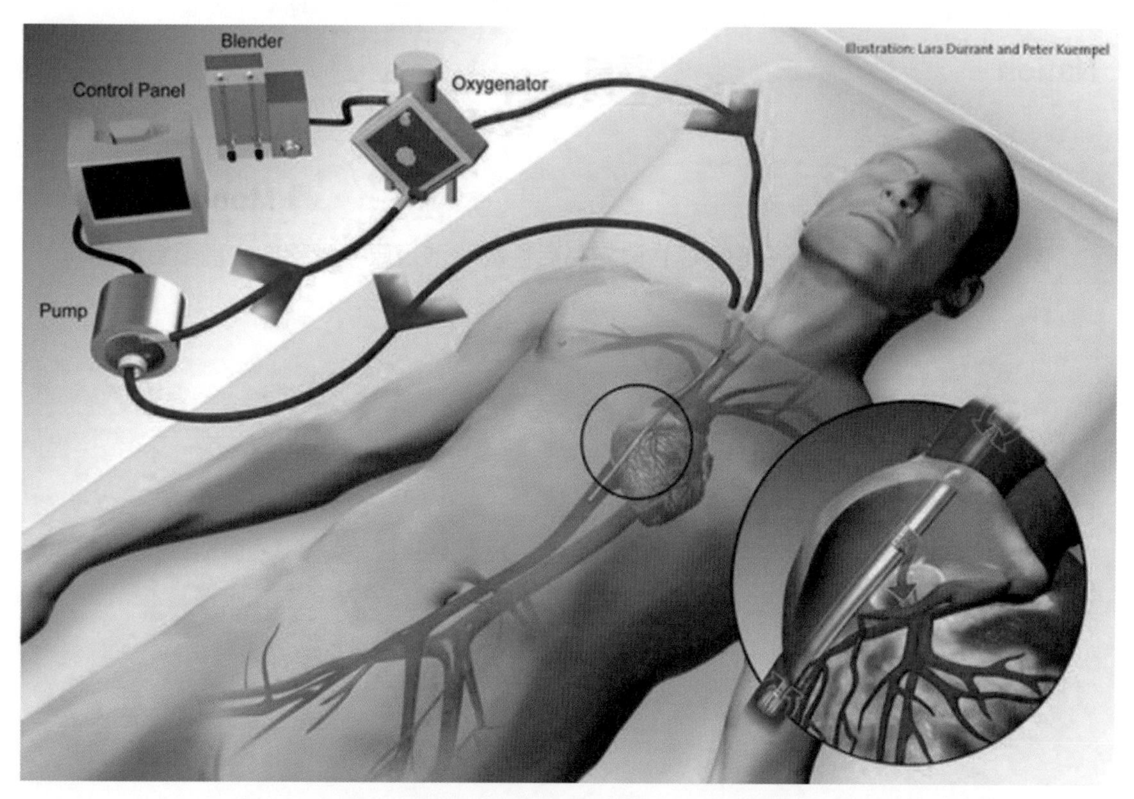


圖 16-5　支援人體心肺功能運作的葉克膜體外循環系統

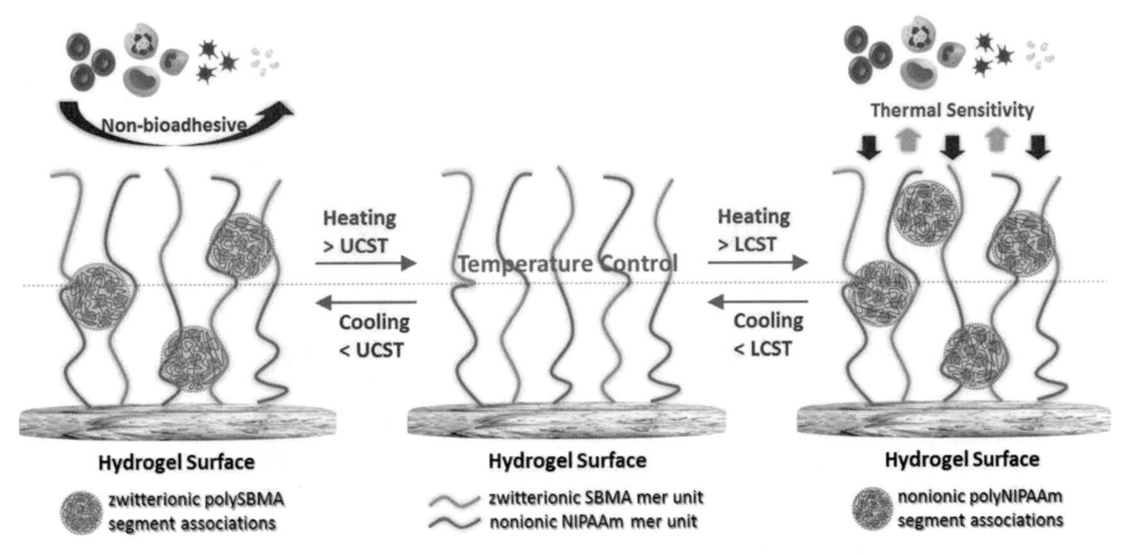


圖 16-6　智能型生醫水膠薄膜的界面分子鏈結構設計

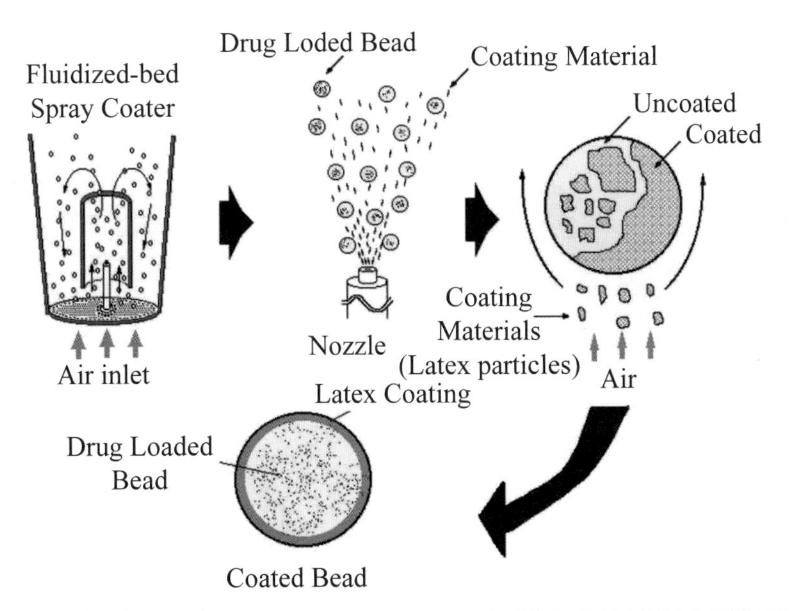


圖 17-5　流體化床噴霧包覆（fluid bed spray coating）程序中液滴落在藥粒表面形成膜衣的過程

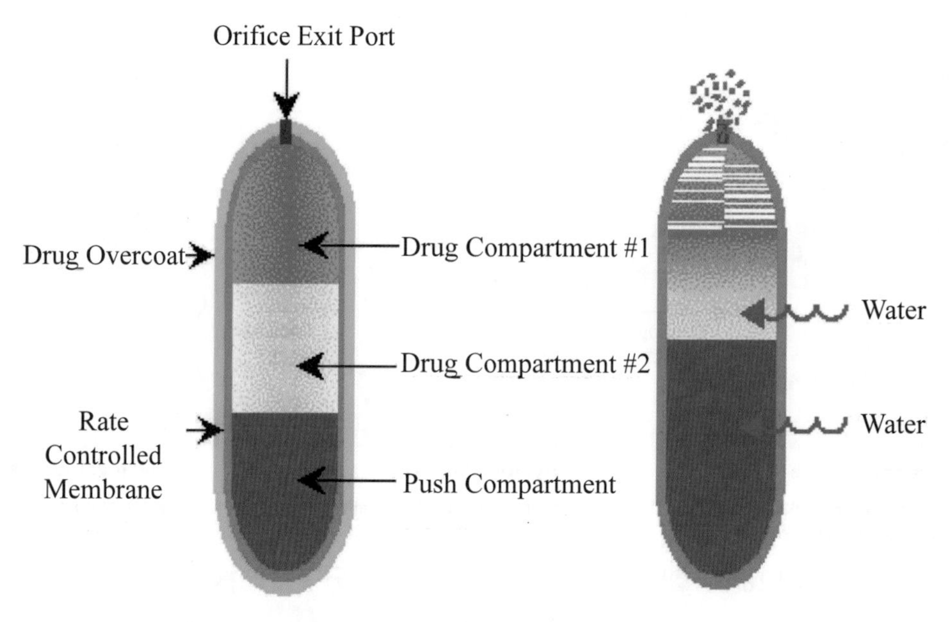


圖 17-12　Concerta® OROS 結構及作用示意圖（https://tr.instela.com/m/ritalin--i52067）

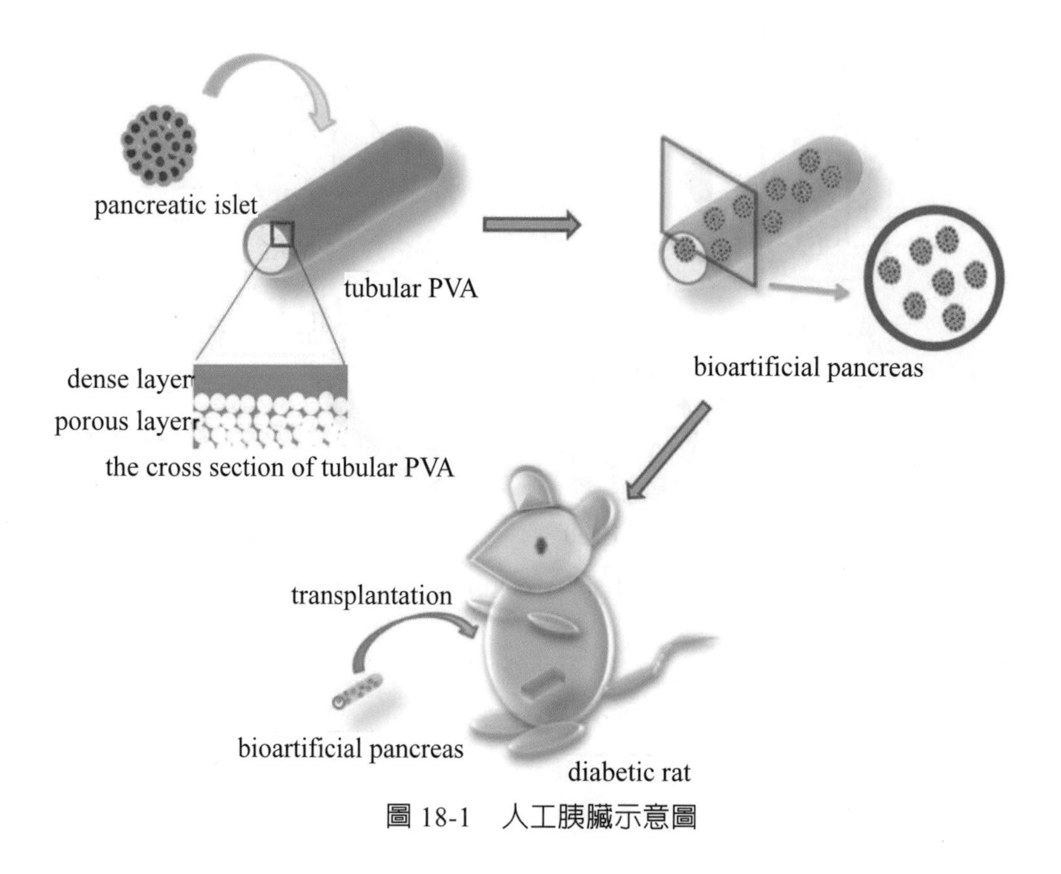


圖 18-1　人工胰臟示意圖

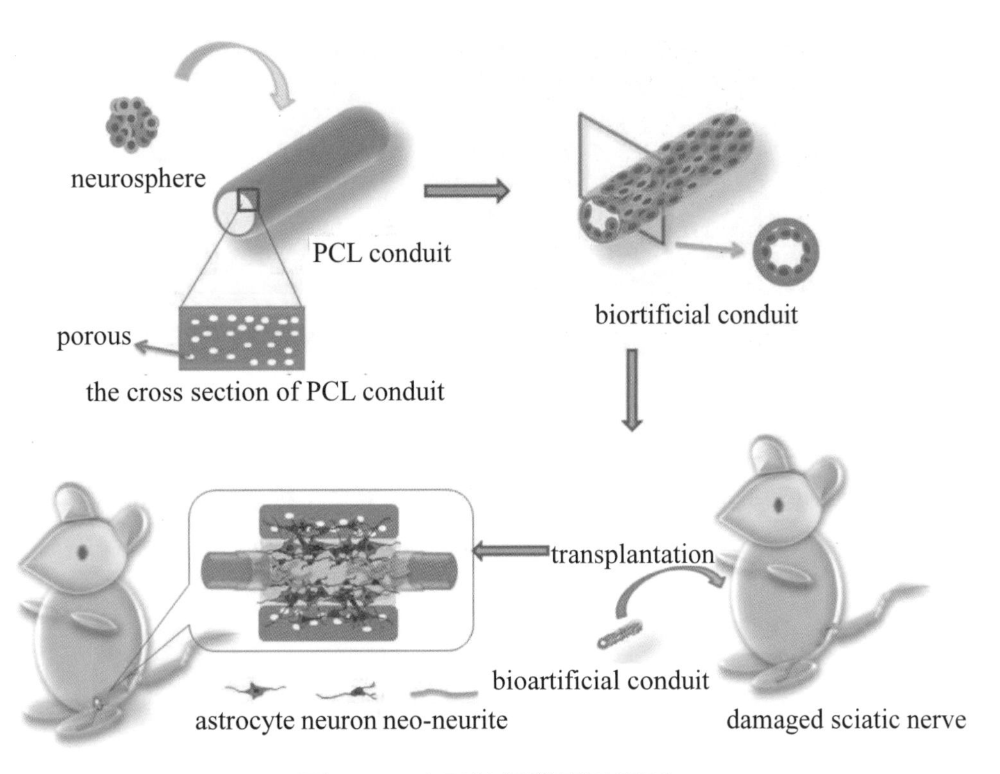


圖 18-4　人工神經導管示意圖

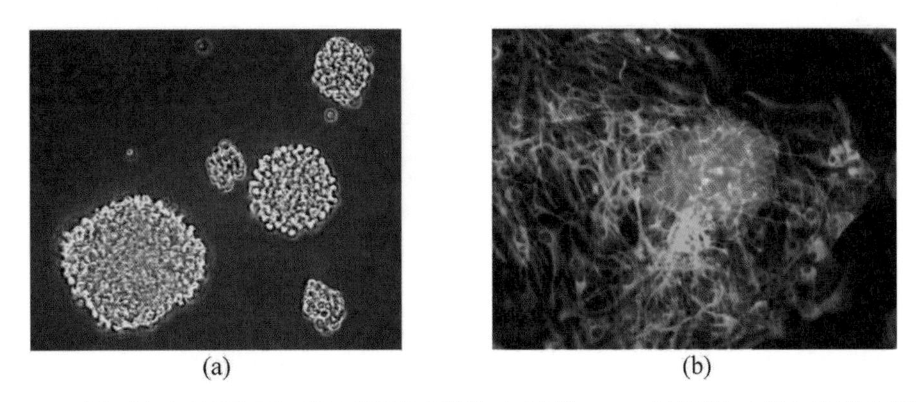


圖 18-7　(a) 神經幹／前驅細胞球於懸浮不分化之狀態；(b) 神經幹／前驅細胞球貼附分化後之螢光染色圖，綠色：神經膠質細胞，紅色：神經元細胞，藍色：細胞核

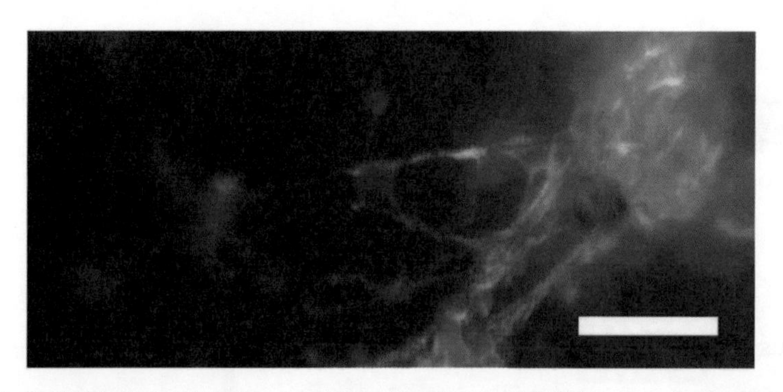

圖 18-9　聚己內酯導管內之神經幹／前驅細胞層經由促神經元分化培養基誘導後，於形成神經網路之導管縱向剖面螢光染色圖，照片左右模糊處為導管曲面所造成。綠色：神經膠質細胞，紅色：神經元細胞，藍色：細胞核。Scale bar = 50 μm

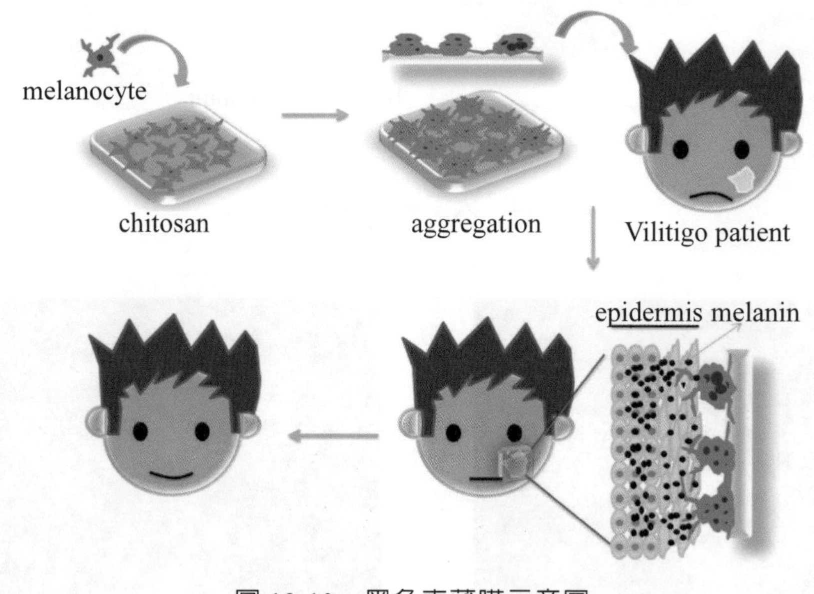


圖 18-10　黑色素薄膜示意圖

# 薄膜科技概論

INTRODUCTION TO MEMBRANE SCIENCE AND TECHNOLOGY


賴君義 主編


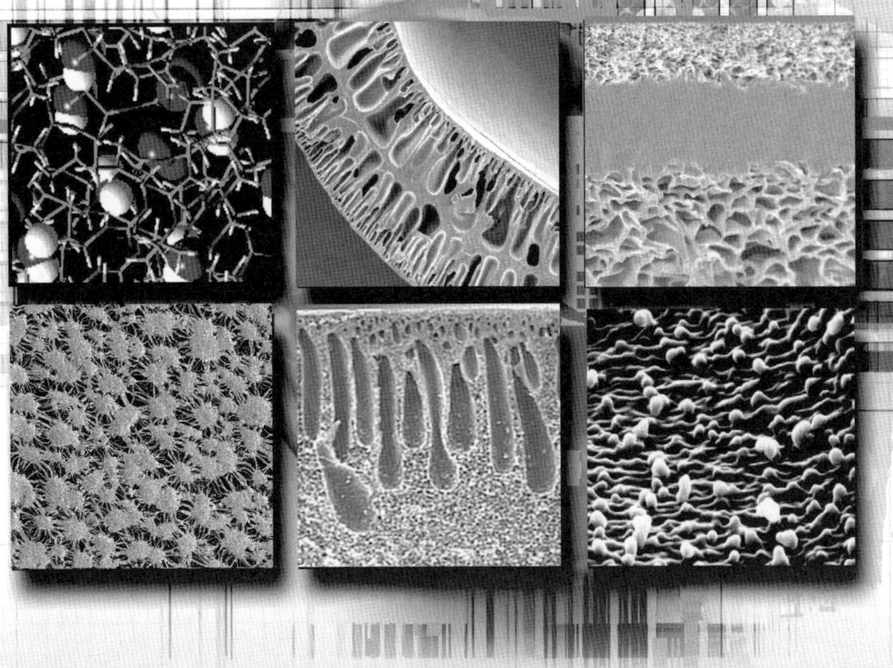


王大銘、呂幸江、阮若屈、李亦宸、李岳憲、李魁然、安全福、洪維松、胡蒨傑、

孫一明、崔　玥、莊清榮、陳世雄、陳榮輝、高從堦、童國倫、黃書賢、游勝傑、

楊台鴻、張　雍、劉英麟、賴君義、賴振立、鍾台生、韓　剛、羅　林

編著（依姓氏筆畫排序）



五南圖書出版公司印行

# 編著者序

本書能順利編撰完成，首先要感謝教育部第18屆國家講座計畫的支持。本書的構思以及編寫過程，得力於薄膜中心的成員以及已為人師的學生們外，要特別感謝新加坡國立大學鍾台生院士及浙江工業大學高從堦院士的跨海相助，特別向所有的作者群表達真摯的謝意，也謝謝蔡惠安教授的彙整、校稿等行政事務之幫助。四十餘年來待人接物上，努力以父親給我的名字「君義」自持，幸而獲得諸多的貴人扶持和幫助，中原大學熊慎幹校長、程萬里校長、傑出的企業家黃雅夫教授，也藉此一隅表達謝意。當然，一生相伴相持的內人賴陳靜枝女士和我親愛的家人們，給了我持續往前最重要的力量。

21世紀以來，資源、環保、能源、醫療等議題日趨重要，薄膜科技也精進發展許多新型的薄膜以及新的應用領域，從而躍升為全球矚目之重點產業。薄膜（membrane）為具有選擇性而分隔兩相物質的阻礙層，因具有選擇性分離的能力，應用層面廣泛。薄膜科技其實早就深入於我們的日常之中，例如家用的逆滲透濾水器、吸塵器附加的HEPA濾網、醫療用的腎透析設備等。

薄膜科技為高度跨領域的學門，從化學合成、材料結構設計、輸送現象與單元操作、模組設計、程序整合到經濟效益與成本評估等，而其應用領域更從傳統的物質分離純化橫跨到電化學、環境工程與生物醫學等。因此，筆者一路走來，就以建立跨領域合作以及團隊為職志。投入薄膜科技的研究四十餘年來，在教學與研究崗位上孜孜不倦，致力於推廣薄膜科技教育以及產業發展。透過中原大學薄膜中心的成立，在經濟部科專計畫以及教育部頂尖研究中心計畫的支持下，實現了跨領域與產學合作的團隊與平台，除以此團隊為核心積極參與薄膜科技的國際學術活動，從而奠立我國在國際學術社群的地位以及聲望外，也經由中原大學薄膜中心的業界會員制度，凝聚我國在薄膜科技產業相關的公司以及人員。基於更加齊聚我國在薄膜科技領域的學者以及業界的薄膜人的期望，進一步於2016年成立台灣薄膜學會，筆者忝任首屆理事長，在眾多前輩與後進的支持下，幸能順利地開展會務，為我國薄膜社群開展新的一頁。

薄膜科技的高度跨領域與學門的特性，特別需要人才的整合以及交流合作平台，讓有薄膜專才的人扎根物理化學與材料科學的能力，而攜手不同學科以及背景的人才加入薄膜科技領域，我習於將之稱為「薄膜化」。2018 年從中原大學薄膜中心退休之後，筆者猶續任教於國立台灣科技大學，奔走台北中壢之間，只是以「薄膜化」為職志，盼多落下一些種子而已。然而，國內學界參與薄膜科技研究者雖不少，業界參與製膜與用膜領域相關者也眾，但在大專院校中的薄膜專業課程卻寥寥無幾，筆者雖在中原大學教授薄膜相關課程多年，也感於推廣此課程的困難。其中重要的環節之一，應為無一本適當的書籍作為系統課程的教科書以及自修者研讀學習所用之參考書，實不利於我國薄膜科技與產業的推動與發展。因此，撰寫一本薄膜科技的專門書籍，也成為近幾年來心頭的重大願望，並為「薄膜化」的重要推手。此生有幸，在諸多合著者以及學者的協助下，此書終於得以面世。

本書以 18 章涵蓋傳統薄膜科技以及新興薄膜領域，從基礎學理之說明到應用領域的解析，第一部分為薄膜科技基礎與學理篇，包括薄膜分離技術綜論、薄膜之材料、結構與模組、薄膜製備與成膜機制，以及薄膜結構鑑定技術等 4 章；第二部分以薄膜應用為範疇，首先依薄膜的結構與分離特性介紹微過濾與超過濾、奈米過濾、逆滲透，以及正滲透等系統，繼而橋接到緻密膜的應用課題，包括滲透蒸發以及氣體分離系統等；繼之，以特定的分離應用程序及新興的薄膜科技應用領域為題，分別論述薄膜蒸餾、薄膜生物反應器、支撐式液膜、電透析薄膜，以及應用於燃料電池的質子／氫氧根離子交換膜等；本書的最後 3 章，則以薄膜分離在生物科技與醫學上的應用為標的，具文闡析薄膜科技在血液淨化、藥物控制釋放系統以及組織工程等方面的應用和發展前景。除本文的內容外，在每一章結尾也提供習題俾使讀者便於自我探索閱讀的理解程度和評估自我修習的成效，所附之參考文獻也有利於讀者進行更廣泛而深入的閱讀。初學的人可以透過本書完整地認識薄膜科技，而學者也能夠由垂直深入以及水平連結，從而整合對薄膜科技的技術以及知識。

期待本書能成為人才培育「薄膜化」的平台和媒介，擴展薄膜知識的傳播，書中容有不足與錯誤之處，還請不吝賜知，而後老驥伏櫪，才俊接棒，俾能連木成林，有所建樹。

賴君義 謹識

# 編著者目錄

| 章 | 題目 | 編著者 |
| --- | --- | --- |
| 第一章 | 薄膜分離技術綜論 | 賴君義、王大銘、阮若屈、李魁然 |
| 第二章 | 薄膜之材料、結構與模組 | 李魁然、王大銘 |
| 第三章 | 薄膜製備與成膜機制 | 王大銘、李魁然 |
| 第四章 | 薄膜結構鑑定技術 | 洪維松 |
| 第五章 | 微過濾與超過濾 | 莊清榮 |
| 第六章 | 奈米過濾 | 童國倫 |
| 第七章 | 逆滲透與海水淡化 | 高從堦、安全福 |
| 第八章 | 正滲透 | 鍾台生、韓剛、崔玥、羅林 |
| 第九章 | 滲透蒸發 | 黃書賢、李魁然 |
| 第十章 | 氣體分離 | 胡蒨傑、陳世雄 |
| 第十一章 | 膜蒸餾 | 陳榮輝 |
| 第十二章 | 薄膜生物反應器 | 游勝傑、賴振立 |
| 第十三章 | 液膜分離 | 王大銘、李岳憲 |
| 第十四章 | 電透析 | 呂幸江 |
| 第十五章 | 燃料電池 | 劉英麟 |
| 第十六章 | 血液淨化薄膜 | 張雍 |
| 第十七章 | 藥物控制釋放之應用 | 孫一明 |
| 第十八章 | 薄膜在組織工程上之應用 | 楊台鴻、李亦宸 |

# 編著者簡介

## 主編及編著


**賴君義**
美國蒙大拿州立大學化學工程學系博士
國立台灣科技大學應用科技研究所榮譽講座教授
第18屆教育部國家講座主持人
經歷　中原大學化工系講座教授、系主任、工學院院長、研發室主任
　　　中原大學薄膜技術研發中心創辦人／主任
　　　亞澳薄膜學會諮詢委員、會長
　　　台灣薄膜學會理事、理事長
　　　科技部工程處化工學門召集人
　　　第51屆教育部學術獎、科技部傑出特約研究員
　　　台灣化學工程學會暨高分子學會會士


## 編著者


**王大銘**
台灣大學化工系教授
台灣大學化工系前系主任

**呂幸江**
長庚大學化材系教授
長庚大學化材系前系主任

**阮若屈**
前中央大學化工系教授

**李亦宸**
逢甲大學化工系助理教授

**李岳憲**
台灣大學化工系博士

**李魁然**
中原大學化工系特聘教授
中原大學薄膜中心前主任

**陳榮輝**
中原大學化工系教授
中原大學化工系前系主任

**高從堦**
浙江工業大學海洋學院教授兼院長
中國工程院院士

**童國倫**
台灣大學化工系教授
中原大學薄膜中心前主任

**黃書賢**
宜蘭大學化材系教授兼系主任

**游勝傑**
中原大學環工系教授
中原大學生環系前系主任

**楊台鴻**
台灣大學醫工研究所教授
台灣大學醫工研究所前所長

安全福
北京工業大學環境與能源工程系教授兼學院副院長

洪維松
台灣科技大學應用科技所副教授

胡蒨傑
台灣科技大學應用科技所教授

孫一明
元智大學化材系教授
元智大學化材系前系主任

崔玥
新加坡國立大學化學與生物分子工程學系博士

莊清榮
中原大學化工系教授
中原大學薄膜中心副主任
中原大學化工系前系主任

陳世雄
嘉南藥理大學環工系教授

張雍
中原大學化工系特聘教授
中原大學薄膜中心主任

劉英麟
清華大學化工系教授
中原大學薄膜中心前副主任

賴振立
嘉南藥理大學環工系教授兼系主任

鍾台生
新加坡大學化學與生物分子工程學系教授
新加坡工程院士

韓剛
麻賽諸塞大學生物化學與分子藥理學系副教授

羅林
新加坡大學化學與生物分子工程學系博士

# 目　錄（Contents）

## 第十一章 膜蒸餾 ………………………… 321



## 第十二章 薄膜生物反應器 ……………………… 373

# 第一章
# 薄膜分離技術綜論

/賴君義、王大銘、阮若屈、李魁然

## 1-1　前言

薄膜分離技術應用層面廣泛，在水資源匱乏、環保意識抬頭、醫療需求殷切的今日，許多新的薄膜應用被開發出來，也製造出許多新型薄膜，並持續投入更多的研發能量在薄膜科技上。薄膜科技在 21 世紀，因其應用性廣及各項產業，例如水資源開發、再生能源創造、環境保護及醫療產業等，已躍升為全球矚目之重點產業。日常所見之濾水或逆滲透過濾器就是衆所皆知的薄膜裝置。在製造乳酪、啤酒等食品的過程中，也處處可見薄膜裝置的使用。化學工業與電子工業更是使用薄膜的大戶，舉凡廠區用水、無塵室的空氣濾清，以至於化學品的分離與回收，薄膜裝置都扮演著重要的角色。此外，醫療事業使用的薄膜數量更是驚人，靜脈注射與血液透析膜裝置必然使用薄膜，更為人所熟知。科技的進步改變了人類生活的步調，或許大家應該透過更多的學習，啓發更多關於薄膜設計及應用的靈感，也刺激人們尋求更高階的薄膜技術來滿足生活需求。

## 1-2　膜的定義

廣義的薄膜定義為：由一具有選擇性的阻礙層（selective barrier）分隔兩相物質。但它如何具有選擇性分離的能力呢？在西元 1867 年，近代電磁學理論的創始人馬克斯威爾（James Clerk Maxwell）提出了一個著名的假想實驗（圖 1-1）。他假設在兩個連通的容器間有一個可以辨識分子的幽靈，幽靈手中掌握了連通口柵門的開關。容器中有兩種分子，一種運動速度快，另一種運動速度慢。當左邊容器中運動速度快的分子靠近連通口時，幽靈會把柵門打開讓運動速度快的分子跑到右邊容器中，然後馬上關上柵門；當右邊容器中運動速度慢的分子靠近連通口時，幽靈也會打開柵門讓運動速度慢的分子跑到左邊，然後關上柵門。幽靈持續管制分子的進出，時間久了之後，大部分速度快的分子會跑到右邊的容器中，而速度慢的分子則會集中到左邊容器中。

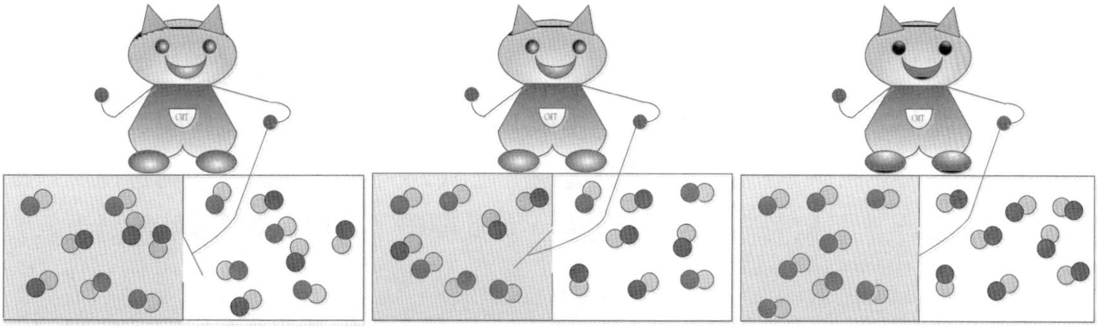

圖 1-1　馬克斯威爾的幽靈（Maxwell's demon）

這樣的幽靈可以把原本混合均勻的兩種分子分開，因此系統變得較有秩序，亂度（entropy）因而減少。而且依據分子動力學，分子速度快的系統溫度較高，速度慢的系統溫度較低，兩容器將產生溫差。這樣的結果會違反熱力學第二定律，因此，馬克斯威爾提出，只要有上述的幽靈存在，熱力學第二定律（系統應朝向亂度高的狀態演變）就不成立。這種可以辨識分子並管制其進出的幽靈，就被稱爲馬克斯威爾的幽靈（Maxwell's demon）。

馬克斯威爾的假想實驗，或許只是想跟研究統計熱力學的學者開個玩笑，但卻也引發了許多後續的研究和討論。目前被大多數人接受的解釋是：馬克斯威爾的幽靈在進行分子的辨識和進出管制時，不可能如馬克斯威爾假想的完全不耗損能量或不增加亂度，只要把幽靈所需的能量或所增加的亂度納入考量，還是不會違背熱力學第二定律。不過這個假想實驗指出，以辨識分子並管制進出的方式分離原本混合均勻的兩種分子，是最節省能量的分離方法。理論上，以上述的方法分離兩種沒有交互作用分子的均勻混合物時，有機會在只使用最小能量（根據熱力學第二定律，就是補償分離後的亂度減小所需的能量）的狀態下，達成分離的目標。因此，馬克斯威爾幽靈的法力雖然無法高強到讓熱力學第二定律不成立的地步，但只要有可以辨識分子並管制進出的幽靈存在，就有機會在不違反熱力學第二定律的狀況下，以最小的能量分離混合物。當然，所需能量的大小和幽靈的法力高低有關。

## 一、自然演化的薄膜

具有辨識並管制分子進出能力的馬克斯威爾幽靈，事實上老早就存在於生物體內。在馬克斯威爾提出幽靈假想實驗的一百多年前（西元1748年），法國修道士（也是著名的物理學家）Jean-Antoine Nollet 就觀察到豬膀胱壁會讓水透過，但卻幾乎不會讓酒精（乙醇）透過。後來法國生理學家 Henri Dutrochet 發現細胞膜也同樣具有選擇分子的能力，只讓水透過而不讓鹽透過，在 1826 年的一篇論文中稱這種現象為滲透（osmosis），且確認細胞膜是半透膜，從此開啓了人類對半透膜和滲透現象的研究。

隨著生物學和生理學的進展，科學家發現生物體內到處都有具選擇分子能力的半透膜，如腎小球處的血管壁可以讓尿素、尿酸等小分子透過，卻不讓血液中的蛋白質和血球透過；肺泡表面微血管則對氣體有很高的通透性。到了 20 世紀，當科技進展到可以分析細胞膜的結構和功能時，人類更進一步認識到，生物經千萬年演化後，所發展出來的細胞膜具備幾近完美的分子辨識和篩選能力。

細胞因有維繫生存和展現功能的需求，確有需要發展出控制分子進出細胞膜的能力，可以從周遭的環境中選擇需要的分子，讓它進入細胞，而把不需要的物質阻擋在外或加以排除。細胞若能用最少的能量維持生命和功能，在生存的競爭中當然占有優勢。經過千萬年演化出的生物細胞膜，已發展出一套十分有效率的分子辨識和進出管制方法，細胞膜是目前已知法力最高強的馬克斯威爾幽靈。

以下簡單介紹細胞膜管制分子進出的方法：

### 1. 利用分子大小的差異

當某分子在不同位置的濃度有差異時，分子會從濃度高處往濃度低處移動，此稱為擴散（diffusion）。分子可以藉由擴散作用透過細胞膜，一般而言，較小的分子可避開脂雙層中磷脂質疏水基團的影響而擴散透過細胞膜，稱為直接擴散。較大的分子則無法避免和磷脂質疏水基團的交互作用，要在周圍是疏水基的環境下進行擴散，很像是先溶解於疏水基團中再進行擴散，通常稱為溶解擴散。不論是直接擴散或是溶解擴散，擴散速率都和分子大小有關，較大的分子擴散速率較慢。

### 2. 利用分子和脂雙層間的親和性

對小分子而言，由於可以進行直接擴散，即使脂溶性低，仍可以穿透細胞膜。而較大的分子則須以溶解擴散的機制透過細胞膜，這時細胞膜可以藉由分子的脂溶性對分子的透過速度加以控制。

### 3. 利用具特殊辨識力的膜蛋白

細胞膜對許多分子具有辨識能力，能辨識出細胞所需的分子，允許它們進入；也能辨識出細胞所不要的分子，不讓它們透過細胞膜，或是不停地把這些分子由膜內送至膜外。

利用 ATP 幫浦的主動傳輸不論是直接擴散、溶解擴散，或是利用膜蛋白挑選分子的離子通道和協助輸送，分子都是由高濃度處往低濃度處運動，也就是膜內濃度低時，分子會由膜外往膜內運動，而膜內濃度高的分子會往膜外運動。但有時細胞為了維持某些功能，須讓分子從濃度低處往濃度高處運動，最著名的例子就是細胞膜外的鈉離子濃度遠比膜內高，但細胞還是可以把鈉離子往膜外送，鉀離子則是膜內濃度比膜外高，但細胞仍會把鉀離子送入膜內。

人類自發展製造薄膜的技術開始，就不停地嘗試以人造薄膜取代自然演化出來的薄膜，並尋求薄膜的應用。從 1860 年代 Adolf Fick 製備第一張硝化纖維素薄膜開始，在大約一百五十年的期間，由於材料技術的進步，薄膜的分離效果愈來愈好，價錢愈來愈低，已有許多薄膜程序被成功商業化。

## 二、人造薄膜的製作方法

在天然薄膜和人造薄膜的發展歷史中，兩者相互影響。當人類了解有天然薄膜存在時，就開始追尋以人工的方法製造出功能類似的薄膜。在人工薄膜發展成功後，在實驗室中也發展出許多薄膜的透過機制理論，讓天然薄膜的功用和原理愈來愈清楚。就目前的知識和技術看來，用人工薄膜來控制分子進出的方法，事實上都早已存在於天然薄膜中。

以下簡介人工薄膜常用來管制分子進出的方法：

### 1. 控制薄膜孔洞大小

利用薄膜孔洞大小來區別分子，阻擋比薄膜孔洞大的分子，而讓較小的分子透過，是最簡單的分子管制方法。製備出具有適當孔徑大小的薄膜，是能否利用此方法分離分子的技術關鍵，而薄膜的阻力大小（和分離所需的能量有關）則為薄膜是否具有商業競爭力的重要指標。以下簡介製造薄膜孔洞的常用方法。

製造薄膜孔洞的常用方法分為兩大類，一是微、奈米級孔洞的製造方法，通常用來製備微過濾、超過濾程序所用的薄膜；另一是分子級孔洞的調控方法，是用來製備逆滲透、氣體分離和滲透蒸發所用的薄膜。

微米級孔洞製備技術是薄膜製備技術中發展最久也最成熟的部分，已發展出包括燒結法、拉伸法、蝕刻法、模板法、溶膠-凝膠法、相分離法等。除拉伸法外，這些方法也可以用來製備具奈米級孔洞的薄膜，配合近20年來在奈米材料科技上的快速發展，奈米級孔洞的控制技術也逐漸成熟。但要如何以低成本、大規模連續製膜技術製備出孔洞大小均勻的薄膜，仍是十分嚴苛的挑戰。

要控制分子級孔洞的大小，須建立能改變薄膜材料分子間距離或分子運動的技術。目前常用的方法有改變薄膜材料的分子結構，使成膜時分子堆疊距離發生改變；改變高分子鏈和鏈間的交聯情形，以改變高分子的堆疊和運動；控制分子的結晶行爲，改變薄膜材料分子間的排列，進而改變分子間的距離。

### 2. 調整分子和膜材間的親和性

如果薄膜孔洞比透過的分子大很多，當分子透過時，就幾乎不受薄膜材料的影響。但若孔洞和分子大小差不多，在穿過薄膜時分子受到薄膜材料的包圍，這時分子和薄膜材料間的親和性就會影響透過速率。對孔洞和透過的分子差不多大的薄膜，常用溶解和擴散來描述分子透過薄膜的行爲，分子透膜速率決定於分子大小以及分子和材料間的親和性，這和分子透過細胞膜脂雙層的行爲類似。

在氣體分離、滲透蒸發等分離程序中，可以利用提升薄膜材料和透過分子間親和性的方法，使得大分子的透過速率反而較小分子高。例如在進行二氧化碳和氮氣的分離時，氮氣分子較二氧化碳分子稍小，理論上氮氣分子的透過速率應稍高，但許多高分子材料和二氧化碳的親和性比氮氣高，因此常看到二氧化碳的透過速率反而比氮氣高，有時更可高達數十倍以上。另有一個例子：水分子比乙醇分子小很多，通常水的透過速率比乙醇高，但選擇和乙醇親和性高的材料來製膜，可以讓乙醇透過薄膜的速率比水高。

### 3. 調控薄膜的電性

在離子透過薄膜時，薄膜可以利用本身的電性來選擇離子。帶正電的薄膜可以阻擋高價數的正離子而讓一價的正離子透過；反之，帶負電的薄膜可以阻擋高價數的負離子而讓一價的負離子透過。目前商業化的正、負離子膜比起細胞膜在功能上仍遜色很多，細胞膜可以同時具有不同的離子通道，這些離子通道具有非常高的選擇性，可以控制不同離子進出細胞膜的速率。

把離子通道的觀念引入人造薄膜是相當熱門的研究方向，例如在燃料電池中的質子傳輸膜是一種負離子膜，有研究嘗試把質子可以透過的負電區域集中成離子通道，這通道只能讓離子透過而不讓燃料透過，可以達到提高電池效率的目的。人類向細胞膜學習以提高人造薄膜的效率，已逐漸成為研究上的新趨勢。

### 4. 植入辨識目標分子的結構物

不論以分子大小、電性或膜材的親和性來作為管制分子透過薄膜的方法，都只能依分子類別選擇分子，無法達到精細挑選分離分子的目的。若兩分子的類別容易區分（如大小相差很多、電性相反，或和膜材的親和性差異很大），或許可以利用上述方法加以分離。但若分子屬於相同類別，勢必要能辨識分子，才能有較佳的分子選擇性。

生物體辨識分子的方法常利用分子的結構，特定的分子通常只能和生物體內具特定結構的蛋白質結合，因此可用這種特定蛋白質辨識這個分子，例如用抗體辨識抗原、挑選特定的酵素辨識特定分子。

目前人類在辨識分子的研究上雖有些進展，但和生物體相比，仍是十分落後。要製備具分子辨識能力的薄膜，目前是針對要分離的分子尋找自然界中是否有可以和它結合的特定分子，再把這些特定分子摻入薄膜中，希望它們能發揮分子辨識的效果。相關研究在近幾年來進步非常快，但要趕上細胞膜辨識分子的精確性和高效率，仍是遙遙無期。

## 三、向細胞膜學習

馬克斯威爾幽靈的主要法力是能夠辨識分子並管制進出。我們現在已經知道分子辨識和進出管制仍要能量或增加系統亂度，因此馬克斯威爾幽靈並不會違反熱力學第二定律。但只要能提升分子辨識和進出管制技術的效率，就有機會以較省能量的方式來分離混合物。

可能是生物體在演化過程中會找到最省能量的方法來維持生存，因此細胞膜所發展出來的辨識分子和管制分子進出的方法，精準的程度和高超的效率實在令人嘆為觀止。在人類發展的過程中，也一直希望能找到類似的技術，薄膜事實上就是辨識分子和管制分子進出的技術。雖然現在已大量使用薄膜技術，但目前擁有的技術和細胞膜相較，仍是十分落後。或許，應當努力向細胞膜學習，才能突破目前技術的瓶頸，而有機會讓法力高強的幽靈現身。

## 1-3 膜技術的演進

法國生理學家 Henri Dutrochet 發現細胞膜具有選擇分子的能力，只讓水透過而不讓鹽透過，在 1826 年的一篇論文中稱這種現象爲滲透（osmosis），且確認細胞膜是半透膜，開啓了人類對半透膜和滲透現象的研究。1860 年左右，大約在馬克斯威爾提出幽靈假想實驗的同時，英國化學家 Thomas Graham 利用羊皮紙來分離水溶液中的物質，比羊皮紙中孔洞大的粒子會被阻擋下來，而比孔洞小的粒子可以透過，他稱這種現象爲透析（dialysis）。約在同時，德國生理學家 Adolf Fick 以硝化纖維素做出了有孔洞的膜，可以進行透析。薄膜大量的應用開始於二次世界大戰的德國。在戰爭期間，由於各項設施受到破壞，衛生條件不佳，無法保障居民飲水的水質。爲了確保水質未被細菌汙染，便發展出以薄膜加速細菌培養的方式來檢驗水質。當水透過薄膜時，如果薄膜孔徑比細菌小，細菌就會留在薄膜上，再把這些薄膜上的細菌加以培養，就可以快速檢驗出水質受到細菌汙染的情形。

這項水質檢驗技術讓薄膜的需求大增，薄膜大量應用因而開始，這種能阻擋細菌的薄膜稱爲微濾膜（microfiltration, MF）。美國在戰後也開始發展微濾膜的技術，扶植出著名的 Millipore 公司，直到現在，微濾膜技術仍是薄膜在市場上最大的應用。

另一個很重要的薄膜應用是逆滲透（reverse osmosis, RO），相關的研究源自於人類發現細胞膜可以讓水透過，但會阻擋鹽類透過。有人在 1931 年提出可以用這種阻擋離子透過的薄膜進行海水淡化，並稱這方法爲逆滲透：加壓讓含鹽的水透過薄膜，由於鹽類被阻擋，可以得到純度很高的水。到了 1959 年，已可以利用醋酸纖維素（cellulose acetate, CA）製備出透水但會阻擋鹽類的薄膜，不過由於需要很高的壓力才能讓水透過，因此無法商業化。

此問題在 Loeb 和 Sourirajan 兩位學者提出了醋酸纖維素的非對稱膜（asymmetric membrane）製程之後才得到解決，從 1963 年起，逆滲透脫鹽程序開始眞正商業化，自此而後，解決了許多薄膜分離程序的應用障礙，愈來愈多的薄膜程序得以商業化。

自從非對稱膜的觀念和製程提出後，先是逆滲透膜除鹽程序正式商業化，接下來Amicon公司推出了孔洞大小介於微濾膜和逆滲透膜之間的超濾膜，1970年後超過濾程序的商業化也陸續完成。由於膜分離程序的省能源特性，愈來愈多的薄膜製程相繼被推出來和傳統耗能的分離程序相競爭。

隨著能源價格的高漲，這些薄膜程序也愈來愈有競爭力，其中包含了可以用來分離氣體混合物的氣體分離膜（1980年由美國Monsanto公司率先推出氫氣分離膜），和分離液體混合物的滲透蒸發膜（1982年由德國的GFT公司正式推出可分離乙醇和水的薄膜）。

從1860年代Adolf Fick製備第一張硝化纖維素薄膜開始，在大約一百五十年的期間，已有許多商業化的薄膜分離程序。隨著材料技術的進步，薄膜的分離效果愈來愈好，價錢愈來愈低，應用也愈來愈廣。

## 1-4　膜技術的應用概述

薄膜分離程序可以從操作之原理及分離的物種做分類，分離的準則在於混合物內其中一種成分與膜材間藉由物理或是化學特性透過膜材，達到單一物種濃度的提升。針對不同的進料會有不同的分離程序，而物質進行分離時，需根據待分離物的分子大小（圖1-2）、蒸氣壓、親和性、電性、密度、化學性質等分子特性做分離系統的選擇。例如：微過濾（microfiltration）、超過濾（ultrafiltration）、薄膜蒸餾（membrane distillation）、燃料電池（fuel cell）、逆滲透（reverse osmosis）、透析（dialysis）、電透析（electrodialysis）、液膜（liquid membrane）、滲透蒸發（pervaporation）、氣體分離（gas separation）及正滲透（forward osmosis）等。

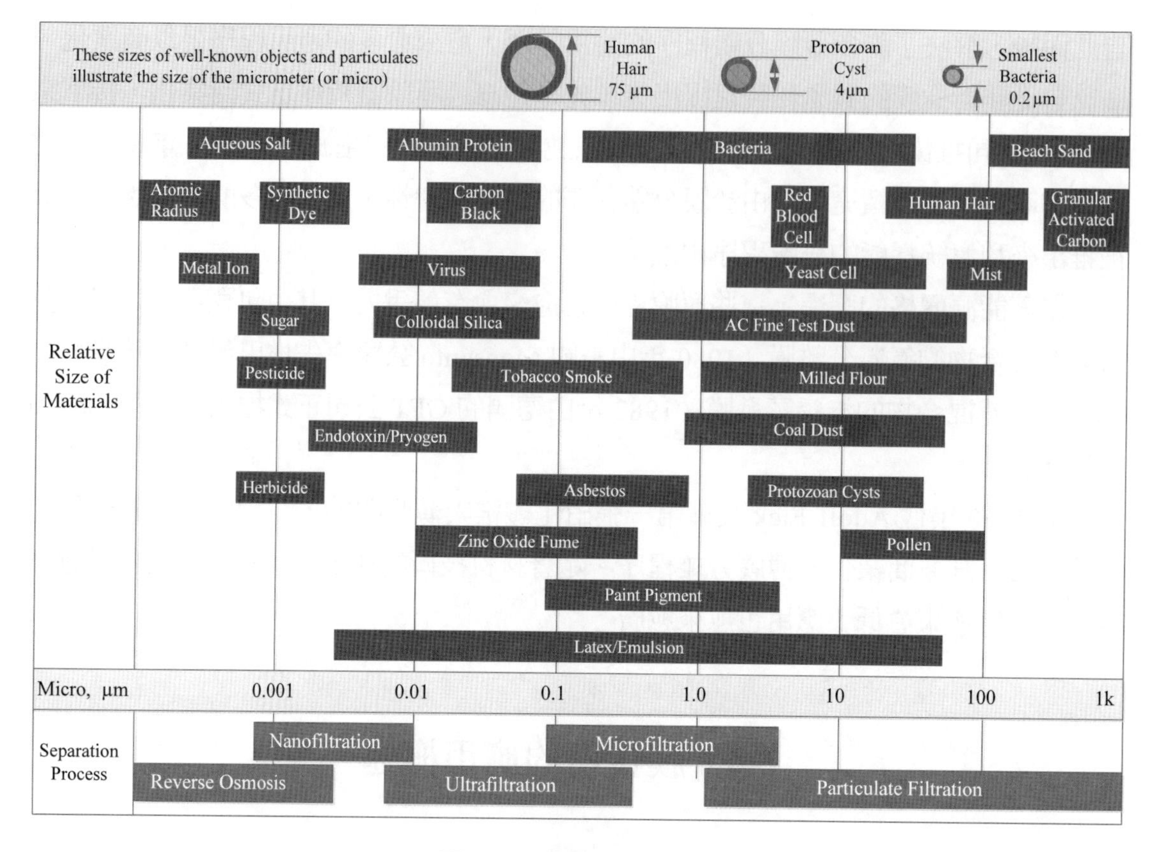


圖 1-2　薄膜分離程序

## 1-4-1　水及廢水處理

微過濾與超過濾（UF）操作已普遍應用在水處理方面，除了用來去除懸浮微粒外，近年來另一發展的重點是薄膜生物反應器（membrane bioreactor, MBR），直接把微過濾膜或超過濾膜浸入活性汙泥池中，結合生物反應及膜過濾程序進行廢水處理。MF 膜依其孔徑大小，可用來阻擋粒徑在 0.05～10 微米間的粒子，通常操作壓力在 0.5～2 大氣壓就可獲得有效濾速。UF 膜則用來分離粒徑較小的巨分子或所謂的膠體（colloids），其膜孔大約在 5～100 奈米，因可去除較大的有機分子，常以能阻擋粒子的分子量（截留分子量，molecular weight cut off，MWCO）來表示其分離能力。超過濾膜通常可攔截的分子其分子量約在 0.5～50 萬之間，施加的操作壓力則在 1～10 大氣壓之間。

MF 是最早出現的膜過濾程序，德國在 1920 年代就開始利用 MF 濾除水中細菌，但至 1960 年代才應用在工業程序中。在 MF 發展的同時，UF 膜也開始興起，但在工業應用上，UF 膜卻遠落後於 MF 膜，主要原因是 UF 的濾速很低，無法配合工業上大量生產的需求。後來經由非對稱 UF 膜的製備並配合模組的開發，於 1970 年代已有大規模的 UF 處理系統回收汽車工業廢水中的塗料。膜過濾的應用範圍相當廣，從傳統的食品、醫藥、化工與環工等相關產業，到生醫、生物、電子等所謂高科技產業中都扮演重要的角色。

雖然依產業的不同，MF 與 UF 有不同的程序設計與操作，但依分離的目的，這些程序可大略歸類爲濃縮、回收、澄清化、純化等操作。濃縮是指由一產物中脫除溶劑；回收是指從廢液或副產物中回收有價值成分進一步再處理利用；澄清化是由進料中濾除顆粒雜質以獲取澄清濾液；若於濃縮操作中設計濾除進料中的小分子雜質，以獲取較高純度的濃縮液，或澄清化操作中濾除可溶性的大分子不純物，以獲取較高純度的濾液，則可歸爲純化操作。MF 與 UF 在生技產業之應用如圖 1-3 所示。

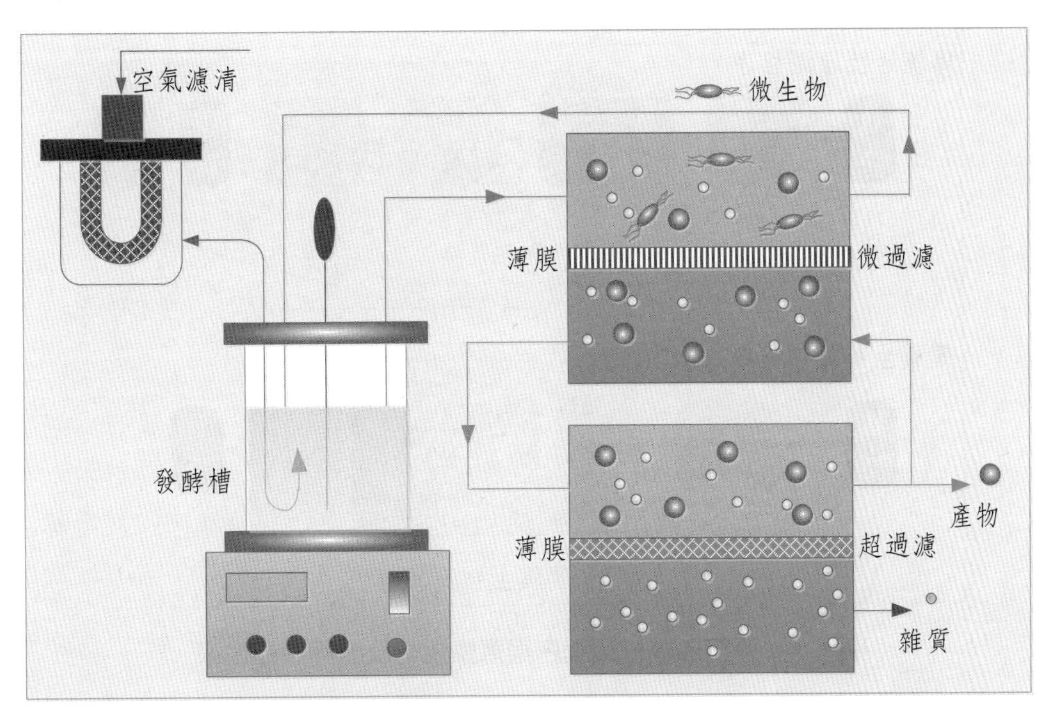


圖 1-3　MF 與 UF 在生技產業之應用

此外，傳統的汙水處理系統是把日常生活產生的汙水，經由管線收集到水再生處理廠，使汙水與處理廠中的活性汙泥（含有一些混合品種的微生物）進行混合並提供空氣後，讓這些微生物把汙水中的汙染物質分解成二氧化碳及合成新的微生物細胞，使汙水變乾淨而成爲再生水。之後就可以把這些再生水排放到河川中，以提高河川的流量。

但是這種汙水處理系統處理水的成本很高，甚至比處理自來水的成本還高。如果可以把處理後的再生水當成一種新開發的水源，作爲農業用水或工業用水，對於每人每年平均可利用水量僅約世界平均值 15% 的臺灣而言，是非常具有吸引力的。

什麼樣的水再生技術可以把汙水變成可再利用的水呢？答案就是薄膜技術。若把薄膜與傳統的汙水處理廠的活性汙泥反應槽結合，就成爲薄膜生物反應器，藉由薄膜可把汙染物、活性汙泥等阻隔在反應槽中，使得純淨的水可以流出反應槽。因此薄膜主要扮演分離的角色，可取代傳統廢水處理廠中的終沉池，節省下原本終沉池所占的土地成本（圖 1-4）。此外，由於薄膜孔隙甚小，出流水質也較一般傳統的活性汙泥程序爲佳。

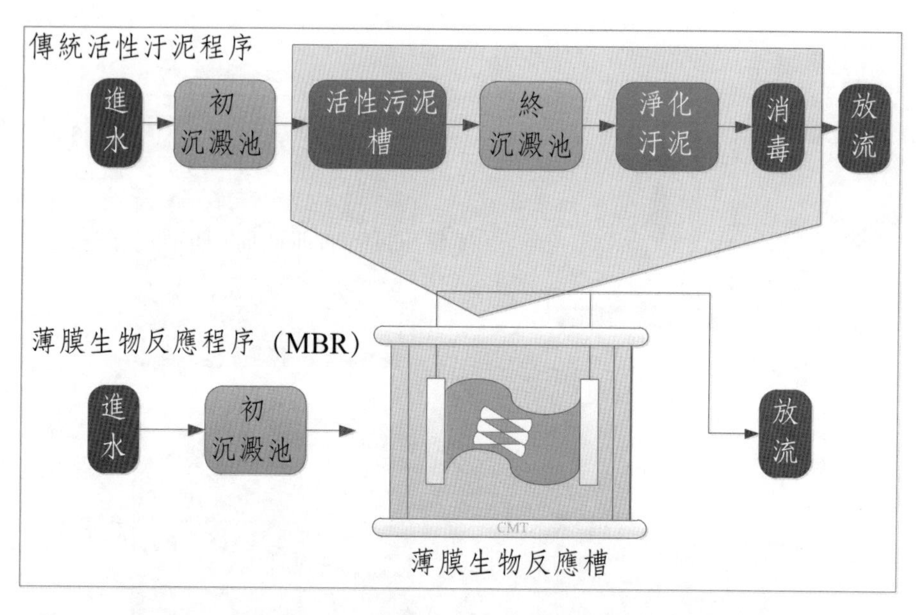


圖 1-4　傳統活性汙泥程序與薄膜生物反應程序的比較

MBR 程序在發展初期大多放置在反應槽後，以類似活性汙泥法最終沉澱池的方式操作，稱爲外掛式（external）MBR，薄膜扮演著分離懸浮性固體物與放流水的角色。爲了節省操作動力花費及土地成本，可把薄膜放置在傳統的活性汙泥反應槽中，成爲沉浸式（submerged）MBR 系統。系統中的薄膜可取代並取消傳統廢水生物處理程序中的終沉池，且由於活性汙泥會累積在薄膜的表面並形成一層生物膜，使得沉浸式 MBR（SMBR）系統可同時具有活性汙泥及生物膜兩種反應特性，使出流水質更加優良，因此 SMBR 程序更加受到重視（圖 1-5）（Cicek, 2003）。

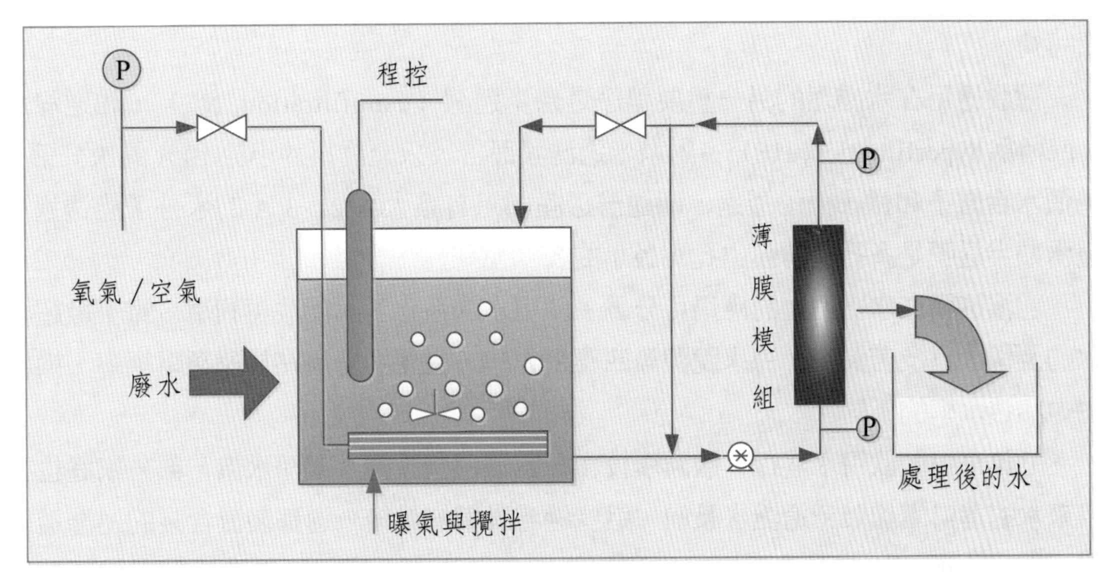


(a) 外掛式

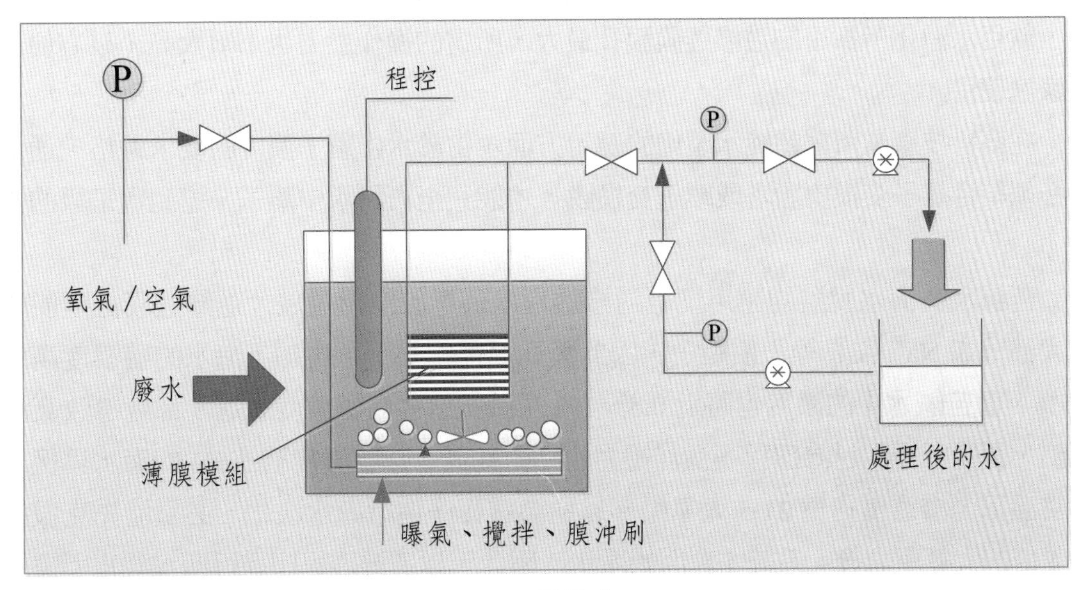


(b) 沉浸式

圖 1-5　外掛式與沉浸式薄膜生物反應程序（Cicek, 2003）

由於 SMBR 程序可節省終沉池占地面積與土地成本，對於地小人稠的地區而言，具有相當的競爭力。這些 MBR 程序超過 98% 是結合好氧槽與薄膜技術，只有不到 2% 是結合厭氧槽及薄膜技術。MBR 程序最主要的兩個缺點是設置成本高及會阻塞，然而隨著薄膜技術的發展，許多較便宜且抗沾黏及抗結垢之薄膜產品陸續被開發出來，因此高成本的問題將可獲得有效的控制，而利用薄膜技術讓河川活起來也指日可待。

薄膜應用在水處理的另一重要程序是奈米過濾（nanofiltration, NF），和逆滲透（或稱為 hyperfiltration, HF）。對奈米過濾膜而言，只允許尺寸小於 10 Å 的水分子、一價水合離子和微小分子透過，而逆滲透膜則只有讓大小 2～3 Å 的水分子能透過，這兩類半透膜是多孔性薄膜中孔洞最小的。

逆滲透膜在水處理上的應用可分為：飲用水的淨化、水回收再利用、電子級超純水的製備，以及苦鹹水／海水脫鹽等四應用方向，主要的差異在於鹽類阻絕率、操作壓力和透水率的不同。

近年來包裝飲用水盛行，機關學校和餐館普遍裝設飲水或淨水機，部分家庭也在自來水的進口處加裝多道濾水設備，這些過濾設備的最後一道都裝置含泵的逆滲透模組。飲用水所使用的逆滲透模組，和其他工業用及海水淡化用逆滲透模組的要求不同，離子阻絕率不可過高，以免飲水中離子濃度過低，影響人體的電解質平衡。因此，飲用水淨化所採用的逆滲透膜膜孔最大，所需的操作壓力也不須太高，以方便一般家庭使用。

在高科技產業所需超純水製備的應用方面，由於水中離子濃度的要求嚴格，通常還必須結合離子交換樹脂塔或離子交換膜，才能完全去除水中離子，達到電子級的標準。

苦鹹水／海水脫鹽的應用則是逆滲透程序最早的應用領域，逆滲透膜必須能阻絕大部分如 $Na^+$、$Cl^-$ 等一價離子，因此膜孔徑都相當小。再加上海水的鹽濃度高達 3.5%，而苦鹹水中的濃度也將近 0.5～1% 左右，這些高鹽濃度的進水都會導致高滲透壓，因此所需的逆滲透程序操作壓力也相對較高。以鹽濃度約 3.5% 的海水為例，在常溫下，滲透壓約為 21.5 大氣壓。以逆滲透程序進行海水淡化，必須能先克服這 21.5 倍的大氣壓力後，系統才會開始產水。因此，以逆滲透程序進行海水淡化所需的操作壓力，通常大於 50 倍的大氣壓力。

奈米過濾膜的開發是這十幾年的事，但它的應用範圍延伸得很快很廣，常見的應

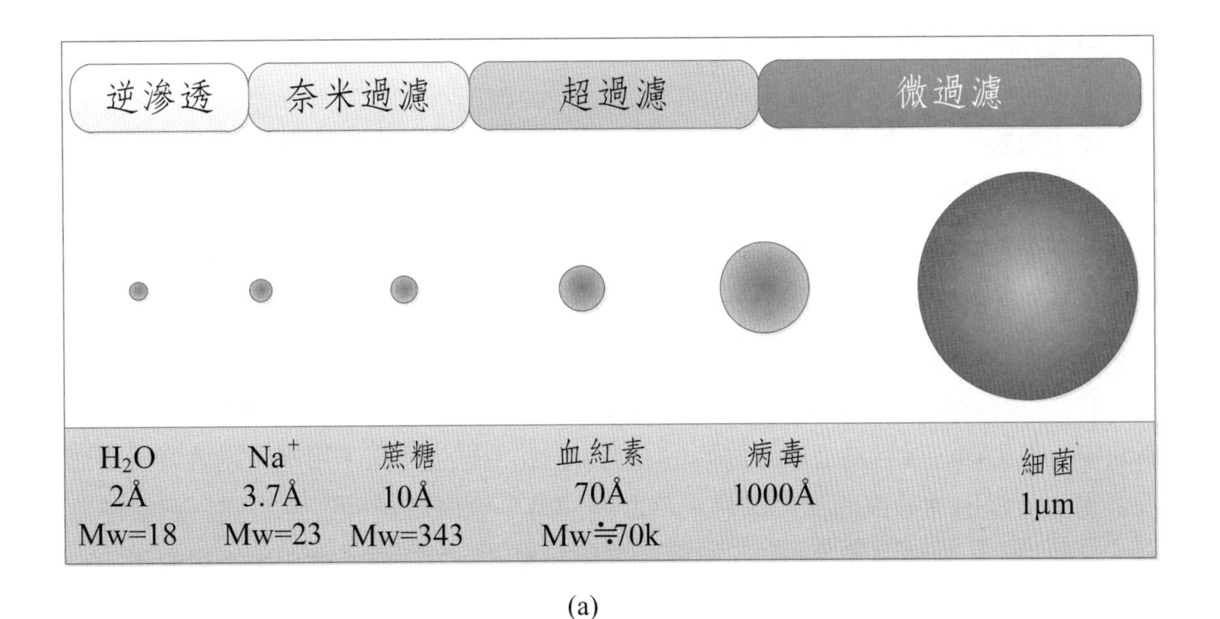


(a)

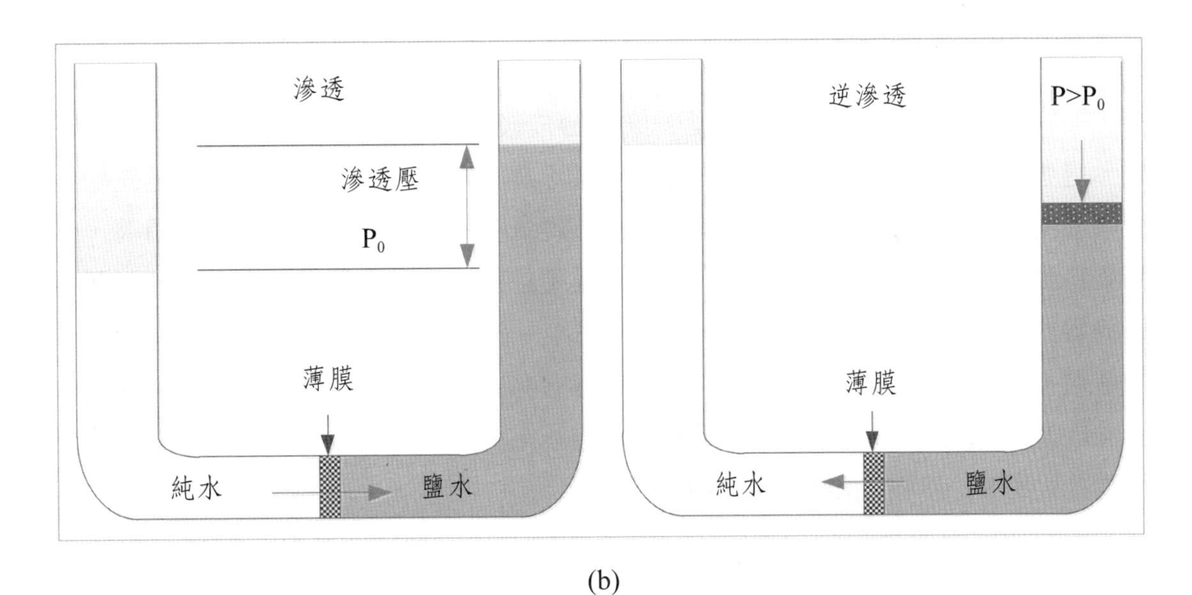


(b)

圖 1-6　薄膜分離技術：(a) 適用的膜孔尺寸範圍，及 (b) 滲透與逆滲透

用有硬水軟化、廢水回收、染料脫鹽、果汁和酒類濾清、乳清蛋白回收、藥品濃縮等，許多新的應用在近幾年也不斷被開發出來。以下簡單介紹一些奈米過濾膜的重要應用。

## 一、水處理

除了用膜孔大小挑選可透過的分子外，奈米過濾膜也用膜上所帶的電荷來提高選擇性，因此對於分子量小於 100 的鹼土族離子，也有很高的阻絕率。利用奈米過濾，除去河水、井水及雨水中的鎂、鈣重金屬離子和有機分子，使它直接成爲飲用水，已成爲全世界全力推動的工作項目。工廠裡的冷卻水，在使用過程會受到鐵鏽、灰塵的汙染而造成管線結垢阻塞，經過奈米過濾除去金屬離子及汙染物，可輕易回收使用。

另外，海底油井內的原油，須用打入海水的方式取出，海水中的鈣、鋇離子遇上原油中的硫化物，很容易造成管線結垢阻塞，因此須把這些離子用奈米過濾方式從海水中濾除。當由油砂或油頁岩以熱水萃取輕油時，會同時把砂石中的鎂、鈣離子萃出，這樣的水也會造成管線結垢，因此也可用奈米過濾方式使水軟化後重複使用。

## 二、染料和乳清脫鹽

染料工業也常用到奈米過濾膜，染料合成後，染液中常含些許有機雜質和鹽類，這些物質便可以用奈米過濾膜去除，同時濃縮染料。進行的方式通常是先把染液濃縮兩倍，在染料中加入清水以降低進料鹽濃度，然後繼續進行脫鹽和濃縮，直到染料濃度達 20% 左右。這樣的方式可以反覆進行，直到鹽類幾近完全脫除。要選擇適當的脫鹽濾膜，就要檢視染料的分子大小、帶電性、電荷數目，以及所含鹽類的種類。對於分子量小、負電荷而挾帶氯化鈉的染料，可能需用到膜孔小到 0.4 奈米（nm）的負電性膜。而對於分子量較大、帶正電荷而挾帶硫酸鹽的染料，就可能要用膜孔大到 0.8 奈米的正電荷奈米過濾膜。

在製造乳酪過程的最後階段，常需要加熱並擠壓熟成的乳酪，使乳酪脫水成塊。爲了縮短這個過程，在加熱擠壓之前會加入鹽類以幫助乳酪脫水成型。經擠壓脫除的水分中，富含乳清蛋白和脂肪，其實是可以回收利用的，但以往都直接排放丟棄，不僅浪費資源，也造成環境的汙染。現在則可使用奈米過濾膜濃縮乳清蛋白，並移除乳糖和鹽類。

以上所述的奈米過濾程序，過濾的溶液都含有濃度不一的有機溶劑，因此選擇薄膜時，除了適當的膜孔大小外，還須注意薄膜的材質。因爲大部分的奈米過濾膜是高分子材質，而大部分的高分子膜會被溶劑破壞，因此在處理含有機溶劑的溶液時，必須注意高分子膜的溶劑耐受度。

## 三、薄膜蒸餾於海水淡化之應用

永續發展與環境關懷爲當今世界之主要議題，而水及資源的回收與能源整合再利用等是產業所面臨的主要問題，對於這些問題的解決，薄膜蒸餾（MD）近年來漸被重視，這乃因該程序除於水資源開發應用如海水淡化、水及廢水處理外，於酸溶液或含揮發性物質之濃縮、食品（例如果汁的濃縮）及中藥材萃取液的濃縮等，也具有發展的潛力，且該程序配合能源整合可將廠內低階的餘熱或廢熱再利用，達節能減碳之效。

薄膜蒸餾於海水淡化及水回收處理，已有諸多研究及試驗工廠（pilot plant）的試驗報告，荷蘭 Memstill MD 試驗工廠試驗結果顯示，若以廢熱爲熱源，薄膜蒸餾單位產水之能耗明顯低於逆滲透程序（Meindersma 等人，2006）。基於薄膜蒸餾幾乎可百分百去除離子之特性，最近也有將薄膜蒸餾用於水中砷及硼的去除之研究，其去除率達 99.8% 以上（Qu 等人，2009；Hou 等人，2010；Pal 與 Manna，2010）；而於主導薄膜蒸餾程序之熱量與質量傳送方程式之建立與模擬方面，也有諸多文獻探討（Phattaranawik 等人，2003；Qtaishat 等人，2008），依據質傳之學理，多孔薄膜之氣體傳送通量正比於氣體分子有效擴散係數、薄膜的孔隙度及膜兩端之氣體分壓差等，而與膜厚度及孔道彎曲率呈反比關係（Schofield 等人，1987；Srisurichan 等人，2006），所以薄膜製備工程對於薄膜蒸餾產率扮演著非常重要的角色。

薄膜蒸餾於海水淡化雖有諸多探討，但至今仍未被應用於大型的實廠操作，其主因除熱能成本考量外，對長時間操作穩定性了解有限亦是主因之一，於海水淡化高水回收率時，在後段高鹽濃度溶液經長時間操作，鹽類於膜面結晶沉澱所導致之膜積垢可能造成嚴重之通量衰退，了解積垢物產生現象及如何抑制結垢以減緩通量衰退爲其於工業應用之重要課題，另一方面開發結合薄膜蒸餾與低階能源或廢餘熱的程序整合技術對永續發展將甚有助益。

## 四、薄膜蒸餾於氨水溶液之濃縮分離

於許多工業廢水中，氨常是主要的汙染物，當產業排放的水體中含氨氮，會導致水優養化現象，對魚類及某些水生生物造成毒害。傳統上以塡充床吸收、生物處理或氣提脫除等去除氨氮廢水，但基於進料或處理濃度，或有效熱源的提供等，這些傳統方法之效能與成本於應用上常有其限制，如生物處理其僅適用甚稀氨氮濃度，且土地面積大，高氨氮排放產業難以實施。氨於水中主要以揮發性的氨（$NH_3$）及溶解態銨根（$NH_4^+$）存在，當溶液之 pH 大於 10，大多以揮發性的氨分子存在，故常考慮以汽提（stripping）方式處理，而汽提脫除與回收雖可適用於較高氨氮濃度之廢水，但尙無後續回收與二次處理機制。面對氨氮排放標準日趨嚴格，開發新技術以提升其分離效能有其重要性。近年來，以薄膜蒸餾處理氨氮廢水漸被重視，其優勢在於低能耗與水及氨可回收再利用。

### 1-4-2 節能補碳

化石燃料的燃燒，不僅會排放大量有害氣體而對個人健康造成危害，燃燒產生的大量二氧化碳排放，更對全球氣候造成嚴重衝擊，然而爲了維持經濟的持續成長，消耗大量電力勢不可免，而目前全球電力供應來源仍以燃燒化石燃料發電爲主，而排放之氣體已對人類造成巨大衝擊。爲了緩和上述現象對氣候變遷所造成之影響，各種替代能源雖然陸續被提出，但化石燃料之使用已有很長之歷史，直至今日仍爲能源供應的主要來源，較成熟的替代能源技術中，除了核能外，均無法提供人類發展所需大量能源，因此如何提高燃燒化石燃料的效率以及如何捕捉排放的二氧化碳，乃爲當務之急。

人爲因素所造成氣候變遷已快速成爲環境科學主要探討之議題，在缺乏防治氣候變遷政策的情況，預估至 2100 年全球溫度將升高 1.4 至 5.8℃（Houghton, 2001），全球溫度升高將產生海平面上升、生態系統改變、生物多樣性喪失及作物產量減少等負面影響（McCarthy 等人，2001）。降低溫室氣體排放可緩和這些負面效應之影響，降低溫室氣體排放可由改善燃燒效率、使用非化石燃料、改善農業經營及將溫室氣體自產生源分離並封存於地下層等方法達成。在所有排放之溫室氣體中，二氧化碳是最大之貢獻者（約占總量的 83.8%），因此二氧化碳便成爲造成全球環境暖化之元凶。由於上個世紀快速工業化，化石燃料使用量大幅增加，促使大氣中二氧化碳濃度隨之大幅提升，在上個世紀大氣中二氧化碳濃度已由 275 ppm 增加至 387 ppm，依據全球經濟成長預估，全球每年碳排放量將由 2007 年 7 億噸增加至 2050 年 14 億噸。與

2000 年相較，2050 年碳排放量至少要降低 50% 以上才能減緩全球環境暖化。

與石油和天然氣相較，煤是目前地球儲藏量最多的化石燃料，燃煤發電亦是產生電力最便宜之方法，以美國爲例，燃煤發電提供超過 50% 電力並產生占全國 40% 的二氧化碳排放。由於煤供應穩定且成本低，燃煤發電預期在未來 20 年將持續成長，美國能源資訊局（Energy Information Agency）推估由於電力需求成長，全球 2030 年燃煤發電裝置之裝設將增加 50%（Energy Information Administration Office of Integrated Analysis and Forecasting, 2007）。碳捕捉與封存是減緩二氧化碳排放最可行之方法，美國能源部（Department of Energy, DOE）將燃燒化石燃料發電所排放二氧化碳之捕捉方法分成三類：

1. 燃燒後捕捉（post-combustion）
2. 燃燒前捕捉（pre-combustion）
3. 富氧燃燒（oxy-combustion）

上述二氧化碳之捕捉方法簡要示於圖 1-7，燃燒後捕捉必須自燃燒後氣體（主要爲氮氣）中分離低分壓之二氧化碳，燃燒前捕捉則是自未燃燒之合成氣體（主要爲氫

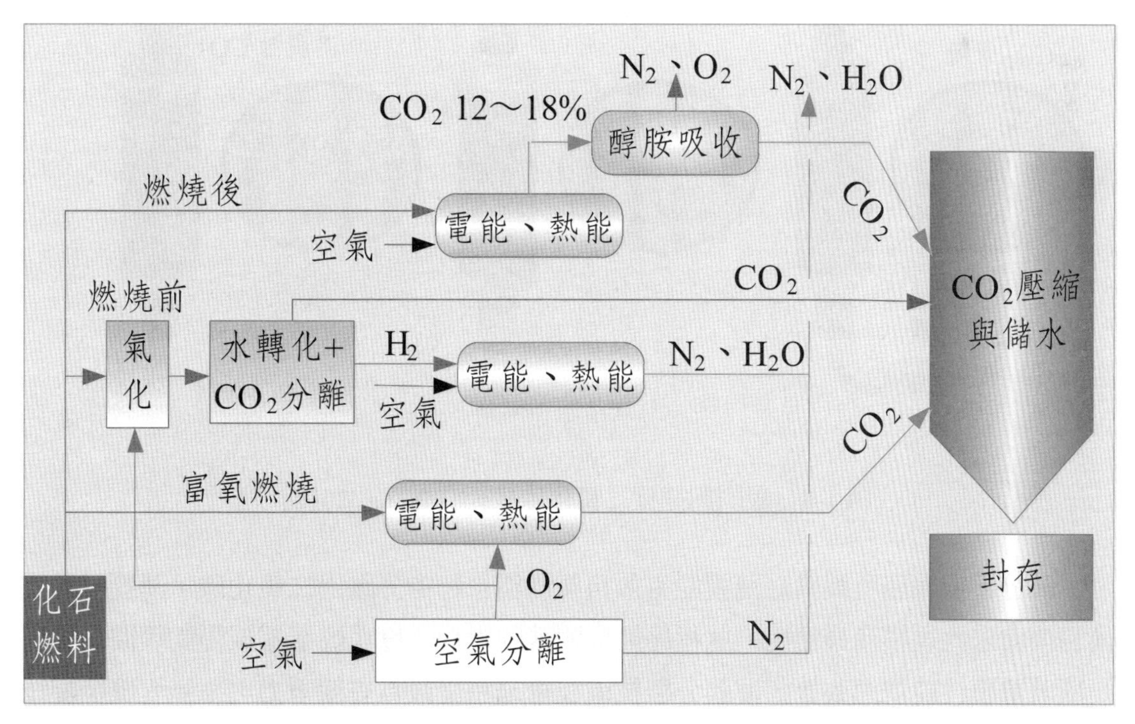


圖 1-7　燃燒化石燃料產生電力之二氧化碳捕捉

和一氧化碳）分離高分壓二氧化碳，富氧燃燒則是以純氧取代空氣，使燃燒後氣體爲接近可直接封存之高濃度二氧化碳。

對於乾淨、高效率電力產生，燃燒前捕捉及富氧燃燒是未來具有發展潛力之捕捉技術，然而這兩種技術適合於新建之發電廠，目前商轉之發電廠均爲使用空氣直接燃燒化石燃料之傳統裝置。由於技術成熟，未來新建之發電廠亦使用此類裝置爲主，欲自傳統燃燒裝置捕捉二氧化碳，燃燒後捕捉應爲較適當之技術。

以往已有多種技術被提出用於燃燒後捕捉二氧化碳，吸附劑捕捉技術（圖 1-8）可自工業混合氣體中分離二氧化碳，由於能耗較低且對環境衝擊較小（不使用溶劑），吸附劑捕捉技術具有高成本效益優勢。吸附劑捕捉技術使用固態沸石爲吸附劑，沸石能將二氧化碳捕捉在其表面，並在溫度或壓力改變時將二氧化碳釋出，依二氧化碳釋出機制不同，較常應用之吸附劑捕捉技術爲 pressure swing adsorption（PSA）及 vacuum swing adsorption（VSA）。

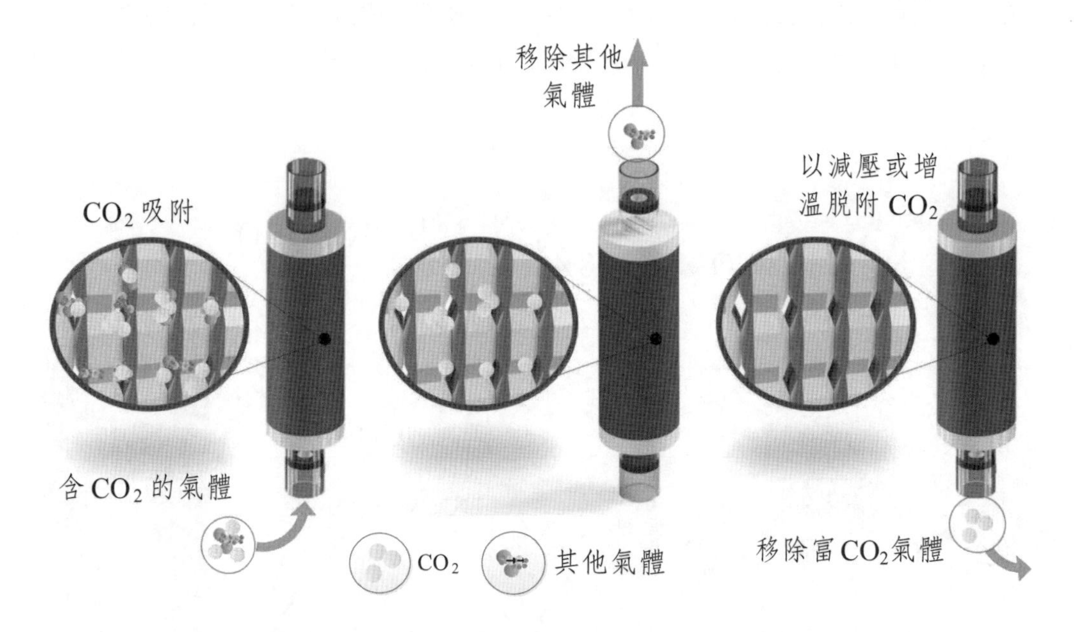


圖 1-8　吸附劑捕捉二氧化碳技術（Wong, 2012）

高分子或陶瓷所製備之薄膜能有效自氣體混合物中分離出二氧化碳，薄膜分離技術目前尚未大規模商業應用，此程序需面臨薄膜操作溫度與燃氣組成變動等問題，但是隨著薄膜性能快速改善，薄膜分離技術在未來將是最具有競爭力之二氧化碳捕捉技術。發展中之薄膜二氧化碳捕捉技術包含薄膜氣體吸收（membrane gas adsorption）

與薄膜氣體分離（membrane gas separation）兩種程序。薄膜氣體吸收係結合薄膜與溶劑進行二氧化碳捕捉（圖 1-9），多孔性薄膜允許氣體進入並與溶劑接觸，二氧化碳擴散進入薄膜孔洞進而被溶劑選擇性吸收，薄膜無分離作用，僅提供穩定之氣、液相接觸界面，由於薄膜孔洞中氣體之驅動力很低，薄膜氣體吸收適用於低二氧化碳分壓之二氧化碳捕捉，實際操作時，薄膜氣體吸收程序需克服溶劑滲入膜孔、流動（forming and channelling）及溶劑再生之能耗等問題。

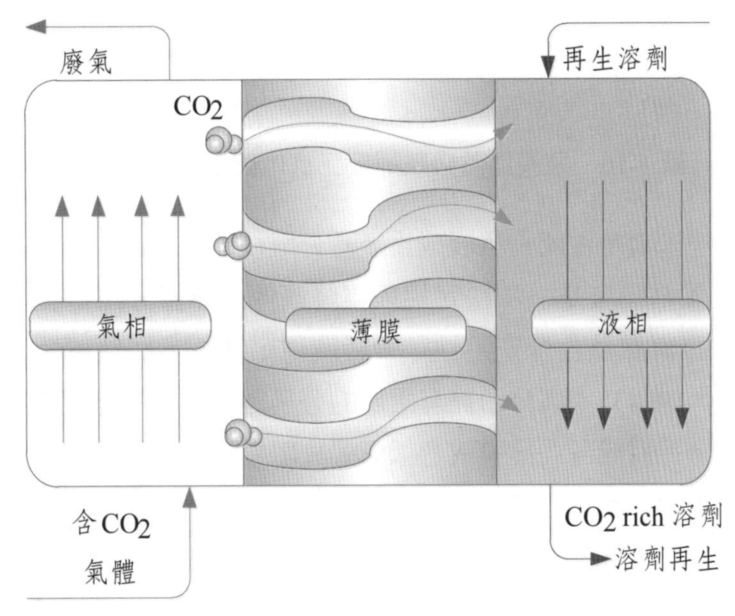


圖 1-9　薄膜氣體吸收捕捉二氧化碳技術

薄膜氣體分離用於二氧化碳捕捉具備操作簡單、能源效率高、設備占用面積小、投資成本低、不使用溶劑等優勢，薄膜氣體分離捕捉二氧化碳之機制是讓二氧化碳較其他氣體優先透過薄膜阻障層（圖 1-10），特定氣體透過薄膜之速率取決於氣體分子尺寸、氣體濃度、膜兩側氣體壓差及氣體與膜材之親和性，薄膜氣體分離主要操作成本為產生氣體透過薄膜所需驅動力所進行之氣體壓縮的能源消耗。Hendricks 在 1989 年提出商業化氣體分離薄膜應用於燃氣處理時將無法與吸收技術競爭（Hendricks 等人，1989），這是因為當時氣體分離薄膜的效能不足，氣體分離薄膜之效能指標為透過係數與選擇係數，由於大量學者投入氣體分離薄膜效能提升之研究，目前氣體分離薄膜之透過係數與選擇係數已遠優於 1989 年之狀態，因此近年來薄膜氣體分離應用於燃氣中二氧化碳捕捉已重新獲得學界與業界之重視。

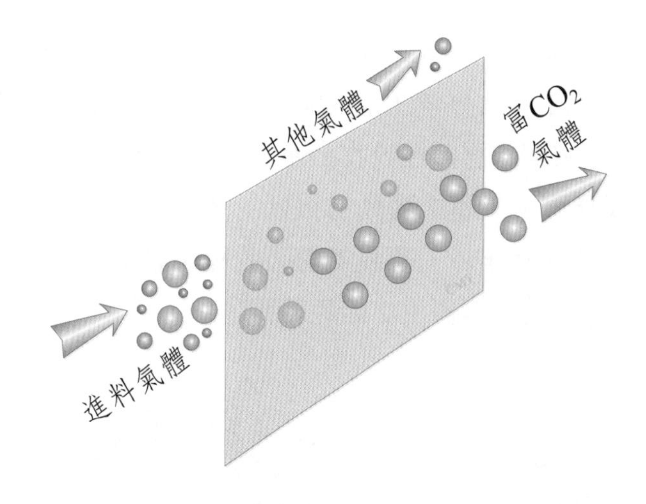


圖 1-10 薄膜氣體分離捕捉二氧化碳技術

薄膜氣體分離程序未來是否能夠發展成為氣體分離技術的主流，結合高氣體選擇性與透過性的高效能膜材開發是一項決定性因素，高效能氣體分離薄膜除了優異的分離效能之外，尚需具備熱及化學安定性、長時間穩定性、良好機械性質及成型性（Paul 與 Yampolskii，1994）。高分子擁有柔韌的分子鏈和極佳的溶劑溶解性，此種特性使得高分子很容易製備成各式薄膜或各種形式分離模組，良好的加工性及適當的氣體分離性能使高分子相較於其他膜材有較佳的成本競爭力，這也是目前大部分商業應用均使用高分子薄膜的主要原因（Koros 與 Mahajan，2000）。為了提高薄膜氣體分離的產能，早期高分子氣體分離薄膜多採用橡膠態高分子製膜，但氣體透過性高的橡膠態高分子氣體分離薄膜有氣體選擇性差的缺陷，顧及薄膜氣體透過性與選擇性的平衡，目前製備高分子氣體分離薄膜多使用玻璃態非結晶性高分子。此外高分子薄膜僅能適用於低至中等溫度的操作，亦限制了它們在工業分離程序之應用，此技術限制也促使可應用於高溫分離之緻密 $SiO_2$、金屬薄膜及多孔無機薄膜之開發。無機薄膜在高溫非常安定，因此這類薄膜適合使用於中至高溫之分離應用，然而無機薄膜存在不易製備無針孔之大面積薄膜的技術問題，同時水蒸氣所造成孔洞體積之減少亦待克服。將高分子前驅物薄膜碳化製備之碳分子篩薄膜（carbon molecular sieve membrane, CMSM）在過去十年間逐漸受到注意，碳分子篩薄膜具有與高分子薄膜相似或更高之氣體選擇性，同時亦具有與微孔洞無機薄膜近似之高氣體透過量，碳分子篩薄膜之優異氣體透過性與選擇性使其具備多種工業運用潛力。

離子液體（ionic liquid, IL）是由一個有機陽離子與一個有機或無機陰離子所組成的鹽，離子液體具有液態溫度範圍廣、熱穩定性高、蒸氣壓很低、物理 - 化學特性易調整、高 $CO_2$ 溶解量等特性，這些獨特性質使離子液體適合作為 $CO_2$ 捕捉劑，離子液體為物理性溶劑，再生時所需消耗之熱能很少，因此離子液體可被作為吸收劑或製成支撐式離子液體薄膜進行煙道氣中 $CO_2$ 捕捉。

節能減碳是世界的趨勢，二氧化碳捕捉是最直接有效之減碳方法，未來全球限制碳排放量的協議一旦簽訂，二氧化碳捕捉的市場將無比龐大。

## 1-4-3　新能源開發

### 一、滲透蒸發

近年來世界各國都陸續投入再生能源及新能源技術的開發，若能結合簡單蒸餾及滲透蒸發兩種分離程序進行無水酒精的製造，將成為未來再生能源開發的明星製程。由於人類追求高品質生活的夢想促使科技蓬勃發展，石油的需求量因而持續上升，因此所產生的溫室氣體，也造成人類在享受科技開發果實時需要承受的另一個嚴峻考驗。石油枯竭的隱憂及暖化現象造成的氣候變遷，終會是人們無法擺脫的夢魘，如何減緩石油消耗，尋找再生能源，已成為重要的課題。

以今日新替代能源的開發速率相較於石油需求成長率似有緩不濟急之勢，開發其他可再生的輔助性能源例如生物燃料等以降低石油消耗，為新能源技術開發爭取更多時間，已成為現今科技發展的策略。如果輔助性能源對於降低環境汙染、抑制溫室氣體能有幫助，更是目前最適切的選擇。

近年來世界各國都投入再生能源及新能源技術的開發，例如風能、太陽能等，期望獲得穩定的供應。但這些能源會受到氣候影響而衍生高度不穩定性，因此其所轉換的電力一般僅能當作備載電力。而在新能源技術中，生質能源是兼具環保與經濟效益的綠色能源科技，是最值得政府與民間大規模推動的綠色產業。

乙醇俗稱酒精，具有特殊芳香氣味、無色、透明且有刺激性，在醫療上常作為消毒殺菌劑使用。中國人雖然發展出精緻的釀酒技術，但也只嘉惠飲君子而已。其實乙醇屬於生質能源，和汽油具有良好的相容性，發動機只需稍加改造就可以使用，傳統汽油引擎也可以直接使用添加乙醇的混合燃料。此外，燃燒乙醇／汽油混合燃料最大的優點，就是產生的二氧化碳、一氧化碳與含硫氣體比燃燒汽油少很多，是很好的環保燃料。

巴西是使用乙醇／汽油混合燃料最成功的國家，早在 1930 年代巴西就制定了乙醇燃料的推廣法規及生產技術標準，要求民眾使用乙醇含量 5% 的汽油（E5），政府用車則必須使用乙醇含量 10% 的汽油（E10）。

1970 年全球爆發石油危機，當時巴西約有 80% 的燃料仰賴進口，使得巴西政府損失高額的外匯，嚴重打擊其經濟。於是在 1977 年，巴西政府以保護農民經濟利益及促進農業發展爲前提，並兼顧環境保護和發展高自主性再生能源的原則下，積極推動供應 20% 乙醇／汽油混合燃料（E20），甚至在 1980 年提高到 22%。這一政策成功地解決了巴西石油缺乏的困境，也使巴西成爲世界上發展生質能源最成功的國家。

生物質中，只要含有可發酵性糖，如蔗糖、葡萄糖、麥芽糖、果糖、藻多糖等，都可以用來製造生質酒精。因此擁有可轉變爲發酵性糖的原料，如甘蔗、甜菜、甜高粱等含糖作物，或含澱粉質的原料，如玉米、小麥、大麥、稻米、高粱、燕麥等糧穀類，和甘藷、樹薯、馬鈴薯等薯類，以及富含纖維素的稻稈、稻殼、玉米稈、麥稈、蔗渣、廢木塊、林木廢棄物、樹葉等，都可加以利用。

透過蒸煮以破壞植物組織，釋放儲藏在植物細胞內的澱粉粒，然後再經過糖化過程把澱粉質原料轉化爲糖，之後進入糖蜜發酵製程，再經由生物分解發酵、蒸餾、脫水，便能產製成酒精。但當酒精加入汽油作爲汽車燃料時，使用的酒精含水重量百分率必須低於 0.5%，以避免太高的含水量影響引擎燃燒效率與機件壽命。

如何製造無水酒精？一般無水酒精的定義是重量百分率含量達 99.5% 以上的酒精，但酒精與水具有共沸組成，即當酒精／水 = 95.6wt.%/4.4wt.% 時就無法利用簡單蒸餾方式脫水。目前的生產方法有共沸蒸餾脫水、萃取蒸餾脫水、化學反應脫水、分子篩脫水等。

共沸蒸餾脫水是生產無水酒精最常用的方法，一般以苯、環己烷或乙二醇作爲脫水劑，得到的無水酒精純度可達 99.8～99.95wt.%。萃取蒸餾常用的萃取劑，有甘油、乙二醇、醋酸鉀等。在蒸餾塔中，萃取劑由塔頂向下流，酒精蒸氣則由塔底向上升，進行逆流萃取，利用萃取劑把酒精中的水分帶走。無水酒精由塔頂逸出，塔底排出的則是含水分的萃取劑，萃取劑再生後可重複使用。但上述方法都需回收共沸劑、萃取劑或吸附劑，耗費大量能源，因此開發新一代低耗能脫水技術是刻不容緩的目標。

自從 18 世紀工業革命後，科技日新月異，各行各業的菁英竭盡所能造就了現今科學技術的多樣化。然而在這些卓越的研究中，有許多過於繁複、耗費能源又極占空間的操作程序，因此輕、薄、短、小就成爲科技研發的最終目標。很幸運的，薄膜科技涵蓋了上述諸項特色。

在薄膜分離程序中，滲透蒸發（PV）是目前極受矚目的研究領域。在這項程序中，薄膜是一道經過特殊設計介於液相與氣相間的分隔層，提供了含水酒精轉換成無水酒精的途徑，且分離程序中不需高溫，只利用薄膜兩側的壓力差使液相進入薄膜內，因汽化成氣體而完成脫水分離，這是與傳統分離系統最大的差異。此外，相較於傳統的蒸餾分離系統是以氣 - 液平衡作爲分離的基礎，滲透蒸發的選擇性是來自於待分離物質間分子大小的差異，以及對薄膜材料親和性的不同。

滲透蒸發的分離機制可分爲 3 個步驟：混合液與薄膜表面接觸，並依進料物種的化學活性與對薄膜親和性的不同，造成進料溶解進入膜內；藉著進料分子本身的大小、形狀，以及進料和膜材特定的官能基親和性所造成擴散速率的差異，進而擴散透過薄膜；當滲透物質擴散透過膜材後，因爲系統維持在低壓狀態，滲透物種會快速汽化而脫附（圖 1-11）。

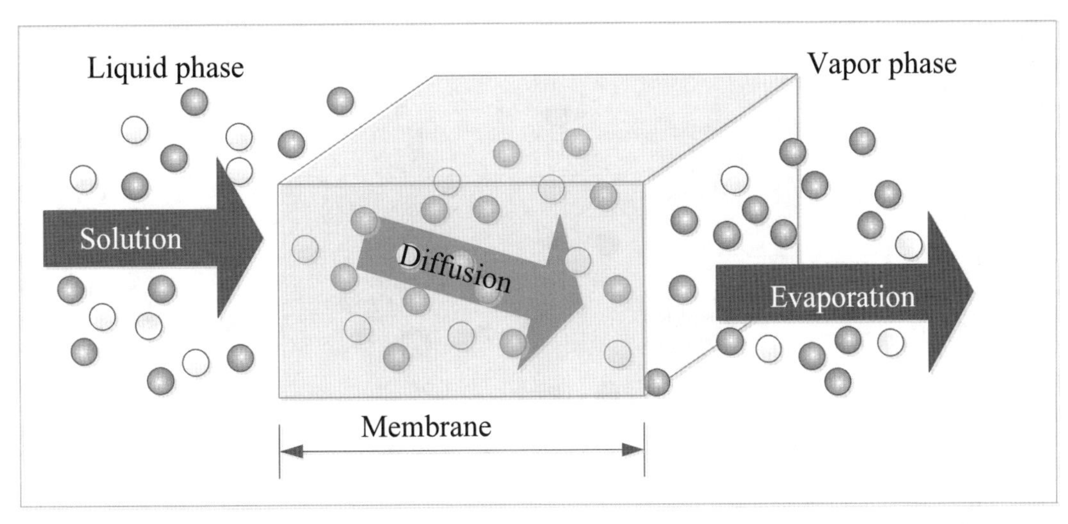


圖 1-11　滲透蒸發分離程序之溶解（solution）和擴散（diffusion）機制

以生產無水酒精爲例，比較共沸蒸餾和滲透蒸發分離程序的能量消耗，顯示滲透蒸發分離程序只須七分之一的共沸蒸餾耗能，就可把 95.6 wt.% 的酒精濃度提高至 99.5 wt.%。簡單蒸餾及滲透蒸發兩種分離程序進行無水酒精的製造，將成爲未來再生能源開發的明星製程。驅動人類社會進步的重要因子之一就是「能源」的發現和利用，而薄膜科技正是啓動「新能源」的鑰匙。

## 二、燃料電池

近年來全世界化石能源的供給並沒有明顯的增加，能源需求卻因爲新興國家的經濟起飛而不減反增，原油價格節節升高，取代化石能源的替代能源於焉沸騰。就人類的歷史來看，太陽能雖然取之不竭，但就目前化石能源使用的範圍來說，我們的確需要一種新的能源裝置，類似於燃燒化石燃料，能隨時隨地產生能源供應動力或電力。也就是說，我們需要一種非化石能源爲燃料的能源產生裝置，由之衍生並發展中的裝置就稱爲燃料電池（fuel cell）。

燃料電池的種類很多，其中以「質子交換薄膜燃料電池」（proton-exchange-membrane fuel cell, PEMFC）的發展最受重視。PEMFC 的燃料可以是氫氣、甲醇、乙醇等，發電量範圍寬廣，可以作爲小型發電站、交通工具發動機，甚至電子產品的電源（圖 1-12）。

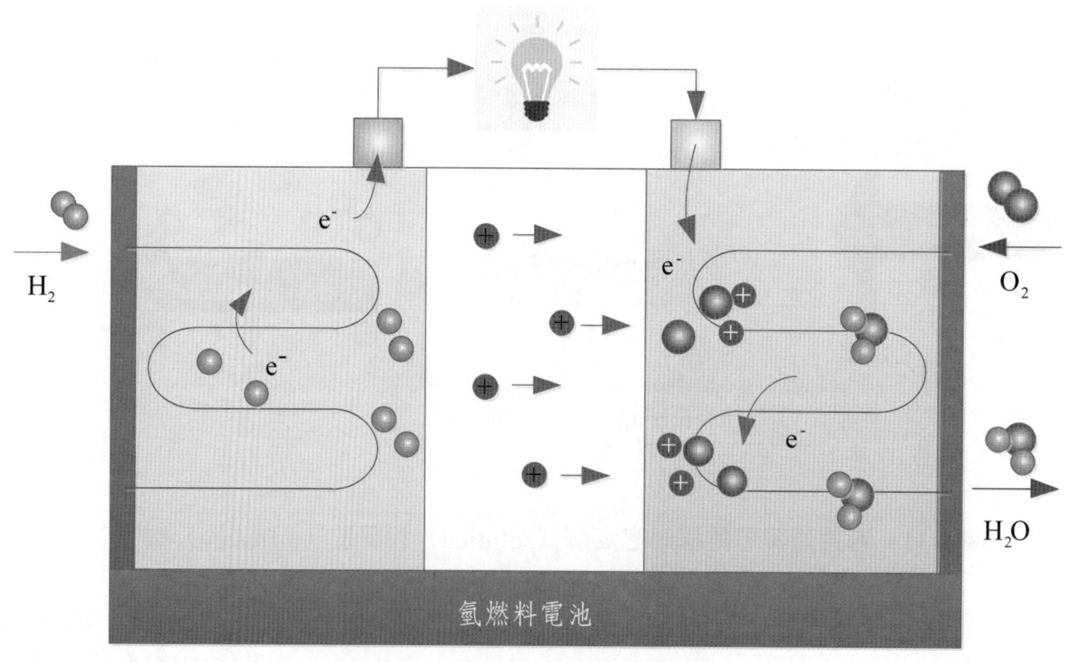


圖 1-12　質子交換薄膜燃料電池

PEMFC 的燃料，例如氫氣是由陽極進入，經由觸媒催化產生質子與電子，電子循外部電路到達陰極產生電流，質子則透過質子交換薄膜到達陰極，質子、電子與氧在陰極產生反應。整個電池反應於是可視爲氫的氧化反應，而水是唯一的反應產物。

薄膜科技在氫氣與乙醇生產純化過程中扮演著重要且關鍵的角色，而具有質子傳導能力的質子交換薄膜，更是質子交換薄膜燃料電池的心臟。作爲質子交換薄膜的材料，當然必須可以讓質子透過。一般來說，凡帶有可以解離質子的化學團基，例如磺酸基、磷酸基、羧酸基等，都可以達到質子交換的目的。另一方面，帶有胺基的高分子經過四級胺鹽化之後，所形成的四級胺鹽也具有質子交換的功能。考量質子導通的性能和效率，帶有磺酸基的高分子電解質是最理想的質子交換薄膜材料。目前最廣泛使用作爲質子交換薄膜的材料，是美國杜邦公司的 Nafion，它是一種具有側鏈的氟碳聚合物，在側鏈上具有磺酸團基作爲質子傳導之用。磺酸團基的數目與質子導通率有正相關，但過多磺酸團基會讓高分子變得非常親水而不穩定。

另一方面，Nafion 的氟碳主鏈形成疏水的部分，在形成薄膜時會與親水的含磺酸基的側鏈形成微相分離的現象。也就是說，疏水的氟碳主鏈不喜歡和親水的磺酸側鏈在一起，於是在薄膜裡面，疏水的氟碳主鏈自己就形成一個區域，親水的磺酸側鏈則形成另一個區域，這就是相分離。這種相分離尺度通常不大，肉眼不可見，但自成區域的含磺酸基側鏈就在薄膜裡面形成一個質子的通道，有利於質子由陽極透過薄膜到達陰極。也因如此，Nafion 質子交換薄膜具有相當不錯的質子傳導特性。

使用氫氣作爲燃料的 PEMFC 較不適合應用於電子產品，而較合適的裝置是使用甲醇爲燃料的「直接甲醇燃料電池」（direct methanol fuel cell, DMFC）。它是以甲醇取代氫氣爲燃料，在陽極發生化學反應產生的質子和電子，分別透過質子交換薄膜和外部電路到達陰極。這時，質子交換薄膜直接與甲醇接觸，因此它對甲醇的耐受性、穩定性及阻絕甲醇透過的特性，就變得很重要。

一般來說，作爲燃料的甲醇濃度通常都不高，約在 5 M 以下，常用的更只有 2～3 M 左右。但由於質子交換薄膜必須長期和甲醇水溶液接觸，這對高親水性的質子交換薄膜來說，是相當嚴苛的考驗。也因此，Nafion 作爲 DMFC 的質子交換薄膜時，便遇到難以阻擋甲醇透過的問題，開發新的 DMFC 用的質子交換薄膜，就顯得急迫且必須。

研究顯示，以磺酸化而不含氟的高性能芳香族高分子作爲質子交換薄膜的材料，或形成奈米複合材料，或引入三維的立體交聯結構在具有磺酸根的聚電解質材料中，都可以達到提高質子交換薄膜性能的目標。

當一種材料眞正使用於商品時，它的性能、效能、價格、耐久性之間的平衡，就變成另一個值得研究的議題。這也是爲什麼產品從雛型開發到進入市場，通常需要好幾年時間的原因。但透過薄膜科技學者的努力，各種使用 DMFC 作爲電源的 3C 產品雛型，已經在各種展覽會中亮相了。相信不久之後，使用者就不用再苦於手機沒電無法暢所欲言，或避免筆記型電腦電池續航力不足而無法長時間在戶外使用的困擾。

## 三、正滲透薄膜

水力發電是利用水的位能轉換成動能以推動發電機而發電，在由高處往低處流的溪流裡建水壩累積水的高度，自然會獲得具比較高位能的水。日月潭抽蓄發電廠就是利用離峰時間的便宜電力把水抽至高處，再於尖峰時間放水發電。地球上海水取之不盡，如果能用以發電，會是一理想的資源。

利用海水發電，技術之一是利用潮汐起落的能量差來發電，另一則是利用薄膜技術的「鹽分梯度發電」。當淡水（河水）和鹽水（海水）被薄膜隔開時，因爲滲透壓的關係，如果所用的薄膜具有半透性，就只能透過水分子但阻絕鹽分子，則濃度差異會迫使淡水透過薄膜到達鹽水側，鹽水側端的水位就會高過淡水側端，產生的水位差異就可提供足夠的位能用以發電（圖 1-13）。

這裡所使用的薄膜稱爲「半透膜」，廣泛使用在海水淡化程序中，但海水淡化是讓水從鹽水端逆向滲透過薄膜到達淡水端，是屬於逆滲透薄膜，鹽分梯度發電使用的半透過膜則是正滲透薄膜。德國薄膜研發重鎮 GKSS 曾展示過具有商業應用潛力的「正滲透薄膜」，日本的研究人員也證實鹽分梯度發電系統確實可以得到能源的淨輸出，也就是說，發電輸出的能源超過發電本身所消耗的，這些成果都證實鹽分梯度發電是可行的。

事實上，在「歐盟永續能源系統計畫」中，梯度發電計畫就是一項重要的子計畫。計畫並以開發適用於「鹽分梯度發電設備」的「膜」爲計畫執行目標，可見薄膜技術在新能源開發上有其重要性。

要達到薄膜對水及鹽類有選擇性的穿透效果，最重要的就是薄膜的孔洞大小必須在次奈米等級，也就是必須小於鹽類的離子而大於水分子。另一方面，逆滲透薄膜已是純熟的技術，正滲透薄膜雖然是類似的原理，但因爲操作的條件及應用都不一

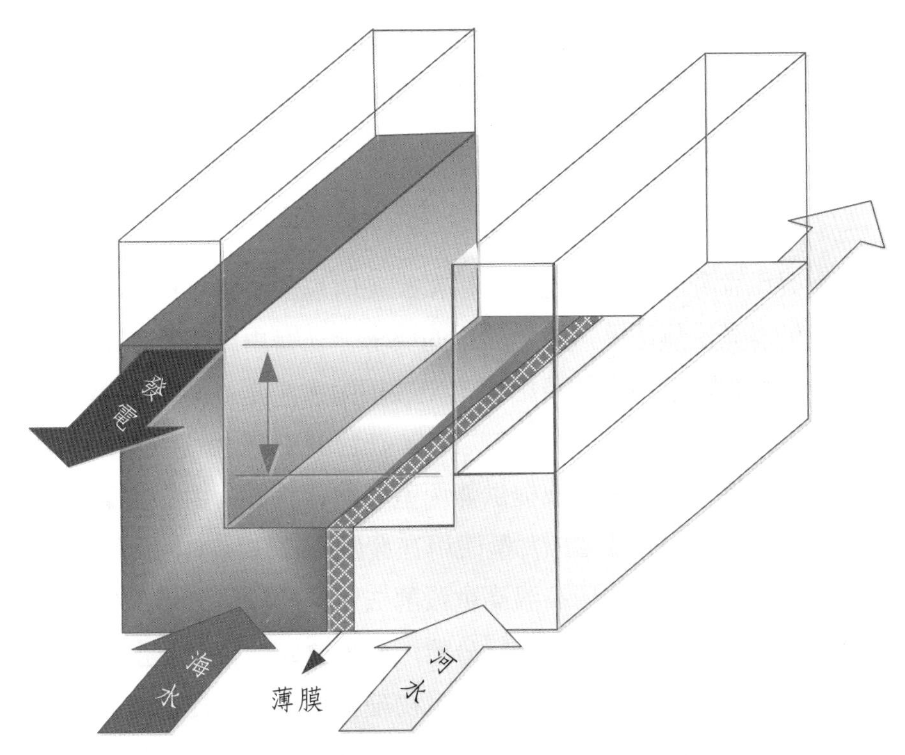


圖 1-13　正滲透薄膜技術的鹽分梯度發電

樣，因此薄膜的性質必須有所調整，其困難度和開發新穎的薄膜基本上是相同的。

一種新科技的形成和其衍生出來的產品，往往會大幅改變人類生活的形貌，也會帶來無限的方便性，未來科技的發展可以說正朝向「促進人類美好生活」的方向前進。驅動人類社會進步的重要因子之一就是「能源」的發現和利用，而薄膜科技正是啓動「新能源」的鑰匙。全世界的薄膜產業已發展成形，也在新能源的競逐中扮演著舉足輕重的角色，我國這一方面的研究發展也正蓬勃發展中。

## 1-4-4　生技醫療

薄膜的使用在醫療場所隨處可見，譬如打點滴時液體管線上的過濾膜、尿袋上平衡內外壓力的透氣膜、人工心肺機內的氣體交換膜、洗腎時使用的透析膜、修補心房缺損的阻絕膜網、腹腔手術後防止腸沾黏的防沾膜等。這些醫療用薄膜，爲達到使用目的，除了在膜孔大小、機械強度等各有不同規格外，更重要的是要無毒、易殺菌，材質也不可引起過敏發炎等反應。醫療用膜的範圍十分廣泛，大致可分爲體外使用及體內安置兩大類，以下舉例說明可能的應用及所需的特殊要求。

## 一、體外使用

薄膜因不與患者身體組織或體液直接接觸，所以較不講究所謂的組織或血液適應性的問題，但仍需滿足無菌、無毒、活用的要求。在醫用純水及注射針劑用水的製備中，大多以 MF 膜濾除水中微粒及細菌，一般細菌大小是 0.4～0.6 微米，常以 0.2 微米的 MF 膜濾除菌體。除了液體的 MF 之外，在醫藥工業上也用 MF 膜濾除空氣中的微粒及細菌，以維持空氣的清淨或提供無菌室、消毒設備所用的空氣。

在生技產業方面，MF 及 UF 大量使用在發酵程序中。MF 膜常用來濾除進料液體及空氣內的菌體，而不需採用高溫高壓殺菌法。至於發酵液中的生物細胞及其所產生的蛋白質，也常以掃流薄膜過濾進行分離，而不會破壞細胞及蛋白質的活性，濃縮液則回流至發酵槽，以維持槽內高密度的生物細胞，可有效提高發酵速率。另一方面對於藉由破碎細胞以回收蛋白質的程序，也多以 MF 或 UF 膜過濾進行大規模且連續的固液分離，這種方法已用來製造抗生素、疫苗等。

在血液處理方面，也常應用 MF 進行血液中血球和血漿的分離，有時也可用來進行臨床醫療，如有些疾病與血液中的異常血球或蛋白質有關，可以利用 MF 膜移除血液中的異常成分。

在醫療院所，一般使用的生醫薄膜會與患者血液直接接觸，主要用於體外循環維生系統。因此除了須無菌無毒外，還須考量血液適應性的問題。這類薄膜最爲人所熟知的，首推用於人工心肺機內的氣體交換膜與洗腎機內的血液透析膜。

### 1. 體外膜氧合

體外膜氧合（extra-corporeal membrane oxygenation, ECMO，俗稱「葉克膜」）是一種醫療急救設備，用以暫時協助大部分醫療方法皆無效的重度心肺衰竭患者進行體外的呼吸與循環（圖 1-14）。葉克膜除了能暫時替代患者的心肺功能，減輕患者心肺負擔之外，也能爲醫療人員爭取更多救治時間。葉克膜用於孩童患者因容易產生併發症，所以可用輔助期一般僅約一週至十數日而已。

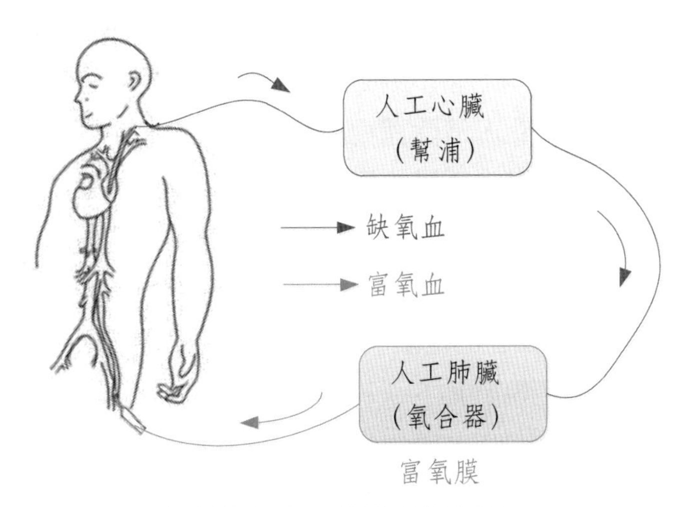


圖 1-14　體外膜氧合，俗稱「葉克膜」

葉克膜體外維生系統是心臟開刀房外的外循環與生命支援技術，如同傳統心臟手術時應用的外循環系統，其原理是將體內的靜脈血引出體外，經過特殊設計之氣體交換模組使人體非氧合血液經氧合器（人工肺）靠擴散作用進行氧氣交換合成富氧血。而後經動力泵（人工心臟）及熱交換器將血液主動注人病人動脈或靜脈系統，產生部分心肺替代作用，維持人體臟器組織氧合血供應。葉克膜體外循環機基本上可分爲兩類，一類如同人工心肺機，同時取代心與肺的功能，缺氧血由頸前靜脈引出，經葉克膜體外循環機把富氧血注入大動脈弓，主要用於嬰幼兒。另一類則僅取代肺臟功能，缺氧血由頸前靜脈引出，經葉克膜體外循環機把富氧血注入股靜脈，多用於年齡較大的孩童與成年人。然而整個系統之關鍵技術在氣體交換模組（氧合器）之設計。目前使用的氣體交換模組是具細微孔洞中空纖維模組，使用的材質有三類，即聚丙烯、聚（4- 甲基 -1- 戊烯）與矽膠。

2. 血液透析

血液透析技術的開發已超過 50 年的歷史，是人類發展血液相關處理技術最爲成熟的項目，關鍵技術在於透過透析中空纖維膜的材料結構控制，將尿毒分子由人體血液中移除至安全的濃度範圍，對於腎臟病患是賴以爲生的生活必需品。當人體腎臟受到傷害而無法正常運作時，會造成身體內新陳代謝產生的廢物如尿酸、尿毒、肌酸酐等無法排除，以及無法維持體內鈉、鉀、鈣、磷等電解質及酸鹼的穩定及平衡，而導致其他器官受到影響，如尿毒症、下肢水腫、高血膽固醇、糖尿病、紅瘡狼斑等併發症。對於腎臟衰竭的病人，一般可透過腎臟移植、腹膜透析或血液透析等進行治療。其中血液透析就是一種外循環維生系統，把病人體內的血液引出，經中空纖維狀的半透膜管進行血液淨化，清除體內廢物並控制水分平衡後再送回病人體內，這個過程稱爲人工洗腎。洗腎半透膜的選用，如同氣體交換膜，除了須考量無毒易殺菌外，還須選用不易引發血栓的材質。目前常見的是聚碸酸及醋酸纖維素，這類材質的抗凝血性其實並不佳，因此須在血液引出患者身體後隨即注射抗凝血劑，如此一來，也會導致患者有內出血的危險。由於血液透析用膜市場龐大，使得業者在抗凝血性血液透析膜的研發上不遺餘力。

3. 血液淨化薄膜

人體的血液主要由血漿和血球組成，其功能爲提供器官和組織的氧氣與養分，以及傳送由人體內部所產生的訊息物質和酵素。血漿包含水、電解質、蛋白質等，血清則是血漿除掉凝血因子後的透明液體。血球的組成包含紅血球、白血球及血小板等，在人體血液循環中各有其功能和運作方式。白血球是由淋巴結、脾臟、骨髓中產生，其壽命依白血球種類不同而有所差異，可從數小時至數年之久。當細菌侵入人體釋出毒素或組織受傷產生訊號分子時，會促使受傷區域的血管擴張，通透性增加，組織液進入受傷區域使之腫脹、發熱，則白血球大批接近該區域以吞噬細菌和壞死的組織。一般而言，在輸血過程中，若將捐血者的白血球隨著血液進入受血者身體中，根據臨床醫學研究發現，依受血者身體健康程度不同，會產生不同的副作用與併發症，如非溶血性發熱反應、異體免疫反應、人類 T 淋巴細胞病毒 I 型、感染巨型細胞病毒，與輸血相關移植體抗宿者疾病等。根據現階段之臨床研究指出，需將正常血液中的白血球濃度降低至每升血液含 $10^6$ 個白血球以下，才能有效的改善輸血副作用發生，因此有功效之血球過濾器需達 99.9% 以上之白血球減除效果，才能達到輸血安全的標準。血球分離器的發展，是日本的 Asahi Medical 公司第一家發展出來的技術，在進行血液中特定細胞篩選時，無意間發現在其所發展之纖維不織布可將白血球由血液中分離開來，降低血液中之白血球濃度，將有助於減少輸血副作用，例如：(1) 降低非溶血性發熱反應之發生率；(2) 減低病毒感染的機率；(3) 避免發生疾病的再活化；(4) 減少人類白血球抗原（Human Leukocyte Antigen, HLA）異體免疫的發生；(5) 節省治療成本。人體之血液淨化處理的未來技術發展，將以癌症治療、幹細胞回收與血小板純化爲主要方向。

## 二、體內安置

### 1. 組織修補膜

安置在體內的薄膜，會與患者身體組織或體液直接接觸，因此除了須無菌、無毒外，也須考量組織和血液適應性的問題。所謂的組織適應性，主要是指不會引起身體的過敏反應；所謂的血液適應性，則是指不會引起血栓反應。

身體若有些縫隙，如先天閉鎖不全或後天破裂，常會造成很多困擾，甚至危及生命。這類問題最爲人熟知的，便是疝氣及心房中隔缺損。在胎兒時期，腹腔在腹股溝有一個開放的囊袋，出生時這個囊袋應已閉合。但是有些人閉合不全，於是腹腔內的腸子或腹網膜會掉入這個囊袋中形成疝氣。另外年紀較大的病人，因爲長期咳嗽、慢性便祕、排尿困難等因素，導致腹股溝處的肌肉變薄變弱，也會形成疝氣。

疝氣如果很嚴重則需動修補手術，修補手術中較新的方法稱爲無張力修補法，這方法不用縫線的力量硬把組織與組織拉在一起，而是應用一塊人工網膜取代缺損的組織。這種網膜使用的材質彈性佳，不會被組織分解吸收，且具有大到 1 毫米的孔洞。當身體組織無法分解吞噬這類材料時，常常會分泌纖維性蛋白包覆外來物，而巨大的膜孔正是讓纖維穿過網孔而引導組織生長，常使用的材質有聚酯、鐵氟龍、聚丙烯等。

類似的應用也用於心房中隔缺損的修補，在胎兒時期因肺臟不需擴張換氧，全身回心血約 70% 血流回到右心房，然後經卵圓孔開放處流到左心房，以提供全身動脈血。出生後卵圓孔多在 6 個月內自動關閉，若未關閉就是心房中隔缺損。傳統的治療法是開心手術，但不免會留下疤痕，且進行過程須以人工心肺機進行體外循環。

1976 年發展出使用心導管置放心房中隔缺損關閉器（俗稱補心傘）的治療方法，手術簡單又不會留疤。補心傘的種類很多，大多以高分子編織成網狀，由金屬支架撐開堵住缺口，網膜本身的設計與材質其實與疝氣修補用膜極爲類似。以上介紹的組織修補膜，只應用於阻隔性軟組織的修補，對於功能性更強的組織器官修復，則屬於複雜的組織工程範疇。

### 2. 控制藥物釋放

投藥方式主要分爲口服、經皮膚吸收及注射三種方式。除了經皮膚吸收投藥方式外，無論是採取口服或注射方式，都希望藥物能順利傳遞到需要的位置，也需要藥物在目的地可以保持最適當的濃度，藥效可以保持最適當的時間。要達到這樣的目的，就須想辦法控制藥物的釋放。當藥物經由口服進入人體後，須先經過酸性胃液的洗滌，然後在微鹼性的小腸被吸收。許多藥物在流經胃部時就被酸液分解，因此有人就想把藥物用高分子物質包覆起來，這些高分子不會被酸液分解，但是會在鹼性環境釋放藥物。爲了延長口服藥的藥效，有時也會採取類似的方法，就是在藥物之外以高分子形成一層膜衣，這種高分子因無法被胃液分解，也無法被腸道吸收，因此延長了藥丸在腸道的滯留時間。這類包覆膜材，常見的有聚丙烯酸系列或纖維素系列的高分子。

如果藥物是經由注射方式傳遞到體內，常常藥效較快而強烈，大量的藥物傳遞到體內，瞬間濃度常遠高於有效濃度，在體內也會迅速地代謝，使得藥物濃度迅速下降，這樣的投遞方式常會造成較強的副作用，且藥效不長。解決的方式仍是包覆藥物，讓藥物由包覆物中緩緩釋出。在血液中流動時藥物體積不能太大，必須製成直徑小於 10 微米甚至達奈米等級的微小粒子。

所用的材料可不能讓它一直存在於血液中，因此需要使用生物相容性佳且可分解吸收的材料。這類的包覆材料，包括天然高分子如膠原蛋白、多醣類生物高分子，細胞膜主要組成物的磷脂質，以及化學合成的聚乳酸 - 甘醇酸等。磷脂質形成的微脂體（liposome），有如一般細胞的保護膜，不但可以保護藥物，更能騙過免疫細胞的攻擊，加上表面官能基容易改質，可以接上特殊細胞辨識物，而成爲所謂標靶治療的利器。

## 1-5　結語

薄膜科技在 21 世紀，因其應用性廣及各項產業，已躍升爲全球矚目之重點產業。在全球水資源匱乏、環保意識抬頭、醫療需求殷切的今日，許多新的薄膜應用被開發出來，也製造出許多新型薄膜，並持續投入更多的研發能量在薄膜科技上，膜過濾的應用範圍，從傳統的食品、醫藥、化工與環工等相關產業，到生醫、生物、電子等所謂高科技產業中都扮演重要的角色。薄膜生物反應器把薄膜與傳統的汙水處理廠的活性汙泥反應槽結合，出流水質也較一般傳統的活性汙泥程序爲佳，可取代傳統廢水處理廠中的終沉池，節省原本終沉池所占的土地成本。另一方面開發結合薄膜蒸餾與低階能源或廢餘熱的程序整合技術對永續發展將甚有助益。節能減碳是世界的趨勢，二氧化碳捕捉是最直接有效之減碳方法，未來全球限制碳排放量的協議一旦簽訂，二氧化碳捕捉的市場將無比龐大，薄膜程序將扮演重要角色。驅動人類社會進步的重要因子之一就是「能源」的發現和利用，而薄膜科技正是啓動「新能源」的鑰匙。醫療用膜的範圍十分廣泛，規格、要求各異，如何正確運用攸關生命之延續，未來薄膜技術發展，將以癌症治療、幹細胞回收與血小板純化爲重要發展方向。

# 習　題

1. 在薄膜領域裡，何謂馬克斯威爾的幽靈？
2. 細胞膜管制分子進出的方法有哪些？人工薄膜常用來管制分子進出的方法為何？
3. 何謂薄膜蒸餾？相較於逆滲透其優勢與弱點為何？
4. 何謂滲透蒸發？其分離機制為何？
5. 質子交換薄膜燃料電池之運作原理為何？
6. 正滲透薄膜如何藉由鹽分梯度發電？
7. 體外膜氧合器（extra-corporeal membrane oxygenation, ECMO）的運作原理為何？
8. 輸血過程中使用之血液，降低其白血球濃度，有何優點？

# 參考文獻


1. Cicek, N., A review of membrane bioreactors and their potential application in the treatment of agricultural wastewater, *Can. Biosyst. Eng.*, 45(2003)6.37-6.49.
2. Energy information administration office of integrated analysis and forecasting, *Annual energy outlook 2007*, U.S. department of energy, 2007.
3. Hendricks, C.A., K. Blok, W.C. Turkenburg, The recovery of carbon dioxide from power plants, In: *Climate and energy*, edited by Okken, P.A., R.J. Swart, S. Zwerver, Kluwer Academic Pub-

lishers, Dordrecht (1989).

4. Hou, D., J. Wang, X. Sun, Z. Luan, C. Zhao, X. Ren, Boron removal from aqueous solution by direct contact membrane distillation, *J. Hazard. Mater.*, 177(2010)613-619.
5. Houghton, J.T., *Climate change 2001: The scientific basis*, Cambridge University Press, Cambridge (2001).
6. Koros, W.J., R. Mahajan, Pushing the limits on possibilities for large scale gas separation: which strategies? *J. Membr. Sci.*, 175(2000)181-196.
7. McCarthy, J.J., O.F. Canziani, N.A. Leary, D.J. Dokken, K.S. White, *Climate change 2001: Impacts, adaptation, and vulnerability*, Cambridge University Press, Cambridge (2001).
8. Meindersma, G.W., C.M. Guijt, A.B. de Haan, Desalination and water recycling by air gap membrane distillation, *Desalination*, 187(2006)291-301.
9. Pal, P., A.K. Manna, Removal of arsenic from contaminated groundwater by solar-driven membrane distillation using three different commercial membranes, *Water Res.*, 44(2010)5750-5760.
10. Paul, D.R. and Y.P. Yampolskii, *Polymeric gas separation membranes*, CRC Press, Florida (1994).
11. Phattaranawik, J., R. Jiraratananon, A.G. Fane, Heat transport and membrane distillation coefficients in direct contact membrane distillation, *J. Membr. Sci.*, 212(2003)177-193.
12. Qtaishat, M., T. Matsuura, B. Kruczek, M. Khayet, Heat and mass transfer analysis in direct contact membrane distillation, *Desalination*, 219(2008)272-292.
13. Qu, D., J. Wang, D. Hou, Z. Luan, B. Fan, C. Zhao, Experimental study of arsenic removal by direct contact membrane distillation, *J. Hazard. Mater.*, 163(2009)874-879.
14. Schofield, R.W., A.G. Fane, C.J.D. Fell, Heat and mass transfer in membrane distillation, *J. Membr. Sci.*, 33(1987)299-313.
15. Srisurichan, S., R. Jiraratananon, A.G. Fane, Mass transfer mechanism and transport resistances in direct contact membrane distillation process, *J. Membr. Sci.*, 277(2006)186-194.
16. Wong, S. *Building capacity for $CO_2$ capture and storage in the APEC region*, A training manual for policy makers and practitioners, Asia-Pacific Economic Cooperation (2012).

# 第二章
# 薄膜之材料、結構與模組

/ 李魁然、王大銘

# 2-1 前言

自十八世紀工業革命以來，科技快速發展，而隨著科技的進步，大量使用石化能源，造成地球可用的能源資源逐漸枯竭，同時也破壞地球環境，如全球暖化、極端氣候、農作物歉收、物種的滅絕等，嚴重的影響各個層面的生態。因此，維持環境永續發展已成為世界各國能源與環境政策的主流，而如何節能減碳、降低二氧化碳的排放量，以及開發替代能源更是未來之主流趨勢，其中薄膜技術的投入將是不可或缺的一環，因為薄膜分離程序具有較低耗能及操作成本等優勢，是一項值得期許與發展的新興產業。

近年來，薄膜應用技術成為許多工業製程中重要的部分之一，以薄膜為基礎的分離技術相繼被研究與開發，並廣泛地應用在純化、濃縮與分離各種混合物，其中最主要的應用在於取代或與傳統的分離系統結合。因此，本章針對薄膜的材料、結構與模組設計進行系統性的介紹。

# 2-2 薄膜的材料分類

薄膜材料的來源可以是天然的（natural）或是合成的（synthetic），根據親和性可以分為親水（hydrophilic）膜材與疏水（hydrophobic）膜材；由膜材所帶的離子形態可以區分為中性（neutral）膜材或是帶陽離子電荷的（positively charged）陰離子交換膜（anion-exchange membrane）與帶陰離子基團的（negatively charged）陽離子交換膜（cation-exchange membrane）。因此，根據不同的薄膜分離程序以及待分離物質特性，選擇合適的薄膜材料是製備分離膜的首要條件。薄膜科技發展至今已經被開發應用的分離膜材料，大致可分為有機高分子、無機高分子及有機／無機高分子混成三大類。

## 2-2-1 有機高分子材料

纖維素（cellulose）是天然高分子，不溶於一般極性溶劑，不易加工成膜，必須進行化學改質以提升其溶解性及功能性。常見之衍生物有：醋酸纖維素（cellulose acetate, CA）、乙基纖維素（ethyl cellulose, EC）和三醋酸纖維素（cellulose triacetate, CTA）等。各類纖維素衍生物結構如圖 2-1：

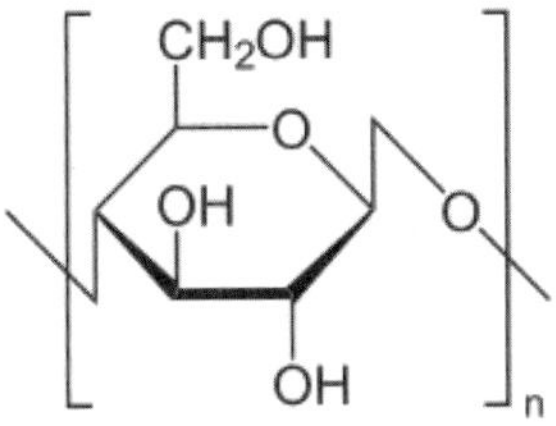

纖維素（cellulose） 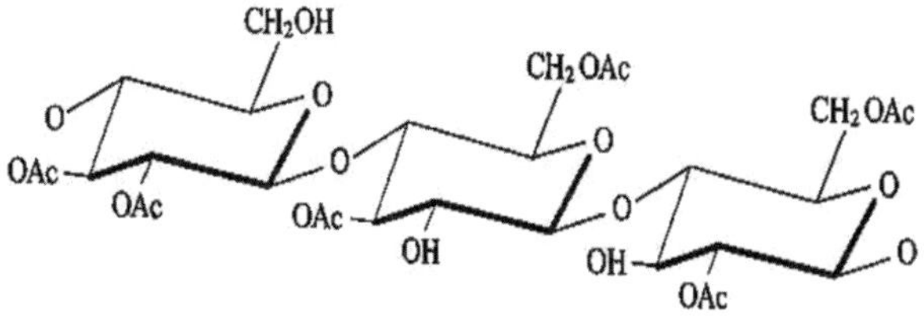　醋酸纖維素（cellulose acetate, CA）

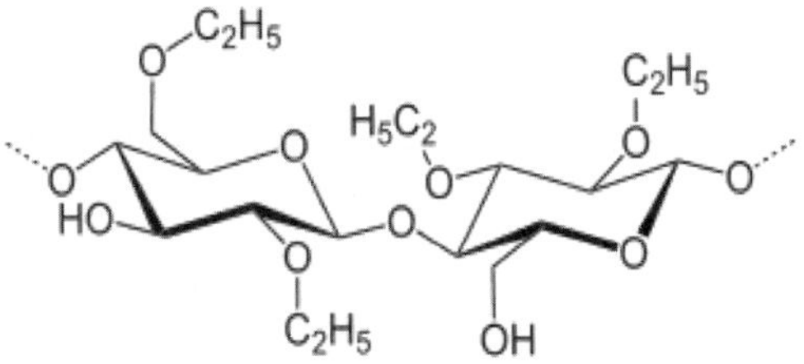

乙基纖維素（ethyl cellulose, EC） 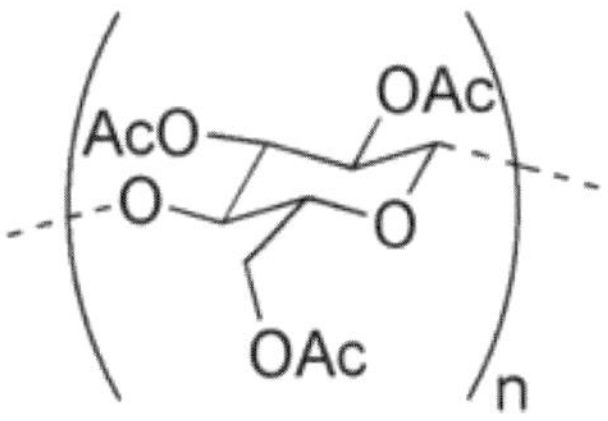　三醋酸纖維素（cellulose triacetate, CTA）

圖 2-1　各類纖維素衍生物結構

化學合成的高分子可藉由分子結構設計賦予材料各種優異的物化特性，例如：耐溫性、耐化性、高抗蠕變性及機械強度等。目前廣泛被運用於薄膜製備之高分子材料有以下幾類：

1. 聚烯烴（polyolefine）類高分子，例如聚乙烯（polyethylene）及聚丙烯（polypropylene）等，在常溫下無溶劑可溶，可利用熱誘導相分離（thermally induced phase separation, TIPS）技術製備出非對稱（asymmetric）微濾膜（microfiltration, MF）。乙烯利用高壓聚合法可得到低密度聚乙烯（low density polyethylene, LDPE），若採用低壓 Ziegler-Natta 觸媒催化聚合，則可得到高密度聚乙烯（high density polyethylene, HDPE）。此外，依聚合條件之差異也能得到線性低密度聚乙烯（linear low density polyethylene, LLDPE）、超高分子量聚乙烯（ultra-high molecular weight polyethylene, UHMPE）等產品。另一種常被應用在需耐高溫程序之聚烯烴高分子是聚 -4- 甲基 -1- 戊烯（poly(4-methyl-1-pentene), TPX），它是一種

具有結晶性、高化學穩定性、耐熱性佳和氣體透過性良好之聚烯烴高分子，因此可以作爲薄膜材料。目前 TPX 作爲薄膜材料主要是利用熔融紡絲 - 拉伸法製備中空纖維膜，它具有良好的氣體（氧氣、氮氣或二氧化碳）分離效能。

2. 聚酯類高分子（polyester）強度高、尺寸穩定性好、耐熱、耐溶劑和化學品的性能優良，廣泛用於分離膜的支撐材料。例如：聚對苯二甲酸乙二酯（polyethylene terephthalate, PET）是製備氣體分離（gas separation, GS）膜、逆滲透（reverse osmosis, RO）膜、滲透蒸發（pervaporation, PV）膜、超過濾（ultrafiltration, UF）膜、微過濾（microfiltration, MF）膜及各式膜組件最主要之基材膜。
3. 聚碸（polysulfone）類高分子繼 CA 之後發展成爲目前最重要、生產量最大的合成材料，聚碸的玻璃化溫度高，多孔膜可在 80℃以下長期使用，可用作微過濾膜和超過濾膜，更可用作複合膜的底膜，用於 RO 和氣體分離膜。例如：產量最大的超過濾膜即是以雙酚型聚碸爲主成分，藉由非溶劑誘導相分離（nonsolvent induced phase separation, NIPS）程序製成。
4. 聚醯胺（polyamide）及聚醯亞胺（polyimide）類高分子例如：脂肪族聚醯胺，代表性產品有尼龍 6 和尼龍 66，可作爲 RO 膜和氣體分離膜的基材膜。聚醯亞胺是另一類耐高溫、耐溶劑、耐化學品的高強度、高性能材料，在氣體分離方面有不錯的選擇性。
5. 乙烯類高分子例如：聚丙烯腈（polyacrylonitrile, PAN）、聚乙烯醇（polyvinyl alcohol, PVA）、聚氯乙烯（polyvinyl chloride, PVC）、聚偏二氟乙烯（polyvinylidene fluoride, PVDF）和聚偏二氯乙烯（polyvinylidene chloride, PVDC）。聚丙烯腈的重要性如同醋酸纖維素和聚碸於微過濾膜和超過濾膜之運用，尤其是作爲滲透蒸發複合膜的基材膜。聚乙烯醇與聚丙烯腈爲基材的複合膜，其滲透蒸發透過量遠遠大於聚乙烯醇與聚碸基材膜的複合膜。聚乙烯醇以二元酸或二酸酐等交聯劑處理後與聚丙烯腈基材膜製成複合膜是目前非常實用的滲透蒸發膜，用於醇類水溶液的脫水。聚偏二氟乙烯可溶於非質子極性溶劑製備不對稱超濾和微濾膜（可爲中空纖維膜和平板膜）。它耐溫較高、不易堵塞、易清洗，是食品工業、醫藥工業、生物工程下游產品分離的理想膜材料，也被運用於薄膜生物反應器（membrane bioreactor, MBR）進行廢水處理。此外，聚偏二氟乙烯的強疏水性，是用於膜蒸餾的理想材料。
6. 聚四氟乙烯（polytetrafluoroethene, PTFE），相對分子量較大，低的爲數十萬，高的達一千萬以上。一般結晶度為 90～95%，熔融溫度為 327～342℃。具有抗酸抗鹼、抗各種有機溶劑的特點，幾乎不溶於所有的溶劑。同時，聚四氟乙烯具有耐高溫的特點，可製成聚四氟乙烯管或薄膜等。

7. 聚二甲基矽氧烷（polydimethylsiloxane, PDMS）是一種高分子有機矽化合物，具有高氣體透過率，常被利用作為一般非對稱氣體分離膜表面修補材料，也是製備氣體分離膜進行有機蒸氣（vaporize organic compound, VOC）回收或利用滲透蒸發分離程序進行有機溶劑回收最主要的膜材料。

8. 甲殼素（chitosan）類高分子，甲殼素也稱殼聚糖、幾丁質，是存在於節肢動物（如蝦蟹）甲殼中的天然高分子（含氮碳水化合物）。甲殼素溶於稀酸即可成製成薄膜，且薄膜機械強度高，可應用於滲透蒸發分離程序。各類高分子結構如圖 2-2：

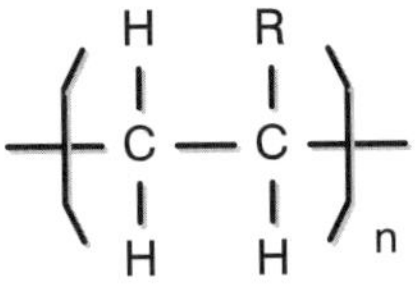

聚烯烴（polyolefine）

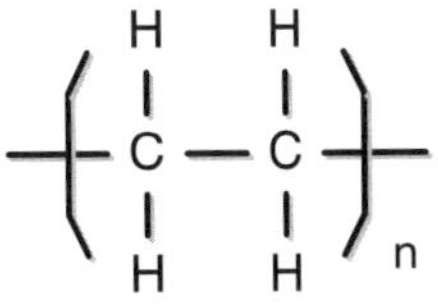

聚乙烯（polyethylene, PE）

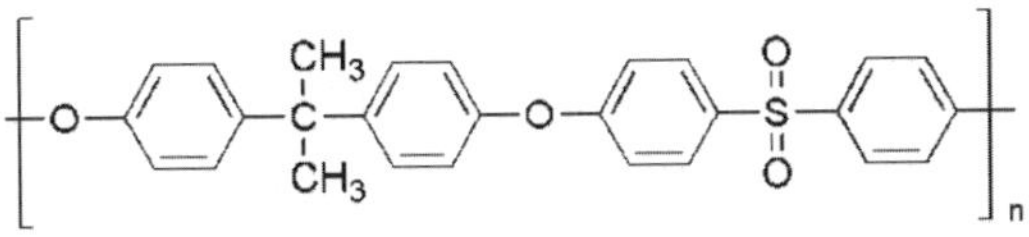

聚碸（polysulfone, PSf）

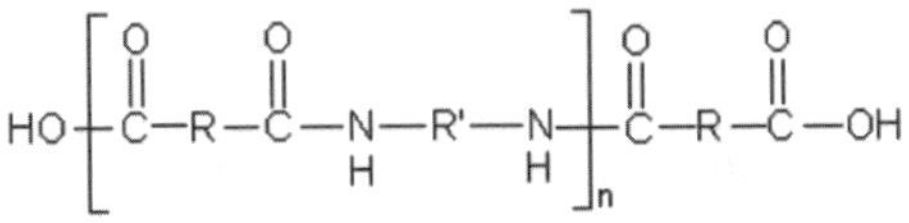

聚醯胺（polyamide, PA）

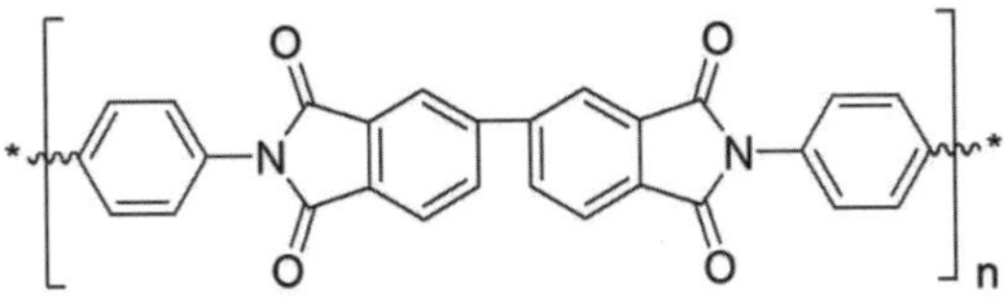

聚醯亞胺（polyimide, PI）

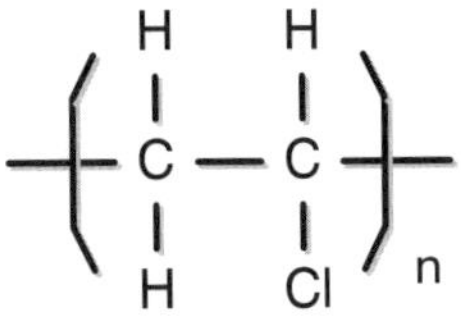

聚氯乙烯（polyvinyl chloride, PVC）

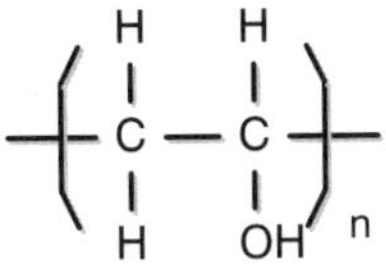

聚乙烯醇（polyvinyl alcohol, PVA）

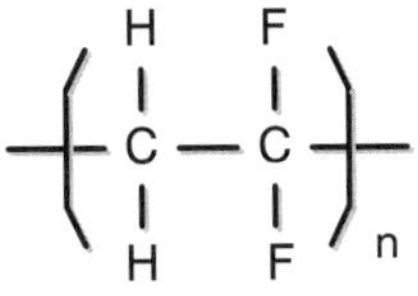

聚偏二氟乙烯（polyvinylidene fluoride, PVDF）

圖 2-2　各類高分子結構

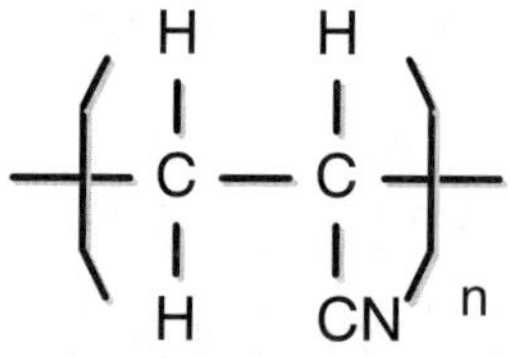

聚丙烯腈（polyacrylonitrile, PAN）

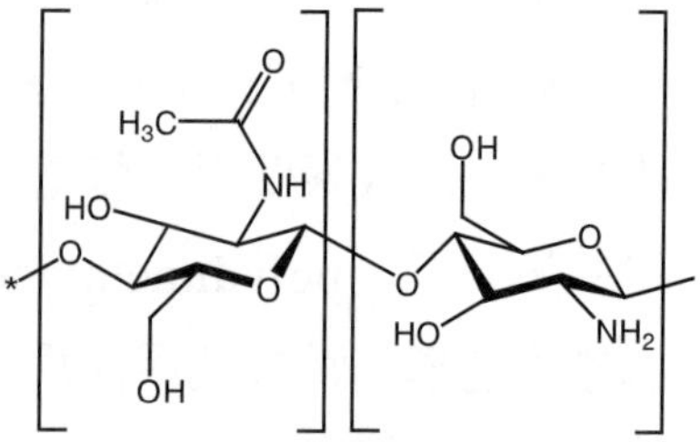

甲殼素（chitosan）

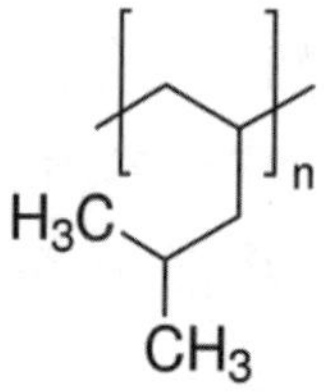

聚-4-甲基-1-戊烯
（poly(4-methyl-1-pentene), TPX）

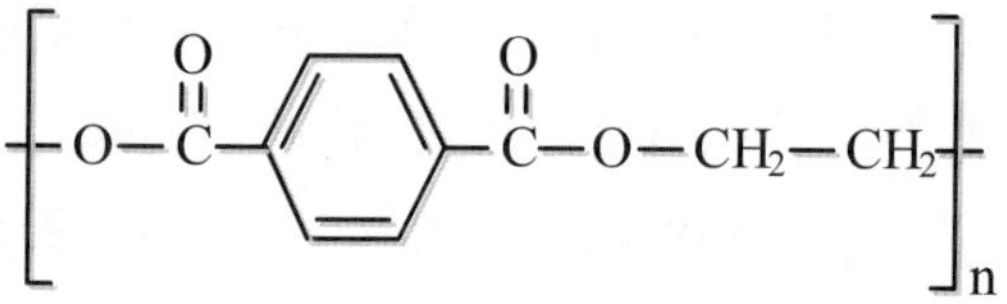

聚對苯二甲酸乙二酯
（polyethylene terephthalate, PET）

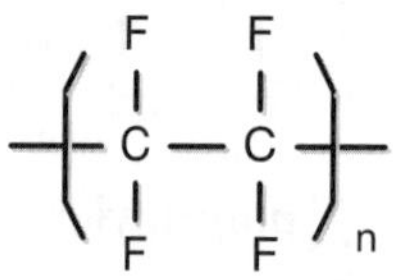

聚四氟乙烯
（polytetrafluoroethene, PTFE）

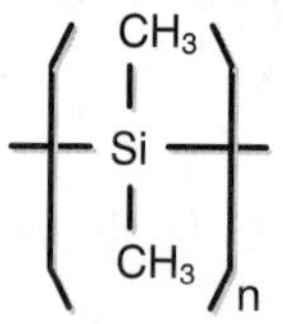

聚二甲基矽氧烷
（polydimethylsiloxane, PDMS）

圖 2-2　各類高分子結構（續）

## 2-2-2　無機高分子材料

無機薄膜比一般的高分子膜材具有更高的化學及熱穩定性質，無機膜的優點有：(1) 化學穩定性好，能耐酸、耐鹼、耐有機溶劑；(2) 機械強度大；(3) 抗微生物能力強；(4) 耐高溫；(5) 孔徑分布窄。但是缺點是無機膜造價高、不耐強鹼、脆性大、彈性小、成型加工困難。一般無機膜可分為三種形態：(1) 陶瓷薄膜（ceramic membrane），通常是將金屬（Al、Ti 或 Zr）結合非金屬分子（oxide、nitride 或 carbide），最常見的為利用溶膠 - 凝膠法（sol-gel）所製備的氧化鋁（$\gamma$-$Al_2O_3$）或是氧化鋯（$ZrO_2$）；(2) 金屬薄膜（metallic membrane）；(3) 玻璃薄膜（glass membrane），常見以二氧化矽（$SiO_2$）爲材料。

根據薄膜結構形態，無機薄膜可以分爲緻密膜和多孔膜兩大類：緻密膜主要是各種金屬及其合金膜，如金屬鈀膜、金屬銀膜，以及鈀 - 鎳、鈀 - 金、鈀 - 銀合金膜，利用其對氫的溶解特性，用於加氫或脫氫反應以及超純氫的製備。此外，緻密無機薄膜也能應用於膜反應器進行氧化反應。一般多孔性無機膜之孔徑範圍介於巨孔（macro-pore，孔徑大於 50 nm）及介孔（meso-pore，孔徑介於 2～50 nm）之間，可應用於微過濾和超過濾。無機薄膜在液相分離領域可應用於環保、食品、化工、生物工程等領域。無機膜在生物化工和醫藥工業中的應用主要用於分離和回收原生質，微生物和酶及生物發酵液的澄清、脫色活性碳的回收等。無機膜在環境領域的應用是其主要發展方向，例如：石油開採過程中所產生之含油廢水可藉由無機膜處理達到淨化及環境保護的目標。此外，放射性廢水、印鈔廢水、紡織工業及造紙工業含鹼廢液回收等領域中都可以應用無機膜處理。無機膜對含低分子有機汙染物、重金屬離子、表面活性劑的廢水處理也具有高度發展潛力。

### 2-2-3　有機／無機高分子混成材料

近年來，有機／無機混成材料已成爲學術界及工業界重點研究發展的方向；一般而言，複合材料是組合兩種或兩種以上的材料，各取其優點補其不足，製成兼具兩者特性的新型材料。在有機／無機混成的領域中，往往是在有機相中添加入一些如玻璃纖維、氧化鋁纖維、黏土、碳黑及陶瓷材料等無機物，來當作填充材或補強劑來形成複合材料。所謂好的複合材料，不但需保有個別混成材料的特性，而且藉由有機與無機兩相的形態與界面性質需能發揮及加強有機材料的物理及化學性質。但無機材料在高分子中的效果與其在有機相中的分散程度有關，當分散相的粒徑愈小時，對於其加強效果與界面的作用力均能增加。早期大部分以機械式分散，但機械式分散效果大多是分散至微米（μm）等級，因此愈來愈多研究分別利用機械或是化學方式使無機材料在高分子中可達奈米（nm）級的大小，此奈米複合材料便可達到一般傳統複合材料無法達到的特性。在 1982 至 1983 年間，Roy 與 Komarneni 等學者提出無機材料分散於有機高分子中，當無機分散相以奈米級的分散程度分散於高分子中，即分散相的分散粒徑介於 1～100 nm 之間，即可稱爲奈米複合材料（nanocomposites）。之後也有其他學者針對奈米複合材料的尺度做出其他的定義，但綜合各方的見解，較廣的定義爲無機材料中各種晶體區域、特徵長度，或是任一方向任一相中的尺度小於 100 nm，即可稱之爲奈米複合材料。

欲製成奈米複合材料，須考慮到其無機層狀材料在高分子中的分散情況，因爲不同分散程度的無機層狀材料，會使得所製出奈米級複合材料在一些基本性質上呈現不同的差異。一般而言，依照分散度的不同可以分爲三種，如圖 2-3 所示：

1. 傳統型複合材料（conventional composites）：其層狀無機材料仍保持完整的堆疊結構，高分子分布於其無機層材堆疊之間，有機物與無機物彼此間沒有很強的鍵結，這種複合材料在某方面的性質會有所提升，但待長時間後可能會產生相分離的現象，而其性質又會下降。
2. 插層型複合材料（intercalated nanocomposite）：層狀無機材料保有其層狀的再現性，聚合物嵌合穿梭於層狀無機材料間，會形成很強的有機無機之鍵結，機械性質會比單一高分子優異，其可被歸於奈米級複合材料之列。
3. 脫層型複合材料（exfoliated nanocomposite）：層狀無機材料已完全不具規則性而完全散亂地分散於高分子中，一般認爲是最均勻的奈米級複合材料，其機械性質會大幅提高，亦有可能出現驚人特性。

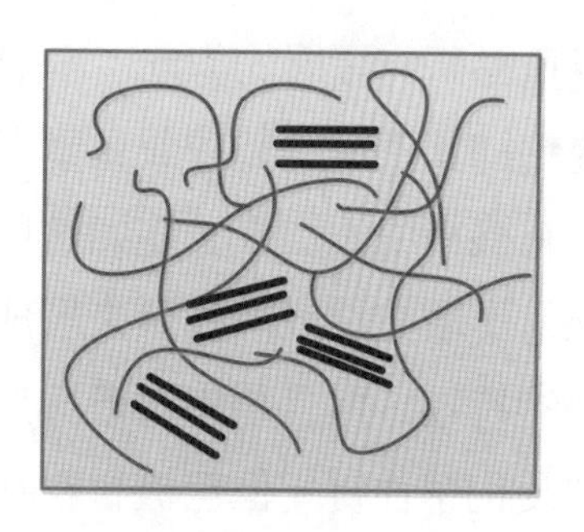
(a) 傳統型複合材料

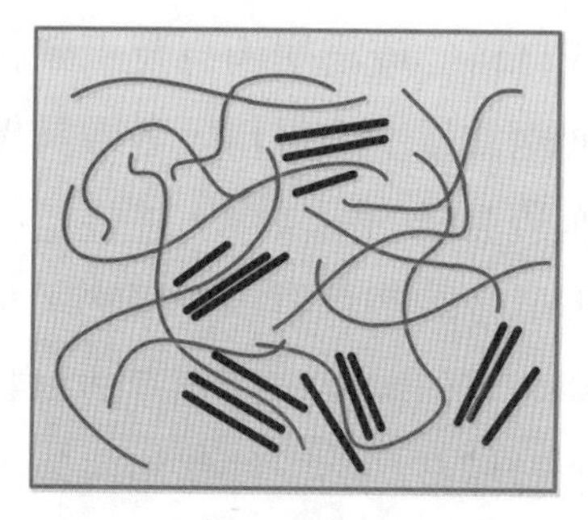
(b) 插層型複合材料

(c) 脫層型複合材料

圖 2-3　有機／無機混成材料之分散形態（LeBaron 等人，1999）

一般而言，添加奈米級無機材料於高分子中，可藉由無機材料的特性提升高分子的性質，如：

1. 熱穩定性：無論是 $T_g$ 或熱裂解溫度皆有所上升（Alexandre 與 Dubois，2000; Strawhecker 與 Manias，2000; Agag 等人，2001; Magaraphan 等人，2001; Ray 與 Okamoto，2003; Wang 等人，2004; Peng 等人，2005; Hong 等人，2012）。

2. 機械性質：在抗張強度、斷裂強度、楊氏係數等均有提升的效果（Alexandre 與 Dubois，2000; Gu 等人，2001; Magaraphan 等人，2001; Wang 等人，2004; Peng 等人，2005; Lu 等人，2006）。
3. 尺寸穩定性：可使整體的熱膨脹係數或膨潤性下降，有利於加工及商業化的需求（LeBaron 等人，1999; Agag 等人，2001; Gu 等人，2001; Magaraphan 等人，2001; Ray 與 Okamoto，2003）。
4. 阻隔特性：由於層狀材料具有高的視徑比（aspect ratio），若在高分子中呈現插層或脫層型分布，可增加分子在高分子中的透過路徑，如圖 2-4 所示，藉此進一步提升薄膜的選擇性（LeBaron 等人，1999; Alexandre 與 Dubois, 2000; Choudhari 與 Kariduraganavar, 2009; Garg 等人，2011）。
5. 降低介電常數：使高分子的導電係數下降，有助於電子材料低介電常數（low K 值）的需求，如電子構裝材料、銅箔基板、軟板、EMC（epoxy molding compound）封裝材料等（Gu 等人，2001）。
6. 光學性質之應用：當分散程度達脫層等級時，無機層狀材料沒有產生聚集的現象，因此不會妨礙高分子本身的透光度（Strawhecker 與 Manias，2000）。
7. 提升難燃性：除了藉由提升熱裂解溫度減緩裂解速度之外，由於層狀材料本身對高溫具有抗燃的作用，因此可提升整體的難燃性（LeBaron 等人，1999; Alexandre 與 Dubois，2000）。
8. 防腐蝕：相較於高分子，無機材料對強酸鹼或有機溶劑皆具有較優異的抗化性，因此添加適量的無機材料於高分子中可提升整體的防腐蝕能力。

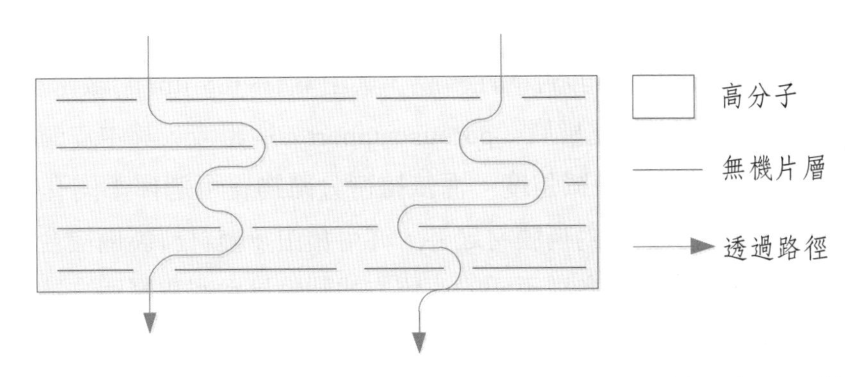


圖 2-4　分子在有機／無機高分子混成材料高分子中的透過路徑（Yano 等人，1993; Choudhari 與 Kariduraganavar，2009；Garg 等人，2011）

# 2-3　薄膜的結構分類

薄膜結構或膜材的形態對於分離機制與分離系統的影響甚大，薄膜的結構依照幾何形狀，可區分為緻密性薄膜（dense membrane）、多孔性薄膜（porous membrane），以及複合膜（composite membrane）。其中多孔性薄膜又可再細分為對稱性薄膜（symmetric membrane）與非對稱性薄膜（asymmetric membrane）。如圖2-5所示。

薄膜之結構亦可依照孔洞形態加以分類，而區分為海綿狀結構（sponge-like structure）、顆粒狀結構（nodular structure）、蕾絲狀結構（lacy structure）、巨型孔洞（macrovoids）、圓柱形孔洞（cylindrical pore）與細胞狀表面結構（cellular surface structure）等。其中巨型孔洞又有手指形孔洞結構（finger-like structure）與淚滴狀孔洞結構（teardrop-like structure）。

## 2-3-1　對稱性薄膜

所謂的對稱性薄膜，係指其薄膜結構形態從上至下均為一致的結構；而非對稱性薄膜則是由多種不同結構所組成的薄膜。就對稱性薄膜而言，其平均膜厚約在 10～200 μm 之間，分離時的質傳阻力受整體薄膜厚度所控制，因此常造成薄膜厚度下降時透過量隨之上升的現象，常見於氣體分離、滲透蒸發及逆滲透等分離程序。

## 2-3-2　非對稱性薄膜

在工業界中廣泛使用的為非對稱性薄膜，其由 0.1～0.5 μm 的緻密皮層（dense skin）及 50～150 μm 的多孔支撐層（porous support）所組成，其中皮層提供了選擇性，而支撐層提供了薄膜的機械強度；而依據待分離物質可選擇不同孔洞大小的膜材。除了使用單一材料製備非對稱膜材之外，亦可藉由多種材料製備複合薄膜，可各取不同材料之優點，以化學或各種不同的改質方式製備具緻密皮層與支撐層之非對稱性薄膜，可拓展加工或應用的範圍。

對稱性（symmetric structures）

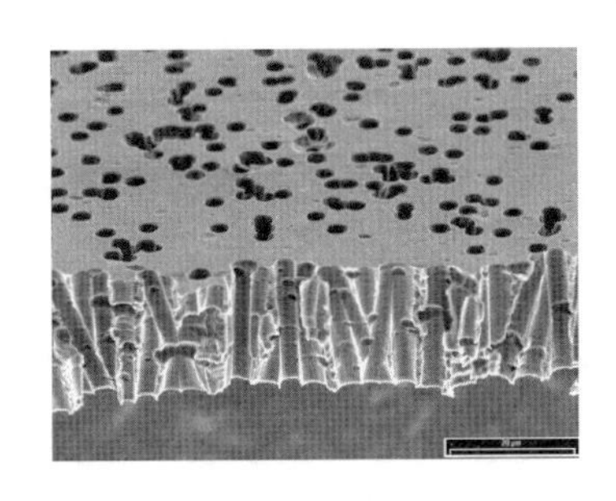

Cylindrical pores

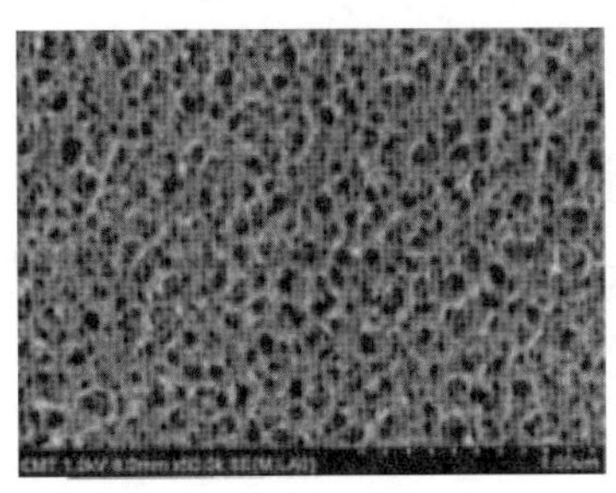

Porous

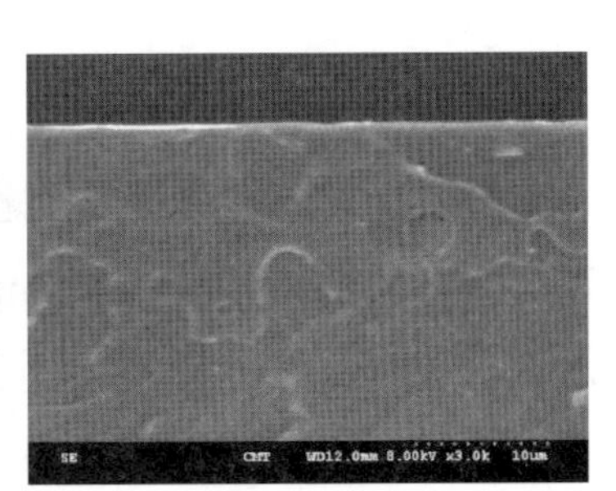

Dense

非對稱性（asymmetric structures）

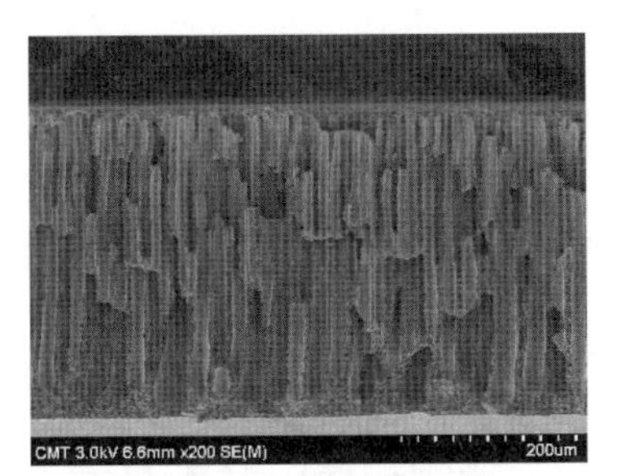


Finger-like structure

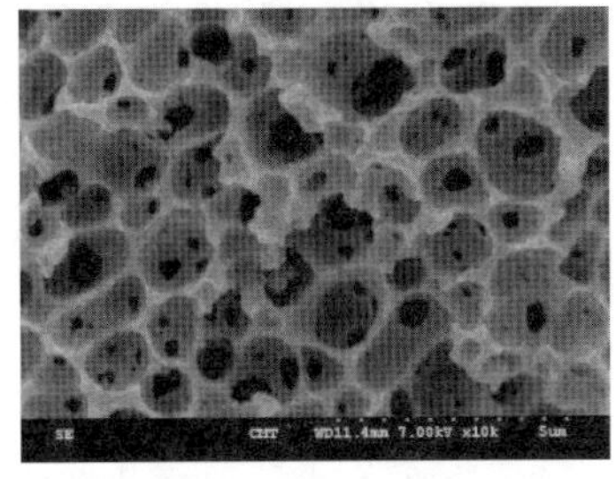

Sponge-like structure

Nodular structure

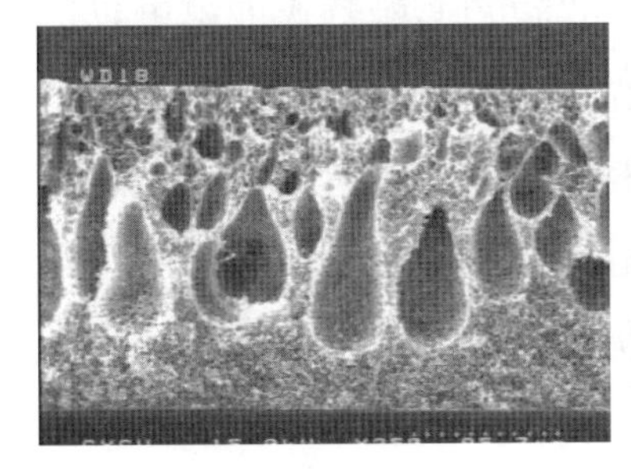

Teardrop-like structure

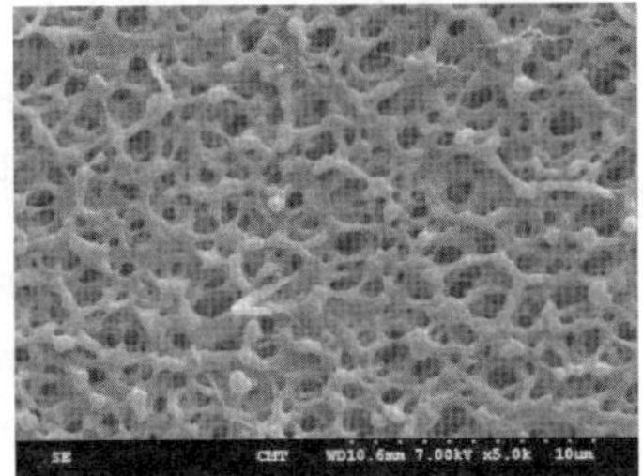

Lacy structure

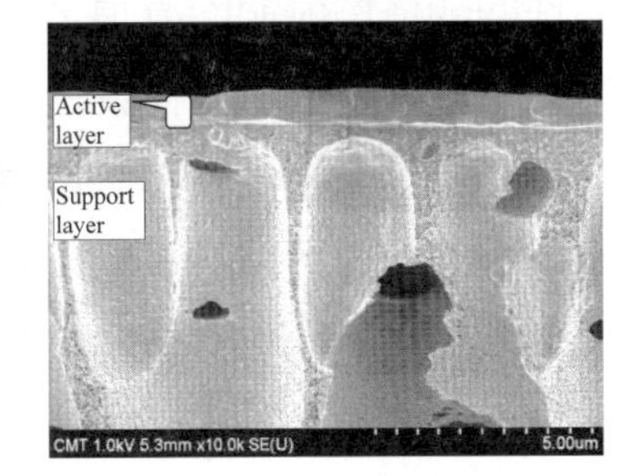


Composite membrane

圖 2-5　薄膜之結構分類

## 2-3-3　複合薄膜

複合膜的性能不僅取決於具有選擇性的皮層（skin layer），而且受多孔基材膜結構、孔徑、孔分布和孔隙率的影響。多孔膜結構的孔隙率愈高愈好，可使膜皮層與基材膜接觸面積達到最小，有利於物質傳遞。聚碸因為化學性質穩定，力學性能良好，常被製成多孔性基材膜，運用於各式複合膜之製備。

# 2-4 薄膜的模組

薄膜分離技術要達成普遍應用的關鍵並不止於膜材料之開發，如何設計出具有完美流場之模組（membrane module）才能落實工業應用之效能。因此如何在有限的空間中將足夠面積的膜裝填到各種開放或封閉的殼體內形成一定形式和結構單元，成爲另一個重要的研發目標。膜材幾何形狀可歸納成平板、中空纖維、管狀等不同形式，由它們製作成模組的結構上有極大的差別。模組設計須考量之因素包括：因應不同的化學環境、溫度、壓力，設計模組時封裝材質的密閉性及殼體穩定性等。模組設計時要充分考慮流體在元件內的流場和膜汙染時清洗的方便性、模組製作、維修，以及模組間組合方便性等。

## 2-4-1 板框式模組

板框式模組（plate-and-frame modules），有支撐板和支撐網兩種，其中具有連通性的網格爲流體的流道之一。內壓式採用網格側爲原料液體的進料方式，也可以採用外壓式，將網格側作爲透過物通道。但是由於膜被壓合於支撐板或網格上，若採用內壓操作，耐壓性較差，當膜兩側壓力增高時薄膜容易脹破或將壓合處破壞，因而絕大多數的板框式模組均採用外壓式操作。另外，單一模組的膜面積較小，在使用時爲了提高分離效率，需要採用多組模組串並聯操作，因此模組的組合性在設計過程中必須仔細考慮。圖 2-6 爲板框式模組。

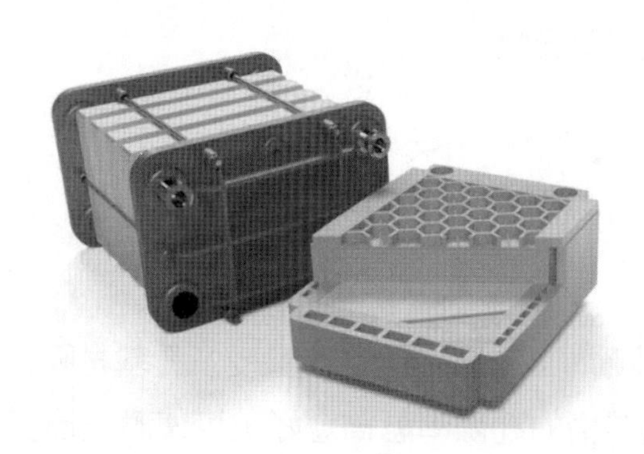

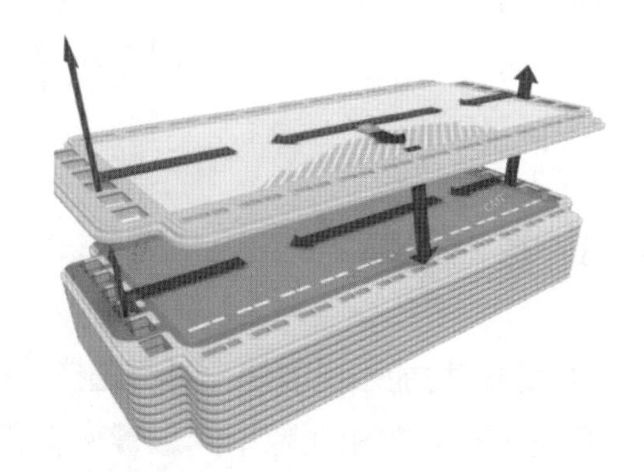

圖 2-6　板框式模組

板框式模組在工業上是最早開發完成並實際獲得應用之模組，但它存在許多問題：(1) 單一模組的通量小、模組的裝填密度低；(2) 模組組合時，需要採用大量密封墊圈，容易產生流體的滲漏；(3) 製造成本高。目前，除了在電透析（electriodialysis, ED）系統、滲透蒸發系統和少量的逆滲透系統及高固含量／易汙染的超過濾系統中有應用外，板框式模組已逐漸被螺捲式模組、中空纖維及管狀模組所取代。

### 2-4-2　螺捲式模組

螺捲式模組（spiral wound module）是將一片薄膜夾在兩片柔性間隔網之間，經捲繞、密封製作成螺捲狀。操作過程中，透過液到達收集管的流程可達到數公尺，導致透過物側產生較大的壓損，造成薄膜兩側的壓力差和通量下降。藉由組裝設計將多片間隔層隔開的薄膜捲繞到中心管上，可以縮短透過液到達收集管的流程，可有效提升通量。工業常用標準螺捲式模組的外徑爲 8 in（1 in = 0.0254 m）、長度爲 40 in，總有效膜面積達 20～40 $m^2$。圖 2-7 爲螺捲式模組。

### 2-4-3　中空纖維、毛細管及管狀模組

薄膜可藉由技術之差異，來完成不同幾何形狀薄膜之製備，管狀薄膜包括：中空纖維膜（直徑 < 0.5 mm）、毛細管膜（直徑：0.5～5 mm）及管狀膜（直徑 > 5 mm）。中空纖維膜和毛細管膜具自我支撐力，但不耐壓，操作過程需考慮到壓力、壓降等因素對效能之影響。

中空纖維膜和毛細管膜，其管側爲中空，其與平板膜主要差異還是在於幾何形狀的不同，平板膜爲平板狀，而中空纖維膜和毛細管膜則是管狀。中空纖維膜最早是由 Mahon 等人在 Dow Chemical 公司成功製備出，且於 1966 年發表中空纖維膜製備程序之專利（Mahon, 1966），之後商業化中空纖維膜應用於不同分離領域上面則是由 Dow、Monsanto 及 Du Pont 等公司發展，之後中空纖維便被廣泛研究發展至今。圖 2-8 爲中空纖維、毛細管及管狀模組。

中空纖維膜與平板膜相比有較易受到工業界採用的優勢，在於其單位模組體積可提供較高的操作面積，因此較能在有空間限制的區域提供最大的分離效能。同時由於其幾何形狀爲管狀，擁有較高的機械強度，使得在操作上對各種分離程序的適應性較

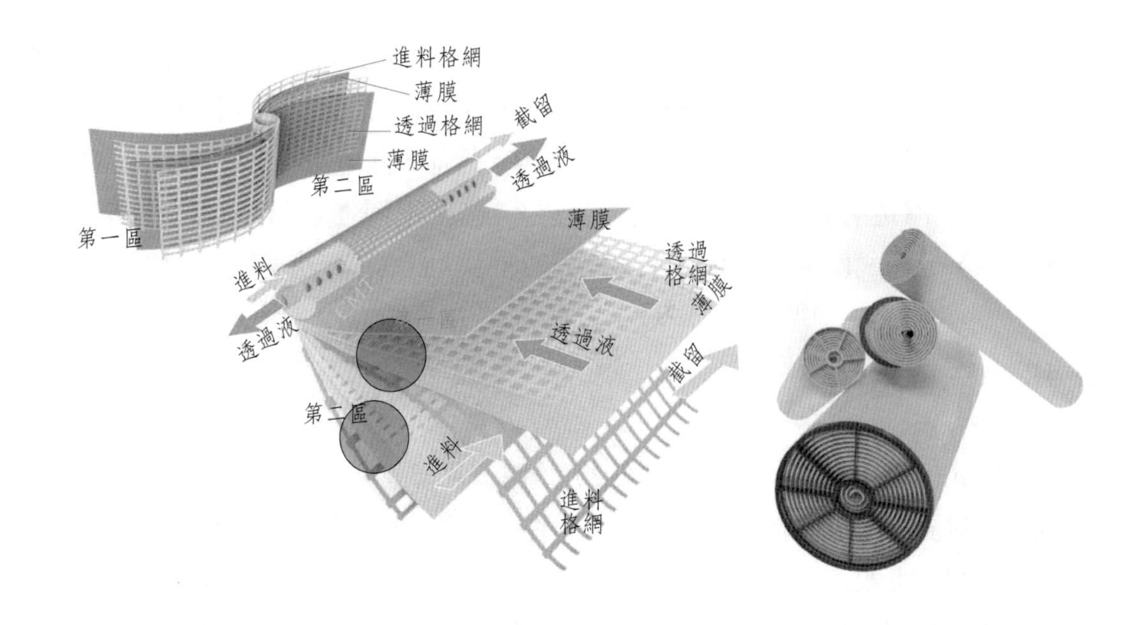


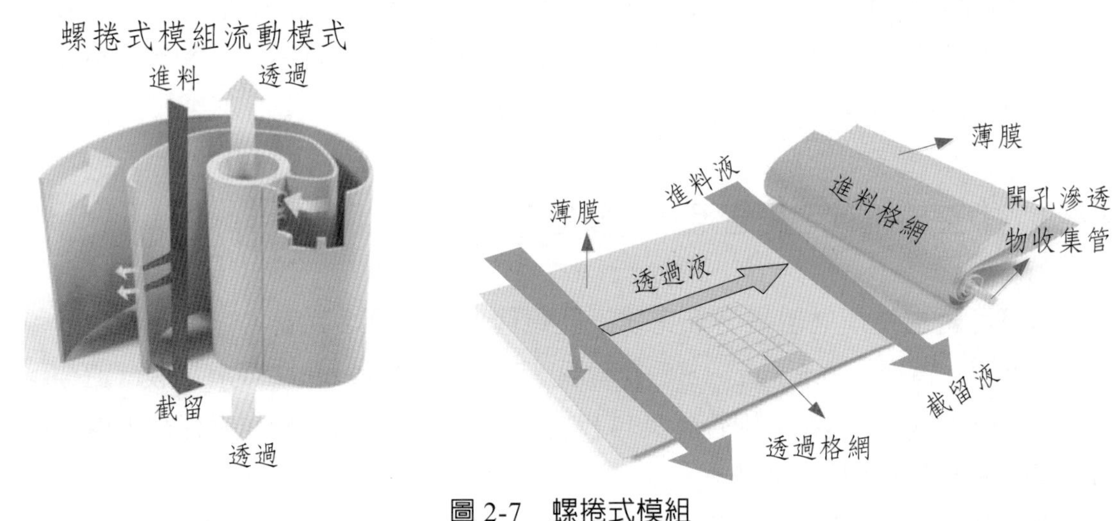


圖 2-7　螺捲式模組

佳。再者，因其幾何形狀緣故可以使其自我支撐，所以在分離操作時，薄膜的下方不需要支撐材（不織布），也節省成本。除此之外，中空纖維膜在成膜過程當中必須經由內／外凝聚劑固化成膜，故在製備時有更多參數可以調控，有利於中空纖維膜結構的調整。

一般情況下，中空纖維模組的組裝是將大量的中空纖維膜裝填入管狀耐壓容器內。中空纖維束兩端與外殼壁以環氧樹脂或適當之黏著劑膠封而成。中空纖維模組的外殼可採用具有鋼襯耐腐蝕的環氧酚醛樹脂、不銹鋼殼體或玻璃纖維強化樹脂。中空

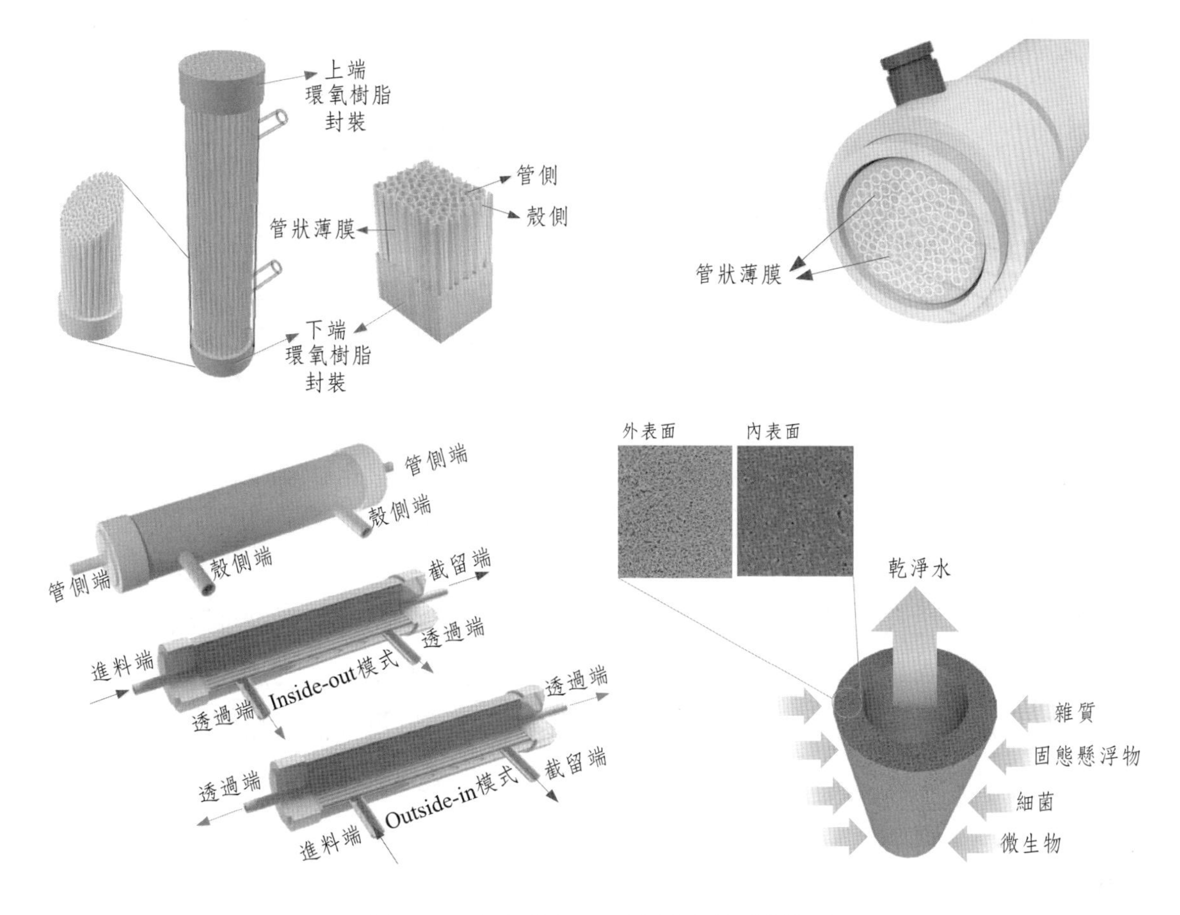


圖 2-8　中空纖維、毛細管及管狀模組

纖維模組的進料液流動方式最常見的有：

1. 軸向流動式（parallel flow）：軸流式的特點是中空纖維在組件內縱向排列，進料液的流動方向與裝在容器內的中空纖維膜方向相平行。軸向流動式中空纖維模組的裝填密度最高，製造比較容易，但進料液的流動較不均勻。
2. 徑向流動式（cross flow）：中空纖維模組的排列方式與軸向流動式相同，但進料液是從模組中心的多孔分配管流入，再透過模組外殼側導管排出。進料液在徑向流動式中空纖維模組內之流場比軸向流動式均勻。圖 2-9 為中空纖維模組的進料液流動方式。

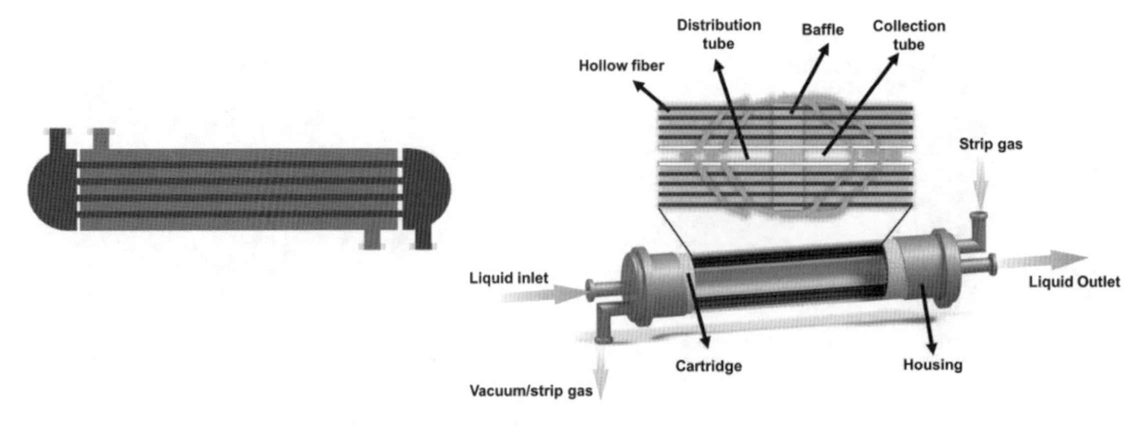


軸向流動式（parallel flow）　　　　　　徑向流動式（cross flow）

圖 2-9　中空纖維模組的進料液流動方式

管狀膜不具自我支撐力，此點與毛細管膜和中空纖維膜不同，管狀膜模組可以由單根或多根膜管組成。管狀膜模組具有以下優點：(1) 維修方便；(2) 流動狀態比毛細管和中空纖維系統好，壓力損失較小，可用於處理高濃度懸浮液或黏稠液體；(3) 當膜面上生成汙垢時容易清洗；(4) 進料液流速可在很寬範圍內進行調節；(5) 容易進行濃度極化現象之控制。

## 2-5　結語

近年來，薄膜應用技術成爲許多工業製程中重要的部分之一，以薄膜爲基礎的分離技術相繼被研究與開發，並廣泛的應用在純化、濃縮、與分離各種混合物，其中最主要的應用在於取代或是與傳統的分離系統結合。因此，根據不同的薄膜分離程序以及待分離物質特性，選擇合適的薄膜材料是製備分離膜的首要條件。各種不同之分離膜材料可藉由成膜機制調控薄膜孔徑及孔隙率，在有限的空間中將足夠面積的膜裝填到各種開放或封閉的殼體內形成一定形式和結構單元，設計出具有完美流場之模組，落實工業應用之效能，是薄膜技術重要的研發目標。

# 習　題

1. 說明製備低密度聚乙烯與高密度聚乙烯方法之差異為何？造成密度差異之原因為何？
2. 奈米複合材料之定義為何？依分散度之差異，有機／無機混成材料可區分為幾種形態？
3. 無機膜之優點為何？應用領域有哪些？
4. 模組設計依膜材幾何形狀之不同可歸納成哪幾種形態？
5. 中空纖維模組的進料液流動方式最常見的有哪幾種形態？試比較其優缺點。

# 參考文獻


1. Agag, T., T. Koga, T. Takeichi, Studies on thermal and mechanical properties of polyimide-clay nanocomposites, *Polymer*, 42(2001)3399-3408.
2. Alexandre, M., P. Dubois, Polymer-layered silicate nanocomposites: Preparation, properties and uses of a new class of materials, *Mater. Sci. Eng. R-Rep.*, 28(2000)1-63.
3. Choudhari, S.K., M.Y. Kariduraganavar, Development of novel composite membranes using quaternized chitosan and $Na^+$-MMT clay for the pervaporation dehydration of isopropanol, *J. Colloid Interf. Sci.*, 338(2009)111-120.
4. Garg, P., R.P. Singh, V. Choudhary, Pervaporation separation of organic azeotrope using poly(dimethyl siloxane)/clay nanocomposite membranes, *Sep. Purif. Technol.*, 80(2011)435-444.
5. Gu, A., S.W. Kuo, F.C. Chang, Syntheses and properties of PI/clay hybrids, *J. Appl. Polym. Sci.*, 79(2001)1902-1910.
6. Hong, H., L. Chen, Q. Zhang, F. He, The structure and pervaporation properties for acetic acid/water of polydimethylsiloxane composite membranes, *Mater. Des.*, 34(2012)732-738.
7. LeBaron, P.C., Z. Wang, T.J. Pinnavaia, Polymer-layered silicate nanocomposites: An overview, *Appl. Clay Sci.*, 15(1999)11-29.
8. Lu, L., H. Sun, F. Peng, Z. Jiang, Novel graphite-filled PVA/CS hybrid membrane for pervaporation of benzene/cyclohexane mixtures, *J. Membr. Sci.*, 281(2006)245-252.

9. Magaraphan, R., W. Lilayuthalert, A. Sirivat, J.W. Schwank, Preparation, structure, properties and thermal behavior of rigid-rod polyimide/montmorillonite nanocomposites, *Compos. Sci. Technol.*, 61(2001)1253-1264.
10. Mahon, H.I., *Permeability separatory apparatus, permeability separatory membrane element, method of making the same and process utilizing the same*. US Patent 3,228,876 (1966).
11. Peng, F., L. Lu, H. Sun, Y. Wang, J. Liu, Z. Jiang, Hybrid organic-inorganic membrane: Solving the tradeoff between permeability and selectivity, *Chem. Mater.*, 17(2005)6790-6796.
12. Ray, S.S., M. Okamoto, Polymer/layered silicate nanocomposites: A review from preparation to processing, *Prog. Polym. Sci.*, 28 (2003)1539-1641.
13. Strawhecker, K.E., E. Manias, Structure and properties of poly(vinyl alcohol)/$Na^+$ montmorillonite nanocomposites, *Chem Mater.*, 12(2000)2943-2949.
14. Wang, Y.C., S.C. Fan, K.R. Lee, C.L. Li, S.H. Huang, H.A. Tsai, J.Y. Lai, Polyamide/SDS-clay hybrid nanocomposite membrane application to water–ethanol mixture pervaporation separation, *J. Membr. Sci.*, 239(2004)219-226.
15. Yano, K., A. Usuki, A. Okada, T. Kurauchi, O. Kamigaito, Synthesis and properties of polyimide-clay hybrid, *J. Polym. Sci., Part A: Polym. Chem.*, 31(1993)2493-2498.

# 第三章
# 薄膜製備與成膜機制

／王大銘、李魁然

# 3-1 前言

薄膜技術由於具備有節省能源、操作便利、模組簡單，以及維護方便等優點，因此在化工技術上占有很重要的地位且被廣泛的應用在分離程序上。薄膜分離程序技術發展之分水嶺是在 1960 年代初期由 Loeb-Sourirajan 程序所製備，具無缺陷（defect-free）、高透過量之非對稱性逆滲透壓醋酸纖維膜（reverse osmosis cellulose acetate membrane）開始（Loeb, 1962）。該薄膜包含有一薄且緻密同時具有選擇性之皮層；在皮層的下方，則為一較厚且孔隙度大，可提供機械強度之支撐層。

薄膜技術的發展在 1960 年代至 1980 年代期間有一些重大之改變，以原先之 Loeb-Sourirajan 製備程序為基礎，其他之薄膜成膜程序，包括界面聚合反應（interfacial polymerization），以及以鑄造（casting）或塗佈（coating）方式所製備之多層複合膜（multi-layer composite membrane）等相繼被開發出來，以獲致具高功能性之薄膜。薄膜技術發展之初期係以片狀的平板膜（flat membrane）為主，中空纖維膜（hollow fiber membrane）或管狀膜（tubular membrane）的製造發展則大約從 1960 年代開始，Du Pont 公司發展出氣體分離用之中空纖維膜。由於中空纖維膜優越的質傳特性，因此在氣體分離、逆滲透、血液透析、超過濾、微過濾等方面廣被運用。

薄膜的結構依照幾何形狀，可區分為緻密性薄膜（dense membrane）、多孔性薄膜（porous membrane），以及複合膜（composite membrane）。其中多孔性薄膜又可再細分為對稱性薄膜（symmetric membrane）與非對稱性薄膜（asymmetric membrane）。藉由成膜條件之設計以及成膜技術之調控，可以製備出各種符合分離程序需求之薄膜。本章將介紹一系列的薄膜製備方法及成膜機制。

# 3-2 薄膜製備

## 3-2-1 平板膜的製備

平板膜製備方法有燒結法（sintering method）、拉伸法（stretched method）、軌跡蝕刻法（track-etching method）及相轉換法（phase inversion method）等，其中相

轉換法是一般較常用的薄膜製備方法。所謂相轉換法，簡言之，就是將均勻之液相高分子溶液轉變成固相的高分子薄膜，較常使用的相轉換法有：(1) 熱誘導式相轉換法（thermal induced phase separation, TIPS）；(2) 乾式相轉換法（precipitation by solvent evaporation）；(3) 濕式相轉換法（wet-phase inversion）；(4) 乾／濕式混合製程（dry/wet process），詳細製膜程序將在本章相轉換成膜法一節中加以介紹。

## 3-2-2　中空纖維及管狀膜

中空纖維膜，顧名思義其管側爲中空，當其外徑小於 0.5 mm 時就稱爲中空纖維膜，其與平板膜的差異主要是在幾何形狀，平板膜爲平板狀，而中空纖維膜則是管狀。中空纖維膜最早由 Mahon 等人在 Dow Chemical 公司製備成功，且於 1966 年發表中空纖維膜製備程序的專利（Mahon, 1966a, 1966b），之後商業化中空纖維膜應用於不同分離領域上，則是由 Dow、Monsanto 及 Du Pont 等公司發展，之後中空纖維膜便被廣泛研究發展至今。

中空纖維膜比平板膜較易受到工業界採用的優勢，在於其單位模組體積可提供較高的操作面積，因此較能在有空間限制的區域提供最大的分離效能。同時由於其幾何形狀爲管狀，擁有較高的機械強度，使得在操作上對各種分離程序的適應性較佳。再者，因其幾何形狀緣故可以使其自我支撐，所以其下不需要支撐材（不織布），可節省成本。除此之外，中空纖維膜在成膜過程當中必須經由內／外凝聚劑固化成膜，故在製備條件上有更多參數可以調控，有利於中空纖維膜結構的調整。中空纖維及管狀膜之成膜系統設計如圖 3-1 所示。

以相轉換法製備中空纖維膜的方法有下列幾種：

### 一、熔融紡絲法

此紡絲法中高分子溶液含有：高分子、可塑劑、穩定劑及稀釋劑等，將上述成分配製成高溫的高分子熔融液，並且在高溫下由紡嘴擠出，形成初生中空纖維膜（nascent hollow fiber membrane），經過一段降溫程序後使之產生相分離並固化成膜。此方法所使用的降溫物質可以使用水或空氣，而此方法主要會受到高分子熔融液的熱性質影響。

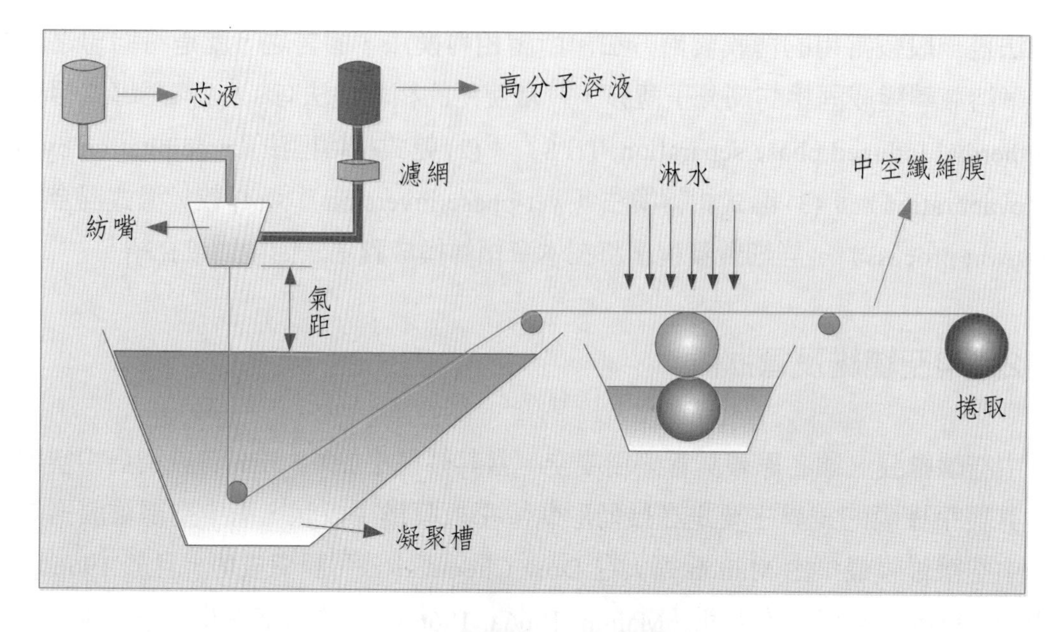


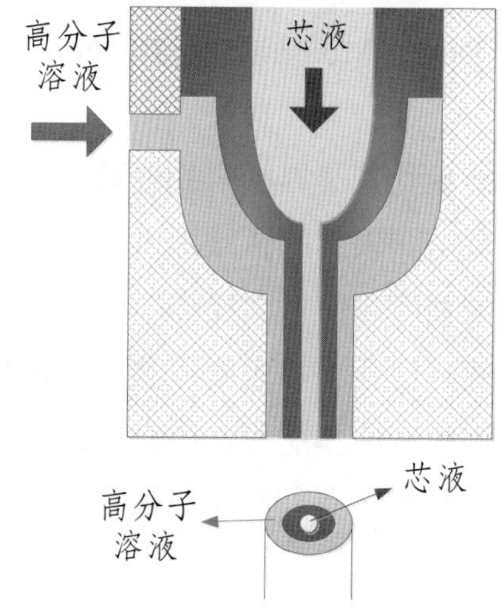


圖 3-1　中空纖維及管狀膜之成膜系統

## 二、乾式紡絲法

此法與平板膜的乾式法相似，主要將高分子溶於低沸點的溶劑當中，在恆溫狀態下紡製成初生中空纖維膜，藉由溶劑的揮發，造成初生中空纖維膜固化成膜。此法也可與控制揮發法相結合，藉由溶劑揮發的方式，使高分子溶液中非溶劑含量增加，而達到相分離固化的目的，所以選用不同的溶劑系統以及系統溫度，可以控制溶劑揮發速率，也藉由此來改變中空纖維膜之結構。

### 三、濕式紡絲法

此方法也與平板膜的濕式法相似，將高分子溶液由紡嘴擠出後，直接進入非溶劑槽中，使溶劑與非溶劑進行質傳交換，導致溶解度下降，經相分離後固化成膜。

### 四、乾／濕式紡絲法

此方法是由乾式法與濕式法結合而成，在恆溫的條件下，高分子溶液經由紡嘴擠出，先經過一段氣距進行溶劑揮發或是吸附水氣至高分子溶液內，再隨之進入非溶劑槽中進行質傳交換，使初生中空纖維膜相分離固化成膜。近年來學術研究上大多以此法來製備多孔性的結構，並探討其生成原因。

## 3-2-3　複合膜

薄膜分離效能主要受製備薄膜用的高分子材料所影響，如何製備出具有高透過量及高選擇性的薄膜是非常困難的挑戰，但在實際上製備薄膜時，具有高選擇性的薄膜通常透過量較低，而具有高透過量的薄膜其選擇性較不佳，故有許多改質薄膜方式陸續被研究，如摻合、接枝、電漿聚合反應、塗佈，以及熱穩定化等，分別說明如下：

### 一、摻合（**blending**）

聚合物的摻合爲利用物理性混合的方法，將不同的聚合物藉由彼此的互溶性來改變兩邊界區之相分離現象，通常是在兩聚合物溶解度參數間擇一最佳値作爲兩聚合物的共溶劑，其缺點爲兩聚合物有可能需要以適當的比例混合，才可達較佳的分離效能與機械強度。

### 二、接枝（**grafting**）

接枝聚合法爲最常被應用的高分子材料化學性質與物理性質的改良方法。接枝必須產生自由基（free radical），這些自由基一端以游離基狀態捕捉高分子而發生接枝聚合，另一端則與氧氣作用生成過氧化物。一般游離基產生的方法有輻射法、化學法以及電漿法，輻射接枝較乾淨及簡單，但接枝度控制不易，化學接枝法則會受起始劑、溫度、濃度等變數影響，而電漿接枝除了能提高接枝度並減少汙染外，其較不受基材性質影響。

## 三、電漿聚合反應（plasma polymerization）

電漿接枝法中，基材經電漿處理後，必須再經過傳統聚合之步驟才能完成接枝聚合，故發展出直接將單體以氣態的形式導入電漿中進行處理，而利用電漿使單體在基材表面上形成聚合物，此反應過程稱為電漿聚合。而此電漿聚合物具有以下優點：(1) 生成均勻無針孔狀的超薄層披覆於基材上；(2) 對基材具有良好的附著性質；(3) 形成的物質具有化學穩定性及物理耐久性；(4) 電漿聚合薄膜僅對基材物質表面加以改質，並不影響基材整體性質。電漿處理薄膜表面產生接枝聚合的方式，主要可分為電漿披覆及電漿後接枝的方式。電漿聚合反應（plasma polymerization）與傳統的自由基聚合反應（free radical polymerization）、縮合聚合反應（condensation polymerization），甚至於輻射聚合反應（irradiation polymerization）都不相同。電漿聚合反應是藉由氣體離子化的過程來產生聚合反應，但其主要聚合反應機構卻不是靠離子的作用，而是靠電極所放出的高能量電子來打斷單體結構中的 C-H 鍵、C-C 鍵、C=C 鍵或 C≡C 鍵，進而產生 C· 自由基等沉積先驅物。也就是說，在電漿中並非所有的氣體分子或原子都能夠因電子撞擊而形成離子，事實上大部分的氣體分子被電子激發至不穩定的高能階狀態，隨即這些被激發的氣體分子會馬上降回較穩定的低能階狀態。在氣體分子從高能階狀態返回低能階狀態的同時，會以光的方式放出相當的能量，而產生發光現象。因此電漿聚合反應又稱為輝光放電聚合反應（glow discharge polymerization）（Shi, 1996）。電漿聚合反應系統如圖 3-2 所示。

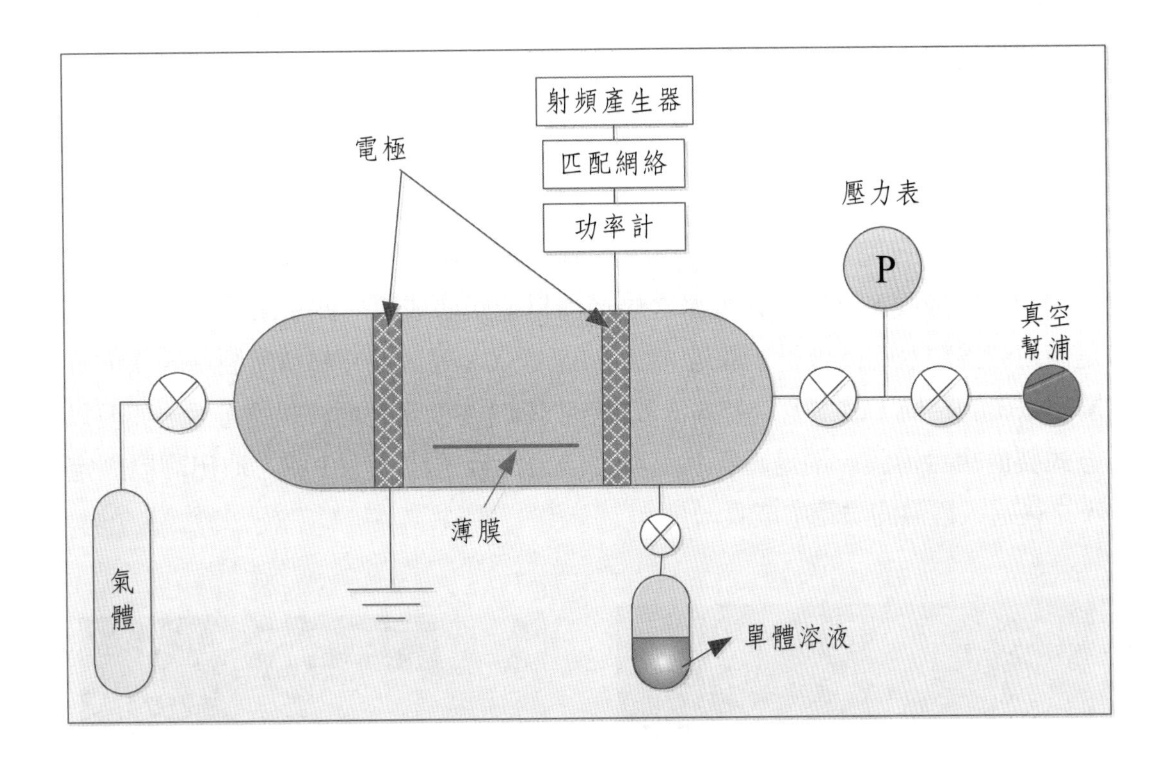


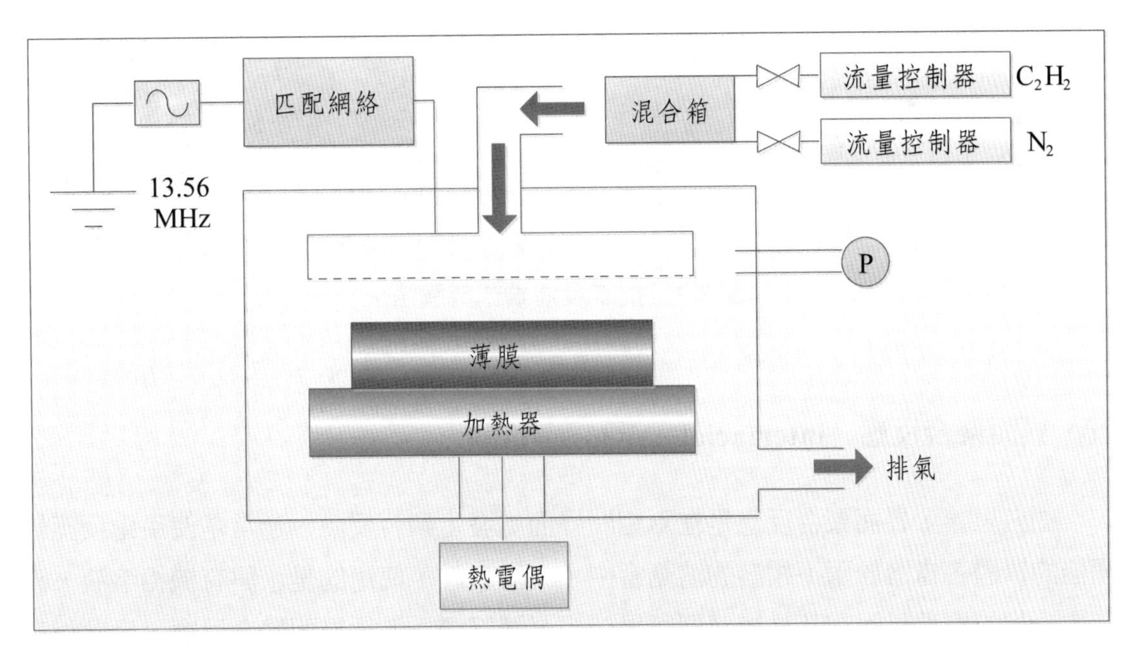


圖 3-2　電漿聚合反應系統

## 四、塗佈（coating）

在諸多改質方法中，此方法屬於提升薄膜分離效能方法中較爲簡單的方式。主要的製備程序是將製備好的基材膜固定在平板上，或使用張緊器將之平攤在平台上，爲了預防皺折或是不平整造成的缺陷，隨之將高分子溶液倒在基材膜上端，再以固定厚度之刮刀刮製成膜，之後置入恆溫之烘箱內以乾式法成膜。此法所使用的塗佈液通常是使用較爲親水的高分子，像是 PAA、PVA、CS 等，此類材料所製備的塗佈層通常屬於緻密的結構，故大多以乾式法成膜，如圖 3-3 所示。而管狀膜方面，如要以塗佈方式製備複合薄膜，則是將管狀基材沉浸入高分子溶液中，隨之取出靜置固定時間，之後進入恆溫的烘箱中成膜。

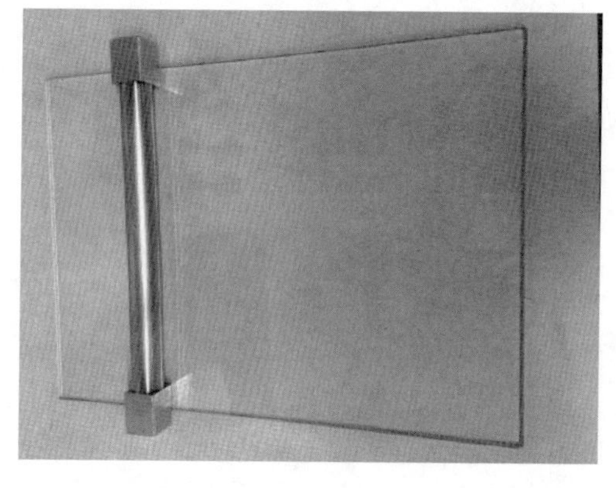

(a) 批式成膜法

(b) 連續式成膜法

圖 3-3　批式及連續式成膜法

## 五、界面聚合反應（interfacial polymerization）

顧名思義，界面聚合反應是在兩相間界面處發生聚合反應，通常是使用兩反應性極佳的單體各自溶於兩不相溶的溶劑當中，一般來說，使用的是水與有機相溶液，將其中一相的單體吸附在基材後隨即與另一相單體接觸以進行界面聚合反應，反應程序如圖 3-4 所示。此法所製備的聚合層厚度通常約爲 100～200 nm，與前面諸多方法相較之下是較薄的，故以此法製備的複合薄膜通常通量會較大，而可以維持相當的選擇性。

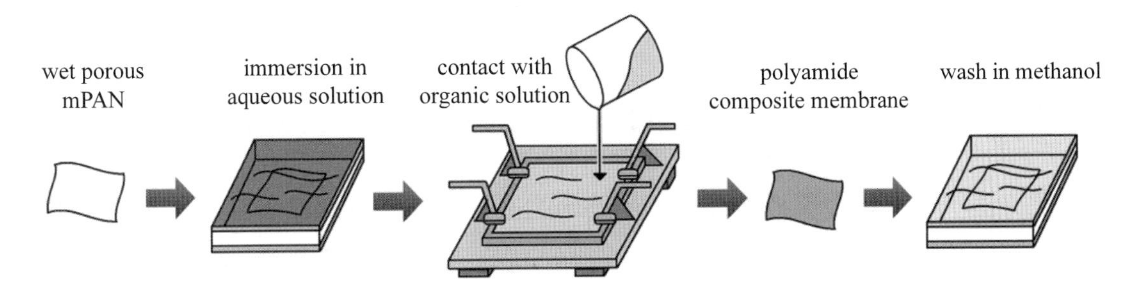


**Aqueous solution**：
Monomer：polyfunctional amine
Solvent：water

**Organic solution**：
Monomer：polyfunctional acyl chloride
Solvent：hydrocarbon

圖 3-4　界面聚合反應程序（Huang, 2010）

# 3-3　相轉換成膜法

相轉換成膜法最常被用來製備薄膜，相轉換法又可細分為下列：

## 一、乾式相轉換法（precipitation by solvent evaporation）

此方法主要是將高分子溶解於相對沸點較低的溶劑當中，利用其沸點較低的特性使之揮發成膜。在此法當中通常會將高分子溶液置於恆溫系統中使溶劑揮發。此法可以藉由改變不同的揮發溫度來改變其微結構，因此法所製備的薄膜大多為緻密薄膜，故巨觀來看無法分辨其差異，但經過微觀分析即可鑑定其差異。大部分氣體分離膜均是以此法製備而成，因此法可製備出緻密的結構（Zeman, 1993a, 1993b）。

## 二、非溶劑誘導式相分離法（nonsolvent induced phase separation, NIPS）

此法是將高分子溶液刮製於例如玻璃板或是不織布等支撐物上，隨即將之置入恆溫的非溶劑槽中進行溶劑與非溶劑的質傳交換行為，非溶劑將高分子溶液中的溶劑萃取出來，使高分子濃度提升，相對來說溶劑量變少了，溶解度也就下降，進而造成相分離固化成膜。在此方法當中可以控制溶劑與非溶劑種類、成膜溫度等來控制薄膜結構，大部分的非對稱型薄膜均是以此法製備而成。

## 三、熱誘導式相分離法（**thermal induced phase separation, TIPS**）

此方法主要是藉由溫度的變化，使均勻的高分子溶液溶解度下降，進而造成相分離的行為。在此相分離的過程當中，液態的高分子溶液先轉變成膠態，然後再由膠態轉變成固態成膜。然而利用此法製備的薄膜，可利用萃取揮發等方法去除殘餘溶劑。一般高分子溶液為 UCST（upper critical solution temperature）系統，意味著此類型高分子溶液在提升溫度的情況下，溶解度會上升，故可以利用改變不同的降溫路徑來改變所製備的薄膜結構（Kurata, 1982; Vandeweerdt, 1991; Mehta, 1995）。圖 3-5 為熱誘導式相分離成膜相圖。

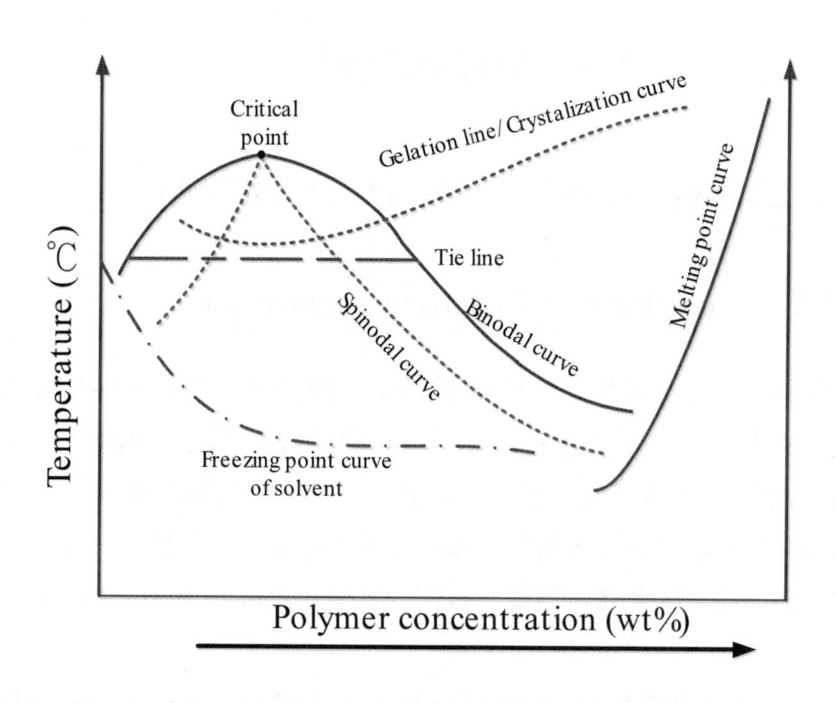


圖 3-5　熱誘導式相分離成膜相圖

## 四、控制揮發相轉換法（ **precipitation by controlled evaporation** ）

此法主要將高分子溶於混合物中，該混合物組成為低沸點溶劑與非溶劑，由於溶劑揮發度較非溶劑高，在恆溫系統中讓溶劑揮發出高分子溶液，使高分子溶液中非溶劑含量比例增加，誘導高分子溶液產生相分離而固化成膜。藉由不同系統溫度、沸點溶劑與非溶劑，可控制高分子溶液相分離行為而改變薄膜結構。

### 五、蒸氣誘導式相分離法（vapor induced phase separation, VIPS）

此法主要用於具有高沸點的溶劑系統，且此溶劑對水有較好的親合性。將高分子溶液刮製於支撐物上後隨即將之置於不同濕度的環境下，通常這個環境是需要控溫與控濕，藉由溶劑對水有較好的親合性，在此環境下高分子溶液會吸收水氣進入鑄膜液內，使鑄膜液組成改變，隨後將之置入非溶劑中進行完整相分離固化成膜。文獻上有學者研究指出，利用此法可製備多孔連通之薄膜，有助於後續分離上的應用（Wang, 2000; Matsuyama, 2002; Lai, 2005）。

## 3-4　薄膜的成膜機制

在非溶劑誘導相分離成膜過程中包含了兩個重要的因素，一是成膜系統（高分子 - 溶劑 - 非溶劑）的熱力學性質（如binodal curve、spinodal curve、gelation line等）所造成的相分離行為；另一則是溶劑 - 非溶劑間交換的質傳動力學行為。要完整地描述薄膜成膜機制，必須對成膜系統中的熱力學以及動力學有一全盤了解。

### 3-4-1　熱力學效應

#### 一、熱力學成膜理論

高分子 - 溶劑 - 非溶劑三成分的熱力學研究，是探討成膜機制的基礎（Altena, 1982; Boom, 1994）。在描述多成分混合時之熱力學狀態，最常使用的熱力學參數為吉布士混合自由能（Gibbs free energy of mixing, $\Delta G_m$），如下所示：

$$\Delta G_m = \Delta H_m - T\Delta S_m$$

其中 $\Delta H_m$ 爲混合焓（enthalpy of mixing），$\Delta S_m$ 爲混合熵（entropy of mixing）。若 $\Delta G_m < 0$ 時表示混合將會自發性地發生。對高分子系統而言，其 $\Delta S_m$ 很小（因爲分子量較大的緣故），因此溶解與否主要受到 $\Delta H_m$ 正負值大小所影響。若在一固定溫度、固定壓力下的密閉系統中，平衡將會發生在 $\Delta G_m$ 爲最小值處。

Tompa 以 Flory-Huggins 理論計算三成分成膜系統的熱力學性質，並藉由理論計算獲得等溫下的液 - 液相分離邊界（liquid-liquid phase separation gap）在相圖中的相對位置，即所謂的 binodal curve（Tompa, 1956）。相圖的製備可分爲理論相圖與實驗相圖，理論相圖可從 Flory-Huggins 理論出發，配合各成分間之引力參數的求得，可得到吉布士混合自由能對溫度與組成的關係，再藉由電腦解析曲線的特性，如一次微分（化學勢能的變化）可得 binodal curve 及 tie-line，二次微分可得 spinodal curve 及三次微分則可得臨界點（critical point）等値，文獻中有描述其詳細計算過程（Kamide, 1990），而其熱力學三成分等溫平衡相圖的相關位置如圖 3-6 所示。圖 3-6 中包含 binodal curve、spinodal curve、固化線（vitrification line）、膠化線（gelation line）及臨界點（critical point, CP）與 Berghmans point（B）等相關位置（Kim, 1999）。成膜過程通常由均勻相高分子溶液組成（V 區），藉由溶劑與非溶劑交換，導致溶液組

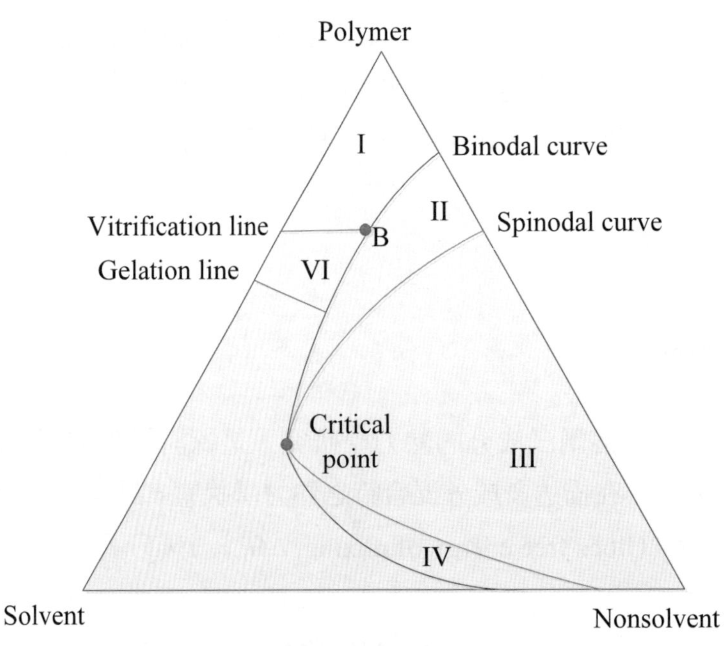


圖 3-6　熱力學三成分等溫平衡相圖（B = Berghmans point）

成進入 I、II、III、IV、VI 區而發生相分離固化成膜，其各區域所對應可能發生的結構如圖 3-7 所示。因此，在成膜過程中若可了解系統組成成分，則可透過熱力學相圖初步判斷其可能形成的薄膜結構形態。

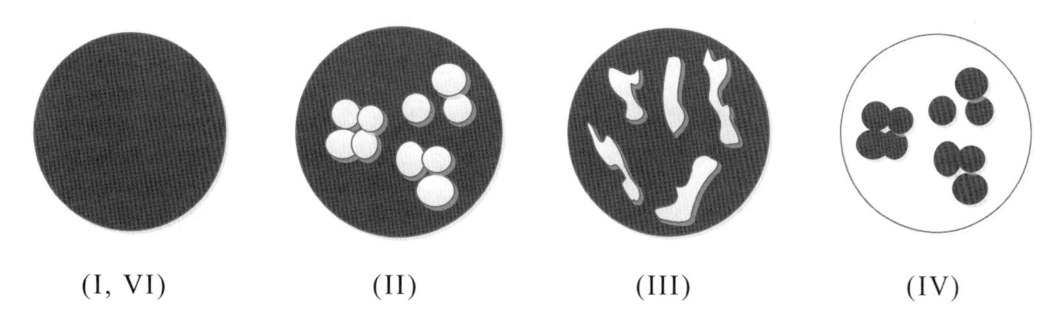

(I, VI)　(II)　(III)　(IV)

(I, VI) dense structure; (II) sponge structure; (III) bi-continuous or lacy structure; (IV) nodules.

圖 3-7　熱力學三成分相圖各區域對應可能發生的結構

## 二、液 - 液相分離邊界（liquid-liquid phase separation gap）之量測

相圖中之液 - 液相分離邊界（liquid-liquid phase separation gap）在相圖中的相對位置，即所謂的 binodal curve 可藉由霧點（cloud-point）量測求得。霧點測試是以滴定的方式來進行，首先配置不同濃度組成的高分子鑄膜液數瓶，經攪拌確定混合均勻後，移入恆溫水槽中靜置一段期間。在恆溫下，以滴定方式將凝聚劑緩慢加入鑄膜液中並予以充分攪拌，利用肉眼目視觀察溶液的濁度變化。當濁度有明顯變化時，此時即達滴定終點。在三成分成膜系統下，針對不同組成的高分子溶液所得之滴定量，可分別以高分子／溶劑／凝聚劑的重量分率加以表示，以曲線之形式連接這些組成繪於三角座標上，即可得霧點線（cloud-point curves）。

## 三、成膜路徑對薄膜結構的影響

在以濕式法製膜時，由於溶劑快速被移除，通常高分子溶液表面的高分子濃度較高會形成皮層，所以所製備的膜有機會應用在氣體分離及逆滲透（Vasarhelyi, 1987; Li, 2004），但若要應用在超過濾及微過濾時，則必須要想方法去除皮層，例如加入其他成分作爲造孔劑（林芳慶，1997；Jung，2004；Yoo，2004；Cha，2006），但去除皮層很困難，更遑論要製備出高孔隙度的雙連續結構。要以非溶劑誘導相分離製

備出雙連續結構，在商業化製程中通常在高分子溶液中加入高沸點非溶劑，在溶劑揮發過程中產生相分離（Sossna, 1996; Sossna, 2007）；或是利用空氣中的水氣來進行蒸氣誘導相分離（Sun, 2007）。上述兩種方式與濕式法最大的差異，在於溶劑移除的速率。在濕式法中，溶劑在凝聚槽中與非溶劑交換而可快速移除；在乾式法中，溶劑則是要靠揮發才能移除，其移除速率比濕式法慢，若採用高沸點的溶劑，溶劑移除速率更是十分緩慢。溶劑移除的速率會影響高分子溶液中各成分的濃度變化，進而改變相分離的組成。定性上來說，溶劑快速移除系統，成膜路徑較容易走如圖 3-8 中的 1 路徑或是 2 路徑。若成膜路徑是進行 1 路徑，高分子溶液組成未發生相分離而直接進入固化區，形成完全緻密結構的薄膜；若是走 2 路徑，則高分子溶液進入相分離區，此時由於薄膜表面位置高分子濃度高，通常會形成具有緻密皮層的非對稱結構。若溶劑移除緩慢時，其成膜路徑則比較容易走 3 路徑，往降低高分子濃度方向進行。當高分子組成愈接近臨界點（critical point），由於介穩定區間隔愈小則愈有機會快速通過介穩定區而進入不穩定區，發生 spinodal decomposition 相分離而形成雙連續結構。

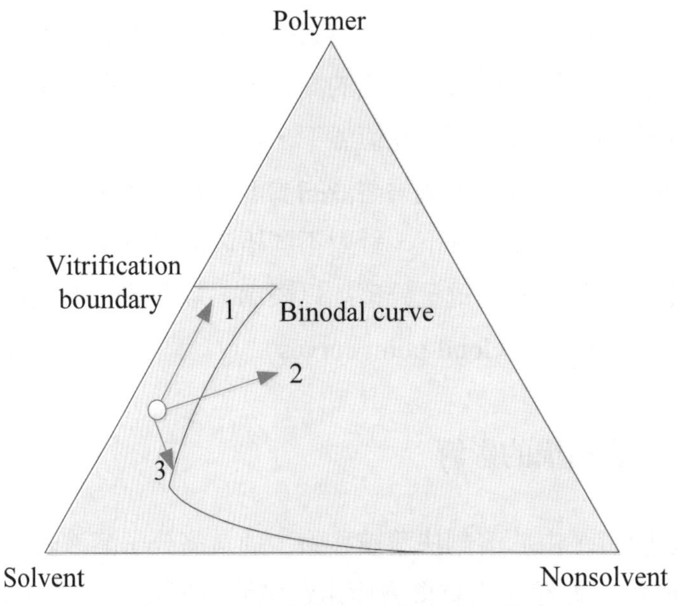


圖 3-8　成膜路徑對薄膜結構之影響

## 3-4-2　動力學效應

若要從動力學的觀點探討三成分系統的成膜行爲，主要可從兩方面切入，一爲溶劑與非溶劑間質傳交換的現象，另一爲相分離後結構成長的合併現象，此兩項動力學行爲均對薄膜形態有著重要影響。

### 一、質傳動力學

有許多的證據顯示，熱力學行爲並不足以完全解釋成膜過程，而必須加入質傳動力學的考量（Boom, 1994）。在許多成膜系統中，薄膜結構，例如巨形孔洞的生成等（Ray, 1985; Smolders, 1992），事實上取決於溶劑 - 非溶劑間的交換速率。以濕式製程爲例，當高分子鑄膜溶液浸入凝聚劑中成膜，其成膜示意圖如圖 3-9 所示，高分子溶液中之溶劑與凝聚劑彼此會擴散交換，非溶劑進入高分子溶液的通量定爲 $J_1$，溶劑離開高分子溶液的通量訂爲 $J_2$。定性而言，$J_2/J_1$ 値的大小可初步地判定相分離路徑，如圖 3-9 所示，當 $J_2/J_1$ 値較小時（如路徑 B），意即非溶劑進入高分子溶液的速率大於溶劑離開高分子溶液的速率，此時成膜路徑會較易進入相分離區域，高分子溶液之相分離程度也較顯著，因此所得之薄膜孔隙度會較大，常見的例子如蒸氣誘導式相分離法；反之，若 $J_2/J_1$ 値較大（如路徑 A），意即溶劑離開高分子溶液的速率大於非溶劑進入高分子溶液的速率，此時由於成膜路徑較不易進入相分離區，製備而得的薄膜孔隙度亦較小，常見的例子如濕式相轉換法。

如前所述，薄膜形成過程是結合熱力學和質傳動力學的結果，因此除了質傳理論的探討外，亦有學者藉由其他的實驗方法觀察其質傳現象。早期以光穿透實驗觀察高分子溶液之相分離速率變化及以光學顯微鏡觀察薄膜的成膜過程等；近幾年則有學者（Aartsen, 1970; Hashimoto, 1984; Nunes, 1996; Matsuyama, 1999）以光散射（light scattering）分析儀來探討相分離的情形，及以傅立葉轉換紅外光譜顯微鏡（Ftir-microscope）（Lin, 2002; Lai, 2005; Kuo, 2008）來分析成膜過程中的質傳行爲。

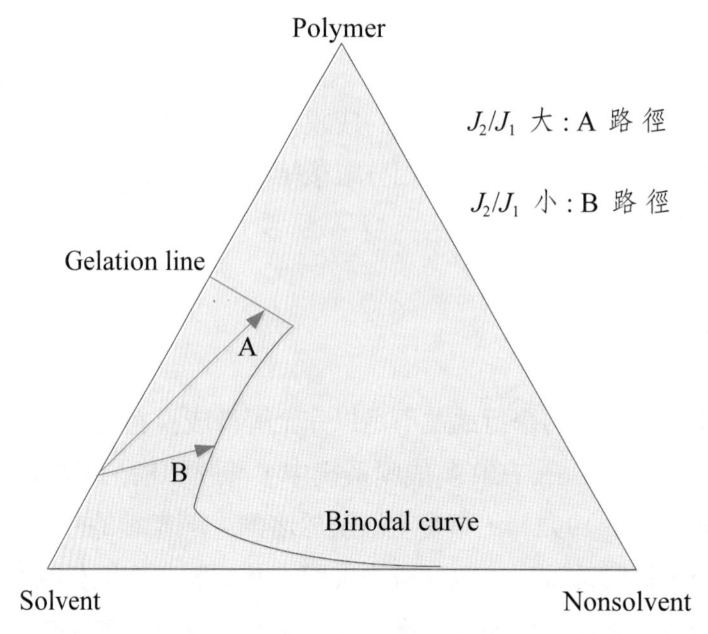


圖 3-9　溶劑 - 非溶劑間的交換速率對成膜路徑之影響

## 二、立即式相分離和延遲式相分離

探討鑄膜液在成膜時，相分離速率的快慢，除了可以從建立質傳方程式上加以解決外，也可用成膜時光穿透率（light transmittance）實驗加以判定。所謂光穿透率實驗，乃是記錄成膜過程中鑄膜液透光率隨時間變化情形。當無相分離發生時，光穿透過薄膜的穿透率不會有變化；若發生相分離時，光穿透率則會隨時間增加而下降。根據光穿透率下降的時間，即代表鑄膜液開始相分離時間，而光穿透率下降的程度，則可以代表鑄膜液相分離程度，光穿透率實驗系統如圖 3-10 所示。藉由此一實驗，Reuvers（Reuvers, 1987）將相分離的形態區分為立即式相分離（instantaneous demixing）及延遲式相分離（delay demixing）。當薄膜成形時為立即式相分離，則所製備的薄膜孔隙度較高，緻密皮層也較薄，同時此為巨形孔洞形成的必要條件。相反地，當薄膜成形時為延遲式相分離，則所形成薄膜具有較厚的緻密皮層，孔隙度也較低（如圖 3-11 所示）。由以上說明可了解光穿透率實驗為研究薄膜成形時的質傳動力學十分重要的工具。

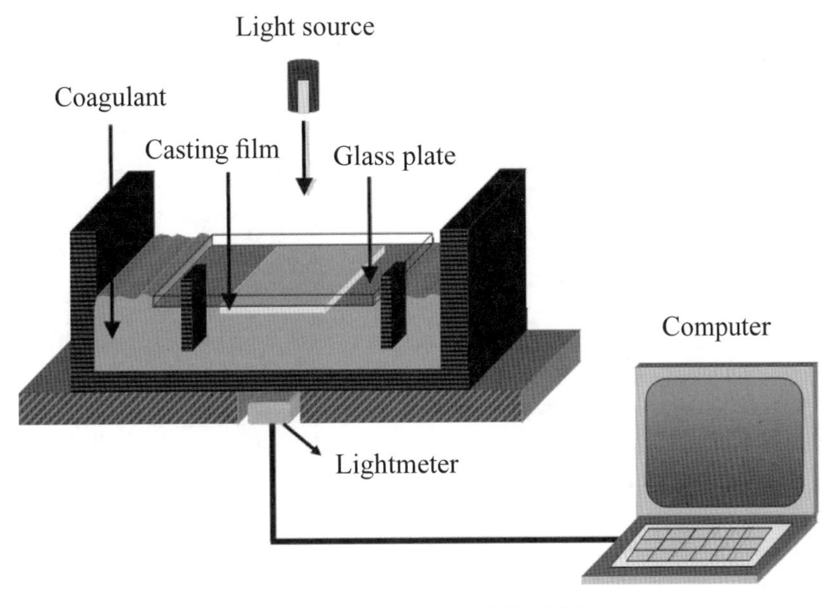


圖 3-10　光穿透率實驗系統

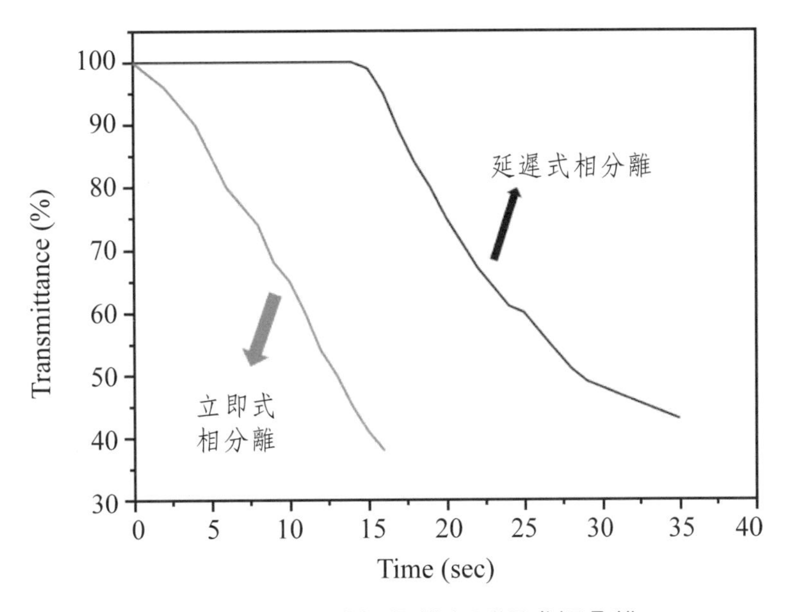


圖 3-11　立即式相分離和延遲式相分離

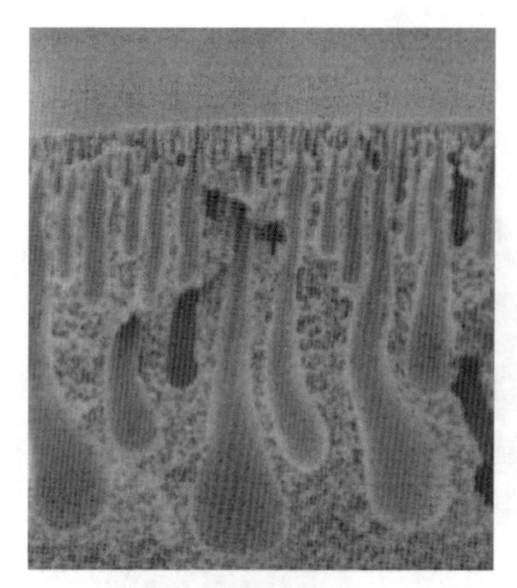

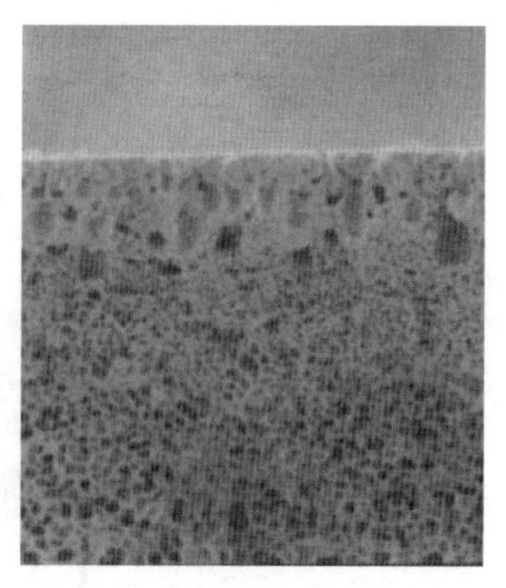

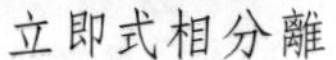

立即式相分離　　　　延遲式相分離

圖 3-11　立即式相分離和延遲式相分離（續）

## 三、成膜系統的組成分析

不同波長中，紅外光的吸收對應於不同官能基的振動能量，因此不同的官能基在 FT-IR 分析下於特定波數可得到其特性波峰，若可於成膜系統之三成分找到個別不互相干擾的特性波峰位置，即可藉以建立檢量線來加以定量。利用 FT-IR Microscopy（如圖 3-12）分析其光譜圖，將高分子溶液置於二 $CaF_2$ 鹽片間，並以 15 μm 的 PTFE spacer 固定高分子溶液厚度，然後以 liquid cell 固定鹽片，使用支撐物予以固定，其剖視圖如圖 3-13 所示，置於顯微鏡平台上，同時以光學顯微鏡觀察相分離過程中薄膜形態變化，以及用 FTIR 分析在距離高分子溶液界面不同位置處高分子溶液的組成變化。成膜過程中以 FTIR 分析各成分隨時間的變化，分別將分析得的光譜上各成分之吸收強度，藉由減量線的換算，即可得各成分的組成變化。

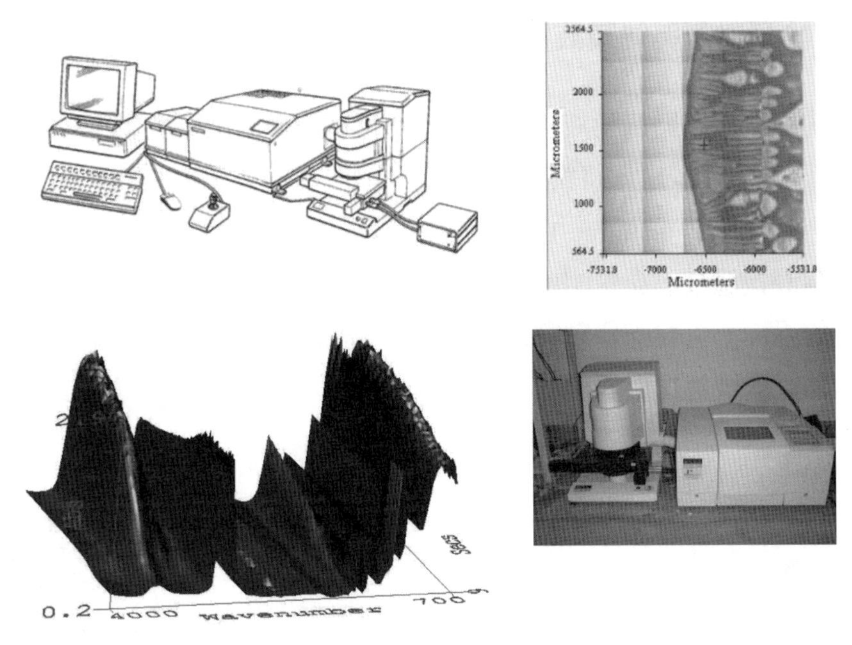


圖 3-12　FT-IR Microscopy 分析系統

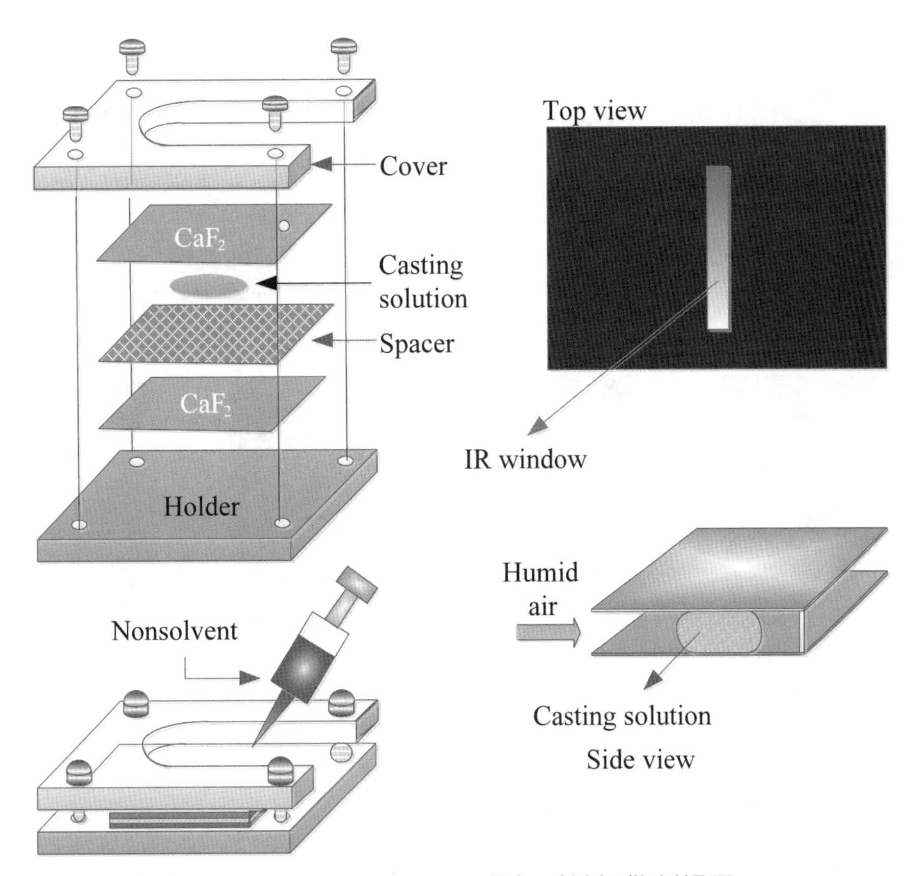


圖 3-13　FT-IR Microscopy 分析系統組件剖視圖

## 四、成膜系統凝聚劑與鑄膜液間擴散行爲對薄膜結構的影響

成膜系統中凝聚劑與鑄膜液接觸時的擴散行爲對薄膜結構的影響，可利用光學顯微鏡予以觀察。如圖 3-14，將鑄膜溶液滴於光學顯微鏡的載玻片上並覆上蓋玻片，而後將經染料（例如 rhodamine B）染色後的凝聚劑水利用注射針滴至其鄰近。當凝聚劑與鑄膜溶液接觸後，凝聚劑會滲透進入鑄膜溶液中。經染色後的凝聚劑滲透進入鑄膜溶液中的界面，可藉光學顯微鏡觀察得到，並將影像錄影。所錄製之影像隨後利用影像處理軟體系統進行影像處理，以探討凝聚劑水於鑄膜溶液中的滲透距離與時間的關係。

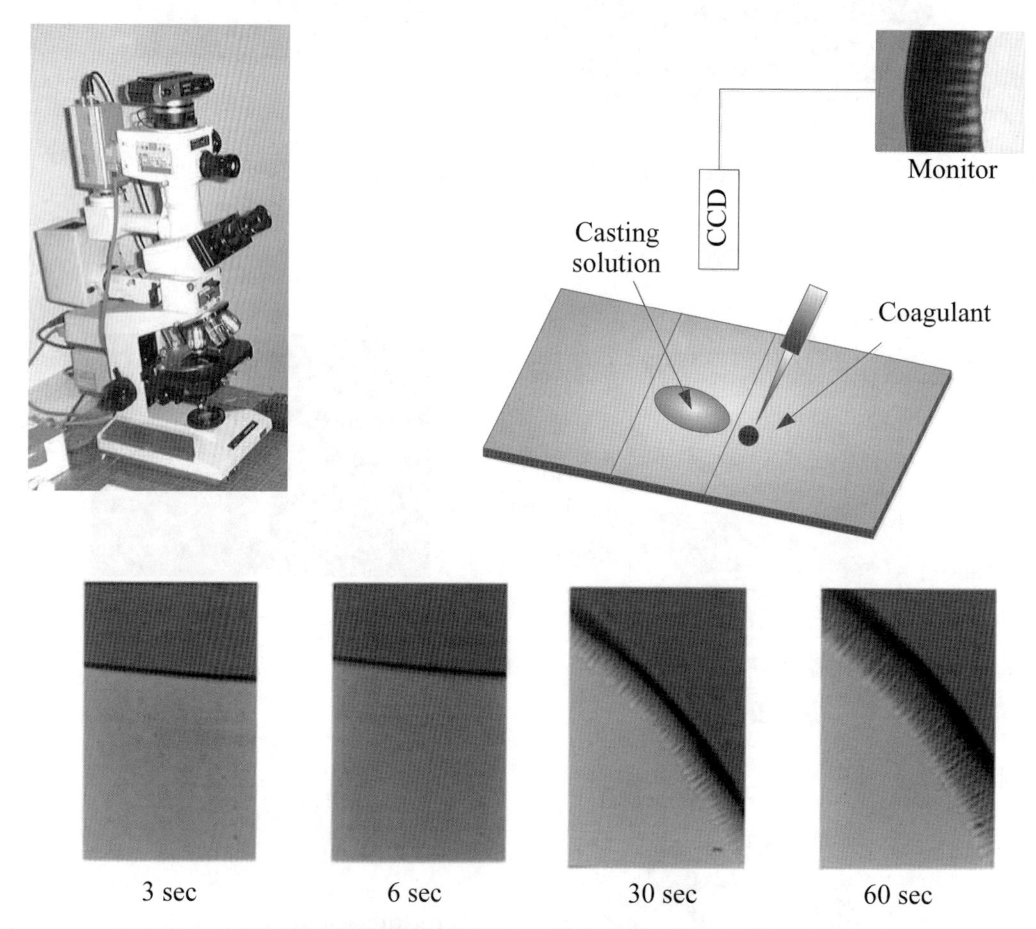


圖 3-14　成膜系統中凝聚劑與鑄膜液接觸時擴散行為對薄膜結構的影響（PMMA/ Acetone + 18 vol% Tween 80/ Water）

## 3-4-3 溶劑與非溶劑效應

### 一、溶解度參數與分子作用力的關係

溶解度參數是維繫分子於成分內的作用力強度（Barton, 1983; Krevelen, 1990），因此溶解度參數差值（solubility parameter difference）可代表著不同成分間分子作用力的接近程度。若差值很大，表示成分間的分子相互作用力弱，因此成分間不易互溶。反之，若差值差距很小，表示成分間的分子相互作用力強，因此互溶性好，所以利用溶解度參數差值可表現出不同成分間作用力的強弱。由於大多數物質的溶解度參數值均可由文獻獲得，因此利用溶解度參數差值來描述成膜系統中各成分間的互溶性，可以建立濕式成膜系統中薄膜結構的預測模式。

### 二、成膜系統溶解度參數差與膜結構的關係

相分離區的大小與巨形孔洞（macrovoid）生成有十分密切的關係（如圖 3-15 所示），而相分離區的大小，可用溶解度參數差值作定性描述。當高分子與溶劑間的溶解度參數差值（$\delta_{p\text{-}s}$）較大時，表示該溶劑扮演著弱溶劑（weak solvent）的角色，此時於相圖中會呈現一較大的相分離區，而較易形成巨形孔洞；當高分子與非溶劑間的溶解度參數差值（$\delta_{p\text{-}ns}$）較大時，表示該非溶劑扮演著強非溶劑（strong non-solvent）的角色，此時於相圖中亦會呈現一較大的相分離區，而較易形成巨形孔洞；而當溶劑與非溶劑間的溶解度參數差值（$\delta_{s\text{-}ns}$）較小時，表示此時溶劑與非溶劑間的互溶性佳，於相圖中會呈現一較大的相分離區，而會有較大的機會形成巨形孔洞。

而於成膜過程中，當凝聚媒介（coagulation medium）與鑄膜液（casting solution）間的質傳交換速率較快時，較易形成巨形孔洞，而質傳交換速率的快慢，亦可用溶劑與非溶劑間的互溶性作一定性描述；當彼此間的互溶性較佳時，則溶劑與非溶劑間的參數差值（$\delta_{s\text{-}ns}$）會較小，而凝聚媒介與鑄膜液間的擴散交換速度會較快，因此形成巨形孔洞的機會就會較大。

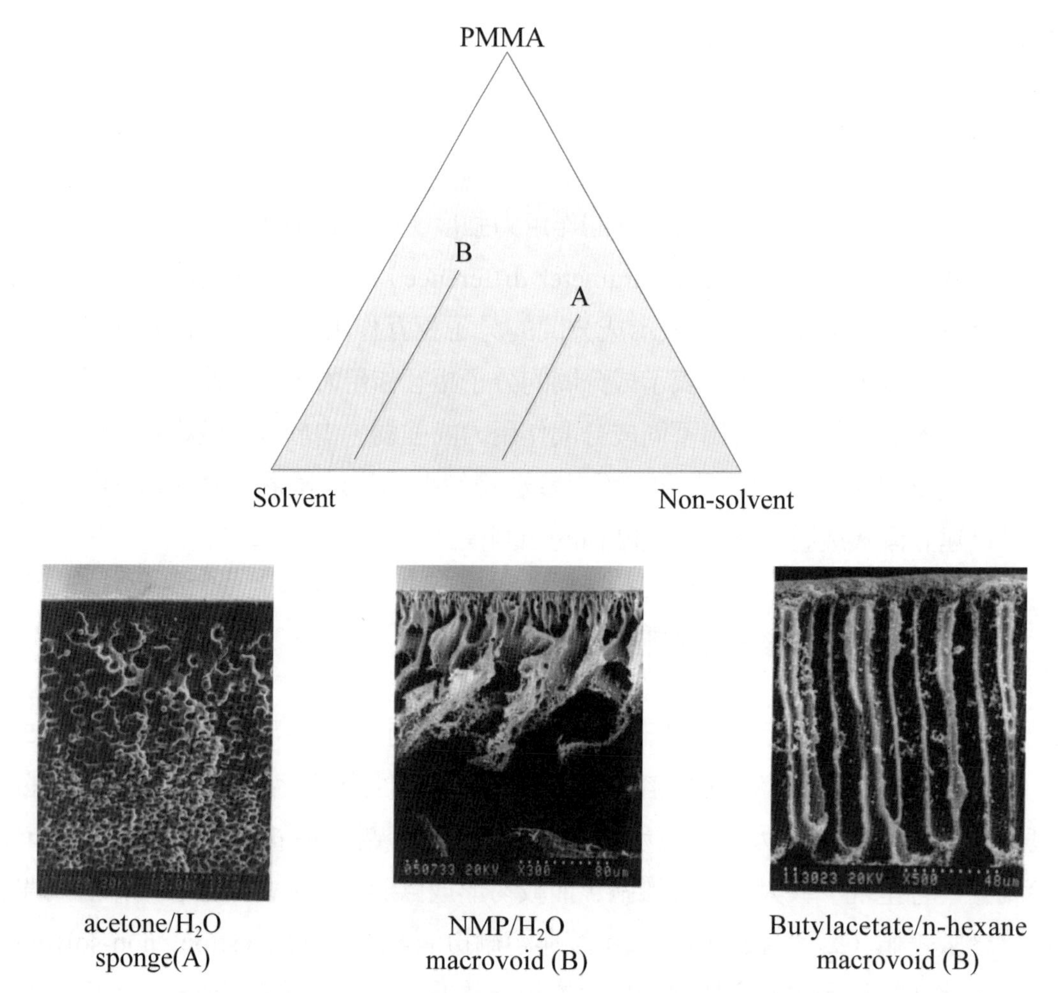


圖 3-15　相分離區之大小與巨形孔洞之關係

## 三、膜結構成長趨勢指標

綜合上述，將此三成分間的溶解性參數差值合併，以整體所呈現出的結果來說明巨形孔洞的形成趨勢。所定之趨勢指標值（$I$）如下：

$$I = \frac{\delta_{N-P} \cdot \delta_{S-P}}{\delta_{N-S}}$$

$\delta_{N\text{-}P}$：非溶劑與高分子之間的溶解度參數差值

$\delta_{S\text{-}P}$：溶劑與高分子之間的溶解度參數差值

$\delta_{N\text{-}S}$：非溶劑與溶劑之間的溶解度參數差值

$I$ 值的建立，將有助於對膜結構成長趨勢進行預測。理論上若 $I$ 值愈大，則其膜結構形成巨形孔洞的趨勢會愈大；反之，若 $I$ 值愈小，其膜結構則趨向海綿狀結構（sponge-like）。例如在 PMMA 成膜系統預測巨形孔洞及海綿狀結構的形成，$I$ 值介於 3.0 與 6.0 之間的系統，其成膜結果皆為海綿狀結構（表 3-1）；而 $I$ 值介於 5.0 與 14 之間，其成膜結果皆為巨形孔洞結構（表 3-2）。

表 3-1　PMMA 成膜系統趨勢指標值對膜結構之影響——海綿狀結構（林芳慶，1997）

| 製膜系統 PMMA/Solvent/Non-solvent | $I=\dfrac{\delta_{N-P}\cdot\delta_{S-P}}{\delta_{N-S}}$ | 膜結構 |
|---|---|---|
| PMMA/Acetone/Methanol | 3.2 | 海綿狀 |
| PMMA/Acetone/Water | 3.8 | 海綿狀 |
| PMMA/Acetone/n-Hexane | 4.4 | 海綿狀 |
| PMMA/THF/Water | 4.7 | 海綿狀 |
| PMMA/Allyl alcohol/Water | 5.3 | 海綿狀 |
| PMMA/EA/n-Hexane | 5.78 | 海綿狀 |
| PMMA/NMP/n-Hexane | 5.8 | 海綿狀 |

表 3-2　PMMA 成膜系統趨勢指標值對膜結構之影響——巨形孔洞（林芳慶，1997）

| 製膜系統 PMMA/Solvent/Non-solvent | $I=\dfrac{\delta_{N-P}\cdot\delta_{S-P}}{\delta_{N-S}}$ | 膜結構 |
|---|---|---|
| PMMA/NMP/Water | 5.9 | 巨形孔洞 |
| PMMA/DMF/Water | 6.6 | 巨形孔洞 |
| PMMA/1,4 Dioxane/Water | 7.2 | 巨形孔洞 |
| PMMA/DMSO/Water | 9.7 | 巨形孔洞 |
| PMMA/ Butylacetate/n-Hexane | 13.3 | 巨形孔洞 |

## 3-5 結語

本章介紹了如何藉由成膜條件的設計以及成膜技術調控製備出各種符合分離程序需求的薄膜。由成膜技術說明如何完成平板膜、中空纖維膜、管狀膜及複合膜的製備。進一步以熱力學及動力學觀點分析成膜路徑對薄膜結構的影響，並導入許多分析薄膜結構的實驗方法，最後利用成長趨勢指標說明溶解度參數差值與膜結構的關係，一系列之成膜機制介紹有助於讀者了解薄膜成膜過程的奧秘。

## 習　題

1. 薄膜的結構依照幾何形狀可區分為哪些類別？
2. 薄膜製備過程中何謂相轉換法？常使用的相轉換法有哪些類別？
3. 以相轉換法製備中空纖維膜的方法有下列幾種？
4. 何謂界面聚合反應？優點為何？
5. 試由熱力學及動力學觀點分析成膜路徑對薄膜結構的影響為何？
6. 藉由成長趨勢指標說明溶解度參數差值與膜結構的關係為何？

## 參考文獻


1. Altena, F.W., C.A. Smolders, Calculation of liquid-liquid phase separation in a ternary system of a polymer in a mixture of a solvent and a nonsolvent, *Macromolecules*, 15(1982)1491-1497.
2. Barton, Allan F.M., *CRC Handbook of Solubility Parameters and Other Cohesion*. CRC Press, Boca Raton, Florida (1983).
3. Boom, R.M., T.V. Boomgaard, C.A. Smolders, Mass transfer and thermodynamics during immersion precipitation for two-polymer system: Evaluation with the system PES-PVP-NMP-water, *J. Membr. Sci.*, 90(1994)231-249.
4. Cha, B.J., J.M. Yang, Effect of high-temperature spinning and PVP additive on the properties of

PVDF hollow fiber membranes for microfiltration, *Macromol. Res.*, 14(2006)596-602.

5. Hashimoto, T., K. Sasaki, H. Kawai, Time-resolved light-scattering studies on the kinetics of phase separation and phase dissolution of polymer blends. 2. Phase separation of ternary mixtures of polymer A, polymer B, and solvent, *Macromolecules*, 17(1984)2812-2818.
6. Huang, S.H., W.S. Hung, D.J. Liaw, H.A. Tsai, George J. Jiang, K.R. Lee, J.Y. Lai, Positron annihilation study on thin-film composite pervaporation membranes: Correlation between polyamide fine structure and different interfacial polymerization conditions, *Polymer*, 51(2010)1370-1376.
7. Jung, B., J.K. Yoon, B. Kim, H.W. Rhee, Effect of molecular weight of polymeric additives on formation, permeation properties and hypochlorite treatment of asymmetric polyacrylonitrile membranes, *J. Membr. Sci.*, 243(2004)45-57.
8. Kamide, K., Thermodynamics of polymer solutions: phase equilibria and critical phenomena, Elsevier Science Publishers B.V., Amsterdam, The Netherlands (1990).
9. Kim, J.K., Y.D. Kim, T. Kanamori, H.K. Lee, K.J. Balk, S.C. Kim, Vitrification phenomena in polysulfone/NMP/water system, *J. Appl. Polym. Sci.*, 71(1999)431-438.
10. Kuo, C.Y., S.L. Su, H.A. Tsai, Y.S. Su, D.M. Wang, J.Y. Lai, Formation and evolution of a bicontinuous structure of PMMA membrane during wet immersion process, *J. Membr. Sci.*, 315(2008)187-194.
11. Kurata, M., *Thermodynamics of polymer solutions*, Harwood Academic Publishers, New York (1982).
12. Lai, J.Y., C.Y. Kuo, Y.S. Su, D.M. Wang, H.A. Tsai, A. Deratani, C. Pochat-Bohatier, Control of membrane morphology by vapor induced phase separation --- interplay of mass transfer, phase separation and gelation, International Congress on Membranes and Membrane processes 2005, Th10D-1, Seoul, Korea (2005).
13. Lai, J.Y., M.J. Liu, K.R. Lee, Polycarbonate membrane prepared via a wet phase inversion method for oxygen enrichment from air, *J. Membr. Sci.*, 86(1994)103-118.
14. Li, Y., C. Cao, T.S. Chung, K.P. Pramoda, Fabrication of dual-layer polyethersulfone (PES) hollow fiber membranes with an ultrathin dense-selective layer for gas separation, *J. Membr. Sci.*, 245(2004)53-60.
15. Lin, K.Y., D.M. Wang, J.Y. Lai, Nonsolvent-induced gelation and its effect on membrane mor-

phology, *Macromolecules*, 35(2002)6697-6706.

16. Loeb, S., S. Sourirajan, Sea water demineralization by means of an osmotic membrane, *Adv. Chem. Ser.*, 38(1962)117-132.
17. Mahon, H.I., *Permeability separator apparatus and membrane element, method of making the same and process utilizing the same*, U.S. Patent 3,228,876 (1966a).
18. Mahon, H.I., *Permeability separator apparatus and process using hollow fibers*, U.S. Patent 3,228,877 (1966b).
19. Matsuyama, H., M. Tachibana, T. Maki, M. Teramoto, Light scattering study on porous membrane formation by dry cast process, *J. Appl. Polym. Sci.*, 86(2002)3205-3209.
20. Matsuyama, H., M. Teramoto, T. Uesaka, M. Goto, F. Nakashio, Kinetics of droplet growth in the metastable region in cellulose acetate/acetone/nonsolvent system, *J. Membr. Sci.*, 152(1999)227-234.
21. Mehta, R.H., D.A. Madsen, D.S. Kalika, Microporous membranes based on poly(ether ether ketone) via thermally-induced phase separation, *J. Membr. Sci.*, 107(1995)93-106.
22. Nunes, S. P., T. Inoue, Evidence for spinodal decomposition and nucleation and growth mechanisms during membrane formation, *J. Membr. Sci.*, 111(1996)93-103.
23. Ray, R.J., W.B. Krantz, R.L. Sani, Linear stability theory model for finger formation in asymmetric membranes, *J. Membr. Sci.*, 23(1985)155-182.
24. Reuvers, A.J., *Membrane formation: Diffusion induced demixing processes in ternary systems*, Ph. D. Thesis, Twente University, The Netherlands (1987).
25. Shi, F.F., Recent advances in polymer thin films prepared by plasma polymerization synthesis, structural characterization, properties and applications, *Surf. Coat. Technol.*, 82(1996)1-15.
26. Smolders, C.A., A.J. Reuvers, R.M. Boom, L.M. Wienk, Microstructures in phase-inversion membranes Part 1. Formation of macrovoids, *J. Membr. Sci.*, 73(1992)259-275.
27. Sossna, M., M. Hollas, J. Schaper, T. Scheper, Structural development of asymmetric cellulose acetate microfiltration membranes prepared by a single-layer dry-casting method, *J. Membr. Sci.*, 289(2007)7-14.
28. Sun, H., S. Liu, B. Ge, L. Xing, H. Chen, Cellulose nitrate membrane formation via phase separation induced by penetration of nonsolvent from vapor phase, *J. Membr. Sci.*, 295(2007)2-10.
29. Tompa, H., *Polymer solutions*, Butterworths Scientific Publications, London (1956).

30. Van Aartsen, J.J., C.A. Smolders, Light scattering of polymer solutions during liquid-liquid phase separation, *Eur. Polym. J.*, 6(1970)1105-1112.

31. Vandeweerdt, P., H. Berghmans, Y. Tervoort, Temperature-concentration behavior of solution polydisperse, atactic poly (methyl methacrylate) and its influence on the formation of amorphous, microporous membranes, *Macromolecules*, 24(1991)3547-3552.

32. Van Krevelen, D.W., *Properties of polymers: Their correlation with chemical structure, their numerical estimation and prediction from additive group contributions*, 3rd Ed., Elsevier Science Publishers B.V., Amsterdam, The Netherlands (1990).

33. Vasarhelyi, K., J.A. Ronner, M.H.V. Mulder, C.A. Smolders, Development of wet-dry reversible reverse osmosis membranes with high performance from cellulose acetate and cellulose triacetate blends, *Desalination*, 61(1987)211-235.

34. Wang, D.M., T.T. Wu, F.C. Lin, J.Y. Hou, J.Y. Lai, A Novel method for controlling the surface morphology of polymeric membranes, *J. Membr. Sci.*, 169(2000)39-51.

35. Yoo, S.H., J.H. Kim, J.Y. Jho, J. Won, Y.S. Kang, Influence of the addition of PVP on the morphology of asymmetric polyimide phase inversion membranes: Effect of PVP molecular weight, *J. Membr. Sci.*, 236(2004)203-207.

36. Zeman, L., A.L. Zydney, *Microfiltration and ultrafiltration: Principles and applications*, Marcel Dekker, Inc., New York (1996).

37. Zeman, L., T. Fraser, Formation of air-cast cellulose acetate membranes, Part I. Study the macrovoid formation, *J. Membr. Sci.*, 84(1993a)93-106.

38. Zeman, L., T. Fraser, Formation of air-cast cellulose acetate membranes, Part II. Kinetic of demixing and macrovoid growth, *J. Membr. Sci.*, 87(1993b)267-249.

39. 林芳慶，*薄膜結構之控制-非溶劑添加物對成膜的影響*，中原大學化學工程學系博士論文（1997）。

# 符號說明

| | |
|---|---|
| $\Delta G_m$ | 吉布士混合自由能（Gibbs free energy of mixing） |
| $\Delta H_m$ | 混合焓（enthalpy of mixing） |
| $\Delta S_m$ | 混合熵（entropy of mixing） |
| $J_1$ | 非溶劑進入高分子溶液之通量 |
| $J_2$ | 溶劑離開高分子溶液之通量 |
| $\delta_{N-P}$ | 非溶劑與高分子之間的溶解度參數差值 |
| $\delta_{p-s}$ | 高分子與溶劑之間的溶解度參數差值 |
| $\delta_{s-ns}$ | 溶劑與非溶劑之間的參數差值 |

# 第四章
# 薄膜結構鑑定技術

／洪維松

# 4-1 前言

各產業隨著日新月異的科技不斷進步，從過去的石油、食品工業，到今日的精密陶瓷、材料科學、電子製程、汙染防治、生化、生醫等高科技產業，環境保護及能源回收再利用，都是先進國家一致的發展重點。其中薄膜技術的投入將是不可或缺的一環，因爲薄膜分離程序具有最低耗能及最低操作成本之優勢（Karagiannis and Soldatos, 2008; Petersen, 1993; Robinson, Ho and Mathew, 1992），是值得期待與發展的新興產業，因此像薄膜過濾這樣既環保又省能源的分離技術（Fritzmann et al., 2007; Greenlee et al., 2009），在各個產業中的應用會愈趨重要。薄膜應用技術成爲許多工業製程中重要的部分之一，以薄膜爲基礎的分離技術相繼被研究與開發，且廣泛的應用在純化、濃縮與分離各種混合物（Peñate and García-Rodríguez, 2012），最主要的應用在於取代或是與傳統的分離系統結合。儘管在滲透率、選擇性、化學安定性、機械強度、生物適應性、薄膜壽命與長期穩定性等問題上需要進一步克服，但是因爲節省能源、方便擴充與結合其他分離模組等優點，使得薄膜市場每年高度成長，並且有愈來愈多的國家相繼投入薄膜技術開發研究。

薄膜的鑑定也是重要的一門科學，如何準確的鑑定薄膜並關聯至薄膜的分離效能將是重要的議題。薄膜的鑑定技術衆多，例如：在化學鑑定方面，利用傅立葉轉換紅外線光譜分析（Fourier transform infrared spectroscopy, FTIR）、X- 射線光電子光譜（X-ray photoelectron spectroscopy, XPS）等鑑定材料的化學元素組成；在物理鑑定方面，利用掃描式電子顯微鏡（scanning electron microscope, SEM）、原子力顯微鏡（atomic force microscope, AFM）、截留分子量測定（molecular weight cut off, MWCO）、起泡點測試（bubble-point test）、穿透式電子顯微鏡（transmission electron microscope, TEM）、比表面積及孔徑分析儀（surface area & mesopore analyzer）、正電子湮滅光譜儀（positron annihilation spectroscopy, PAS）等鑑定薄膜的微結構差異，並可經由流線電位分析儀（streaming potential analyzer, SPA）測量薄膜電性。

# 4-2　薄膜的分類及其應用

薄膜因爲材質不同，應用的領域也有所不同，工業界主要使用人工合成的薄膜，不同的製作技術延伸出多樣化的種類。人工合成薄膜的發展已有相當長的時間，合成薄膜的材料非常廣泛，可歸納爲有機高分子薄膜與無機薄膜兩種。有機高分子薄膜發展較早，價格便宜，目前在商業化薄膜中占大多數（Teng et al., 2000; Zhao and Winston Ho, 2012），但所製備之膜材較不耐高溫。無機薄膜大多是陶瓷材料（Sato et al., 2012），與高分子薄膜相比較，價格較昂貴，製作過程也較困難，成本高，但有耐高溫、耐酸鹼、高機械強度等優點。近年來，由於薄膜技術的發展，其種類愈來愈多，成本逐漸低廉，更重要的是可針對分離的對象選擇最佳的材質，正確的選擇薄膜，才能進行有效的過濾。在薄膜分離的方法中，讓物質透過膜的驅動力有壓力差、濃度差、溫度差及電位差，驅動力就是促使溶液分子往薄膜方向移動的力（Wijmans and Baker, 1995），其中薄膜過濾操作的驅動力是壓力差（Shaffer et al., 2012）。薄膜過濾家族主要成員（圖 4-1），依薄膜孔洞由大到小可分爲微過濾、超過濾、奈米過濾及逆滲透，而氣體分離膜依照不同的孔洞大小，透過傳輸機制也各不相同（Pandey and Chauhan, 2001; Sanders et al., 2013），不同的過濾薄膜在結構鑑定也有著不同的差異。

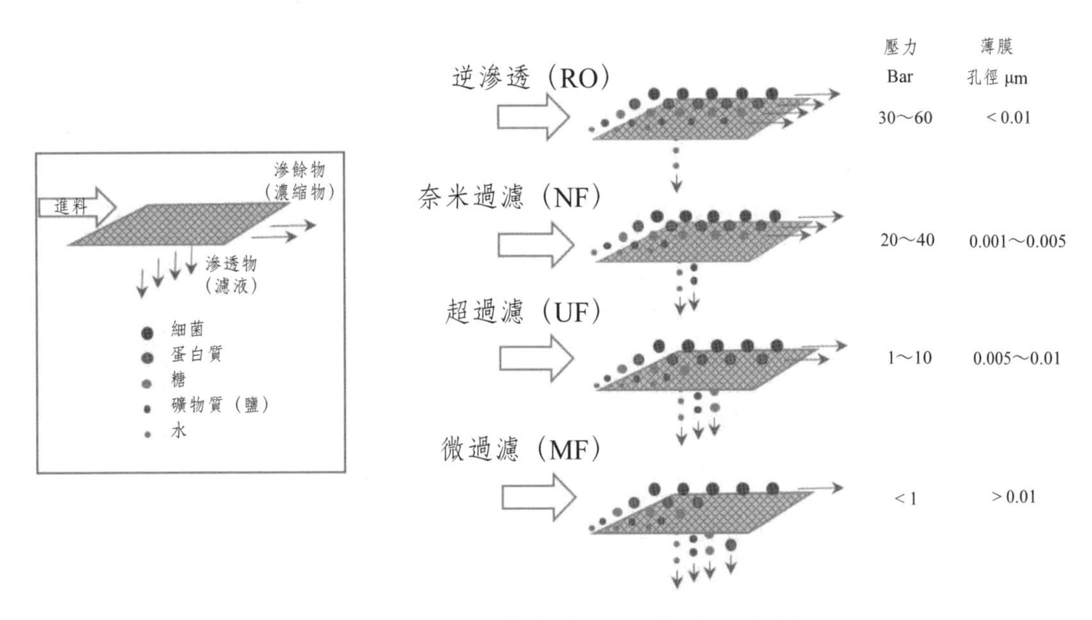


圖 4-1　各種過濾薄膜對於不同顆粒阻擋能力

## 4-2-1　水處理薄膜種類與特性

### 一、微過濾薄膜（microfiltration）

微過濾在薄膜過濾中是孔洞較大的，儘管如此，微過濾已經可以很有效地濾掉許多物質，在工業界的發展最爲長久。若利用電子顯微鏡觀察微過濾薄膜，可以很清楚地在薄膜表面發現成千上萬的微米級小孔洞，範圍約爲 0.2 ～ 10 μm。只有小於這範圍的微米小粒子能透過，大於 10 μm 的粒子就會被薄膜阻擋（Hua et al., 2007），因此微過濾可以阻擋酵母菌體、微生物、細菌等微米級物質（Rossignol et al., 1999）。微過濾因爲發展較久，在產業的應用上相當廣泛，如生技及食品、醫藥、化工、電子、環工產業等。在不同產業中，微過濾所扮演的角色也有所不同，但過濾的目的大都是純化、濃縮等。現代人愈來愈重視飲食及營養保健，對於生技及食品業的要求只會愈來愈嚴格，不僅原料來源要純天然，產品的品質也必須符合法規。食物中微生物指標是必定要檢驗的項目，若生菌數超標，可能會引發一波食安問題。國內外許多生技及食品業已把微過濾薄膜應用在濾除發酵液中的微生物，取代傳統的高溫高壓殺菌法，這不但節省能源，又能避免破壞酵素、蛋白質等營養成分（Daufin et al., 2001）。另外，微過濾薄膜運用在啤酒製程上，可藉由薄膜過濾使啤酒安定化，保有原來的風味更久（Gan et al., 1997）。醫院中常用微過濾薄膜來過濾空氣或水中的細菌（Sadr Ghayeni et al., 1999），可避免患者再次受到感染。

### 二、超過濾薄膜（ultrafiltration）

相較於微過濾，超過濾所能阻隔的粒子較小，可以說是更精密的薄膜過濾程序。在工業應用上，微過濾及超過濾如共同體般合作無間，一般來說，微過濾可以當作超過濾的前置作業，原物料先經第一道微過濾關卡移除微米級粒子後，再利用第二道超過濾進一步濾除更微小的粒子，在兩者的合作下，已經可以濾除大部分的微細粒子。超過濾薄膜已可阻擋粒徑約 2 ～ 100 nm 的奈米級粒子，如病毒、蛋白質、胺基酸、碳水化合物高分子聚合物等。

超過濾的最初發展是爲了處理廢水問題（Gao et al., 2011），傳統的廢水處理程序無論是物理、化學或生物法都會造成環境危害，若以超過濾程序取代，不僅可以回收廢水中的有用物質，同時處理後的水可循環再使用，減少有害物質及廢水的排放量（Yan, Li and Xiang, 2005）。在果汁及乳品製造業中，超過濾可代替傳統程序中的許多步驟，不需加混凝劑等化學物質，就能使果汁和果肉殘渣分離而得到濃縮果汁，不只有效率，同時又不需加熱，可以避免破壞果汁原有的新鮮風味及營養。超過濾在鮮乳製程上可配合低溫殺菌法有效去除鮮乳中的細菌與病毒，保留生乳營養。乳品工廠還可利用薄膜過濾進行乳品與乳蛋白的濃縮和乳清蛋白的回收（Brans et al., 2004），以及乳品工廠的廢水處理。

## 三、奈米過濾薄膜（**nanofiltration**）

奈米過濾薄膜孔洞尺寸在超過濾及逆滲透之間的灰色地帶，這區域所涉及的分子大小屬於奈米級，也是薄膜過濾家族中最晚被定義的一位成員。1988 年 Peter Eriksson 提到，奈米過濾薄膜是介於超過濾和逆滲透之間的薄膜，孔洞大小介於 1 ～ 2 nm 之間，只允許尺寸小於 1 nm 的微小分子透過，可有效阻擋二價鈣、鎂離子透過，而對於更小的一價鈉、鉀離子的阻擋率較不足（Bowen, Mohammad and Hilal, 1997），必須配合逆滲透系統才能得到超純水。奈米過濾技術雖然發展較晚，應用範圍卻相當廣，如硬水的軟化（Ghizellaoui, Chibani and Ghizellaoui, 2005）、紡織工業中染料廢水的處理（Lau and Ismail, 2009）、食品工業或製藥廠中有機物的去除（Snyder et al., 2007）、工業上金屬離子（Fu and Wang, 2011），以及海水淡化中氯化鎂與氯化鈣的去除（Ahmad et al., 2004）等。在飲用水的淨化方面，過濾鈣、鎂等二價離子的硬水軟化是奈米過濾的重要工業應用之一，適度地飲用硬水可以補充身體所需的礦物質，但硬度過高的水喝起來不順口，所產生的水垢會附在加熱器表面上，降低熱能傳遞而須延長加熱時間，造成能源浪費，同時亦有鍋爐爆炸之危害。超純水是半導體業界用量非常大的必需品，非常接近理論上的純水中，除了氫離子與氫氧離子外，並沒有任何其他電解質存在，粉塵、有機物、細菌及其他雜質等也當然必須儘量移除。在超純水的製程中，薄膜過濾家族可與其他如紫外線、臭氧、陰陽離子樹酯等處理技術合併成一套完整的水質淨化流程，這製程的優點是水質好且穩定、化學品用量少避免破壞生態、節省能源、經濟效益大，並易於管理與維修。

## 四、逆滲透（reverse osmosis）

滲透就是用半透膜兩端溶液的濃度差進行分離，濃度差是指薄膜兩側溶液濃度不同，造成兩端溶液開始移動（Lee, Arnot and Mattia, 2011），若它的兩側分別是純水及酒精的水溶液，純水中的水分子可藉由薄膜中的小孔洞滲透到酒精側，同時酒精側的水分子也會滲透到純水側。雖然兩側水分子都會滲透，但純水中水分子的滲透速率大於酒精側，因此會觀察到純水透過豬膀胱的速度大於酒精中的水分。以逆滲透膜隔開海水及淡水，則淡水側的水分子會因爲滲透作用經由薄膜小孔洞往高濃度海水擴散，造成海水側水位上升。在海水淡化過程中，爲了讓海水中的水分子反方向往淡水側移動，必須先克服滲透壓，若施加壓力大於滲透壓，則海水中的水分子可以透過薄膜往淡水側移動，造成淡水側水位上升，稱爲逆滲透（Cadotte et al., 1980）。逆滲透所使用的薄膜相較於微過濾與超過濾膜，必須有高機械強度來承受兩側的龐大壓力差，在製備上較前述兩種薄膜困難許多，因此逆滲透膜發展較晚。逆滲透系統中所使用的膜是薄膜過濾家族中孔洞最小的，孔洞大小介於 0.1 ～ 1 nm 之間，只有比奈米級更小的粒子，約 2 ～ 3 Å 的小分子才能透過。逆滲透在海水淡化過程中爲了克服約 24 大氣壓的滲透壓，必須在海水側施加大於 24 大氣壓的壓力，才能使海水中的水分子透過薄膜。而海水中鈉離子與鎂離子被逆滲透膜擋住，水分子因爲逆滲透，透過薄膜進入淡水側，最後成功地獲得淡水。逆滲透也常使用在水中鹼金屬、鹼土金屬等微小離子的分離，在工業上主要是應用在超純水的製備、海水／鹹水的脫鹽、飲用水的淨化等。近年來，地球土地過度開發造成沙漠化，人類對於水資源的需求量逐年增加，尤其是在中東地區。因此，海水淡化技術一直是近年來熱門的議題，許多先進國家利用逆滲透在高壓下進行海水淡化，臺灣的逆滲透技術發展也有一段時間，主要用在較缺水的外島地區。逆滲透是近年來諸多海水淡化技術中發展較快速的一種。

### 4-2-2　氣體分離薄膜種類與特性

氣體分離依照薄膜孔洞大小區分不同的分離傳輸機制，孔洞由大到小的分離機制如圖 4-2 所示分爲紐森擴散（Knudsen diffusion）、分子篩（molecular sieving）、溶解擴散（solution-diffusion）與毛細冷凝（capillary condensation）（Ismail and David, 2001）。紐森擴散機制是指薄膜之孔徑遠小於氣體平均自由徑（mean free path），約小於 0.1 μm 時，則會遵循紐森擴散機制，因為氣體分子對孔壁之碰撞機率遠大於氣體間交互作用力，故可將氣體運動視為獨立而產生分離效能，又稱分子自由流動。因此它的使用範圍不廣，只適用於少數幾種相對分子質量差別較大的氣體分離，如 $H_2$ 與 $CO_2$、$O_2$、$N_2$ 的分離。分子篩機制的膜孔徑非常小，約 5～20 Å 時，氣體透過則由表面擴散作為分離機制，此時氣體分子與膜孔徑表面會有相互作用力，當有壓差等驅動力時，則氣體會在此表面產生擴散行為而達分離效果。氣體分離在有機高分子材料以緻密膜為主（Koros and Fleming, 1993），其分離常用溶解 - 擴散機制來描述，通常分為三部分：(1) 氣體在薄膜表層進行吸附及吸收；(2) 氣體在薄膜內因壓力或濃度等化學勢能不同而產生驅動力造成的擴散作用；(3) 氣體在薄膜下層進行脫附作用。毛細冷凝是指混合氣體中的一種或多種氣體具有選擇性地冷凝在膜孔中，冷凝的氣體藉由擴散透過膜孔，由於易被吸附的成分氣體在孔內凝聚，阻礙了其他成分氣體的透過，如此發生凝聚的易吸附成分氣體與沒有發生凝聚的成分氣體得以分離。此種機理要求的膜孔以中孔為主，此分離機制主要適用於易凝聚的氣體分離。

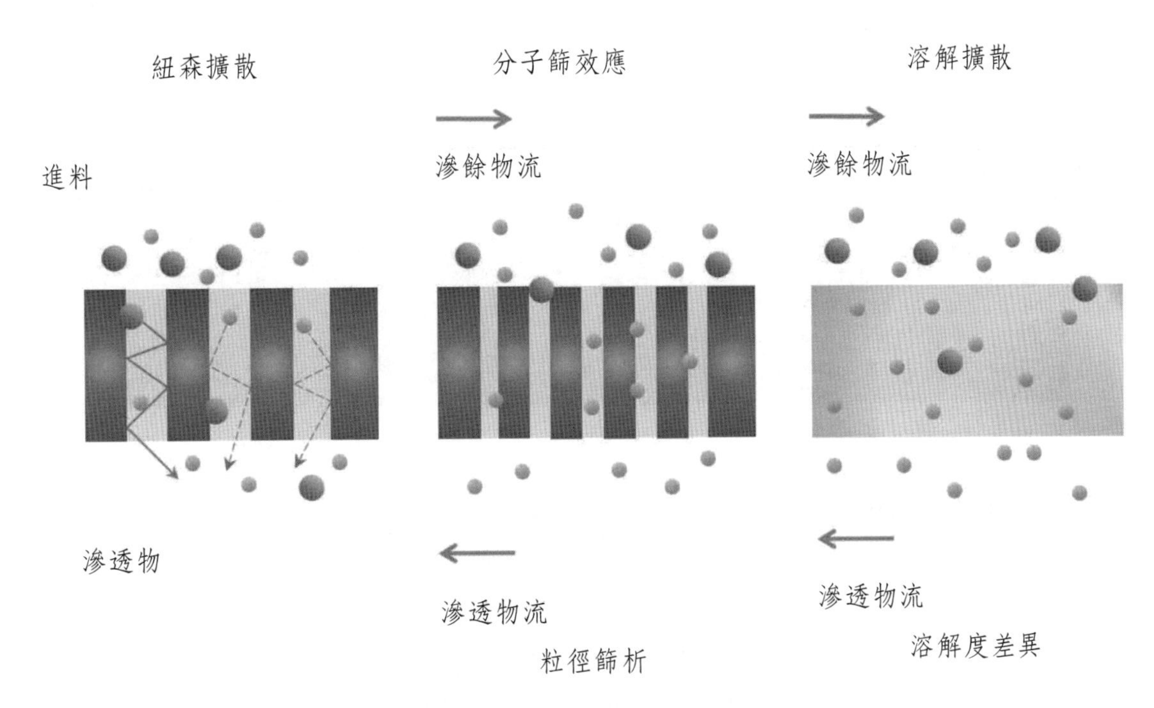


圖 4-2　氣體分離薄膜的透過傳輸機制

# 4-3　分離薄膜的結構鑑定技術

定義分離薄膜的性能有許多指標，包括耐熱性能，對酸、鹼、氧化劑及有機溶劑的化學穩定性，機械性質等，但在應用過程中人們更關心的是膜的分離特性、包括能截留多大的粒子，以及在一定操作時間下獲得最大的透過量。薄膜的結構眾多，薄膜結構或膜材的形態對於分離機制與分離系統的影響甚大，依結構分類一般以對稱（symmetric）與非對稱（asymmetric）結構作為區分（見圖 4-3），透過薄膜成形的環境與條件控制可以製備各式各樣形態的薄膜。評價分離薄膜效能好壞的要點在於截留率和通量，這兩種性能也是分離膜具備的最基本、也是最重要的性能。對微過濾薄膜而言，孔徑的大小通常是反映出截留性能的指標；對超過濾薄膜，截留分子量通常是反映出截留性能的指標；對奈米過濾薄膜，薄膜電性與奈米結構通通常是反映出截留性能的指標；對逆滲透薄膜，自由體積大小通通常是反映出截留性能的指標。針對不同的薄膜如何選用適當的儀器進行鑑定，將決定鑑定結果是否直接關聯於薄膜分離效能的依據。

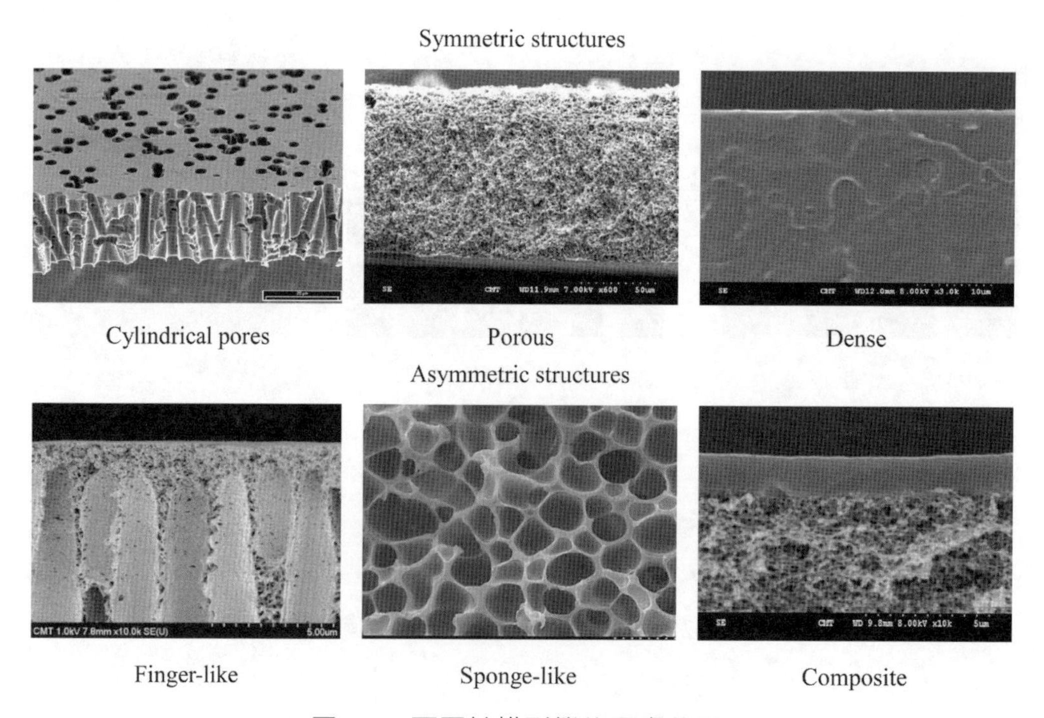


圖 4-3　不同結構形態的過濾薄膜

## 4-3-1　多孔薄膜結構鑑定

應用於微過濾與超過濾分離的多孔性薄膜主要根據其所提供的膜孔大小與膜孔分布作爲選擇性的依據，此類薄膜在分離的過程中，常因爲過濾分子與膜材間或過濾分子間的吸引力產生過濾分子沉積與濃度極化（concentration polarization）現象，使得透過量容易隨著操作時間的增加而下降。這類孔洞較大的對稱或非對稱薄膜之鑑定，將會影響薄膜的操作與沉積後如何清洗膜材的依據。

### 一、掃描式電子顯微鏡（scanning electron microscope, SEM）

對於微過濾薄膜和超過濾薄膜這類多孔薄膜的鑑定分析常常會發生誤解或誤判的情況，一般普遍認爲薄膜的孔徑大小與分布已經決定了薄膜主要的分離效能，但實際上其他因素例如濃度極化和結垢現象，也需要一併列入討論，避免數據對薄膜效能的誤判。薄膜的微孔結構是決定薄膜分離效果與截留率的關鍵因素，但許多半經驗式的物理方程式模型對於孔洞幾何形狀的假設都過於極端，這些假設的形狀並不存在於實際的薄膜結構中，此外，主導薄膜透過量的速率決定因素並不是孔徑的尺寸，而是孔徑較狹小的入口處，這些都是必須建立的觀念。不同材料或不同製備方法所得到的微孔膜孔洞結構有極大的差別，如徑向拉伸薄膜的膜孔是片晶之間被拉開的貫穿空隙，而軌跡蝕刻薄膜的膜孔爲圓管狀貫穿結構（Apel, 2001），燒結膜的膜孔貫通結構來自於粉末的堆積結構（Liu, Li and Hughes, 2003），而相轉化薄膜的膜孔結構取決於相分離形成的網絡形態及非對稱結構（Lloyd, Kim and Kinzer, 1991）。掃描式電子顯微鏡（SEM）是觀察微濾膜與超過濾膜微孔孔徑結構主要且簡便的方法（Bottino et al., 1991），藉由觀察薄膜的表面與截面的結構形態，可直接發現膜表面與薄膜內部的孔洞形態、孔徑大小、孔徑均勻性、薄膜的對稱性與皮層厚度等結構特點（Kim and Lee, 1998）。由於掃描式電子顯微鏡的解析度可達到 10 nm 範圍，而微過濾膜的孔徑一般在 0.1～10 μm 之間，因此採用 SEM 鑑定方式基本上能比較準確地觀察到微過濾膜的表面與內部孔徑的尺寸與分布。利用 SEM 鑑定高分子薄膜的孔徑結構時，需要注意兩個問題：一是高分子材料本身並不導電，樣品容易產生電荷聚集，導致形貌失真，同時受到高能電子的作用，也可能導致高分子材料的物理、化學結構的變化，因此使用 SEM 觀測高分子膜的孔徑結構時，須先在樣本表面濺鍍如金、白金等金屬；其次是使用 SEM 在觀察有機高分子薄膜的截面結構時，於樣品製備時必須進行切片、斷裂，因此容易破壞薄膜原始的孔洞形態，導致無法觀察到眞實的結構形態。

超過濾膜表面的皮層相對於微過濾膜較爲緻密，此緻密選擇層是眞正扮演著分離功能的區域，薄膜的中央部分則爲孔徑較大的支撐部分，薄膜另一側表層常貼附於多孔不織布表面。SEM 可以觀察到超過濾膜的內部非對稱結構和巨型孔洞，但是，當表面選擇層的微孔小於 10 nm 時，這些孔洞有可能被表面濺鍍的金屬所覆蓋，導致 SEM 不能眞實反映出皮層表面的孔徑大小。SEM 法不僅能直接觀察到膜孔的形貌和膜結構的對稱性，如果結合影像分析，也可以得到平均孔徑和孔徑分布等數據。

## 二、原子力顯微鏡（atomic force microscopy, AFM）

原子力顯微鏡對於薄膜表面結構的鑑定相當靈敏，具有原子級解像能力，可應用於各類薄膜材料表面檢測，並能在眞空、氣體或液體環境中操作（Dietz et al., 1992）。AFM 之探針一般由成分爲 Si 或 $Si_3N_4$ 懸臂樑及針尖所組成，針尖尖端直徑介於 20～100 nm 之間。主要原理是藉由針尖與薄膜材料表面的原子作用力，使懸臂樑產生微細位移，以測得表面結構形狀（如圖 4-4 所示），其中最常用的距離控制方式爲光束偏折技術。AFM 操作模式可區分爲接觸式（contact）、非接觸式（non-contact）以及間歇接觸式（或稱爲輕敲式，intermittent contact or tapping）三大類，不過若要獲得眞正原子解析度，必須以非接觸式的操作模式在眞空環境下方能得到。目前 AFM 的應用範圍十分廣泛，包括表面形貌量測、粗糙度分析及生醫樣品檢測等。由於探針對薄膜材料表面施加的力非常小（$< 1$ nN），這使得 AFM 可以應用在較柔軟的材料如高分子薄膜的表面偵測且可維持結構的完整。測試的薄膜樣品可以在空氣環境中掃描而不經任何的預處理，掃描後的影像不僅可以得到孔洞位置、大小和表面粗糙度的訊息，同時也可以得到電導率、黏附力與軟硬度等相關訊息（Kim, Lee and Kim, 1999），透過影像軟體的處理分析明暗區域的差異，可以獲得薄膜表面孔洞大小（Richard Bowen et al., 1996）、分布及孔隙度的訊息（見圖4-4）。AFM 技術的優點在於薄膜樣品不需要經過任何前處理即可在空氣環境中進行測試，但對於高表面粗糙度的薄膜可能導致分析孔洞訊息時的誤判，並且施加於針尖的力過大時容易損壞高分子材料表面結構。粗糙度的量測，其定義爲一影像任由一水平面切

割，當水平面上下二部分體積相同之水平面處，設其 Z 軸為原點 $Z_0$。則粗糙度之定義如下：

平均高度：$Z_{ave} = \dfrac{\sum_{1}^{n} Z_n}{n}$ （4-1）

平均粗糙度：$R_a = \dfrac{\sum_{1}^{n} |Z_n - Z_{ave}|}{n}$ （4-2）

均方根粗糙度：$R_q$ or $R_{ms} = \dfrac{\sum_{1}^{n} \sqrt{(Z_n - Z_{ave})^2}}{n}$ （4-3）

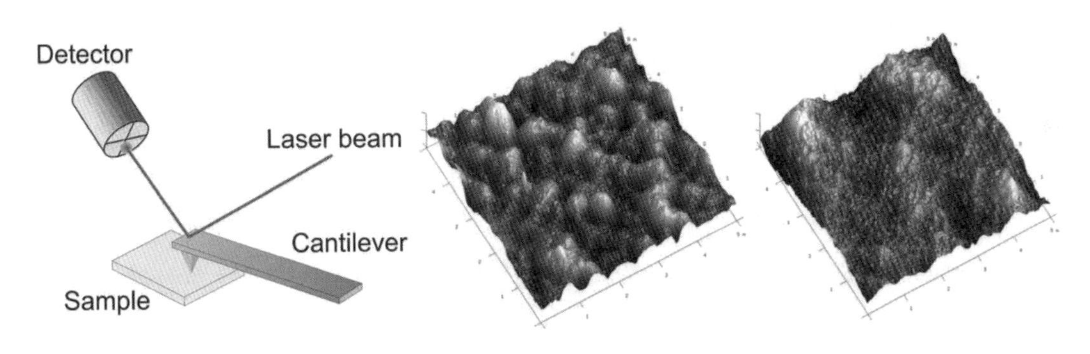


圖 4-4　原子力顯微鏡掃描式探針顯微鏡基本成像原理，與薄膜表面粗糙度差異比較

## 三、比表面積及孔徑分析儀（**surface area & mesopore analyzer**）

用氮氣吸附法測定中／微孔孔徑分布是比較成熟而廣泛採用的方法，依據氣體在固體表面的吸附特性，可獲得多孔材料的孔洞尺寸與孔洞分布訊息。氮氣吸附法適用於測試中孔（mesopore）與微孔（micropore）材料孔洞的範圍介於 0.5～300 nm 之間（Jaroniec, Kruk and Olivier, 1999），在一定的壓力下，測定薄膜樣品表面在低溫下對惰性氣體分子可逆物理吸附作用，並對應一定壓力下的平衡吸附量（Kruk, Jaroniec and Sayari, 1997）。藉由測定該平衡吸附量，利用理論模型求出被測樣品的比表面積。由於實際孔洞為不規則表面，該方法測定的是吸附質分子所能到達的顆粒外表面和內部通孔總表面積之總和。惰性的氮氣因其取得容易和具有良好的可逆吸附特性，因此成為最常用的吸附質，樣品的比表面積是以其表面吸附的氮氣分子數量和分子最大橫截面積進行鑑定。氣體吸附法孔隙度分布測定利用的是毛細凝聚現象和體積

等效代換的原理，即以被測孔中充滿的液氮量等效爲孔的體積。吸附理論假設孔的形狀爲圓柱形管狀的單分布或分子篩狹縫形的廣分布（見圖 4-5），不同的形狀假設會有不同的氮氣吸脫附行爲，從而建立毛細凝聚模型。它是用氮氣吸附法測定 BET 比表面積的一種延伸，都是利用氮氣的等溫吸附特性曲線，在液氮溫度下，氮氣在固體表面的吸附量取決於氮氣的相對壓力（$P/P_0$），$P$ 爲氮氣分壓，$P_0$ 爲液氮溫度下氮氣的飽和蒸汽壓。利用氮吸附法測定孔徑分布，採用的是體積等效代換的原理，即以孔中充滿的液氮量等效爲孔的體積。由毛細凝聚現象可知，在不同的 $P/P_0$ 下，能夠發生毛細凝聚現象的孔徑範圍是不一樣的。當 $P/P_0$ 值增大時，能發生凝聚現象的孔半徑也隨之愈大，對應於一定的 $P/P_0$ 值，存在一臨界孔半徑 $r_k$，半徑小於 $r_k$ 的所有孔皆發生毛細凝聚，液氮在其中填充，大於 $r_k$ 的孔皆不會發生毛細凝聚，液氮不會在其中填充。$r_k$ 稱爲凱爾文半徑，它完全取決於相對壓力 $P/P_0$，即在某一 $P/P_0$ 下，開始產生凝聚現象的孔半徑爲一確定値，同時可以理解爲當壓力低於這一値時，半徑大於 $r_k$ 的孔中的凝聚液將氣化並脫附出來。實際過程中，凝聚發生前在孔內表面已吸附上一定厚度的氮吸附層，該層厚也隨 $P/P_0$ 値而變化，因此在計算孔徑分布時需進行適當的修正。

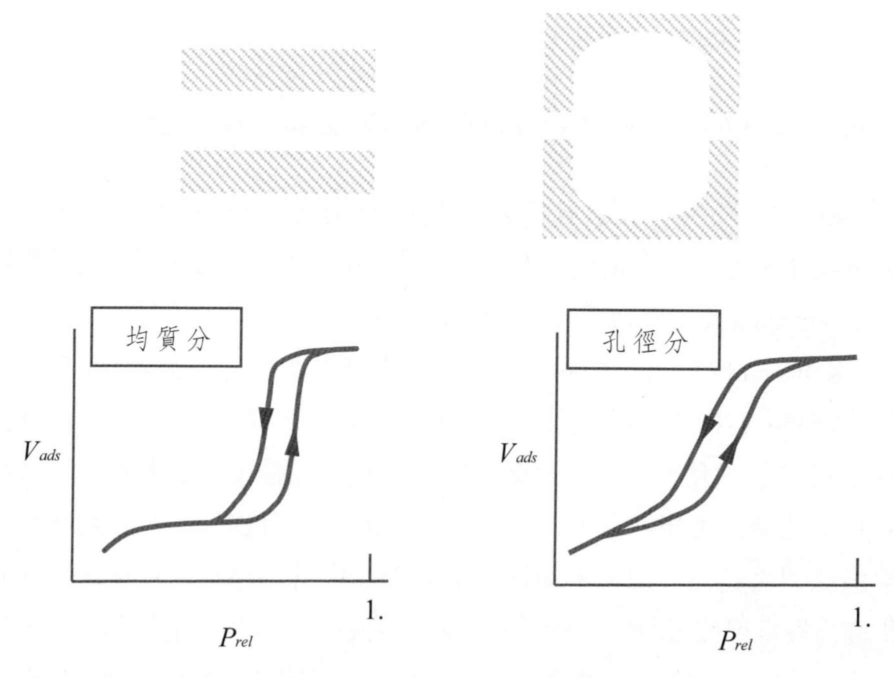


圖 4-5　不同孔洞形狀薄膜的氮氣吸 - 脫附曲線

## 四、泡點測試法（bubble-point test）

泡點測試法是一種用於確定膜的最大孔徑廣泛所使用且簡單的方法，薄膜材料使用水或醇類溶液先潤濕，然後在一側加壓隔離一定壓力的氣體之後，隨著氣體壓力的增加，氣體從過濾膜一側釋出，此時在薄膜另一側出現大小、數量不等的氣泡，對應的壓力值爲氣泡點壓力（如圖 4-6 所示）。進一步可以根據氣泡出現的次序與數量，給出起泡點壓力、群泡點壓力、全泡點壓力等更具體的定義。所以廣義的氣泡點壓力在不同的理解中，可能就分別被取代爲起泡點壓力、群泡點壓力、全泡點壓力等。

起泡點壓力是從完全潤濕的薄膜中，由最大孔徑中壓出液體的氣體壓力，用於測試的液體必須完全對膜進行潤濕，因此薄膜材料與溶液之間的親和性將影響測試的結果，此時在膜孔裡會充滿液體，當氣體的壓力大於膜孔內的毛細管壓力和表面張力時，液體才能被壓出膜孔，如果膜的種類和潤濕液不同，如薄膜的材質、薄膜的結構、孔徑大小、表面張力、溫度的改變都會對起泡點壓力有所影響（Hernández et al., 1996; Jakobs and Koros, 1997）。薄膜充分浸潤後，處於氣相中的氣體要將吸附、封堵於毛細管壁裡的液體推出，需要克服一定的液體表面張力，此張力與毛細管孔物理性狀、液體 - 膜材料的浸潤角和氣體壓力孔徑愈小，被壓縮空氣通過而產生的第一個氣泡所需的壓力就愈高，通過最大孔道所需的壓力值最小，稱爲該膜的起泡點。起泡

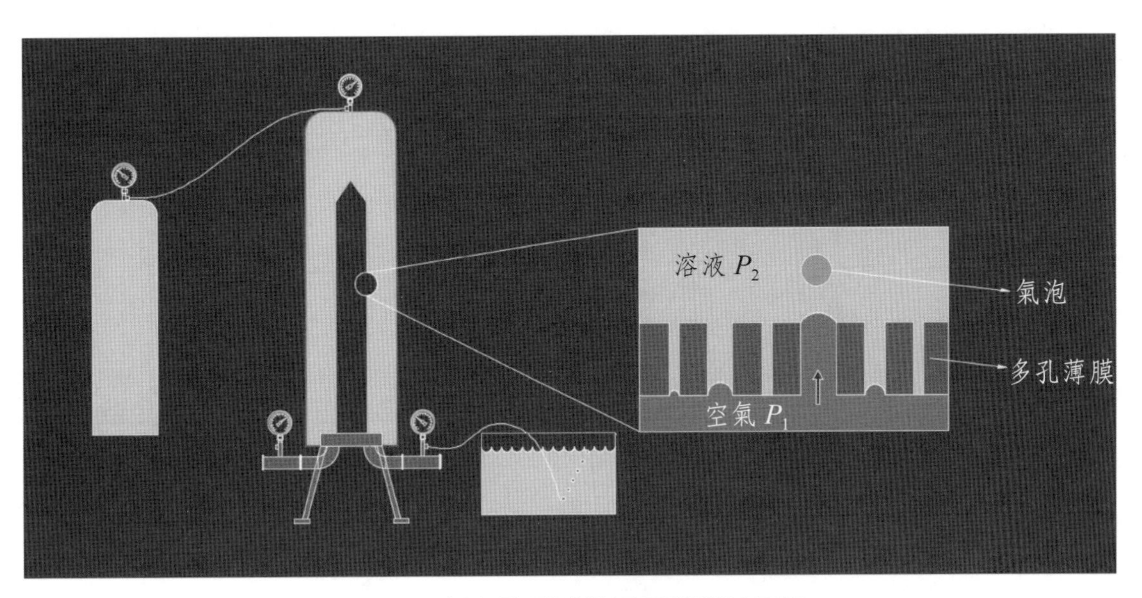


圖 4-6　起泡點測試裝置圖與測試原理

點法是一個非常簡單的技術，用於鑑定微過濾薄膜最大孔洞與孔洞分布，其缺點是當使用不同的液體進行測試時，由於表面能的差異會得到不同的結果，另外，氣體壓力增加的速率與孔洞長度也會影響分析結果。

## 五、壓汞法（mercury porosimetry）

壓汞法是測定部分中孔和大孔孔徑分布的方法，其基本的原理是：汞對一般固體不產生潤濕，所以欲使汞能夠進入孔洞內則必須施加壓力，壓力愈大，汞能進入的孔半徑愈小（Calvo et al., 1995）。當施加的壓力達到某一程度的時候，膜孔會發生變形，因此用壓汞法測得的平均孔徑將比實際孔洞偏大。在較低壓力下，大孔洞優先被汞充滿，隨著壓力的增加，小孔洞也逐漸被充滿，汞在薄膜內填充的順序是先外部，後內部；先大孔後中孔再小孔，直到所有孔洞均被汞填充，此時壓入孔洞內的汞量達到最大值。利用 Washburn 方程，其中，汞的表面張力 $\gamma$ = 0.48 N/m，而汞與各類物質間接觸角 $\theta$ 在 135°～150° 之間，因此通常取平均值 140°，經計算後可以得到孔洞半徑（nm）與壓力（MPa）之間的關係式（Roels et al.）。圖 4-7 爲測量不同壓力下進入孔洞中汞的量，即可知相對應孔大小的孔體積。爲了避免實際的孔洞變形，目前所用壓汞儀使用壓力最大約 200 MPa，可測孔洞範圍爲 5 nm～10 μm，因此適用於微過濾與超過濾薄膜的孔洞鑑定。

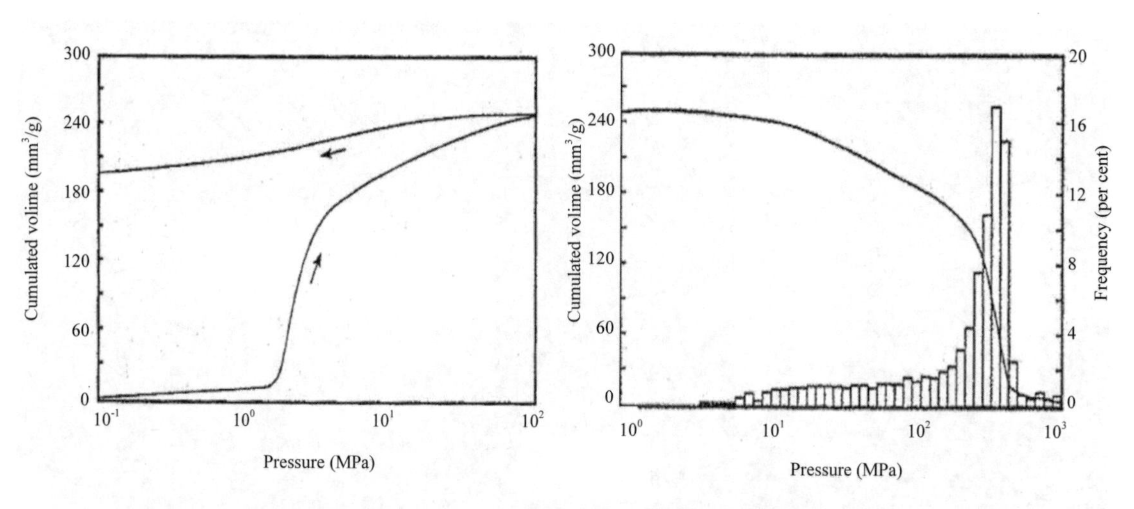


圖 4-7　由不同壓力下進入孔洞中汞的量，即可知相對應孔大小的孔體積

## 六、截留分子量測定（molecular weight cut off）

微過濾膜的孔徑尺寸為 0.2 ～ 10 μm 之間，而超過濾膜的孔徑較小，一般為 2 ～ 100 nm，此時 SEM 等鑑定微過濾膜孔徑結構的方法已不能準確反映出超濾過薄膜表面緻密選擇層的微孔的大小。適合測定超濾過薄膜孔徑的方法有氣體吸附 - 脫吸法（gas adsorption-desorption）、熱孔度計法（thermoporometry）、液體替代法（liquid dispace spacement）、穿透式電子顯微鏡法（transmission electron microscopy, TEM）和截留分子量測定等。這些方法中最常用的方法是溶質截留分子量測定法，即直接用截留溶質的分子量鑑定超過濾薄膜的截留性能（Padilla and McLellan, 1989）。目前已普遍接受採用截留分子量，而非孔徑的大小表示超濾膜的結構或截留性能。由於直接測定超濾膜的孔徑相當困難，所以使用已知分子量的球狀物質進行測定，如果膜對被截留物質的截留率大於 90% 時，就用被截留物質的分子量表示膜的截留性能，稱為膜的截留分子量。以圖 4-8 為例，當某一超過濾膜的截留分子量為 52,000 時，即表示相對分子質量大於 52,000 的溶質有 90% 被該超過濾膜截留而無法通過。

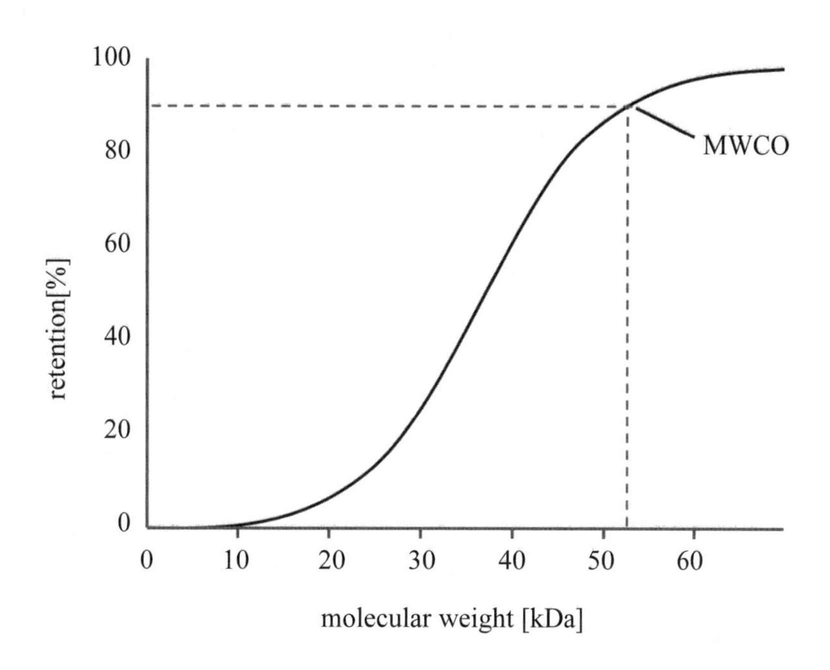


圖 4-8　不同分子量水溶性高分子測試薄膜截留分子量

測定超濾膜截留分子量的標準物多爲水溶性高分子，常用的物質有葡聚醣（dextran）、聚乙二醇（polyethylene glycol, PEG）、聚乙烯吡咯烷酮（polyvinyl pyrrolidone, PVP）、聚丙烯酸（polyacrylic acid, PA）、胃蛋白酶（pepsin）、細胞色素（cytochrome）、牛血清蛋白（bovine serum albumin, BSA）等。爲準確得到超過濾膜的截留分子量，測試過程中必須考慮以下 3 個主要的問題：

1. 高分子溶質的多分散性：由於製備單分布高分子樣品的難度較大，所選用的高分子溶質分子量往往有寬的分布，其中分子量較大的部分被截留，而分子量較小的部分則會透過薄膜，某些情況下必須採用凝膠滲透層析儀等方法測定標準物質滲透過膜物質的分子量和分子量分布，從中求出不同分子量組分的截留率，以採用截留率爲 90% 的分子量作爲膜的截留分子量。
2. 超過濾薄膜截留溶質是根據溶質實際的流體力學體積進行的，分子量相同的物質，其組成不同或分子形態不同，流體力學體積將會有很大的差異。一般標準物質在溶液中爲球形或近似球形時能反映出超濾膜的眞實孔徑，而線性高分子的不規則結構在流體場中容易被破壞，透過伸展鏈形式通過過較小的孔洞（若是同樣分子量的球形分子或近似球形分子則不能通過），因此，線性高分子的標準溶質（PEG、PVP 等）測得超過濾膜的截留分子量往往小於球狀高分子溶液（如胃蛋白酶、細胞色素、牛血清蛋白）或支鏈狀高分子（如葡聚醣）爲標準溶液所得到的截留分子量。
3. 影響超過濾薄膜截留性能和滲透性能的因素，除標準物質本身特性形狀外，還有很多其他因素，如壓力、濃度、溫度、酸鹼度等。對同一個標準物質在不同的壓力、濃度、溫度、酸鹼度等條件下得到的截留分子量可有很大的差別。例如，以聚丙烯酸這一類的聚電介質爲標準物質時，pH 值的變化將導致聚丙烯酸的結構形態變化，在 $pH < 3$ 時，聚丙烯酸分子鏈形態爲伸展無規律伸展結構，截面積較小，能夠透過較小的膜孔；當 $pH > 5$ 時，聚丙烯酸鏈上羧基被離子化，羧基陰離子間的排斥作用使得原本無規律伸展的結構會團聚成近似球形的結構，此時截面積較大，不能透過較小的膜孔，因此得到的截流分子量偏大。所以只有選用相同的標準物質在相同或相近的條件下得到超過濾薄膜的截留分子量彼此之間才能相互對比。

## 4-3-2 緻密薄膜結構鑑定

逆滲透膜和奈米過濾膜是四種主要膜過濾程序中孔洞最小的兩類薄膜，孔洞大小分別為 0.1～1 nm 和 1 ～ 2 nm。對逆滲透膜而言，只有直徑 2.4 Å 的水分子能穿透，而對奈米過濾膜而言，也只允許尺寸小於 10 Å 的水分子、一價水合離子和微小分子通過，這兩類半透膜是多孔性薄膜中孔洞最小的。另一類的緻密薄膜為氣體分離膜，為了分離微小的氣體分子，氣體分離薄膜一般必須具備緻密的選擇層。對於這兩種系統，不論是複合膜或是非對稱性膜材，只要有緻密皮層均能使用於此兩種系統。而對於薄膜的分離效能（透過量與選擇比），主要是由材料本身的性質所控制，因此可以根據不同的進料系統選擇不同的高分子。薄膜材料可以是玻璃態高分子，也可以是橡膠態高分子。當使用於氣體分離時，因為氣體分子與膜材間的作用力小，因此氣體對膜材的溶解度較低，相對的氣體在膜材中的擴散能力相對的重要。於液體分離時（PV, RO, NF），因為進料與膜材間常有較大的作用力，因此在膜材中液體的溶解度相對較大，進料的濃度常會影響到對膜材的輸送性質。因此不論是液體或是氣體分離，不同的材料均有不同的適用進料範圍，因此這類具有緻密複合結構的薄膜鑑定也不同於微過濾與超過濾薄膜。

## 一、密度測量（Density measurements）

聚合物的密度是聚合物的重要參數，對於結晶性聚合物而言，結晶區的密度與非結晶區的密度是不同的，一般結晶區的密度會大於非結晶區的密度。對於一給定的聚合物，其在完全結晶的情況下密度最高，而完全非結晶的情況下其密度最低，但由於一般結晶性聚合物並不是完全結晶的，也就是說，聚合物中存在結晶區域和非結晶區域，因此根據結晶聚合物的密度值可以定性或定量的計算該聚合物的結晶度。另外，藉由對聚合物結晶過程中密度變化的測定，還可研究其結晶速率。所謂聚合物結晶度就是聚合物結晶的程度，就是結晶部分的重量或體積對全體重量或體積的百分比。結晶聚合物的物理和機械性能、電性能、光性能等會受到結晶程度的影響。由於結晶作用使大分子鏈段排列規整，分子間作用力增強，因而使製品的密度、剛度、拉伸強度、硬度、耐熱性、抗溶性、氣密性和耐化學腐蝕性等性能皆會提高，而與鏈段運動有關的性能，如彈性、斷裂伸長率、衝擊強度等，則有所下降。因此聚合物結晶度的測量對研究聚合物的物理性能和加工條件與加工過程對材料性能的影響有重要的意義，高分子材料的密度與比容（密度的倒數），對於材料的自由體積（free volume）、擴散性（diffusivity）和擾動性（mobility）提供非常多的訊息，因此如何獲得高分子材料的密度也將關係著薄膜的分離效能。高分子密度測量的方法，分別有比重瓶法、浮沉法、密度計法、密度梯度、浸漬法。

對於無規則性的聚合物材料，密度梯度法（density gradient）是測定其密度的最簡單有效方法，用少量試樣即可進行。由兩種密度適當的不相混溶液體進行混合，在管子裡形成液柱，混合液密度由管子頂部到底部逐步增加。將小塊試樣小心地放入管中時，它會在液柱中下沉，最後穩定在液柱中密度與之相同的高度處。液柱中不同高度處的密度值可用已知密度的玻璃小球標定（如圖 4-9 所示）。

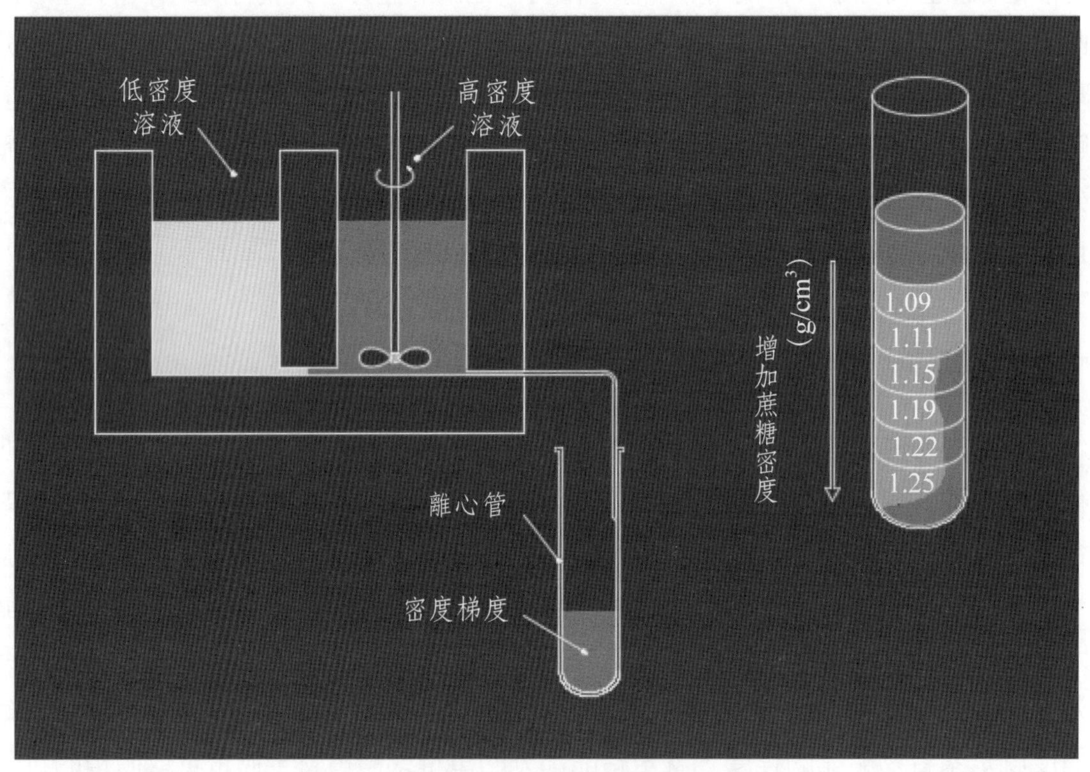


圖 4-9　密度梯度法測試薄膜材料密度

## 二、正電子湮滅光譜儀（positron annihilation spectroscopy）

近年來，正電子（正子）湮滅譜技術應用在高分子材料檢測中愈來愈受重視，中原大學薄膜技術研發中心目前已建置全國唯一之正電子湮滅譜量測設備，亦具備完整之圖譜分析能力，量測設備包含 Bulk PALS 及 Slow Positron Beam，目前技術主要應用於高分子材料之開發（Chen et al., 2007）。正電子湮滅譜技術亦可應用於金屬與合金、半導體材料、奈米材料之研究。

正電子被發現後，Pirenne 和 Wheeler 提出一個正電子和一個電子的結合態〔稱爲電子偶素（Positronium, Ps）〕存在之假設，1949～1952 年間 Deutsch 首次發現有關電子偶素之實驗證據。電子偶素爲具有許多獨特性質且和氫類似之原子，電子偶素除了對比質量（Reduced Mass）是氫原子的一半，其 Schrödinger 方程式與氫原子完全相同。電子偶素有 $1^1S_0$〔*para*-positronium（*p*-Ps）〕及 $1^3S_1$〔*ortho*-positronium（*o*-Ps）〕兩種基態，由於電子和正子的波函數會有某種程度的重疊，因此電子偶素有機率發生自我湮滅（self-annihilate），*p*-Ps 湮滅釋出兩個 γ 光子，*o*-Ps 湮滅釋出三個 γ 光子，*p*-Ps 固有湮滅速率爲 $7.9852 \times 10^{-9}\ s^{-1}$（相當於壽命 0.125 ns），*o*-Ps 固有湮滅速率爲 $7.0386 \times 10^{-6}\ s^{-1}$（相當於壽命 142 ns），在凝聚態材料（condensed materials）中，*o*-Ps 的壽命僅數奈秒，遠小於其固有壽命，正電子與材料中之電子進行湮滅而非與其結合電子進行湮滅造成湮滅壽命大幅縮短，正電子與材料中之電子進行湮滅釋出兩個 γ 光子，此種湮滅程式稱爲 Pick-off Annihilation 或 Pick-off Quenching。當正電子進入物質後，接近電子會發生正電子自身湮滅（free positron annihilation）。正電子或電子偶素湮滅後均會產生特徵 γ 射線，這是典型的質量轉化爲能量現象。利用現代電子學與核子學方法可精確測量正電子和電子偶素的湮滅壽命譜、湮滅幅射角關聯和湮滅輻射能譜等重要參數，從而可得到有關物質微觀結構的相關訊息。

因爲正電子湮滅速率正比於湮滅處的電子密度，故其對電子密度的分布十分靈敏。由於材料中缺陷處缺少一帶正電荷的原子，所以呈負電性，故正電子會被捕捉於缺陷中，因此正電子壽命與缺陷尺寸相關聯。熱化正電子波長較長，當在材料中擴散時更有機會被捕捉入缺陷內，因此材料中缺陷愈多，正電子被缺陷捕捉的比率愈大。利用正電子湮滅壽命譜（positron annihilation lifetime spectroscopy, PALS）能探測材料中缺陷的尺寸、數量與分布。正電子湮滅輻射角關聯（positron age-momentum correlation, AMOC）與都卜勒展寬能量技術（Doppler broadening energy spectroscopy, DBES）可研究固體缺陷的電子結構，二維都卜勒展寬能量關聯譜（two-Detector coincidence Doppler broadening of annihilation radiation, 2D-DBAR）還能得到缺陷周圍化學環境（元素組成）的相關訊息。此外，當使用可變單一能量慢速正電子湮滅儀，既可研究表面和界面的缺陷特性，且可以得到不同深度處的缺陷訊息。利用正電子湮滅壽命 - 動量關聯測量系統（AMOC）可以探測自由體積與微孔間的關聯性。圖

4-10 爲正電子湮滅技術與其他幾種泛用的材料探測技術之比較，圖中 STM 爲掃描式穿透顯微鏡，AFM 爲原子力顯微鏡，TEM 是透射電子顯微鏡，OM 是光學顯微鏡，XRS 爲 X 射線散射，NS 爲中子散射。由圖可知，正電子探測缺陷的深度可從最外層表面直至 10 mm，探測缺陷的尺寸在 0.1～1 nm 範圍；對缺陷深度的靈敏度達到 $1\times10^{-6}$。而其他方法則各有所長，如 STM/AFM 主要用於最外層表面研究，不能探測體內缺陷，中子散射能探測深度在 1 mm 以上的體內缺陷結構，但對缺陷尺寸和深度的鑑別力較差，常見的 TEM 探測深度爲 1～100 nm，當缺陷尺寸小於 1 nm 時分辨力較差。

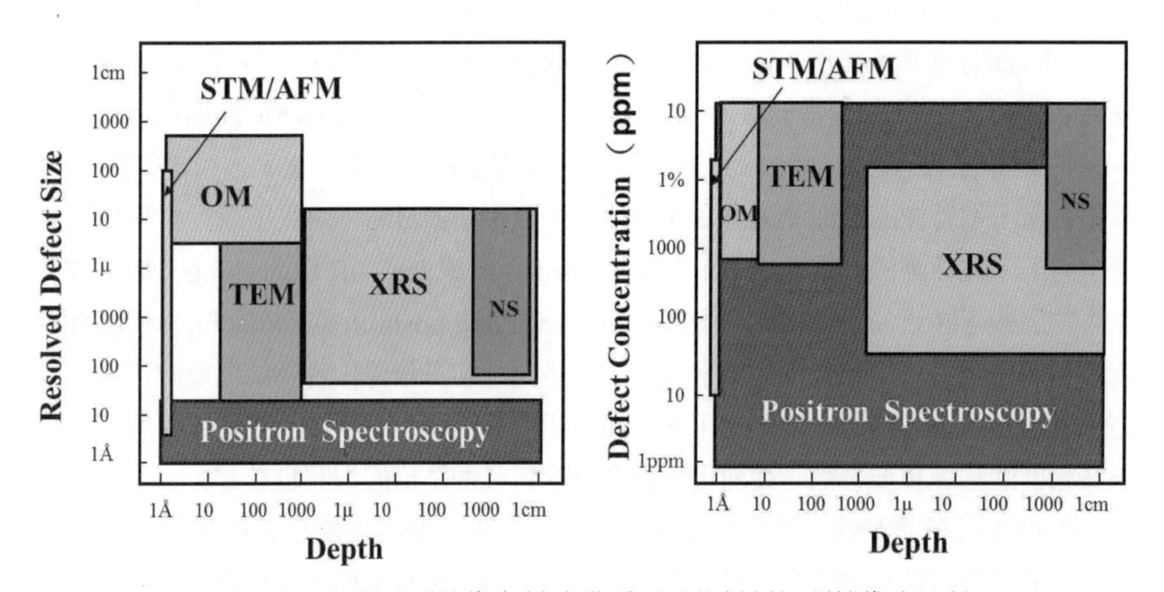


圖 4-10　正電子湮滅技術與其他幾種泛用的材料探測技術之比較

正子湮滅壽命光譜測試時，$^{22}$Na 放射源包夾於兩樣品中間，樣品厚度約 1 mm，如此可確保正電子完全被捕捉於樣品內以降低圖譜之背景值。放射源衰變產生正電子，同時放出能量爲 1.28 MeV 的 $\gamma$ 射線，正電子進入樣品中與電子作用而湮滅，同時放出能量爲 0.511 MeV 的 $\gamma$ 射線，起始訊號與終止訊號經偵檢器與電子裝置擷取並記錄後繪製成正電子湮滅壽命光譜。由正子湮滅壽命光譜分析結果，可得到 lifetime（$\tau_1$、$\tau_2$、$\tau_3$）及其相對應的強度（intensity）（$I_1$、$I_2$、$I_3$），將 $\tau_3$ 代入式（4-4），經計算可得到平均自由體積半徑 $R$，再將 $R$ 代入式（4-5）可得到單一自由體積的體積大小 $VF$，最後 $VF$ 代入式（4-6）與 $I_3$（$\tau_3$ 的強度）相乘獲得自由體積分率 $FFV$，其中常數 $C$ 爲 0.0018，是以 epoxy 實驗所得之值 [24]。

$$\tau_3 = \frac{1}{\lambda_3} = \frac{1}{2}\left[1 - \frac{R}{R+\Delta R} + \frac{1}{2\pi}\sin\left(\frac{2\pi R}{R+\Delta R}\right)\right]^{-1} \quad (4\text{-}4)$$

$$V_f\,(\text{free volume}) = \frac{4}{3}\pi R^3 \quad (4\text{-}5)$$

$$FFV = V_{F3} I_3 C \quad (4\text{-}6)$$

高分子體積可分爲兩部分，一部分是被分子鏈占據之占有體積，另一部分是未被分子鏈占據之空餘部分（稱爲自由體積），從結構上來看，自由體積是高分子中分子鏈段間無規則分布之空穴；從分子運動角度來看，自由體積是分子鏈段運動所需之空間，因爲自由體積提供了高分子中分子鏈段運動所需之空間，所以與高分子很多物理與化學性能密切相關。高分子中，自由體積的大小、數量和尺寸分布等是決定原子和分子輸送性質的關鍵性因素，因而對高分子材料的熱力學、力學、電學等巨觀性能有重要影響，然而，由於實驗技術之限制，使得自由體積之量測非常困難，正電子譜學技術是迄今爲止直接探測高分子中原子尺度自由體積孔洞大小、數量及分布最靈敏的方法，且具有原位、非破壞性等特點，其在高分子微結構研究中的作用，是其他方法無可替代的。

追求高效能的滲透蒸發分離薄膜須符合兩個要件：增加透過量與提升選擇性。其中具超薄選擇層的非對稱性複合膜可同時滿足此二要求，因爲此複合膜是由超薄的選擇層與多孔的支撐層所組成，超薄選擇層可提供選擇性與較低的質傳阻力，而多孔的支撐層則有助於透過量的提升並可提供足夠的機械強度。縱然投入大量的研究，高分子薄膜在液體進料環境下所產生的膨潤效應（swelling effect）依然是不可忽視的問題。由於滲透蒸發操作過程，進料溶液將直接接觸複合膜選擇層以進行吸附、擴散與脫附，達到分離的目的。此過程中薄膜將無可避免的會受到膨潤效應影響，過高的膨潤度將導致薄膜的選擇性下降，以至於薄膜將不適用於滲透蒸發分離程式操作，因此探究薄膜的膨潤行爲即是重要的課題。

爲了抑制膨潤效應，過去研究常使用交聯、接枝、混摻、有機／無機共混等方法對薄膜進行改質。許多當前的膨潤度量測儀器都著重於測量單一薄膜，但是，對於鑑定複合膜膨潤效應仍無精準的分析技術，僅少數文獻提到利用溶劑剝離複合膜的選擇層後予以量測，但此法不僅具侵入性且繁雜。此外，傳統的鑑定儀器（SEM、XPS、AFM 與 TEM）一般只在乾的狀態下進行複合膜的表面特性量測，並無法描述薄膜膨潤現象。一新技術結合正電子湮滅技術與電漿沉積技術，利用可變能量慢速正電子湮滅儀，克服儀器本身高真空的限制，可測量具超薄選擇層聚醯胺複合膜在濕潤環境下自由體積的變化（見圖 4-11）。此技術的建立，有助於釐清複合膜與溶液間的相互關聯性（Hung et al., 2010），有利於薄膜效能的預測與開發。

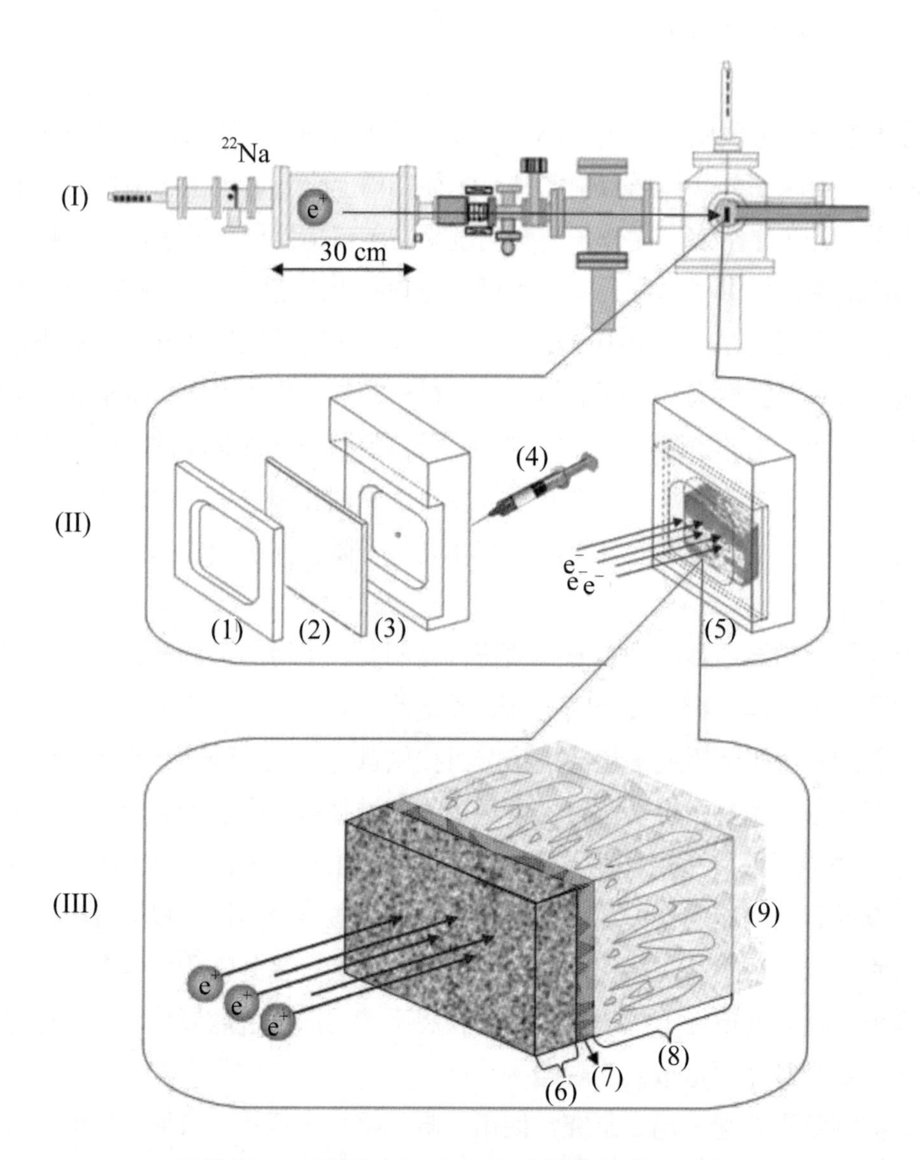


圖 4-11　可變單一能量慢速正電子湮滅儀薄膜液態封裝測試技術

圖 4-12 是探討乾態與濕潤態下聚醯胺複合膜之自由體積尺寸（$\tau_3$）與強度（$I_3$）值與正電子入射能量的關係圖。由圖中觀察到：

1. $I_3$ 值在 $SiO_xC_yH_z$ 層表面的快速上升，這是一般電子偶素進入 $SiO_xC_yH_z$ 電漿沉積層所常見的表面擴散現象。
2. 當正電子入射能量在 1～6.5 keV 之間，所分析得到之 $\tau_3$ 約 2.1 ns，計算獲得的自由體積半徑 R = 2.9 Å，而所對應的 $I_3$ 約 35%，此區域推估為本質相同的 $SiO_xC_yH_z$ 電漿沉積層。此外，在無機的 $SiO_xC_yH_z$ 沉積層（35%）有較高於一般有機高分子的 $I_3$ 值（10～30%），這是由於 TEOS 單體經電漿沉積後的 $SiO_xC_yH_z$ 網狀結構，內部存在一些不完整的碳氫與矽烷基團，導致部分 $SiO_xC_yH_z$ 網狀結構所形成的網目空間足以進行 pick-off *o*-Ps 的 2γ 湮滅。
3. 之後隨著正電子入射能量的增加，$I_3$ 值急遽的下降（35% 降至 20%），此推估為無機的 $SiO_xC_yH_z$ 層（1～6.5 keV）進入有機的 AETH-TMC/mPAN 薄膜（7～15 keV），兩相間無機 - 有機之過渡層。
4. 乾態的有機 AETH-TMC/mPAN 薄膜（7～15 keV）區域的 $\tau_3$ 值變化，是由 1.83ns（R = 2.69 Å）到 2.21 ns（*R* = 3.01 Å）。較小的 $\tau_3$ 值推估是由交聯的聚醯胺層所提供，而較大的 $\tau_3$ 值推估是由多孔的基材層所提供。
5. 比較乾態與濕潤態下聚醯胺複合膜之 $\tau_3$ 與 $I_3$ 值變化，觀察到無論在乾態或濕潤態下 $SiO_xC_yH_z$ 層的 $\tau_3$ 與 $I_3$ 值皆沒有明顯的變化，這是由於無機 $SiO_xC_yH_z$ 的網狀結構阻礙了溶液的進入，並且確保複合膜在整個正電子湮滅的操作過程中維持於濕潤環境。
6. 另外，發現聚醯胺複合膜在濕潤環境下所得到的 $\tau_3$ 與 $I_3$ 值皆大於乾態，此結果歸因於膨潤效應之影響，由於溶液進入高分子中，提高分子鏈的柔軟性與擾動性，而柔軟性的提高導致自由體積 $\tau_3$ 值增加，分子鏈間的擾動性提升將有機會形成更多的自由體積，也導致 $I_3$ 值的增加。
7. 進一步觀察發現，聚醯胺層（7～7.5 keV）受溶液的膨潤程度較多孔基材層（> 7.5 keV）小，歸因於聚醯胺進行界面聚合後所形成的交聯結構，具有較剛硬的芳香族苯環結構，溶液（70 wt% IPA/$H_2O$）較不易滲入分子鏈間進行膨潤；而經 2M NaOH 改質過後的 mPAN，由於 PAN 側鏈上的 -CN 基團轉變成較親水的 $-CONH_2$ 與 -COOH 基團，易受到溶液的膨潤，且 mPAN 的主鏈為直鏈狀的脂肪族結構，因此相較於聚醯胺層而言，mPAN 的抵抗膨潤能力較弱。

利用可變單一能量慢速正電子湮滅儀，克服高真空的操作環境，探討超薄選擇層聚醯胺奈米複合膜在濕潤環境下自由體積尺寸、分布與多層結構變化，關鍵在於結合電漿沉積技術，製備一 820 nm 厚度的 $SiO_xC_yH_z$ 保護層。由正電子湮滅光譜分析結果指出，不同溶液對聚醯胺複合膜的自由體積之 S 參數依序爲：IPA > 70 wt.%IPA/$H_2O$ > $H_2O$。濕潤態的複合膜具有較大的自由體積半徑與較廣的自由體積分布，且複合膜各層間的厚度也隨著膨潤效應的影響而變厚。另外，發現聚醯胺聚合層有較 mPAN 基材層小的膨潤度。最後，證明可變單一能量慢速正電子湮滅儀在克服高眞空的操作環境限制後，可成功應用於濕潤環境下進行複合膜微結構分析。

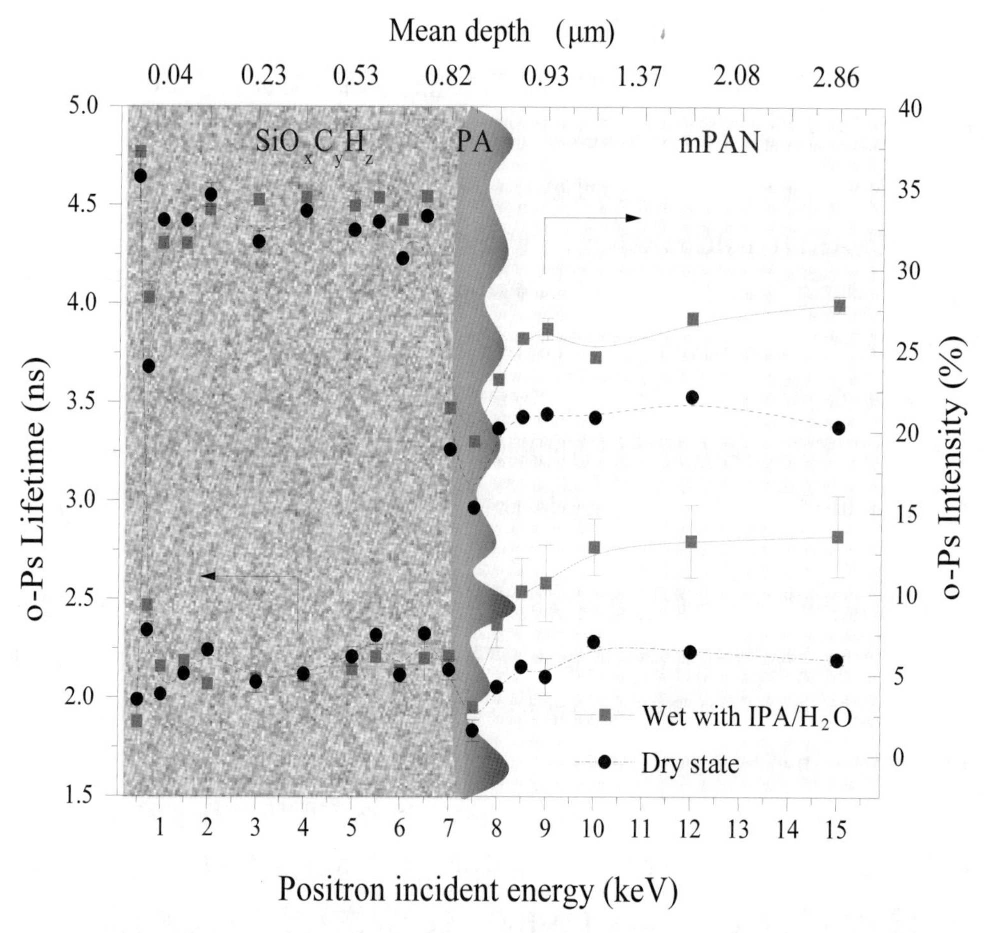


圖 4-12　利用正電子湮滅光譜探討乾、濕態聚醯胺複合膜在不同層間自由體積的變化

## 三、正電子湮滅壽命 - 動量關聯測量系統

以非破壞性檢測，探討氧化石墨烯複合膜不同層間微結構與孔洞的變化，正電子湮滅壽命 - 動量關聯（AMOC）系統使用兩個 $BaF_2$ 閃爍探測器和一個高純鍺探測器同時對正電子湮滅的壽命和輻射 γ 的動量進行多參數數據採集，同時對正電子的湮滅壽命和動量分布進行關聯測量，藉由分離不同正電子湮滅形態，可得到不同湮滅形態對應的電子動量分布的訊息，提供深入研究電子偶素在多孔材料中的湮滅特徵以及多孔材料微觀結構。以 AMOC 實驗測量得到的二維譜圖，如圖 4-13 所示，橫軸爲正電子湮滅壽命，縱軸爲 γ-ray 光子的動量，計算不同壽命値區間的 *S* 參數，得到不同壽命區間的 *S* 參數變化，即 *S-t* 曲線。進一步與一維的正電子湮滅壽命光譜相比較，二維的 AMOC 能從原本單一的湮滅壽命光譜中分離出動量譜，藉由湮滅壽命與動量之間的關聯，並對特定動量區間（3γ or 2γ annihilation region）的湮滅壽命進行分析，將可精確且定量的得到自由體積（Å to nm）與大孔洞（nm to μm）的尺寸與數量（Jean et al., 2013）。

正電子湮滅壽命 - 動量關聯技術所繪製的立體圖，三軸分別是 positron-age（*x* 軸）、momentum（*z* 軸）與 coincidence counts（*y* 軸）。在動量分布軸上，峰寬區域爲以 511 keV 中心進行的 2γ 湮滅之高斯動量分布，谷寬區域（364～496 keV）爲 3γ 湮滅之能帶動量分布，而動量低於 364 keV 爲受到康普頓效應（Compton effect）或光電效應（photo-electric effect）之雜訊。相較於二維的 AMOC 技術，傳統的正電子湮滅壽命光譜無法精準對長壽命（long lifetime:10～142 ns ）進行分析，這是由於單一正電子湮滅壽命光譜同時包含著 2γ 湮滅與 3γ 湮滅的訊號，並且 2γ 的湮滅比例遠大於 3γ 湮滅，因此 3γ 湮滅訊息將覆蓋於 2γ 湮滅壽命譜內，所以無法對長壽命進行探討與分析。若針對以 511 keV 中心的 2γ 湮滅之 AMOC 分布圖，藉由計算不同正電子湮滅壽命値區間的 *S* 參數，並移除背景値進而得到不同壽命區間的 *S* 參數變化，即 *S-t* 曲線，藉此可探究聚醯胺複合膜各層間自由體積內化學元素組成的變化。一般結構內含陰電性較強的元素基團，如氮、氧、氟等正電子會受到電荷捕獲與抑制效應，導致較低的 *S* 參數。

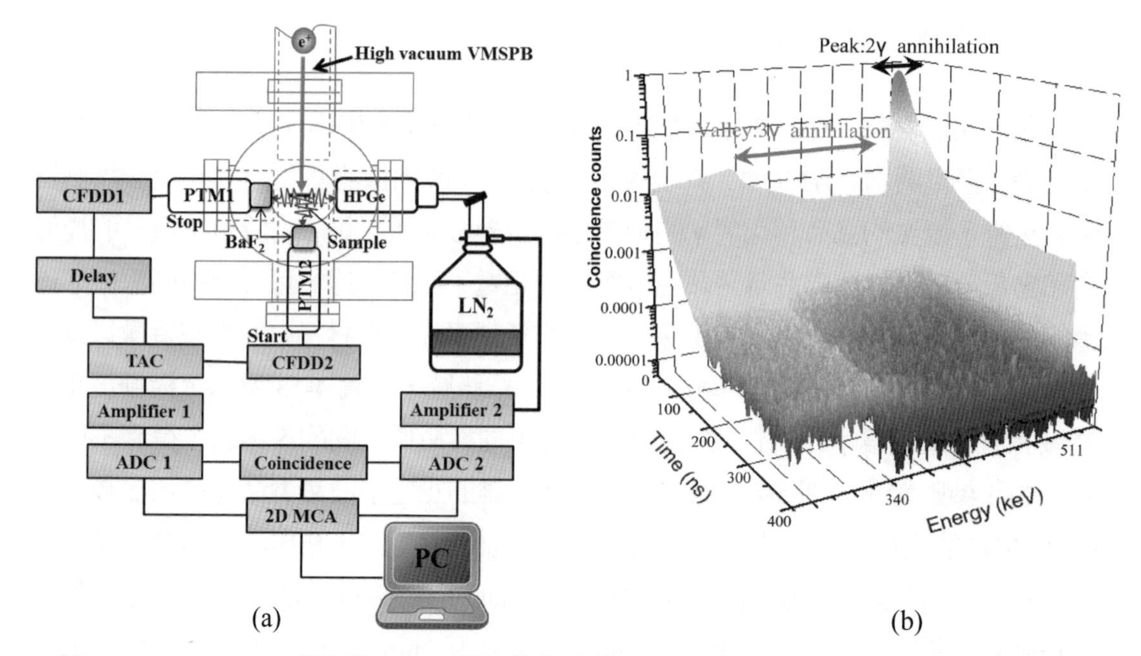


圖 4-13 (a) AMOC 裝置圖；(b) 聚醯胺複合膜進行動量與時間合分析 AMOC 原始譜

## 4-3-3 化學結構鑑定技術

薄膜材料的表面化學特性可以認爲是材料的化學與物理特性中最重要亦最簡單的界面性質，於固態物理及原子與分子物理中，表面化學特性亦占十分重要的地位。研究表面特性的表面分析技術種類很多，嚴格界定表面分析技術與傳統測試分析儀器的區別並無特殊意義，例如紅外吸收光譜或拉曼散射光譜在某些特殊情況下亦可應用於表面研究分析。由於導致物質表面特性差異的成因頗爲複雜，單一表面現象鑑定往往需藉助多種表面分析技術以互補。

### 一、傅立葉紅外線光譜儀（**Fourier transform infrared spectrometer, FT-IR**）

傅立葉紅外線光譜儀（FT-IR）的原理是材料分子中的各種不同鍵結結構產生分子間振動、轉動模式時，吸收了適當的紅外光能量而得到的光譜，由於紅外線光譜能提供分子結構特性的資料，除了光學異構物外，有機化合物的光譜幾乎沒有完全一樣的。因此藉助紅外線光譜的研究，可以了解高分子薄膜的化學結構組成、振動鍵或轉動鍵的性質，同時也可以鑑定或分析某一化合物的存在與含量。

FT-IR 是利用紅外線干涉光譜進行傅立葉轉換（Fourier transform），得到化合物振動光譜。高分子的特性決定於其特定結構，此決定性的結構稱爲官能基（functional group），而官能基亦是我們對有機化合物命名時很重要的依據，如烷類與烯類或炔類的差別是在於碳與碳之間是否存在著雙鍵或三鍵，而烯類的雙鍵與炔類的三鍵便是它們的官能基，因此不同高分子結構官能基的有機物在紅外線光譜儀中有不同的吸收信號峰，利用此特性即可鑑別有機物的種類。紅外線光譜儀的波數範圍自 4,000～400 $cm^{-1}$，其中 4,000～1,300 $cm^{-1}$ 稱爲「官能基區」，主要是含氫原子的單鍵、各種雙鍵或三鍵的伸縮振動，因爲含氫原子單鍵如 C-H、O-H、N-H 之氫原子質量小，而 C=O、C=C 等雙鍵或三鍵其鍵能高、鍵長較短所以振動頻率高；1,300～400 $cm^{-1}$ 稱爲指紋區（fingerprint），主要是各種單鍵之伸縮振動及各種彎曲振動，例如 C-C、C-O、C-N 等其鍵能低、鍵長大，吸收峰出現較密集如人的指紋，每個化合物都有其特定的指紋光譜，所以對化合物之鑑定是非常重要之關鍵。利用波長在 2.5～25 μm 的電磁輻射，紅外光譜是分子振動能譜，依據振動光譜獲得官能基及指紋區資訊，進行分子結構分析。FT-IR 是利用干涉光譜作傅立葉轉換，得到化合物的振動光譜，因此 FT-IR 是最常用在鑑定有機及無機化合物的分析技術。藉用 FT-IR 穿透技術（transmission）或反射技術（reflectance）執行光譜分析，如表面光滑樣品以正反射（specular reflectance）、表面粗糙樣品以 DR 散射反射（diffuse reflectance）。

例如圖 4-14 爲對不同水解時間的 mPAN 基材膜進行 FT-IR 的鑑定（Lai et al., 2015），以觀察薄膜化學結構之變化。圖譜中分別爲 (a) PAN、(b) 至 (f) 依序爲水解時間 1～5 小時；由於 PAN 經過水解反應形成 mPAN 後，部分的 -CN 基會轉換成 $-CONH_2$ 及 -COOH 基，因此可在圖 (b) 至 (f) 中觀察到波數在 3,200～3,300 $cm^{-1}$ 有一很寬廣的特徵吸收峰，其爲 -COOH 官能基上的 -OH（O-H stretching vibration）；且在波數 1,663 $cm^{-1}$ 的特徵吸收峰則是代表 $-CONH_2$ 官能基（primary amide, C=O stretching vibration）。隨著水解時間的增加，在 1,554 $cm^{-1}$ 波數的特徵吸收峰有逐漸變強的趨勢，其爲水解過程中未完全轉換成 -COOH 官能基的 $-COO^-$ 離子（asymmetric $COO^-$ stretching）；且在波數 1,620 $cm^{-1}$ 之特徵吸收峰所代表的 $-CONH_2$ 官能基（primary amide, N-H deformation）也有逐漸變弱的現象。上述結果表示，在水解反應中，$-CONH_2$ 官能基可能爲中間產物，-COOH 官能基則可能爲最終產物；然而，由於 ATR-FTIR 只能定性地觀察薄膜化學結構的變化，爲了能夠定量地了解 PAN 基

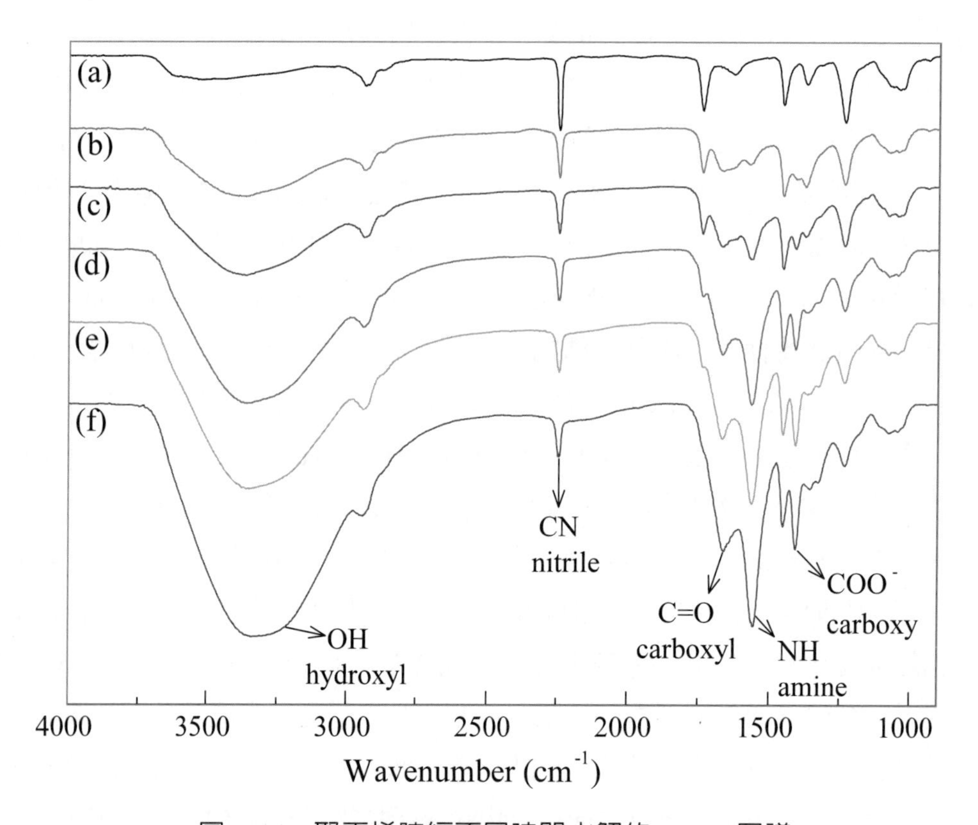


圖 4-14　聚丙烯腈經不同時間水解的 FT-IR 圖譜

（水解時間：(a) 0小時、(b) 1小時、(c) 2小時、(d) 3小時、(e) 4小時、(f) 5小時）

材膜經水解反應後官能基的轉變，可以利用XPS針對PAN及mPAN基材膜進行鑑定。

## 二、X 射線光電子能譜（X-ray photoelectron spectroscopy）

材料的結構尺寸愈趨微細輕薄，其表面與界面特性的影響程度相對地提高，高分子薄膜表面經過物理或化學處理後，表面化學特性所發生的改變，或是複合薄膜表面緻密且薄的選擇層鑑定，都將影響薄膜的親／疏水性與分離效能，因此精確量測及分析奈米材料表面及界面的物理化學特性是不可或缺的。X 射線光電子能譜儀爲檢測縱深小於 50～70 Å 之表面元素分析儀器，可用來分析薄膜材料表面之化學組成（如圖 4-15）。另外，藉由量化基質元素的深度函數，XPS 分析可以用濺射深度來表示多層薄膜的縱深成分分析。利用 X 光射線照射固態待測物質表面，光子與物質原子中的束縛電子相互作用時，光子把全部能量轉移給束縛電子，使之脫離軌道發射出去，光子本身消失，此電子即成爲光電子，這一過程稱爲光電效應。

發生光電效應的必要條件是光子能量必須大於電子束縛能，遵照能量守恆定律，光子部分能量會消耗於光電子脫離原子束縛所需的電離能，其餘的能量則作爲光電子的動能。但是自由電子不能吸收光子能量成爲光電子，這是因爲在光電過程中，除光子和光電子外，還必須有第三者——原子核參加，才能滿足動量守恆，所以光電效應只能發生在原子的內層軌道電子上，電子在原子中束縛愈緊，發生光電效應機率愈大，大約 80% 的光電子吸收發生在緊靠核的 k 層電子上。

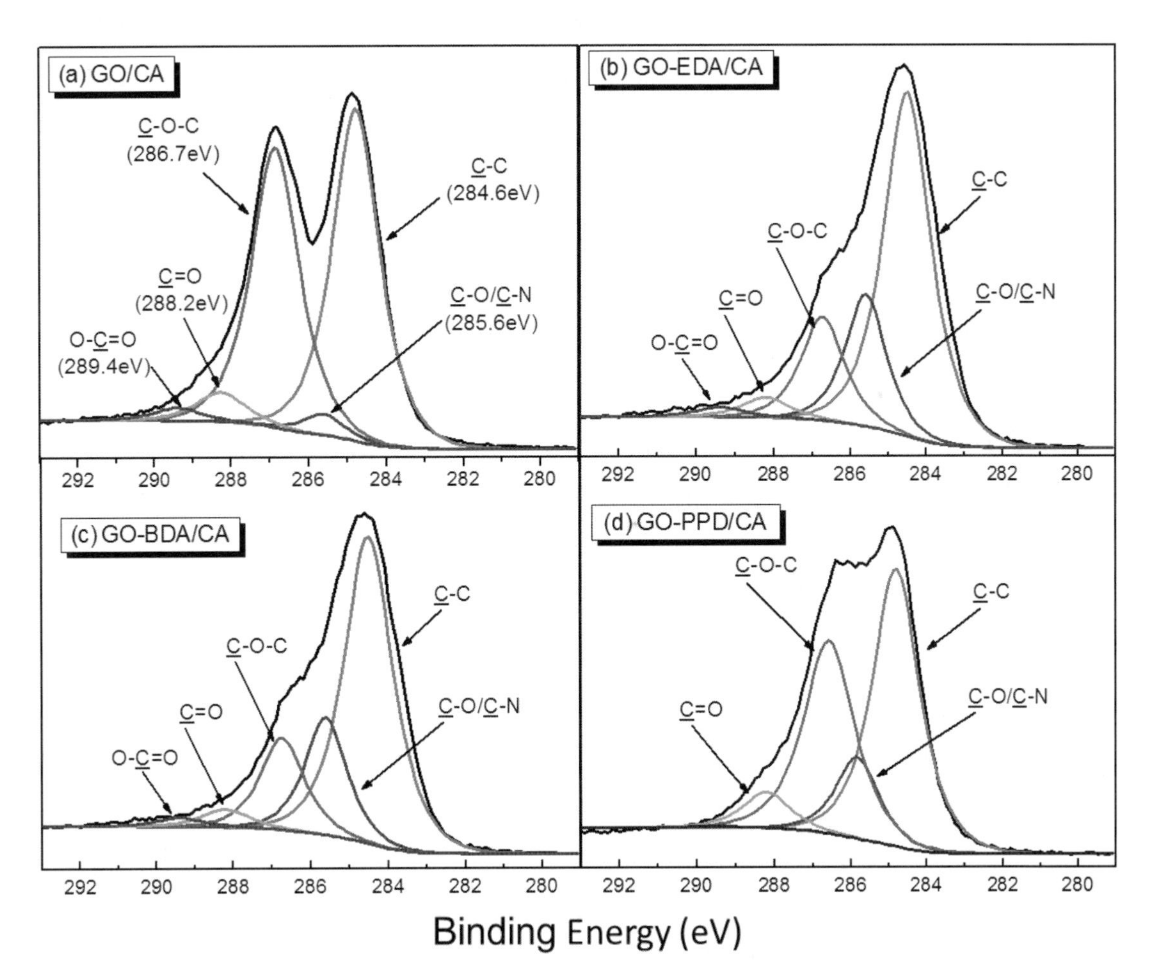


圖 4-15　X 射線光電子能譜儀元素分析示意圖

當 X 光光束照射在膜材表面後形成光電效應，將內層軌域的電子激發產生光電子，只有在樣品表面所產生的光電子才能脫逸出而被測得，此被激發的光電子經偵檢器分析後，可測得光電子束縛能的能譜。由於不同元素、不同軌域所產生的光電子束縛能不同，所以可由束縛能得知，此光電子來自於哪一種元素的哪一層軌域。經電子能量分析器分析光電子之動能，並於能量分析器之出口閘縫後方以電子檢測器來計測電子通過之數量，進而得知膜材表面之元素種類與比例，除了對於單一元素種類與比例進行分析，還可以對於單一元素的吸收峰進行分峰，可以探討分子間的作用力強弱與鍵結方式。圖 4-15 爲例，表示氧化石墨烯複合膜經由不同結構二胺單體交聯後的 XPS 碳元素分峰（Hung et al., 2014），在此可以將碳譜分峰爲 C-C、C-O/C-N、C-O-C、C=O 和 O-C=O 等五個位置，相對應的峰值分別爲 284.6、285.6、286.7、288.2 和 289.4 eV，經二胺交聯的 GOF（graphene oxide-framwork）層發現 C-O-C 的峰強度明顯下降，並伴隨 C-O/C-N 峰的增加，這是因爲胺的親核取代反應導致 GO 上三元環氧基團受到胺攻擊而開環形成 C-OH 與 C-N-R 的共價鍵，元素間化學組成的變化可以透過分峰進行解析。

## 4-3-4 薄膜電性量測技術

薄膜分離的效能除了受到薄膜的物理與化學特性影響之外，薄膜表面的荷電性也是影響薄膜最終分離效能的重要因素。與傳統的分離薄膜相比，荷電性膜是含有固定電荷的膜，其分離原理，除了具有一般薄膜物理的吸附、擴散、脫附效果之外，膜電荷是決定欲過濾物質與膜面相互作用之主要變數。對較緻密薄膜而言，膜電荷是控制膜結垢和分離選擇性的重要因子，由此可知，膜電荷的量測將有助於膜過濾時對膜材之選擇提供一重要的參考依據，因爲荷電性薄膜中引入了帶電性的基團，能根據離子的大小及電價的高低對低價離子和高價離子進行分離，以及分離相對分子質量相近而荷電性不同的組成，因此薄膜表面的荷電性能可作爲評估奈米濾膜重要指標。

膜材與溶液接觸後大多帶有電荷，此時溶液中與膜材相異電性之離子會於膜孔壁附近極化，形成所謂的電雙層（electrical double layer），若施一電場通過此流動孔道兩端，所造成之孔道內液體流動稱之電滲透；反之，若以機械壓力迫使孔道內溶液流動，有淨電荷之電雙層內溶液流動會產生電流，抑制電流產生所需之反向電壓稱爲流線電位（streaming potential），上述之反向電壓所對應之電場會誘導流體產生一與機械壓差流動方向相反的運動，導致機械壓差作用下之流體流率下降，亦即增大溶液之表觀黏度，此稱之爲電動黏性效應，上述這些皆是毛細孔道之電動現象。由於界面間眞實電位不易求得，習慣上以界達電位（zeta potential）來說明其所帶電荷之多寡，早期多以 Helmoholtz-Smoluchowski 模式來關聯界面電動現象與界達電位之關係，再進一步配合電動現象量測，以決定其界達電位，且多數以垂直膜面之電動現象分析爲主。鑒於過濾過程中膜表面電性對膜結垢常有決定性的影響，近來有諸多研究分別由膜電動現象之分析與量測來決定膜界達電位，但大多的研究是以表觀界達電位爲主，且結果顯示，不同方法所決定之膜界達電位於定量上常無法一致，甚至有部分結果在定性即出現差異。

## 一、流線電位量測

當以機械壓力迫使流體通過毛細孔道時，孔壁附近電雙層內之淨電荷伴隨流體流動，爲平衡這些伴隨流體運動而產生之電流稱爲流線電流（streaming current），孔道兩端會誘導出一電位，以產生一反向電流，使整個系統之淨電荷通量爲零，該電位即稱流線電位（streaming potential）。利用流動電位測試薄膜兩端的流動電位差是讓兩片疊加一起的荷電性膜中間形成的流道側爲一個毛細管，茲以單根毛細管爲例來描述其內表面流動電位的測量原理：因爲膜表面帶有不能移動的正電荷，當電解質溶液進入流道時，若在前端施加壓力，由於正電荷吸附負電荷的原因，毛細孔溶液中的負離子會向後端移動，並在後端積累，同時前端的負離子補充進入到毛細孔內，正離子會在前端積累，此時前後兩端就會產生一個電位差，此電位差就是膜在該壓力下的流動電位。

根據此原理，在薄膜前後兩端接一電壓計，即可測量出不同壓力下荷電膜流動電位的大小。流動電位的大小與施加壓力成正比，即 $\Delta E = -\beta\Delta P$，$\beta$ 爲電壓滲係數，$\Delta P$ 爲後端和前端的壓力差。因爲前端壓力大於後端壓力，所以 $\beta$ 爲負值。從實驗繪製的 $\Delta P \sim \Delta E$ 曲線的斜率可求出 $\beta$ 值。從 $\beta$ 的正負以及絕對值的大小可以判斷荷電膜的正負電性，以及不同薄膜製備條件下孔徑的大小變化，電壓滲析係數愈大，則孔徑愈小。由於電雙層內溶液與整體溶液的電導度常有差異，尤其是低離子濃度時更是明顯，故估算孔道內平均電導度時，應考慮整體溶液之電導以及電雙層處之壁的電導。

## 二、電滲透法量測

Bowen 和 Clark 曾以電滲透法決定膜孔界達電位，他們選定同材質但孔徑分別為 0.22 及 0.5 μm 兩種微過濾膜進行量測，結果顯示於相同電流強度下兩者呈現不同之電滲透流速，依據 Helmholtzs-Smoluchowski 電滲透方程（假設膜孔內溶液與整體溶液之電導度相同）可知，此兩孔徑不同之薄膜呈現不同的外觀界達電位；他們經考慮膜孔內電雙層所導致之壁電導與膜孔徑之關係，修正膜孔內平均電導度，再估算其界達電位（此應可稱為眞實電位），兩者之結果則甚接近。他們的實驗也指出，當膜孔內附著甚多膠體顆粒後，其膜孔之界達電位即由這些膠體電荷所決定。傳統上，皆施以直流電場進行電滲透量測，但此易造成電極及膜面上離子濃度極化而影響量測結果，故最近 Wang 等改施以低頻率的交流電場進行量測。他們由微過濾膜（HT-0.45 μm, Supor-0.8 μm）的量測結果指出，較高的電流頻率（alternating frequency）可阻止濃度極化的發展，降低局部的導電度，所測得之膜界達電位較大。當有牛血清蛋白（BSA）吸附於膜上時，在該蛋白質等電點（pH=4.9）所測得之膜界達電位為零，若加入 PEG4000（polyethylene glycol 4000 為親水性高分子），則會先與膜面鍵結，再將其本身的氫氧基向外露出，產生一親水的環境，可防止 BSA 的吸附，使膜面電位量測值增大。

# 習　題

1. 請說明多孔薄膜與緻密薄膜結構差異性與鑑定的方法？
2. AFM 的操作模式可分為接觸式（contact mode）、輕拍式（tapping mode）、非接觸式（non-contact mode）三種模式，請比較三者與測試樣品的作用力大小及優、缺點。
3. 試說明如何利用正電子湮滅技術偵測材料自由體積孔洞？並比較正電子湮滅技術與其他孔洞鑑定儀器的差異。

# 參考文獻

1. Ahmad, A.L., B.S. Ooi, A. Wahab Mohammad, J.P. Choudhury, Development of a highly hydrophilic nanofiltration membrane for desalination and water treatment, *Desalination*, 168(2004)215-221.
2. Apel, P., Track etching technique in membrane technology, *Radiat. Meas.*, 34(2001)559-566.
3. Bottino, A., G. Camera-Roda, G. Capannelli, S. Munari, The formation of microporous polyvinylidene difluoride membranes by phase separation, *J. Membr. Sci.*, 57(1991)1-20.
4. Bowen, W.R., A.W. Mohammad, N. Hilal, Characterisation of nanofiltration membranes for predictive purposes -- Use of salts, uncharged solutes and atomic force microscopy, *J. Membr. Sci.*, 126(1997)91-105.
5. Bowen, W.R., N. Hilal, R.W. Lovitt, P.M. Williams, Atomic force microscope studies of membranes: Surface pore structures of cyclopore and anopore membranes, *J. Membr. Sci.*, 110(1996)233-238.
6. Brans, G., C.G.P.H. Schroën, R.G.M. van der Sman, R.M. Boom, Membrane fractionation of milk: State of the art and challenges, *J. Membr. Sci.*, 243(2004)263-272.
7. Cadotte, J.E., R.J. Petersen, R.E. Larson, E.E. Erickson, A new thin-film composite seawater reverse osmosis membrane, *Desalination*, 32(1980)25-31.
8. Calvo, J.I., A. Hernández, P. Prádanos, L. Martınez, W.R. Bowen, Pore size distributions in microporous membranes II. Bulk characterization of track-etched filters by air porometry and mercury porosimetry, *J. Colloid Interface Sci.*, 176(1995)467-478.
9. Chen, H., W.S. Hung, C.H. Lo, S.H. Huang, M.L. Cheng, G. Liu, K.R. Lee, J.Y. Lai, Y.M. Sun, C.C. Hu, R. Suzuki, T. Ohdaira, N. Oshima, Y.C. Jean, Free-volume depth profile of polymeric membranes studied by positron annihilation spectroscopy: layer structure from interfacial polymerization, *Macromolecules*, 40(2007)7542-7557.
10. Daufin, G., J.P. Escudier, H. Carrère, S. Bérot, L. Fillaudeau, M. Decloux, Recent and emerging applications of membrane processes in the food and dairy industry, *Food Bioprod. Process.*, 79(2001)89-102.
11. Dietz, P., P.K. Hansma, O. Inacker, H.D. Lehmann, K.H. Herrmann, Surface pore structures of

micro- and ultrafiltration membranes imaged with the atomic force microscope, *J. Membr. Sci.*, 65(1992)101-111.

12. Fritzmann, C., J. Löwenberg, T. Wintgens, T. Melin, State-of-the-art of reverse osmosis desalination, *Desalination*, 216(2007)1-76.

13. Fu, F., Q. Wang, Removal of heavy metal ions from wastewaters: A review, *J. Environ. Manage.*, 92(2011)407-418.

14. Gan, Q., R.W. Field, M.R. Bird, R. England, J.A. Howell, M.T. McKechnie, C.L. O'Shaughnessy, Beer clarification by cross-flow microfiltration: Fouling mechanisms and flux enhancement, *Chem. Eng. Res. Des.*, 75(1997)3-8.

15. Gao, W., H. Liang, J. Ma, M. Han, Z. Chen, Z. Han, G. Li, Membrane fouling control in ultrafiltration technology for drinking water production: A review, *Desalination*, 272(2011)1-8.

16. Ghayeni, S.B.S., P.J. Beatson, A.J. Fane, R.P. Schneider, Bacterial passage through microfiltration membranes in wastewater applications, *J. Membr. Sci.*, 153(1999)71-82.

17. Ghizellaoui, S., A. Chibani, Ghizellaoui, Use of nanofiltration for partial softening of very hard water, *Desalination*, 179 (2005)315-322.

18. Greenlee, L.F., D.F. Lawler, B.D. Freeman, B. Marrot, P. Moulin, Reverse osmosis desalination: Water sources, technology, and today's challenges, *Water Res.*, 43(2009)2317-2348.

19. Hernández, A., J.I. Calvo, P. Prádanos, F. Tejerina, Pore size distributions in microporous membranes. A critical analysis of the bubble point extended method, *J. Membr. Sci.*, 112(1996)1-12.

20. Hua, F.L., Y.F. Tsang, Y.J. Wang, S.Y. Chan, H. Chua, S.N. Sin, Performance study of ceramic microfiltration membrane for oily wastewater treatment, *Chem. Eng. J.*, 128(2007)169-175.

21. Hung, W.S., C.H. Tsou, M. De Guzman, Q.F. An, Y.L. Liu, Y.M. Zhang, C.C. Hu, K.R. Lee, J.Y. Lai, Cross-linking with diamine monomers to prepare composite graphene oxide-framework membranes with varying d-spacing, *Chem. Mat.*, 26(2014)2983-2990.

22. Hung, W.S., M. De Guzman, S.H. Huang, K.R. Lee, Y.C. Jean, J.Y. Lai, Characterizing free volumes and layer structures in asymmetric thin-film polymeric membranes in the wet condition using the variable monoenergy slow positron beam, *Macromolecules*, 43(2010)6127-6134.

23. Ismail, A.F., L.I.B. David, A review on the latest development of carbon membranes for gas separation, *J. Membr. Sci.*, 193(2001) 1-18.

24. Jakobs, E., W.J. Koros, Ceramic membrane characterization via the bubble point technique, *J.*

*Membr. Sci.*, 124 (1997)149-159.

25. Jaroniec, M., M. Kruk, J.P. Olivier, Standard nitrogen adsorption data for characterization of nanoporous silicas, *Langmuir*, 15(1999)5410-5413.

26. Jean, Y.C., J.D. Van Horn, W.S. Hung, K.R. Lee, Perspective of positron annihilation spectroscopy in polymers, *Macromolecules*, 46(2013)7133-7145.

27. Karagiannis, I.C., P.G. Soldatos, Water desalination cost literature: Review and assessment, *Desalination*, 223(2008)448-456.

28. Kim, J.H., K.H. Lee, Effect of PEG additive on membrane formation by phase inversion, *J. Membr. Sci.*, 138(1998)153-163.

29. Kim, J.Y., H.K. Lee, S.C. Kim, Surface structure and phase separation mechanism of polysulfone membranes by atomic force microscopy, *J. Membr. Sci.*, 163(1999)159-166.

30. Koros, W.J., G.K. Fleming, Membrane-based gas separation, *J. Membr. Sci.*, 83(1993)1-80.

31. Kruk, M., M. Jaroniec, A. Sayari, Application of large pore MCM-41 molecular sieves to improve pore size analysis using nitrogen adsorption measurements, *Langmuir*, 13(1997)6267-6273.

32. Lai, C.L., W.C. Chao, W.S. Hung, Q. An, M. De Guzman, C.C. Hu, K.R. Lee, Physicochemical effects of hydrolyzed asymmetric polyacrylonitrile membrane microstructure on dehydrating butanol, *J. Membr. Sci.*, 490 (2015)275-281.

33. Lau, W.J., A.F. Ismail, Polymeric nanofiltration membranes for textile dye wastewater treatment: Preparation, performance evaluation, transport modelling, and fouling control - a review, *Desalination*, 245(2009)321-348.

34. Lee, K.P., T.C. Arnot, D. Mattia, A review of reverse osmosis membrane materials for desalination-Development to date and future potential, *J. Membr. Sci.*, 370(2011)1-22.

35. Liu, S., K. Li, R. Hughes, Preparation of porous aluminium oxide ($Al_2O_3$) hollow fibre membranes by a combined phase-inversion and sintering method, *Ceram. Int.*, 29(2003)875-881.

36. Lloyd, D.R., S.S. Kim, K.E. Kinzer, Microporous membrane formation via thermally-induced phase separation. II. Liquid-liquid phase separation, *J. Membr. Sci.*, 64(1991)1-11.

37. Padilla, O.I., M.R. McLellan, Molecular weight cut-off of ultrafiltration membranes and the quality and stability of apple juice, *J. Food Sci.*, 54(1989)1250-1254.

38. Pandey, P., R.S. Chauhan, Membranes for gas separation, *Prog. Polym. Sci.*, 26 (2001)853-893.

39. Peñate, B., L. García-Rodríguez, Current trends and future prospects in the design of seawater reverse osmosis desalination technology, *Desalination*, 284(2012)1-8.
40. Petersen, R.J., Composite reverse osmosis and nanofiltration membranes, *J. Membr. Sci.*, 83(1993)81-150.
41. Robinson, R., G. Ho, K. Mathew, Development of a reliable low-cost reverse osmosis desalination unit for remote communities, *Desalination*, 86(1992)9-26.
42. Roels, S., J. Elsen, J. Carmeliet, H. Hens, Characterisation of pore structure by combining mercury porosimetry and micrography, *Mater. Struct.*, 34(2001)76-82.
43. Rossignol, N., L. Vandanjon, P. Jaouen, F. Quéméneur, Membrane technology for the continuous separation microalgae/culture medium: compared performances of cross-flow microfiltration and ultrafiltration, *Aquac. Eng.*, 20(1999)191-208.
44. Sanders, D.F., Z.P. Smith, R. Guo, L.M. Robeson, J.E. McGrath, D.R. Paul, B.D. Freeman, Energy-efficient polymeric gas separation membranes for a sustainable future: A review, *Polymer*, 54(2013)4729-4761.
45. Sato, K., M. Nishioka, H. Higashi, T. Inoue, Y. Hasegawa, Y. Wakui, T.M. Suzuki, S. Hamakawa, Influence of $CO_2$ and $H_2O$ on the separation of hydrogen over two types of Pd membranes: Thin metal membrane and pore-filling-type membrane, *J. Membr. Sci.*, 415-416(2012)85-92.
46. Shaffer, D.L., N.Y. Yip, J. Gilron, M. Elimelech, Seawater desalination for agriculture by integrated forward and reverse osmosis: Improved product water quality for potentially less energy, *J. Membr. Sci.*, 415-416(2012)1-8.
47. Snyder, S.A., S. Adham, A.M. Redding, F.S. Cannon, J. DeCarolis, J. Oppenheimer, E.C. Wert, Y. Yoon, Role of membranes and activated carbon in the removal of endocrine disruptors and pharmaceuticals, *Desalination*, 202(2007)156-181.
48. Teng, M.Y., K.R. Lee, D.J. Liaw, J.Y. Lai, Preparation and pervaporation performance of poly(3-alkylthiophene) membrane, *Polymer*, 41(2000)2047-2052.
49. Wijmans, J.G., R.W. Baker, The solution-diffusion model: A review, *J. Membr. Sci.*, 107(1995)1-21.
50. Yan, L., Y.S. Li, C.B. Xiang, Preparation of poly(vinylidene fluoride)(pvdf) ultrafiltration membrane modified by nano-sized alumina ($Al_2O_3$) and its antifouling research, *Polymer*, 46(2005)7701-7706.

51. Zhao, Y., W.S. Ho, Steric hindrance effect on amine demonstrated in solid polymer membranes for $CO_2$ transport, *J. Membr. Sci.*, 415-416(2012)132-138.

# 符號說明

| | |
|---|---|
| $R_a$ | 平均粗糙度（μm） |
| $R_{ms}$ | 均方根粗糙度（μm） |
| $\tau_1, \tau_2, \tau_3$ | 自由體積壽命（ns） |
| $I_1, I_2, I_3$ | 自由體積壽命（ns） |
| $R$ | 半徑（Å） |
| $V_f$ | 自由體積（Å） |
| $FFV$ | 自由體積分率（Å） |
| $\Delta E$ | 電位差（V） |
| $\Delta P$ | 壓力差（bar） |

# 第五章
# 微過濾與超過濾

/ 莊清榮

# 5-1 前言

從傳統之食品、醫藥、化工與環工等相關產業，到生醫、生物及電子等所謂科技產業中，含細微顆粒懸浮液的固液分離操作常是無法避免的，而以壓力差爲驅動力之過濾（filtration）是最常被應用的固液分離操作，尤其對熱或化學敏感的物質而言，過濾是一有效及具設計彈性的分離方法。以薄膜爲濾材之過濾程序已被廣泛應用於諸多產業，其之所以在衆多分離、純化程序中扮演重要角色，主因除了濾膜滿足了過濾操作中濾材選用的多變性，可用於完全阻擋，亦可進行選擇性的分離，其操作方式的多樣性、簡單性及易於規模放大等更是重要的考量因素。薄膜過濾程序係依據膜孔的大小不同來達到分離、純化等目的，如圖 5-1 表示，依據孔徑的大小可分爲微過濾（microfiltration, MF）、超過濾（ultrafiltration, UF）、奈米過濾（nanofiltration, NF），以及逆滲透（reverse osmosis, RO）等。

微過濾與超過濾是薄膜處理中運用最廣的技術，其主要的分離機制爲篩析（sieving），當顆粒或巨分子的粒徑大於膜孔徑時，即會被阻擋，而達到完全阻擋或選擇性分離的效果。微過濾膜的膜孔較大，因此只需施以低的壓力即可得到較高的通量，通常操作壓力在 0.5～2 大氣壓即可獲致有效濾速，其膜孔可阻擋粒徑在 0.05～10 微米間的粒子，如用於篩除流體中的懸浮顆粒，微生物如細菌、藻類與原蟲等微米級物質，許多生技及食品業即以微過濾濾除流體中的微生物，達低溫滅菌的效果，能避免破壞液體中酵素或蛋白質等熱敏感物質。另外，在啤酒製程上，可藉由微過濾膜過濾使啤酒安定化，保有原來的風味更久。

超過濾膜的孔徑較小，用以分離巨分子溶解物質、天然有機物質（Natural organic matter, NOM）、病毒及蛋白質等所謂的膠體（colloids），其膜孔大約在 5～100 奈米，因其可去除較大的有機分子，故常以能阻擋之膠體粒子分子量（molecular weight cut off, MWCO）來表示其分離能力，超過濾膜通常 MWCO 約在 0.5～50 萬之間，操作壓力在 2～10 大氣壓範圍。

假如將膜過濾與離心分離相比較，微過濾可分離之粒子約需 5,000～10,000 g 的離心方能去除，而超過濾分離之粒子更小，則要 10,000～100,000 g 之超高速離心機才能替代，但較高速之離心設備不易規模放大且能源耗損成本高，故膜過濾有其工程應用上的優勢。

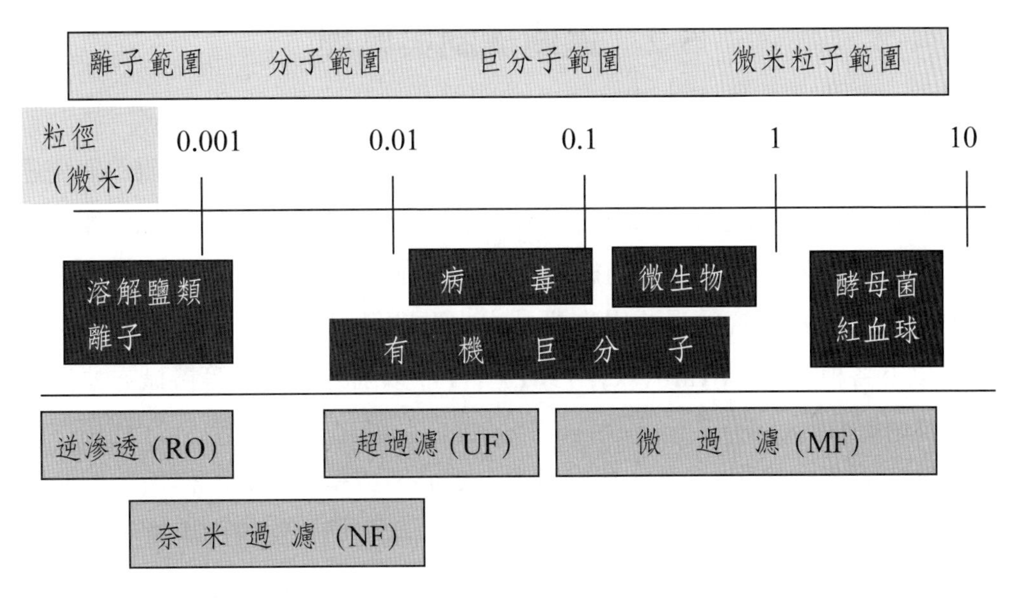


圖 5-1　膜過濾程序的分類圖譜

微過濾是最早出現的膜過濾程序，德國在 1920 年代就開始利用微過濾膜來濾除水中細菌，但一直至 1960 年代才開始應用於工業程序中。在微過濾膜發展的同時，超過濾膜也開始發展，但在工業應用上，超過濾膜卻遠落後於微過濾膜，主要原因是超過濾的濾速低，無法配合工業上大量生產的需求，後來經由非對稱超過濾膜的製備配合模組的開發，於 1970 年代已有大規模的超過濾處理系統以回收汽車工業廢水中的塗料。微過濾及超過濾常用於作預處理以減少後續RO或者NF操作結垢的可能性。

膜過濾的應用範圍相當廣，如微過濾用於醫藥或生物工業之除菌過濾，在水處理方面，微過濾除常被用來去除懸浮微粒以作爲後續 NF 或 RO 的前處理外，近年來發展的重點則直接將微過濾膜浸入活性汙泥池中，結合生物反應及膜過濾程序來進行廢水處理。雖然依產業的不同，微過濾與超過濾有不同的程序設計與操作，但依分離之目的，這些不同的程序可大略歸類爲濃縮、回收、澄清化及純化等操作。濃縮係指由一產物中脫除溶劑，回收則指從廢液或副產物中回收有價值成分並進一步再處理利用，而澄清化則是由進料中濾除顆粒雜質以獲取澄清濾液，若於濃縮操作中設計濾除進料之小分子雜質以獲取較高純度的濃縮液，或澄清化操作中濾除可溶性的大分子不純物以獲取較高純度的濾液，則可歸爲純化操作。

# 5-2　過濾機制與原理

隨著微過濾或超過濾的進行，被阻擋的粒子累積在濾面上形成濾餅致使濾速大幅降低，爲提升濾速，工業上部分採取前處理如混凝或添加助濾劑等，以改變懸浮液之物理化學特性，但若分離物質爲有純度需求之產品，則化學前處理將受限制。如何抑制濾餅阻力的成長，實爲過濾操作設計之主要關鍵點，抑制濾餅阻力層形成的方法大抵有以下各種類型（Svarovsky, 1981）：(1) 以刮刀或滾輪等機械方式刮除或剝除濾餅；(2) 利用逆洗的方式，間歇性的移除濾面及濾材內阻力層；(3) 利用振盪的方式，避免粒子附著在濾面上；(4) 利用重力、離心力或是電場力的作用，迫使粒子偏離濾面；(5) 利用平行濾面的流體流動，在濾面上產生切線剪應作用來掃除濾面上的粒子，此即常稱之掃流過濾（cross-flow filtration）。於學術或工程應用研究方面，則常由膜面上流體流動機構〔如以迴轉流場產生泰勒渦流（Taylor vortex），或在流動孔道中加入內置物（inserts），或於流體中加入顆粒、通入氣泡等〕以提高剪應作用，或由溶液之物理化學特性（pH，離子強度）、膜材親疏水性與帶電性等因素之考量來促進膜分離效能，且已有非常廣泛的探討，但除這些因素外，外加作用力如電場或超音波等亦被提及用以促進膜分離效能〔Wakeman 等（1991, 1995），Huotari 等（1999），Holder 等（2013）〕。

依據懸浮液流動方向與濾面的關係，過濾程序可分爲濾餅過濾（cake filtration or dead-end filtration）及掃流過濾（cross-flow filtration），如圖 5-2 所示，兩者都是以壓力作爲驅動力（driving force）。前者之過濾其懸浮液流向與薄膜垂直，受壓通過濾材而得到濾液，隨操作時間延長，顆粒會累積在膜面上，常造成濾速嚴重的衰減，所以以批次操作爲主，且當進料中含有可壓縮顆粒，會因壓縮使濾餅的孔隙度降低，大幅提高過濾比阻，使得分離速率下降。掃流過濾之進料流則以切線方向流經膜面，部分透過膜成爲濾液，而另一部分流出過濾室之濃度提高稱爲濃縮液。掃流所誘發之濾面切線剪應作用可抑制濾餅成長，使通量衰減較爲緩和，所以當粒子附著層成長至一很薄的厚度時，濾速就不再明顯降低，故可維持在高濾速下連續長時間操作。雖濾餅量會隨掃流速度提高而減少，但當掃流速度增加時，進料中較大顆粒易被帶離膜面，沉積下來的反而是較小的粒子，而小顆粒附著會使得濾餅堆積較緻密，因而提高過濾比阻，有時較高掃流速度反而會使得濾速下降。在微過濾和超過濾程序中，若是大規模操作，大部分是以掃流的方式進行，只有部分甚稀濃度的進料或實驗室規模的操作會採用濾餅過濾的方式進行。

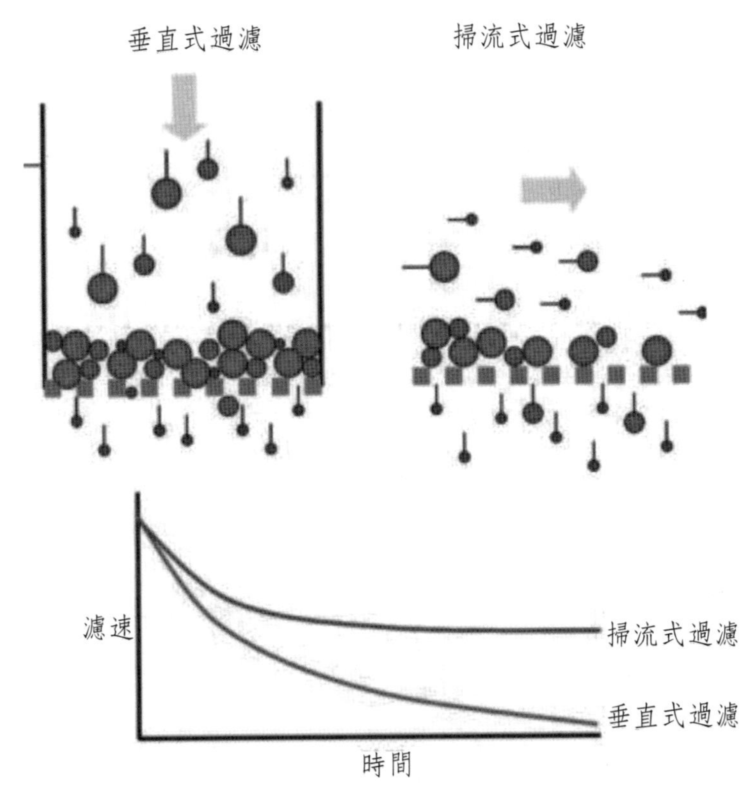


圖 5-2　掃流式過濾與垂直式過濾示意圖

## 5-2-1　膜材堵塞模式

薄膜結垢的主要決定因素包括膜材特性（孔徑、親疏水性及界達電位等），懸浮液特性（粒子粒徑分布、親疏水性及界達電位等）及操作條件如透膜壓差（TMP）及模組設計等。其中薄膜材質不僅決定其能承受之化學及物理機械條件，其親疏水性及帶電性更是控制膜材與粒子間交互作用及靜電力等之主要參數。對於微過濾／超過濾的孔狀薄膜，膜材與粒子間的作用力除對膜表面之結垢有影響外，對溶質或膠體粒子於膜內部的傳輸與吸附等現象亦扮演重要角色。膠體粒子與膜面間的相互作用應是影響過濾初期膜結垢的主要因素，當膜面有濾餅層形成後，後續粒子的附著則受粒子與粒子間相互作用力的影響。於膜過濾程序中，依據粒子堆積在膜材上或阻塞孔道內所造成的濾速衰減現象，有不同的粒子阻塞模式曾被提出，如圖 5-3 所示，分別為：(1) 完全阻塞模式（complete blocking model），發生於粒子粒徑大於膜孔，隨過濾的進行，將減少濾膜中可流通之孔道數目而降低濾速；(2) 中間阻塞模式（intermediate

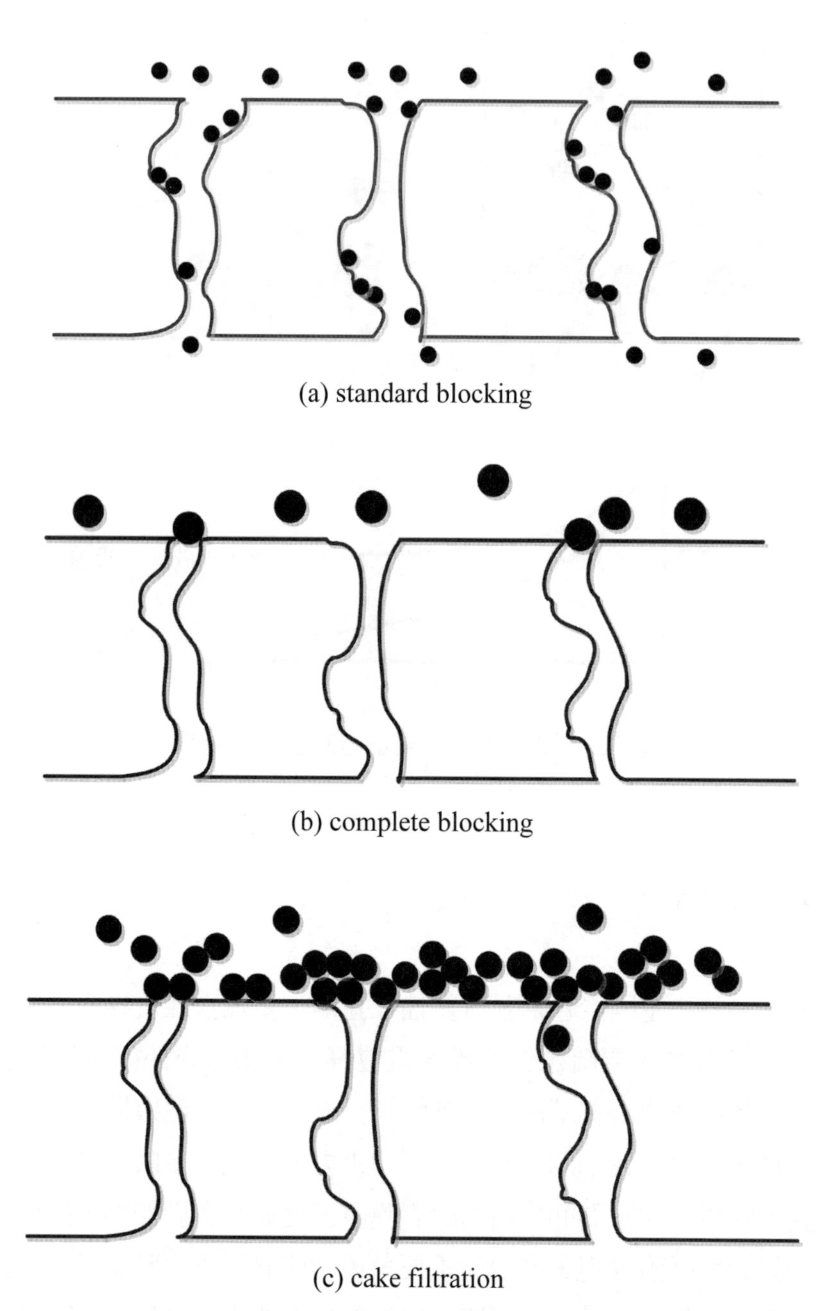


圖 5-3　過濾阻塞（blocking）的三種機制（呂，固液分離）

blocking model），發生於較高粒子濃度的懸浮液，除了阻塞濾材孔外，還有機會於其他粒子層上堆積；(3) 標準阻塞模式（Standard blocking model），發生於粒子粒徑小於膜孔，部分粒子被吸附於膜孔壁而導致有效膜孔徑縮小；(4) 濾餅過濾模式（Cake filtration model），粒子不斷累積在膜面上而形成濾餅。Hermia 曾以理論通式來表示濾液體積（$V$）與過濾時間（$t$）的關係爲 $\frac{d^2t}{dV^2}=k\left(\frac{dt}{dV}\right)^n$，其中 $n$ 爲不同阻塞機構的指標，當 $n$ = 2 時爲完全阻塞；$n$ = 1.5 爲標準阻塞；$n$ = 0 爲濾餅過濾，此時隨過濾之進行，粒子於膜面附著逐層堆積；而 $n$ = 1 則爲中間阻塞，是標準阻塞與濾餅過濾並存的模式。一般實際過濾時，懸浮液內含許多大小不同粒子，過濾初期常爲標準阻塞，其後爲完全阻塞，然後是濾餅過濾。

## 5-2-2　掃流微過濾粒子附著模式

雖然掃流微過濾與超過濾操作相似，但基於分離對象的粒徑不同，在濾速模式方面有明顯差異，前者常以粒子附著的流體力學模式來預測，而後者傳統上以濃度極化模式爲主。於掃流微過濾系統，濾速的快慢主要決定於濾面掃流剪應力、操作壓力及粒子物性等，藉由濾面附近的粒子受力分析，可判定操作條件與粒子是否穩定附著濾面的相互關係。圖 5-4 所示爲掃流過濾上單一粒子的受力情形，考慮此粒子已被流體傳送至濾材或濾餅表面附近，則此粒子共承受四個力，分別爲：(1) 平行濾面流體流動所導致的水平拖曳力，$F_h$；(2) 過濾流所造成的垂直拖曳力，$F_p$；(3) 流體的速度梯度或稱爲慣性作用所產生的浮升力（lift force），$F_l$；(4) 粒子與粒子間的相互作用力，$F_i$；(5) 粒子本身的淨重量，$F_g$。圖中所示的 $F_e$，則指若有施加外力如電場作用力。對此粒子的受力支撐點（support point）$G$ 點，做力矩分析可知，當其能穩定附著於濾面時，諸作用力之關係爲：

$$F_h \leq \tan\beta \times (F_p + F_g - F_l) = f \times F_N \qquad (5\text{-}1)$$

其中 $f$（= tan$\beta$）稱爲摩擦係數；$\beta$ 爲摩擦角（frictional angle），Osasa（1973）曾由傾斜板面上粒徑大於 700 μm 之粒子滑落實驗結果指出：不同形狀粒子的摩擦係數值其範圍在 0.5～1.0 間。上式中 $F_N$ 爲垂直濾面方向諸作用力的總和。當 $F_h$ 等於 $f \times F_N$

時，該臨界條件爲粒子處於受力平衡狀態；而於 $F_h$ 大於 $f \times F_N$ 時，掃流作用將刮走此粒子。

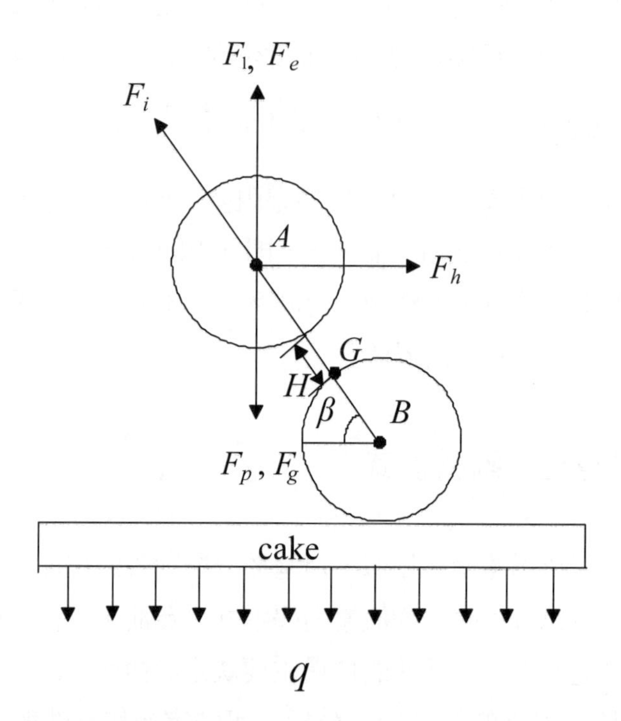


圖 5-4　掃流過濾接近濾面之單一粒子的受力

至於上述諸力的估算，在一般掃流過濾中，粒子大部分小於 20 μm，遠小於濾面上之流體邊界層厚度，其與濾面切線流剪應力（$\tau_w$）及粒子粒徑（$D_p$）的關係可表示如下：

$$F_h = a_h \frac{1}{4} \pi D_p^2 \tau_w$$

$a_h$ 爲受濾面粒子堆積密度影響的係數（Simon and Fual, 1977; O'neill, 1968）。至於過濾流拖曳力（$F_p$），由於粒子的雷諾數，$N_{Re,\,p} = mqD_p/r$ 一般遠小於 0.1，於此低雷諾數條件，常以 Stoke's 定律描述流體對粒子所產生的拖曳力，但該定律僅適用於單一粒子於無干擾條件下之受力情形，然而在此過濾系統，與粒子接觸的平面爲流體滲透流過的多孔層（濾餅或濾材），此時粒子周圍的流態必異於 Stoke's 適用的條件，故須以 Stoke's 定律的修正式來表示 $F_p$ 如下：

$$F_p = a_p(3\pi\mu D_p q) \tag{5-2}$$

其中係數 $a_p$ 受粒子粒徑及粒子所接觸的多孔層的流體流動阻力等的影響（Goren, 1979）。關於流體速度梯度對粒子對粒子產生之浮升作用，於掃流微過濾所探討的粒子粒徑遠小於濾面的流體邊界層厚度，故即使模組流道於紊流區域時，仍可假設膜面粒子完全沉浸於層流副層（laminar sublayer）內，粒子處於一線性速度分布的流場中，粒子之浮升速度（lift velocity）可表示為（Vas seur 和 Cox, 1976）：

$$v_1 = \frac{61}{576}\frac{1}{\nu}\left(\frac{\tau_w}{\mu}\right)^2\left(\frac{D_p}{2}\right)^2 \tag{5-3}$$

當利用 Stoke's 定律及此 $v_l$ 以描述粒子所受的浮升作用力 $F_l$ 時，需考慮濾面粒子周圍的流態必異於 Stoke's 定律適用之條件，故類似上述 $F_p$ 方式來估算 $F_1$，則

$$F_1 = a_1(3\pi\mu D_p v_1) \tag{5-4}$$

其中 $a_1$ 為 Stoke's 定律的修正係數。至於粒子的淨重，$F_g = \frac{1}{6}\pi D_p^3(\rho_p - \rho)g$。把上述諸力關係式代入粒子恰可穩定附著於濾面之臨界條件（式），可得濾速（$q$）與濾面剪應力（$\tau_w$）之關係：

$$q = A_1\tau_w D_P - A_2 D_P^2 + A_3\tau_w^2 D_P^3 \tag{5-5}$$

其中 $A_1 = \dfrac{a_h}{12a_p\mu f}$；$A_2 = \dfrac{(\rho_p - \rho)g}{18\mu a_p}$；$A_3 = \dfrac{61}{4608}\dfrac{1}{\nu}\dfrac{a_l}{a_p}$。

由於掃流過濾中的粒徑大都小於 20 mm，若以 $a_h = 0$（O'Neill, 1968）、$f = 1.0$（Osasa, 1973）及 $a_p = a_1 = 800$，濾面阻力以 $10^9$（1/cm）代入相關式（Goren, 1979），可求得在 $\tau_w = 0.1$ dyne/cm 及 $D_p = 20$ mm 時該式右邊三項的比值為 22：

50：1，亦即在低掃流剪應力作用時，式（5-5）中右邊第三項的浮升力作用可忽略。但在一般掃流速度操作中，粒子的淨重作用遠小於其他諸力之作用，Lu 等（1987）曾定義滿足界面粒子受力平衡關係式〔粒徑爲臨界粒徑（cut diameter），$D_{pc}$〕，且由實驗結果指出在一般掃流過濾操作中，粒子的淨重作用遠小於其他諸力的作用，故可將式（5-5）簡化爲：

$$q = A_1 \tau_w D_{pc} + A_3 \tau_w^2 D_{pc}^3 \quad (5\text{-}6)$$

上式顯示，在某一固定之掃流剪應力，$D_{pc}$ 將隨著濾速降低而遞減。粒徑小於 $D_{pc}$ 的粒子其 $F_h$ 小於 $f$ 與 $F_N$ 之乘積，亦即這些粒子形成穩定附著；反之，粒徑大於 $D_{pc}$ 的粒子則被掃流作用刮走。此掃流濾面粒子附著的篩選作用，將導致濾餅內的粒徑分布異於進料懸浮液，且較大掃流作用將使濾餅含較高比例的細粒子。此現象在 Fischer（1985）、Hwang（1986）及 Toda（1986）等的實驗結果中均曾發現。

## 5-2-3 掃流微過濾之濾餅過濾比阻推算法

濾餅過濾之基本式常可表示爲：

$$\frac{dt}{dV} = \frac{\mu \alpha_{av} C}{\Delta P} V + \frac{\mu R_m}{\Delta P} \quad (5\text{-}7)$$

式中 $V$ 爲單位過濾面積之濾液量，$dt/dV$ 爲濾速之倒數，而 $CV$ 相當於單位過濾面積之濾餅量，$a_{av}$ 爲濾餅平均過濾比阻（average specific filtration resistance），$R_m$ 則爲濾材阻力。對於掃流過濾系統，典型之過濾曲線則如圖 5-5 中實線所示，先增後趨平的特性。從此曲線之斜率改變，可預期濾餅成長歷經三個不同階段，在過濾初期，伴隨較高濾速而流向濾材之粒子皆可有效的附著於濾面，而形成濾餅，可由 $\overline{OA}$ 代表之，隨著濾餅成長濾速將逐漸遞減，剪應力作用對濾面粒子的刮除效應逐漸明顯，使得過濾單位濾液所能附著的濾餅量降低，導致 $dt/dV$ vs. $V$ 偏離了直線關係 $\overline{OAB}$，而呈現如曲線 $AC$ 所示的過渡階段，當濾速衰減至某一程度時，此時之 $D_{pc}$ 已與進料中最小粒徑相近，掃流剪應力幾乎可將流體流動所帶至濾面的粒子完全掃除，而漸趨於一

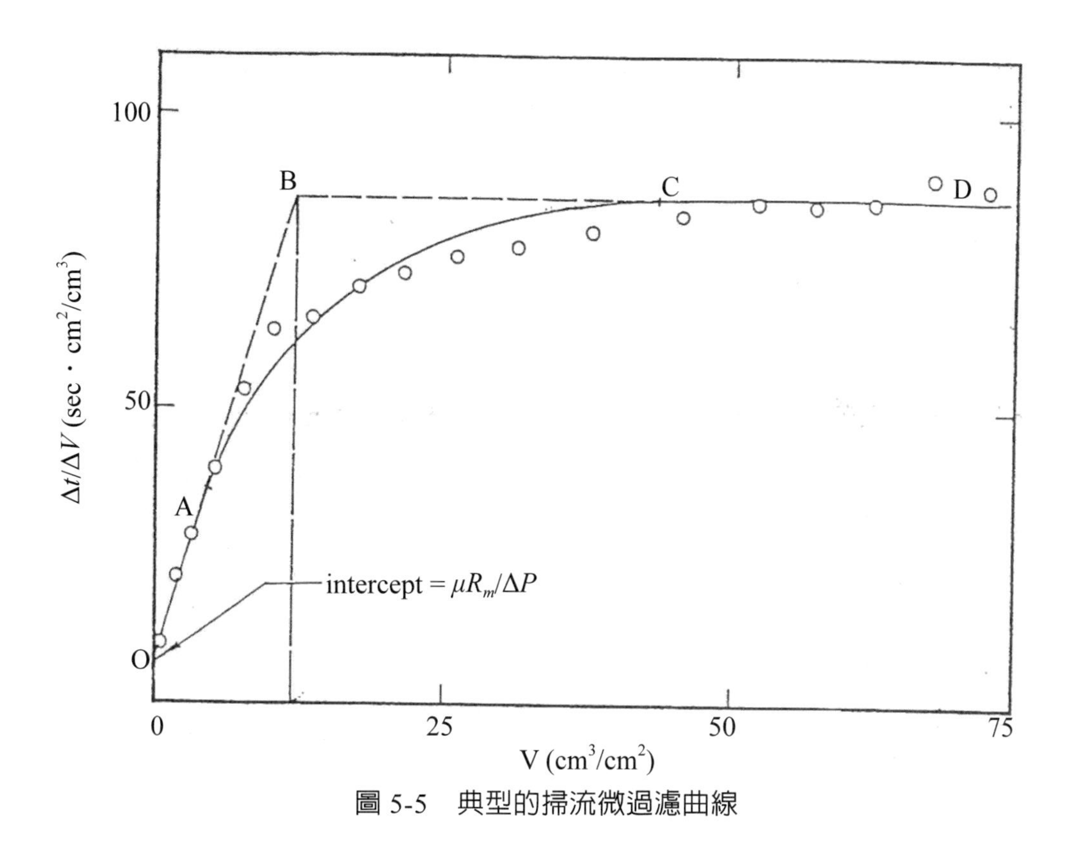


圖 5-5　典型的掃流微過濾曲線

穩定濾速。但由於濾餅內細粒子可能有游移作用（migration effect），且濾餅壓縮平衡之時間延滯效應，導致長時間操作後濾速仍會遞減趨勢，故圖中 $\overline{CD}$ 階段之濾速僅能視為近似穩定態的濾速。利用此擬穩態之濾速（$q_s$）及餅量（$w_{cs}$）之量測值，由式（5-7）可推算該過濾系統的濾餅的平均過濾比阻 $a_{av}$。其步驟為：首先由 $\overline{OA}$ 直線截距求得濾材阻力 $R_m$，然後把 $R_m$、$q_s$ 及 $w_{cs}$ 等值代入恆壓過濾方程式（5-7），可求得平均過濾比阻 $a_{av}$：

$$\alpha_{av} = \frac{1}{w_{cs}}(\frac{\Delta P}{\mu q_s} - R_m) \tag{5-8}$$

掃流剪應作用力會影響膜面附著粒子的臨界粒徑，圖 5-6 所示為碳酸鈣懸浮液進料及其在兩不同剪應力下所形成濾餅的累積粒徑分布，結果顯示，掃流作用會增加濾餅內細粒子的含量比例，因而提高過濾比阻，如圖 5-7 所示，顯示過濾比阻隨著剪應

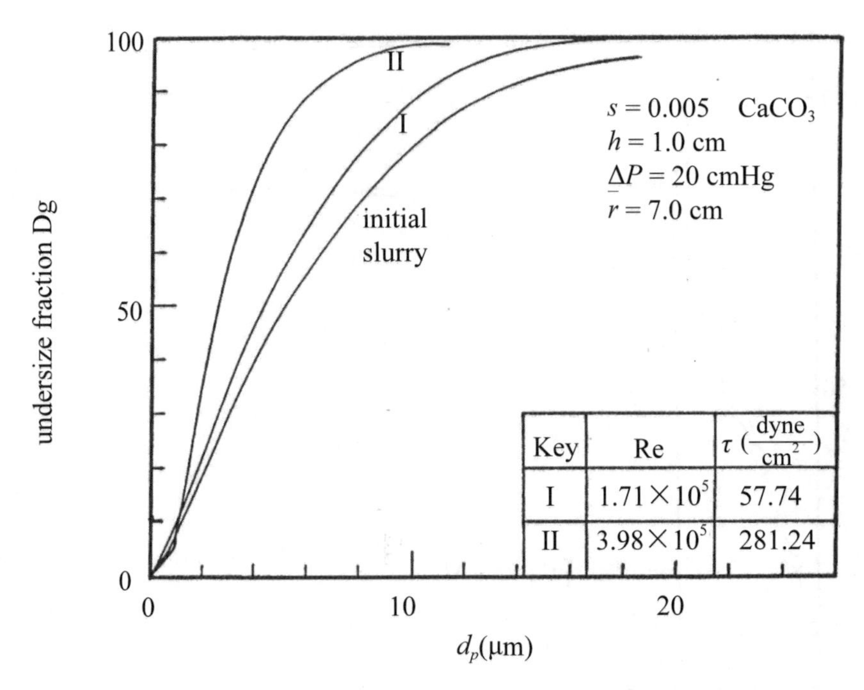


| Key | Re | $\tau\ (\frac{\text{dyne}}{\text{cm}^2})$ |
|---|---|---|
| I | $1.71 \times 10^5$ | 57.74 |
| II | $3.98 \times 10^5$ | 281.24 |

圖 5-6　不同剪應作用下的濾餅內粒徑分布

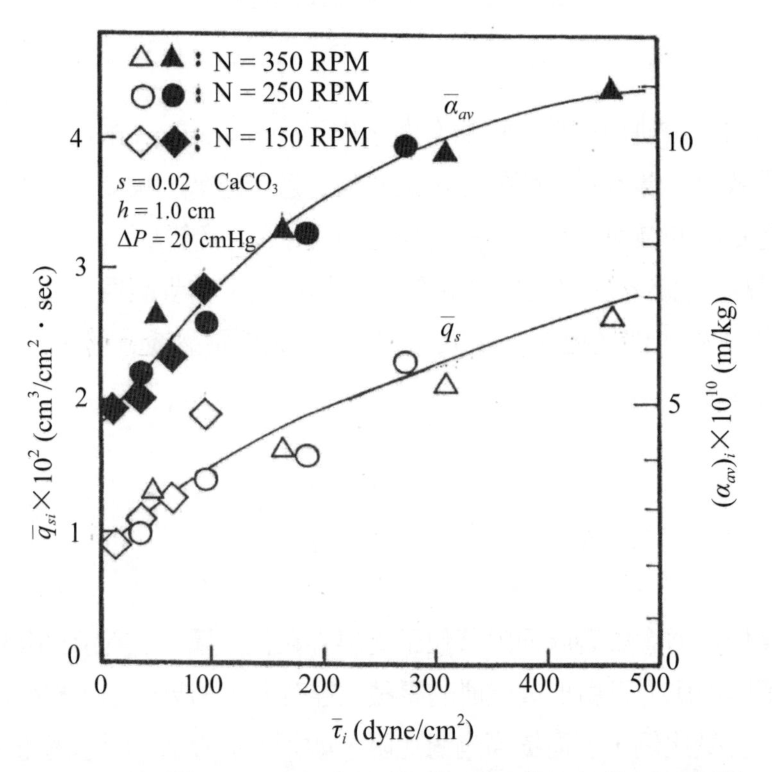


圖 5-7　掃流剪應力與濾速及濾餅平均過濾比阻的相互關係

力之增加而遞增，但較薄的濾餅厚度仍使濾餅阻力隨剪應力之增加而遞減，導致濾速的增加。

## 5-2-4　掃流超過濾濃度極化模式

於掃流超過濾中，溶質因擴散及流體剪應作用而偏離濾面是影響膜面溶質濃度分布及濾速的重要因素，所謂濃度極化（concentration polarization），係指一般掃流過濾中，由於濾材阻擋，於濾面形成溶質濃度增高的現象，如圖 5-8 所示，其中掃流速度為 $U$，主溶液中溶質濃度 $C_b$，膜面溶質濃度 $C_s$ 而濾液中溶質濃度 $C_p$。於超過濾中，溶質常為巨分子，當其於膜面累積的濃度達其飽和溶解度時，會形成膠層（gel layer），有時又稱凝膠極化（gel polarization），如圖 5-9 所示，於此條件下，溶質幾近完全被阻擋，即 $C_p \approx 0$。

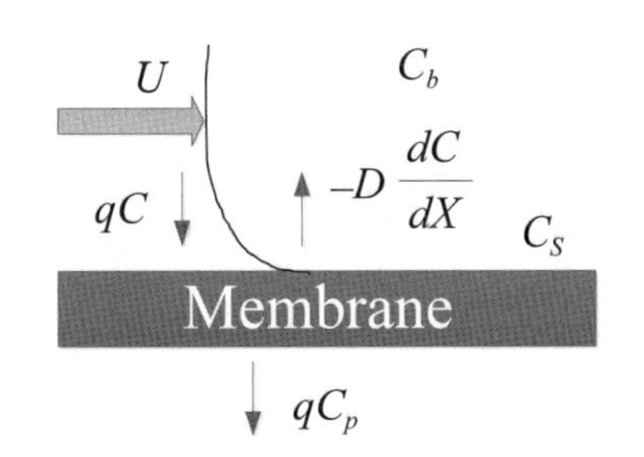


圖 5-8　膜面溶質濃度極化示意圖

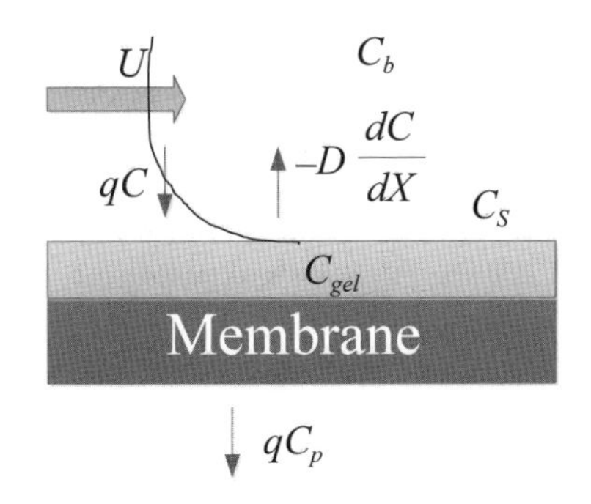


圖 5-9　膜面溶質凝膠極化示意圖

若由過濾阻力串聯模式來表示凝膠極化，則過濾通量關係式為：

$$q=\frac{\Delta p-\pi(C_{gel})}{\mu(R_m+R_{gel})} \qquad (5\text{-}9)$$

其中 $\Delta P$ 爲施加之過濾壓差，$\pi$（$C_{gel}$）爲溶質濃度 $C_{gel}$ 時之滲透壓，此兩者相減即爲有效過濾壓差，而 $R_m$ 及 $R_{gel}$ 則分別爲濾材及凝膠層之過濾阻力。

## 5-3　膜材與模組

目前商業膜有 90% 以上是高分子膜，而無機膜於特殊條件的應用近年亦漸被重視。於有機薄膜選用時，膜材的機械強度是一考量點，因爲高強度的膜可以承受較大的透膜壓力（TMP）。於膜清洗時，除須考慮機械強度以能承受重複性逆洗操作外，亦須考慮膜材的抗化學特性，使能承受較嚴苛的化學清洗條件。而膜過濾操作中，膜結垢或濃度極化所導致濾速衰減是膜過濾的主要問題，決定膜結垢形成速率及程度的因素甚多，其中膜材親疏水性及所帶電荷是控制欲過濾物質與膜面相互作用力的主要變數，亦即膜電荷及親疏水性對膜結垢亦扮演重要角色。

商業化微過濾與超過濾膜所用的高分子材料如表 5-1 所示，製備有機微過濾膜的材料主要包括醋酸纖維素（CA）、聚偏二氟乙烯（PVDF）、聚醯胺（PA）、聚碸（PSf）、聚碳酸酯（PC）、聚醚碸（PES）、聚乙烯（PE）、聚丙烯（PP）及聚四氟乙烯（PTFE）等聚合物構成。這些材料都具有相對於該表面電荷、疏水性、pH 和氧化劑耐受性，強度和柔韌性程度不同的性質。一般而言，可用來製備微過濾膜的高分子，只要能夠將孔洞縮小，應該就可以製備超過濾膜。但在膜的製備方法中，以燒結、拉伸及軌跡蝕刻所製備膜材的孔洞，最小約爲 100 nm，無法製備超過濾膜，所以上述之 PP、PTFE 及 PC 等尚未用於商業上超過濾膜。而無機膜種類則較少，如金屬薄膜陶瓷、二氧化鈦、二氧化鋯等陶瓷薄膜，此類型的薄膜具有高機械及化學強度。

於模組選擇方面，考慮粒子的阻塞及清洗的難易度，微過濾掃流操作常以板框式（plate-frame）模組、管狀模組（tubular）及毛細管式（capillary）爲主，當進料粒子含量甚低〔懸浮固體濁度小於 10 NTU（nephelometric turbidity unit）〕，且目的在於獲致澄清液時，則會採用 dead end 的方式，以濾芯過濾器取代，以降低成本及減低操作困難以獲致較高的產水率，褶式薄膜濾芯（pleated membrane cartridge），其常將微過濾平板膜夾於兩層不織布（作爲支撐層）中，將其摺疊成濾芯，此模組使用後一般採用拋棄式。而超過濾操作除前述三模組外，尙有使用單位模組體積有較高膜面積之螺捲式（spiral wound）模組及中空纖維（hollow fiber）模組，後者因爲纖維膜管細小，膜本身就足以支撐高的透膜壓差力。上述微過濾及超過濾程序模組的特性如表 5-2 所列。

表 5-1　商業化 MF/UF 薄膜常用的高分子

| 高分子 | 應用 | |
|---|---|---|
| | MF | UF |
| Cellulose diacetate and triacetate (CA, CTA) | X | X |
| Cellulose nitrate (CN) | X | |
| CA/CN blends | X | |
| Cellulose | X | X |
| Polyacrylonitrile (PAN) | | X |
| Polyamide (aromatic and aliphate) | X | X |
| Polysulfone (PSf) | X | X |
| Polyether sulfone (PES) | X | X |
| Polycarbonate (track-etched) | X | X |
| Polyethylene terephthalate (PET) (track-etched) | X | X |
| Polyimide (PI) | | X |
| Polyethylene (PE) | X | |
| Polypropylene (PP) | X | |
| Polytetrafluoroethylene (PTFE) | X | |
| Polyvinylidene fluoride (PVDF) | X | X |
| Polyvinylchloride (PVC) | X | X |

表 5-2　MF 及 UF 程序所用模組特性（Franken,1997）

| 特性 | 管式 | 板框式 | 螺捲式 | 毛細管式 | 中空纖維式 |
|---|---|---|---|---|---|
| | 管狀膜（ID >5 mm） | 平板膜 | 平板膜 | 管狀膜（0.5 mm < ID > 5 mm） | 管狀膜（300 μm < ID > 600 μm） |
| 填充密度（$m^2/m^3$） | 100～500 | 100～200 | 700～1,000 | 500～4,000 | ～30,000 |
| 粒子阻塞度 | 低 | 中 | 高 | 中 | 高 |
| 是否容易清洗 | 優 | 好 | 差 | 好 | 一般 |
| MF 程序適用性 | 非常適用 | 適用 | 不適用 | 適用 | 不適用 |
| UF 程序適用性 | 非常適用 | 適用 | 適用 | 非常適用 | 適用 |

## 5-4　結垢與清洗

薄膜結垢主要決定因素包括膜材特性（孔徑、親疏水性及界達電位等）、懸浮液特性（粒子粒徑分布、親疏水性及界達電位等）及操作條件如透膜壓差及模組設計等。其中薄膜材質不僅決定其能承受的化學及物理機械條件，其親疏水性及帶電性更是控制膜材與粒子間交互作用及靜電力等之主要參數。對於微過濾／超過濾的孔狀薄膜，膜材與粒子間的作用力除對膜表面的結垢有影響外，對溶質或膠體粒子於膜內部的傳輸與吸附等現象亦扮演重要角色。膠體粒子與膜面間的相互作用應是影響過濾初期膜結垢的主要因素，因爲當膜面有濾餅層形成後，後續粒子的附著則受粒子與粒子間相互作用力的影響，所以過濾初期的膜結垢現象與膠體粒子和膜面間的相互作用力有密切關聯性，而後續粒子的附著速率與堆積的結垢則深受粒子相互間作用力的影響。

微過濾操作，粒子累積於濾面形成所謂濾餅，而對於超過濾操作，進料中的溶質或膠體粒子被吸附到膜面上，然後在壓力的作用下或是濾液流的拉曳而進入膜孔造成阻塞，或是逐漸被壓密（consolidation）形成膠結狀膜，或是如蛋白質等物質有聚合作用導致結垢，其結垢是由於膠體粒子與膜表面上物理（流力）與化學（膠體界面）作用結合而導致的結果，藉前者作用把粒子傳輸至膜面附近，後者則是決定該粒子是否進一步與膜材相結合的主要變數。傳統上，兩界面間的相互作用力皆以 DLVO（Derjaguin-Landau-Verwey-Overbeek）理論來評估，該理論係基於兩界面間的相互作用力爲凡得瓦（van der Waals）與電雙層靜電作用（electrostatic double layer interaction）兩者加成，當膠體粒子與膜面的相互作用力相斥時，將可抑制膜結垢形成，但也有部分研究指出，DLVO 模式所預估的膜結垢趨勢與實際現象有所差異，這差異也意謂有其他作用力必須考慮。實際上，於膠體界面的相關研究中早已有延伸 DLVO（extended DLVO, XDLVO）模式被提出（Brant, 2002; Yotsumoto, H. and Yoon, R. H, 1993），這模式是把兩界面間的親疏水性作用力（又稱 short-ranged acid-base interaction）與 DLVO 模式相結合。

汙泥密度指數（silt density index, SDI）與修正結垢指數（modified fouling index, MFI）是最常見的結垢指數，指數的決定是利用監測通過商用 Millipore 測試設備的通量所決定。測試所用的膜孔爲 0.45 μm，薄膜直徑爲 47 mm，測試壓力爲 30 psi。此測試收集資料所需的時間從 15 分鐘至 2 小時都有可能，取決於水中結垢物的性質。汙泥密度指數（silt density inde, SDI）是使用最廣泛的結垢指數，計算方式如方程式（5-10）。Millipore 測試設備用以測得初始 500 mL 的收集液和最後 500 mL 的收集液兩個時間之間的時間差。這兩個樣本收集的週期一般使用 15 分鐘間距，除非測試樣品的結垢太嚴重，以致過濾時間還沒到 15 分鐘就結垢了，若此，則初始與終了樣品收集的中間時間間距需再縮短，直到終了可收集 500 mL 樣品。

$$SDI = \frac{100(1-\frac{t_i}{t_f})}{t_t} \tag{5-10}$$

其中：

$t_i$ = 初始 500 mL 收集液的時間

$t_f$ = 最後 500 mL 收集液的時間

$t_t$ = 總測試時間

SDI 是利用取得測試初始與終了的樣本來得到之過濾阻力靜態量測，其無法測得測試過程中阻力的改變，因此是靈敏度較差的結垢指數。修正結垢指數（modified fouling index, MFI）與 SDI 之實驗設備與實驗方法相同，但在實驗的 15 分鐘期間，每 30 秒記錄一次收集到的體積。假設濾餅層的厚度與濾液的體積成正比，MFI 方程式如式（5-11），濾液體積與透過液流量倒數兩者之斜率即爲 MFI。

$$\frac{1}{Q} = a + \mathrm{MFI} \times V \tag{5-11}$$

其中：

$V$ = 濾液體積（L）

$Q$ = 平均流量（L/s）

$a$ = 常數

爲了降低結垢對過濾效能的影響以及延長膜的操作壽命，除了選用合適膜材及模組進行有效的前處理外，也會以適當的頻率對膜加以清洗，清洗方法可分爲物理清洗及化學清洗。

## 一、物理清洗

週期性的逆洗（backwashing）是薄膜結垢常用的清洗方法，該操作係在透過側（permeate side）加壓，讓液體由透過側逆向流至進料側，如此可以讓膜面的濾餅脫落，亦可以清洗膜孔內所沉積的粒子，此方式對固體粒子的微過濾效果較好，但對超過濾的效能常較不明顯。另外一個類似逆洗的操作方式，稱爲脈衝式反洗（back-pulse），其特點在於反洗時間很短（通常少於 1 秒），但具高的反洗頻率；粒子沖刷（flushing）亦是清洗濾膜結垢的常見操作方式，其係以快速循環而停止過濾的方式或短時間間隔的反向流動（reverse flow）（可以包括注入空氣）將附於在膜面上的粒子沖刷，重新懸浮回主流體中，但此種操作無法清洗膜孔內的沉積粒子。

## 二、化學清洗

無機積垢（scaling）和有機及生物結垢等常無法利用上述的物理清洗操作方式進行移除，而配製化學清洗液來清洗是較有效的除垢方法。化學清洗液可以透過以下的機制來除垢：(1) 競爭吸附（如用適當的界面活性劑與結垢物來相競爭與膜的吸附，可以讓垢脫附）；(2) 讓垢溶解於清洗液中；(3) 與垢反應，使其易於移除。常用來配製清洗液的化學品有酸（如磷酸、檸檬酸）、鹼（NaOH）、界面活性劑、酵素、螯合劑（如 EDTA）等，例如，檸檬酸用於溶解無機結垢，鹼通常用於溶解有機物，清潔劑和界面活性劑可用於去除有機和顆粒狀汙物，特別是那些難以溶解的物質。螯合劑與酸配合讓移除鈣及金屬氧化物的效率更高，酵素可分解蛋白質、油脂及多醣類，讓這些成分容易清洗，化學清洗也可以使用強氯溶液來控制生物結垢。當進料中含多種結垢物質時，常常必要使用不同化學品的組合串聯，以解決多種類型之結垢。

## 5-5　微過濾與超過濾技術應用

### 5-5-1　水及廢水處理

薄膜過濾技術應用於淨水程序上可得到良好之處理成效，但發展薄膜系統的最大瓶頸爲薄膜阻塞，導致薄膜壽命減少並增加操作維護成本。目前幾乎大多數的薄膜淨水廠都包含兩種連續步驟，一爲前處理，目的爲去除會造成薄膜阻塞的物體，然後再進入薄膜處理單元。微過濾與超過濾於水處理應用的目的皆爲從水中去除微生物、重金屬與濁度等，例如濁度的去除十分適合用超過濾處理，若再加上活性碳粉末效果更佳；鐵、錳經氧化後可用微過濾或超過濾去除，但超過濾效果較佳；藻類可用 Polyaluminium Chloride（PACl）混凝搭配超過濾去除，但反洗頻率需十分頻繁，而若以微過濾膜處理後，達到前處理的功效，再透過超過濾進行處理，常可達藻類完全去除。

目前的趨勢傾向於使用超過濾處理水更甚於使用微過濾，除了超過濾在完全去除細菌上較有效以外，若選用低 MWCO 的超過濾膜，還能將原水中的顏色濾除。由於微過濾／超過濾薄膜僅能去除較大之有機汙染物，若水中汙染物成分太多，僅賴微過濾／超過濾處理並不能確保產水水質，所以必須結合傳統處理程序（吸附、混凝、氧化等）或後續結合逆滲透系統以確保產水水質，如圖 5-10 所示，如果在超過濾與 MF 程序前加上混凝，則可用以控制消毒副產物與總有機碳。例如用於合成有機物，

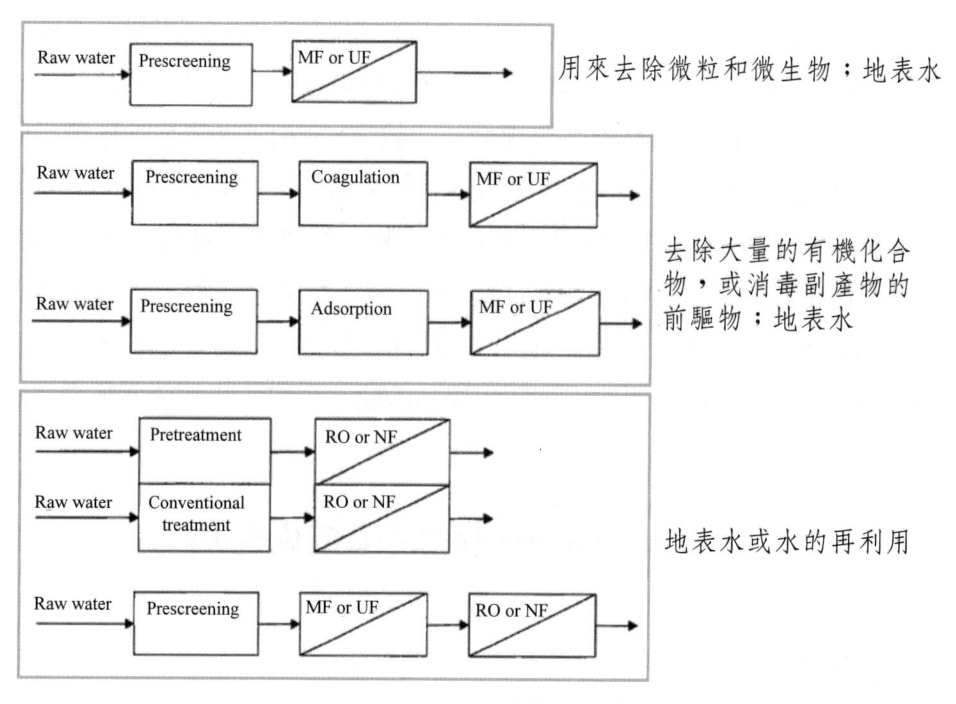


圖 5-10　MF/UF 結合傳統處理程序於水處理

使用超過濾和／或微過濾取代傳統的沉澱和過濾，可將 TOC 降至 50%，若再加上混凝，甚至可達到 75% 的 TOC 去除。

在水處理方面，微過濾除常被用來去除懸浮微粒以作為後續 NF 或 RO 的前處理外，近年來發展的重點則是直接將微過濾膜浸入活性汙泥池中，結合生物反應及膜過濾程序來進行廢水處理，把薄膜與傳統的汙水處理廠的活性汙泥反應槽結合，稱為薄膜生物反應器（membrane bioreactor, MBR），薄膜可將汙染物或活性汙泥等阻隔於反應槽中，使得純淨的水可以流出反應槽，因此主要扮演著一種分離的功能，可取代傳統廢水汙水廠中的終沉池，因此可節省下原本終沉池所占的土地成本，且由於薄膜孔徑甚小，其出流水質也較一般傳統的活性汙泥程序為佳。

## 5-5-2　生化及食品產業

在生技產業方面，MF 及 UF 被大量使用在發酵程序中，如圖 5-11 所示，常是利用微過濾膜以濾除進料液體及空氣內的菌體，而不需採用高溫高壓殺菌法，至於發酵液中的生物細胞及其所產生的蛋白質亦以掃流薄膜過濾進行分離，而不會破壞細胞及蛋白質的活性，濃縮液則回流至發酵槽以維持槽內高密度的生物細胞，可有效提高發酵速率；另一方面對於藉由磨碎細胞以回收蛋白質的程序，亦多以微過濾或超過濾膜過濾進行大規膜且連續的固液分離，此種方法已被用來製造抗生素及疫苗等。在生化程序上，無熱源（pyrogen-free）水的取得、酵素及蛋白質的分離純化等多採用超過濾。

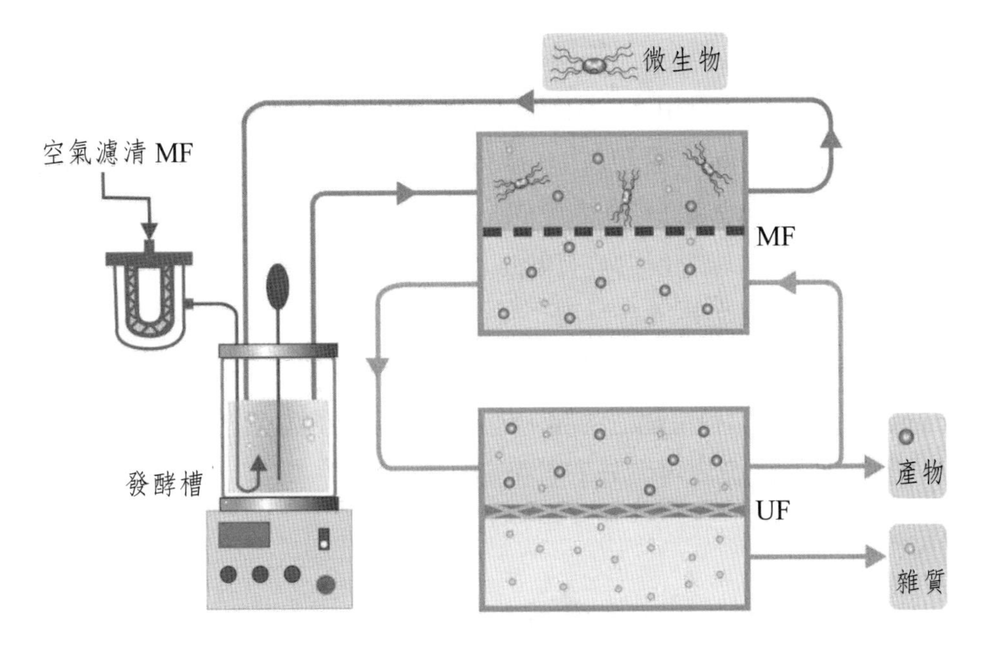


圖 5-11　應用 MF/UF 於高密度及連續的發酵程序

於食品業，已把微過濾膜應用於濾除微生物，取代傳統的高溫高壓殺菌法，這不但節省能源，又能避免破壞酵素、蛋白質等營養成分。另外，從 1960 年代即開始有人以微過濾進行啤酒的安定化，於啤酒包裝前透過薄膜過濾，使產品擁有生啤酒的營養及風味並且具長時間存放的方便性，後來亦應用於其他酒類以避免酒精的酸發酵。超過濾常用於果汁濃縮，可以避免熱處理對果汁原有風味及營養成分的破壞。例如於蘋果汁製程中，傳統上經榨汁而後以凝集沉降及濾餅過濾分離固體懸浮微粒，爲利於過濾操作及獲致澄清果汁，常以添加凝集劑及助濾劑等作爲過濾前處理，雖可獲得低濁度的濾液，但產率僅約 85～90%，且當進料液中部分決定果汁風味的分子亦被濾除時，將明顯影響產品的口味，而若以超過濾澄清該榨汁時，單一膜過濾操作即可替代傳統程序中的諸多步驟，獲得濾液濁度低於傳統製程，不須添加其他藥劑，傳統的 20 小時縮短爲 2 小時即可，其產率提高 5～8%。由於超過濾可完全去除細菌及微生物，產品不須經加熱殺菌，可降低風味成分揮發或其他功能性被破壞等。於乳品產業，超過濾可有效去除鮮乳中的細菌與病毒，保有生乳營養。乳品工廠還可利用薄膜過濾進行乳品與乳蛋白的濃縮及乳清蛋白的回收等。

### 5-5-3 醫藥與醫療

在醫用純水及注射針劑用水的製備，大多以微過濾膜來濾除水中微粒及細菌，一般細菌大小爲 0.4～0.6 μm，常是利用 0.2 μm 的微過濾膜濾除菌體；於血液處理方面也常應用微過濾進行血液之血球和血漿的分離，有時也可用來進行臨床醫療，如有些疾病與血液中的異常血球或蛋白質有關，可以利用微過濾膜來移除血液中的異常成分。除了液體的微過濾之外，在醫藥工業上也用微過濾膜來濾除空氣中的微粒及細菌，以維持空氣的清淨或是提供無菌室、消毒設備所用的空氣。於臨床醫療上，血液透析（hemodialysis）即利用超過濾膜，血清中高濃度的毒素透過濾膜到低濃度的透析溶液中，而紅血球及蛋白質大分子則回流至病人身體。

## 5-6 結語

微過濾與超過濾都屬於以孔徑的篩除作用來進行流體中粒子或巨分子的分離，於醫藥、生化、飲料及水處理等皆有廣泛應用，是攔截流體中微粒子的最佳守門員。微過濾膜可用來阻擋粒徑大小在 0.05～10 μm 間的粒子，可去除流體中的微粒及細菌等，達降低濁度及常溫滅菌的功能。超過濾膜則用以分離巨分子或所謂的膠體微粒，其濾膜通常可攔截的巨分子的分子量約在 5 k～500 kDa 之間，在發酵、製藥、生化及食品等工業中產品的分離及濃縮普爲應用。於水處理應用上，超過濾與微過濾常作爲預處理操作，以確保後續奈米過濾或逆滲透能長效維持穩定操作，另一方面，目前廣用於廢汙水處理的薄膜生物反應槽（MBR），所用的濾材也以超過濾或微過濾膜爲主。

# 習　題

1. 恆壓差操作的薄膜過濾初期其堵塞模式常以 $\frac{d^2t}{dV^2} = k\left(\frac{dt}{dV}\right)^n$ 表示，其中 $V$ 為濾液體積，$t$ 為過濾時間，而 $n$ 為不同堵塞機構的指標，試推導 $n = 2$ 時為完全堵塞，而 n=3/2 則為中間堵塞。

2. 中空纖維膜管內的流體流動多為層流流動（laminar flow），其壓降可以 Hagen-Poiseuille 表示：$-\frac{dp}{dx} = \frac{32\mu v}{D^2}$，其中 $m$ 為黏度，$D$ 為管徑，而 $v$ 為館內流體平均流速。

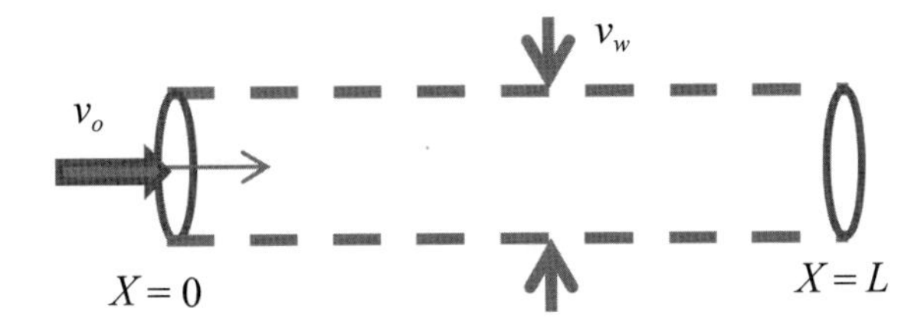


若入口流速為 $v_o$，而孔壁有固定的通量 $v_w$ 滲入管內，假設黏度變化可忽略，試推導流體流經管長 $L$ 之壓降。

3. 有一含 0.05 wt.% 蛋白質溶液擬以 UF 進行批次操作濃縮至 1.0 wt.%，如下圖所示，進料槽初始溶液量為 1,000 kg，模組面積為 12 m$^2$。若單位透膜壓差的通量（或稱透過率，permeability）為 $2\times10^{-2}$ kg /s · m$^2$ · atm，忽略濃度極化對通量影響，試估算進料槽最終的溶液量及於透膜壓差為 5 atm 時所需的操作時間。

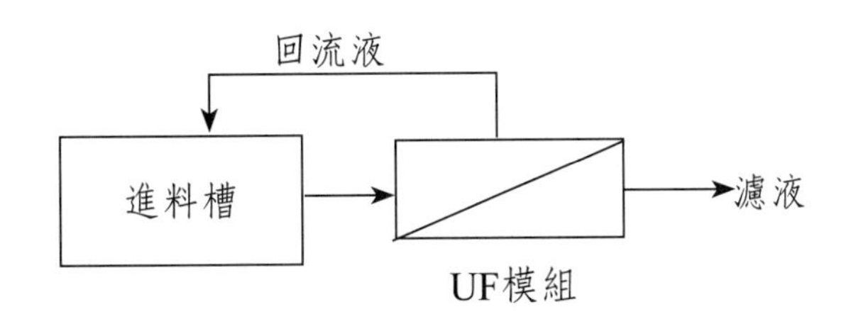

# 參考文獻


1. Baker, R.W., Membrane and module preparation, In: *Membrane separation systems: Recent developments and future direction*, 1st Ed., edited by Baker, R.W., E.L. Cussler, W. Eykamp, W.J. Koros, R.L. Riley, H. Strathman, Noyes Data Corporation, Park Ridge, New Jersey (1991).
2. Brant, J.A., A.E. Childress, Assessing short-range membrane-colloid interactions using surface energetics, *J. Membr. Sci.*, 203(2002)257-273.
3. Eykamp W., Microfiltration and ultrafiltration, In: *Membrane separations technology: Principles and applications*, edited by Noble R.D. and S.A. Stern, Elsevier, Amsterdam, The Netherlands (1995).
4. Franken, T., Membrane selection - more than material properties alone, *Membr. Technol.*, 97(1998)7-10.
5. Goren, S.L., The hydrodynamic force resisting the approach of a sphere to a plane permeable wall, *J. Colloid Interface Sci.*, 69(1979)78-85.
6. Henry J.D., L.F. Lawler, C.H.A. Kuo, A solid/liquid separation based on cross flow and electrofiltration, *AIChE J.*, 23(1977)851-859.
7. Holder, A., J. Weik, J. Hinrichs, A study of fouling during long-term fractionation of functional peptides by means of cross-flow ultrafiltration and cross-flow electro membrane filtration, *J. Membr. Sci.*, 446(2013)440-448.
8. Huotari, H.M., G. Tragardh, I.H. Huisman, Crossflow membrane filtration enhanced by an external DC electric field: A review, *Chem. Eng. Res. Des.*, 77(1999)461-468.
9. Lu, W.M., S.C. Ju, Selective particle deposition in crossflow filtration, *Sep. Sci. Technol.*, 24(1989)517-540.
10. Nunes, S.P., K.V. Peinemann, *Membrane technology in the chemical industry*, Wiley-VCH, Verlag GmbH, Weiheim (2001).
11. O'neill, M. E., A sphere in contact with a plane wall in a slow linear shear flow, *Chem. Eng. Sci.*, 23(1968)1293-1298.
12. Osasa, K., *The fundamental study on crossflow filtration*, PhD. Dissertation, Nagoya University (1973).

13. Simon, D.B., S. Fuat, *Sediment transport technology*, Water Resources Publications, Littleton, Colorado (1977).
14. Svarovsky, L., *Solid-liquid separation*, 2nd ed., Butterworth-Heinemann (1981).
15. Vasseur, P., R.G. Cox, The lateral migration of spherical particle in two dimensional shear flow, *J. fluid Mech.*, 78(1976)385-413.
16. Wakeman R.J., E.S. Tarleton, An experimental study of electroacoustic crossflow microfiltration, *Chem. Eng. Res. Des.*, 69(1991)386-397.
17. Wakeman R.J., M.N. Sabri, Utilizing pulsed electric fields in crossflow microfiltration of titania suspensions, *Chem. Eng. Res. Des.*, 73(1995)455-463.
18. Yotsumoto, H., Yoon, R.H., Application of extended DLVO theory: II Stability of silica suspensions, *J. Colloid Interface Sci.*, 157(1993)434-441.

# 符號說明

| | |
|---|---|
| $C_b$ | 溶質濃度（$mol/m^3$） |
| $C_{gel}$ | 溶質凝膠濃度（$mol/m^3$） |
| $C_p$ | 濾液中溶質濃度（$mol/m^3$） |
| $C_s$ | 膜面溶質濃度（$mol/m^3$） |
| $D$ | 擴散係數（$m^2/s$） |
| $D_p$ | 粒子粒徑（m） |
| $\mathrm{D}_{pc}$ | 臨界粒徑（m） |
| $R_m$ | 濾材阻力（1/m） |
| $\Delta P$ | 過濾壓差（pa） |
| $q$ | 濾速（m/s） |
| $t$ | 過濾時間（s） |
| $w_c$ | 濾餅質量（$kg/m^2$） |
| $V$ | 濾液體積（$m^3$） |
| $\mu$ | 流體黏度（pa.s） |
| $a_{av}$ | 平均過濾比阻（m/kg） |
| $\beta$ | 摩擦角 |

# 第六章
# 奈米過濾

/童國倫

# 6-1 前言

過濾技術（filtration technology）是固液分離（solid-liquid separation）程序中相當重要的一環，而膜過濾（membrane filtration）更是近半世紀發展最快速的過濾技術之一。膜過濾主要以壓力差為驅動力，其操作程序依操作壓力的增加或膜孔徑的減小次序可依序分為微過濾（microfiltration, MF）、超過濾（ultrafiltration, UF）、奈米過濾（nanofiltration, NF），及逆滲透（reverse osmosis, RO；或稱為 hyperfiltration, HF）。

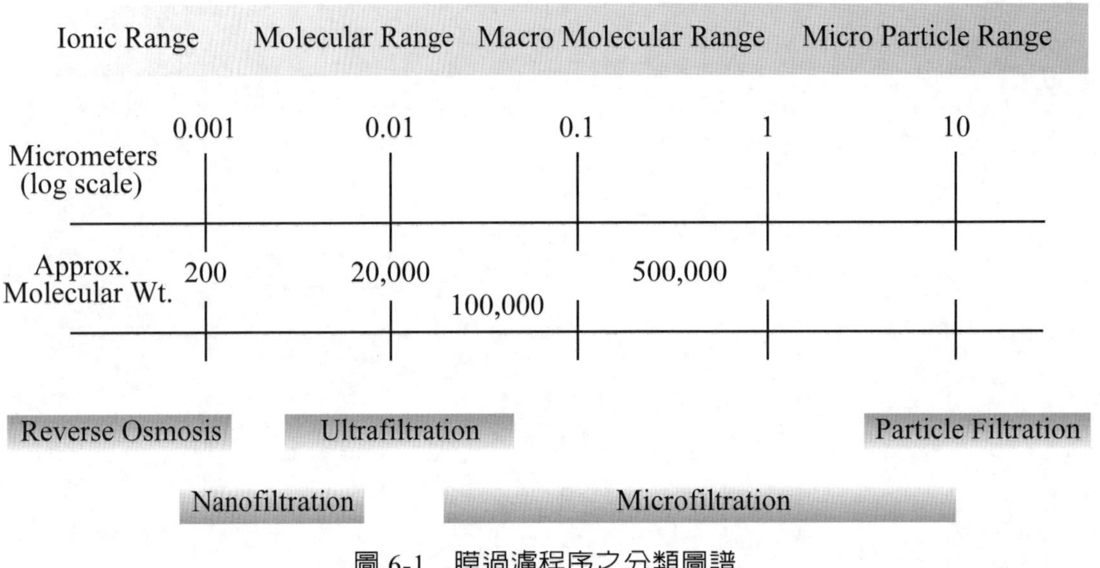


圖 6-1 膜過濾程序之分類圖譜

奈米過濾（NF）是介於超過濾（UF）與逆滲透（RO）間的一種膜過濾程序（如圖 6-1 所示），因分離的對象多為 1 奈米（nm）左右的巨分子而得名，恰可填補超過濾和逆滲透所留下的空白部分。由於巨分子的大小很難以傳統的長度尺寸來區分，故奈米濾膜（NF membrane）的膜孔大小多沿用超過濾（UF）膜的區分方法，以分子量選篩（molecular weight cut off, MWCO）來定義，其截留分子量範圍約為 200～2,000 Da（Dalton，道爾吞；1 Da = $1.67 \times 10^{-24}$ g），操作壓力範圍約為 0.5～3 MPa。由於奈米濾膜孔徑較逆滲透膜大，所以可以操作在較低的壓力下，但無法如逆滲透膜般可阻擋所有的離子，對一價離子的阻擋率不高，但由於膜材帶電，對二價離子有相當好的阻擋率。

## 6-2　奈米濾膜與奈米過濾的發展

奈米過濾薄膜的發展可追溯到上一世紀的 70 年代 J. E. Cadotte（1972）對氮系列（NS）逆滲透膜的研發開始（Petersen, 1993）。Cadotte 為提高逆滲透膜的鹽分阻擋率（salt rejection）及通量（flux），於 1972 年以聚乙烯亞胺（polyethylenimine, PEI）與甲苯 -2, 6- 二異氰酸酯（toluene diisocyanate, TDI）在聚苯乙烯（PS）基材上進行界面聚合（interfacial polymerization），開發出型號為 NS-100 的聚脲（polyurea）逆滲透複合膜（thin-film composite membrane, TFC 膜）；而後，Cadotte 又於 1977 年（Cadotte 等人，1977）將多元胺類（polymeric amine）的聚乙烯亞胺改以單胺類（monomeric amine）的哌嗪（piperazine）與不同比例的均苯三甲醯氯（trimesoyl chloride, TMC）和對間苯二醯氯（IPC）在聚碸（polysulfone, PSf）基材上進行界面聚合，研究發現哌嗪與均苯三甲醯氯聚合成的聚哌嗪醯胺（poly-piperazineamide, PPA）逆滲透複合膜（聚合反應式如圖 6-2 所示）具有高通量且對一價及二價離子具有不同的選擇性的特點，並將之命名為 NS-300，這是具離子選擇性逆滲透膜的最早成品，而後，則有商品名為 SelRO® 的「選擇性逆滲透膜」的問世。

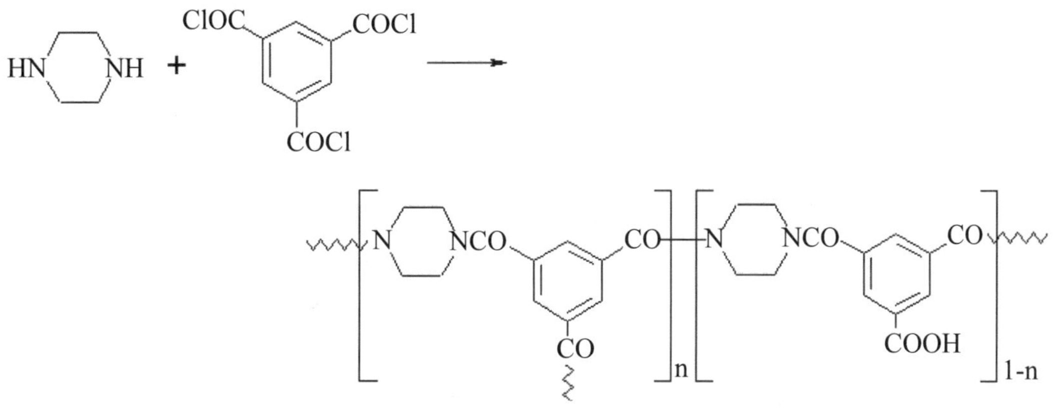

圖 6-2　NS-300 逆滲透複合膜之聚合反應式（Petersen, 1993）

NS-300 逆滲透膜的開發，促成了日後 1980 年代選擇性逆滲透膜的快速發展。以 NS-300 薄膜之基本化學製備方法所衍生出的相關商品首推美國 FilmTec 公司的 NF-40®，該膜能使 90% 的氯化鈉（NaCl）透析，而 99% 的蔗糖被截留，顯然這種膜既不能稱之爲逆滲透膜（因不能截留無機鹽），也不屬於超濾膜的範疇（因爲不能透析低分子量的有機物），而由於其膜孔徑大小恰可去除尺寸約爲 1 奈米（nm）左右的物質，因而另稱爲奈米濾膜（nanofiltration membrane）。由於奈米濾膜孔徑較逆滲透膜大，雖無法如逆滲透膜般可阻擋所有的離子，但對一價與二價離子有相當好的選擇率，且可以操作在較低的壓力下，因此，一般水處理界又稱奈米過濾爲低壓逆滲透、低緻密性逆滲透或低除鹽率逆滲透（loose RO）。1980 年代中期，幾乎所有製造逆滲透膜的大公司均開始研發操作壓力較低的奈米濾膜，其產品也多基於 NS-300 相近的製備成分與方法，除美國 FilmTec 公司的 NF-40® 產品外，如日本日東電工公司（Nitto Denko Co.）的 NTR-7250®，日本 Toray 公司的 UTC-20® 及 UTC-60® 等，都是以界面聚合法在聚碸（PSf）支撐基材上製備成的聚醯胺類（polyamide, PA）複合奈米濾膜。到 1990 年代，奈米濾膜的發展已從水的處理延伸至食品、醫藥相關的生化分離程序，而針對不同應用領域所開發出來的奈米濾膜種類也日益多樣化，如美國 FilmTec 公司的 NF-45® 及 NF-90®，日本日東電工公司的 NTR-729HF® 及 NTR-7400 系列，日本 Toray 公司的 SU-600 等。中國大陸也於 1993 年開始率先由國家級機構投入奈米濾膜的開發，如中國國營 8271 廠的 8040-CBLN 及 8040-PBLM、大連化物所的 4040-NP-I 及上海原子核研究所的 4040-HW4-I 等奈米濾膜暨模組，其主要用途皆爲水處理的相關應用。

奈米過濾的應用領域日亦廣泛，但目前最大的市場仍是在純水的製備及水質軟化。對許多水質原本不錯的水，要精製爲超純水時，不需要利用逆滲透膜，只要用奈米濾膜即可達到要求，而對含鹽量不高的原水，在製備飲用水時，亦只要用奈米濾膜即可，所以奈米過濾開始取代逆滲透部分的市場。而許多分子量小於 1,000 Da，無法以超過濾膜來分離的粒子，現在都可以用奈米濾膜來分離。近幾年來，奈米濾膜的市場成長十分快速，應用也愈來愈多，2014 年逆滲透及奈米過濾的全球市場約有 8.3 億美元，並以 12.55% 的年複合成長率成長，預計到 2020 年有 16.8 億美元的市場（MarketsandMarkets Pub. Co., 2015）。

# 6-3　奈米濾膜的種類及其特性

奈米濾膜源自於逆滲透膜，故其製備方式與逆滲透膜十分類似，製造逆滲透膜的公司幾乎都有奈米濾膜的產品。奈米濾膜主要的材料與逆滲透膜相同，多為醋酸纖維素（cellulose acetate, CA）及聚醯胺（polyamide, PA），聚醯胺也是製備成複合膜（TFC）形式的主要材料，其他還有芳香族聚醯胺（aromatic PA）、聚碸、聚醚碸（PES）等都是常用來製作奈米濾膜的材料，或是將某些特殊官能基改質接枝在薄膜上，以形成具有不同透過量、不同特性的奈米濾膜。由陶瓷類材料製造的無機奈米濾膜目前還處於實驗室試驗階段，但在可預期的不久將來就能夠有商品化之陶瓷奈米濾膜問世。

奈米濾膜的主要特性除膜孔大小外，具有離子選擇性是其重要特徵，對一價離子的阻擋率不高，但對二價離子有相當好的阻擋率。奈米過濾之所以具有離子選擇性，是由於在膜上或膜內有帶負電基團，透過靜電交互作用，阻礙多價陰離子的滲透。例如，像羧基（-COOH）或者磺酸基（$-SO_3H$）這樣的基團就是典型的荷電載體（Jitsuhara 與 Kimura，1983；Schauer 與 Kobayashi，1994），可以透過對構成膜的聚合物進行化學改質、添加一種荷電聚合物或荷電單體的電漿接枝將它們載於膜上。對於商品膜來說，膜電荷值的實際大小屬於製造商的商業機密，由文獻可知其可能的荷電密度約為 0.5～2.0 meq/g（Jitsuhara 與 Kimura，1983；Ikeda 等人，1988）。

除了薄膜本身外，組裝薄膜用之模組及其設計對提升奈米過濾效能亦扮演著一定的角色，奈米過濾膜模組與逆滲透膜模組的形式相類似，有板框式（plate-frame module）、螺捲式（spiral-wound module）及管狀（tubular module）。幾乎所有的商業產品都組裝成螺捲式為多，而在溶液黏度與濃度較高時，管狀模組較適合。近年，模組的設計日益受到重視，適當的改良模組組件，可有效提升奈米過濾效率（Tung 等人，2003）。

表 6-1 列舉了數種代表性商品化奈米濾膜的品名、供應商及其特性，其特性的分析方式與逆滲透膜相類似，多以氯化鈉溶液的滲透數據來描述。Ho 與 Sirkar（1992）曾針對各類商業化奈米濾膜的脫鹽特性與通量大小圖示比較如圖 6-3。

歸納以上各類商品化奈米濾膜的特性，可得以下幾個奈米過濾的特點：

1. 阻截分子量範圍約爲 200～2,000 Da；
2. 操作壓力範圍約爲 0.5～3 MPa；
3. 對一價離子的阻擋率不高，但由於膜材帶電，對多價離子有相當好的阻擋率；
4. 大多數爲多層複合（TFC）結構；
5. 與逆滲透膜相比較，即使在高鹽液濃度和低壓條件下仍具有高的滲透通量。

表 6-1　各類商品化奈米濾膜之商品名、製造商及其特性比較表

| 製造供應商 | 商品名 | 活性層/支撐層 | pH 值 | $P_{max}$ (MPa) | $T_{max}$ (℃) | NaCl 阻擋率（%） | 通量 ($L/m^2h$) | 測試條件（℃：g/L：MPa） |
|---|---|---|---|---|---|---|---|---|
| CM-Celfa | CML-DC-010 | CA/CA | 3～8 | 7 | 40 | 10 | 160 | 25：3.5：4 |
| CM-Celfa | CML-DC-030 | CA/CA | 3～8 | 7 | 40 | 30 | 130 | 25：3.5：4 |
| Desalination | Desal 5K | PA/PSf | 4～11 | 6.8 | 90 | 50 | 38 | 25：1：0.7 |
| Desalination | Desal 5L | PA/PSf | 2～11 | 6.8 | 90 | 15 | 43 | 25：20：0.7 |
| DOW-FilmTec | NF 45 | PPA/PSf | 2～11 | 4.1 | 45 | 55 | 16 | 25：2：0.9 |
| DOW-FilmTec | NF 70 | PPA/PSf | 3～9 | 1.7 | 35 | 80 | 24 | 25：2：0.5 |
| DOW-M.F.S | CA 865 PP | CA/CA | 2～8 | 4 | 30 | 34 | 85 | 20：2.5：3 |
| DOW-M.F.S | HC 50 PP | PA/－ | 2～10 | 6 | 60 | 60 | 100 | 20：2.5：4 |
| Nitto Denko | NTR 7250 | PES/PSf | 2～8 | 3 | 40 | 57 | 96 | －：2.0：2 |
| Nitto Denko | NTR 7410 | PES/PSf | 2～11 | 3 | 80 | 10 | 96 | －：2.0：0.5 |
| Nitto Denko | NTR 7450 | PES/PSf | 2～11 | 3 | 80 | 50 | 96 | －：2.0：1 |
| Toray | UTC 20HF | PPA/－ | 6～8 | 4.2 | 40 | 60 | 70 | 25：0.5：0.74 |
| Toray | UTC 60 | PPA/－ | 3～8 | 4.2 | 45 | 55 | 29 | 25：0.5：0.35 |

CA：醋酸纖維素（cellulose acetate）；PA：聚醯胺（polyamine）；PES：聚醚碸（polyestersulfone）；PSf：聚碸（polysulfone）；PPA：聚哌嗪醯胺（poly-piperazineamide）

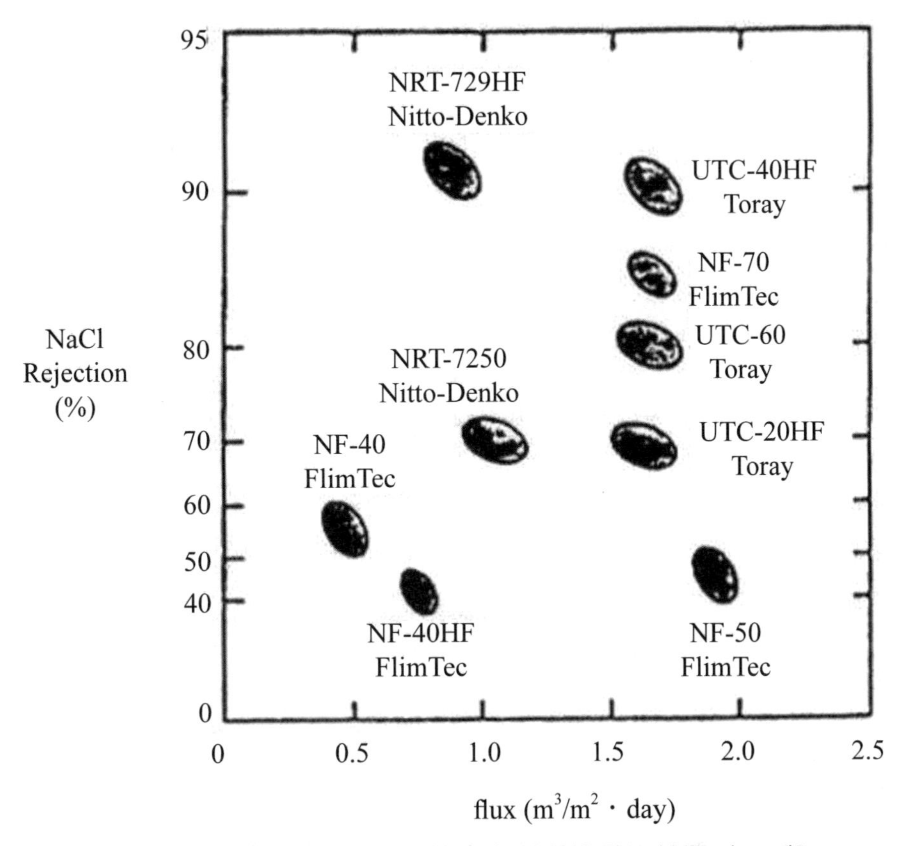


圖 6-3　各類商品化奈米濾膜之 NaCl 阻擋率與通量範圍比較圖（Ho 與 Sirkar, 1992）
（試驗溫度 25℃，NaCl 溶液濃度：0.5 g/L，壓力：0.75 MPa）

## 6-4　奈米過濾的理論模式發展

奈米濾膜的孔洞大小介於超濾膜與逆滲透膜之間（見圖 6-4），所以其輸送機制兼具超濾膜的孔洞流動機制及逆滲透膜的溶解 - 擴散機制，同時也因膜材帶電，所以靜電所引起的效應也必須列入考量；因此，奈米過濾的分離機制包含篩分、溶解度差異、擴散係數差異，以及電性效應。當水溶液中的有機組成分爲電中性時，即可用逆滲透常用之溶解 - 擴散模式（solution-diffusion model）來分析，對於有機成分明顯大於一價離子的溶液，則可用近似超過濾理論模式的微孔流模式（pore flow model）來描述，而當溶液中具有多種不同價數離子時，則需考慮溶液與薄膜的電性效應，發展

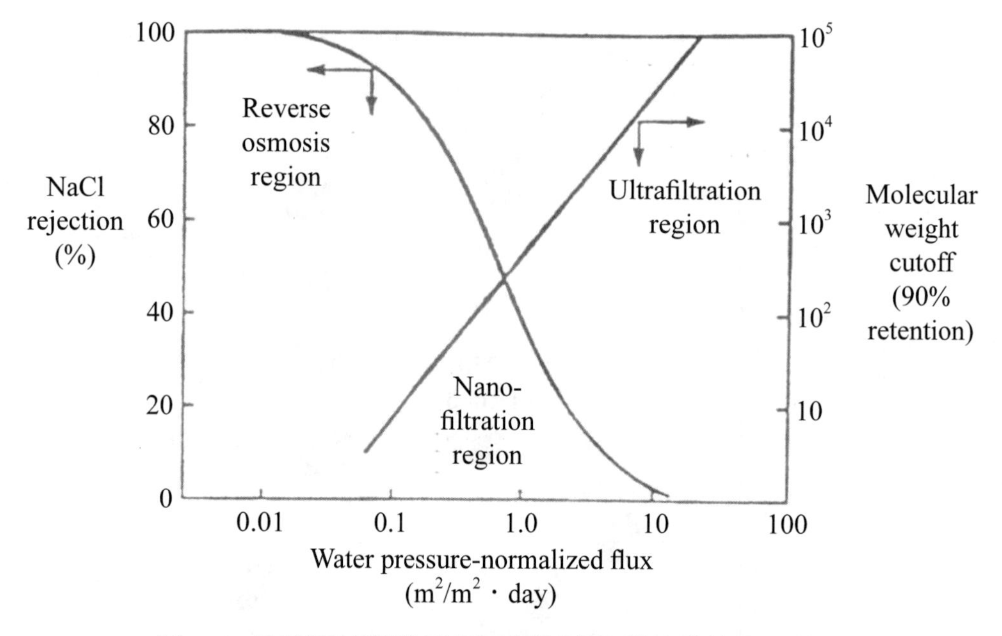


圖 6-4　奈米過濾與逆滲透及超過濾分離特性範圍比較圖

適用於奈米過濾的理論模式，以下將介紹奈米過濾模式及其發展現況。

## 6-4-1　溶解 - 擴散模式（solution-diffusion model）

此模式主要將奈米過濾機制假設爲兩階段：透過物首先於奈米濾膜表面，依亨利吸附定律（Henry's law）吸附於薄膜表面上，再於薄膜內以擴散作用質傳至薄膜下游端，以脫附離開薄膜，分離效能則是依透過物在膜面吸附能力以及膜內的擴散能力差異決定。

$$P = D \times S \tag{6-1}$$

$P$ 爲透過量、$D$ 爲擴散量、$S$ 爲吸附量；此模式只適合對奈米過濾作概觀的了解，未考慮電效應影響，因此無法幫助了解微觀薄膜表面，或進料溶液之電荷分布或微觀機制爲何，對於了解奈米膜分離多價物質分離現象亦有限。

Lonasdale 等人（1965），將進料中溶質與溶劑的質傳機制，作進一步推導，發現奈米過濾與溶質透過之通量方程式如下：

$$J_w = \frac{K_w\,(\Delta P - \Delta\pi_w)}{l} \tag{6-2}$$

其中 $J_w$ 爲溶劑通量（常見爲水）；$K_w = D_w C_w V_w / RT$ 爲溶劑滲透度，其中 $D_w$ 爲溶劑（水）在薄膜中之擴散係數，$C_w$ 爲溶劑（水）在薄膜中之濃度，$V_w$ 爲溶劑（水）之莫耳體積。在低電解度條件下（< 0.5 M），$J_w$ 與（$\Delta P - \Delta\pi_w$）成線性關係。Lonsdale 由 Fick's law，假設分配係數 $k_s$ 在膜的上、下游皆相同，可得溶質之透過通量如下：

$$J_s = D_s k_s \frac{(C_R - C_P)}{l} \tag{6-3}$$

其中，$C_R$ 爲膜上游進料液中溶質濃度，$C_P$ 爲膜下游透過液中溶質濃度，$D_s$ 爲溶質在薄膜中之擴散係數。由上式可知，$J_s$ 與壓力無關，但 $J_w$ 卻與壓力成正比關係。

## 6-4-2　微孔流模式（pore flow model）

此模式主要將對流質傳現象加入，使孔洞膜材具有對流 - 擴散之輸送現象，因此溶液中溶質的質傳通量以對流及擴散表示之。其他針對對流效應之輸送模式方面，有假設溶液爲連續流體流過膜材孔道的方式，最著名爲 Poiseuille flow 模式：

$$J_V = \frac{\varepsilon r_P^2\,\Delta P}{8\eta\tau l} \tag{6-4}$$

其中，$J_v$ 爲濾液流量，$\varepsilon$ 爲膜面孔隙度，$\eta$ 爲流體黏度，$\tau$ 爲膜孔之撓曲度，$r_P$ 爲相當孔徑，而溶質透過量則以 $N_i = J_i + x_i N$ 來表示。

## 6-4-3　Extended Nernst-Planck 模式

Extended Nernst-Planck 模式主要描述擴散、電場梯度、對流等三種質傳現象之效應，比前述模式多考慮電性效應，適用於帶電離子溶液。數學式表示如下：

$$j_i = -D_{i,p}\frac{dc_i}{dx} - \frac{z_i c_i D_{i,p}}{RT}F\frac{d\psi}{dx} + K_{i,c}c_i J_v \tag{6-5}$$

等式右邊第一項為擴散項（diffusion），第二項為電場梯度效應項（electric field gradient），末項為對流項（convection），其中 $c_i$ 為膜內離子濃度，$j_i$ 為單位膜面積之透過通量，$J_v$ 為離子單位膜面積之體積通量，$D_{i,p}$ 為離子之阻礙擴散係數，$z_i$ 為離子價數，$F$ 為法拉利常數，$\psi$ 為電位能，$K_{i,c}$ 為對流阻礙因子。離子透過通量可由濾液離子濃度 $C_{i,p}$ 與濾液離子體積通量 $J_v$ 計算，如下所示：

$$j_i = J_v C_{i,p} \tag{6-6}$$

並可進一步改寫 extended Nernst-Planck 為濃度變化之微分方程，如下所示：

$$\frac{dc_i}{dx} = \frac{J_v}{D_{i,p}}\left(K_{i,c}c_i - C_{i,p}\right) - \frac{z_i c_i}{RT}F\frac{d\psi}{dx} \tag{6-7}$$

如假設膜內有效帶電密度固定（$X$），則

$$\sum_{i=1}^{n} z_i c_i = -X \quad \text{for } 0 \le x \ge \Delta x \tag{6-8}$$

電位能梯度則可表示為

$$\frac{d\psi}{dx} = \frac{\sum_{i=1}^{n}\frac{z_i J_v}{D_{i,p}}\left(K_{i,c}c_i - C_{i,p}\right)}{\frac{F}{RT}\sum_{i=1}^{n} z_i^2 c_i} \tag{6-9}$$

此外，在奈米濾膜中尚有三個重要的守恆觀念：(1) 溶液電中性守恆、(2) 薄膜中淨電流守恆、(3) 膜與進料面及濾液面接觸之道南（Donnan）平衡。分列如下：

$$\sum_{i=1}^{n} z_i C_i = 0 \tag{6-10}$$

$$I = \sum_{i=1}^{n} F z_i j_i = 0 \tag{6-11}$$

$$\left(\frac{c_i}{C_i}\right) = \exp\left(-\frac{z_i F}{RT}\Delta\psi_D\right) \tag{6-12}$$

其中式（6-12）所描述之道南（Donnan）平衡效應，是當利用奈米過濾膜來對含有一價和多價陽離子的溶液進行脫鹽處理時的特殊電性平衡現象。例如當吾人將硫酸納（$Na_2SO_4$）逐量添加到氯化鈉（NaCl）溶液中時，溶液系統中同時存在三種離子，若薄膜能有效阻擋二價陰離子，則一價氯陰離子會因溶液中電性平衡的需求，而被迫通過濾膜，造成其阻擋率降低。一價氯離子的阻擋率隨著二價硫酸根陰離子濃度的增加而下降，因而達到一價與多價離子的分離，稱之為道南效應（Donnan effect）。

【例題 6-1】

對於圖 6-5 所描述的體系，如果在體系的左邊加入下列份量的物料，在道南效應中會出現哪一種離子分布（$V_{\mathrm{I}} = V_{\mathrm{II}}$）：

(a) 0.1 mol/L NaCl

(b) 0.1 mol/L NaCl + 0.1 mol/L $Na_2SO_4$

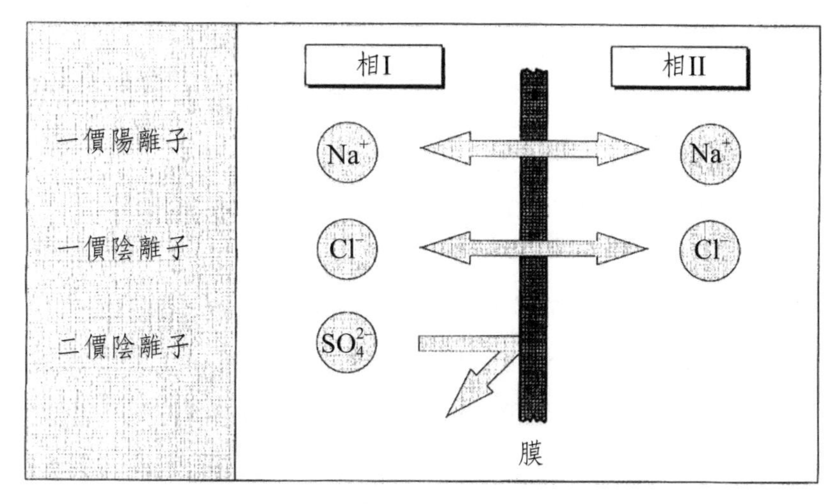


圖 6-5　奈米過濾上之道南平衡

**【解答】：**

(1) 對 $Na^+$ 做衡算

(2) 對 $Cl^-$ 做衡算

(3) 考慮相 II 為電中性

(4) 根據方程式（6-11）的平衡條件計算

表 6-2　道南平衡中之離子分布

| | 單位 | 相 0 | 相 I | 相 II |
|---|---|---|---|---|
| a | mol/L $Na^+$<br>mol/L $Cl^-$ | 0.1<br>0.1 | 0.05<br>0.05 | 0.05<br>0.05 |
| b | mol/L $Na^+$<br>mol/L $Cl^-$<br>mol/L $SO_4^{2-}$ | 0.3<br>0.1<br>0.1 | 0.225<br>0.025<br>0.1 | 0.075<br>0.075<br>0 |

將 (1)、(2) 和 (3) 代入 (4)，可得表 6-2。透過 (a)、(b) 兩個結果的比較可以看出，在平衡的過程中，體系 a 會達到通常的平衡態，但在體系 b 中，氯離子一定會逆其梯度而由相 I 轉入相 II。主要原因是：由於在相 I 中加入了硫酸納，就增大了相 I 和相 II 中鈉液度之間的比例。與此同時，仍要滿足方程式（6-11），所以為了達到平衡，相 II 和相 I 中氯離子液度之間的比例同樣也要增大。在加入硫酸鈉的情況下，為了達到新的平衡，氯離子由相 I 逆其梯度轉入相 II，這種過程被稱為磊效應或者道南效應。追根到底，產生這種磊效應的推動力是由於加入硫酸鈉而導致增大了膜上的鈉離子液度差。由於鈉離子的液度差增大了，於是就增強了鈉離子的滲透，而為了保持電中性，所以氯離子也跟著滲透。

## 6-4-4 Donnan-steric-pore model (DSPM)

Bowen 與 Mukhtar 於 1996 年進一步考慮膜孔的立體屏蔽效應（hindered steric effect），提出 Donnan-Steric-Pore Model（DSPM）。DSPM 主要以 Nernst-Plank 為基礎，Bowen 等人以及 Bowen 與 Mohammad 並分別於 1997 及 1998 年作進一步修改。DSPM 主要假設內容如下：

1. 薄膜為帶電多孔層結構，且主要可由三個可調參數了解膜之輸送現象：平均孔洞大小、薄膜體積之帶電密度，以及有效膜厚等；

2. 隔板效應：薄膜與進料液及濾液面形成兩界面，此界面層對通量影響以立體屏蔽效應及道南（Donnan）效應描述。
3. 薄膜之質傳輸送機制主要以 Nernst-Planck 方程式為基礎，並考慮屏蔽擴散（hindered diffusion）及對流現象（convection）。

近年，Bandini 與 Vezzani（2003）進一步基於 DSPM 模式，考慮介電排除效應（dielectric exclusion, DE），提出了兩個 DSPM&DE 理論模式，可準確描述溶液中存在不同陽離子的奈米過濾行為，如 $CaCl_2$+$MgSO_4$ 系統，而對於 NaCl+$Na_2SO_4$ 的系統則介電排除效應並不顯著。

## 6-5　奈米過濾的應用

奈米過濾分離現已廣泛應用在水的軟化（water softening）、染料回收（dye recovery）、生化產品分離（bio-product separation）、脫鹽作用（desalination）與廢水處理（wastewater treatment）上，最主要目的是分離溶液中帶有電荷或中性電荷的微小溶質。奈米過濾技術在諸多的工業應用領域中，逐漸地被廣泛使用，根據奈米薄膜技術之應用範圍大約可以分為三大類：

1. 分離一價與多價離子
   (1) 水的軟化
   (2) 扮演離子交換器與逆滲透之前處理
2. 分離一價與有機化合物
   (1) 水的淨化
   (2) 造紙和紡織業的工業廢水脫色
   (3) 生物產業的乳清脫鹽
   (4) 廢水的脫鹽
3. 分離低分子量與高分子量之分子
   (1) 酒類脫醇
   (2) 進行生物淨化的前處理，去除難降解的廢水成分以下將列舉部分具代表性之應用說明。

### 6-5-1 奈米過濾在水及廢水處理上的應用

工業的發展使得地球上有限的水資源受到日益嚴重的汙染，已發現的有機化學汙染物多達 2,000 多種，其中在飲用水中確定的致癌物質達 20 多種左右，可疑致癌物質 23 種，致突變物 56 種，飲用水水質的惡化嚴重威脅著人們的健康。一般工業用水和飲用水的製備過程中，水質通常還包含了一價及多價離子化合物。而奈米過濾膜的一個特點是具有離子選擇性，可讓大多數的一價離子滲透而截留住多價離子與鹽類（例如鈣、鎂、硫酸鹽和碳酸鹽）。

超過濾和逆滲透之間有段大範圍的粒子截留分布。如果直接使用離子交換器和逆滲透裝置的話，無形中會加重整個過濾的負荷量。假使先行利用奈米薄膜過濾當前處理的步驟，使得進入後段處理時，溶液中大多只剩下一價正負離子，因此可以大大減輕後段的工作量。

一般紡織和造紙工業中所產生的廢水，通常都含有大量鹽類和染料，假使採用逆滲透過濾的方式，則會因爲滲透壓過大，而造成操作成本的負擔。況且產生的廢水也會含有有機溶劑，這也造成分離的困難。而奈米過濾正可以解決這個情況，除了可以脫鹽之外，更可以截留住有機化合物，並且減少不必要的操作成本。

在藥物的生產過程中，常用溶劑萃取法來進行分離。一般抗生素常被萃取到有機溶劑中，接著再利用眞空蒸餾或共沸蒸餾進行液縮。假使改用奈米薄膜過濾法來進行液縮，則薄膜本身必須具有良好的耐有機溶劑和疏水的性能，以便排斥抗生素，提高其選擇性。

有機合成的廢液中，一般大都是採用濃縮後再進行焚燒或氧化的處理。假使利用蒸發和逆滲透的方法，則會因爲這兩種方法所得到的液縮液含鹽量過多，造成後續焚燒和氧化的處理問題，所以既可以脫鹽又可以液縮有價值的有機物質的奈米薄膜過濾便成了最好的選擇。

此外，有機化工合成過程也會產生大量的酸性廢液，這些酸性廢液中含有有機物和鹽，有時還含有多種難處理的溶劑，這些相對低分子質量的有機物質往往是不能生物降解的，而奈米過濾膜可以用於回收這些有機物質。

## 6-5-2　奈米過濾在生化、食品及醫藥產業上的應用

一般而言，蛋白質水解會產生許多胺基酸（amino acid）與胜肽鏈（peptide），而在許多眞實蛋白質混合系統中（如：乳漿蛋白等），皆有許多具有益處的蛋白質、胺基酸與胜肽鏈，在經分離回收純化後可依其功能或營養價值而添加在食品或製藥、化妝品工業上的應用（Martin-Orue等人，1998；Pouliot等人，1999）。近年來，奈米過濾技術運用在生物產品上的分離研究也日益增多，在許多製藥程序中，藥品有機合成過程通常都包含許多反應步驟，在藥物離析（isolation）的程序中通常是溶劑與溶劑的反應，而在這些反應中都含有熱不穩定性物質和大分子量（>250～1,000 Da）產物與其他較大和較小分子量的副產品、殘餘反應物和溶劑。反應的中間產物或最終產物都需從溶劑中或從許多不純物中進行分離，而在一連串的不同溶劑間的反應，未必每一種物質與不同溶劑間都能有良好的穩定性，因此每階段的分離都顯十分重要。Sheth 等人（2003）探討連續式與非連續式的濾析（diafiltration）程序中有機溶劑（methanol 和 ethyl acetate）對奈米濾膜的穩定性和紅黴素（erythromycin）的分離與斥回情形。結果發現，奈米過濾技術可以移除廢溶劑和反應過程中所產生的小分子量副產物；此外，發現利用奈米過濾可以減少整體溶劑的需求量、可使用少量且不同的溶劑以促進分離且可減少後處理的程序。在傳統的蒸餾分離程序中，需要在較高的眞空條件下進行才能處理熱不穩定性物質，有時甚至需要額外的化學藥品進行分離操作；而利用奈米過濾技術的膜分離程序來取代傳統的分離技術，可以使較小分子量的物質自有機溶劑中洗出，以減少廢液處理並可減低對環境的汙染破壞。

Li 等人（2003）探討自發酵液中利用奈米過濾的方式來分離 L-glutamine（左旋麩醯胺酸，L-Gln）。研究結果發現，利用帶有負電荷的奈米過濾膜分離發酵液中的 L-Gln 可擁有良好的選擇率，在發酵液中含有 1% 的 L-Gln，而在最適操作條件下進行奈米過濾其分離選擇率可高於 5。最近的醫學研究指出，若人體缺少 L-Gln 會造成疾病的產生，因爲其在人體中是一不可或缺的胺基酸，不僅是蛋白質、核酸（nucleic acid）與糖蛋白（glycoprotein）合成的先驅物，也是新陳代謝的中間路徑。而 L-Gln 在腎臟中是一個重要的基質，是嘧啶（pyrimidines）與嘌呤（purines）合成的先驅物，且人體組織中亦需大量的 L-Gln 用以負責氮氣的輸送。目前自發酵液中分離 L-Gln 主要都是使用離子交換（ion-exchange）法，而利用奈米過濾可以減少酸、鹼液的處理，且可避免在離子交換分離程序中 L-Gln 被轉化。

Timmer 等人（1998）利用奈米濾膜和超過濾膜進行分離三種不同胺基酸（leucine、glutamic acid 和 lysine）的研究。一般而言，超過濾膜主要是利用膜的分子量選篩（MWCO）進行分離，若溶質太小則會透過薄膜而無法達成分離目的；奈米膜則主要是依據薄膜電荷和薄膜孔徑的差異進行分離，在不同的操作條件下會有不同溶質穿透率、選擇性。從研究結果中可發現，當進行胺基酸分離時，對有電荷的胺基酸而言，電荷影響扮演著極重要的角色；而對中性電荷的胺基酸，溶質濃度與鹽溶液種類的不同在分離時也較不受影響。作者同時提出在分離單一成分的胺基酸或多成分分離時，可以藉由改變不同溶液環境（pH 值、鹽成分）以達到分離的目的；而在分離多成分胺基酸混合物時，當只有電荷影響爲主要機制時可獲得較佳的胺基酸選擇率。

Wang 等人（2002）利用奈米過濾分離 L-phenylalanine（L-Phe）和 L-aspartic acid（L-Asp）混合胺基酸溶液。L-Phe 和 L-Asp 是人工甘味 Aspartame（dipeptide methoxycarbonyl methyl ester）不可或缺的原料，然而 L-Phe 的價格昂貴，因此在過去幾年有許多研究人員將利用生化法生產 L-Phe 作爲研究重點。傳統製備 L-Phe 的方法有酵素製備法（enzymatic preparation method）、Hydantoin method、離子交換法（ion-exchange method）與近來開始發展的奈米過濾技術。研究結果發現，磺化聚碸奈米濾膜對 L-Asp 斥回達到 90%，而對 L-Phe 則無斥回效果；調整不同溶液 pH 值，芳香族聚醯胺奈米濾膜對 L-Phe 和 L-Asp 幾乎都有 100% 的斥回率。因此由研究結果可知，調整不同的溶液 pH 值和選擇適當的薄膜可以進行 L-Phe 和 L-Asp 的濃縮或分離。因此選擇合適的薄膜（材質、孔徑）、膜特性（電荷、親疏水性）與操作條件（溶液環境、不同鹽溶液）利用奈米過濾分離胺基酸是具有可行性的。

由過去文獻中可得知，胺基酸在緩衝溶液中會受到溶液的 pH 值、溶液鹽類的不同、離子濃度和進料濃度高低有不同的分離效果，其對分離選擇率有很明顯的影響。在生化醫藥產業上，選擇適合的薄膜與操作條件，利用奈米過濾的技術似乎可以取代傳統的分離方式，不僅可以降低在分離過程中所使用酸、鹼液對環境的汙染破壞亦可減少能源的損耗。

# 6-6　結語

奈米過濾的商業化發展已經超過三十年，應用領域日益廣泛，但目前最大的市場仍是在純水的製備及水質軟化。對許多水質原本不錯的水，要精製爲超純水時，不需要利用逆滲透膜，只要用奈米濾膜即可達到要求。而在食品、生化工程與生醫程序上的應用正逐漸蓬勃發展，未來的市場可期，整體奈米過濾市場預計到 2020 年將達 16.8 億美元。本文所述的奈米過濾程序，過濾的溶液都含有濃度不一的有機溶劑，因此選擇薄膜時，除了適當的膜孔大小外，還須注意薄膜的材質。因爲大部分的奈米過濾膜是高分子材質，而大部分的高分子膜會被溶劑破壞，因此在處理含有機溶劑的溶液時，必須注意高分子膜的溶劑耐受度。近年的研究發展都朝耐有機溶劑的材料發展，無機材料亦日益受到重視。

# 習　題

1. 用一擴散池測定奈米濾膜對葡萄糖（$M_w$ = 180 g/mol）、蔗糖（$M_w$ = 342 g/mol）和甘露糖（$M_w$ = 504 g/mol）的截留係數。一個槽室內裝有濃度為 18 g/L 的糖水，另一槽室為純水，45 min 後，葡萄糖、蔗糖和甘露糖的體積分別增加 1.0%、0.7% 和 0.56%。已知膜的水滲透係數 $\lambda = 10^{-5}$ g/(cm$^2$ · s · bar)，糖槽室的體積為 56 mL，膜面積為 13.2 cm$^2$。試計算這幾種糖的截留係數。
2. 根據以下兩個實驗結果計算 $\sigma$、$\lambda$、$\omega$ 等 3 個特徵參數。

   第一個實驗：在壓力為 10 bar 時，使水透過一個直徑為 7.5 cm 的測試匙，1 h 後水透過量為 4.6 mL。

   第二個實驗：將 1 g 蔗糖（$M_w$ = 342 g/mol）溶於 100 mL 水中。把此溶液放入透析池的一個槽室内，已知該腔室體積為 44 mL，另一腔室裝入純水，2 h 後糖腔室內液體體積增加 0.75 mL，蔗糖濃度下降 1.16%。
3. ABC 三種荷電膜的流動電位與壓力的關係如圖所示，若這三種模式由同一種材料製成的，試比較它們的孔徑；若孔徑和材料相同，試比較荷電容量的大小。

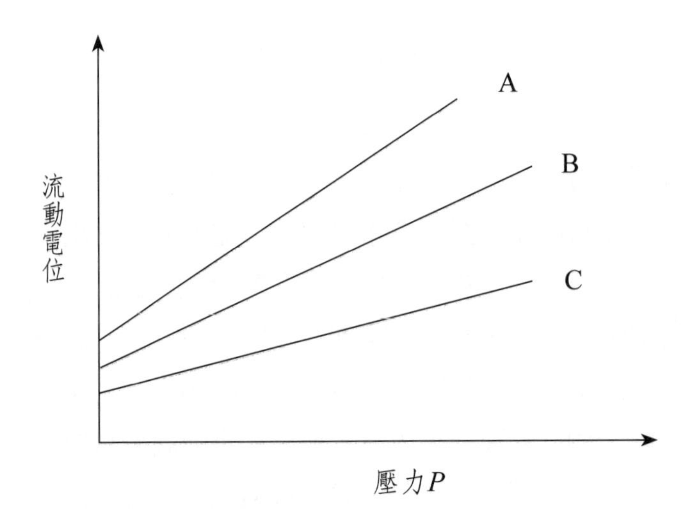


4. 聚乙烯微孔膜由於吸附蛋白質而帶電荷，三種吸附後的膜 zeta 電位與 pH 的關係如圖所示，哪一種情況吸附量大，哪一種情況吸附量最小？對於同一種膜，zeta 電位為什麼會有正有負？

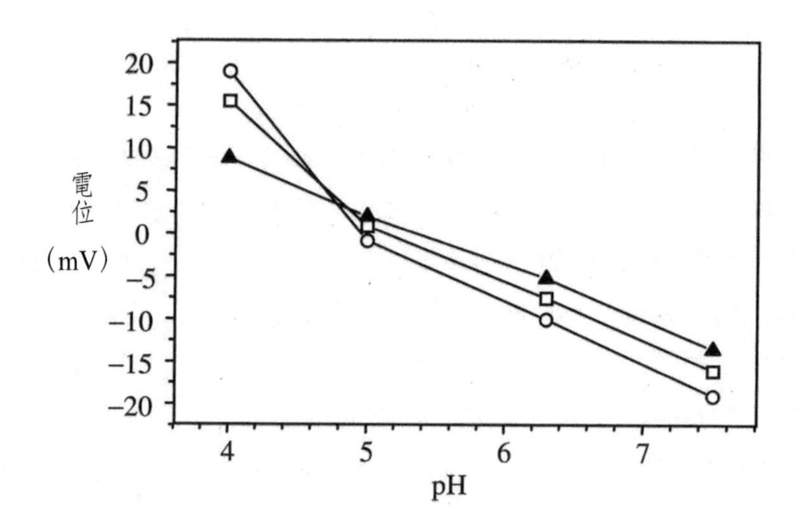


5. $\xi$ 電位一般可透過流動電位測量結果計算出來，現用 $10^{-3}$ MNaCl（摩爾電導 126 $cm^2 \cdot eq^{-1} \cdot \Omega^{-1}$，黏度為 $10^{-3}$ Pa · s）對某奈米濾膜進行測定，得結果如下，試計算 $\xi$ 電位。

| $P$ (mPa) | 50 | 100 | 150 | 200 |
|---|---|---|---|---|
| $E$ (mV) | –26 | –53 | –79 | –105 |

# 參考文獻


1. Baker, R.W., Membrane and module preparation, In: *Membrane separation systems: Recent developments and future direction*, 1st Ed., edited by Baker, R.W., E.L. Cussler, W. Eykamp, W.J. Koros, R.L. Riley, H. Strathman, Noyes Data Corporation, Park Ridge, New Jersey (1991).
2. Bandini, S., D. Vezzani, Nanofiltration modeling: the role of dielectric exclusion in membrane characterization, *Chem. Eng. Sci.*, 58(2003)3303-3326.
3. Boza, J.J., M. Turini, D. Moënnoz, F Montigon, J. Vuichoud, N. Gueissaz, G. Gremaud, E. Pouteau, C.P. Welsch, P.A. Finot, O. Ballèvre, Effect of glutamine supplementation of on tissue protein synthesis rate glucocorticoid-treated rats, *Nutrition*, 17(2001)35-40.
4. Cadotte, J.E., K.E. Cobian, R.H. Forester, R.J. Petersen, *Continued evaluation of in-situ-formed condensation polymers for reverse osmosis membranes*, NTIS Report No. PB-253193, loc. cit. (1977).
5. Cadotte, J.E., L.T. Rozelle, *In-situ-formed condensation polymers for reverse osmosis membranes*, NTIS Report No. PB-229337, National Technical Information Service, U.S. Department of Commerce, Springfield, VA (1972).
6. Eykamp W., Microfiltration and ultrafiltration, In: *Membrane separations technology principles and applications*, edited by Noble R.D. and S.A. Stern, Elsevier, Amsterdam, The Netherlands (1995).
7. Fell, C.J.D., Reverse Osmosis, In: *Membrane separations technology principles and applications*, edited by Noble R.D. and S.A. Stern, Elsevier, Amsterdam, The Netherlands (1995).
8. Franken, T., Membrane selection-more than material properties alone, *Membr. Technol.*, 97(1998)7-10.
9. Hestekin, J.A., C.N. Smothers, D. Bhattacharyya, Nanofiltration of charged organic molecules in aqueous and non-aqueous solvents: Separation results and mechanisms, In: *Membrane Technology in the Chemical Industry*, edited by Nunes, S.P. and K.V. Peinemann, Wiley-VCH, Weiheim (2000).
10. Ho, W.S., K.K. Sirkar, *Membrane Handbook*, p.300, Van Nostrand Reinhold, New York, (1992).
11. Ikeda, K., T. Nakano, H. Ito, T. Kubota, S. Yamamoto, New composite charged reverse osmosis

membrane, *Desalination*, 68(1988)109-119.

12. Jitsuhara, I., S. Kimura, Structure and properties of charged ultrafiltration membranes made of sulfonated polysulfone, *J. Chem. Eng. Japan*, 16(1983)389-393.

13. Lapointe, J. F., S. F. Gauthier, Y. Pouliot, C. Bouchard, Effect of hydrodynamic conditions on fractionation of β-lactoglobulin tryptic peptides using nanofiltration membranes, *J. Membr. Sci.*, 212(2003)55-67.

14. Li, S. L., C. Li, D. Moënnoz, Y. S. Liu, X. L. Wang, Z. A. Cao, Separation of L-glutamine from fermentation broth by nanofiltration, *J. Membr. Sci.*, 222(2003)191-201.

15. Lonasdale, H.K., Recent advances in reverse osmosis membrane, *Desalination*, 13(1973) 317-332.

16. Mallevialle, J., P.E. Odendaal, M.R. Wiesner, *Water treatment membrane processes*, McGraw-Hill, New York (1996).

17. MarketsandMarkets Co., *Membranes Market: Global Forecast to 2020*, MarketsandMarkets Pub. Co., UK (2015).

18. Martin-Orue, C., S. Bouhallab, A. Garem, Nanofiltration of amino acid and peptide solutions: Mechanisms of separation, *J. Membr. Sci.*, 142(1998)225-233.

19. Mulder, M., *Basic principles of membrane technology*, 2nd Ed., Kluwer Academic Publishers, Dordrecht (1996).

20. Nunes, S.P. and K.V. Peinemann, Membrane materials and membrane preparation, In: *Membrane Technology in the Chemical Industry*, edited by Nunes, S.P. and K.V. Peinemann, Wiley-VCH, Weiheim (2000).

21. Nyström, M., L. Kaipia, S. Luque, Fouling and retention of nanofiltration membranes, *J. Membr. Sci.*, 98(1995)249-262.

22. Petersen, R.J., Composite reverse osmosis and nanofiltration membranes, *J. Membr. Sci.*, 83(1993)81-150.

23. Pouliot, Y., M.C. Wijers, S.F. Gauthier, L. Nadeau, Fractionation of whey protein hydrolysates using charged UF/NF membranes, *J. Membr. Sci.*, 158(1999)105-114.

24. Schauer, J., T. Kobayashi, Salt separation by charged membranes, *Collect. Czech. Chem. Commun.*, 59(1994)1356-1360.

25. Sheth, J.P., Y. Qin, K.K. Sirkar, B.C. Baltzis, Nanofiltration-based diafiltration process for sol-

vent exchange in pharmaceutical manufacturing, *J. Membr. Sci.*, 211(2003)251-261.

26. Sutherland, K., *Profile of the international membrane industry*, 2nd Ed., Elsevier, Amsterdam, The Netherlands (2000).

27. Timmer, J. M. K., M.P.J. Speelmans, H.C. van der Horst, Separation of amino acids by nanofiltration and ultrafiltration membranes, *Sep. Sci. Technol.*, 14(1998)133-144.

28. Tung, K.L., Y.L. Li, C.J. Chuang, Improvement of the spiral-wound membrane module system design on the enhancement of nano/ultrafine contaminants removal, Proceedings of *The Nano and Micro particles in Water and Wastewater Treatment*, Zurich, Switzerland, 22-24 Sep. P12 (2003).

29. Wang, X.L., A.L. Ying. W.N. Wang, Nanofiltration of L-phenylalanine and L-aspartic acid aqueous solution, *J. Membr. Sci.*, 196(2002)59-67.

30. Williams, C., R. Wakemn, Membrane fouling and alternative techniques for its alleviation, *Membr. Technol.*, 124(2000)4-10.

31. Zeman, L.J. and A.L. Zydney, *Microfiltration and Ultrafiltration*, Marcel Dekker, New York, (1996).

# 符號說明

| | | |
|---|---|---|
| $c_i$ | 膜內離子濃度 | （$mol/m^3$） |
| $C_{i,p}$ | 濾液離子濃度 | （$mol/m^3$） |
| $C_P$ | 膜下游透過液中溶質濃度 | （$mol/m^3$） |
| $C_R$ | 膜上游進料液中溶質濃度 | （$mol/m^3$） |
| $C_w$ | 溶劑（水）在薄膜中之濃度 | （$mol/m^3$） |
| $D_{i,p}$ | 離子之阻礙擴散係數 | （$m^2/s$） |
| $D_s$ | 溶質在薄膜中之擴散係數 | （$m^2/s$） |
| $D_w$ | 溶劑（水）在薄膜中之擴散係數 | （$m^2/s$） |
| $F$ | 法拉第常數 | （C/mol） |
| $j_i$ | 單位膜面積之透過通量 | （$mol/m^2/s$） |
| $J_s$ | 溶質之透過通量 | （$mol/m^2/s$） |
| $J_v$ | 濾液離子體積通量 | （$m^3/m^2/s$） |
| $J_w$ | 溶劑通量 | （$m^3/m^2/s$） |
| $K_{i,c}$ | 對流阻礙因子 | （-） |
| $K_\mathrm{w}$ | 溶劑滲透係數 | （-） |
| $l$ | 膜厚度 | （m） |
| $N_i$ | 溶質 $i$ 透過量 | （$mol/m^2/s$） |
| $\Delta P$ | 操作壓力 | （Pa） |
| $r_p$ | 相當孔徑 | （m） |
| $R$ | 理想氣體常數 | （J/mol/K） |
| $T$ | 溫度 | （K） |
| $V_W$ | 溶劑（水）之莫耳體積 | （$mol/m^3$） |
| $X$ | 膜內有效帶電密度 | （$C/m^2$） |
| $z_i$ | 離子價數 | （-） |
| $\varepsilon$ | 膜面孔隙度 | （-） |

| | | |
|---|---|---|
| $\eta$ | 流體黏度 | （Pa · s） |
| $\Delta\pi_w$ | 溶劑（水）之滲透壓 | （Pa） |
| $\tau$ | 膜孔之撓曲度 | （-） |
| $\psi$ | 電位能 | （V） |

# 第七章
# 逆滲透與海水淡化

／高從堦、安全福

# 7-1 前言

海水淡化（sea water desalination）是人類追求了幾百年的夢想，如今已夢想成眞。一座現代化的大型海水淡化廠，每天可以生產幾千、幾萬甚至近百萬噸淡水。在衆多海水淡化方法中，逆滲透程序是目前在運行的最主要的海水淡化技術。逆滲透（reverse osmosis, RO）是利用半透膜讓溶液中的小分子、離子等和溶劑分離的一種膜分離程序，其實際應用歸功於滲透現象的發現及高性能逆滲透膜的成功製備。1748 年 Abbe Nollet 揭示了膜的滲透現象，之後 Van't Hoff 和 J. W. Gibbs 在熱力學理論上建立了稀薄溶液理論和滲透壓概念及滲透壓與其他熱力學性能參數之間的關係（時鈞、袁權和高從堦等，2001）。1960 年，加利福尼亞大學的 S. Loeb 和 S. Sourirajan 製備了世界上第一張高脫鹽率、高通量的不對稱乙酸纖維素（CA）逆滲透膜，使得逆滲透膜過程從實驗室走向工業應用成爲可能。1970 年美國 Du Pont 公司推出了用於苦鹼水脫鹽的 Permasep B-9 滲透器，之後又開發了用於海水脫鹽的 B-10 滲透器。與此同時，Dow 和東洋紡公司先後開發出三乙酸纖維素中空纖維逆滲透器用於海水和苦鹼水淡化，UOP 公司也成功開發出了捲式逆滲透元件。1980 年 Filmtec 公司研製成功性能優異的、實用的 FT-30 複合逆滲透膜，1980 年代末高脫鹽率的全芳香族聚醯胺複合膜工業化，1990 年代中超低壓高脫鹽全芳香族聚醯胺複合膜開發進入市場。經過 60 多年的研究、開發和產業化，逆滲透膜性能不斷提高，逆滲透技術日漸成熟，廣泛地用於海水和苦鹼水淡化，純水和超純水製備，及物料濃縮、產品純化和水的回用等領域。

# 7-2 滲透與逆滲透基本原理

能夠讓溶液中一種或幾種組成分透過而其他組成分不能透過的這種選擇性膜叫半透膜。滲透是指在溫度和靜壓相等的條件下，當用半透膜隔開溶劑和溶液（或不同濃度的溶液）的時候，溶劑分子透過膜向溶液相（或從低濃度溶液向高濃度溶液）自發流動的現象（圖 7-1(a)），此時溶劑分子由稀溶液一側透過半透膜滲透進入濃溶液一側，使得濃溶液不斷被稀釋，體積增大，液面隨之上升。當濃溶液側與稀溶液側形成高度差（$h$）並保持不變時，兩側的靜壓差將阻止溶劑繼續流動，滲透處於動態平衡狀態，即溶劑從任意一側透過半透膜向另一側流入的數量相等，由高度差 $h$ 所產生的壓力稱為溶液的滲透壓 $\pi$（圖 7-1(b)），滲透壓是溶液的一個性質，與膜無關。事實上，滲透現象普遍存在於自然界中，並發揮著重要的作用。在溶液一側（或濃溶液一側）加外壓來阻礙溶劑流動，則滲透速度將下降，當壓力增加到使滲透完全停止，滲透的趨向被所加的壓力平衡，這一平衡壓力等於滲透壓。若在溶液一側進一步增加壓力，引起溶劑反向滲透流動，這一現象稱為「逆滲透」（圖 7-1(c)）。逆滲透是非自發過程，當採用逆滲透法達到分離、提純和濃縮等目的時，可根據不同體系物料的滲透壓來選擇合適的操作壓力。對於理想的半透膜而言，不存在溶質通量。然而，實際可獲得的半透膜對任何組成分（溶質）都有一定的透過性，這就要求在實際過程中，逆滲透膜的溶劑通量遠遠大於溶質通量。由於溶劑通量取決於有效壓差，溶質通量取決於溶質濃度差，而受壓差影響小。因此，為了達到高的溶劑通量和溶質截留率，實際應用中在濃溶液側施加的壓力遠大於滲透壓差的壓力。

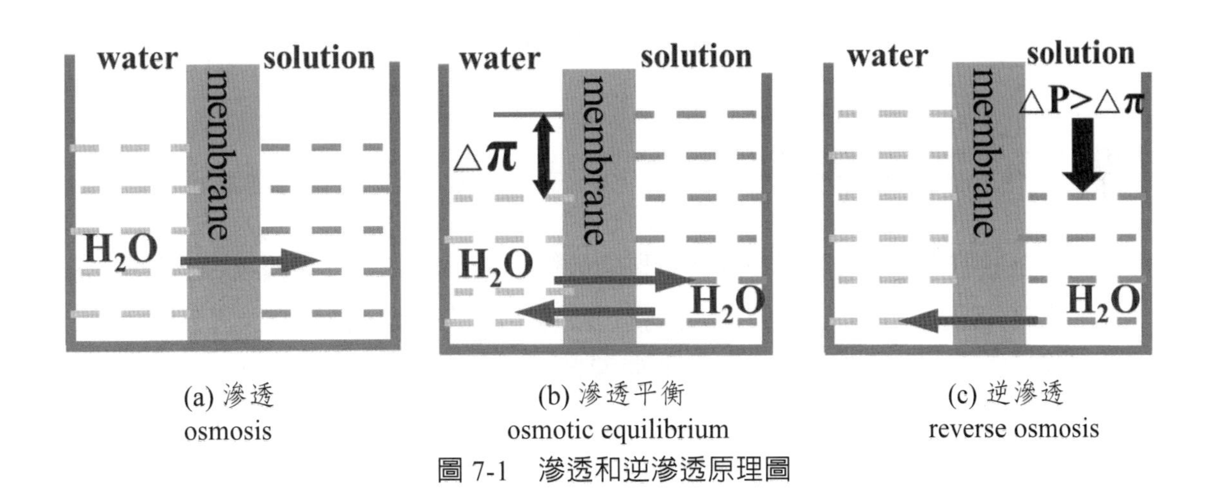


圖 7-1　滲透和逆滲透原理圖

從熱力學可知，當在恆溫下用半透膜分隔純溶劑和溶液時，膜兩側在壓力 $P^n$ 下，則溶液側溶劑的化學能 $\mu_1$（$P^n$）可表示為：

$$\mu_1(P^n)=\mu_1{}^0(P^n)+RT\ln a_1(P^n) \tag{7-1}$$

其中 $\mu_1^0$（$P^n$）為純溶劑的化學能，$a_1$ 為溶液的活度。

從滲透平衡可以推出滲透壓的公式爲：

$$\pi = \frac{RT}{\overline{V_1}} \ln a_1(P^n) \approx n_2 RT \quad (7\text{-}2)$$

其中$\overline{V_1}$爲偏莫耳體積，$n_2$爲溶質質量莫耳數（稀溶液）。

據用一超過滲透壓無限小的壓力使純水體積 $dV$ 從溶液側向溶劑側傳遞所作的功爲 $dW$，可計算任何濃度的溶液分離所需的最低能量：

$$dW = -\pi dV \quad (7\text{-}3)$$

可以理論計算出，常溫下海水淡化的最低能耗爲 0.7 kW · h/m$^3$ 左右。

# 7-3　逆滲透膜、製備方法及分離機理

## 7-3-1　逆滲透膜及製備方法

國際上通用的逆滲透膜材料主要以醋酸纖維素（CA）和芳香聚醯胺（PA）爲主，此外，也有聚苯醚（PPO）用於逆滲透膜的報導。材料不同，製備方法也不同，因此在介紹材料時一同給出製備方法。爲方便讀者，表 7-1 和 7-2 分別列出了非對稱膜和複合膜的發展過程。

表 7-1　非對稱膜發展概況

| | | |
|---|---|---|
| 1963 | CA | Manjikion 的改質膜 |
| 1968 | CA-CTA | Salmnstall 研製的共混膜 |
| 1968 | a-PA | 美國 Monsanto Du Pont 公司發現其優異 RO 性能 |
| 1969 | S-PPO | 美國 General Electric 公司開發的廢水處理膜 |
| 1970 | B-9（a-PA） | Du Pont 公司推出的苦鹼水脫鹽中空纖維膜 |
| 1970 | CTA | 美國 Dow Chemical 公司的脫鹽中空纖維膜 |

| 1971 | PBI | 美國 Celanese Research 公司開發的耐熱膜 |
|---|---|---|
| 1972 | S-PS | 法國 Phone-Poulence，S.A. 公司開發的耐熱膜 |
| 1972 | 聚哌嗪醯胺 | 義大利 Credali 開發的耐氯膜 |
| 1973 | B-IO（a-PA） | Du Pont 公司推出的海水脫鹽中空纖維膜 |
| 1970 | PI | 美國、德國等開發過聚醯亞胺 RO 膜 |
|  | PSA | 俄國、中國等開發過聚碸醯胺 RO 膜 |

表 7-2　典型複合膜發展概況

| 年代 | 膜材料 | 備註 |
|---|---|---|
| 1970 | NS-100 | 聚乙烯亞胺與甲苯二異氰酸在 PS 支撐膜上形成的複合膜 |
| 1972 | NS-200 | 糠醇在酸催化下，在 PS 支撐膜上就地聚合成膜 |
| 1975 | PA-300 | 乙二胺改質聚環氧氯丙烷與間苯二甲醯氯界面聚合成膜 |
| 1977 | NS-300 | 哌嗪與均苯三甲醯氯和間苯二甲醯氯界面聚合成膜 |
| 1978 | FT-30 | 間苯二胺與均苯三甲醯氯界面聚合成膜 |
| 1980 | PEC-1000 | 糖醇和三羥乙基異氰酸酯在酸催化下就地聚合成膜 |
| 1983 | NTR-7200<br>NTR-7400<br>UTC-20<br>UTC-70<br>UTC-80 | PVA 和哌嗪與均苯三甲醯氯界面聚合成膜<br>S-PES 塗層的 NF 膜<br>與 NS-300 類同<br>均苯三胺與 TMC 和 IPC 界面聚合成膜<br>均苯三胺與 TMC 和 IPC 界面聚合成膜 |
| 1985 | NF-40<br>NF-70 | 同 NS-300<br>同 FT-30，膜更疏鬆 |
| 1986 | FT-30SW | 同 FT-30，表層更加緻密 |
| 1995 | ESPA 等 | 同 FT-30，膜表層形態不同 |
| 2005 | TFN | 奈米顆粒攙雜的複合膜 |

## 一、非對稱的醋酸纖維素（CA）膜及 RO 膜製備方法

醋酸纖維素（CA）逆滲透膜製作較容易、價格便宜，耐游離氯、膜面平滑不易結垢和汙染，但耐熱性差、易於發生化學及生物降解且操作壓力要求高。其製備方法是採用溶液相轉化法製得的非對稱膜。

醋酸纖維素由纖維素與乙酸酐 - 乙酸混合物（或乙醯氯）反應製備而成，以 $H_2SO_4$ 爲催化劑（或 $HClO_4$、$BF_3$ 等）。反應完全時 $C_2$、$C_3$、$C_6$ 位的三個醇羥基完全被酯化，而後在熟化過程中發生部分水解，$C_6$ 位的酯基優先水解成羥基。圖 7-2 爲理想的醋酸纖維素的結構式。

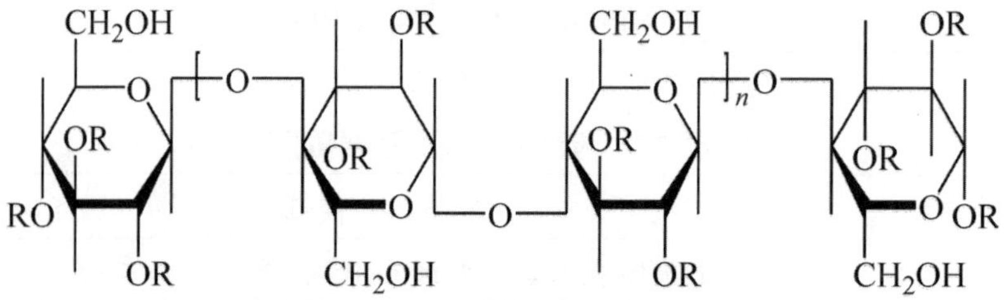

二醋酸纖維素（$R=COCH_3$）

圖 7-2　醋酸纖維素分子結構

從分子結構看，醋酸纖維素的葡萄糖基中有兩個醇羥基被醋酸酯化，稱爲二醋酸纖維素。當葡萄糖基中只有一個或三個醇羥基被醋酸酯化時，可得到一醋酸纖維素或三醋酸纖維素（CTA）。用於膜材料的二醋酸纖維素，其乙醯基含量約爲 37.5～40.1%，如國外最常用的 Eastman 公司的二醋酸纖維素中乙醯基含量爲 39.8%，取代度爲 2.46。用於膜材料的三醋酸纖維素（CTA）中乙醯基含量爲 43.2%，取代度爲 2.82。

不同取代度的醋酸纖維素所表現的性質有所差異。

1. 溶解性：二醋酸纖維素可溶於丙酮、冰醋酸、三氯甲烷、甲乙酮、二氯甲烷 / 乙醇（9:1）、硝基乙烷 / 乙醇（8:2）、二氯乙烷 / 乙醇（9:1）等溶劑；三醋酸纖維素的溶解性能較差，可溶於二氯甲烷、三氯甲烷等氯化烴類或二甲基甲醯胺。
2. 熱塑性：二醋酸纖維素在 260℃ 以上熔融，熱塑性良好；三醋酸纖維素在 300℃ 左右熔融，熱塑性較差。
3. 抗氧化能力：當醋酸纖維素殘存羥基，尤其在取代度較低時，有可能被氧化。即醋酸纖維素的取代度愈高，或取代醇羥基的化學基團愈穩定，其抗氧化能力愈高。由此可知，三醋酸纖維素的抗氧化能力比二醋酸纖維素強。
4. 水解穩定性：醋酸纖維素是纖維素酯中最穩定的物質，但在較高溫度和酸鹼條件下易發生水解。鹼式或酸式水解使乙醯基消失，進一步還可能發生大分子中的 1, 4 碳

位 - 酐鍵的斷裂。當進料 pH 值在 4～5 之間、溫度小於 35℃ 時，能較好地控制醋酸纖維素膜的水解。

5. 抗微生物降解能力：醋酸纖維素易被許多黴菌和細菌所降解，尤其是膜中無定型部分更易被侵蝕，使膜老化，強度下降。
6. 親水性：醋酸纖維素的醇羥基愈多，親水性愈強，二醋酸纖維素的親水性比三醋酸纖維素高。

CAT 非對稱逆滲透膜是採用濕式相轉化法製備，主要包括以下三步：(1) 將 CTA 和添加劑（LiCl、$LiNO_3$ 等）溶於適當的溶劑或混合溶劑中製成鑄膜液；(2) 鑄膜液用刮刀直接刮在支撐物上，如不織布、聚酯布等形成薄的液層，再在較高溫度下進行短時間溶劑蒸發；(3) 浸入非溶劑浴中，進行溶劑與非溶劑浴交換，使聚合物凝膠成固態；(4) 將凝膠的膜進行熱處理或壓力處理，改變膜的孔徑，使膜具有所需的性能。

## 二、芳香族聚醯胺（PA）及其 RO 膜製備方法（Cadotte J, Petersen R 與 Larson R 等，1980）

芳香聚醯胺逆滲透複合膜由緻密的超薄複合層（0.1～1 μm）、多孔支撐層（40～60 μm）和織物增強層（120 μm 左右）組成，見圖 7-3。逆滲透複合膜一般先製備多孔支撐層，再製備超薄複合層，分兩步進行。其中超薄複合層採用親水性較好的聚醯胺，結構緻密，具有選擇性分離功能；多孔支撐層大多採用聚碸多孔膜，不具有選擇性分離功能；增強支撐層採用聚酯類不織布或織物，不具有選擇性分離功能，其最大優勢就是 3 層膜可以進行微結構的調控，從而實現不同性能。

聚醯胺類逆滲透膜整體脫鹽率高、通量大、操作壓力要求低，且具有良好的機械穩定性、熱穩定性、化學穩定性及水解穩定性，但不耐游離氯，抗結垢和汙染能力較差。界面聚合法（interfacial polymerization），是在多孔支撐材料上，利用分別溶於兩相的多官能團的活潑單體（如溶於水相的多元胺和溶於有機相的多元醯氯），在兩相界面處發生縮聚反應，從而在多孔支撐材料表面複合一層緻密的選擇層。界面聚合過程是：先將聚碸多孔膜浸入多元胺的水溶液，瀝乾後，再浸入多元醯氯中取出，烘乾得到逆滲透複合膜。界面聚合法製備聚醯胺複合膜的過程如圖 7-4 所示。

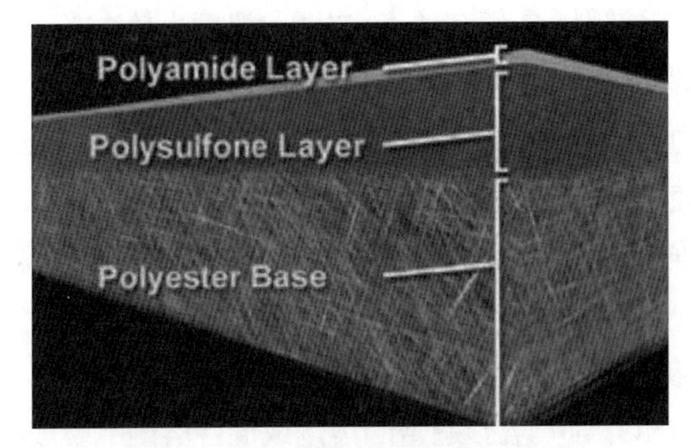


圖 7-3　逆滲透複合膜結構示意圖

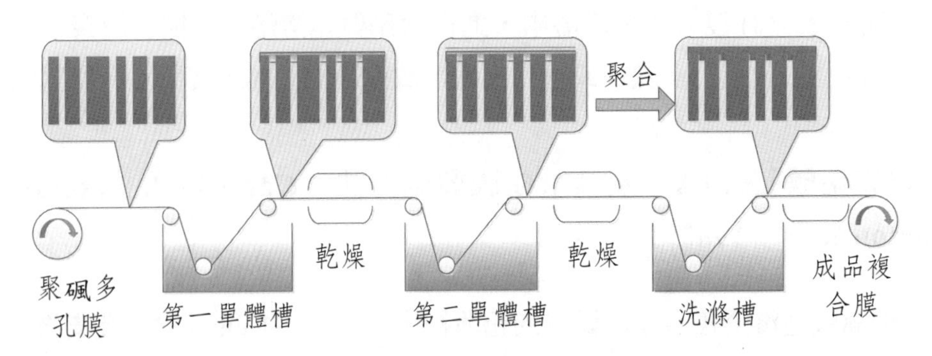


圖 7-4　界面聚合製備複合膜製備示意圖

根據界面聚合原理，多元胺和多元醯氯是最主要的界面聚合單體，其反應速度快，所得膜緻密（周勇，2006）。已報導用於製備 PA 膜的單體如圖 7-5 所示，多元胺單體包括，間苯二胺（MPD）、對苯二胺（PPD）、4- 甲基間苯二胺（MMPD）、哌嗪（piperazine, PIP）、1,4- 環己二胺（HDA）、1, 3- 環己二甲胺（HDMA）、磺酸間苯二胺（SMPD）、3,3’- 二氨基二苯碸、4- 氯間苯二胺、4- 硝基間苯二胺、氨基葡萄糖、聚乙烯亞胺、氨基聚苯乙烯等。多元醯氯單體包括：均苯三甲醯氯（trimesoyl chloride, TMC）、5- 氯甲酸酯 - 異酞醯氯（CFIC）、5- 異氰酸酯 - 異酞醯氯（ICIC）、間苯二甲醯氯（IPC）、3,4,5 聯苯三醯氯（BTRC）和 3,3,5,5 聯苯四醯氯（BTEC）等。

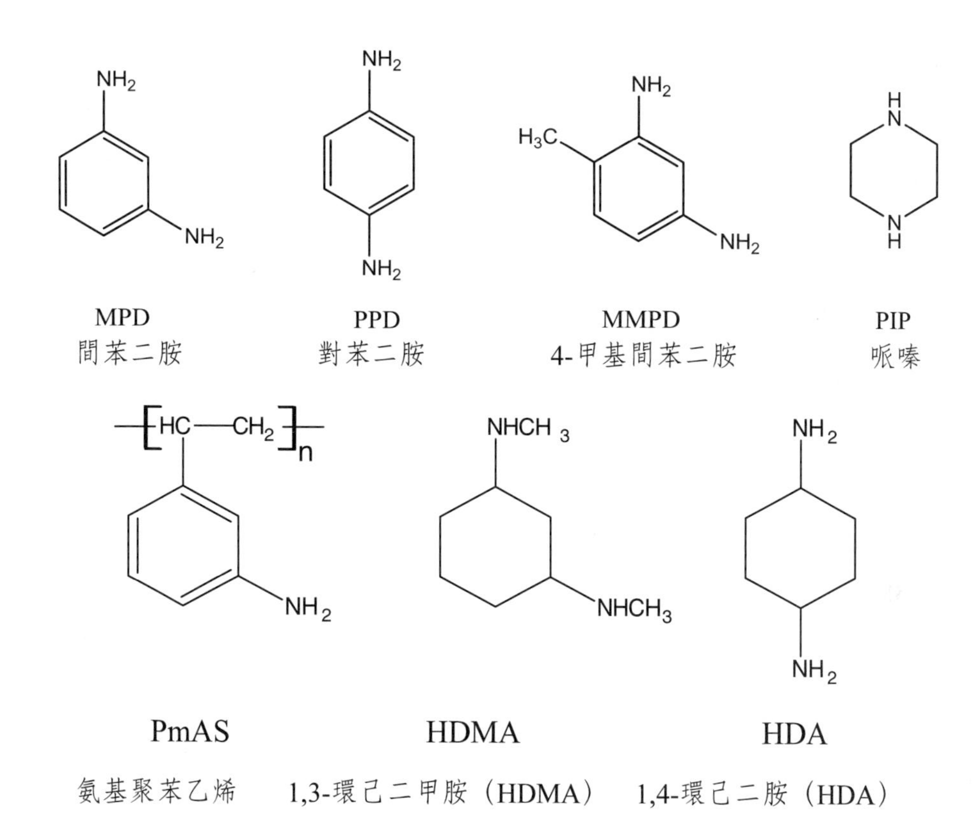


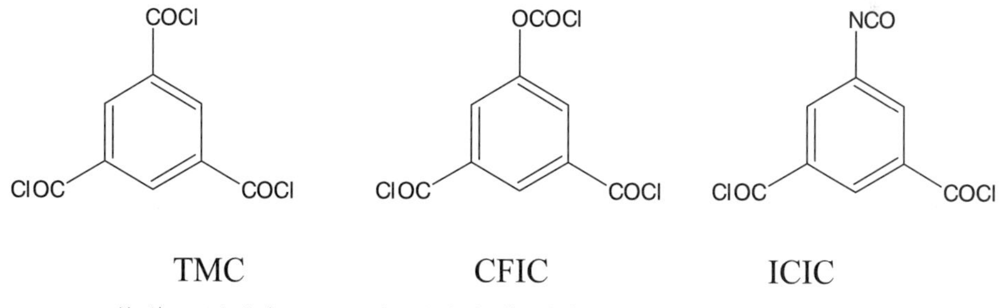


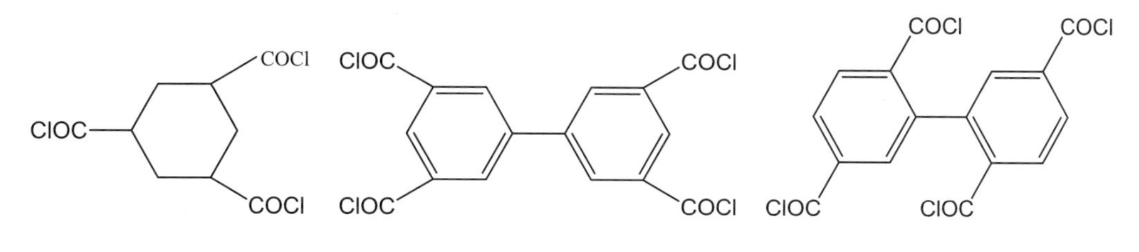


HTC　　mm-BTEC　　op-BTEC

1,3,5-三甲醯氯環己烷　　mm-聯苯四甲醯氯　　op-聯苯四甲醯氯

圖 7-5　部分多元胺、多元醯氯（或異氰酸酯）的化學結構式

界面聚合成膜過程中影響因素很多，如單體濃度、反應時間、聚合過程中單體分布和擴散、熱處理溫度及時間等等。高從堦等從熱力學和動力學的角度探討了單體、官能團、反應活性和反應過程等對成膜的影響。Hirose 等發現兩種單體（多元醯氯 A 和多元胺 B）溶液的溶度參數之差（$\delta_{A\text{-}B}$）應在 7～15$(cal/cm^3)^{1/2}$ 之間；當 $\delta_{A\text{-}B} < 7(cal/cm^3)^{1/2}$ 時，不能在支撐層上形成較好的皮層；當 $\delta_{A\text{-}B} > 15$ 時，雖然可以在支撐層上形成較好的皮層，但水通量會大大的減小。界面聚合反應的溫度、時間、pH 值在製膜過程中是很重要的。醯氯與多胺的反應爲放熱反應，但熱效應不大，溫度太高會抑制反應進行，且使醯氯水解加快，不利於大分子形成；另一方面溫度高，體系黏度小，各種分子擴散快，反應速度也快，又有大分子形成；最佳溫度很難確定，而實驗表明溫度對膜性能的影響不大，所以常在室溫下進行反應。由於複合逆滲透膜的複合層厚度對水通量的影響很大，厚度愈小，水愈容易透過。因此界面聚合反應時間不能太長（一般爲 5～30 秒）。醯氯與多胺的反應會放出氯化氫，氯化氫與多胺形成胺鹽，降低胺活性，不利於大分子的形成，所以調節反應介質中的 pH 值也十分重要。

聚醯胺逆滲透複合膜與非對稱逆滲透膜相比，操作壓力大幅度降低，水通量和氯化鈉截留率都有較大程度的提高。因此，大多數的工業化逆滲透複合膜是採用界面聚合製備。簡要介紹部分工業化逆滲透複合膜及其性能。

### 1. PA-300、RC-100 逆滲透複合膜

Riley 等分別用間苯二甲醯氯（Isophthaloyl chloride, IPC）的甲苯二異氰酸酯（TDI）與多胺基聚氧乙烯開發出了 PA-300 和 RC-100 兩種工業化的逆滲透複合膜，氯化鈉的脫鹽率分別達到了 96.3 和 99.3。膜材料化學結構結構見圖 7-6。

### 2. NS-300 逆滲透複合膜

1983 年 Parrini 報導了一種耐氯性能好的逆滲透複合膜材料，聚哌嗪醯胺，並用它製成了非對稱的逆滲透膜。Cadotte 藉由改進反應條件，發現可以採用哌嗪和間苯二甲醯氯在多孔支撐膜上界面聚合製得逆滲透複合膜，後來又摻入部分均苯三甲醯氯調節水通量和溶質截留率，開發出了 NS-300 逆滲透複合膜，膜材料化學結構見圖 7-7。

### 3. FT-30 逆滲透複合膜

Cadotte 在不斷改進聚哌嗪醯胺類逆滲透複合膜的同時，發現採用均苯三甲醯氯

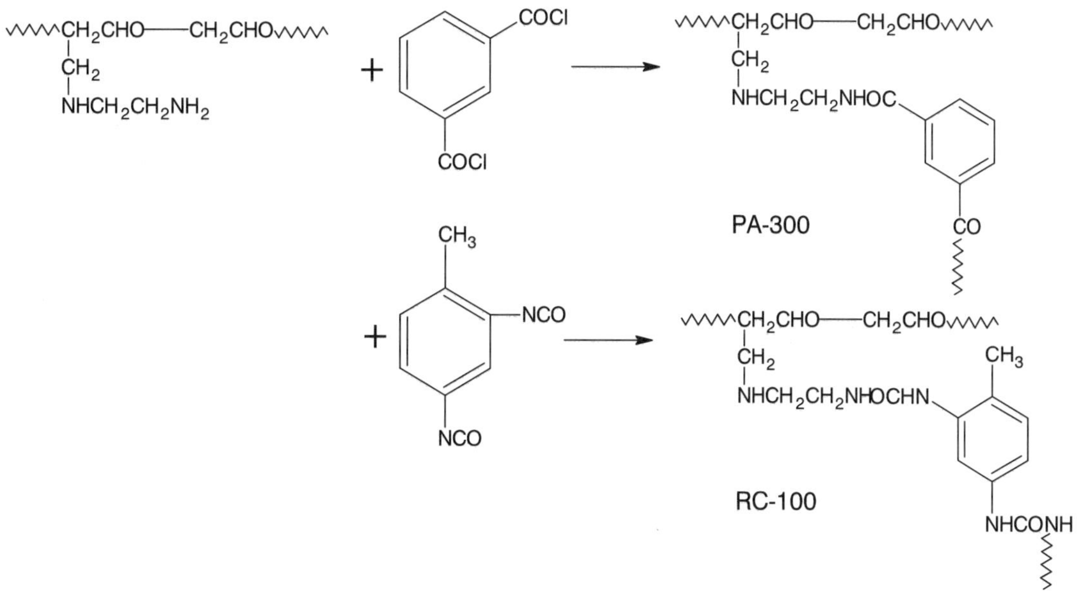

圖 7-6　PA-300 和 RC-100 逆滲透複合膜的製備反應式

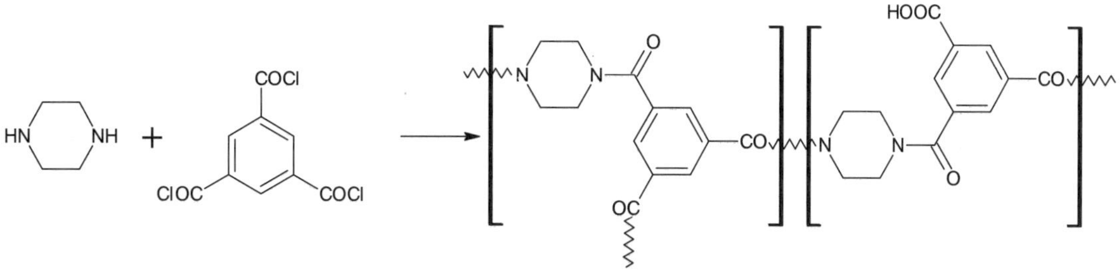

圖 7-7　NS-300 逆滲透複合膜的製備反應式

和間苯二胺在多孔支撐膜上界面聚合可製得一種高水通量和高溶質截留率逆滲透複合膜，見圖 7-8。這就是 FilmTech 公司推出的 FT-30 逆滲透複合膜，這種膜表面呈明顯的峰谷狀結構。後來，經過技術優化推出了自來水脫鹽、苦鹼水脫鹽、海水淡化等一系列的逆滲透複合膜。1987 年，Universal Oil Products 流體公司（UOP Fluid Systems）推出的 TFCL 系列逆滲透複合膜也具有相同的化學結構。其高壓膜可用於海水淡化，低壓膜則適用於苦鹼水脫鹽。1990 年，海德能公司（Hydranautics, Inc）推出了 CPA2 逆滲透複合膜，其功能超薄複合層由間苯二胺與間苯甲醯氯／均苯三甲醯氯透過界面聚合製得的。其性能與 FilmTech 公司推出的 FT-30 逆滲透複合膜相近。

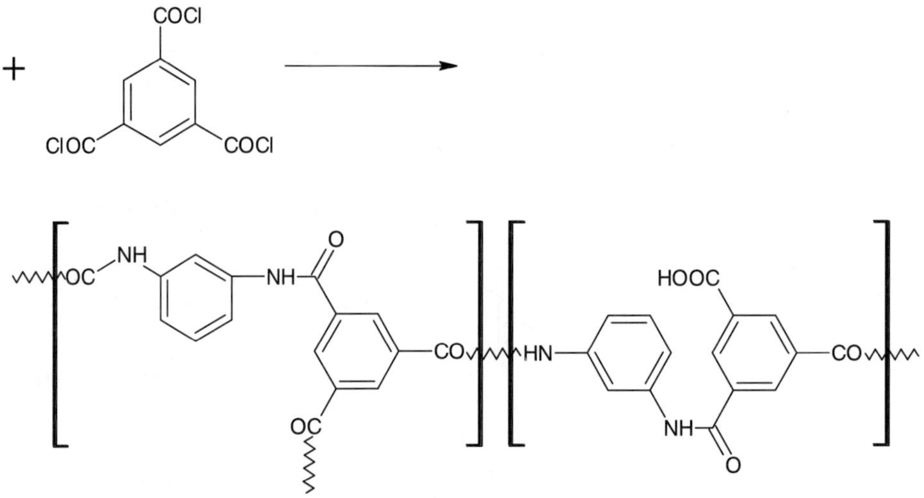

圖 7-8　FT-30 逆滲透複合膜的製備反應式

### 4. UTC-70 逆滲透複合膜

東麗公司開發的 UTC-70 逆滲透複合膜中採用了均苯三胺（1,3,5-benzenetriamine），間苯二胺與間苯甲醯氯 / 均苯三甲醯氯透過界面聚合反應得到其功能超薄複合層，見圖 7-9。由於 UTC-70 逆滲透複合膜對微量物質脫除十分有效，非常適合在超純水領域應用。

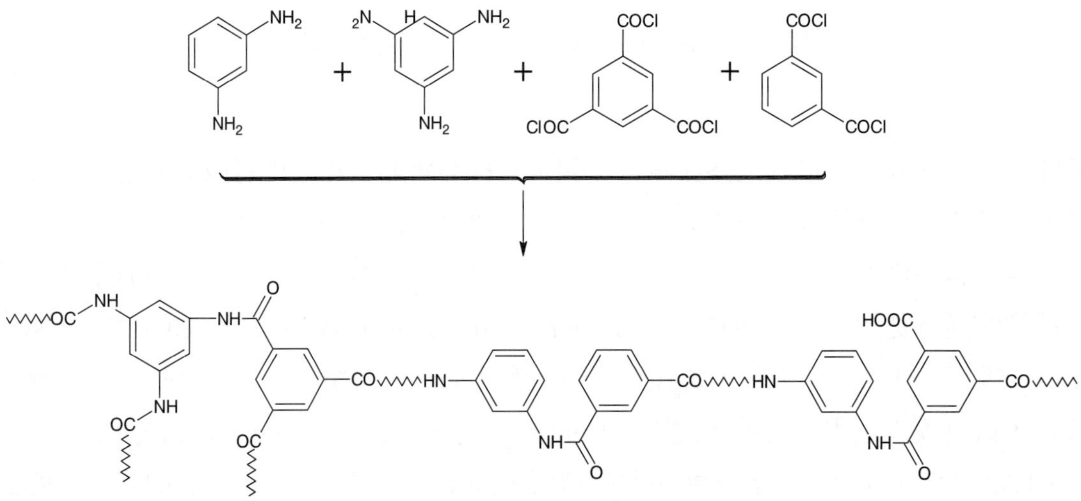

圖 7-9　UTC-70 逆滲透複合膜的製備反應式

## 7-3-2　逆滲透的分離機理

### 一、溶解擴散模型（Merten U, 1966）

該模型假設膜是完美無缺的理想膜，高壓側濃溶液中各組成分先溶於膜中，再以分子擴散方式透過厚度爲 $\delta$ 的膜，最後在低壓側進入稀溶液，如圖 7-10 所示。

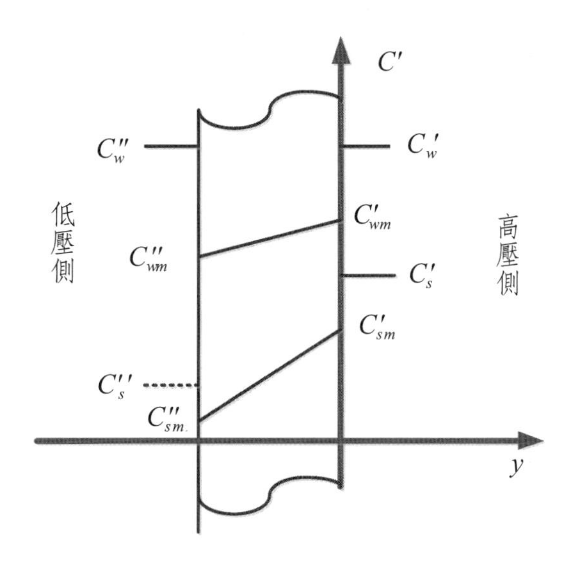


圖 7-10　膜內及兩側溶液中的濃度剖面

在高壓側溶液 - 膜界面的溶液相及膜相的水和鹽的濃度分別爲 $C'_w$、$C'_s$ 和 $C'_{wm}$、$C'_{sm}$。在低壓側溶液 - 膜界面的溶液相及膜相的水和鹽的濃度分別爲 $C''_w$、$C''_s$ 和 $C''_{wm}$、$C''_{sm}$，同時設溶液和膜面之間水和鹽能迅速建立平衡關係並遵循分配定律：

$$\frac{C'_{sm}}{C'_w}=\frac{C''_{sm}}{C''_s}=K_s \tag{7-4}$$

$$\frac{C'_{wm}}{C'_w}=\frac{C''_{wm}}{C''_w}=K_w \tag{7-5}$$

式中，$K_w$ 的 $K_s$ 分別爲水和溶質在膜與溶液間的分配係數。則任意組成分（水或鹽）

的通量 $J_i$ 主要取決於化學能梯度。

$$
\begin{aligned}
J_i &= -\frac{D_i c_i}{RT}\frac{du_i}{dy} \\
&= -\frac{D_i c_i}{RT}\left\{\left(\frac{\partial \mu_i}{\partial c_i}\right)_{P,T}\frac{dc_i}{dy}+\overline{V_i}\frac{dP}{dy}\right\}
\end{aligned}
\qquad (7\text{-}6)
$$

式中 $J_i$：組成分 $i$ 的通量（$mol/cm^2 \cdot s$）；

$D_i$：組成分 $i$ 在膜內擴散係數（$cm^2/s$）；

$c_i$：組成分 $i$ 的濃度（$mol/cm^3$）；

$d\mu_i/dy$：化學能梯度；

$dc_i/dy$：濃度梯度；

$dP/dy$：壓力梯度。

由上式可見，水和鹽傳質的推動力有兩部分：濃度梯度和壓力梯度。對於水的傳遞，可進一步推導出：

$$J_w = -\frac{D_{wm}c_{wm}}{RT}\left[-\overline{V_w}\frac{d\pi}{dy}+\overline{V_w}\frac{dp}{dy}\right] \qquad (7\text{-}7)$$

$$= -\frac{D_w c_w \overline{V_w}}{RT\delta}(\Delta p - \Delta\pi) \qquad (7\text{-}8)$$

$$= -A(\Delta p - \Delta\pi) \qquad (7\text{-}9)$$

式中 $J_w$：水的通量（$mol/cm^2 \cdot s$）；

$D_{mn}$：水在膜內擴散係數（$cm^2/s$）；

$c_{mn}$：水在膜內的濃度（$mol/cm^3$）；

$\Delta P$：膜兩側的壓力差（MPa）；

$\Delta\pi$：膜兩側溶液的滲透壓差（MPa）；

$A$：膜的水滲透性常數（$mol/(cm^2 \cdot s \cdot MPa)$）。

對於鹽的傳遞，可進一步推導出：

$$J_s = -\frac{D_{sm}c_{sm}}{RT}\left[\left(\frac{\partial \mu_s}{\partial c_{sm}}\right)_{P,T}\frac{dc_{sm}}{dy} + \overline{V}_s\frac{dp}{dy}\right] \tag{7-10}$$

$$= -\frac{D_{sm}c_{sm}\Delta\mu_s}{RT\delta} = \frac{D_{sm}c_{sm}}{RT\delta}\left(RT\ln\frac{c_s'}{c_s''} + \overline{V}_s dp\right) \tag{7-11}$$

$$= -\frac{D_{sm}K_s}{\delta}\Delta c_s \text{（忽略壓力推動項 } \overline{V}_s dp\text{）} \tag{7-12}$$

$$= -B\Delta c_s \tag{7-13}$$

式中 $J_s$：透過膜的鹽通量（mol/cm$^2$ · s）；

$R$：膜對鹽的透過常數（cm/s）；

$\Delta c_s$：膜兩側溶液中鹽濃度差（mol/cm$^3$）。

該模型基本上可定量地描述水和鹽透過膜的傳遞，但推導中的一些假設並不符合眞實情況，另外傳遞過程中水、鹽和膜之間相互作用也沒有考慮。

## 二、優先吸附 - 毛細孔流動模型

關於溶液界面張力（$\sigma$）和溶質（活度 $a$）在界面的吸附 $\Gamma$ 的 Gibbs 方程，預示了在界面處存在著急劇的濃度梯度：

$$\Gamma = -\frac{1}{RT}\left(\frac{\partial \sigma}{\partial \ln a}\right)_{T,A} \tag{7-14}$$

其中 $A$ 爲溶液的表面積。

Harkins 等計算了 NaCl 水溶液在空氣界面上負吸附產生的純水層厚度 $t$：

$$t = -\frac{1000a}{2RT}\left[\frac{\partial \sigma}{\partial (am)}\right]_{T,A} \tag{7-15}$$

式中，$a$ 爲溶液的活度係數；$m$ 爲溶液重量莫耳濃度。

S. Sourirajan 在此基礎上，進一步提出優先吸附 - 毛細孔流動模型和最大分離的臨界孔徑 $\Phi$（$\Phi = 2t$），如圖 7-11 所示（Sourirajan S, 1970）。

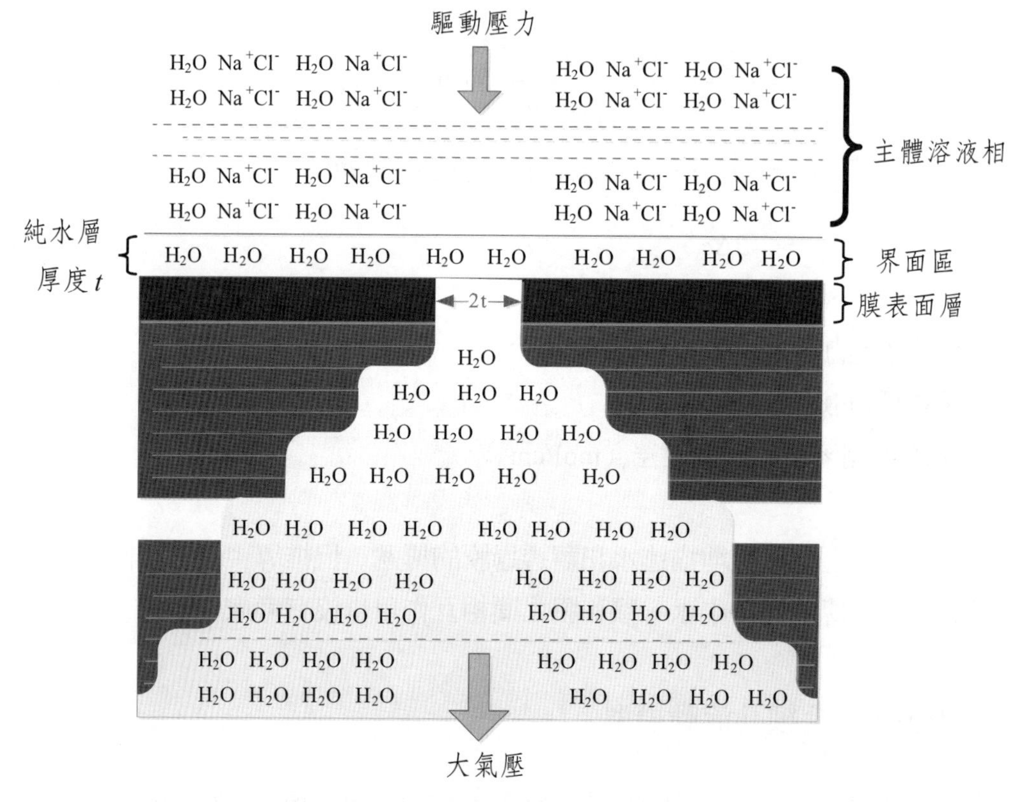


圖 7-11　優先吸附 - 毛細孔流動模型

S. Kimura 和 S.Sourirajan 基於優先吸附 - 毛細孔流動模型。對逆滲透資料進行分析和處理，並考慮到濃差極化（圖 7-12），提出了一套傳質方程式：

$$A = [PWP]/M_w \times S \times 3600 \times p \tag{7-16}$$

$$J_s = \frac{D_{sm}}{K\delta}(c_2 X_{s2} - c_3 X_{s3}) \tag{7-17}$$

$$J_w = A\left[p - \pi(X_{s2}) + \pi(X_{s3})\right] \tag{7-18}$$

$$= (\frac{D_{sm}}{K\delta})(\frac{1 - X_{s3}}{X_{s3}})(c_2 X_{s2} - c_3 X_{s3}) \tag{7-19}$$

$$= c_1 k(\frac{1-X_{s3}}{X_{s3}})\ln[\frac{X_{s2}-X_{s3}}{X_{s1}-X_{s3}}] \quad (7\text{-}20)$$

式中 $A$：純水滲透性常數（mol/(cm$^2$・s・MPa)）；

$[PMP]$：膜面積爲 $S$，壓力爲 $p$ 時純水透過量（g/h）；

$M_w$：水的分子量；

$S$：有效膜面積（cm$^2$）；

$c_1$、$c_2$、$c_3$：料液，濃邊界層和產水的濃度（mol/cm$^3$）；

$X_{s1}$、$X_{s2}$、$X_{s3}$：料液，濃邊界層和產水中溶質莫耳分數；

$K$：膜高壓側傳質係數（cm/s）。

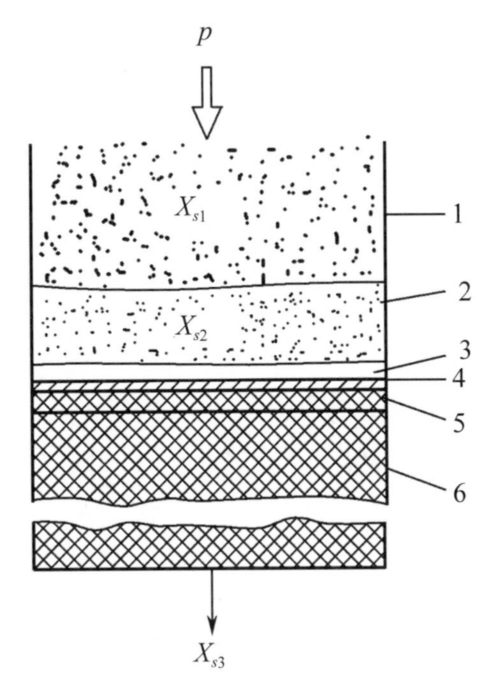


1：在操作壓力（$p$）下的主體進料液；2：濃縮邊界溶液；3：被優先吸附的界面流體；4：緻密的微孔膜表面；5：不太緻密的微孔膜過渡層；6：海綿狀的微孔膜的疏鬆層。

圖 7-12　穩態操作下逆滲透遷移示意圖

該模型提出有其理論依據，而傳質公式是基於試驗給出的，公式推導中的一些假設，僅限於一定的條件。由於以試驗爲依據，公式有其適用性。

## 三、形成氫鍵模型（**Reid C, 1959**）

膜的表層很緻密，其上有最大的活化點，鍵合一定數目的結合水，這種水已失去溶劑化能力，鹽水中的鹽不能溶於其中。進料液中的水分子在壓力下可與膜上的活化點形成氫鍵而締合，使該活化點上其他結合水解締下來，該解締的結合水又與下面的活化點締合，使該點原有的結合水解締下來，此過程不斷地從膜面向下層進行，就是以這種順序型擴散，水分子從膜面進入膜內，最後從底層解脫下來成爲產品水。而鹽是通過高分子鏈間空穴，以空穴型擴散，從膜面逐漸到產品水中的。以醋酸纖維素膜爲模型，機理如圖 7-13 所示。

從聚合物的物理化學和水化學基礎提出的這一模型，有一定的說服力。由溫度升高引起的水通量增加，據阿瑞尼斯（Arrhenius）公式進行活化能計算表明該能量正在氫鍵能範圍。但該模型缺乏更多的關於傳質的定量描述。

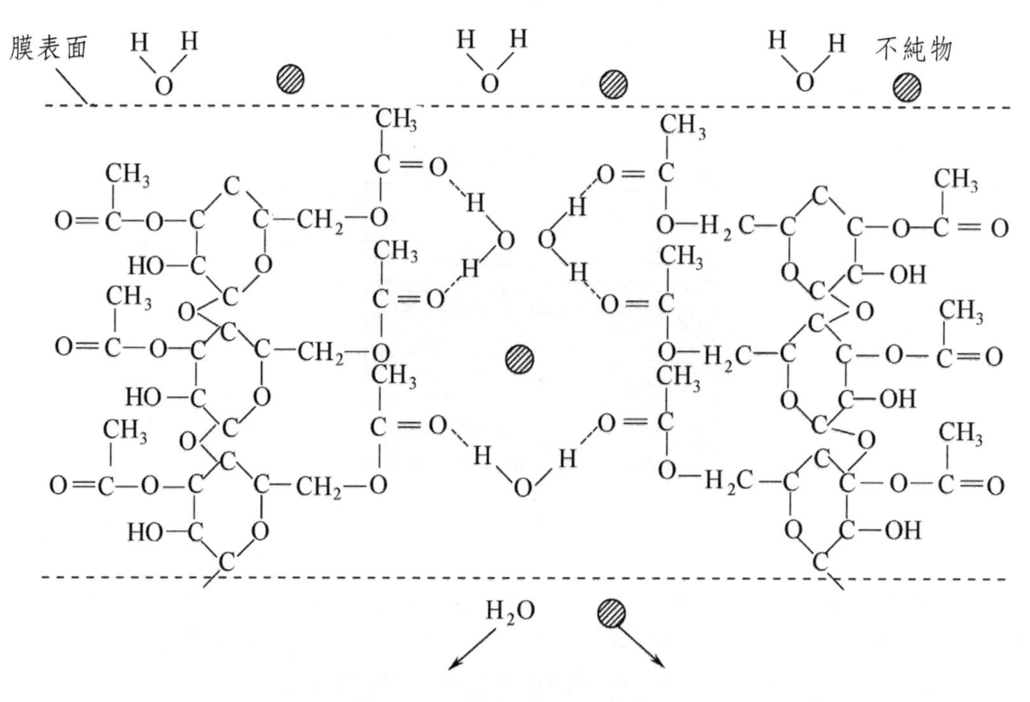


圖 7-13　氫鍵模型示意圖

## 四、Donnan 平衡模型（Hoffer E. 與 Kedem O, 1968）

對於荷電膜脫鹽而言，多用 Donnan 平衡模型解釋。如圖 7-14 所示，以固定負電荷型膜爲例。

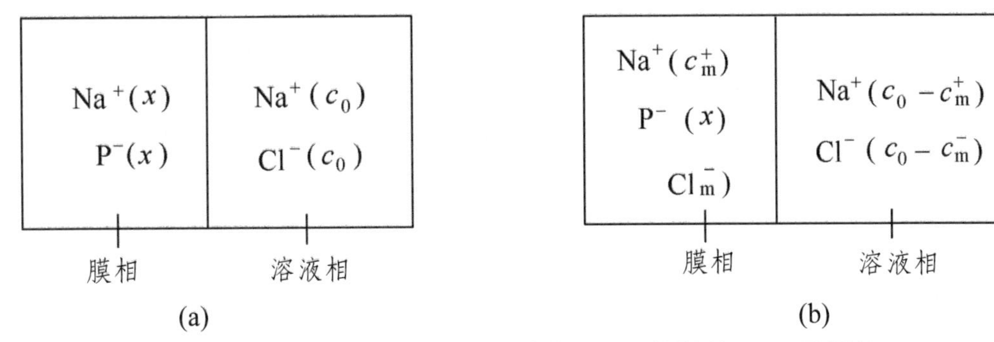


圖 7-14 Donnan 平衡模型示意圖：(a) 平衡前；(b) 平衡後

據電中性原理：$c_m^+ = X + c_m^-$ （7-21）

據膜和溶液中離子化學能平衡可得：

$$c_0^2\gamma_0^2 = c_m^+ c_m^- \gamma_m^2 \text{（對大量液相）} \quad (7\text{-}22)$$

$$\gamma_1^2[c_0 - c_m^-]^2 = c_m^+ c_m^- \gamma_m^2 \text{（對有限液相）} \quad (7\text{-}23)$$

式中 $c_0$、$c_m^+$、$c_m^-$ 和 $X$：分別爲原液相、平衡後膜中液相及膜相荷電的濃度，mol/cm$^3$；$\gamma_0$、$\gamma_1$、$\gamma_m$：分別爲原液相、平衡後液相及平衡後膜相內的活度係數。

通常認爲借助於排斥同離子的能力，荷電膜可用於脫鹽，經研究發現，只有稀溶液，在壓力下透過荷電膜時，有較明顯的脫鹽作用，最佳脫鹽率爲：

$$R = 1 - \frac{c_m^-}{c_0} \quad (7\text{-}24)$$

但隨著濃度的增加，脫鹽率迅速下降。二價同離子的脫除比單價同離子好，單價同離子的脫除比二價反離子的好。

該模型以 Donnan 平衡爲基礎來說明荷電膜的脫鹽，雖有所依據，但 Donnan 平衡是平衡態的狀況，而對於在壓力下透過荷電膜的質傳，還不能從膜、進料及質傳過程等多方面來定量描述。

### 7-3-3 工業化逆滲透膜組件（高從堦與阮國嶺，2015）

1960 年代海水淡化研究初期，先用的是板式和管狀小型試驗設備。中空纖維逆滲透器和捲式逆滲透元件的發明，使膜的性能得以充分發揮。1975 年美國 Du Pont 公司推出 B-10 型海水脫鹽用聚醯胺中空纖維逆滲透器。1980 年日本 Toyobo 公司推出 Hollosep 型海水脫鹽用 CTA 中空纖維逆滲透器，其特點是中空纖維束一端或兩端密封並開孔，中心是多孔的海水供水管，海水從此供入，徑向向外流過中空纖維束，淡化水透過中空纖維壁到中空纖維內孔，流到開孔的一端或兩端，收集起來後，由產水管排出，濃的海水由濃水口排除；具有自支撐結構，元件製備技術簡單，放大效應小，安裝和操作簡便，具有最高的膜面積堆砌密度。結構如圖 7-15 所示。

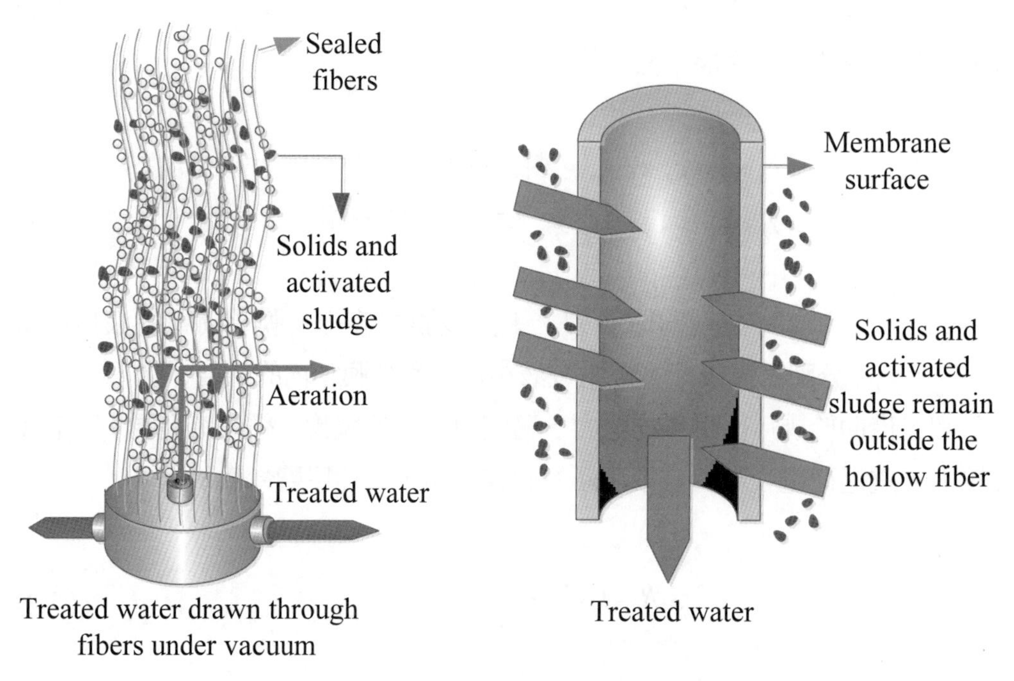


圖 7-15 中空纖維逆滲透模組器

1964 年提出了捲式膜元件概念，經過十多年更新換代，在 1970 年代後期商品化，隨著性能不斷提高，價格愈來愈便宜，使逆滲透海水淡化成本不斷下降，成為海水淡化的主要用膜組器，結構如圖 7-16 所示。其構思巧妙：用兩張膜的背面夾一產水流道材料，其開口為中心產水收集管，膜的正面襯上進水流動網格，數葉這樣的排列，三面塗黏合劑後，繞中心產水收集管捲起來呈筒狀；再兩端切齊，裝上抗應力器並包以膠帶或纖維增強樹脂外殼而成；進水經流動網格軸向流動，產水螺旋狀由外向內到中心收集管。其特點在於：可大規模、高產速製造，可低流速下運行，安裝和操作簡便，結構緊湊，裝填密度大，可在壓力容器內串接多個元件等。經膜片對的數目和寬度、流道隔網的式樣和厚度、黏合和密封方式、多個元件產水的收集方式和端封等的不斷研究和改進，目前，複合膜廣泛用於捲式元件的大規模生產，元件的直徑為 4 英寸、8 英寸、16～18 英寸等，以 8 英寸為主。膜元件仍在不斷改進提高：如膜面積增加以多產水，增加膜葉數以減少產水流動阻力，膜密封改進以保證高脫鹽，大型化和自動化以更高效可靠，提高耐壓性使之更耐用，元件端封改進使之更可靠和簡便等。從而發展了海水淡化用高壓逆滲透膜、系列中低壓逆滲透膜、超低壓逆滲透膜、極低壓逆滲透膜和抗汙染逆滲透膜等元件，用於各種不同的應用。部分工業化膜器件性能見表 7-3。

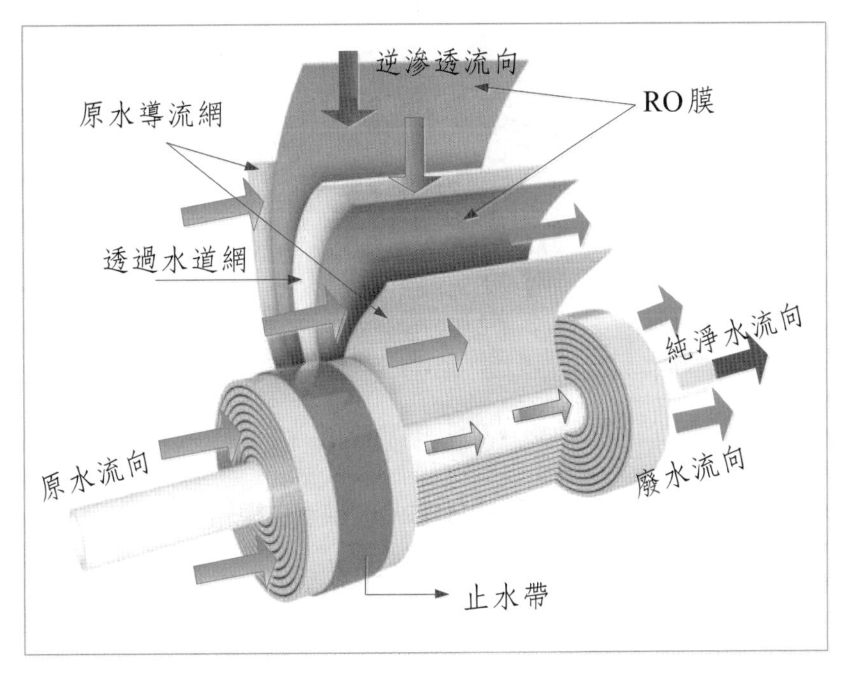


圖 7-16　捲式逆滲透模組元件

碟管狀膜元件（disc tube reverse osmosis, DTRO）構造與傳統的捲式膜截然不同，膜柱是透過兩端都有螺紋的不銹鋼管，將一組導流盤與逆滲透膜緊密集結成筒狀而成的，如圖 7-17 所示。碟管狀模組的優良性能依賴於品質優良的逆滲透膜片和導流盤。導流盤表面有一定方式排列的凸點，使處理液形成湍流，增加透過速率和自清洗功能。導流盤將膜片夾在中間，使處理液快速切向流過膜片表面。

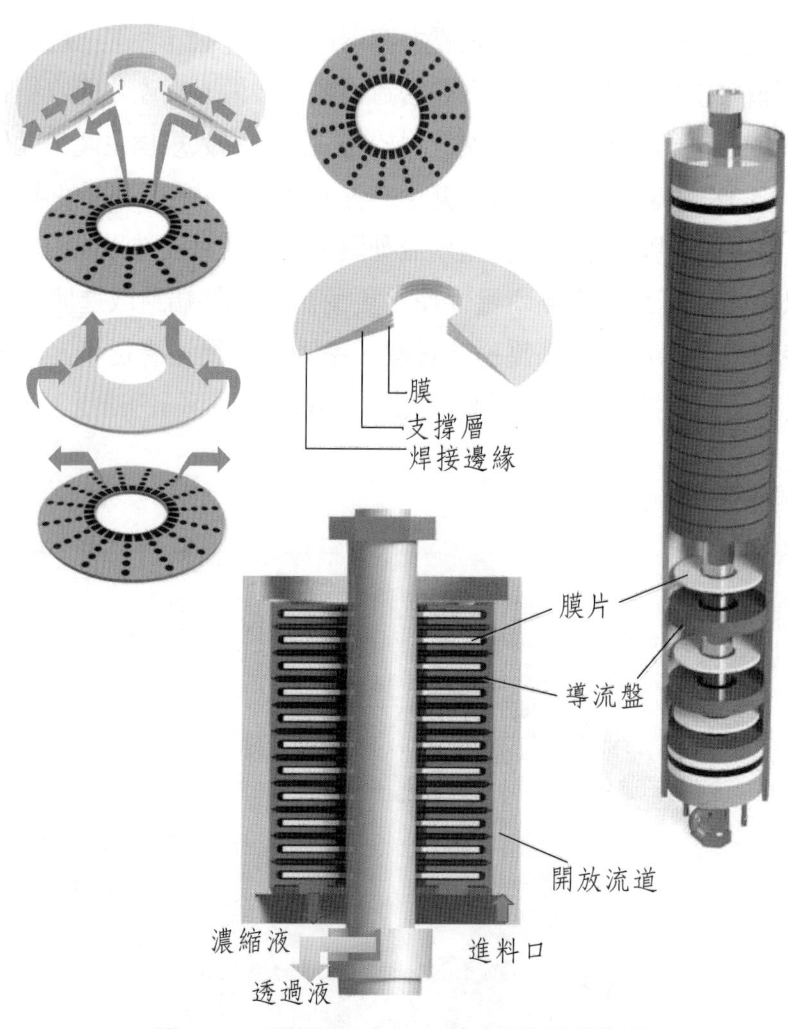


圖 7-17　碟管狀（DTRO）逆滲透模組件

表 7-3　逆滲透膜器件性能

| 薄膜材料 | 廠商 | 元件規格 | 溶質 | 測試條件 | 產量 ($m^3$/d) | 脫除率 (%) |
|---|---|---|---|---|---|---|
| CA | Toray | SC-1200R [40×8]① | NaCl | 500 mg/L, 1.5 MPa, 25℃, R=15% | 24.8 | 85 |
| | | SC-2200 [40×8] | NaCl | 1,500 mg/L, 3.0 MPa, 25℃, R=15% | 35.2 | 95 |
| | | SC-3200 [40×8] | NaCl | 1,500 mg/L, 3.0 MPa, 25℃, R=15% | 17.6 | 97 |
| | | SC-8200 [40×8] | NaCl | 35,000 mg/L, 5.5 MPa, 25℃, R=10% | 8.8 | 96 |
| CA-CTA | Hydranautics | 8060MSY<br>CAB-1<br>CAB-2<br>CAB-3<br>[60×8] | NaCl | 2,000 mg/L, 2.9 MPa, 25℃, R=16% | 50.0<br>41.6<br>22.5 | 95.0<br>98.0<br>99.0 |
| | Fluid Systems | 823ISD [60×8] | NaCl | 2,000 mg/L, 2.9 MPa, 25℃, R=16% | 49.2 | 95.5 |
| | Desalination | CE8040F [40×8] | NaCl | 1,000 mg/L, 2.8 MPa, 25℃, R=10% | 32.0 | 96.0 |
| | | CC8040F [40×8] | NaCl | 1,000 mg/L, 1.4 MPa, 25℃, R=10% | 27.67 | 84.0 |
| CTA | 東洋紡 | HA5110 (Φ140×420)② | NaCl | 500 mg/L, 1.0 MPa, 25℃, R=30% | 2.5 | 94 |
| | | HA5330 (Φ150×1240) | NaCl | 1,500 mg/L, 3.0 MPa, 25℃, R=75% | 24 | 94 |
| | | HA8130 (Φ295×1320) | NaCl | 1,500 mg/L, 3.0 MPa, 25℃, R=75% | 60 | 94 |
| | | HR8355 (Φ305×1330) | NaCl | 3,500 mg/L, 5.5 MPa, 25℃, R=30% | 12 | 99.4 |
| | | HM10255 (Φ390×2915) | NaCl | 3,500 mg/L, 5.5 MPa, 25℃, R=30% | 45 | 99.4 |

| 薄膜材料 | 廠商 | 元件規格 | 溶質 | 測試條件 | 產量 ($m^3$/d) | 脫除率 (%) |
|---|---|---|---|---|---|---|
| 芳香族聚醯胺 | Du Pont | B-9 0440 (Φ102×1190) | NaCl | 1,500 mg/L, 2.8 MPa, 25℃, R=75% | 15.9 | 92 |
| | | B-9 0880 (Φ203×1280) | NaCl | 1,500 mg/L, 2.8 MPa, 25℃, R=75% | 140 | 95 |
| | | B-10 6440T (Φ117×1260) | NaCl | 35,000 mg/L, 6.9 MPa, 25℃, R=35% | 6.8 | 99.2 |
| | | B-10 6880T (Φ216×2050) | NaCl | 35,000 mg/L, 6.9 MPa, 25℃, R=35% | 53 | 99.35 |
| 交聯芳香族聚醯胺 | Fluid Systems | S-2822 (40×8) | NaCl | 32,800 mg/L, 25℃, 5.5 MPa, R=17% | 19.0 | 99.4 |
| | | S-8832 [60×8] | NaCl | 2,000 mg/L, 25℃, 1.55 MPa, R=16% | 49.0 | 99.5 |
| | | S-8821ULP 40×8] | NaCl | 500 mg/L, 25℃, 1.0 MPa, R=10% | 41.6 | 98.5 |
| | Filmtec | S-SW301IR [40×8] | 海水 | 35,000 mg/L, 25℃, 5.5 MPa, R=8% | 15 | >99.2 |
| | | S-BW30-330 [40×8] | NaCl | 2,000 mg/L, 25℃, 1.6 MPa, R=15% | 28 | 99.5 |
| | | TW30-4040 [40×8] | NaCl | 2,000 mg/L, 25℃, 1.55 MPa, R=15% | 20.5 | 99 |
| | | BW30LE-400 | NaCl | 2,000 mg/L, 25℃, 1.07 MPa, R=15% | 34 | 98 |
| | Hydranautics | 8040-HSY-SWC$_2$ [40×8] | NaCl | 32,000 mg/L, 25℃, 5.5 MPa, R=10% | 23.5 | >99.2 |
| | | 8040-HSY-SWC$_1$ [40×8] | NaCl | 32,000 mg/L, 25℃, 5.5 MPa, R=10% | 18.9 | >99.5 |
| | | 8040-LHY-CPA$_2$ [40×8] | NaCl | 1,500 mg/L, 25℃, 1.55 MPa, R=15% | 41.6 | 99.0 |
| | | 8040-LHY-CPA$_3$ [40×8] | NaCl | 1,500 mg/L, 25℃, 1.55 MPa, R=15% | 41.6 | 99.5 |
| | | 8040-URY-ESPA [40×8] | NaCl | 1,500 mg/L, 25℃, 1.05 MPa, R=15% | 45.4 | 99 |
| | | 8040-UHA-ESPA [40×4] | NaCl | 1,500 mg/L, 25℃, 1.05 MPa, R=15% | 9.8 | 99.0 |

| 薄膜材料 | 廠商 | 元件規格 | 溶質 | 測試條件 | 產量 ($m^3$/d) | 脫除率 (%) |
|---|---|---|---|---|---|---|
| | Trisep | 8040 $ACM_4$ TSA [40×8] | NaCl | 2,000 mg/L, 25℃, 1.55 MPa, R=15% | 53 | 99.2 |
| | Toray | SU-820 [40×8] | NaCl | 35,000 mg/L, 25℃, 5.5 MPa, R=10% | 16.0 | 99.75 |
| | | SU-720L [40×8] | NaCl | 1,500 mg/L, 25℃, 1.5 MPa, R=15% | 36.6 | 99.4 |
| | | SU-720 [40×8] | NaCl | 1,500 mg/L, 25℃, 1.5 MPa, R=15% | 26.0 | 99.5 |
| | Desalination | SC-8040FXP [40×8] | NaCl | 35,000 mg/L, 25℃, 5.5 MPa, R=10% | 12.96 | >99.2 |
| | | SE-8040 [40×8] | NaCl | 1,000 mg/L, 25℃, 2.8 MPa, R=10% | 29.14 | 98.5 |
| | | SH 8040F [40×8] | NaCl | 1,000 mg/L, 25℃, 1.0 MPa, R=10% | 29.18 | 96.0 |
| | | AG 8040F [40×8] | NaCl | 1,000 mg/L, 25℃, 1.4 MPa, R=15% | 34.07 | 98.0 |

①〔長 × 外徑〕，單位：in，1 in=25.4 mm。
②（Φ 直徑 × 長），單位：mm。

## 7-4　逆滲透技術的應用

逆滲透技術是海水淡化和苦鹼水淡化的主要方法，同時在純水和超純水製備及物料濃縮技術中，逆滲透是最經濟的手段，廣泛應用於水處理、電子、化工、醫藥、食品、飲料、冶金和環保等領域。純水製備系統在電子、電力、化工、石化、醫藥、飲料、食品、冶金等各行業廣泛採用；逆滲透預濃縮技術是在膜下游獲得淡水的同時，上游料液被濃縮，這已在化工、醫藥、食品和中草藥等領域得以廣泛應用；在環保方面，逆滲透也用於石化、鋼鐵、電鍍、礦山、放射、生活、垃圾滲濾、微汙染等廢水的濃縮處理，中水回用、達標排放或零（近零）排放等。逆滲透膜在廢水處理方面主要應用於電廠循環排放汙水處理、印染廢水處理、重金屬廢水處理及礦場酸性廢水處理、垃圾滲濾液處理及城市汙水處理。其應用與具體的工程案例，參閱專門書籍。

## 7-5　海水淡化（IDA Desalination Yearbook 2011-2012, 2011 與 2016-2017, 2016）

### 7-5-1　海水淡化技術的發展

地球上水體總量大約爲 13.6 億 $km^3$，淡水占 2.8%，而其中僅有 0.23% 可被人類生命活動所利用。隨著世界各國經濟發展和人口增長，淡水需求日益增加，如何高效合理利用占地球總水量 97% 的海水已成爲全球關注的熱點。海水淡化是指去除海水中所含無機鹽，將海水轉變爲低鹽度淡水的過程，是解決全球淡水資源危機最有用的手段。常用的淡化技術包括多級閃蒸（MSF）、多效蒸餾（MED）、電滲析（ED）、逆滲透（SWRO）、蒸汽壓縮法（VCD）等，前四種方法已分別於 1930 年代、1950 年代、1960 年代和 1970 年代應用於海水淡化生產。從投資和運行費用的角度看，逆滲透和電滲析技術（投資費用約爲 528～793 美元 /$m^3$/d，運行費用約爲 0.26～0.52 美元 /$m^3$/d）基於膜技術，是較爲經濟綠色的淡化方法。此外，逆滲透膜技術還具有能耗低、淡化成本低、建設週期短等優點，適用於各種濃度的海水淡化和建造不同規模的海水淡化工程。

全球海水淡化產業已頗具規模，根據國際脫鹽協會（IDA）統計資料：到 2017 年 8 月，已建成的脫鹽工廠約 17,277 座，合計裝機容量爲 9,254 萬 $m^3$/d。市政供水仍是海水淡化的主要應用領域，在已建裝機容量中，市政供水占比最高，爲 61%，工業及電力占比 33% 次之，灌溉、旅遊等其他領域合計占 6%。已建成的海水淡化裝機中，逆滲透法占比最高，爲 65%；多級閃蒸蒸餾法占比 22%，排在第 2 位；多效蒸餾法）占比 8%，排在第 3 位，其他方法合計約 5%。近年來，沿海國家紛紛提出了加快海水淡化發展的計畫，如，以色列政府計畫到 2020 年新增海水淡化規模 200 萬噸／日，淡水生產能力將占城市供水總量的 1/3。美國、日本、以色列、韓國等共同出資成立了海水淡化國際性研究機構——中東淡化研究中心，聯合開展海水淡化研究，強化在國際海水淡化市場競爭中的合作，以期繼續增強在國際海水淡化高端市場的壟斷地位。世界上最大的多級閃蒸海水淡化廠爲沙烏地阿拉伯的 Shuaib 海水淡化廠，淡水日產量爲 88 萬 $m^3/d$；世界上最大的低溫多效海水淡化廠建於阿拉伯聯合大公國，淡水日產量爲 37.4 萬 $m^3/d$；世界上最大的逆滲透海水淡化廠爲以色列的 Hadera 海水淡化廠，淡水日產量爲 34.9 萬 $m^3/d$。中國大陸海水淡化應用也在不斷擴大，產能以每年近 15～20% 的速度增長。據不完全統計，截止 2016 年底，大陸已建和在建的海水淡化案 158 個，裝機總規模約 139 萬噸 / 日，最大的膜法海水淡化工程是天津大港新泉海水淡化工程和青島百發海水淡化工程，規模爲 10 萬噸 / 日，最大的蒸餾法海水淡化工程是北疆電廠日產 20 噸海水淡化工程。

## 7-5-2　逆滲透海水淡化技術

逆滲透海水淡化一般包括取水、預處理、逆滲透過濾、能量回收和產品水後處理等技術過程。逆滲透海水淡化技術首先將海水提取上來，經初步處理降低海水濁度，防止微生物生長，然後透過特種高壓泵增壓，使海水進入逆滲透膜，因爲含鹽量高，所以海水逆滲透膜必須具有高脫鹽率、耐腐蝕、耐高壓、抗汙染，經過逆滲透膜處理後的海水，其含鹽量從 36,000 mg/L 降至 200 mg/L 左右。

表 7-4　逆滲透進水水質要求

| 項目 | 室溫（℃） | pH 值 | 濁度（NTU） | 色度（倍） | 汙染指數 | 餘氯（mg/L） | COD（mg/L） | Fe（mg/L） |
|---|---|---|---|---|---|---|---|---|
| 指標 | 20～35 | 3～11 | <0.3 | 清 | FI<4 | <0.1 | <2 | <0.1 |

### 一、預處理系統

在 RO 膜過濾之前，採用不同的預處理方法去除水中的懸浮物（包括細菌、微生物）是必不可少的過程。在海水預處理技術設計時經預處理後的海水水質應達到逆滲透膜元件的進水水質要求。預處理系統的目的是充分發揮逆滲透海水淡化系統的優勢，保障良好的設計性能和長時間的安全穩定運行，特別是爲了保證膜的工作壽命而設置。一般情況下，海水淡化逆滲透膜的使用壽命爲 3 年。

1. 混凝過濾或者淺層氣浮

混凝過濾旨在去除海水中膠體、懸浮雜質，降低濁度。由於海水比重大，pH 值較高，該項目選用 $FeCl_3$ 作爲混凝劑，投加量在 1～2 mg/L。經混合器混合，鐵鹽與海水中膠體雜質形成較大的礬花，再經機械篩檢程序過濾，使出水水質的汙染指數（SDI15）小於 5，濁度小於 1。

2. 加藥消除餘氯和防止逆滲透膜面結垢沉澱

海水中游離氯等氧化劑存在會降低逆滲透膜元件的性能，因此海水在進逆滲透膜以前必須控制游離氯 $< 0.1$ mg/L。透過計量泵投加 1.5～2 mg/L 亞硫酸氫鈉，海水中的餘氯與亞硫酸氫鈉反應，形成酸和中性鹽，從而消除餘氯對逆滲透膜的影響。海水中含有高濃度的 $Ca^{2+}$、$Mg^{2+}$、$HCO^{3-}$、$SO4^{2-}$ 等離子，在逆滲透海水淡化過程中，海水被濃縮，易在逆滲透膜表面形成難溶無機鹽類的沉澱。根據原海水水質和逆滲透裝置的水回收率，計算 Stiff & Davis 指數，判別結垢沉澱趨勢，在海水進入逆滲透裝置前添加阻垢劑。透過對幾種阻垢劑的阻垢效果和價格的綜合評價後，選用硫酸作阻垢劑，投加量爲 15～20 mg/L，控制海水 pH 值在 7.0～7.5 範圍，能有效防止海水中難溶無機鹽類在逆滲透膜表面形成結垢沉澱。

3. 保安過濾

在逆滲透裝置前設置保安濾器是爲了保護高壓泵、能量回收裝置和膜元件的安全長期運行。根據過濾水量和過濾精度設計，計算保安濾器的規格。

逆滲透系統是整個逆滲透海水淡化工程的核心部分，主要包括保安篩檢程式、藥劑投加系統、高壓給水泵和逆滲透膜元件、能量回收裝置和膜清洗系統。圖 7-18 是逆滲透海水淡化技術流程示意圖。在逆滲透海水淡化技術中，待處理的原海水經過高壓給水泵加壓後，進入逆滲透膜組件。經過膜組件處理透過逆滲透膜的水即爲淡水。剩餘未透過逆滲透膜的爲濃度較高的濃海水。這部分具有高壓力能的濃海水透過 PX 能量回收裝置，可將一部分待處理的原海水直接升壓，再進一步用增壓泵增壓，以補償經過膜堆與管道造成壓力損失。這部分經升壓的原海水與另一部分經高壓泵升壓的原海水混合後，送往逆滲透模組進行淡化處理。

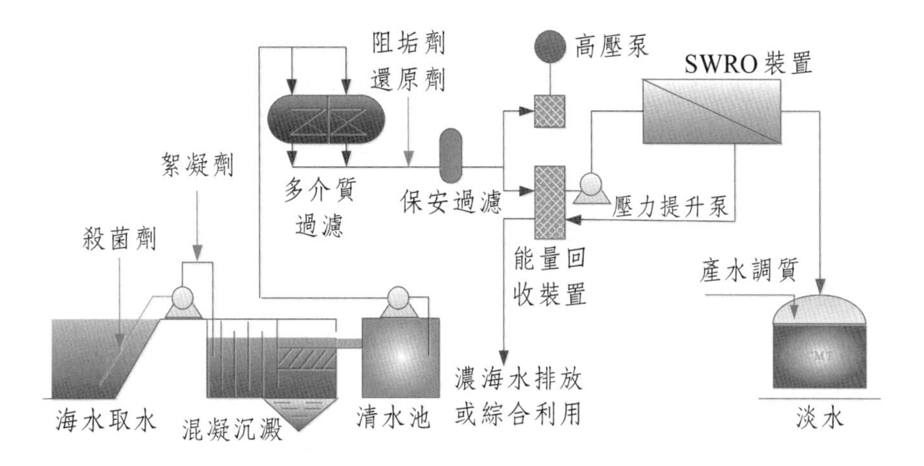


圖 7-18　典型逆滲透技術流程圖

## 7-5-3　新穎整合式海水淡化技術（Misdan N, Lau W 與 Ismail A., 2012; Seema S., Shenvi A. 與 Isloor A. 等，2015）

雖然海水淡化技術超過 20 餘種，主要的熱法和膜法技術包括多級閃蒸技術、多效蒸餾、壓汽蒸餾、逆滲透技術、電滲析法等。海水淡化是解決淡水短缺的有效方式，而海水淡化技術的高能耗是制約其應用的關鍵因素。為此，圍繞降低能耗，研究重點在高性能海水淡化膜、海水淡化技術、元件與設備及能量回收等，另外是如何高效利用能源與海水淡化技術結合。目前，海水淡化集成技術主要有兩種：一是不同海水淡化技術的集成，另外是不同能源和海水淡化方法的集成。

### 一、不同海水淡化技術的集成

海水淡化集成技術包括：熱法 - 熱法集成、膜法 - 膜法集成、熱法 - 膜法集成、預處理 - 海水淡化集成。研究最多的是熱法 - 膜法集成技術和預處理 - 海水淡化的集成技術，已運用於實際工程。

1. 熱法海水淡化具有產水水質好、淡化水溫度高、設備易結垢、產水效率低等特點；而膜法海水淡化具有產水水質低、依賴預處理、停啓方便、產水效率高等特點，故兩者在某種程度可優勢互補。膜法和熱法的集成，如 RO+MSF 組合。熱法和膜法相集成具有以下優點：(1) 混合兩者的產品水，可以滿足不同的水質需求，降低生產費用；(2) 可以降低膜的更換率和 MSF 技術設備的結垢性，降低系統的維修費用；(3) 兩者可共用取水和排放設備，降低投資費用；(4) 降低前處理和後處理技術的操作費用和化學藥品的投資費用。沙烏地阿拉伯的 SWCC 公司，在相同的操作壓力和進料海水下，將 NF+SWRO 集成技術和 SWRO 技術進行試驗對比，集成技術的回收率為 70%，遠高於傳統技術的 30%。世界上最大的多級閃蒸海水淡化廠是沙特的 RAZZOUR 海水淡化廠，同時也是世界上最大的熱膜耦合（MSF+RO）技術海水淡化廠，日產淡水量為 1,025,000 $m^3$，其中 MSF 系統產水為 769,000 $m^3$。超過濾（UF）主要適用於溶液中大分子的分離與濃縮，微過濾（UF）主要用於細菌和微粒的去除，奈米過濾（NF）不僅對有機物有較高的截留率，而且對無機離子進行選擇性分離，適合海水的脫鹽處理。

UF 用於海水的預處理，節省占地，減少使用化學藥品，延長逆滲透膜的運行週期，主要歸納為三類：(1) NF+RO 集成技術，如沙特 SWCC 公司建立了該示範工程，在一定運行條件下，相比傳統技術 33% 的回收率，集成技術的回收率達到了 70%；10 年前，美國和日本採用 NF 膜技術，水體利用率達 80～90%，採用 NF-RO 技術，回收率可達 99%；山東長島 140 t/d 奈米過濾法製備飲用水示範工程於 1997 年建成，運行成功。(2) NF+ 蒸餾法集成技術，降低進料海水硬度，減少蒸餾法的結垢問題，如 SWCC 公司對該技術進行試驗研究，產水能力為 20 $m^3$/d 的海水淡化裝置，採用 NF+MSF 組合技術，無任何防垢干預下，連續運行 1,200 h，無任何結垢現象。(3) NF+ 膜法 + 蒸餾法的深度集成技術，如將 NF+RO 技術產生的濃鹽水作為 MSF 的補充水進料。此外，未來的膜技術趨勢，可將 UF+NF+RO 技術集成，以形成全膜法預處理技術。

2. 膜法與膜法的集成，主要是指 RO 技術與 ED 技術相耦合，相對於 RO 膜，ED 膜適應更高的操作溫度，不易結垢，無需預處理，常用於小規模的苦鹹水處理。所以 RO+ED 技術的集成思路是將 RO 技術產生的濃鹽水作為 ED 技術的進料水，可以獲取高品質的食鹽，減少濃鹽水對環境的汙染同時獲得經濟成本的補償。近年來，正滲透（FO）和壓力阻尼滲透（PRO）技術成為滲透技術的研究熱點。前者用於濃縮廢水，後者用於河流汙水產能，收集滲透能量，兩者均具有高抗汙染的性能。FO+RO 技術集成是將 FO 技術用於預處理 RO 的進料海水，降低滲透壓和淡化耗能。FO+RO+PRO 技術集成是：首先將海水透過 FO 技術預處理，再經 RO 過程產生的濃鹽水進入 PRO 技術進行後續處理，將其高滲透壓能轉化為機械能。

## 二、能源和海水淡化方法的集成

能源與海水淡化的集成技術，主要是指可再生能源和工業餘熱驅動海水淡化技術。利用可再生能源驅動海水淡化，可以保護環境，避免傳統能源帶來的汙染，是眞正可持續的解決方案。利用工業餘熱驅動海水淡化裝置，可以增強熱能的利用效率，提高綜合效益。

1. 風能海水淡化按驅動方式分為兩類，其具體集成途徑如圖 7-19 所示，相應工程實例見表 7-5。由於風能不穩定，相比 MVC 和 ED 技術，RO 技術操作靈活，適應性高，能適應風電的波動性，故 RO 技術與風能結合可以優勢互補。

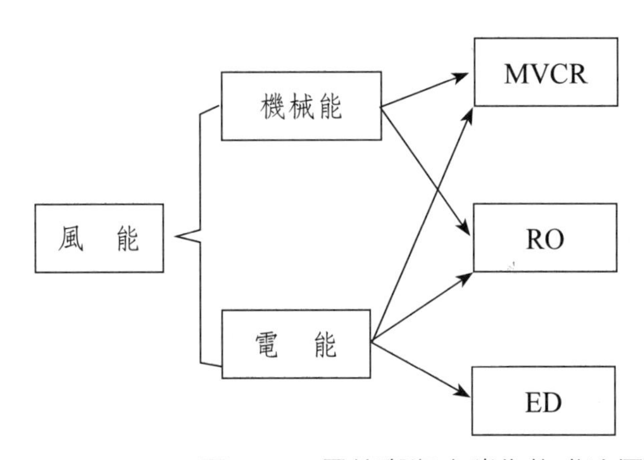


圖 7-19　風能與海水淡化集成途徑

表 7-5　部分風能海水淡化代表工程

| 風能耦合技術 | 地點 | 產水規模／($m^3 \cdot d^{-1}$) |
| --- | --- | --- |
| RO | 西班牙 Los Moriseos 市 | 200 |
| | 挪威 Fuerteventura 島 | 1,440 |
| | 德國 Hegoland 島 | 23,040 |
| | 中國福建東山縣 | 10,000 |
| ED | 中國小黑山島 | 24 |
| MVC | 德國 Borkum 島 | 7.2～48 |
| | 德國 Ruegen 島 | 120～300 |

2. 太陽能海水淡化（Sharaf A, 2011），太陽能在海水淡化技術中的能量利用有 2 種方式：一是將太陽能轉化為熱能使海水發生相變，即太陽能蒸餾海水淡化技術；二是將太陽能轉化為電能，驅動海水淡化。目前太陽能海水淡化以蒸餾法為主，圖 7-20 為太陽能與海水淡化技術耦合形式相應代表工程實例，如表 7-6 所示。綜上分析，目前世界各地都在大力推動太陽能海水淡化技術，該技術已成為海水淡化的主流技術之一。

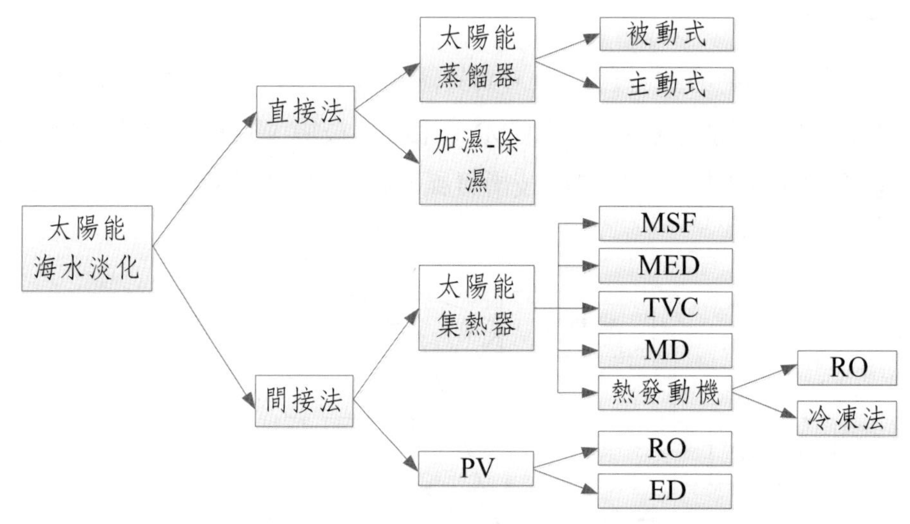


圖 7-20　太陽能與海水淡化技術的耦合形式

表 7-6　部分太陽能海水淡化代表工程

| 太陽能耦合技術 | 地點 | 產水規模 / ($m^3 \cdot d^{-1}$) |
|---|---|---|
| MSF | 德國 Berken 市 | 10 |
| | 義大利 Bari 市 | 5 |
| RO | 義大利 Lipari 島 | 2 |
| | 巴西 Ceara 市 | 6 |
| | 埃及 Alexandria University | 30 |
| | 中國大魚山島 | 5 |
| ED | 日本 Fukue 市 | 200 |

3. 核能海水淡化核能是一種高效、清潔的能源。目前核能的利用包括建立核電站發電

和利用低溫核反應爐供熱，包含以海水淡化爲單一目的的核能淡化廠和以發電、供熱和製淡水多目的的核能淡化廠。1973 年，蘇聯在哈薩克建立 1 座集多目的於一體的 BN-350 核能反應堆海水淡化廠，成功運行 26 年，證明了核能海水淡化的可靠性。1994 年，加拿大爲了提高 CANDU-6 型核電站的安全性和經濟性，對該核電站進行改進，使 CANDU-6 型重水反應堆與逆滲透海水淡化裝置相耦合。1997 年，韓國啓動核能海水淡化研究計畫，開發了製淡水和發電雙目的的 SMART 反應堆，採用熱力蒸汽壓縮多效蒸餾淡化技術。俄羅斯開展了耦合核能浮動發電廠與 MED 技術的研究工作，並與加拿大合作，研究了核能浮動發電廠與 RO 技術的耦合方案。阿根廷開展了 CAREM 反應堆與海水淡化耦合研究方案，反應堆熱功率爲 100 MW，電功率爲 27 MW，淡水產量爲 1,000 $m^3$/d。目前，印度正在實施的 HPWR 反應堆核能海水淡化項目，將改造的兩座 170 WM 的壓水型重水核反應爐與多級閃蒸海水淡化廠和逆滲透海水淡化廠相耦合，其中多級閃蒸的能力爲 4,500 $m^3$/d，逆滲透的能力爲 1,800 $m^3$/d。中國大陸核能海水淡化的研究，主要圍繞在安全性較高的中小型核反應爐。2003 年，在山東開展核能海水淡化示範工程研究工作，整體採用 NHR-200 核能供熱反應堆與高溫豎直蒸發管多效蒸餾海水淡化系統耦合。大陸始建於 2010 年的紅沿河核電海水淡化工程，採用了超濾預處理和逆滲透雙膜法（UF-SWRO）技術，日產淡水 10,080 $m^3$。福建寧德核電廠海水淡化工程，採用傳統預處理和 RO 技術，日均產淡水爲 11,000 $m^3$。

4. 工業熱能海水淡化，其中熱能主要是指工業生產過程中產生的餘熱能，如火力電廠與熱法海水淡化集成，尤其是低溫多效技術不僅可以提高能源的利用率，而且降低了海水淡化的成本。沙烏地阿拉伯目前擁有世界上最大的熱法水電聯產設備和世界上最大的膜法水電聯產設備，將發電廠和 MED 技術系統耦合，日產水量爲 800,000 $m^3$，將發電廠和 RO 技術系統耦合日產淡水 624,000 $m^3$。

## 7-6　結語

市場分析機構 BCC 在最近發布的一份報告中預測，到 2020 年，全球海水淡化設施累計投資將從 2015 年的 214 億美元增至 482 億美元，年均複合增長率爲 17.6%。

據 BBC 預測，全球在逆滲透技術上的累計投資將從 2015 年的 173 億美元增至 2020 年的近 421 億美元，年均複合增長率爲 19.5%。海水淡化雖然在近幾十年有了飛速的發展，但是鑒於全球水資源危機的日益加劇，海水淡化產業還將會有更大的發展空間。

作爲膜海水淡化的核心，聚醯胺複合逆滲透膜的研發也必然會延續其重要性和熱度。逆滲透技術借助於壓力驅動，逆滲透膜在使用過程中必須耐受高壓，同時其膜汙染的風險增加。因而，逆滲透膜的未來發展趨勢包括以下幾點：(1) 設計低壓逆滲透膜。降低操作壓力不僅可以延長逆滲透膜的使用壽命，而且減少電能消耗。當膜材料相同時，逆滲透膜的操作壓力取決於製膜技術的改進。芳香族聚醯胺仍是制約目前商品化逆滲透膜分離特性的關鍵材料，在此基礎上透過改進製膜技術有望獲得相同通量下更低的操作壓力。(2) 開發耐汙染逆滲透膜材料和改質方法。逆滲透的基本原理決定了操作過程不可避免地出現汙染，只有不斷改進膜材料的表面性質，增強其阻抗汙染物在膜表面的不可逆汙染。一方面，透過高分子化學合成方法從根本上設計新型的耐汙染逆滲透膜材料；另一方面，在現有的逆滲透膜基礎上，引入新的改質方案。

近年來，奈米技術成功應用於高性能逆滲透膜中，沸石摻雜的 RO 膜性能取得重大突破。低成本、長壽命、高脫鹽和高滲透性的新型逆滲透膜是逆滲透技術發展的重點之一，包括沸石、碳奈米管、石墨烯等二維材料的混合基質膜及含水通道的多孔仿生脫鹽膜等是未來 RO 膜發展的方向。

# 習　題

1. 試說明逆滲透薄膜的製備方法。
2. 試說明逆滲透的分離機理。
3. 以界面聚合法製備逆滲透薄膜，在成膜過程中影響因素有哪些？試說明之。
4. 以逆滲透進行海水淡化之技術，待處理液在進入逆滲透單元前須經過哪些預處理系統？

# 參考文獻

1. Cadotte J.E., R.J. Petersen, R.E. Larson, E.E. Erickson, A new thin-film composite seawater reverse osmosis membrane, *Desalination*, 32(1980)25-31.
2. Hoffer E., O. Kedem, Nagative rejection of acids and separation of ions by hyperiltration, *Desalination*, 5(1968)167-172.
3. International Desalination Association, *IDA Desalination Yearbook 2011-2012*, London: Global Water Intelligence (2011).
4. International Desalination Association, *IDA Desalination Yearbook 2016-2017*, Oxford: Media Analytics Ltd (2016).
5. Merten U., *Desalination by Reverse osmosis*, MIT Press, Cambridge, MA (1966).
6. Misdan N., W.J. Lau, A.F. Ismail, Seawater reverse osmosis (SWRO) desalination by thin-film composite membrane - Current development, challenges and future prospects, *Desalination*, 287(2012)228-237.
7. Reid C.E., E.J. Breton, Water and ion flow across cellulosic membrane, *J. Appl. Polym. Sci.*, 1(1959)133-143.
8. Sharaf, M.A., A.S. Nafey, L. Garcia-Rodriguez, Thermo-economic analysis of solar thermal power cycles assisted MED-VC (multi effect distillation-vapor compression) desalination processes, *Energy*, 36(2011) 2753-2764.
9. Shenvi, S.S., A.M. Isloor, A.F. Ismail, A review on RO membrane technology: Developments and challenges, *Desalination*, 368(2015)10-26.
10. Sourirajan S., *Reverse Osmosis*, Academic Press, New York (1970).
11. 周勇，*高性能反滲透複合膜及其功能單體製備研究*，浙江大學博士學位論文（2006）。
12. 高從堦，阮國嶺，*海水淡化技術與工程*，化工出版社，北京（2015）。
13. 時鈞，袁權，高從堦，*膜技術手冊*，化學工業出版社，北京（2001）。

# 第八章
# 正滲透

／鍾台生、韓剛、崔玥、羅林

# 8-1 前言

正滲透（forward osmosis, FO）是由滲透壓差驅動的一種新型膜分離技術。相對於傳統的外壓驅動的膜分離過程，FO 具有低能耗（如果汲取液不需要循環再生）和低膜汙染等優異的特性。因此，FO 技術在近年來受到了全世界的廣泛關注，而且在水再生、脫鹽和汙水處理等領域取得了顯著地發展。本章節對 FO 原理，過程設計及其潛在應用進行了系統的介紹與總結，重點圍繞 FO 過程的質傳、濃差極化現象、膜類型、材料、製備、汲取液的發展等最新研究進展進行詳細分析和介紹，同時，列舉了 FO 過程設計及其在水處理等領域的重要應用。最後，作者對 FO 技術現階段存在的問題及其解決方案與研究方向做了展望。

# 8-2 滲透現象

當不同鹽濃度的水溶液被選擇性半透膜分隔時，兩溶液間的化學電位差能會誘發滲透壓差（osmotic pressure gradient, $\Delta\pi$）。在滲透壓差的驅動下，水分子會自動透過半透膜，由高化學電位能溶液〔又稱供給液（feed solution）〕流向低化學電位能溶液〔又稱汲取液（draw solution）〕，直至滲透平衡。這種現象稱爲滲透過程（Paul, 2004）。當達到滲透平衡，汲取液一側增加的水會形成一個靜水壓力，其所產生的跨膜淨水壓差（$\Delta P$）等於溶液間的滲透壓差 $\Delta\pi$。理論上，溶液的滲透壓可以用 van't Hoff 公式計算（Cohen 與 Turnbull，1959）：

$$\pi = icRT \tag{8-1}$$

其中，$c$ 爲溶液中所有溶質的濃度；$i$ 是 van't Hoff 常數；$R$ 是氣體常數；$T$ 是溫度。

圖 8-1 例舉了多種溶質在不同濃度下的水溶液的滲透壓。如圖所示，某些無機鹽溶液的滲透壓可以達到很高，甚至大於 1,000 bar。舉例說明，海水（NaCl 的重量濃度約爲 3.5%）的滲透壓大約爲 27 bar。逆滲透（reverse osmosis, RO）海水脫鹽過程產生的截留液具有較高的鹽濃度，大概在 50～70 g/L，相當於 40～65 bar 的滲透壓。

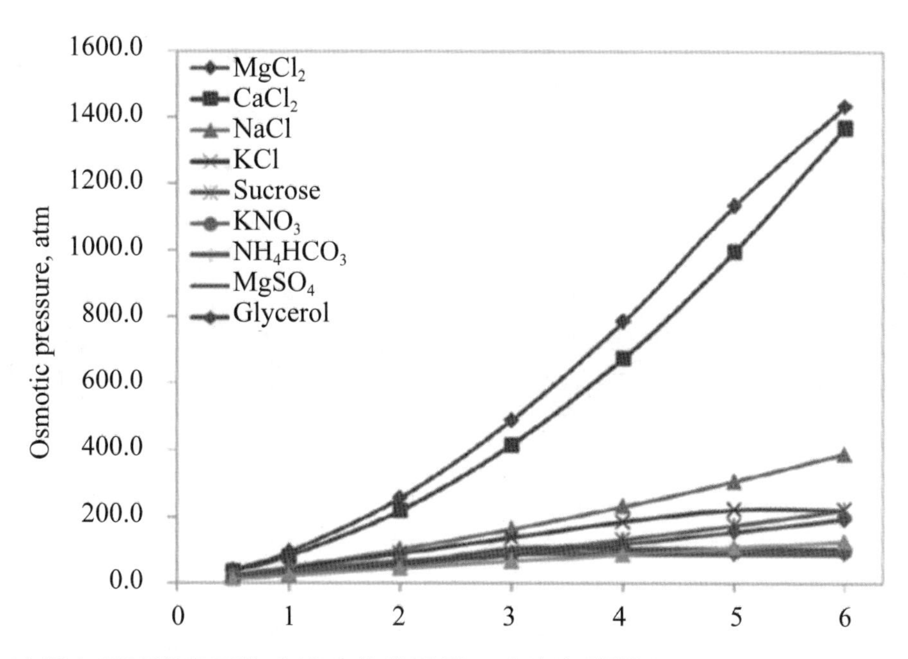


圖 8-1　溶質在不同濃度下的水溶液的滲透壓。溶液滲透壓由 OLI Stream Analyzer（OLI Systems, Inc.）計算所得，溶液溫度設定為 25°C

# 8-3　膜滲透過程的分類

根據施加的外在壓力的大小不同，被半透膜分隔開、具有一定滲透壓差的溶液通常會產生四種不同的滲透過程（Cath 等人，2006；Han 等人，2015a）。

如圖 8-2(a) 所示，當溶液間的外壓差爲零（$\Delta P = 0$）時，膜兩側溶液間的滲透壓差 $\Delta\pi$ 將驅動溶劑分子發生自發的跨膜滲透，該過程爲正滲透（FO）。當在汲取液一側施加一個外壓，但汲取液與供給液間的外壓差 $\Delta P$ 小於其滲透壓差時（$0 < \Delta P < \Delta\pi$），跨膜滲透壓差依舊驅動溶劑分子從供給液流向汲取液，但是水分子的過膜擴散速度被延遲了，該過程稱爲壓力延遲滲透（pressure retarded osmosis, PRO）（圖 8-2 (b)）。壓力延遲滲透過程在滲透機制上近似於正滲透，但是驅動力變爲 $\Delta\pi - \Delta P$。在 FO 和 PRO 過程中，隨著水分子不斷的過膜擴散，汲取液被不斷稀釋而供給液被不斷濃縮，因此誘發水分子跨膜擴散的驅動力在不斷降低，從而使其擴散速度不

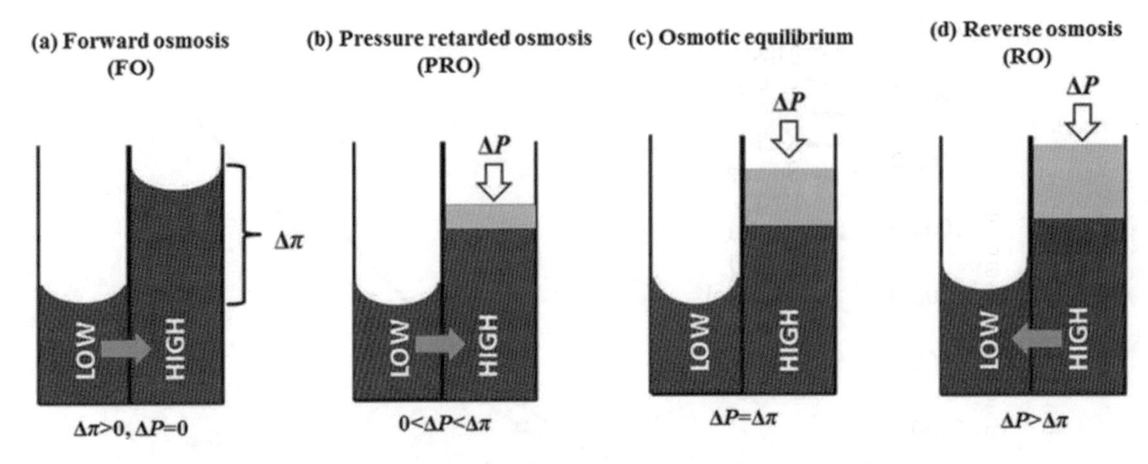


圖 8-2　不同膜滲透過程示意圖（Cath 等人，2006）

斷降低。與此同時，汲取液側的靜水壓力會持續增加，當 $\Delta\pi = \Delta P$ 時，水分子的過膜擴散停止，達到滲透平衡點（如圖 8-2(c)）。當 $\Delta P > \Delta\pi$ 時，水分子將從汲取液一側向供給液一側反向流動，該過程爲逆滲透（反滲透，RO）（如圖 8-2(d)）。在逆滲透過程中，誘發水分子跨膜擴散的驅動力變爲 $\Delta P - \Delta\pi$。

由此可見，不同於傳統的膜分離過程（比如 RO），FO 是由膜兩側溶液間的滲透壓差爲驅動力的自發滲透過程，而不是依靠外界壓力，這使得 FO 擁有很多獨特的優點。如圖 8-3 所示（Chung 等人，2012a,b；Zhao 等人，2012；Han 等人，2012a），FO 過程本身的能耗非常低；對溶質有很高的截留率；FO 的膜汙染傾向較小且可逆性高，這將大大簡化膜清洗工作（Han 等人，2015a,b）。此外，由於汲取液的超高滲透壓，FO 膜的水通量較大，供給液的回收率高。高回收率可以顯著減少被濃縮後的供給液的體積，從而降低廢液的排放量，以及其可能導致的環境問題（Han 等人，2015a,b,c）。FO 過程幾乎可以在任何溫度和壓力下操作，完全取決於工程和技術的要求，這些特性對於熱和壓力敏感物質的富集與分離尤其重要（Yang, 等人，2009a）。

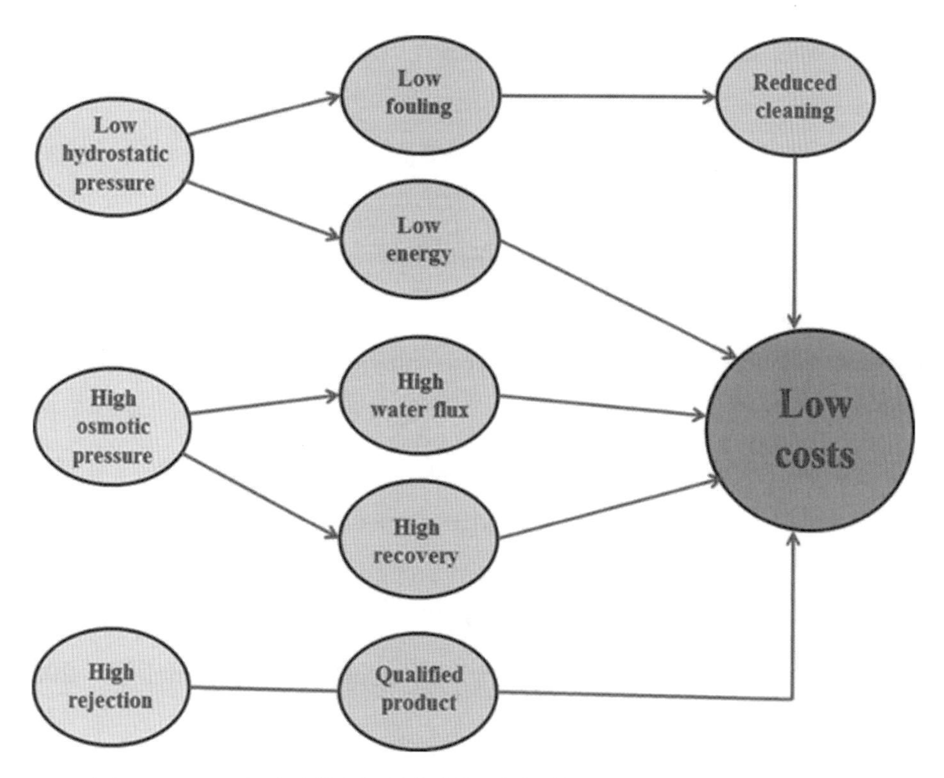


圖 8-3 FO 在水處理應用中的潛在優勢（Zhao 等人，2012）

# 8-4 正滲透過程質傳

正滲透膜的非對稱結構以及汲取液和供給液的同時使用，使 FO 過程中的質傳變得較爲複雜，取決於包括膜結構與種類、膜取向、汲取液的種類與濃度、供給液的質量、溫度等一系列因素（Chung 等人，2012a,b；Zhao 等人，2012；Han 等人，2012a, b）。本小節將會對 FO 過程的質傳現象做詳細討論。

## 8-4-1 水通量和溶質擴散速度

傳統的溶解 - 擴散與擴散 - 對流模型通常被用於闡述水分子與溶質分子在 FO 過程中的跨膜擴散現象。在理想情況下，FO 膜的跨膜水通量（water flux, $J_w$）取決於跨

膜滲透壓差 $\Delta\pi$，並且是外壓差 $\Delta P$ 的線性函數（Loeb, 1976a, b；Lee 等人，1981）：

$$J_w = A(\sigma\Delta\pi - \Delta P) \tag{8-2}$$

其中，$A$ 爲膜滲透係數（pure water permeability）；$\sigma$ 爲反射係數，完美選擇性半滲透膜的 $\sigma = 1$。在 FO 過程中，$\Delta P = 0$，而在 PRO 過程中 $0 < \Delta P < \Delta\pi$。

FO 過程中溶質或者鹽跨膜通量（reverse salt flux, $J_s$）的計算公式爲：

$$-J_s = B\Delta C \tag{8-3}$$

其中，$B$ 爲 FO 膜的鹽分子滲透係數（salt permeability coefficient）；$\Delta C$ 爲 FO 膜兩側的鹽濃度差。通常，水分子與鹽分子的擴散方向相反。FO 膜的鹽分子滲透係數可以用下面的公式計算得到（Lee 等人，1981；McCutcheon 與 Elimelech，2007）：

$$B = A(\Delta P - \Delta\pi)\frac{(1-R)}{R} \tag{8-4}$$

其中，$R$ 是 FO 膜的鹽截留率，它可以由滲透液的鹽濃度（$C_p$）與供給液的鹽濃度（$C_F$）計算得到：

$$R = 1 - \frac{C_p}{C_F} \tag{8-5}$$

但是，以上這些公式只適用於具有完美選擇性與均勻對稱膜結構的理想半通透膜，不能夠準確的描述眞實情況下 FO 的質傳過程。由以上公式估計的理論值和實際測試值之間有較大差距，這主要是因爲濃差極化現象和膜的非完美選擇性等因素。

## 8-4-2 濃差極化

在傳統的外壓驅動的膜分離過程中（比如 RO），隨著水分子的跨膜通透，供給液中的溶質被截留。因此，溶質在膜活性分離層（selective layer）與供給液界面上的濃度高於供給液本體的濃度，濃差極化（concentration polarization）現象因此發生（Lee 等人，1981；McCutcheon 與 Elimelech，2007）。此種類型的濃差極化被稱爲外部濃差極化（external concentration polarization, ECP），因爲它發生在膜外表面而不是在膜內部。在 FO 過程中，水分子跨膜擴散從供給液一側流向汲取液，而溶質被截留，因此 ECP 會發生在膜與汲取液和供給液的界面上。在供給液一側，溶質在膜與溶液界面上的濃度高於供給液的本體濃度，濃縮型 ECP 發生。反之，稀釋型 ECP 發生在膜表面與汲取液的界面上。ECP 可透過增大溶液流速和其在膜表面的湍流度來加以有效控制（Lee 等人，1981；McCutcheon 與 Elimelech，2007）。因爲非對稱 FO 膜的多孔支撐層（supporting layer）的厚度一般遠遠大於其活性分離層，所以發生在支撐層與溶液界面上的 ECP 可以忽略不計。

不同於 ECP，在多孔且曲折的膜支撐層中，溶質和其他粒子的擴散運動被大大抑制且基本不受主體溶液在膜表面的流動特性所影響，導致了溶質在支撐層中的濃度不同於與其主體溶液的濃度。當溶質和溶劑在多孔支撐層中擴散時，沿著活性分離層的內表面到支撐層外表面會形成一層極化層，這種發生在多孔支撐層內部的濃差極化現象稱爲內濃差極化（internal concentration polarization, ICP）。在 FO 過程中，根據活性分離層的朝向不同，膜取向可以分爲 PRO 模式和 FO 模式。如圖 8-4 所示，活性分離層朝向汲取液一側稱爲 PRO 模式。反之，活性分離層朝向供給液一側即爲 FO 模式。

在 PRO 模式下，水分子由多孔支撐層透過活性分離層流向汲取液，而供給液中的溶質被截留，與此同時汲取液中的溶質跨膜滲透到支撐層中，使得支撐層中的溶質濃度和滲透壓高於供給液側膜表面和供給液本體的濃度和滲透壓（$\pi_{F,m} > \pi_{F,b}$），這被稱爲濃縮型內濃差極化。相反，在 FO 模式下，水分子由活性分離層向多孔支撐層方向流動，而溶質則向相反方向滲透。此時在多孔支撐層內形成的極化層的溶質濃度和滲透壓均低於汲取液側膜表面和汲取液本體的溶質濃度和滲透壓（$\pi_{D,m} > \pi_{D,b}$），這被稱爲稀釋型內濃差極化。ECP 和 ICP 使得活性分離層兩側的有效濃度差和滲透壓差（$\Delta\pi_{eff}$）小於汲取液與供給液本體液間的差別，導致 FO 過程有效滲透驅動力和水通量降低，弱化分離膜使用效能。值得注意的是：(1) ICP 效應引起的膜通量下降遠超 ECP，(2) ICP 的負面效應在 PRO 模式中高於 FO 模式，(3) ICP 負面效應在高汲取液濃度下更顯著，(4) 改變溶液的水動力流動條件比如增大流速和湍流度不能顯著

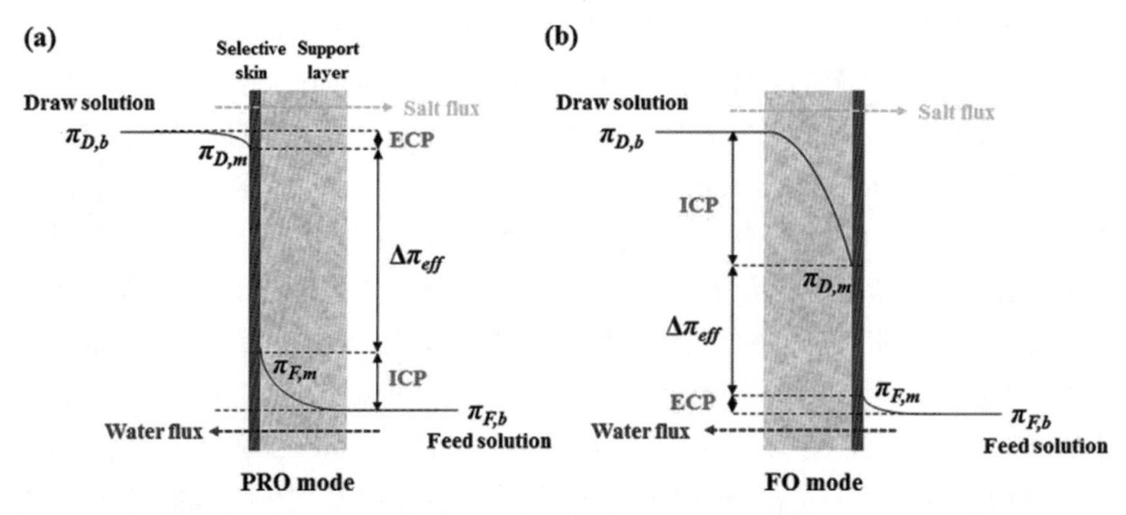


圖 8-4　不同 FO 膜取向中的溶質濃度分布示意圖：(a) 活性層朝向汲取液一側（PRO 模式）；(b) 活性層朝向供給液一側（FO 模式）

降低 ICP，(5) ICP 主要取決於膜本身結構參數和汲取液的性質（Han 等人，2015a；McCutcheon 與 Elimelech，2006）。

FO 過程中的另外一個問題是溶質的反向擴散（$J_s$）。現實情況下，FO 膜不具有完美的半通透選擇性，汲取液中的溶質在濃度差的驅動下會跨膜滲透到供給液中，反向溶質通量造成汲取液中的溶質流失，增高供給液中的溶質濃度，從而降低汲取液與供給液的滲透壓差。此外，反向滲透的溶質會在膜支撐層中富集，加劇 ICP 效應。大量實驗和研究證實，溶質的反向滲透還可以影響溶液的化學性質，從而改變膜汙染（Tang 等人，2010；Phillip 等人，2010）。

受限於 ECP、ICP 和溶質反向滲透，膜活性分離層兩側的有效滲透壓差（$\Delta\pi_{eff}$）遠遠低於理論估計值（汲取液與供給液本體的滲透壓差）。因此，上面所述的公式（8-2）應該改寫爲（Lee 等人，1981）：

$$J_w = A(\Delta\pi_{eff} - \Delta P) \tag{8-6}$$

如圖 8-4(a) 所示，在 PRO 模式下，稀釋型 ECP 發生在膜活性層表面，在靠近汲取液一側的膜表面滲透壓 $\pi_{D,m}$ 可以由以下公式表達：

$$\pi_{D,m} = \pi_{D,b} \exp(-\frac{J_w}{k}) \tag{8-7}$$

其中，$k$ 是質傳係數（mass transfer coefficient）；$\pi_{D,b}$ 是汲取液主體溶液的滲透壓。質傳係數 $k$ 的計算公式為（Lee 等人，1981；McCutcheon 與 Elimelech, 2007）：

$$k = \frac{\text{Sh}D}{d_h} \tag{8-8}$$

其中，$D$ 是溶質擴散係數（solute diffusion coefficient）；$d_h$ 是水力直徑（hydraulic diameter）；Sh 是舍伍德數（Sherwood number）：

$$Sh = 1.85(\text{Re}\,Sc\frac{d_h}{L})^{0.33} \tag{8-9}$$

其中，$R_e$ 是雷諾數（Reynolds number）；$Sc$ 是施密特數（Schmidt number）；$L$ 是通道長度。

相反，在 FO 模式下，濃縮型 ECP 發生，使得膜活性層表面的滲透壓 $\pi_{F,m}$ 變為：

$$\pi_{F,m} = \pi_{F,b} \exp(\frac{J_w}{k}) \tag{8-10}$$

其中，$\pi_{F,b}$ 是供給液主體溶液的滲透壓。

ICP 的發生主要是因為溶質在多孔支撐層中的擴散被抑制（Lee 等人，1981；Loeb 等人，1997；Tang 等人，2010），在 PRO 模式下，支撐層中的溶質通量 $J_s$ 由兩部分構成，包含濃度差驅動引發的溶質擴散和水通量引起的對流湧動（Wijmans 與 Baker, 1995；Zhang 等人，2010）：

$$J_s = \frac{D\varepsilon}{\tau}\frac{dC(x)}{dx} - J_w C(x) \tag{8-11}$$

其中，$\varepsilon$ 是膜支撐層的孔隙率（porosity）；$\tau$ 是支撐層孔結構的曲折度（tortuosity）。在穩定狀態下，公式（8-3）和（8-11）應該相等：

$$B(C_{D,m}-C_{F,m})=\frac{D\varepsilon}{\tau}\frac{dC(x)}{d(x)}-J_wC(x) \tag{8-12}$$

上述等式在厚度爲 $l$ 的膜支撐層中積分得到：

$$J_w=\frac{1}{K}\ln\frac{A\pi_{D,m}-J_w+B}{A\pi_{F,b}+B} \tag{8-13}$$

其中，$K$ 是溶質在支撐層中的擴散阻力參數，可以由以下公式計算得到：

$$K=\frac{S}{D} \tag{8-14}$$

其中，$S$ 是膜結構參數（structural parameter），被定義爲：

$$S=\frac{\tau l}{\varepsilon} \tag{8-15}$$

以此類推，在 FO 模式下，ICP 對膜水通量的影響可以表述爲：

$$J_w=\frac{1}{K}\ln\frac{A\pi_{D,b}+B}{A\pi_{F,m}+J_w+B} \tag{8-16}$$

在正滲透中，ECP、ICP 和溶質反向滲透對水通量的耦合影響可以表述爲：
在 PRO 模式下：

$$J_w=A\left[\pi_{D,b}\exp(-\frac{J_w}{k})-\pi_{F,b}\exp(J_wK)\right] \tag{8-17}$$

在 FO 模式下：

$$J_w=A\left[\pi_{D,b}\exp(-J_wK)-\pi_{F,b}\exp(\frac{J_w}{k})\right] \tag{8-18}$$

研發有效的 FO 膜和汲取液可以顯著減少濃差極化和溶質反向滲透的影響。理想的 FO 膜應該具有適合的膜結構和高通量與選擇性。在過去的十年中，大量的研究工作致力於設計和製備結構優異、性能優良的 FO 膜。關於 FO 膜的發展將會在下面的部分詳細討論。

# 8-5　正滲透膜

## 8-5-1　正滲透膜的製備方法

正滲透膜通常具有非對稱的膜結構，包括一個活性分離層和一個多孔支撐層，活性分離層主要起截留作用，而多孔支撐層主要起機械支撐作用。如圖 8-5 所示，根據製備方法不同，正滲透膜大致可分為兩類：一種是相轉化（phase inverse）法直接製備而成的非對稱膜（integrally-skinned membrane）；另外一種是複合（thin film composite, TFC）膜。相轉化製膜法中，隨著溶劑與非溶劑的交換，高分子材料的均勻溶液在非溶劑中發生相分離，高分子材料固化形成多孔結構。複合膜的製備通常分為兩個步驟，多孔支撐層基材膜一般由相轉化法首先製備而成，然後在基材膜表面鍍上一層活性分離層。活性分離層的製備可以透過多種方法實現，比如浸塗法、原位聚合法、電漿聚合法、界面聚合法（interfacial polymerization）等。複合膜的最大優點是其多孔支撐層和活性分離層可以分別製備與優化，以達到理想的膜結構與性能。根據膜組件劃分，正滲透膜又可分為平板膜和中空纖維膜。膜組件形態主要決定了膜組的製備以及與系統的整合，而膜結構和製備方法決定了膜分離性能。

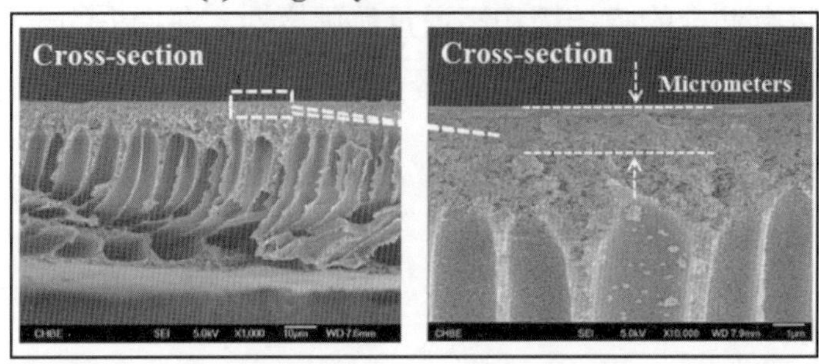


(b) Thin-film composite membrane

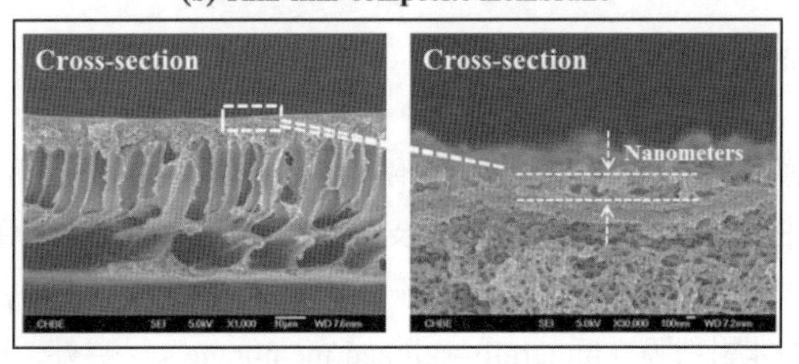


圖 8-5　膜示意圖：(a) 相轉化法直接製備的非對稱膜；(b) 薄膜複合膜

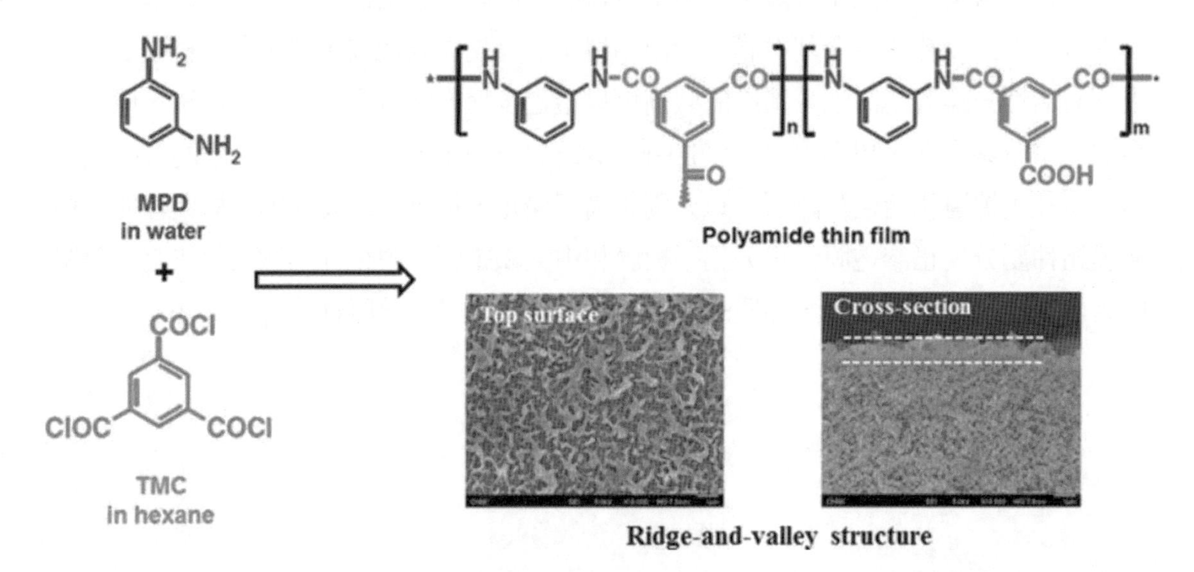


圖 8-6　間苯二胺和均苯三甲醯氯界面聚合反應示意圖，以及所形成的聚醯胺活性分離層的表面圖像

界面聚合法目前被廣泛用於製備高效的複合膜，主要藉由二胺類和醯氯類單體間的縮聚反應形成聚醯胺類活性分離層（Cadotte 等人，1980），所形成的聚醯胺活性分離層擁有超薄的厚度，通常小於幾百奈米，和高親水性。其中，間苯二胺（*m*-phenylenediamine, MPD）和均苯三甲醯氯（trimesoly chloride, TMC）被廣泛用於製備高親水性、高水通量和鹽截留率的正滲透複合薄膜，如圖 8-6 所示。

## 8-5-2　高效型正滲透膜的製備要求

理想的正滲透膜應該具備：(1) 高水通量和高鹽截留率、(2) 低內濃差極化、(3) 強耐 pH 和耐氯性、(4) 高親水性、(5) 高機械和化學穩定性。理論上，高性能正滲透膜需要具有高水分子滲透係數（$A$）、低鹽分子滲透係數（$B$）、低膜結構參數（$S$）。早期研究發現逆滲透膜在 FO 中無法獲得理想的性能，主要因爲膜的疏水性和嚴重的內濃差極化現象（Mehta 與 Loeb，1978；Loeb 等人，1976a,b；Jellinek 與 Masuda，1981）。超薄活性分離層和多孔支撐層對正滲透膜都非常重要，因此高效型正滲透膜的製備通常聚焦在以下兩方面：一是提高超薄活性分離層的水滲透係數和選擇性，比如透過優化聚合反應或者有效的後處理實現；另一種方法是製備有效的多孔支撐層，使其具有高親水性，理想的膜結構和低膜結構參數（Han 等人，2015a, 2012b；Widjojo 等人，2013；Klaysom 等人，2013；Wang 等人，2012b）。

## 8-5-3　相轉化法直接形成的非對稱正滲透膜

相轉化法製備的醋酸纖維素（cellulose acetate, CA）膜被廣泛應用於正滲透過程，包括平板膜與中空纖維膜（Zhang 等人，2011；Wang 等人，2010a；Su 等人，2010）。醋酸纖維素膜的優點在於其較好的親水性、機械強度和耐氯性、較低的膜結構參數，由此可提高水通量和降低膜汙染。但是，醋酸纖維素易受溶液 pH 影響，其 pH 適用範圍在 7～9 之間，過酸或過鹼都會導致其水解。其中，被廣泛研究與應用的是由美國 HTI（Hydration Technology Innovations）公司研發的三醋酸纖維素（CTA）平板膜。如圖 8-7(a) 所示，作爲商用正滲透膜，其膜厚度約爲 50～60 μm，遠遠小於傳統的 RO 膜。較小的膜結構參數使內濃差極化顯著降低；醋酸纖維素的親水性增強了膜孔結構的潤濕性和水分子透過性（Sairam 等人，2011；Xu 等人，2010）。嵌入膜中的織物（woven）支撐層，使其保持較高的膜機械強度。此外，多種其他醋酸纖維素膜也被發明並應用於正滲透過程，但是只是在實驗室規模（圖 8-7(b)）（Zhang 等人，2011；Ong 等人，2012；Wang 等人，2010b；Su 等人，2010）。

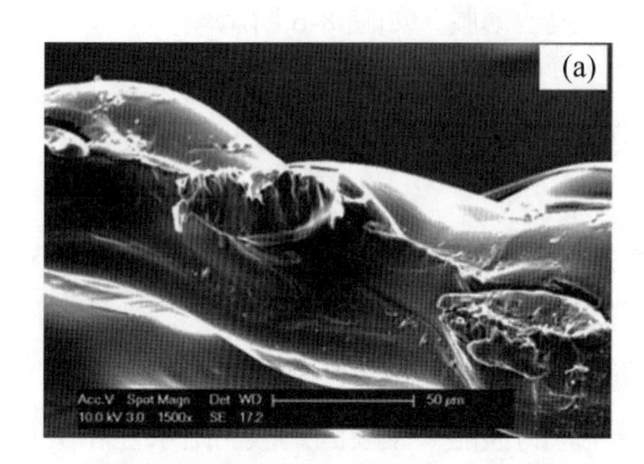


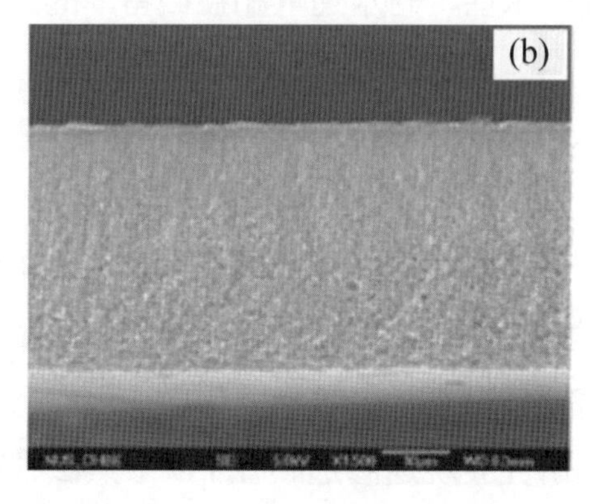


圖 8-7　掃描電子顯微鏡（SEM）圖像：(a) 商用的 HTI-CTA 正滲透膜（Zhao 等人，2012）；(b) 實驗室製備的 CTA 膜（Zhang 等人，2011）

Chung 的研究小組發明了一系列聚苯并咪唑（polybenzimidazole, PBI）中空纖維正滲透膜（Wang 等人，2007；Yang 等人，2009b），如圖 8-8 所示。PBI 中空纖維膜由相轉化法一次性紡絲製備，其膜結構易調控、孔隙率高、孔連通性好。由於自身的電荷特性、強機械和化學強度，此類 PBI 中空纖維膜非常適合應用於正滲透過程。但是，最初的實驗顯示單層 PBI 膜的鹽截留率不高，特別是對 NaCl 的截留率偏低（Wang 等人，2007）。之後，透過優化紡絲溶液的組分與化學性質以及紡絲過程，PBI 中空纖維膜的性能被進一步提高（Yang 等人，2009b）。如圖 8-8(b) 所示，改進後的雙層 PBI 中空纖維膜由一個超薄活性分離層和高孔隙率的支撐層組成，使其正滲透性能顯著提高。

相轉化製膜法簡單、方便，可以一步完成。但是，相轉化製備的膜通常具有較小的 FO 水通量，而且鹽截留率不高。除了材料本身的限制外，相轉化膜的活性分離層和支撐層相對較厚，水分子擴散阻力較大，ICP 效應顯著。這主要因為相轉化過程非常快並且複雜，很難同時有效的控制活性分離層與支撐層的結構與形態（Han 等人，2015a）。

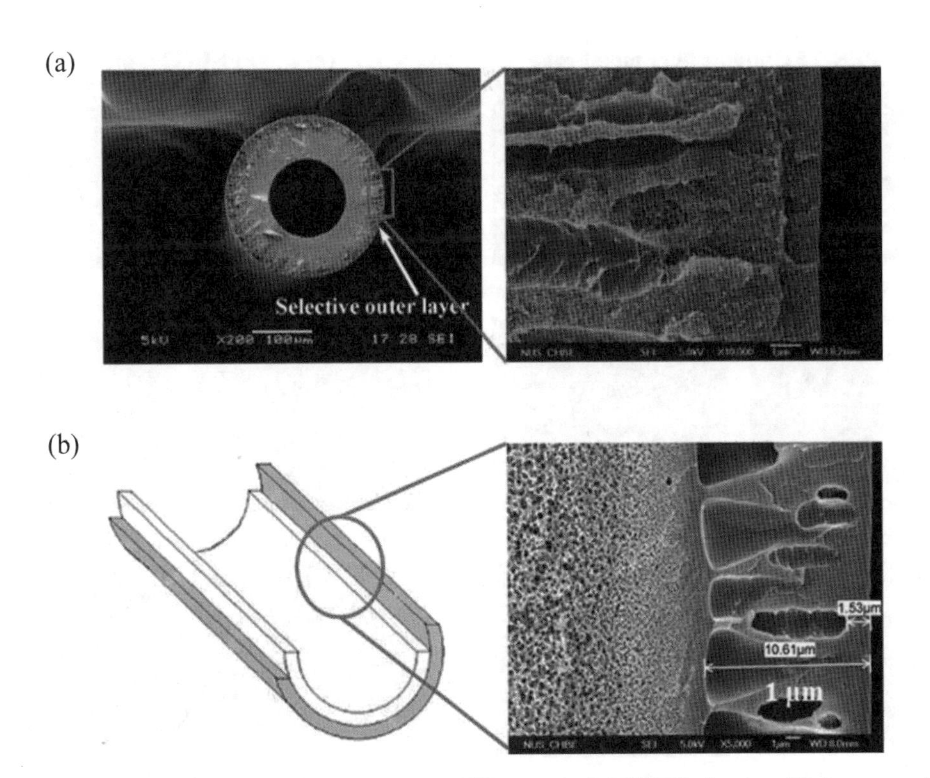


圖 8-8　掃描電子顯微鏡（SEM）圖片：(a) 單層 PBI 中空纖維膜（Wang 等人，2007）；(b) 雙層 PBI 中空纖維膜（Yang 等人，2009b）

## 8-5-4　薄膜複合膜

相較於相轉化膜，複合薄膜（TFC）以其靈活的膜材料選材和結構設計而受到更爲廣泛的研究與應用。目前，幾乎所有報導的高性能正滲透膜都是 TFC 膜。

超薄活性分離層主要起截留作用，要求緻密且薄，多選用間苯二胺和均苯三甲醯氯單體界面聚合形成的聚醯胺層。此類 TFC 膜具有較高的水透過率、鹽截留率和機械穩定性，較寬的 pH 使用範圍，同時可分別優化多孔支撐層和活性分離層，但耐氯性相對較差。透過在聚醯胺活性層中添加奈米顆粒，會進一步提高水分子透過率，但不降低膜選擇性，從而提高膜的水通量（Amini 等人，2013；Ma 等人，2012）。研究顯示，這些嵌入的奈米材料可以增加活性分離層的孔隙率與通透性。

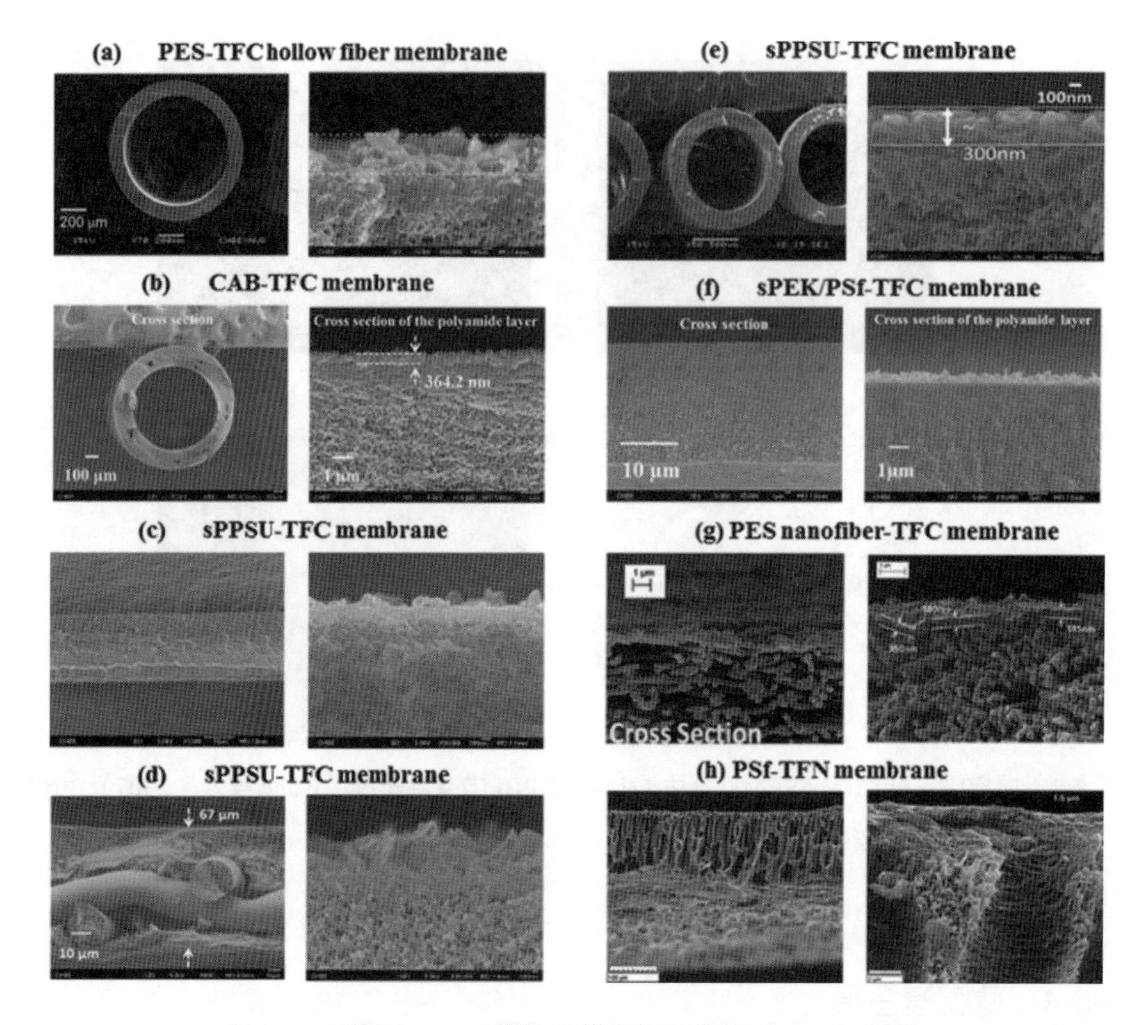


圖 8-9　不同 TFC-FO 膜的掃描電子顯微鏡（SEM）圖像

（參考文獻：(a) Sukitpaneenit等人，2012；(b) Han等人，2015b；(c) Widjojo等人，2013；(d) Han等人，2016；(e) Zhong等人，2013；(f) Han等人，2012b；(g) Song等人，2011；(h) Amini等人，2013）

多孔支撐層對 TFC 膜的性能影響顯著，不但起機械支撐作用還決定了膜的結構參數和內濃差極化效應。支撐層常用的膜材料包括聚醚碸（polyethersulfone, PES）（Wang等人，2010b；Sukitpaneenit與Chung，2012），聚碸（polysulfone, PSf）（Yip等人，2010），醋酸纖維素（CA）（Li 等人，2012；Han 等人，2015b），磺化高分子材料（sulfonated material）（Wang 等人，2012a；Han 等人，2012b；Widjojo 等人，2013；Zhong 等人，2013；Han 等人，2016），奈米纖維（nanofiber）（Song 等人，2011；Bui 等人，2011）。近期，多孔中空纖維膜也被用於 TFC-FO 膜的支撐層，展

現了很高的機械強度（Luo 等人，2014）。圖 8-9 展示了不同 TFC-FO 膜的結構與形態，而圖 8-10 總結了用於製備支撐層的膜材料。使用親水性高分子材料製備 TFC 膜的多孔支撐層，可以顯著降低內濃差極化從而提高膜的水通量。研究證明，親水性支撐層能夠增強孔結構的潤濕性和溶液交換，從而降低水分子的擴散阻力與膜結構參數（Han 等人，2015a）。靜電紡絲奈米纖維製備的多孔支撐層具有獨一無二的結構，比如纖維相互連接、低彎曲度和高的孔隙率，因此具備極小的膜結構參數。

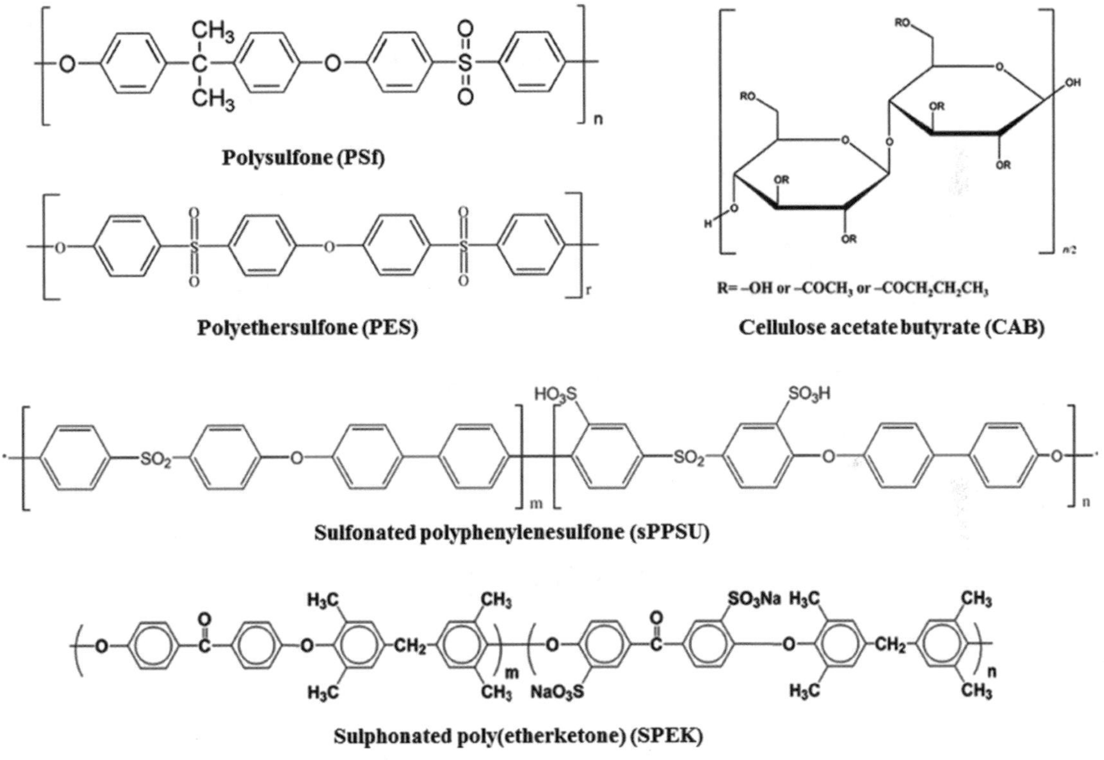

Polysulfone (PSf)

Polyethersulfone (PES)

R= –OH or –$COCH_3$ or –$COCH_2CH_2CH_3$

Cellulose acetate butyrate (CAB)

Sulfonated polyphenylenesulfone (sPPSU)

Sulphonated poly(etherketone) (SPEK)

圖 8-10　用於製備 TFC-FO 膜支撐層的膜材料化學結構示意圖

## 8-5-5　其他種類的正滲透複合膜

如圖 8-11(a) 所示，水通道蛋白（aquaporin, Aqp）可以用來製造生物仿真正滲透膜（biomimetic membrane）（Wang 等人，2012b）。這類生物仿真膜展現了超高的水通量與較好的鹽截留率。但是，生物仿真膜的製備過程複雜、原材料成本高、機械強度不高。此外，在惡劣的處理環境中水通道蛋白可能會失去活性。如圖 8-11(b) 所示（Duong 等人，2013；Saren 等人，2011），透過使用帶相反電荷的電解質材料層層沉積（layer-by-layer, LbL），奈米級厚度的電解質活性分離層可以在多孔支撐層表面形成。層層沉積法製備的 FO 複合膜通常具有較低鹽截留率，雖然化學交聯可以提高鹽截留率，但是水通量會隨之顯著降低（Qiu 等人，2011）。選擇合適的電解質與交聯劑，優化膜結構與沉積方法可能會提高 LbL 膜的 FO 性能。

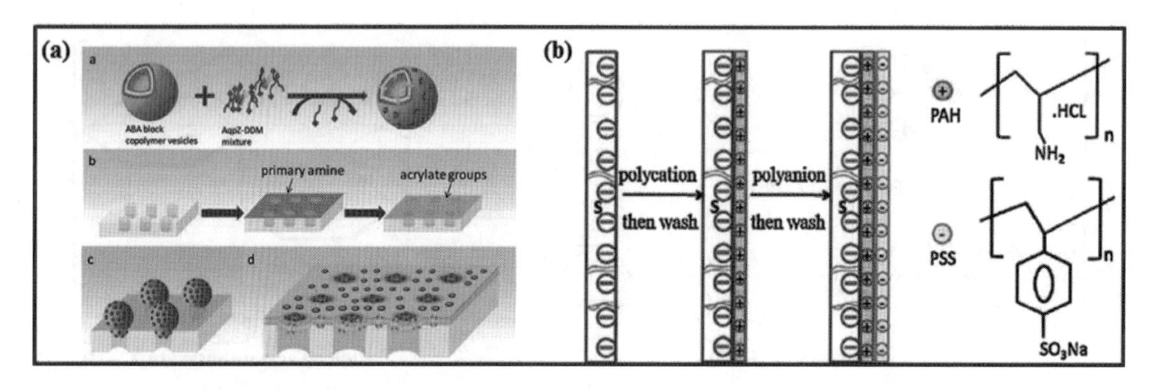


圖 8-11 (a) 水通道蛋白嵌入式生物仿真膜（Wang 等人，2012b）；(b) 與 LbL 層層沉積膜示意圖（Qiu 等人，2011）

## 8-6 汲取液與驅動質

正滲透過程質傳的驅動力是膜兩側的滲透壓差，所以汲取液（draw solution）是正滲透過程中的另一要素，其爲正滲透過程提供驅動力。高效的汲取液在一定程度上會提升正滲透過程的效率，同時減少汲取液重回收和補充驅動質的成本。具體而言，理想的汲取液應滿足以下條件。首先，汲取液需要具備高的滲透壓，滲透壓愈高，膜水通量愈大。此外，多價離子化合物乃驅動質的一大選擇，離子化合物能在水中充分電離，產生更多的自由離子，可獲得高滲透壓（Amiji 與 Sandmann，2002）。其次，理想的驅動質需有盡可能低的逆向滲透通量（$J_s$），驅動質的逆向跨膜滲透會造成驅動質損失和原料液被汙染（Hancock 與 Cath, 2009；Wang 等人，2011；Alturki 等人，2012；Chung 等人，2012a,b）。此外，汲取液在正滲透過程中會被稀釋，因此，汲取液的再生必須簡單廉價。通常而言，正滲透過程之後通常需要一個重回收過程以濃縮汲取液和得到純淨水。常見的重回收方法有：逆滲透（RO）、奈米過濾（nanofiltration, NF）、超過濾（ultrafiltration, UF）、膜蒸餾（membrane distillation, MD），以及一些熱方法（Ge 等人，2013）。以上方法需要利用液壓或者加熱，能量耗費通常較大。因此，若有簡單低廉的重回收方法以回收驅動質，將極大地降低正滲透過程的能耗與成本。最後，驅動質分子量不宜過大，且其溶液以低黏度爲宜。在正滲透過程中，內濃度極化（ICP）在很大程度上影響了膜性能，驅動質的低擴散係數會加劇 ICP。因此，較小分子驅動質，以及低黏度是汲取液另一重要選擇標準。以上爲驅動質或汲取液主要選擇標準，其他次要標準包括便於運輸、操作、與正滲透膜相容性良好等等。

## 8-6-1　汲取液的分類與發展

基於上述準則，在過去的幾十年間，許多科學家和研究員致力於高效汲取液的研發。在早期階段，由於其廉價易得，科學家們往往選擇市售類化合物作爲驅動質，在 2007 年以後，自主合成的驅動質由於具備優越的性能，因此漸漸受到了更多的青睞（Ge 等人，2013；Achilli 等人，2010）。

市售類驅動質根據其理化性質，大致可分爲無機驅動質和有機驅動質。在 1964 年，Neff（Neff, 1964）嘗試將氨氣與二氧化碳混合作爲海水淡化過程的驅動質。基於此，在 2000 年初，McCutcheon（McCutcheon 等人，2006）與 McGinnis（McGinnis 等人，2007）等人對碳酸氫銨作爲驅動質的可行性做了大量後續研究。碳酸氫銨具有較高的滲透壓和水通量，而且可用熱法來重回收。碳酸氫銨在 60℃下將分解爲氨氣與二氧化碳氣體，可分別回收，隨後再將兩種氣體混合溶解於水中，重新得到碳酸氫銨，完成驅動質的重回收。鑒於碳酸氫銨的分解溫度較低，可利用低檔工業廢熱能完成驅動質重回收利用。儘管如此，碳酸氫銨作爲驅動質仍然具有不可忽視的缺點，其逆向滲透通量過高，這不僅降低了膜兩側的滲透壓差，而且汙染了供給液。此外，少量的氨在水中較難除去，且其對人體有一定毒性，這亦使得碳酸氫銨作爲驅動質需要進一步研究完善。Batchelder（Batchelder, 1965）與 McGinn（McGinn, 2002）等人將二氧化硫（$SO_2$）與硝酸鉀（$KNO_3$）聯合使用於雙正滲透系統的過程中。在第一個正滲透過程中，硝酸鉀作爲汲取液。隨後，被稀釋的硝酸鉀溶液在第二個正滲透過程中作爲原料液被濃縮，此過程的驅動質爲飽和的二氧化硫溶液。隨後，$SO_2$ 透過熱法被回收。然而，由於其揮發性與腐蝕性，$SO_2$ 作爲驅動質亦需小心使用。此外，$SO_2$ 兼具氧化性與還原性，且其逆滲透通量較高，使用時還需考慮其與供給液的兼容性。1990 年以後，人們更多地把目光轉向市售無機鹽，有多種無機鹽被用於正滲透過程，例如 NaCl、$MgCl_2$、$MgSO_4$、$KHCO_3$、$NaHCO_3$、$Na_2SO_4$、$K_2SO_4$ 和 $(NH_4)_2SO_4$ 等。無機鹽作爲驅動質一般具有較高滲透壓以及水通量。其中，Phuntsho（Phuntsho 等人，2011）等人將可作爲化肥的無機鹽作爲驅動質，被稀釋的汲取液無需重回收利用，可直接用於農田灌溉。如此一來，此過程的能耗非常低。但是，大部分化肥無機鹽在水中都呈現酸性，酸性溶液可能使某些膜結構改變甚至坍塌（例如醋酸纖維素／三醋酸纖維素膜），這將大大縮短膜使用壽命。其次，某些化肥只能部分溶於水中；有些雖能全溶於水，但只能部分電離。如此，溶液滲透壓可能過低，以至於無法在正滲透過程中獲得足夠的水通量。雖然提高化肥濃度可以改善這一狀況，但是這將引起嚴重的濃度極化，而導致水通量下降。同時，高濃度化肥溶液在經正滲透過程稀釋後，濃度可能仍高於灌溉要求，需要進一步稀釋（Phuntsho 等人，2012）。總而言之，無機驅動質可產生較高的滲透壓及水通量，且回收手段相對成熟。但是，無機驅動質有較高的膜汙染可能性，這將縮短膜使用壽命和溶液回收效率。此外，回收手段（如奈米過濾或逆滲透）通常需用到高液壓，將消耗大量能量（Achilli 等人，2010）。

市售有機質是另一類被大量研究的驅動質。早在 1975 年，Kravath 和 Davis（Kravath 與 Davis, 1975）將葡萄糖作爲正滲透過程的驅動質用於海水淡化。最終產物爲可食用的葡萄糖稀溶液，無需重回收利用驅動質，適合在緊急情況下提供可飲用水源（例如在緊急救生艇上）。隨後，研究人員在此基礎上研發了果糖、蔗糖等天然營養物作爲驅動質，並衍生出了許多相關產品（Kessler 與 Moody，1976）。除了天然營養物質以外，有機鹽爲另一類廣受關注的驅動質，這一類驅動質常用於正滲透膜生物反應器（osmotic membrane bioreactor, OMBR）系統中，其優勢在於利用了有機鹽的生物可降解性，減少了其在 OMBR 系統中的累積（Bowden 等人，2012）。有機鹽在 RO 重回收過程中截留率較無機鹽高，且在 OMBR 過程中可生物降解。但是，與無機鹽相比，較大的分子量以及較低的擴散係數使得有機鹽在相似的條件下（陽離子，滲透壓等）所得水通量低於無機鹽（Ge 等人，2013）。

鑒於市售驅動質普遍具有水通量低，難以回收等侷限性，科學家們開始把目光轉向實驗室合成驅動質。在過去的幾十年裡，科學家們合成了衆多不同類型的驅動質。親水性奈米磁性顆粒（magnetic nanoparticle, MNP）被認爲是具有良好應用前景的驅動質之一（Warne 等人，2008；Ling 與 Chung，2011a,b）。一系列不同表面親水基團，例如聚丙烯酸（PAA）、聚乙二醇乙二酸（PEG-$(COOH)_2$）修飾的 MNP 透過一步反應合成。研究發現，表面基團對於 MNP 的親水性和溶液滲透壓有著緊密的聯繫：即提高表面基團的親水性或者減小 MNP 的尺寸可以提升其滲透壓。此外，由於其較大的尺寸，當 MNP 作爲驅動質時，其逆向滲透通量非常低。MNP 驅動質的另一大優點是其重回收可利用外加磁場，這減少了驅動質重回收的能耗。但是，由於 MNP 在高強度磁場下會團聚，重回收的 MNP 的正滲透性能會下降。之後，熱回應型 MNP 也被發明並作爲驅動質應用於正滲透中。稀釋後的汲取液被加熱到臨界溫度以上，熱回應 MNP 開始團聚，甚至析出，即可用超過濾或低強度磁場直接重回收利用（Zhao 等人，2014；Ling 等人，2011c）。

除了 MNP 以外，水凝膠爲另一種廣受關注的合成驅動質。水凝膠爲三維網狀結構的高分子材料，大量的親水基團可以吸收大量水分子。然而，單純的水凝膠正滲透性能並不理想。所以 Li（Li 等人，2011）等人合成了刺激回應性水凝膠，以提高其正滲透水通量。在正滲透海水淡化應用中，此種水凝膠可從鹽水中汲取水，然後在熱／壓力刺激下將水釋放。然而，雖然比單純的水凝膠性能已有所提升，此種水凝膠的性能還需進一步提升，而且釋放水的過程需要升溫／高壓，能耗較高。

離子型聚合物是最新發明的另一類具有巨大應用前景的一類驅動質。例如聚丙烯酸鈉鹽（PAA-Na）（Ge 等人，2012a），其具有高溶解度、靈活的構型，以及較大的半徑，使得其在正滲透過程中具有較高的水通量，可忽略的溶質逆向滲透通量以及方便高效的重回收手段（例如 UF）。但是，隨著濃度升高，其黏度隨之升高，導致濃差極化現象嚴重。因此，科學家們可以將正滲透過程與膜蒸餾過程聯合使用，在高溫下，PAA-Na 汲取液的黏度會顯著降低，隨後直接進行膜蒸餾，以完成驅動質的回收（Ge 等人，2012b）。此外，刺激回應性聚合物也作爲驅動質應用於正滲透過程中（Kim 等人，2016；Noh 等人，2012）。此類聚合物具有易重回收的優點，即在一定的刺激下聚合物析出，分離過後，撤去刺激，聚合物可重新溶於水中。近來，金屬絡合物作爲驅動質受到了廣泛的關注（Cui 等人，2014；Ge 與 Chung，2013）。該金屬絡合物擁有金屬離子中心（例如鐵／銅／鈷離子等），以及羧基烴酸酸（例如檸檬酸、酒石酸、草酸等等）作爲配體，擁有較大的結構，多個親水基團。這使得其在正滲透應用中能產生高水通量但極低的逆向滲透通量，且可利用奈米過濾等簡便方法重回收。然而，高濃度金屬絡合物也具有較高的黏度，極大地限制了其在正滲透過程中的應用。因此，也可考慮將正滲透過程與膜蒸餾過程聯合（FO-MD），以降低其黏度且利於其回收。

## 8-7 正滲透過程的應用

正滲透過程現已廣泛應用在水回收（water reuse）、重金屬離子的去除（heavy metal ions removal）、廢水處理（wastewater treatment）與脫鹽（desalination）等方面（Chung 等人，2015）。此外，將正滲透與其他膜分離技術組合也成爲新的趨勢及應用熱點。迄今爲止，正滲透技術的開發應用主要集中在實驗研究階段，還沒有投入大規模的工業應用，本小節將列舉部分具代表性之應用說明。

### 8-7-1 正滲透在水處理領域中的應用

近來，正滲透在含油廢水（oily wastewater）的處理應用上得到了廣泛的關注。由於石油工業的不斷發展，愈來愈多的油田採用水力壓裂開發方式，造成採出水（produced water）量大幅增長，而此油田採出水不可避免的會產生含油廢水，如何經濟環保地處理含油廢水將成爲一部分工業可持續發展的關鍵。含油廢水中，當油滴顆粒小於六微米，會均勻分散在水相中，形成性質穩定的乳化液，此類型廢水很難用傳統方法處理。由於產生的地區和來源不同，油田採出水中汙染物的含量具有很大差別，總的來說，其中汙染物主要可分爲油脂類、總溶解固體（如鹽類）、有機物（如有機酸、多環芳香烴、酚類）等。雖然微過濾、超過濾可用於含油廢水處理，但它們對其中小分子的鹽類和有機物幾乎沒有截留率，進而需要進一步的水處理環節。而奈米過濾、逆滲透膜技術雖然對各種汙染物都有一定的截留率，但是它們的能耗高、膜汙染速度快且水通量不高。所以，正滲透技術應用於含油汙水處理能發揮其獨特優勢，如低膜汙染、低能耗、對各汙染物有效截留率等。

Han（Han 等人，2015b），Duong（Duong 與 Chung，2014；Duong 等人，2014）和 Li（Li 等人，2014）等人利用界面聚合法製備了複合薄膜用作正滲透膜，探討了其在含油廢水中的應用潛力。實驗結果顯示，聚丙烯腈（polyacrylonitrile, PAN）平板膜、醋酸纖維素（CAB）和聚苯碸（polyphenylsulfone, PPSU）中空纖維膜都能用於正滲透過程，有效處理濃度高達 200,000 ppm 的油水乳化液，其截留率高於 99%。由於驅動質濃度和原料液中油水乳化液的濃度影響，正滲透膜的水通量大約在 10～25 LMH。隨後，針對含油廢水的強汙染能力，Duong 等人（Duong 等人，2014）製備了新型雙選擇層的複合薄膜，提高了膜的抗汙染能力。在醋酸纖維素支撐層上，先利用界面聚合法形成一層緻密的可截留氯化鈉的選擇分離層，再用浸漬塗佈法（dip coating）形成一層相對疏鬆的可截留油水乳化液顆粒的保護層。此新型雙選擇性膜表現出較小的內濃差極化及膜汙染速度減慢，且即使使用 0.5 M 氯化鈉作為驅動質，膜的水通量也高達 17.2 LMH。

另一方面，重金屬廢水的處理近來受到愈來愈多的關注，重金屬廢水主要由化工、印染、電鍍等行業產生，通常含有汞（Hg）、銅（Cu）、鎘（Cd）、鉻（Cr）、鎳（Ni）、鉛（Pb）及砷（As）等重金屬元素及其化合物。如果大量廢水被排放到環境中，重金屬離子會被動植物吸收、富集，並沿著食物鏈傳遞，最終對生物的生存和人類的健康構成嚴重危害。目前奈米過濾技術多被用於重金屬離子的去除，但奈米過濾膜有較高的汙染傾向以及對部分離子截留率有限。Cui 等人（Cui 等人，2014）證明正滲透膜可高效去除廢水中的重金屬離子及其化合物，如 $Na_2Cr_2O_7$、$Na_2HAsO_4$、$Pb(NO_3)_2$、$CdCl_2$、$CuSO_4$、$Hg(NO_3)_2$。當 1.5 M 氫酸化合物被用作汲取液，5,000 ppm 重金屬離子溶液用作供給液時，聚醯胺正滲透複合薄膜對重金屬離子的截留率大於 99.5%，水通量大概為 13 $Lm^{-2} h^{-1}$。並且，即使在 60°C 的高溫操作環境下，正滲透膜也能達到 99.7% 的高截留率。相比之下，商業化奈米過濾膜 NE2540 對上述重金屬化合物的截留率較低，介於 8.9～83.2% 之間。Jin 等人（Jin 等人，2012）研究了正滲透膜的放置模式（PRO 模式或者 FO 模式），以及海藻酸鈉結垢（alginate fouling）對重金屬離子砷、硼截留率的影響。研究發現，與 PRO 模式相比較，FO 模式可得到更高的離子截留率，海藻酸鈉產生的膜汙垢在 FO 模式下會提高砷的截留率，但對硼酸溶液卻沒有影響。雖然正滲透技術在重金屬廢水的處理上表現出獨特的優勢，但汲取液的選擇與驅動質的回收仍是關鍵。

當使用正滲透技術進行廢水處理時，如若對稀釋後的汲取液不進行回收和濃縮將簡化過程，顯著降低成本進而提高其應用潛力。目前可行的方法有使用肥料作爲驅動質及水提取包。當肥料濃縮液用作汲取液時，從供給液汲取到的水會不斷稀釋肥料濃縮液，當稀釋到一定程度時，便可直接用作灌溉用途。Phuntsho 等人（Phuntsho 等人，2011）的研究中報導了多種目前較爲適合此應用的肥料化合物。研究發現，雖然不同的化合物能配製出有著不同性質的汲取液，在相同濃度下，$Ca(NO_3)_2$ 表現出最高的汲取液滲透壓而 $KNO_3$ 最低，而在正滲透過程中，KCl 汲取液表現出了最高的水通量，但 $NH_4H_2PO_4$ 和 $(NH_4)_2HPO_4$ 最低。另一方面，水提取包是目前僅有的幾個正滲透技術商業化應用之一（Cath 等人，2006）。由正滲透膜組成的密封包，裡面放有可食用的汲取溶液（如糖類），使用時，把膜包浸入髒水中，水在滲透壓作用下擴散入膜包，將汲取液稀釋，而稀釋的汲取溶液就是可飲用的水溶液。由於這一過程不需要外加能源，且能得到無汙染可食用的水，使其特別適合野外救生和軍事應用。

此外，正滲透過程還被用於醫藥產品和蛋白的濃縮（Chung 等人，2015）。很多醫藥製品或蛋白多肽類產物本身不穩定、對溫度或溶劑敏感，而正滲透過程具有溫和的操作條件，不加熱、不加壓等特點。但正滲透過程不可避免會產生逆向溶質滲透，而從汲取液滲透到原料液的鹽類可能會引起醫藥製品的失活（Ling 與 Chung, 2011b）。因此，選擇適當截留率高的膜及反溶質滲透率低的驅動質十分重要。

## 8-7-2 正滲透與其他系統的耦合應用

早期研究顯示，雖然正滲透過程本身能耗低且效率高，但稀釋後的汲取液的濃縮與回收卻往往需要耗費很多能量，這使得正滲透技術用於海水淡化的成本並不低於逆滲透（Chung 等人，2012a,b；Zhao 等人，2012）。但是，如果將正滲透和逆滲透技術相結合，耦合系統 FO-RO 能耗會顯著降低、水的回收率將更高（Bamaga 等人，2011）。在 FO-RO 系統中，海水淡化可與工業廢水濃縮相結合，由於海水本身的滲透壓可作爲汲取液，從工業廢水中汲取水，而稀釋後的淡海水可透過逆滲透脫鹽產生純淨水，被濃縮後的海水可再一次作爲汲取液，被稀釋的濃縮海水可直接排放而不會汙染環境。此耦合系統的優勢在於可降低逆滲透海水時的操作壓力，直接排放稀釋後的海水、濃縮工業廢水等。

近來，正滲透與膜蒸餾（membrane distillation, MD）技術相結合，即正滲透耦合膜蒸餾系統（FO-MD）被廣泛用於蛋白質濃縮、含油廢水處理、海水淡化等領域。

在 Wang 等人（Wang 等人，2011）的研究中，氯化鈉鹽水作爲汲取液，濃縮牛血清蛋白質原料液，稀釋後的汲取液被加熱後進入膜蒸餾裝置脫鹽與重濃縮。此 FO-MD 耦合系統可獲得濃縮後的蛋白質溶液、蒸餾水以及回收利用汲取液。透過匹配正滲透模組的水通量與膜蒸餾速率，此耦合系統可以在一定時間內穩定地持續工作。而後，Zhang 等人（Zhang 等人，2014）利用實驗室製備的 CTA 正滲透膜與 PVDF 中空纖維蒸餾膜組成 FO-MD 系統處理含油廢水，從而回收純水和乙酸。研究顯示，正滲透膜表面會被廢水中的油汙染，導致降低 FO 部分水通量，且集中發生在開始的幾小時之內。但持續操作 24 小時後膜汙染將不會繼續加重。在長時間的操作中，FO-MD 系統表現出高正滲透水通量、穩定的膜蒸餾速度、對油和鹽的高截留率、高達 90% 的水回收率以及一定量的乙酸回收。

當正滲透過程與其他膜技術（如逆滲透、膜蒸餾、奈米過濾等）相耦合，不但可以發揮其本身低能耗、高截留率、低膜汙染等優勢，又能藉助別的系統回收汲取液且同時獲得純淨水。當然，耦合系統的進一步應用會受到技術成本、環境等因素的制約與影響。

## 8-8　結語

綜上所述，正滲透是一種低能耗、高水通量與鹽截留率、高回收率、低膜汙染的新型膜分離技術，可用於海水淡化、汙水處理、料液富集等領域。儘管近年來正滲透技術的相關研究受到廣泛關注，同時在有效膜製備與高效汲取液開發方面取得了顯著進展，其實際應用方面也做了許多有益的嘗試，但是仍有許多問題有待進一步探究和解決。其中，如何提高正滲透膜的水通量與減少汲取液再生過程的能量消耗是該技術的核心與關鍵，特別是在大規模海水淡化應用中。基於正滲透原理，開發水通量大、鹽滲透率低、結構參數小、膜汙染小的正滲透膜是近期研究的重點方向。此外，具有高滲透壓、高擴散係數、易於再生與可低能耗分離的汲取液驅動質的分子結構設計、正滲透過程的設計與優化，以及新型耦合系統的設計，也是該技術從理論走向實際應用的關鍵。

【例題 8-1】

在 FO 測試中，平板 FO 膜被放置於具有完美對稱結構的矩形平板模組中間，汲取液與供給液分別流過長 8.0 cm，寬 2.0 cm，深 0.28 cm 的矩形水流通道。汲取液與供給液的流速均爲 0.26 L min$^{-1}$。汲取液爲 2 mol L$^{-1}$ NaCl 水溶液，且在測試過程中汲取液的鹽濃度假設恆定，0.5 L 純淨水用作供給液，測試時間爲 20 min。在 PRO 模式下，汲取液的重量增加了 25.3 g，供給液的 NaCl 濃度在測試後變爲 0.014 g L$^{-1}$。在 FO 模式下，汲取液的重量增加了 13.9 g，而供給液的濃度變爲 0.009 g L$^{-1}$。求：

(1) FO 平板膜在 PRO 和 FO 模式下的水通量（$J_w$）和鹽跨膜通量（$J_s$）分別是多少？

(2) FO 平板膜的質傳係數 $k$（mass transfer coefficient, $k$）是多少？

(3) 如果溶質在支撐層中的擴散阻力參數 $K = 4.07\times10^{-2}$ m$^2$hL$^{-1}$，膜的結構參數 $S$ 是多少？汲取液濃度爲 2 mol L$^{-1}$，密度 $\rho = 1.07$ g ml$^{-1}$，黏度 $\mu = 0.0114$ g cm$^{-1}$s$^{-1}$，NaCl 的擴散係數 $D = 1.51\times10^{-5}$ cm$^2$s$^{-1}$。

**【解答】：**

(1) PRO 模式：$J_w = \dfrac{\Delta V}{S_m \Delta t} = \dfrac{25.3\times10^{-3}}{(8.0\times2.0\times10^{-4})\times(20/60)} = 47.9\ \text{L m}^{-2}\text{h}^{-1}$

$$J_s = \frac{\Delta(C_t V_t)}{S_m \Delta t} = \frac{C_t V_t - C_0 V_0}{S_m t} = \frac{0.014\times(0.5-0.0253)-0}{(8.0\times2.0\times10^{-4})\times(20/60)} = 12.6\ \text{g m}^{-2}\text{h}^{-1}$$

FO 模式：$J_w = 26.3$ L m$^{-2}$h$^{-1}$　$J_s = 8.3$ g m$^{-2}$h$^{-1}$

(2) 平板模組長度：$L = 8$ cm，模組水力直徑：$d_h = \dfrac{2lW}{l+W} = \dfrac{2\times2\times0.28}{(2+0.28)} = 0.49$ cm

平均線速度：$V = \dfrac{Q}{A} = \dfrac{0.26}{2\times0.28} = \dfrac{0.26\times10^3\times60}{2\times0.28} = 7.74$ cm s$^{-1}$

施密特數：$Sc = \dfrac{\mu}{\rho D} = \dfrac{1.14\times10^{-2}}{1.07\times1.51\times10^{-5}} = 705.6$

雷諾數（層流）：$\text{Re} = \dfrac{V d_h \rho}{\mu} = \dfrac{7.74\times0.49\times1.07}{1.14\times10^{-2}} = 356$

舍伍德數：$Sh = 1.85\left(\text{Re}\,Sc\dfrac{d_h}{L}\right)^{0.33} = 1.85\left(356\times705.6\times\dfrac{0.49}{8}\right)^{0.33} = 44.6$

$$k = \frac{ShD}{d_h} = \frac{44.6\times1.51\times10^{-5}}{0.49} = 1.37\times10^{-3}\ \text{cm s}^{-1}$$

(3) $S = DK = 1.51\times10^{-5}\times4.07\times10^{-2} = 2.21\times10^{-4}$ m

# 習　題

1. 一只中空纖維 FO 模組包含 5 根相同的 TFC-PES 中空纖維膜，每根 TFC-PES 中空纖維膜內層（lumen side）為聚醯胺（polyamide）選擇層，外部是 PES 多孔支撐層，PES 多孔支撐層的孔隙率為 $\varepsilon = 81\%$，其尺寸如下圖所示。FO 測試條件為：溫度 $T = 25$ °C；汲取液為 2 mol $L^{-1}$ 的 NaCl 水溶液；供給液為純淨水；中空纖維模組內側與外側的溶液流速均為 $Q = 0.3$ L $min^{-1}$；中空纖維模組的直徑為 9 mm；FO 測試的模式為 PRO 模式。求：

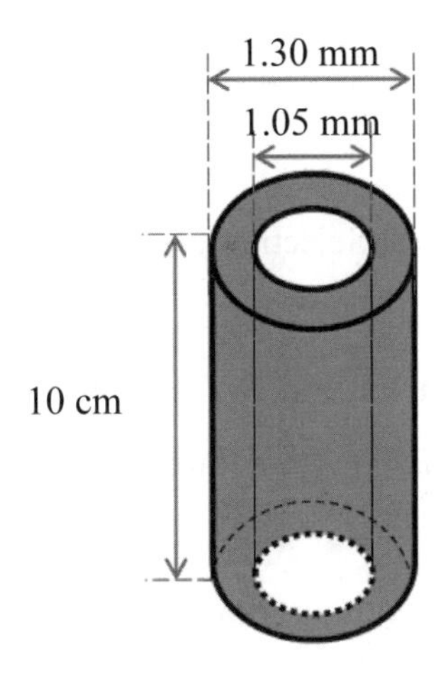


(1) 中空纖維膜的水力直徑 $d_h$ 是多少？

(2) 假設 2 mol $L^{-1}$ NaCl 汲取液的黏度在 25 °C 為 $\rho = 1.07$ g $mL^{-1}$，黏度 $\mu = 1.14$ cP。中空纖維膜內腔溶液的流動類型是什麼？

(3) 假設 2 mol $L^{-1}$ NaCl 汲取液的擴散係數 $D = 1.51 \times 10^{-9}$ $m^2$ $s^{-1}$。質傳係數 $k$（mass transfer coefficient, $k$）是多少？

2. 4 種 FO 平板膜的性能參數如下表所示，當 2 mol $L^{-1}$ NaCl（滲透壓為 99.1 個大氣壓）作為汲取液，純淨水為供給液時，此 4 種 FO 平板膜的內濃差極化（ICP）效應由小到大的排序是什麼？外濃差極化可以忽略。

| Membrane ID | Water permeability coefficient, *A* (LMH/bar) | Salt permeability coefficient, *B* (LMH) | Structural parameter, *S* (μm) |
|---|---|---|---|
| PES-1 | 1.0 | 0.5 | 250 |
| PES-2 | 1.0 | 0.5 | 600 |
| PES-3 | 2.0 | 0.5 | 600 |
| PES-4 | 1.0 | 0.1 | 250 |

# 參考文獻


1. Achilli, A., T.Y. Cath, A.E. Childress, Selection of inorganic-based draw solutions for forward osmosis applications, *J. Membr. Sci.*, 364(2010)233-241.
2. Alturki, A., J. McDonald, S.J. Khan, F.I. Hai, W.E. Price, L.D. Nghiem, Performance of a novel osmotic membrane bioreactor (OMBR) system: flux stability and removal of trace organics, *Bioresour. Technol.*, 113(2012)201-206.
3. Amiji, M., B. Sandmann, *Applied Physical Pharmacy*, McGraw-Hill Education, University of Michigan, Michigan (2002).
4. Amini, M., M. Jahanshahi, A. Rahimpour, Synthesis of novel thin film nanocomposite (TFN) forward osmosis membranes using functionalized multi-walled carbon nanotubes, *J. Membr. Sci.*, 435(2013)233-241.
5. Bamaga, O.A., A. Yokochi, B. Zabara, A.S. Babaqi, Hybrid FO/RO desalination system: Preliminary assessment of osmotic energy recovery and designs of new FO membrane module configurations, *Desalination*, 268(2011)163-169.
6. Batchelder, G.W., *Process for the demineralization of water*, US Patent 3,171,799 (1965).
7. Bowden, K.S., A. Achilli, A.E. Childress, Organic ionic salt draw solutions for osmotic membrane bioreactors, *Bioresour. Technol.*, 122(2012)207-216.
8. Bui, N.N., M.L. Lind, E.M.V. Hoek, J.R. McCutcheon, Electrospun nanofiber supported thin film composite membranes for engineered osmosis, *J. Membr. Sci.*, 385-386(2011)10-19.
9. Cadotte J.E., R.J. Petersen, R.E. Larson, E.E. Erickson, A new thin-film composite seawater re-

verse osmosis membrane, *Desalination*, 32(1980)25-31.

10. Cath, T.Y., A.E. Childress, M. Elimelech, Forward osmosis: Principles, applications, and recent developments, *J. Membr. Sci.*, 281(2006)70-87.

11. Chung, T.S., L. Luo, C.F. Wan, Y. Cui, G. Amy, What is next for forward osmosis (FO) and pressure retarded osmosis (PRO), *Sep. Purif. Technol.*, 156(2015)856-860.

12. Chung, T.S., S. Zhang, K.Y. Wang, J.C. Su, M.M. Ling, Forward osmosis processes: Yesterday, today and tomorrow, *Desalination*, 287(2012a)78-81.

13. Chung, T.S., X. Li, R.C. Ong, Q.C. Ge, H.L. Wang, G. Han, Emerging forward osmosis (FO) technologies and challenges ahead for clean water and clean energy applications, *Curr. Opin. Chem. Eng.*, 1(2012b)246-257.

14. Cohen, M.H., D. Turnbull, Molecular transport in liquids and glasses, *J. Chem. Phys.*, 31(1959)1164-1169.

15. Cui, Y., Q. Ge, X.Y. Liu, T.S. Chung, Novel forward osmosis process to effectively remove heavy metal ions, *J. Membr. Sci.*, 467(2014)188-194.

16. Duong, P.H.H., J. Zuo, T.S. Chung, Highly crosslinked layer-by-layer polyelectrolyte FO membranes: understanding effects of salt concentration and deposition time on FO performance, *J. Memb. Sci.*, 427(2013)411-421.

17. Duong, P.H.H., T.S. Chung, Application of thin film composite membranes with forward osmosis technology for the separation of emulsified oil–water, *J. Membr. Sci.*, 452(2014a)117-126.

18. Duong, P.H.H., T.S. Chung, S. Wei, L. Irish, Highly permeable double-skinned forward osmosis membranes for anti-fouling in the emulsified oil–water separation process, *Environ. Sci. Technol.*, 48(2014b)4537-4545.

19. Ge, Q.C., J.C. Su, G. Amy, T.S. Chung, Exploration of polyelectrolytes as draw solutes in forward osmosis processes, *Water Res.*, 46(2012a)1318-1326.

20. Ge, Q.C., M. Ling, T.S. Chung, Draw solutions for forward osmosis processes: Developments, challenges, and prospects for the future, *J. Membr. Sci.*, 442(2013a)225-237.

21. Ge, Q.C., P. Wang, C.F. Wan, T.S. Chung, Polyelectrolyte-promoted forward osmosis-membrane distillation (FO-MD) hybrid process for dye wastewater treatment, *Environ. Sci. Technol.*, 46(2012b)6236-6243.

22. Ge, Q.C., T.S. Chung, Hydroacid complexes: A new class of draw solutes to promote forward

osmosis (FO) processes, *Chem. Comm.*, 49(2013b)8471-8473.

23. Han, G., B. Zhao, F. Fu, T.S. Chung, M. Weber, C. Staudt, C. Maletzko, High performance thin-film composite membranes with mesh-reinforced hydrophilic sulfonated polyphenylenesulfone (sPPSU) substrates for osmotically driven processes, *J. Membr. Sci.*, 502(2016)84-93.
24. Han, G., S. Zhang, X. Li, T.S. Chung, Progress in pressure retarded osmosis (PRO) membranes for osmotic power generation, *Prog. Polym. Sci.*, 51(2015a)1-27.
25. Han, G., J.S. de Wit, T.S. Chung, Water reclamation from emulsified oily wastewater via effective forward osmosis hollow fiber membranes under the PRO mode, *Water Res.*, 81(2015b)54-63.
26. Han, G., J. Zuo, C. Wan, T.S. Chung, Hybrid pressure retarded osmosis–membrane distillation (PRO–MD) process for osmotic power and clean water generation, *Environ. Sci. Water Res. Technol.*, 1(2015c)507-515.
27. Han, G., S. Zhang, X. Li, N. Widjojo, T.S. Chung, Thin film composite forward osmosis membranes based on polydopamine modified polysulfone substrates with enhancements in both water flux and salt rejection, *Chem. Eng. Sci.*, 80(2012a)219-231.
28. Han, G., T.S. Chung, M. Toriida, S. Tamai, Thin-film composite forward osmosis membranes with novel hydrophilic supports for desalination, *J. Membr. Sci.*, 423-424(2012b)543-555.
29. Hancock, N.T., T.Y. Cath, Solute coupled diffusion in osmotically driven membrane processes, *Environ. Sci. Technol.*, 43(2009)6769-6775.
30. Jellinek, H.H.G., H. Masuda, Osmo-power. Theory and performance of an osmo-power pilot plant, *Ocean Eng.*, 8(1981)103-128.
31. Jin, X., Q. She, X. Ang, C.Y. Tang, Removal of boron and arsenic by forward osmosis membrane: Influence of membrane orientation and organic fouling, *J. Membr. Sci.*, 389(2012)182-187.
32. Kessler, J.O., C.D. Moody, Drinking water from sea water by forward osmosis, *Desalination*, 18(1976)297-306.
33. Kim, J.J., H. Kang, Y.S. Choi, Y.A. Yu, J.C. Lee, Thermo-responsive oligomeric poly(tetrabutylphosphonium styrenesulfonate)s as draw solutes for forward osmosis (FO) applications, *Desalination*, 381(2016)84-94.
34. Klaysom C., T.Y. Cath, T. Depuydt, I.F.J. Vankelecom, Forward and pressure retarded osmo-

sis: Potential solutions for global challenges in energy and water supply, *Chem. Soc. Rev.*, 42(2013)6959-6989.

35. Kravath, R.E., J.A. Davis, Desalination of sea water by direct osmosis, *Desalination*, 16(1975)151-155.

36. Lee, K.L., R.W. Baker, H.K. Lonsdale, Membranes for power generation by pressure-retarded osmosis, *J. Membr. Sci.*, 8(1981)141-171.

37. Li, D., X. Zhang, J. Yao, G.P. Simon, H. Wang, Stimuli-responsive polymer hydrogels as a new class of draw agent for forward osmosis desalination, *Chem. Comm.*, 47(2011)1710-1712.

38. Li, P., S.S. Lim, J.G. Neo, R.C. Ong, M. Weber, C. Staudt, N. Widjojo, C. Maletzko, T.S. Chung, Short- and long-term performance of the thin-film composite forward osmosis (TFC-FO) hollow fiber membranes for oily wastewater purification, *Ind. Eng. Chem. Res.*, 53(2014)14056-14064.

39. Li, X., K.Y. Wang, B. Helmer, T.S. Chung, Thin-film composite membranes and formation mechanism of thin-film layers on hydrophilic cellulose acetate propionate substrates for forward osmosis processes, *Ind. Eng. Chem. Res.*, 51(2012)10039-10050.

40. Ling, M.M., T.S. Chung, Desalination process using super hydrophilic nanoparticles via forward osmosis integrated with ultrafiltration regeneration, *Desalination*, 278(2011a)194-202.

41. Ling, M.M., T.S. Chung, Novel dual-stage FO system for sustainable protein enrichment using nanoparticles as intermediate draw solutes, *J. Membr. Sci.*, 372(2011b)201-209.

42. Ling, M.M., T.S. Chung, X.M. Lu, Facile synthesis of thermosensitive magnetic nanoparticles as "smart" draw solute in forward osmosis, *Chem. Commun.*, 47(2011c)10788-10790.

43. Loeb, S., L. Titelman, E. Korngold, J. Freiman, Effect of porous support fabric on osmosis through a Loeb–Sourirajan type asymmetric membrane, *J. Membr. Sci.*, 129(1997)243-249.

44. Loeb, S., Production of energy from concentrated brines by pressure-retarded osmosis: I. Preliminary technical and economic correlations, *J. Membr. Sci.*, 1(1976a)49-63.

45. Loeb, S., F.V. Hessen, D. Shahaf, Production of energy from concentrated brines by pressure retarded osmosis. II. Experimental results and projected energy costs, *J. Membr. Sci.*, 1(1976b)249-269.

46. Luo, L., P. Wang, S. Zhang, G. Han, T.S. Chung, Novel thin-film composite tri-bore hollow fiber membrane fabrication for forward osmosis, *J. Membr. Sci.*, 461(2014)28-38.

47. Ma, N., J. Wei, R. Liao, C.Y. Tang, Zeolite-polyamide thin film nanocomposite membranes: To-

wards enhanced performance for forward osmosis, *J. Membr. Sci.*, 405-406(2012)149-157.

48. McCutcheon, J.R., M. Elimelech, Modeling water flux in forward osmosis: Implications for improved membrane design, *AIChE J.*, 53(2007)1736-1744.

49. McCutcheon, J.R., M. Elimelech, Influence of concentrative and dilutive internal concentration polarization on flux behavior in forward osmosis, *J. Membr. Sci.*, 284(2006)237-247.

50. McCutcheon, J.R., R.L. McGinnis, M. Elimelech, Desalination by ammonia–carbon dioxide forward osmosis: Influence of draw and feed solution concentrations on process performance, *J. Membr. Sci.*, 278(2006)114-123.

51. McGinnis, R.L., J.R. McCutcheon, M. Elimelech, A novel ammonia–carbon dioxide osmotic heat engine for power generation, *J. Membr. Sci.*, 305(2007)13-19.

52. McGinnis, R.L., *Osmotic desalination process*, US Patent 6,391,205B1 (2002).

53. Mehta, G.D., S. Loeb, Internal polarization in the porous substructure of a semipermeable membrane under pressure-retarded osmosis, *J. Membr. Sci.*, 4(1978)261-265.

54. Neff, R.A., *Solvent extractor*, US Patent 3,130,156 (1964).

55. Noh, M., Y. Mok, S. Lee, H. Kim, S.H. Lee, G.W. Jin, J.H. Seo, H. Koo, T.H. Park, Y. Lee, Novel lower critical solution temperature phase transition materials effectively control osmosis by mild temperature changes, *Chem. Commun.*, 48(2012)3845-3847.

56. Ong, R.C., T.S. Chung, Fabrication and positron annihilation spectroscopy (PAS) characterization of cellulose triacetate membranes for forward osmosis, *J. Membr. Sci.*, 394-395(2012)230-240.

57. Paul, D.R., Reformulation of the solution-diffusion theory of reverse osmosis, *J. Membr. Sci.*, 241(2004)371-386.

58. Phillip, W.A., J.S. Yong, M. Elimelech, Reverse draw solute permeation in forward osmosis: modeling and experiments, *Environ. Sci. Technol.*, 44(2010)5170-5176.

59. Phuntsho, S., H.K. Shon, S. Hong, S. Lee, S. Vigneswaran, A novel low energy fertilizer driven forward osmosis desalination for direct fertigation: evaluating the performance of fertilizer draw solutions, *J. Membr. Sci.*, 375(2011)172-181.

60. Phuntsho, S., H.K. Shon, T. Majeed, I.El. Saliby, S. Vigneswaran, J. Kandasamy, S. Hong, S. Lee, Blended fertilizers as draw solutions for fertilizer-drawn forward osmosis desalination, *Environ. Sci. Technol.*, 46(2012)4567-4575.

61. Qiu, C., S. Qi, C.Y. Tang, Synthesis of high flux forward osmosis membranes by chemically crosslinked layer-by-layer polyelectrolytes, *J. Membr. Sci.*, 381(2011)74-80.

62. Sairam, M., E. Sereewatthanawut, K. Li, A. Bismarck, A.G. Livingston, Method for the preparation of cellulose acetate flat sheet composite membranes for forward osmosis-Desalination using $MgSO_4$ draw solution, *Desalination*, 273(2011)299-307.

63. Saren, Q., C.Q. Qiu, C.Y. Tang, Synthesis and characterization of novel forward osmosis membranes based on layer-by-layer assembly, *Environ. Sci. Technol.*, 45(2011)5201-5208.

64. Song, X., Z. Liu, D.D. Sun, Nano gives the answer: Breaking the bottleneck of internal concentration polarization with a nanofiber composite forward osmosis membrane for a high water production rate, *Adv. Mater.*, 23(2011)3256-3260.

65. Su, J., Q. Yang, J.F. Teo, T.S. Chung, Cellulose acetate nanofiltration hollow fiber membranes for forward osmosis processes, *J. Membr. Sci.*, 355(2010)36-44.

66. Sukitpaneenit, P., T.S. Chung, High performance thin-film composite forward osmosis hollow fiber membranes with macrovoid free and highly porous structure for sustainable water production, *Environ. Sci. Technol.*, 46(2012)7358-7365.

67. Tang, C.Y., Q. She, W.C.L. Lay, R. Wang, A.G. Fane, Coupled effects of internal concentration polarization and fouling on flux behavior of forward osmosis membranes during humic acid filtration, *J. Membr. Sci.*, 354(2010)123-133.

68. Wang, K.Y., R.C. Ong, T.S. Chung, Double-skinned forward osmosis membranes for reducing internal concentration polarization within the porous sublayer, *Ind. Eng. Chem. Res.*, 49(2010a)4824-4831.

69. Wang, R., L. Shi, C.Y. Tang, S. Chou, C. Qiu, A.G. Fane, Characterization of novel forward osmosis hollow fiber membranes, *J. Membr. Sci.*, 355(2010b)158-167.

70. Wang, K.Y., T.S. Chung, G. Amy, Developing thin-film-composite forward osmosis membranes based on the PES/SPSf substrate through interfacial polymerization, *AIChE J.*, 58(2012a)770-781.

71. Wang, H.L., T.S., Chung, Y.W. Tong, K. Jeyaseelan, A. Armugam, Z.C. Chen, M.H. Hong, W. Meier, Highly permeable and selective pore-spanning biomimetic membrane embedded with Aquaporin Z, *Small*, 8(2012b)1185-1190.

72. Wang, K.Y., M.M. Teoh, A. Nugroho, T.S. Chung, Integrated forward osmosis–membrane dis-

tillation (FO–MD) hybrid system for the concentration of protein solutions, *Chem. Eng. Sci.*, 66(2011)2421-2430.

73. Wang, K.Y., T.S. Chung, J.J. Qin, Polybenzimidazole (PBI) nanofiltration hollow fiber membranes applied in forward osmosis process, *J. Membr. Sci.*, 300(2007)6-12.

74. Warne, B., R. Buscall, E. Mayes, T. Oriard, I. Norris, *Water purification method*, GB Patent 2,464,956 (2008).

75. Widjojo, N., T.S. Chung, M. Weber, C. Maletzko, V. Warzelhan, A sulfonated polyphenylenesulfone (sPPSU) as the supporting substrate in thin film composite (TFC) membranes with enhanced performance for forward osmosis (FO), *Chem. Eng. J.*, 220(2013)15-23.

76. Wijmans, J.G., R.W. Baker, The solution-diffusion model: A review, *J. Membr. Sci.*, 107(1995)1-21.

77. Xu, Y., X. Peng, C.Y. Tang, Q.S. Fu, S. Nie, Effect of draw solution concentration and operating conditions on forward osmosis and pressure retarded osmosis performance in a spiral wound module, *J. Membr. Sci.*, 348(2010)298-309.

78. Yang, Q., K.Y. Wang, T.S. Chung, A novel dual-layer forward osmosis membrane for protein enrichment and concentration, *Sep. Purif. Technol.*, 69(2009a)269-274.

79. Yang, Q., K.Y. Wang, T.S. Chung, Dual-layer hollow fibers with enhanced flux as novel forward osmosis membranes for water production, *Environ. Sci. Technol.*, 43(2009b)2800-2805.

80. Yip, N.Y., A. Tiraferri, W.A. Phillip, J.D. Schiffman, M. Elimelech, High performance thin-film composite forward osmosis, *Environ. Sci. Technol.*, 44(2010)3812-3818.

81. Zhang, S., K.Y. Wang, T.S. Chung, H. Chen, Y.C. Jean, G. Amy, Well-constructed cellulose acetate membranes for forward osmosis: minimized internal concentration polarization with an ultra-thin selective layer, *J. Membr. Sci.*, 360(2010)522-532.

82. Zhang, S., K.Y. Wang, T.S. Chung, Y.C. Jean, H. Chen, Molecular design of the cellulose ester-based forward osmosis membranes for desalination, *Chem. Eng. Sci.*, 66(2011)2008-2018.

83. Zhang, S., P. Wang, X. Fu, T.S. Chung, Sustainable water recovery from oily wastewater via forward osmosis-membrane distillation (FO-MD), *Water Res.*, 52(2014)111-121.

84. Zhao, D., P. Wang, Q. Zhao, N. Chen, X. Lu, Thermoresponsive copolymer-based draw solution for seawater desalination in a combined process of forward osmosis and membrane distillation, *Desalination*, 348(2014)26-32.

85. Zhao, S., L. Zou, C.Y. Tang, D. Mulcahy, Recent developments in forward osmosis: Opportunities and challenges, *J. Membr. Sci.*, 396(2012)1-21.

86. Zhong, P., X. Fu, T.S. Chung, M. Weber, C. Maletzko, Development of thin-film composite forward osmosis hollow fiber membranes using direct sulfonated polyphenylenesulfone (sPPSU) as membrane substrates, *Environ. Sci. Technol.*, 47(2013)7430-7436.

# 符號說明

| | |
|---|---|
| $J_w$ | 膜水通量（$m\ s^{-1}$） |
| $J_s$ | 膜鹽通量（$kg\ m^{-2}\ s^{-1}$） |
| $C$ | 溶質濃度（$mol\ L^{-1}$） |
| $i$ | Van't Hoff 常數 |
| $A$ | 膜水滲透係數（$m\ s^{-1}\ Pa^{-1}$） |
| $B$ | 膜鹽滲透係數（$m\ s^{-1}$） |
| $\sigma$ | 反射係數 |
| $R$ | 膜鹽截留率（%） |
| $P$ | 靜水壓力（bar ） |
| $\Delta P$ | 跨膜靜水壓差（bar） |
| $\pi$ | 滲透壓（bar） |
| $\Delta\pi$ | 滲透壓差（bar） |
| $D$ | 溶質擴散係數（$m^2 s^{-1}$） |
| $S$ | 膜結構參數（m） |
| $K$ | 溶質在支撐層中的擴散阻力參數（$s\ m^{-1}$） |
| $k$ | 傳質係數（$m\ s^{-1}$） |
| $\varepsilon$ | 孔隙率 |
| $\tau$ | 曲折度 |
| $l$ | 膜厚度（m） |
| $Sh$ | 舍伍德數 |
| $d_h$ | 水力直徑（m） |
| $Re$ | 雷諾係數 |
| $Sc$ | 施密特數 |
| $R$ | 氣體常數（$J\ K^{-1}\ mol^{-1}$） |
| $T$ | 溫度（K） |

角標

| | |
|---|---|
| $F$ | 供給液 |
| $D$ | 汲取液 |
| $p$ | 滲透液 |
| $m$ | 膜 |
| $b$ | 主體溶液 |
| $w$ | 水 |
| $s$ | 溶質 |
| $eff$ | 有效的 |

# 第九章
# 滲透蒸發

/黃書賢、李魁然

# 9-1 前言

薄膜廣泛的定義係指介於兩相之間具有選擇性的一個阻礙層，薄膜分離即利用薄膜材料本身特性與結構形態之差異，在適當的驅動力驅使下，控制兩相間物質的質傳現象，以達分離之效。薄膜分離程序是一門高科技的工業技術，其具有節省能源、設備所需空間小、操作與維護簡便、膜組化設計與建構容易，以及易於與傳統分離設備結合與擴充等優點。除了微過濾、超過濾、逆滲透、透析、電透析與氣體分離等已成熟的薄膜技術之外，近幾十年來，新型的薄膜分離技術相繼被發展，滲透蒸發（pervaporation, PV）即爲其中之一。

滲透蒸發係在薄膜上游（進料）端與下游（透過）端壓力差的驅動下，利用欲分離之液體混合物的成分對薄膜溶解度不同與擴散速率差異，以達到分離的目的，其低能耗、易膜組化與操作便利等優點，使其深具取代蒸餾、萃取與吸收等傳統分離程序的潛力。滲透蒸發分離程序特別適用於具共沸、沸點相近與熱敏感性混合物之分離，且對有機溶劑之脫水、有機混合物之分離、廢水中微量揮發性有機汙染物之去除，以及水溶液中高價值有機物之回收等，亦具有技術與經濟上的優勢。另外，滲透蒸發亦可以配合生物與化學反應器，將反應生成物不斷移出反應器，使反應可持續進行，並提高反應轉化率。因此，滲透蒸發分離程序在醫藥、食品、高分子、特用化學品、石化、能源與環境保護等工業深具發展潛力。

滲透蒸發的概念開始於 1917 年 Kober（Kober, 1917）所提出滲透蒸發之質量傳輸行爲，其藉由硝酸纖維素（cellulose nitrate）對水具優先選擇透過的特性，將水自蛋白質和甲苯溶液中分離出來。1935 年 Farber（Farber, 1935）將滲透蒸發應用於蛋白質之濃縮與分離。1956 年，由 Heisler 等學者（Heisler 等人，1956）則將醋酸纖維素（cellulose acetate, CA）膜應用於滲透蒸發進行乙醇脫水程序。到了 1958 至 1962 年間，Binning 等學者（Binning 等人，1958；Binning 等人，1962）將滲透蒸發引入石油煉製程序中，應用在碳氫混合物的分離，藉以提升汽油的辛烷值（octane number），同時，亦進行分離甲醇／苯、醇類／水與砒碇／水等混合液之研究，不僅指出滲透蒸發分離程序工業化的可行性，並提出薄膜內可分液體區（liquid zone）與氣體區（gas zone）兩部分，進料物種的滲透行爲係由上游端透過此串聯的兩區域到達下游端，薄膜對物種的選擇行爲則是發生在此兩區的界面。1960 年代，滲透蒸發的發展持續增加，尤其是新型滲透蒸發薄膜的開發，並應用於諸多有機水溶液與有機混合物之分離，然而，這些研究僅侷限於實驗室的規模。

1970 年代發生石油危機，促使資源回收、節能技術與環境保護等議題深受重視，並投入大量研究工作，此時新薄膜分離技術的開拓與發展，驅使滲透蒸發於再生能源與環境保護的應用深具競爭力。在這段時期，滲透蒸發分離系統開始引起 Monsanto 公司 Perry 等人的關注，在 1973 至 1980 年期間，投入大量的研發工作，並獲得不少專利（Strazik 等人，1973；Chiang 等人，1978；Perry，1980），在此同時，法國土魯斯大學（University of Toulouse）的 Aptel 與 Neel 等學者亦進行有關滲透蒸發之學術工作（Aptel 等人，1976；Neel 等人，1983），但這些工作並未發展成商業化程序。特別值得注意的是，德國的 GFT 公司在 1970 年代中期，率先開發水優先透過的聚乙烯醇（poly vinyl alcohol, PVA）/ 聚丙烯腈（polyacrylonitrile, PAN）複合膜。直至1980年代，由於薄膜技術的進步，實現具經濟效益之滲透蒸發分離系統的建立。

1982 年，GFT 公司在巴西建立小型試驗工廠，應用滲透蒸發技術進行乙醇脫水程序，生產無水乙醇，將含 10 wt% 水的乙醇進料濃縮成含水量低於 1 wt% 的乙醇，這也證明滲透蒸發分離程序可避免混合溶液共沸的問題。1988 年，GFT 公司在法國的 Bethenville 建構當今最大的無水乙醇生產工廠，這套生產裝置使用的薄膜面積為 2,400 $m^2$，可生產 5,000 kg/h 的無水乙醇。同年，法國的 Separex 公司建立第一座有機混合溶液分離之試驗工廠，其進行的工作係利用醋酸纖維素膜將甲醇從 methyl *tert*-butyl ether/isobutene 混合物中分離出來（Chen 等人，1988）。1990 年代，Exxon 公司（現在的 Exxon Mobil 公司）建構一座滲透蒸發的試驗工廠，其利用 polyurea/urethane 薄膜進行芳香族 / 脂肪族混合物的分離工作（Schucker, 1991a、1991b、1991c）。同一時期，利用滲透蒸發程序進行廢水中微量揮發性有機物（volatile organic compounds, VOCs）移除的商業化應用亦被發展（Blume 等人，1990；Athayde 等人，1997；Cox 等人，1998），第一座揮發性有機物移除的滲透蒸發工廠於 1996 年建立。1990 年代末期，GFT 公司被瑞士的 Sulzer Chemtech 公司併購後，Sulzer Chemtech 公司繼續推廣滲透蒸發程序的工業化應用。統計至 2000 年為止，Sulzer Chemtech 公司與先前的 GFT 公司共建構超過 100 座的滲透蒸發工業裝置或工廠。目前，Sulzer Chemtech 公司仍位居滲透蒸發技術與工業化應用之領導地位。

依據分離物種的特性，滲透蒸發分離程序的應用可分成三個領域：(1) 親水性滲透蒸發程序，常見的應用係為有機溶劑之脫水程序；(2) 親有機性滲透蒸發程序，其廣用於水中微量有機物之移除或回收；(3) 有機混合物分離程序，依據其特性可概分為四大類，包括極性／非極性、芳香族／脂肪族、芳香族／脂環族，以及同分異構物等混合物，詳如圖 9-1（Smitha 等人，2004）所示。目前發展較完善、學術研究最多以及應用最普遍的是親水性滲透蒸發程序，特別是應用在有機物脫水程序。

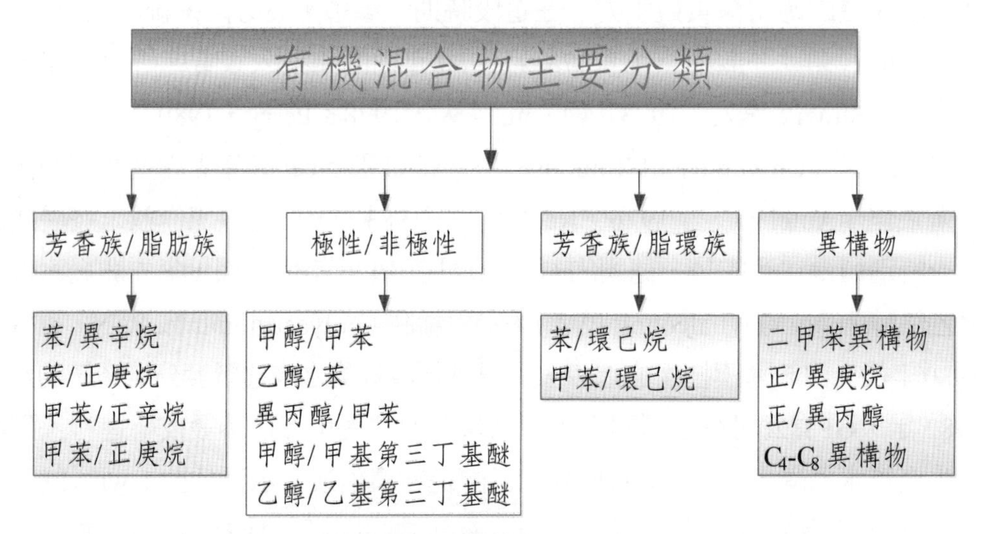


圖 9-1 有機混合物滲透蒸發分離程序之分類（Smitha 等人，2004）

# 9-2 滲透蒸發的分離機制與效能指標

## 9-2-1 分離機制

滲透蒸發的分離原理如圖 9-2 所示，其利用薄膜將進料液（feed）與透過物（permeate）分隔成兩相，薄膜上游端即為進料液側，通常維持常壓狀態；薄膜下游端即為透過物側，通常利用真空減壓（圖 9-3(a)）或載氣吹掃（圖 9-3(b)）等方式，使其保持低的組成分壓。藉由薄膜上、下游端的壓力差，驅使進料液的組成物質滲透通過薄膜，而透過物則在薄膜下游端因減壓而汽化成蒸氣。一般而言，薄膜兩端的壓力差愈大，驅動力愈大，進料液的組成物質愈容易滲透通過薄膜。另外，因進料液組成物質之物理化學性質的差異，導致其對薄膜溶解度（熱力學性質）與其在薄膜中擴散速率（動力學性質）的差異，造成進料液組成物質滲透通過薄膜的速度不同。進料液組成物質中，易滲透通過薄膜者，其在透過物中的濃度會增加，而不易滲透通過薄膜者，其在進料中的濃度會增加，此現象即是薄膜對進料液具選擇行爲。

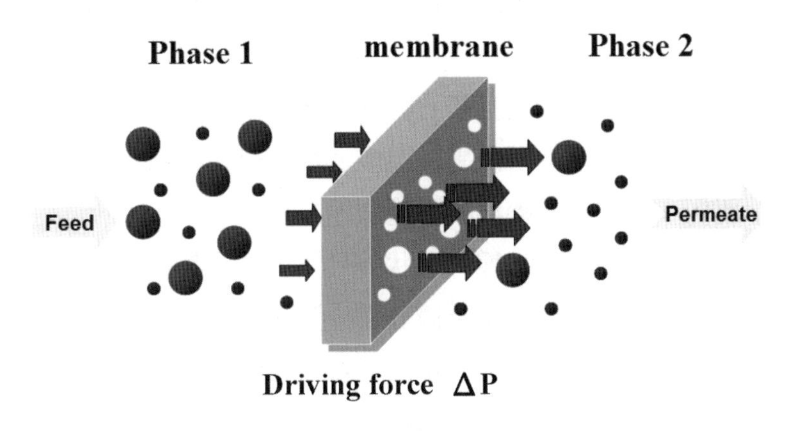


圖 9-2　滲透蒸發分離原理示意圖

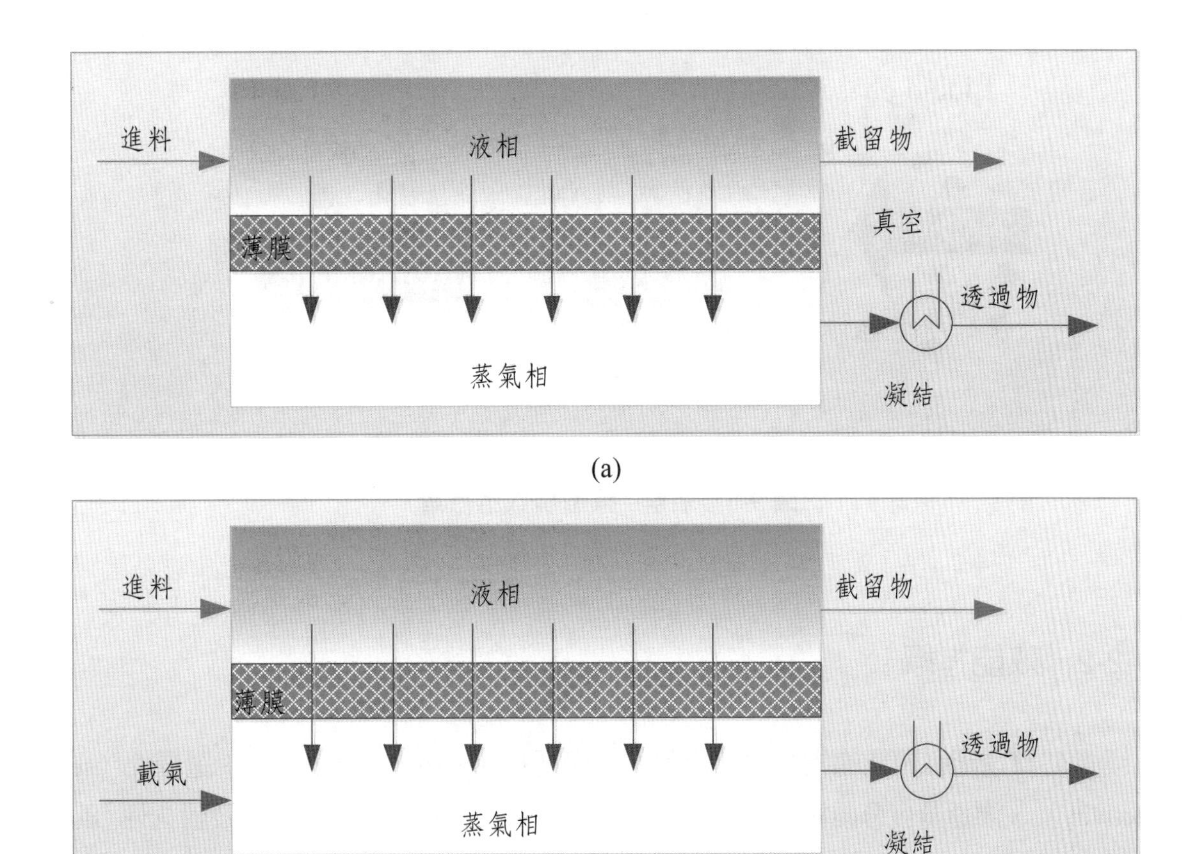


圖 9-3　(a) 真空減壓式；(b) 載氣吹掃式滲透蒸發分離系統示意圖

滲透蒸發分離程序乃結合「滲透」（permeation）與「蒸發」（vaporization）兩種程序，其質量傳送機制遵循溶解 - 擴散模式（solution-diffusion model），使進料液以溶解（solution）與擴散（diffusion）程序透過薄膜，達到分離的效果，其傳送程序如圖 9-4 所示，分爲以下三個步驟：

1. 進料液於薄膜上游端與薄膜表面接觸，因進料液組成物種的化學活性與分子尺寸不同，導致其對薄膜的親和性有所差異，造成進料液組成物種有選擇性的由薄膜上游端溶解進入薄膜內，此第一步驟爲吸附選擇性主導。
2. 於薄膜內部，藉由進料液組成物種之形狀與尺寸，以及其和膜材特定官能基團親和性擴散至薄膜下游端，此第二步驟爲擴散選擇性主導。
3. 當滲透物種擴散到達薄膜下游端時，藉由眞空減壓或以載氣吹掃的方式，使薄膜下游端保持低壓，導致滲透物種因處於低壓狀態下而汽化，並由薄膜下游端脫附蒸發離開薄膜。

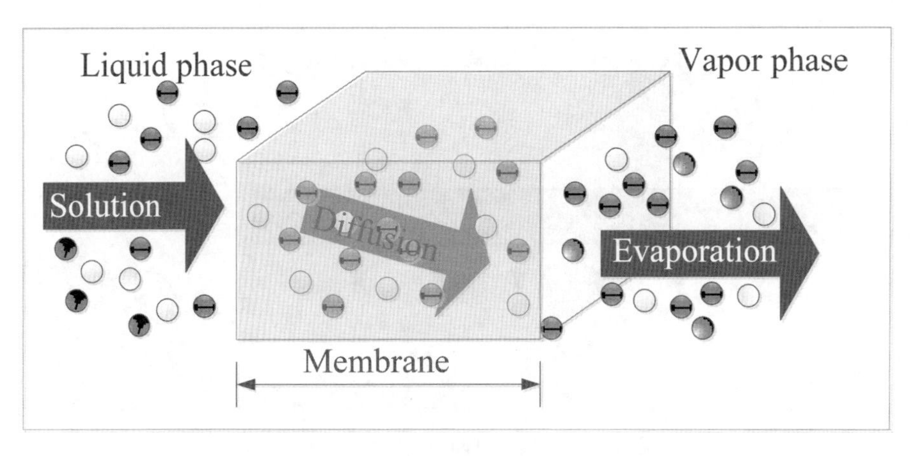


圖 9-4　溶解 - 擴散模式示意圖

## 9-2-2　效能指標

評估滲透蒸發效能的指標包括薄膜的透過通量（permeation flux）、選擇性（selectivity）、滲透蒸發分離指數（pervaporation separation index, PSI），以及耐久性（durability）等，說明如下：

### 1. 透過通量（permeation flux）

透過通量係指在單位面積、單位時間下，透過物滲透通過薄膜的重量，其方程式如下：

$$P = \frac{W}{At} \tag{9-1}$$

式中 $P$ 爲透過通量（$g/m^2\ h$）；$W$ 爲透過物重量（g）；$A$ 爲有效薄膜面積（$m^2$）；$t$ 爲操作時間（hour）。

透過通量係表示進料液組成物種滲透通過薄膜的速率，其可決定滲透蒸發程序所需要的薄膜面積，例如薄膜的透過通量愈高，滲透蒸發程序達到一特定處理量所需要的薄膜面積愈小。影響薄膜透過通量的因素甚多，常見的因素包括薄膜的結構形態及其本身之特徵、進料液組成物種的濃度及物理化學性質、操作溫度、操作壓力與進料液流動狀態（連續掃流式或批次式）等。

### 2. 選擇性（selectivity）

選擇性係表示薄膜對進料液組成物種的分離能力，一般以分離係數（separation factor）$\alpha$ 表示之，其方程式如下：

$$\alpha = \frac{Y_a / Y_b}{X_a / X_b} \tag{9-2}$$

式中 $Y_a$ 與 $Y_b$ 分別爲透過物中 $a$ 與 $b$ 兩組成物種的濃度（重量或莫耳百分比）；$X_a$ 與 $X_b$ 分別爲進料液中 $a$ 與 $b$ 兩組成物種的濃度（重量或莫耳百分比）；$a$ 爲較易滲透通過薄膜的組成物種。

一般而言，滲透蒸發的分離係數 $\alpha$ 等於或趨近於 1 時，表示薄膜對進料液組成物種 $a$ 與 $b$ 無分離能力。當滲透蒸發的分離係數 $\alpha$ 大於 1，即 $Y_a/Y_b$ 大於 $X_a/X_b$ 時，表示薄膜對進料液組成物種 $a$ 與 $b$ 具分離能力，且物種 $a$ 比物種 $b$ 更容易滲透通過薄膜。薄膜的分離係數 $\alpha$ 愈大，表示 $a$ 物種愈容易滲透通過薄膜，而物種 $b$ 則愈難滲透通過薄膜，即薄膜對進料液組成物種 $a$ 與 $b$ 的分離能力愈高，可分離得愈完全。

根據溶解 - 擴散模式，滲透蒸發薄膜的選擇性受到溶解選擇性（solution selectivity）與擴散選擇性（diffusion selectivity）影響，即滲透蒸發薄膜的分離係 $\alpha$ 可分成溶解分離係數（solution separation factor）$\alpha_S$ 與擴散分離係數（diffusion separation factor）$\alpha_D$ 等兩個影響因子，其關係式如下：

$$\alpha = \alpha_S \times \alpha_D \tag{9-3}$$

式中 $\alpha_S$ 值可由吸附實驗求得，其關係式如（9-4）所示，而 $\alpha_D$ 值則由 $\frac{\alpha}{\alpha_S}$ 計算之。

$$\alpha_S = \frac{Z_a / Z_b}{X_a / X_b} \tag{9-4}$$

式中 $Z_a$ 與 $Z_b$ 分別為薄膜所吸附 $a$ 與 $b$ 兩組成物種的濃度（重量或莫耳百分比）；$X_a$ 與 $X_b$ 分別為進料液中 $a$ 與 $b$ 兩組成物種的濃度（重量或莫耳百分比）；$a$ 為較易溶解進入薄膜的組成物種。

將薄膜的分離係數 $\alpha$ 分成溶解分離係數 $\alpha_S$ 與擴散分離係數 $\alpha_D$ 等兩個影響因子，可分析影響滲透蒸發薄膜質量輸送機制的主導因子。當 $\alpha_S$ 大於 $\alpha_D$ 時，滲透蒸發薄膜的質量輸送機制由溶解行為主導；反之，當 $\alpha_S$ 小於 $\alpha_D$ 時，滲透蒸發薄膜的質量輸送機制則由擴散行為主導。

### 3. 滲透蒸發分離指數（pervaporation separation index, PSI）

一優異的滲透蒸發薄膜應具備高透過通量與高分離係數，然而，透過通量與分離係數通常存在相互消長的趨勢，即具高透過通量的薄膜，其往往具有低分離係數。為綜合考慮透過通量與分離係數此兩因素的影響，Huang 等學者（Huang 等人，1990）引進滲透蒸發分離指數（PSI）的概念，其定義為透過通量 $P$ 與分離係數 $\alpha$ 的乘積，關係式如（9-5）所示。一般來說，薄膜的 PSI 值愈大，表示其滲透蒸發分離效能愈佳。當薄膜的 PSI 值大於 25,000 時，顯示此薄膜具有商業化的可能性。

$$PSI = P \times \alpha \tag{9-5}$$

然而，此 PSI 定義仍有缺點存在，若薄膜的分離係數 $\alpha$ 等於或僅微大於 1，卻具有極高之透過通量 $P$，其 PSI 值亦可能很大。因此，Huang 等學者（Huang 等人，1993）修正滲透蒸發分離指數（PSI）的定義，其關係式如下：

$$PSI = P \times (\alpha - 1) \tag{9-6}$$

4. 耐久性（durability）

薄膜的耐久性即爲薄膜的使用壽命（lifetime），係指在特定的操作條件下，薄膜可維持穩定之透過通量與選擇性的最長時間。薄膜的耐久性深受其機械、化學與熱穩定等性質影響。通常工業界可接受的滲透蒸發薄膜，對其壽命的要求至少要一年以上，但對薄膜有特殊需求的產業則另當別論。

【例題 9-1】

林小森同學選用 PA 非對稱膜與 PA 複合膜，在 25℃的操作溫度下，進行 90 wt% 乙醇水溶液之滲透蒸發脫水程序，薄膜有效面積爲 6 平方公分，取樣（操作）時間爲 15 分鐘，待薄膜操作至穩定狀態，記錄其量測數據，結果如表 9-1 所示。請回答下列問題：

(1) 估算兩薄膜的透過通量。

(2) 估算兩薄膜的分離係數。

(3) 哪一個薄膜的滲透蒸發效能較佳？爲什麼？

表 9-1　薄膜應用於滲透蒸發進行 90 wt% 乙醇水溶液脫水程序之實驗數據

| 量測項目 | 薄膜 | |
|---|---|---|
| | PA 非對稱膜 | PA 複合膜 |
| 透過物重量（g） | 5.92 | 0.14 |
| 透過物水濃度（wt%） | 14 | 85 |
| 透過物乙醇濃度（wt%） | 86 | 15 |

**【解答】：**

(1) PA 非對稱膜的透過通量約爲 39,467 g/m$^2$h，PA 複合膜的透過通量約爲 933 g/m$^2$h。

(2) PA 非對稱膜的對水分離係數約為 1.5，PA 複合膜的對水分離係數約為 51.0。

(3) PA 複合膜的滲透蒸發效能較佳。因為 PA 複合膜的 PSI 約為 46,650，而 PA 非對稱膜的 PSI 約為 19,734，前者的 PSI 值高於後者的 PSI 值，故 PA 複合膜具較佳的滲透蒸發效能。

# 9-3　滲透蒸發薄膜的種類與特性

滲透蒸發係在薄膜兩側壓力差之驅動下，藉由進料液組成物種對薄膜溶解度及其在膜內擴散速率的差異，達到分離的目的。在滲透蒸發程序中，薄膜扮演一個非常重要的角色，其結構形態與物理化學特性將影響滲透蒸發分離效能。滲透蒸發薄膜依結構形態可分為對稱膜、非對稱膜與複合膜；依親和性可分為親水膜與親有機膜；依材料可分為有機膜、無機膜與有機 - 無機混成／複合膜。本節將以材料的觀點介紹滲透蒸發薄膜。

## 9-3-1　有機膜

有機膜通常是指高分子膜，因其製備與加工容易，結構多元，是目前用途最廣的薄膜。應用於滲透蒸發程序的高分子膜，依結構形態而言，其包括對稱膜、非對稱膜與複合膜。滲透蒸發使用的對稱膜通常是結構均一且無孔的緻密膜，如圖 9-5(a) 所示，其製備程序簡單，利用乾式相轉換法，使刮鑄的高分子溶液，在適當溫度下，讓溶劑自然揮發而固化成膜，其薄膜厚度通常在幾十微米至幾百微米間。緻密膜因厚度較厚，雖常具高選擇性，但對進料液組成物種的質傳阻力亦較高，導致透過通量較低。因此，對稱的緻密膜在工業之實際應用價值並不高，而常被實驗室作為研究用膜，探討薄膜材料本身的滲透蒸發基本性能。舉例說明之，Lee 與 Lai 等人（Lee 等人，1995）利用均相接枝聚合反應，將極性單體 *N,N'*-(dimethylamino) ethyl methacrylate（DMAEM）接枝在 Nylon 4（N4）的主鏈上，製備 DMAEM-*g*-N4 高分子，並以甲酸為溶劑，利用乾式相轉換法，製備對稱緻密膜，應用於滲透蒸發分離醇類水溶液。與 Nylon 4 薄膜比較，接枝度（degree of grafting）為 12.7% 的 DMAEM-*g*-N4

薄膜在 25℃下，進行 90 wt% 乙醇水溶液之分離，薄膜的透過通量與對水分離係數分別由 350 g/m$^2$h 與 4.0 上升至 439 g/m$^2$h 與 28.3。若進一步對 DMAEM-*g*-N4 薄膜進行四級胺化處理，薄膜的透過通量與對水分離係數，則分別可再上升至 564 g/m$^2$h 與 36.0。Lee 等（Lee 等人，1997）以 2,2-bis[4-(4-aminophenoxy)phenyl]hexafluoropropane（BAPPH）作爲二胺單體，與化學結構相異的二酸單體，利用直接聚縮合反應，製備三種含氟聚醯胺高分子，並以 *N*,*N*-dimethylacetamide（DMAc）爲溶劑，利用乾式相轉換法，製備對稱緻密膜，應用於滲透蒸發分離醇類水溶液。在操作溫度 25℃下，進行 90 wt% 乙醇水溶液之滲透蒸發分離程序，薄膜的透過通量約爲 262～383 g/m$^2$h，對水分離係數約爲 36～84。由上述例子可知，高分子材料所製備的緻密膜具低透過通量，即使對其化學結構進行調整或改質，其透過通量提升的幅度仍有限，故要有效提升其透過通量，必須將其薄膜形態轉變成非對稱膜或複合膜的形態。

應用於滲透蒸發的非對稱膜，如圖 9-5(b) 所示，係由單一種材料製備而成，其常以乾／濕式或濕式相轉換法製備，結構形態非均勻一致，薄膜由表面至底部，孔洞尺寸由小逐漸增大，即由緻密結構逐漸變成鬆散結構，緻密部分係稱爲皮層（skin layer），分離作用爲其主功能，鬆散部分質傳阻力低，無分離效益，主要用來支撐皮層。非對稱膜的滲透蒸發分離效能主要由緻密分離層（皮層）決定，皮層愈緻密，選擇性愈高，皮層愈薄，透過通量愈大。但也可能因皮層產生缺陷（如針孔），造成選擇性下降。因受限於薄膜材料本身的特性，使得非對稱膜的分離效能與成膜性質難以兩全其美，此大大限制非對稱膜於滲透蒸發程序之應用。例如 Lai 等（Lai 等人，1994）以甲酸和乙醚分別作爲 Nylon 4 的溶劑和凝聚劑，利用濕式相轉換法製備非對稱薄膜，應用於滲透蒸發分離醇類水溶液。在操作溫度 25℃下，進行 90 wt% 乙醇水溶液之分離，Nylon 4 薄膜由緻密的對稱形態變成非對稱形態時，透過通量由 0.35 kg/m$^2$h 增加至 0.78 kg/m$^2$h，對水分離係數則變化不大。Wang 等人（Wang 等人，1997）以環己烷爲溶劑，乙醇爲凝聚劑，利用乾式與濕式相轉換法，分別製備 poly(4-methyl-1-pentene)（TPX）的緻密對稱膜與非對稱膜，應用於 90 wt% 乙醇水溶液之滲透蒸發分離程序。研究結果發現，TPX 緻密對稱膜的透過通量與透過物水濃度分別爲 0.074 kg/m$^2$h 與 99.10 wt%，當 TPX 薄膜形態轉變成非對稱膜時，透過通量上升至 0.195 kg/m$^2$h，但透過物水濃度下降至 49.99 wt%。

複合膜（composite membrane），如圖 9-5(c) 所示，係由緻密分離層與支撐層所組成，由於緻密分離層與支撐層可採用不同的材料製備之，故可針對欲分離之系統，分別選擇適當特性的材料，以增進有機高分子膜在滲透蒸發分離程序的適用性與選擇性。目前，應用於工業的滲透蒸發薄膜主要爲複合膜。複合膜的支撐層通常使用非對稱膜，尤其是超過濾膜最爲常見，其主要功能爲支撐緻密分離層，並提供適當的透過通量。因非對稱膜的孔隙度高，其結構容易在操作過程中崩壞，故常將非對稱膜製備在不織布（nonwoven）上，以強化支撐層的機械強度。

複合膜的緻密分離層主要控制整個薄膜的選擇性，其愈緻密，選擇性愈高；其厚度愈薄，質傳阻力愈小，透過通量愈高。緻密分離層常見的製備方法包括溶液塗佈法（solution casting）、浸漬塗佈法（dip-coating）、旋轉塗佈法（spin-coating）、界面聚合法（interfacial polymerization）、電漿沉積法（plasma deposition）與自組裝技術（self-assembly technique）等。舉例說明之，Lee 與 Lai（Lee 等人，2000）於電漿預處理的非對稱 polycarbonate（PC）薄膜表面，浸漬塗佈一層 polyacrylic acid（PAA）分離層，製備 PAA/PC 複合膜，應用於滲透蒸發分離 90 wt% 乙醇水溶液。在操作溫度 25℃下，複合膜最理想的分離效能係透過通量爲 133 $g/m^2h$，然透過物水濃度可高達 100 wt%。Zhao 等學者（Zhao 等人，2008）以 sodium carboxymethyl cellulose（CMCNa）與 poly(diallyldimethylammonium chloride)（PDDA）分別作爲陰離子型與陽離子型聚電解質，利用滴定的方式，將 PDDA 酸性溶液緩慢加入 CMCNa 酸性溶液中，使其藉由靜電作用力進行離子錯合程序，製備聚電解質錯合物（polyelectrolyte complex, PEC），再利用溶液塗佈法，將 PEC 塗覆在 polysulfone 超過濾薄膜表面，製成 PEC 複合膜。在進料溫度 75℃下，PEC 複合膜進行 90 wt% 異丙醇水溶液之滲透蒸發分離程序，其透過通量爲 3.0 $kg/m^2h$，對水分離係數爲 960。Chao 等學者（Chao 等人，2011）以 5-nitrobenzene-1,3-dioyl dichloride（NTAC）與 5-*tert*-butylbenzene-1,3-dioyl dichloride（TBAC）爲有機相醯氯單體，分別與水相單體 triethylenetetraamine（TETA），在改質的 polyacrylonitrile（mPAN）薄膜表面，進行界面聚合反應，製備 TETA-NTAC/mPAN 與 TETA-TBAC/mPAN 複合膜，其化學反應程序如圖 9-6 所示。在操作溫度 25℃下，TETA-NTAC/mPAN 與 TETA-TBAC/mPAN 複合膜應用於滲透蒸發分離 90 wt% 乙醇水溶液。其透過通量分別爲 537 $g/m^2h$ 與 452 $g/m^2h$，透過物水濃度分別爲 98.2 wt% 與 97.1 wt%。

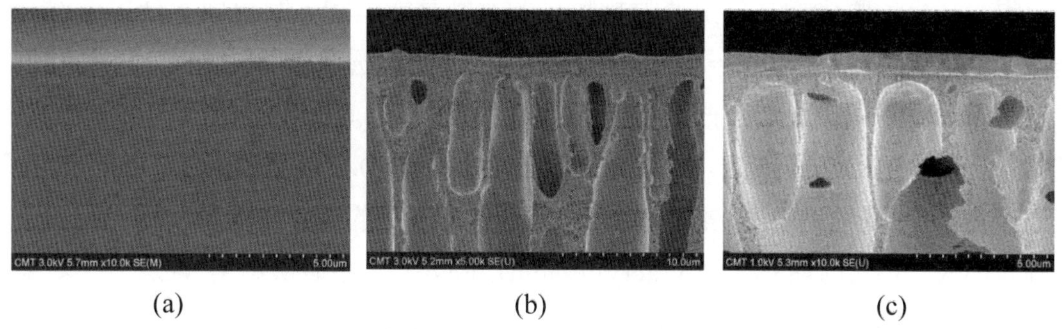

(a)　(b)　(c)

圖 9-5　(a) 對稱緻密膜、(b) 非對稱膜，與 (c) 複合膜之示意圖

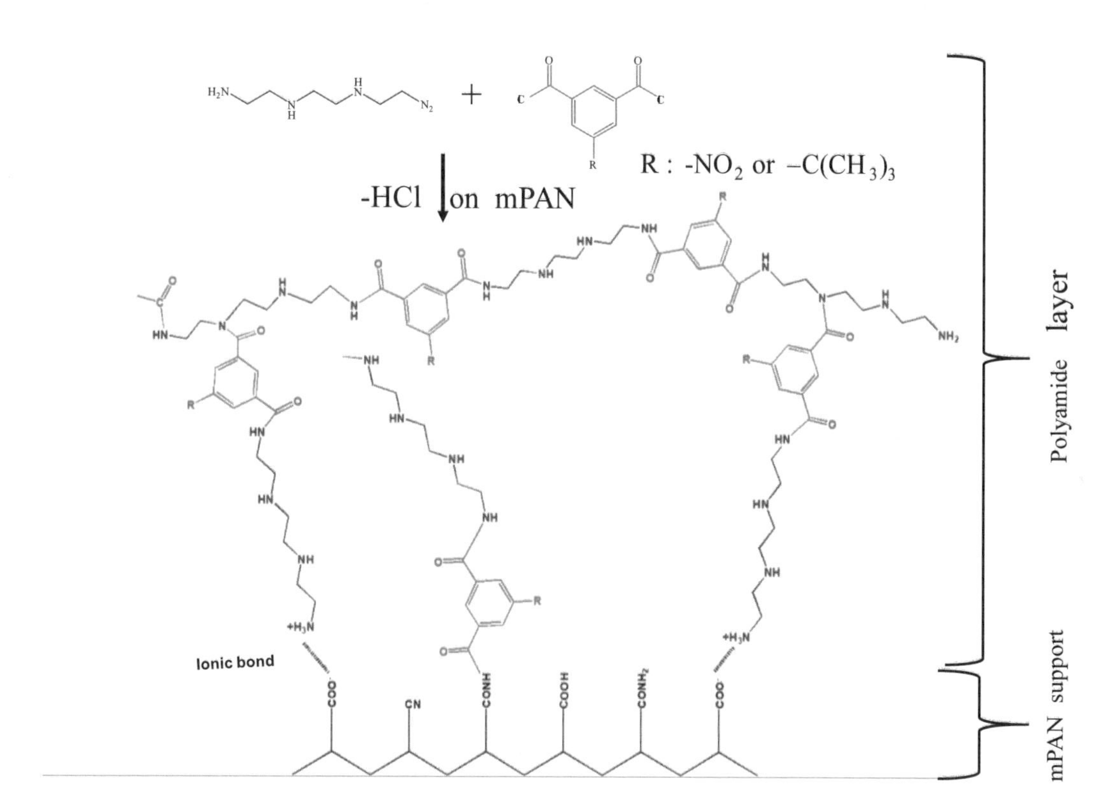


圖 9-6　NTAC 或 TBAC 與 TETA 在 mPAN 薄膜表面進行界面聚合反應程序的示意圖（Chao 等人，2011）

根據溶解 - 擴散模式，滲透蒸發薄膜的選擇性由溶解選擇性與擴散選擇性決定。由溶解選擇性的觀點，薄膜材料之特徵官能基團對進料液組成物種的親和性，將決定優先溶解進入薄膜的進料液組成物種。故就親和性而言，有機高分子膜可分爲親水膜與親有機膜。

親水高分子膜係指高分子薄膜材料具親水性官能基團，其可與水產生氫鍵、離子 - 偶極以及偶極 - 偶極等作用力，使水分子可優先滲透通過薄膜。親水性高分子通常是屬於玻璃態高分子或離子型高分子。含有諸如羥基（-OH）、羧基（-COOH）、磺酸基（$-SO_3H$）、胺基（$-NH_2$）、醯胺基（-NHCO-）、醚基（-O-）、羧酸鈉（-COONa）、磺酸鈉（$-SO_3Na$）與四級胺等親水基團的高分子薄膜材料，例如聚乙烯醇（PVA）、聚丙烯酸（poly(acrylic acid), PAA）、醋酸纖維素（CA）、聚醯胺（polyamide, PA）、幾丁聚醣（chitosan）、聚電解質（polyelectrolyte）與聚電解質錯合物（polyelectrolyte complex, PEC）等。雖然親水性高分子膜可優先讓水分子進入薄膜，但也因其親水性，使部分親水膜易受水分子膨潤，導致結構不穩定，而喪失選擇性，故常須進行交聯（crosslinking）程序，以維持薄膜的穩定性與分離效能。

親有機高分子膜係指含有諸如氟基（-F）、氯基（-Cl）、甲基（$-CH_3$）、苯基（$-C_6H_5$）與有機矽等親有機性官能基團的高分子薄膜材料，其通常具極性低、表面能小以及溶解度參數小等特性，故與有機物具特殊的親和性。諸如聚乙烯（polyethylene, PE）、聚丙烯（polypropylene, PP）、聚苯醚、含氟聚合物（例如聚四氟乙烯 polytetrafluoroethene, PTFE）、含氯聚合物、有機矽聚合物（例如聚二甲基矽氧烷 polydimethylsiloxane, PDMS）、苯乙烯 - 丁二烯橡膠（styrene-butadiene rubber, SBR）、丙烯腈 - 丁二烯橡膠（nitrile-butadiene rubber, NBR）等皆屬於親有機高分子材料，且這些材料大多爲橡膠態高分子。

### 9-3-2 無機膜

有機高分子膜應用層面雖廣，但高分子材料本身有先天上的限制存在，例如不耐高溫與不耐高壓等，這些性質減低其在某些工業程序的實用性。爲克服有機高分子膜的應用限制，近來諸多學者與公司開始投入無機膜研發工作。無機膜具耐高溫、耐酸鹼、化學性能與分離效能穩定等優點，將是未來滲透蒸發薄膜分離程序主要發展重點之一。無機膜之應用亦存在一些缺點或限制，例如製造程序複雜且大面積生產困難、成本高、價格昂貴等，但就長期發展來說，無機膜仍具有競爭力。依材料而言，無機膜可分爲陶瓷膜、金屬膜、分子篩膜與碳膜等；依結構而言，無機膜可分爲非支撐型無機膜（unsupported inorganic membrane）與支撐型無機膜（supported inorganic membrane）。

## 一、非支撐型無機膜

非支撐型無機膜常屬於單一材料均勻組成的結構，其孔洞尺寸亦是均一的，通常其厚度約爲 1 mm，以提供足夠的機械強度。非支撐型無機膜常見的製備方法包括原位水熱合成法、分子篩奈米顆粒注鑄成型法，以及固體相態轉化法等。原位水熱合成法係在聚四氟乙烯、纖維素或聚乙烯等支撐材料表面，進行水熱合成反應，再以剝離或燒去的方式移除支撐材料，此法已成功製備諸如 silicalite、SAPO 與 ZSM-5 等非支撐型分子篩膜，然其晶體排列鬆散不規則，且膜內易存在孔洞缺陷，故脆性高，進而影響其滲透蒸發效能（Mizukami, 1999）。

分子篩奈米顆粒注鑄成型法係將分子篩凝膠置於一平坦的支撐材料表面，使水緩慢蒸發後，再將其剝離支撐材料表面，即可得非支撐型無機膜，此種膜鮮少有微米級缺陷，常作爲奈米顆粒二次注鑄成型法的支撐材料，但其缺點是脆性高。固體相態轉化法係將氧化矽或氧化矽／氧化鋁凝膠與層狀化合物混合，並添加有機胺類，在密閉系統中加熱，使其轉變成無機分子篩膜，此法已成功製備像 silicalite、ZSM-5 與 ZSM-11 等非支撐型分子篩膜，雖然其膜厚較厚，機械強度較高，但仍存在微米級缺陷的缺點。整體而言，非支撐型無機膜易生成缺陷，其分離效能、機械強度與密度，尙無法滿足滲透蒸發薄膜的使用要求，目前仍處於實驗室研究階段。

## 二、支撐型無機膜

支撐型無機膜的架構類似高分子複合膜，係將分離層製備在支撐層表面，即在支撐層表面經單層或多層塗覆，製備非對稱多層複合結構，其孔洞尺寸由支撐層到分離層逐漸變小，即結構由鬆散逐漸變緻密。支撐型無機膜常以非支撐型無機膜作爲支撐層，其表面再經塗覆、合成反應或改質等方式來製備分離層。目前常用的支撐層形狀包括平板、管狀與蜂巢狀等，其材料包含金屬（例如不銹鋼、銅、合金等）、陶瓷、氧化鋁、氧化矽（例如玻璃、石英等）與分子篩（例如 MFI、FAU、LTA、SAPO-34、FeAPO-5、ZSM-5、ZSM-35 等）等。常見的支撐型無機膜製備方法包括液相原位水熱合成法、氣相合成反應（乾凝膠轉化法）、二次成長合成法、分子篩奈米顆粒注鑄成型法、微波技術或這些方法的集成等。有別於非支撐型無機膜受其本身特性與結構的條件限制，支撐型無機膜的分離層與支撐層可採用不同的材料製備之，故可針對欲分離之系統，分別選擇適當特性的材料，以增加其在滲透蒸發分離程序的實用性。舉例說明之，Liu 等學者（Liu 等人，1996）將經歷老化程序的 zeolite gel 置入多孔隙不銹鋼圓管柱中，利用水熱法，使其在管柱內表面進行二次成長程序，製備 silicalite zeolite 支撐型管狀膜，應用於滲透蒸發分離丙酮水溶液。當進料溶液之丙酮濃度爲 0.8 wt% 時，薄膜具最高的對丙酮分離係數 255，丙酮透過通量則爲 0.20 $kg/m^2h$；當進料溶液之丙酮濃度爲 43 wt% 時，薄膜具最高的丙酮透過通量 0.95 $kg/m^2h$，對丙酮分離係數則爲 37。Li 等學者（Li 等人，2007）以多孔隙 $\alpha$-$Al_2O_3$ 圓管柱作爲支撐層，利用原位老化 - 微波合成技術，製備 LTA zeolite 支撐型管狀膜，應用於 Fischer–Tropsch 合成反應所生產混合醇之滲透蒸發脫水程序。研究中模擬混合醇組成，當進料爲 90 wt% 乙醇水溶液，操作溫度爲 65℃時，薄膜的透過通量爲 0.52 $kg/m^2h$，對水分離係數高於 10,000；進料爲 90 wt% 異丙醇水溶液，操作溫度爲 80℃時，薄膜的透過通量爲 1.16 $kg/m^2h$，對水分離係數亦高於 10,000。

### 9-3-3 有機 - 無機混成 / 複合膜

目前用途最廣的薄膜材料爲有機高分子材料，然其在高溫、高壓以及有機溶劑中穩定性較差。無機材料具有優良的耐高溫與耐溶劑性能，但其成本高，製程複雜且大面積製造不易。由於有機與無機材料各有其應用上的限制，爲兼顧兩者的優點，製備有機 - 無機混成 / 複合膜是非常實用的考量。有機 - 無機混成薄膜（organic-inorganic hybrid membrane），或稱爲混合基質薄膜（mixed matrix membrane, MMM），係無機材料（通常是顆粒或片材）添加進入有機高分子材料中，製備成均質薄膜，亦或可塗覆於支撐層上，製成複合膜形式。有機 - 無機複合膜（organic-inorganic composite membrane）係將有機材料塗覆於無機支撐層上，亦或將無機材料塗覆於有機支撐層上，製備成無機 - 有機複合膜。

舉例說明之，Liu 等（Liu 等人，2005）將 γ-(glycidyloxypropyl) trimethoxysilane（GPTMS）加入 chitosan 醋酸水溶液中，進行溶膠 - 凝膠程序，並作爲 chitosan 的交聯劑，製備交聯的 chitosan-silica 混成薄膜，應用於滲透蒸發分離異丙醇水溶液。當進料爲 70 wt% 異丙醇水溶液，操作溫度爲 70℃時，GPTMS 添加量爲 5 wt% 的 chitosan-silica 混成薄膜之透過通量與對水分離係數分別爲 1,730 $g/m^2h$ 與 694，且此分離效能可穩定維持 140 天的長時間操作。Li 等（Li 等人，2008）將 zeolite 13X 導入 BAPP-BODA 聚醯亞胺高分子中，製備 BAPP-BODA/13X 混成薄膜，應用於醇類水溶液之滲透蒸發分離程序。當進料爲 90 wt% 異丙醇或正丁醇水溶液時，BAPP-BODA/13X 混成薄膜的透過通量與透過物水濃度皆高於 BAPP-BODA 聚醯亞胺薄膜。當進料爲 90 wt% 甲醇或乙醇水溶液時，與 BAPP-BODA 聚醯亞胺薄膜比較，BAPP-BODA/13X 混成薄膜具較高的透過通量與較低的透過物水濃度。Peters 等學者（Peters 等人，2008）以多孔隙 $\alpha$-$Al_2O_3$ 陶瓷中空纖維膜作爲支撐層，利用浸漬塗佈法，在支撐層外表面先塗覆中孔隙 $\gamma$-$Al_2O_3$ 層作爲中間層，再塗覆聚乙烯醇（PVA）作爲分離層，並以 maleic anhydride（MA）對 PVA 進行交聯程序，製備 PVA 陶瓷支撐複合膜（其截面 SEM 圖如圖 9-7 所示），應用於醇類滲透蒸發脫水程序，進行長時間操作效能與熱穩定性之量測。當進料爲 94.5 wt% 正丁醇水溶液，操作溫度爲 80℃時，PVA 陶瓷支撐複合膜經歷六個月的長時間高溫操作，其水透過通量由 1.0 $kg/m^2h$ 逐漸上升至 1.4 $kg/m^2h$，而對水分離係數則由 450 逐漸下降至 300。Hung 等（Hung 等人，2014）利用如圖 9-8(a) 所示之壓力輔助自組裝技術（pressure-assisted self-assembly technique），將氧化石墨烯（graphene oxide, GO）高度規則地緊密沉積在改質的 polyacrylonitrile（mPAN）薄膜表面，製備 GO/mPAN 複合膜（其截面 SEM 圖如圖 9-8(b) 所示），應用於滲透蒸發分離異丙醇水溶液。當進料爲 70 wt% 異丙醇水溶液，操作溫度爲 70℃時，GO/mPAN 複合膜的透過通量與透過水濃度分別爲 4,137 $g/m^2h$ 與 99.5 wt%。

圖 9-7　PVA 陶瓷複合膜截面之 SEM 圖（Peters 等人，2008）

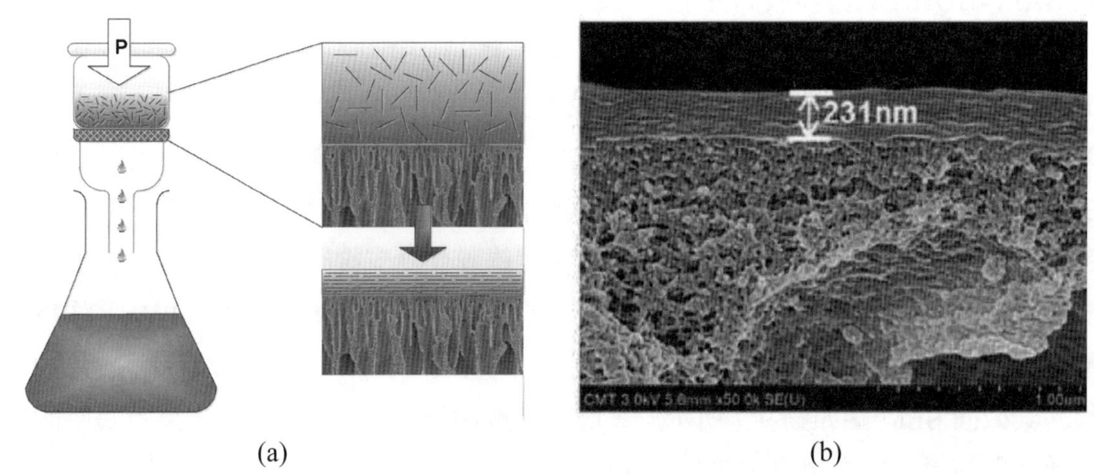


(a) (b)

圖 9-8　(a) 壓力輔助自組裝技術示意圖，與 (b) GO/mPAN 複合膜截面之 SEM 圖（Hung 等人，2014）

## 9-4　滲透蒸發的應用

依據分離物種特性與分離系統，滲透蒸發分離程序主要應用在三大領域：(1) 有機溶劑脫水、(2) 水中微量有機物移除或回收、(3) 有機混合溶液分離。以下即針對此三大領域進行介紹：

### 9-4-1　有機溶劑脫水

滲透蒸發分離程序的應用範疇中，研究最多、應用最普遍、技術最成熟的就屬有機溶劑脫水程序。目前常見有機溶劑脫水的工業應用與學術研究之系統包括：

1. 醇類：甲醇、乙醇、丙醇、丁醇等。
2. 酮類：丙酮、甲乙酮（methyl ethyl ketone, MEK）、甲基異丁酮（methyl isobutyl ketone, MIBK）等。
3. 有機酸類：醋酸、氯醋酸、硫酸等。
4. 酯類：乙酸乙酯（ethyl acetate, EAc 或 EA）、乙酸甲酯（methyl acetate, MAc）等。

5. 醚類：甲基第三丁基醚（methyl tert-butyl ether, MTBE）、乙基第三丁基醚（ethyl tert-butyl ether, ETBE）、四氫呋喃（tetrahydrofuran, THF）等。
6. 胺類：吡啶（pyridine）、二環己胺（cyclohexanamine）、苯胺等。

當然，依據分離體系特性的差異，有機溶劑脫水之應用有不同的分類方式，例如依據沸點性質，可分爲共沸混合物系統與非共沸混合物系統；依據對溫度敏感性質，可分爲熱敏感性混合物系統與非熱敏感性混合物系統。

舉例說明之，Lee 等學者（Lee 等人，1995）利用無乳化劑乳化共聚合技術，合成 poly(acrylonitrile-*co*-acrylic acid)（PAN-AA），並以 dimethylformamide（DMF）爲溶劑，使用乾式相轉換法，製備 PAN-AA 薄膜，應用於吡啶水溶液之滲透蒸發脫水程序。研究結果指出，當進料吡啶濃度爲 10～90 wt% 與操作溫度爲 25～70℃時，PAN-AA 薄膜的透過通量範圍爲 45～610 $g/m^2h$，對水分離係數範圍則爲 13.4～2,207。Wang 等學者（Wang 等人，2002）利用浸漬塗佈法，於電漿預處理的非對稱 poly(4-methyl-1-pentene)（TPX）薄膜表面，塗覆一層 polyacrylic acid（PAA）分離層，製備 PAA/TPX 複合膜，應用於滲透蒸發分離醋酸水溶液。當進料醋酸濃度爲 3 wt%，操作溫度爲 25℃時，PAA/TPX 複合膜的透過通量爲 960 $g/m^2h$，透過物水濃度則高達 100 wt%，其爲最理想的分離效能。Lai 等學者（Lai 等人，2010）以 4-aminobenzenethiol（ABTH）和 2-aminoethanethiol（AETH）作爲水相單體，分別與有機相單體 trimesoyl chloride（TMC），在 mPAN 薄膜表面進行界面聚合反應，製備聚硫酯醯胺（poly(thiol ester amide)）複合膜（ABTH-TMC/mPAN 與 AETH-TMC/mPAN），應用於滲透蒸發分離乙醇水溶液。兩種聚硫酯醯胺複合膜皆具有不錯的脫水效能，在操作溫度 25℃下，進行 90 wt% 乙醇水溶液的滲透蒸發分離程序，ABTH-TMC/mPAN 複合膜的透過通量與透過物水濃度分別爲 2,079 $g/m^2h$ 與 98.5 wt%；AETH-TMC/mPAN 複合膜的透過通量與透過物水濃度分別爲 1,586 $g/m^2h$ 與 99.2 wt%。Zhu 等學者（Zhu 等人，2010）以 maleic anhydride 與硫酸分別作爲交聯劑與觸媒，添加至 poly(vinyl alcohol)（PVA）與 chitosan（CS）摻合溶液中，進行交聯反應，再以 dip-coatimg 方式，將該溶液塗覆於管狀 $ZrO_2/Al_2O_3$ 陶瓷支撐材表面，製備 PVA-CS 陶瓷支撐複合膜，應用於滲透蒸發進行有機溶劑脫水程序。在操作溫度爲 50℃，進料乙酸乙酯水溶液含水濃度爲 3.5 wt% 下，PVA-CS 陶瓷支撐複合膜的滲透蒸發脫水效能爲透過通量 1,250 $g/m^2h$ 與對水分離係數高於 10,000。Li 等學者（Li 等人，2012）將陽離子型聚電解質 poly(diallyldimethyl ammonium chloride)（PDDA）與陰離子型聚電解質 poly(sodium styrene sulfonate)（PSS）分別披覆於 zirconium dioxide（$ZrO_2$）奈米顆粒上，獲得 PDDA-$ZrO_2$ 與 PSS-$ZrO_2$ 奈米顆粒。以 PAN 中空纖維膜作爲支撐材，並將其浸泡於 65℃的 2 N 氫氧化鈉水溶液中 30 分鐘，進行水解反應，使其內表面帶負電荷。利用層層組裝技術（layer-by-layer assembly technique），分別讓 PDDA-$ZrO_2$ 水溶液與 PSS-$ZrO_2$ 水溶液交替地流過水解改質的 PAN 中空纖維膜之內表面，並以眞空幫浦於中空纖維膜外表面創造負壓（-0.09 MPa），製備有機 - 無機奈米混成多層複合膜，應用於丙酮之滲透蒸發脫水程序。當進料爲 95 wt% 丙酮水溶液，操作溫度爲 50℃時，1.5 個雙層的 PDDA-$ZrO_2$/PSS-$ZrO_2$ 奈米混成複合膜之滲透蒸發分離效能爲透過通量 685 g/$m^2$h 與對水分離係數 1,881。Tsai 等學者（Tsai 等人，2012）以濕式紡絲法紡製備 PAN 中空纖維膜，其經過 12 小時熱處理後，應用在 NMP 水溶液之分離。當熱處理溫度介於 180～300℃時，薄膜進行 30 wt% NMP 水溶液之滲透蒸發分離程序，隨著熱處理溫度的上升，其透過通量隨之提升，而透過端水溶度幾乎維持 100 wt%。Huang 等（Huang 等人，2014）以 1,3-diaminopropane（DAPE）、1,3-cyclohexanediamine（CHDA）與 *m*-phenylene diamine（MPDA）作爲水相二胺單體，分別與有機相醯氯單體 TMC，在非對稱 PAN 薄膜表面進行界面聚合反應，製備聚醯胺複合膜（DAPE-TMC/PAN、CHDA-TMC/PAN 與 MPDA-TMC/PAN），應用於滲透蒸發分離四氫呋喃水溶液。當操作溫度爲 55℃，進料爲 90 wt% 四氫呋喃水溶液時，DAPE-TMC/PAN 複合膜展現優異的滲透蒸發脫水效能，其透過通量與對水分離係數分別爲 2.23 kg/$m^2$h 與 21,071。

滲透蒸發程序最成熟的發展係爲有機溶劑脫水程序，當然亦不乏水優先透過之商業膜的發展，例如瑞士 Sulzer Chemtech 公司發展 PERVAP 2200、2201、2202、2205、2210 與 2510 等交聯的 PVA/PAN 複合膜，應用於醇類、酯類與酸類的脫水程序。德國 GKSS 發展的 GKSS Simplex 商業膜，其爲聚電解質 /PAN 複合膜，亦屬於水優先透過的薄膜。

### 9-4-2 水中微量有機物移除或回收

一般來說，相較於傳統的分離程序，如萃取或精餾等，當水中的有機物含量在 0.1～5% 之間時，使用滲透蒸發進行有機物回收或脫除程序，係較具經濟競爭力。倘若有機物低於此濃度範圍時，因質傳驅動力濃度梯度太小，所需有效薄膜面積很大，除非是高附加價值的物質，否則利用吸附或生物處理等方法，將更有經濟效益。目前，滲透蒸發分離程序已應用於諸多自水中回收或移除有機物之系統，例如廢水中有機汙染物之移除、自水中回收有機溶劑、從酒類飲料中除去乙醇，以及自飲料回收芳香物質等。

諸如化工、製藥與聚合物等工廠的廢水中經常含有揮發性有機汙染物，包括甲基第三丁基醚、乙酸乙酯、甲乙酮、苯、酚、醇、鹵化烴與有機酸等。這些揮發性有機汙染物已可利用滲透蒸發分離程序移除之，例如 Uragami 等學者（Uragami 等人，2003）以 poly(dimethylsiloxane) dimethyl methacrylate macromonomer（PDMSDMMA）作爲高分子基材，以 divinylbenzene（DVB）、divinylsiloxane（DVS）與 ethylene glycol dimethyl methacrylate（EGDM）作爲交聯劑，以 2,2-azobis(2-methylpropionnitrile)（AIBN）作爲起始劑，在 80℃進行共聚合反應，製備交聯的 PDMSDMMA 薄膜（PDMSDMMA-DVB、PDMSDMMA-DVS 與 PDMSDMMA-EGDM），應用於滲透蒸發分離程序，將苯自水溶液中脫除。研究結果指出，PDMSDMMA-DVB 與 PDMSDMMA-DVS 薄膜皆呈現不錯的滲透蒸發效能，當操作溫度爲 40℃，進料水溶液之苯濃度爲 0.05 wt% 時，DMSDMMA-DVB 薄膜的透過通量與對苯分離係數分別爲 $4.55 \times 10^{-2}$ kg/m$^2$h 與 3,099；DMSDMMA-DVS 薄膜的透過通量與對苯分離係數分別爲 $7.09 \times 10^{-2}$ kg/m$^2$h 與 2,886。Yoshida 與 Cohen（Yoshida 等人，2004）以多孔隙 silica 管狀膜作爲支撐層材料，其表面經 vinyltrimethoxysilane（VTMS）溶液進行 silylation 改質後，再以 vinyl acetate 溶液進行接枝聚合反應，製備 PVAc-silica 管狀膜，應用於滲透蒸發脫除水溶液中之 MTBE。當操作溫度爲 20℃，進料水溶液之 MTBE 濃度爲 74～7,400 ppm（0.01～1 %, v/v）時，PVAc-silica 管狀膜的透過通量爲 0.31～0.70 kg/m$^2$h，其對 MTBE 的分離係數爲 68-577。Krea 等學者（Krea 等人，2004）以胺結尾的 $\alpha$, $\omega$-bis(3-aminopropyldimethyl) oligodime-thylsiloxane（ODMS）與 1,3-bis(3-aminopropyl) tetramethyl disolxane（MDMS）分別作爲二胺單體與鏈延長劑，分別與二酸酐單體 1,2,4,5-benzenetetracarboxylic dianhydride（PMDA）與 5,5'-[2,2,2-trifluoro-1-(trifluoromethyl) ethylidene] bis-1,3-isobenzenefurandione（6FDA）進行兩階段聚縮合反應，合成非氟系（P-series）與氟系（F-series）polydimethyl siloxaneimide（PSI）共聚合物，並以四氫呋喃（THF）爲溶劑，利用乾式相轉換法，製備非氟系與氟系 PSI 薄膜，應用於滲透蒸發脫除水溶液中之極性有機物。研究結果指出，高含量的氟系 PSI 薄膜具最佳滲透蒸發效能：當進料爲 5 wt%

phenol 水溶液時，其透過通量與對 phenol 分離係數分別為 2.4 kg/m$^2$h 與 22；當進料為 10 wt% 乙醇水溶液時，其透過通量與對乙醇分離係數分別為 0.56 kg/m$^2$h 與 10.6。

自水中回收諸如四氫呋喃、*N*- 甲基 -2- 吡咯烷酮（*N*-methyl-2-pyrrolidone，NMP）、*N*,*N*- 二甲基甲醯胺（*N*,*N*-dimethylformamide, DMF）與乙酸乙酯等有機溶劑，例如 Ghosh 等學者（Ghosh 等人，2006）以 hydroxyterminated polybutadiene（HTPB）與 2,4-toluylene diisocyanate（TDI）分別作為二醇與二異氰酸酯，以 4,4'-diaminodiphenyl sulfone（DADPS）作為二胺鏈延長劑，以 THF 為溶劑，合成 polyurethaneurea（PUU），並利用乾式相轉換法，將其製備成緻密對稱薄膜，應用於滲透蒸發回收水溶液中的 NMP。當進料為 1,000 ppm NMP 水溶液，操作溫度為 75℃時，PUU 薄膜的透過通量與對 NMP 分離係數分別為 11.7 g/m$^2$h 與 2,968。Bai 等學者（Bai 等人，2007）以三氯甲烷為溶劑，於 45℃下，溶解不同 vinyl acetate（VA）含量的 ethylene–vinyl acetate（EVA）共聚合物，利用乾式相轉換法，製備一系列 EVA 共聚合物薄膜，應用於滲透蒸發分離程序，自水溶液中回收乙酸乙酯。研究結果指出，VA 含量為 38 wt% 的 EVA 共聚合物薄膜，在操作溫度 30℃下，進行滲透蒸發分離 2.5 wt% 乙酸乙酯水溶液，可獲得最高乙酸乙酯透過通量 550 g/m$^2$h，其對乙酸乙酯分離係數為 118。

從酒類飲料中除去乙醇是滲透蒸發分離程序在食品產業中最早的應用，其使用的薄膜係為有機物優先透過的親有機薄膜，使乙醇可優先透過該膜，如此，可降低進料端啤酒或果酒中的乙醇濃度，同時，透過端亦可得到較高乙醇濃度的水溶液。但是由於酒類飲品中尚含有其他芳香物質，其比乙醇更容易滲透通過薄膜，因此，滲透蒸發分離程序會造成這些芳香物質的流失，使酒類飲品的品質與口感降低。為改善上述的問題，Lee 等（Lee 等人，1991）發展蒸汽調節滲透蒸發（vapor-arbitrated pervaporation）程序，此程序係使用親水性較高的滲透蒸發膜，藉此減少酒類飲品中芳香物質的損失，另外，在薄膜下游端導入含水蒸汽的惰性吹掃載氣，如此可降低薄膜兩側水的蒸汽壓差，即降低水的驅動力，以抑制水滲透通過薄膜。使用蒸汽調節滲透蒸發程序，Chardonnay 葡萄酒的乙醇濃度可下降至 0.5%，且其芳香物質的損失亦可降低至 20% 以下。

在食品與飲料工業的產品中，芳香物質（aroma compounds）之含量是相當重要的指標，因其關係到產品的品質與口味，進而影響消費者對產品的認可與青睞。這些芳香物質包括酯類、醇類、醛類、酮類與一些碳氫化合物等，傳統上係利用蒸餾法，自飲料回收或濃縮芳香物質，但常因溫度過高，造成產品變質。滲透蒸發程序適用於熱敏感與共沸物質的分離，故可解決蒸餾法造成的問題。例如 Kanani 等學者（Kanani 等人，2003）以 Elastosil LR 7600 A 與 B 分別作為高分子主劑與交聯劑，依 9:1 的比例溶於 isooctane 中，配製 10 wt% 的混合溶液，利用乾式相轉換法，在 80℃下熱處理 8 小時，製備 poly(dimethylsiloxane)（PDMS）薄膜，另外，由德國 GKSS 提供 poly(octyl methyl siloxane)（POMS）/poly(ether imide)（PEI）複合薄膜。此研究以 POMS 與 PDMS 薄膜進行滲透蒸發分離程序，自兩成分水溶液系統中回收八種茶的主要芳香物質，包括反 -2- 己烯醛（*trans*-2-hexenal）、2- 甲基丙醛（2-methylpropanal）、3- 甲基丁醛（3-methylbutanal）、苯乙醛（phenyl acetaldehyde）、苯甲醇（benzyl alcohol）、順 -3- 己烯醇（*cis*-3-hexenol）、芳樟醇（linalool）與 *β*- 紫羅蘭酮（*β*-ionone）等四種醛類、三種醇類與一種酮類。研究結果如表 9-2 與 9-3 所示，對醛類茶芳香物質而言，PDMS 薄膜有較佳的滲透蒸發效能；對醇類（除苯甲醇外）與酮類茶芳香物質而言，則 POMS 薄膜有較佳的滲透蒸發效能。

Pereira 等學者（Pereira 等人，2005）使用實驗室自行製備的 ethylene-propylene-diene terpolymer（EPDM）與 ethylene vinyl acetate copolymer（EVA）複合膜，以及商業化複合膜 Pervap 1060 與 Pervap 1070 等四種薄膜，進行滲透蒸發分離程序，自兩成分水溶液系統中回收乙酸乙酯、丁酸乙酯（ethyl butanoate, EB）、己酸乙酯（ethyl hexanoate, EH）與蘑菇醇（1-octen-3-ol, OCT）等熱帶水果果汁常見的芳香物質。研究結果如表 9-4 所示，Pervap 1060 與 Pervap 1070 複合膜具有較高的平均水透過通量，但有較低的對芳香物質分離係數。相反地，EPDM 與 EVA 複合膜具有較高的對芳香物質分離係數，但有較低的平均水透過通量。

利用滲透蒸發分離程序自水中回收或移除有機物，因溶液組成物質間極性的差異，常選用有機物優先透過的薄膜進行該程序，故亦有商業膜被發展，例如瑞士 Sulzer Chemtech 公司的 PERVAP 1060，其為交聯的 PDMS/PAN 複合膜；美國 Membrane Technology and Research Inc. 的 MTR 100 與 200，其分別為交聯的 PDMS/ 多孔隙支撐層與交聯的 EPDM-PDMS/ 多孔隙支撐層複合膜；德國 GKSS 的 GKSS PEBA、PDMS 與 PMOS，其分別為 PEBA/ 多孔隙支撐層、交聯的 PDMS/ 多孔隙支撐層與交聯的 PMOS/ 多孔隙支撐層複合膜。

表 9-2　POMS 薄膜自兩成分水溶液系統回收茶芳香物質的滲透蒸發效能（操作溫度 = 30℃）（Kanani 等人，2003）

| 茶芳香物質 | 進料濃度 (mmol/L) | 對芳香物質分離係數 | 芳香物質透過通量 ($kg/m^2h$) |
|---|---|---|---|
| 反 -2- 己烯醛 | 0.08～3.08 | 46～36 | $(5～123)\times10^{-5}$ |
| 2- 甲基丙醛 | 0.04～3.70 | 17～6 | $(7～214)\times10^{-6}$ |
| 3- 甲基丁醛 | 1.45～13.35 | 114～54 | $(2～10)\times10^{-3}$ |
| 苯乙醛 | 0.79～2.00 | 21～14.5 | $(2.8～4.8)\times10^{-4}$ |
| 苯甲醇 | 0.46～1.94 | 4.6～2.9 | $(3.4～9.5)\times10^{-5}$ |
| 順 -3- 己烯醇 | 0.25～1.90 | 295～105 | $(7.8～29)\times10^{-4}$ |
| 芳樟醇 | 0.26～1.39 | 66～48 | $(3.3～12)\times10^{-4}$ |
| $\beta$- 紫羅蘭酮 | 0.21～0.75 | 4～3 | $(2.2～7.2)\times10^{-5}$ |

表 9-3　PDMS 薄膜自兩成分水溶液系統回收茶芳香物質的滲透蒸發效能（操作溫度 = 30℃）（Kanani 等人，2003）

| 茶芳香物質 | 進料濃度 (mmol/L) | 對芳香物質分離係數 | 芳香物質透過通量 ($kg/m^2h$) |
|---|---|---|---|
| 反 -2- 己烯醛 | 1.07～2.54 | 415～245 | $(2.5～5.5)\times10^{-2}$ |
| 2- 甲基丙醛 | 0.69～3.33 | 21～7 | $(4.3～15.8)\times10^{-4}$ |
| 3- 甲基丁醛 | 2.09～11.38 | 195～122 | $(2.3～20)\times10^{-1}$ |
| 苯乙醛 | 0.41～2.08 | 27～9 | $(4.2～18)\times10^{-4}$ |
| 苯甲醇 | 0.51～2.31 | 6.4～3.4 | $(2～4.6)\times10^{-4}$ |
| 順 -3- 己烯醇 | 0.40～1.80 | 95～48 | $(3.8～15.5)\times10^{-4}$ |
| 芳樟醇 | 0.23～1.04 | 30～12 | $(2.6～0.2)\times10^{-4}$ |
| $\beta$- 紫羅蘭酮 | 0.21～0.73 | 2.7～1.8 | $(6.3～22.5)\times10^{-5}$ |

表 9-4　Pervap 1060、Pervap 1070、EPDM 與 EVA 等複合膜自兩成分水溶液系統回收熱帶水果果汁之芳香物質的滲透蒸發效能（進料濃度 = 50～1,000 μg/g，操作溫度 = 25℃，進料流率 = 92 l/h）（Pereira 等人，2005）

| 薄膜 | 平均水透過通量 $(g/m^2h)$ | 對芳香物質分離係數 | | | |
|---|---|---|---|---|---|
| | | EAc | EB | EH | OCT |
| Pervap 1060 | 94.4 | 141 | 510 | 599 | 154 |
| Pervap 1070 | 37.3 | 393 | 875 | 750 | 252 |
| EPDM | 12.7 | 174 | 2,271 | 8,171 | 957 |
| EVA | 15.4 | 31 | 655 | 4,443 | 636 |

## 9-4-3　有機混合溶液分離

滲透蒸發分離程序應用於有機混合溶液之分離，其薄膜需具有良好的耐化學性質，才可在有機溶液環境中穩定操作，故此領域爲滲透蒸發分離程序於工業化應用中最具挑戰性的項目之一，亦是目前熱門的研究發展方向。

對於共沸或沸點相近的有機混合物，其組成物濃度差異較大時，利用蒸餾進行分離，其所需設備成本高，能量損耗大，甚至要加入共沸劑，進行共沸蒸餾，故程序複雜，操作不易，且常使產品挾帶雜質與造成環境汙染。然而，利用滲透蒸發進行分離程序，移除低濃度的組成物，成本低，省能源，符合經濟效益。當共沸或沸點相近的有機混合物之組成物濃度彼此接近時，僅用滲透蒸發進行分離程序，係較不符合經濟效益，通常會採用蒸餾與滲透蒸發組合程序。滲透蒸發應用於有機混合溶液分離，其常見的系統包括：

1. 極性／非極性混合物：甲醇／甲苯混合物、乙醇／苯混合物、甲醇／甲基第三丁基醚混合物、乙醇／乙基第三丁基醚混合物等。
2. 芳香族／脂肪族混合物：苯／異辛烷混合物、苯／正庚烷混合物、甲苯／正辛烷混合物、甲苯／正庚烷混合物等。
3. 芳香族／脂環族混合物：苯／環己烷混合物、甲苯／環己烷混合物等。
4. 同分異構物：二甲苯同分異構物、正庚烷／異庚烷、正丙醇／異丙醇、$C_4$-$C_8$ 同分異構物等。

舉例說明之，Wang 等學者（Wang 等人，2001）以含氟二胺單體 2,2-bis[4-(4-aminophenoxy) phenyl] hexafluoropropane（BAPPH）與未含氟二胺單體 2,2-bis[4-(4-aminophenoxy) phenyl] propane（BAPPP），分別與化學結構相異的二酸單體進行聚縮合反應，製備 BAPPH 系列（含氟）與 BAPPP 系列（未含氟）的芳香族聚醯胺高分子，利用乾式相轉換法製備緻密薄膜，應用於滲透蒸發程序，分離苯／環己烷混合物。研究結果指出，BAPPH 系列（含氟）聚醯胺薄膜的透過通量與 PSI 值較 BAPPP 系列（未含氟）聚醯胺薄膜高。當操作溫度為 50℃，進料溶液之苯濃度為 50 wt% 時，含氟聚醯胺薄膜（F-3）具有理想的分離效能，其對苯的分離係數為 4，透過通量為 1,470 g/m$^2$h。Cai 等學者（Cai 等人，2001）以 PVA 高分子作為分離層，以 maleic acid 作為交聯劑，溶於熱水中，利用溶液塗佈法，將其刮鑄於多孔隙 PAN 或 CA 基材膜表面上，製備 PVA/PAN 或 PVA/CA 複合膜，應用於滲透蒸發分離甲基第三丁基醚／甲醇混合物。當操作溫度為室溫，進料甲醇濃度為 7.118 wt% 時，PVA/PAN 與 PVA/CA 複合膜的透過通量皆高於 400 g/m$^2$h，透過物甲醇濃度亦皆高於 99 wt%。Xu 等學者（Xu 等人，2003）以 2,2-bis（3,4-dicarboxyphenyl）hexafluoro propane dianhydride（6FDA）作為二酸酐，以 4,6-trimethyl-1,3-phenylendiamine（DAM）與 3,5-diaminobenzoic acid（DABA）作為二胺，利用兩階段聚縮合反應（採用化學醯亞胺化），合成 6FDA-DAM 聚醯亞胺與 6FDA-DAM/DABA 共聚醯亞胺高分子，以乾式相轉換法，製備 6FDA-DAM 與 6FDA-DAM/DABA 薄膜，應用於滲透蒸發分離甲苯／異辛烷混合物。將 DABA 導入 6FDA-DAM 薄膜中，可增加薄膜高分子鏈的堆疊密度，降低進料甲苯／異辛烷混合物對薄膜的膨潤效應，提升薄膜機械性質與對甲苯的選擇性。當操作溫度為 100℃，進料甲苯濃度為 50 wt% 時，DABA 含量為 60% 的 6FDA-DAM/DABA 薄膜的標準化透過通量為 1 kg μm/m$^2$h，對甲苯的選擇性為 90。Lue 等（Lue 等人，2006）將 ZSM 沸石（zeolite）導入聚氨酯（polyurethane, PU）薄膜中，發展 PU-zeolite 複合膜，應用於滲透蒸發分離鄰-/對-二甲苯（*o*-/*p*-xylene）同分異構混合物。ZSM 沸石之添加可提升薄膜的透過通量與對鄰-二甲苯選擇性。當操作溫度為 25℃，進料鄰-二甲苯濃度為 50 wt% 時，PU 與 zeolite 重量比例為 10：3 的複合膜之鄰-二甲苯透過通量為 0.31 kg/m$^2$h，鄰-二甲苯的標準化透過通量為 17.1 kg μm/m$^2$h，對鄰-二甲苯選擇性為 1.89。Lue 等（Lue 等人，2010）亦發展 PU-PDMS 摻合膜，應用於滲透蒸發分離甲苯／甲醇混合物。當操作溫度為 25℃，進料甲苯濃度為 32 wt% 時，PU 與 PDMS 重量比例為 20：80 的摻合膜之甲苯標準化透過通量為 113.14 kg μm/m$^2$h，對甲苯選擇性為 3.66。除學術研究之外，目前應該只有瑞士的 Sulzer Chemtech 公司發展有機混合溶液分離的商業膜，例如 PERVAP 2256 1 與 2256 2，分別適用於甲醇／甲基第三丁基醚混合物與乙醇／乙基第三丁基醚混合物之分離，且分別為甲醇與乙醇優先透過的薄膜。

## 9-5　結語

滲透蒸發分離程序具經濟、安全、節能與環境友善等獨特的優點，使其具備與傳統分離技術競爭的實力，可廣泛地應用於有機溶劑脫水、水中微量有機物移除或回收以及有機混合溶液分離等領域，特別是對於共沸、沸點相近、熱敏感性，以及同分異構等混合物的分離更具競爭力。雖然諸多學術研究與專利已證實滲透蒸發技術在液體混合物分離的可行性，但關於經濟評估的資訊仍是較缺乏的。當以液體混合物中低濃度之成分物質作為移除或回收的目標時，即使滲透蒸發分離程序不受熱力學限制，但薄膜面積大幅增加的需求卻限制其經濟上的可行性，因此，目前近程的發展是滲透蒸發與傳統分離技術結合的混合程序，例如滲透蒸發導向蒸餾程序（pervaporation aimed distillation process）。吾人深信在不久的未來，滲透蒸發混合程序之發展將有新契機解決瓶頸的分離問題，特別是在石油化學工業遭遇的問題，從而為其工業化的廣度打開新途徑。整體而言，即使滲透蒸發薄膜的發展仍需克服一些限制，例如薄膜材料結構與其特性相互關係的掌握、薄膜成形技術的發展與改善以及薄膜模組的設計與開發等問題，但無疑的是，滲透蒸發程序係具相當的潛力，可成功地被應用於液體混合物分離的領域。

## 習　題

1. 試說明滲透蒸發分離程序的質傳機制。
2. 試說明無機膜應用於滲透蒸發分離程序的優勢與瓶頸。
3. 有機 - 無機混成薄膜有何優點，使其被發展應用於滲透蒸發分離程序，試說明之。

4. 若請您利用滲透蒸發進行苯胺的脫水程序，您會選用何種薄膜？理由為何？試舉實例說明之。
5. 若請您利用滲透蒸發程序，自柑橘汁中回收異丁酸乙酯（芳香物質），您會選用何種薄膜？理由為何？試舉實例說明之。
6. 嘗試舉出一個有機會被滲透蒸發程序取代的傳統分離程序，並說明理由。
7. 蔡大頭的指導教授交給他一張複合膜，請他利用滲透蒸發程序進行異丙醇水溶液之分離，其操作條件如下：

   進料溶液：5 wt% 異丙醇與 95 wt% 水。

   進料溫度：25℃。

   薄膜有效面積：7 平方公分。

   取樣時間：15 分鐘。

   當複合膜操作至穩定狀態，其量測得到的實驗數據為透過物重量為 0.22 克，透過物異丙醇濃度為 42 wt%，透過物水濃度為 58 wt%。試回答下列問題：

   (1) 請判斷此複合膜為何組成物質優先透過的薄膜。

   (2) 請估算複合膜的透過通量與分離係數（選擇性）。

   (3) 請估算複合膜的滲透蒸發分離指數。

# 參考文獻


1. Aptel, P., N. Challard, J. Cuny, J. Neel, Application of the pervaporation process to separate azeotropic mixtures, *J. Membr. Sci.*, 1(1976)271-287.
2. Athayde, A.L., R.W. Baker, R. Daniels, M.H. Le, J. Ly, Pervaporation for wastewater treatment, *Chemtech*, 27(1997)34-39.
3. Bai, Y., J. Qian, Q. An, Z. Zhu, P. Zhang, Pervaporation characteristics of ethylene–vinyl acetate copolymer membranes with different composition for recovery of ethyl acetate from aqueous solution, *J. Membr. Sci.*, 305(2007)152-159.
4. Binning, R.C., F.E. James, How to separate by membrane permeation, *Pet. Refin.*, 37(1958)214-215.

5. Binning, R.C., J.F. Jennings, E.C. Martin, *Process for removing water from organic chemicals*, US Patent 3,035,060 (1962).
6. Blume, I., J.G. Wijmans, R.W. Baker, The separation of dissolved organics from water by pervaporation, *J. Membr. Sci.*, 49(1990)253-286.
7. Cai, B., L. Yu, H. Ye, C. Gao, Effect of separating layer in pervaporation composite membrane for MTBE/MeOH separation, *J. Membr. Sci.*, 194(2001)151-156.
8. Chao, W.C., S.H. Huang, Q.F. An, D.J. Liaw, Y.C. Huang, K.R. Lee, J.Y. Lai, Novel interfacially-polymerized polyamide thin-film composite membranes: Studies on characterization, pervaporation, and positron annihilation spectroscopy, *Polymer*, 52(2011)2414-2421.
9. Chen, M.S. K., R.M. Eng, J.L. Glazer, C.G. Wensley, *Pervaporation process for separating alcohols from ethers*, US Patent 4,774,365 (1988).
10. Chiang, R., E. Perry, *Process for separating aqueous formaldehyde mixtures*, US Patent 4,067,805 (1978).
11. Cox, G., R. W. Baker, Pervaporation for the treatment of small volume VOC-contaminated waste water streams, *Indust. Wastewater*, 6(1998)35-38.
12. Farber, L. Applications of pervaporation, *Science*, 82(1935)158.
13. Ghosh, U.K., N.C. Pradhan, B. Adhikari, Pervaporative recovery of N-methyl-2-pyrrolidone from dilute aqueous solution by using polyurethaneurea membranes, *J. Membr. Sci.*, 285(2006)249-257.
14. Heisler, E.G., A.S. Hunter, J. Siciliano, R.H. Treadway, Solute and temperature effects in the pervaporation of aqueous alcoholic solutions, *Science*, 124(1956)77-79.
15. Huang, R.Y.M., C.K. Yeom, Pervaporation separation of aqueous mixtures using crosslinked poly(vinyl alcohol) II. Permeation of ethanol-water mixtures, *J. Membr. Sci.*, 51(1990)273-292.
16. Huang, R.Y.M., X. Feng, Dehydration of isopropanol by pervaporation using aromatic polyetherimide membranes, *Sep. Sci. Technol.*, 28(1993)2035-2048.
17. Huang, S.H., Y.Y. Liu, Y.H. Huang, K.S. Liao, C.C. Hu, K.R. Lee, J.Y. Lai, Study on characterization and pervaporation performance of interfacially polymerized polyamide thin-film composite membranes for dehydrating tetrahydrofuran, *J. Membr. Sci.*, 470(2014)411-420.
18. Hung, W.S., Q.F. An, M. De Guzman, H.Y. Lin, S.H. Huang, W.R. Liu, C.C. Hu, K.R. Lee, J.Y. Lai, Pressure-assisted self-assembly technique for fabricating composite membranes con-

sisting of highly ordered selective laminate layers of amphiphilic graphene oxide, *Carbon*, 68(2014)670-677.

19. Kanani, D.M., B.P. Nikhade, P. Balakrishnan, G. Singh, V.G. Pangarkar, Recovery of valuable tea aroma components by pervaporation, *Ind. Eng. Chem. Res.*, 42(2003)6924-6932.
20. Kober, P.A., Pervaporation, perstillation and percrystallization, *J. Am. Chem. Soc.*, 39(1917)944-948.
21. Krea, M., D. Roizard, N. Moulai-Mostefa, D. Sacco, New copolyimide membranes with high siloxane content designed to remove polar organics from water by pervaporation, *J. Membr. Sci.*, 241(2004)55-64.
22. Lai, C.L., S.H. Huang, W.L. Lin, C.L. Li, K.R. Lee, Influence of the aminothiol structure on pervaporation dehydration of poly(thiol ester amide) composite membranes, *J. Membr. Sci.*, 361(2010)206-212.
23. Lai, J.Y., Y.H. Chu, S.L. Huang, Y.L. Yin, Separation of water-alcohol mixtures by pervaporation through asymmetric nylon 4 membrane, *J. Appl. Polym. Sci.*, 53(1994)999-1009.
24. Lee, E.K., V.J. Kalyani, S.L. Matson, *Process of treating alcoholic beverages by vapor-arbitrated pervaporation*, US Patent 5,013,447 (1991).
25. Lee, K.R., D.J. Liaw, B.Y. Liaw, J.Y. Lai, Selective separation of water from aqueous alcohol solution through fluorine-containing aromatic polyamide membranes by pervaporation, *J. Membr. Sci.*, 13(1997)249-259.
26. Lee, K.R., J.Y. Lai, Pervaporation of aqueous alcohol mixtures through a membrane prepared by grafting of polar monomer onto nylon 4, *J. Appl. Polym. Sci.*, 57(1995)961-968.
27. Lee, K.R., M.Y. Teng, H.H. Lee, J.Y. Lai, Dehydration of ethanol/water mixtures by pervaporation with composite membranes of polyacrylic acid and plasma-treated polycarbonate, *J. Membr. Sci.*, 164(2000)13-23.
28. Lee, Y.M., B.K. Oh, Dehydration of water-pyridine mixture through poly(acrylonitrile-co-acrylic acid) membrane by pervaporation, *J. Membr. Sci.*, 98(1995)183-189.
29. Li, C.L., S.H. Huang, W.S. Hung, S.T. Kao, D.M. Wang, Y.C. Jean, K.R. Lee, J.Y. Lai, Study on the influence of the free volume of hybrid membrane on pervaporation performance by positron annihilation spectroscopy, *J. Membr. Sci.*, 313(2008)68-74.
30. Li, J., G. Zhang, S. Ji, N. Wang, W. An, Layer-by-layer assembled nanohybrid multilayer

membranes for pervaporation dehydration of acetone-water mixtures, *J. Membr. Sci.*, 415-416(2012)745-757.

31. Li, Y., H. Chen, J. Liu, H. Li, W. Yang, Pervaporation and vapor permeation dehydration of Fischer-Tropsch mixed-alcohols by LTA zeolite membranes, *Sep. Purif. Technol.*, 57(2007)140-146.

32. Liu, Q., R.D. Noble, J.L. Falconer, H.H. Funke, Organics/water separation by pervaporation with a zeolite membrane, *J. Membr. Sci.*, 117(1996)163-174.

33. Liu, Y.L., Y.H. Su, K.R. Lee, J.Y. Lai, Crosslinked organic-inorganic hybrid chitosan membranes for pervaporation dehydration of isopropanol-water mixtures with a long-term stability, *J. Membr. Sci.*, 251(2005)233-238.

34. Lue, S.J., J.S. Ou, C.H. Kuo, H.Y. Chen, T.H. Yang, Pervaporative separation of azeotropic methanol/toluene mixtures in polyurethane-poly(dimethylsiloxane) (PU-PDMS) blend membranes: Correlation with sorption and diffusion behaviors in a binary solution system, *J. Membr. Sci.*, 347(2010)108-115.

35. Lue, S.J., T H. Liaw, Separation of xylene mixtures using polyurethane-zeolite composite membranes, *Desalination*, 193(2006)137-143.

36. Mizukami, F. Application of zeolite membranes, films and coatings, *Stud. Surf. Sci. Catal.*, 125(1999)1-12.

37. Neel, J., Q.T. Nguyen, R. Clement, L.L. Blanc, Fractionation of a binary liquid mixture by continuous pervaporation, *J. Membr. Sci.*, 15(1983)43-62.

38. Peters, T.A., N.E. Benes, J.T.F. Keurentjes, Hybrid ceramic-supported thin PVA pervaporation membranes: Long-term performance and thermal stability in the dehydration of alcohols, *J. Membr. Sci.*, 311(2008)7-11.

39. Pereira, C.C., J.R.M. Rufino, A.C. Habert, R. Nobrega, L.M.C. Cabral, C.P. Borges, Aroma compounds recovery of tropical fruit juice by pervaporation: membrane material selection and process evaluation, *J. Food Eng.*, 66(2005)77-87.

40. Perry, E. *Membrane separation of organics from aqueous solutions*, US Patent 4,218,312 (1980).

41. Schucker, R.S. *Highly aromatic polyurea/urethane membranes and their use of the separation of aromatics from non-aromatics*, US Patent 5,063,186 (1991a).

42. Schucker, R.S. *Highly aromatic polyurea/urethane membranes and their use for the separation*

*of aromatics from non-aromatics*, US Patent 5,055,632 A (1991b).

43. Schucker, R.S. *Isocyanurate crosslinked polyurethane membranes and their use for the separation of aromatics from non-aromatics*, US Patent 4,983,338 (1991c).

44. Smitha, B., D. Suhanya, S. Sridhar, M. Ramakrishna, Separation of organic-organic mixtures by pervaporation-A review, *J. Membr. Sci.*, 241(2004)1-21.

45. Strazik, W.F., E. Perry, *Process for the separation of styrene from ethylbenzene*, US Patent 3,776,970 (1973).

46. Tsai, H.A., Y.L. Chen, K.R. Lee, J.Y. Lai, Preparation of heat-treated PAN hollow fiber membranes for pervaporation of NMP/$H_2O$ mixtures, *Sep. Purif. Technol.*, 100(2012)97-105

47. Uragami, T., T. Ohshima, T. Miyata, Removal of benzene from an aqueous solution of dilute benzene by various cross-linked poly(dimethylsiloxane) membranes during pervaporation, *Macromolecules*, 36(2003)9430-9436.

48. Wang, D.M., F.C. Lin, T.T. Wu, J.Y. Lai, Pervaporation of water-ethanol mixtures through symmetric and asymmetric TPX membranes, *J. Membr. Sci.*, 123(1997)35-46.

49. Wang, Y.C., C.L. Li, J. Huang, C. Lin, K.R. Lee, D.J. Liaw, J.Y. Lai, Pervaporation of benzene/cyclohexane mixtures through aromatic polyamide membranes, *J. Membr. Sci.*, 185(2001)193-200.

50. Wang, Y.C., C.L. Li, P.F. Chang, S.C. Fan, K.R. Lee, J.Y. Lai, Separation of water-acetic acid mixture by pervaporation through plasma-treated asymmetric poly(4-methyl-1-pentene) membrane and dip-coated with polyacrylic acid, *J. Membr. Sci.*, 208(2002)3-12.

51. Xu, W.Y., D.R. Paul, W.J. Koros, Carboxylic acid containing polyimides for pervaporation separations of toluene/iso-octane mixtures, *J. Membr. Sci.*, 219(2003)89-102.

52. Yoshida, W., Y. Cohen, Removal of methyl tert-butyl ether from water by pervaporation using ceramic-supported polymer membranes, *J. Membr. Sci.*, 229(2004)27-32.

53. Zhao, Q., J.W. Qian, Q.F. An, Q. Yang, P. Zhang, A facile route for fabricating novel polyelectrolyte complex membrane with high pervaporation performance in isopropanol dehydration, *J. Membr. Sci.*, 320(2008)8-12.

54. Zhu, Y., S. Xia, G. Liu, W. Jin, Preparation of ceramic-supported poly(vinyl alcohol)-chitosan composite membranes and their applications in pervaporation dehydration of organic/water mixtures, *J. Membr. Sci.*, 349(2010)341-348.

# 符號說明

| | |
|---|---|
| $P$ | 透過通量（$g/m^2$ h 或 $kg/m^2$ h） |
| $W$ | 透過物重量（g） |
| $A$ | 有效薄膜面積（$m^2$） |
| $t$ | 操作時間（取樣時間）〔h（hour）〕 |
| $\alpha$ | 選擇性或分離係數（-） |
| $Y_a$ | 透過物中 $a$ 組成物種的濃度（重量或莫耳百分比）（wt% 或 mol%） |
| $Y_b$ | 透過物中 $b$ 組成物種的濃度（重量或莫耳百分比）（wt% 或 mol%） |
| $X_a$ | 進料液中 $a$ 組成物種的濃度（重量或莫耳百分比）（wt% 或 mol%） |
| $X_b$ | 進料液中 $b$ 組成物種的濃度（重量或莫耳百分比）（wt% 或 mol%） |
| $\alpha_S$ | 溶解選擇性或溶解分離係數（-） |
| $Z_a$ | 薄膜所吸附 $a$ 組成物種的濃度（重量或莫耳百分比）（wt% 或 mol%） |
| $Z_b$ | 薄膜所吸附 $b$ 組成物種的濃度（重量或莫耳百分比）（wt% 或 mol%） |
| $\alpha_D$ | 擴散選擇性或擴散分離係數（-） |
| PSI | 滲透蒸發分離指數（$g/m^2$ h 或 $kg/m^2$ h） |

# 第十章
# 氣體分離

/胡蒨傑、陳世雄

# 10-1　前言

氣體是人類生存所需要素之一，目前氣體對人類之影響已遠遠超越生存所需，工業生產需使用各式各樣氣體，化石燃料使用讓大量汙染性氣體進入大氣，溫室效應對人類生存環境的威脅日益顯著，大氣中氧氣對食品、藥物的保存及科技產品使用壽命產生不利影響，林林總總均引導我們了解一項事實，即我們必須具備操控氣體之技術，才能讓氣體對人類生存產生助益而無害處。

氣體之操作主要分為分離與阻隔，氣體分離是將目標氣體自混合氣體中分離出來，以獲得應用所需之特定氣體或將汙染性氣體收集儲存；阻隔則為阻擋氣體與目標物接觸，減緩目標物與氣體作用可能產生的不利效應。過去已有許多的工程技術被發展用於處理氣體，現有技術呈現能源消耗及成本過高之問題，薄膜分離具備高能源效率及低操作成本特性，薄膜氣體分離已被全球寄予厚望，能取代現有技術成為下一世代處理氣體的主要技術。薄膜氣體分離之達成，主要藉由氣體選擇性透過薄膜，這表示我們必須控制氣體透過薄膜的能力，讓特定氣體透過薄膜即可達成分離目的，而讓氣體無法透過薄膜則達成阻隔目的，氣體分離與氣體阻隔實為一體兩面。本章針對薄膜氣體分離之理論與應用進行詳細探討，讀者能掌握薄膜氣體分離之訣竅，必能在氣體阻隔應用上得心應手。

# 10-2　薄膜氣體傳輸理論

薄膜具備控制不同物種透過薄膜的能力，而不同物種透過薄膜的能力取決於薄膜中孔洞的特性。氣體分離薄膜之孔洞依製膜材料，可分為固定孔洞（無機薄膜）及變動孔洞（高分子薄膜）兩類，有兩種模型被用來描述氣體在薄膜中的傳輸機制，分別為：

1. 溶解 - 擴散模型（solution-diffusion model）

假設氣體必須先溶入薄膜，接著由於濃度差使透過物由薄膜上游擴散至下游。溶解 - 擴散模型利用氣體與薄膜材料溶解度差，及氣體在薄膜中擴散速率不同來分離氣體。

2. 孔洞流動模型（pore flow model）

假設微小孔洞中壓力差造成之對流流動使氣體透過薄膜，孔洞流動模型利用薄膜孔洞大小對氣體的排擠性進行氣體分離。

溶解 - 擴散與孔洞流動機制的主要差異在於薄膜中孔洞大小及永久性，薄膜傳輸機制能以溶解 - 擴散模型作良好描述者，薄膜內之孔洞以自由體積元素（free volume element）表示，自由體積元素為高分子鏈熱運動所產生的分子鏈間微小空間，這些元素在透過物穿透薄膜的期間內不斷出現與消失。反之，若薄膜傳輸機制能以孔洞流動模型作良好描述，則薄膜的孔洞必須相當大且固定，薄膜內之孔洞必須相互連結且其體積與位置不隨時間變化，變動孔洞（溶解 - 擴散模型）與固定孔洞（孔洞流動模型）轉換區域為孔洞直徑 5～10 Å 之範圍。調控薄膜孔洞結構可控制薄膜氣體分離行為，若能將薄膜中可讓物質透過之孔洞儘量減少或完全消除，則可阻斷物質透過薄膜，因此阻隔膜可視為氣體分離膜之延伸。

## 10-2-1　氣體分離薄膜

### 一、多孔薄膜之氣體傳輸理論

氣體透過多孔薄膜之傳輸機制包含 Poiseuille flow、Knudsen flow、分子篩（molecular sieve）及吸附選擇 / 表面擴散。氣體分子平均自由徑（mean free path）可用於區分氣體在薄膜中是以 Knudsen flow 或 Poiseuille flow 形式透過，氣體分子平均自由徑定義為：

$$\lambda = \frac{3\eta}{2p}\left(\frac{\pi RT}{2M}\right)^{1/2} \qquad (10\text{-}1)$$

其中，$M$ 為氣體分子量、$p$ 為壓力、$\eta$ 為氣體黏度、$R$ 為通用氣體常數、$T$ 表溫度。

當孔洞半徑（$r$）與氣體分子平均自由徑比值（$r/\lambda$）遠大於 1 時（圖 10-1(a)），氣體分子彼此間碰撞機率會大於氣體分子與膜孔壁之碰撞，所有氣體分子以相同平均速度運動，氣體分子將無法被分離，此時氣體分子之流動遵守 Poiseuille's 法則，而氣體通量爲：

$$J=\frac{r^2(p_0-p_1)(p_0+p_1)}{8\eta lRT}=\frac{r^2(p_0^2-p_1^2)}{8\eta lRT} \tag{10-2}$$

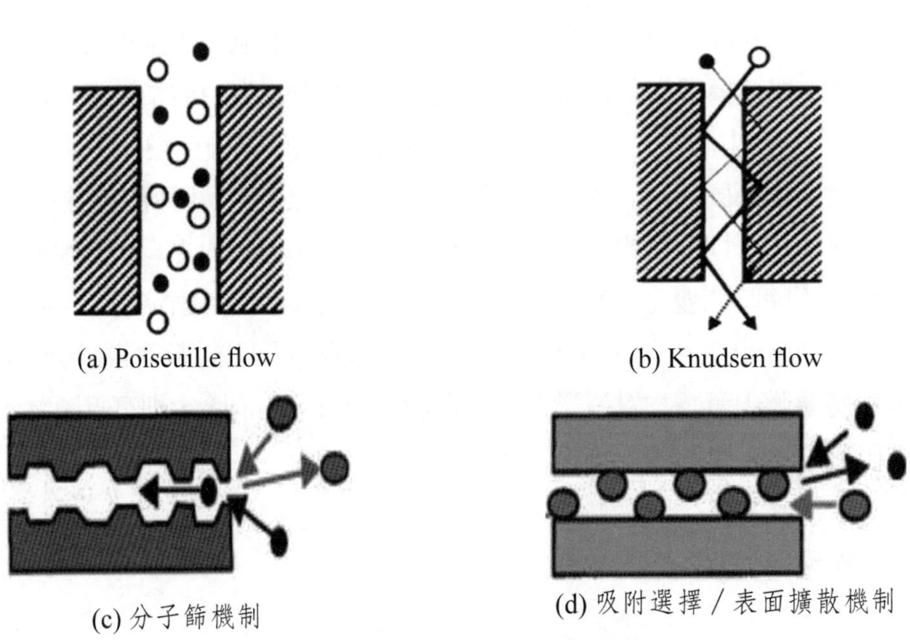


圖 10-1　多孔薄膜之氣體傳輸機制

當 $r/\lambda$ 遠小於 1 時 Knudsen flow 才會發生，此時氣體分子與膜孔壁碰撞之機率高於氣體分子彼此間之碰撞（圖 10-1(b)），由於氣體分子彼此間的碰撞非常少，我們可將每個氣體分子的運動視爲獨立，因此 Knudsen flow 可藉由不同氣體的移動速度不同來分離氣體混合物。利用長毛細管柱模型可推導出 Knudsen's 擴散係數（$D_K$）：

$$D_K=\frac{\bar{u}}{4\pi}\int\int_0^{2\pi}\int_{-\infty}^{\infty}\frac{x^2dx}{(s^2+x^2)^2}s^2d\beta\, ds\Big/\int ds \tag{10-3}$$

式（10-3）中各變數定義如圖 10-2：

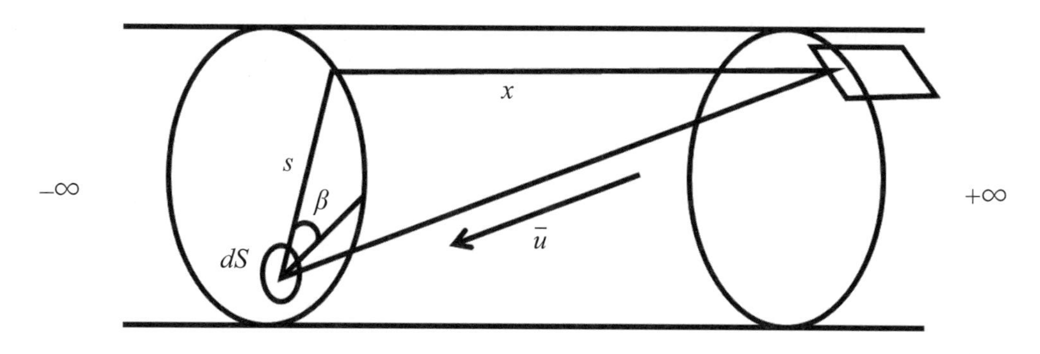


圖 10-2　Knudsen's 圓管模型

平均分子速度（$\bar{u}$）爲

$$\bar{u}=\left(\frac{8RT}{\pi M}\right)^{1/2} \tag{10-4}$$

對於半徑爲 $r$ 之管柱圓截面，式（10-3）經計算，產生以下結果：

$$D_K=\frac{2\bar{u}r}{3} \tag{10-5}$$

式（10-4）代入上式，則

$$D_K=\frac{4r}{3}\left(\frac{2RT}{\pi M}\right)^{1/2} \tag{10-6}$$

氣體以 Knudsen diffusion 透過薄膜圓柱形孔洞的氣體通量爲

$$J=D_K\left(\frac{n_0}{V}-\frac{n_1}{V}\right)\left(\frac{1}{l}\right) \tag{10-7}$$

其中 $J$ 爲氣體通量（$\mathrm{mol\cdot cm^{-2}\cdot s^{-1}}$）、$r$ 爲孔洞半徑、$l$ 爲孔洞長度、$\frac{n_0}{v}$ 爲孔洞開口端單位體積內氣體分子數目、$\frac{n_1}{v}$ 爲孔洞末端單位體積內氣體分子數目。

將理想氣體狀態方程式 $pV = nRT$ 代入式（10-7），得到：

$$J = D_K \frac{p_0 - p_1}{lRT} \tag{10-8}$$

其中 $p_0$ 爲薄膜上游端氣體壓力、$p_1$ 爲薄膜下游端氣體壓力。

薄膜中孔洞若無固定方向，式（10-8）中之 $D_k$ 則須以有效擴散係數（$D_e$）取代

$$D_e = \frac{\varepsilon}{\tau} D_K \tag{10-9}$$

其中 $\varepsilon$ 爲孔隙度、$\tau$ 爲彎曲度。

式（10-8）顯示，Knudsen flow 與氣體分子量有關，對於特定氣體，在忽略下游壓力之情況下，針對個別氣體，式（10-8）可改寫成：

$$J_1 = \frac{Kp_0 x}{M_1^{1/2}} \tag{10-10}$$

及

$$J_2 = \frac{Kp_0 (1-x)}{M_2^{1/2}} \tag{10-11}$$

$x$ 爲氣體之莫耳分率，$K$ 爲式（10-8）中所有常數之組合項，選擇係數（$\alpha$）可定義爲：

$$\alpha = \frac{J_1/J_2}{x/(1-x)} \tag{10-12}$$

將 $J_1$ 與 $J_2$ 代入式（10-12），則

$$\alpha = \left[\frac{M_2}{M_1}\right]^{1/2} \tag{10-13}$$

當膜內孔洞尺寸縮小到氣體分子的尺度時，氣體在薄膜中傳輸機制為分子篩機制，分子篩使混合氣體中較小之分子可透過薄膜，而較大之分子則被阻擋（圖 10-1(c)），分子篩薄膜對於較小之分子呈現很高之氣體選擇性與通量。分子篩薄膜之孔洞包括較寬之開放區（opening）及較窄之狹窄區（constrictions），開放區提供大部分孔洞體積，並主導分子篩薄膜之氣體吸附能力；狹窄區則負責透過氣體之選擇，狹窄區之尺寸非常接近氣體分子的大小，因此氣體分子形狀或大小改變會造成分子篩薄膜中氣體分子擴散係數劇烈變動，氣體分子只要有微小的尺寸差異，便能被分子篩薄膜有效分離。

選擇吸附／表面擴散機制可使多孔薄膜將非吸附或弱吸附性氣體（$O_2$、$N_2$、$CH_4$）自吸附性氣體（$NH_3$、$SO_2$、$H_2S$、CFCs）中分離出來，吸附選擇薄膜中微孔尺寸略大於分子篩薄膜，通常孔洞尺寸為 5～7 Å 的範圍。和分子篩薄膜不同的是，選擇吸附／表面擴散會使混合氣體中較大之分子透過薄膜，而較小之分子則被阻擋（圖 10-1(d)），選擇吸附／表面擴散薄膜之孔洞表面通常與吸附性氣體有很強之親和性，吸附性氣體會優先被孔洞表面吸附，當吸附性氣體吸附於孔洞表面時，將使孔洞尺寸減小而抑制非吸附性氣體透過薄膜，吸附於孔洞表面之氣體則再藉表面擴散透過薄膜。

## 二、緻密薄膜之氣體傳輸理論

緻密薄膜之氣體分離機制基本上與多孔性薄膜不同，氣體透過緻密薄膜通常包含三階段：(1) 氣體在薄膜上游邊界層的吸附與吸收；(2) 氣體在薄膜中進行擴散；(3) 氣體由薄膜下游邊界層脫附，此種溶解 - 擴散機制必須在薄膜上下游間存在熱力學化學勢能梯度時才會發生。由不可逆熱力學觀點，氣體透過薄膜之質傳通式可寫成：

$$J_i = L_{ii} X_i \tag{10-14}$$

$J_i$：$i$ 成分之質量通率，$L_{ii}$：現象學係數（phenomenological coefficient），$X_i$：質傳驅動力。

在恆溫無其他外力作用下，分子擴散驅動力等於化學勢能梯度，即

$$X_i = -\nabla \mu_i \tag{10-15}$$

因此

$$J_i = -L_{ii} \nabla \mu_i \tag{10-16}$$

對於單一氣體，式（10-16）可寫成

$$J_g = -L_{gg} \nabla \mu_g \tag{10-17}$$

薄膜中氣體之化學勢能可以寫成

$$\nabla \mu_g = RT \nabla \ln \gamma c_{gm} + V_{gm} \nabla p \tag{10-18}$$

$\gamma$：活性係數，$C_{gm}$：薄膜中氣體濃度（mol/$m^3$），$v_{gm}$：薄膜中氣體之莫耳體積（$m^3$/mol）。
薄膜中氣體莫耳體積非常小，式（10-18）中第二項與第一項比較可忽略，因此

$$\nabla \mu_g = RT \nabla \ln \gamma c_{gm} \tag{10-19}$$

式（10-19）由薄膜一端積分至另外一端

$$\nabla \mu_g = RT \Delta \ln \gamma c_{gm} \tag{10-20}$$

現象學係數之物理意義為

$$L_{gg} = \frac{c_{gm}}{f_{gm}} \tag{10-21}$$

$f_{gm}$：氣體在薄膜中之莫耳摩擦力（J s/$m^2$ mol）。

假設薄膜內化學勢能梯度爲常數，則

$$J_g = -\frac{c_{gm}}{f_{gm}}\frac{\Delta\mu_g}{\delta} = -\frac{c_{gm}}{f_{gm}}\frac{RT\Delta\ln\gamma c_{gm}}{\delta} \tag{10-22}$$

$\delta$：薄膜厚度。

其中

$$\Delta\ln\gamma c_{gm} \cong \left[\frac{\partial\ln\gamma}{\partial\ln c_{gm}}+1\right]\frac{\Delta c_{gm}}{c_{gm}} \tag{10-23}$$

將式（10-23）代入式（10-22），則

$$J_g = -\frac{RT}{f_{gm}}\left[\frac{\partial\ln\gamma}{\partial\ln c_{gm}}+1\right]\frac{\Delta c_{gm}}{\delta} \tag{10-24}$$

定義分子擴散係數 $D$（$m^2/s$）

$$D = \frac{RT}{f_{gm}}\left[\frac{\partial\ln\gamma}{\partial\ln c_{gm}}+1\right] \tag{10-25}$$

則

$$J_g = -D\frac{\Delta c_{gm}}{\delta} \tag{10-26}$$

由 Henry's 定律，$C_{gm} = S_p$。（10-27）

$S$：溶解係數（$mol/m^3$ Pa），$p$：氣體壓力（Pa）。

式（10-26）可改寫成

$$J_g = -DS\frac{\Delta p}{\delta} = -P\frac{\Delta p}{\delta} \tag{10-28}$$

其中 $P = DS$。（10-29）

$P$：氣體透過係數（$\text{mol m/m}^2\text{ s Pa}$）。

擴散係數（$D$）與溫度之關係遵循與 Arrhenius 方程式類似之關係式，即

$$D = D_0 \exp\left[-\frac{E_D}{RT}\right] \tag{10-30}$$

$D_0$：preexponential factor（$\text{m}^2/\text{s}$），$E_D$：擴散活化能（J/mol）。

溶解係數（$S$）與溫度之關係亦遵循類似之關係式

$$S = S_0 \exp\left[-\frac{\Delta H_s}{RT}\right] \tag{10-31}$$

$S_0$：preexponential factor（$\text{mol/m}^3\text{ Pa}$），$\Delta \text{H}_s$：溶解焓（J/mol）。

合併式（10-30）與（10-31），氣體透過係數與溫度之關係可表示成

$$P = D_0 S_0 \exp\left[-\frac{E_D + \Delta H_s}{RT}\right] = P_0 \exp\left[-\frac{E_p}{RT}\right] \tag{10-32}$$

## 三、促進傳輸

促進傳輸機制爲薄膜內含有特殊載體（例如含有胺官能基之分子）會與特定氣體進行可逆反應，促使特定氣體在薄膜中之傳輸更加快速（如圖 10-3 所示）。目前促進傳輸最常被用於二氧化碳之分離，首先二氧化碳會與載體胺官能基進行反應，產生兩性離子（zwitterion），兩性離子會因爲其他胺官能基或水氣進行去質子化過程而轉變成 carbamate ion，若此 carbamate ion 在不穩定的情況下，會再與水氣進行反應而產生 bicarbonate ion，二氧化碳則會以 carbamate 和 bicarbonate 的形式於薄膜中進

行促進傳輸擴散。

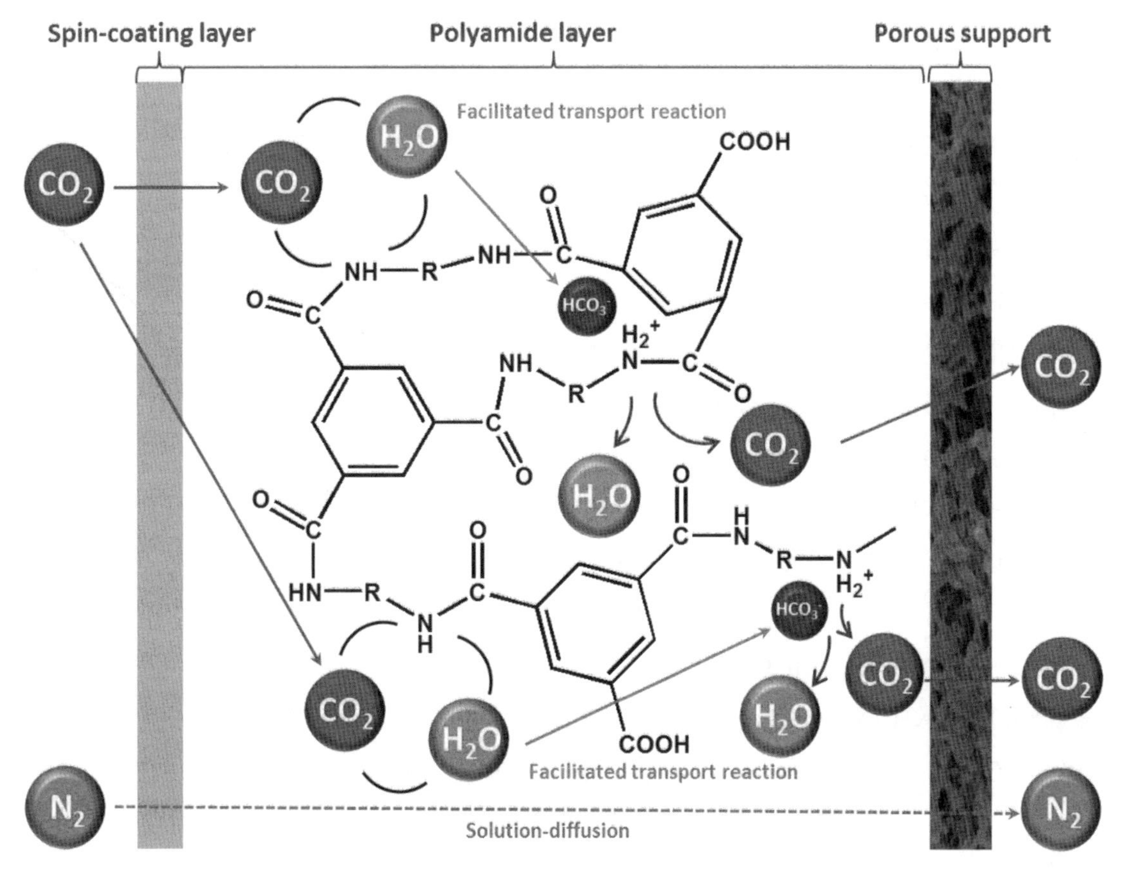


圖 10-3　促進傳輸機制

載體分子可以分爲兩種：固定式載體（fixed carrier）及移動式載體（mobile carrier），固定式載體是指被固定在分子鏈上的特定原子團，它無法自由移動，其移動的範圍受到限制，只能靠高分子鏈的擾動來進行微幅的運動。固定式載體間的距離必須非常小，才能使二氧化碳以跳躍方式傳輸，順利的從第一個固定載體傳遞至下一個固定式載體，如此使二氧化碳分子由進料端傳送至出料端，最後將二氧化碳分子釋放出來。移動式載體可以在膜內自由的移動，其移動的範圍不會受到限制，因此可以做大範圍的運動。移動式載體在接近進料端處，與二氧化碳反應，並且將二氧化碳分子帶到出料端，釋放出二氧化碳後，又可以再回進料端繼續承載下一個二氧化碳分子。二氧化碳促進傳輸一般常用的載體包含一級胺和二級胺，含有胺基的載體可以與二氧化碳進行如下的反應（$R$、$R'$代表不同的碳鏈）：

1. 薄膜不含水分時，二氧化碳與一級胺的反應機制爲

$$\begin{cases} CO_2 + RNH_2 \leftrightarrow RNH_2^+ - COO^- \\ RNH_2^+ - COO^- + RNH_2 \leftrightarrow RNHCOO^- + RNH_3^+ \end{cases}$$

$$\rightarrow CO_2 + 2RNH_2 \leftrightarrow RNHCOO^- + RNH_3^+$$

2. 薄膜不含水分時，二氧化碳與二級胺的反應機制爲

$$\begin{cases} CO_2 + R_2NH \leftrightarrow R_2NH^+ - COO^- \\ R_2NH^+ - COO^- + R_2NH \leftrightarrow R_2NCOO^- + R_2NH_2^+ \end{cases}$$

$$\rightarrow CO_2 + 2R_2NH \leftrightarrow R_2NCOO^- + R_2NH_2^+$$

3. 薄膜含有水分時，二氧化碳與一級胺的反應機制爲

$$\begin{cases} CO_2 + H_2O \leftrightarrow H^+ + HCO_3^- \\ CO_2 + 2RNH_2 + H_2O \leftrightarrow RNH_3^+ \end{cases}$$

$$\rightarrow 2CO_2 + 2RNH_2 + H_2O \leftrightarrow RNHCOOH + RNH_3^+ + HCO_3^-$$

4. 薄膜含有水分時，二氧化碳與二級胺的反應機制爲

$$\begin{cases} CO_2 + H_2O \leftrightarrow H^+ + HCO_3^- \\ CO_2 + 2R_2NH \leftrightarrow R_2NCOO^- + R_2NH_2^+ \end{cases}$$

$$\rightarrow 2CO_2 + 2R_2NH + H_2O \leftrightarrow R_2NCOOH + R_2NH_2^+ + HCO_3^-$$

因此，在捕捉二氧化碳的過程中加入水氣，反應都是處在可逆反應情況下，二氧化碳分別和一級胺與二級胺反應後，會在膜內會形成錯合物，錯合物又會和旁邊的胺基團產生質子的傳遞，有利於促進二氧化碳的傳輸。由於三級胺並沒有多餘的質子可以和旁邊的胺基團反應產生傳遞，因此只能在含有水的條件下和二氧化碳反應。薄膜含有水分時，二氧化碳與三級胺的反應機制如下：

$$CO_2 + R_3N + H_2O \leftrightarrow R_3NH_3^+ + HCO_3^-$$

因爲薄膜中不可能每一個地方都會含有水分，所以大多使用一級胺與二級胺作爲載體，進行二氧化碳的分離，三級胺只能在有水分的環境下才會變成載體，而一級胺和二級胺不論薄膜在乾的環境或在有水氣的環境都會形成載體，但載體在有水氣的環境會比沒有水氣的環境更容易移動，可得到較佳的氣體分離效能。由前述方程式得

知，薄膜在不含有水氣的環境，1 mole 的二氧化碳必須要消耗 2 mole 的胺基才能轉換成 carbamate ion；但是若在含有水氣的環境操作，1 mole 的二氧化碳只需要消耗 1 mole 的胺基即可轉換成 bicarbonate ion，因此，水氣在二氧化碳促進傳輸氣體分離的應用上扮演著重要的角色。

## 四、玻璃態高分子薄膜之氣體吸附

Vieth（1976）等學者提出雙重吸附模型（dual-sorption model），描述氣體分子在玻璃態高分子中之吸附行爲。玻璃態高分子之分子鏈自由旋轉被限制，導致高分子中存在許多微小自由體積孔洞，這些微小自由體積孔洞會將部分透過薄膜之氣體分子捕捉並固定在其中，因此玻璃態高分子之氣體吸附可分成兩種形式，一爲氣體吸附於高分子分子鏈間，其吸附形式可使用 Henry's 定律描述；另一種爲氣體分子被微小自由體積孔洞捕捉之吸附，吸附形式則使用 Langmuir 恆溫吸附來描述。

雙重吸附模型可以下列方程式表示：

$$C = C_D + C_H = k_D p + \frac{c'_H bp}{1 + bp} \tag{10-33}$$

$C$：氣體分子在薄膜中之吸附濃度，$C_D$：氣體分子在薄膜中 Henry's site 吸附之濃度，$C_H$：氣體分子在薄膜中 Langmuir site 吸附之濃度，$k_D$：Henry's 常數（$mol/m^3$ Pa），$C'_H$：Langmuir site 飽和常數（$mol/m^3$），b：Langmuir site 之親和常數（1/Pa）。

在低壓下，雙重吸附模型可以近似表示成

$$C = [k_D + c'_H b]\, p \tag{10-34}$$

另外，在高壓下，雙重吸附模型可以近似表示成

$$C = k_D p + c'_H \tag{10-35}$$

因此，依照雙重吸附模型之預測，玻璃態高分子薄膜之恆溫吸附曲線是由中間非線性

區域連結低壓與高壓線性區域所組成。

## 五、自由體積理論

非結晶高分子，分子鏈間所有微小空間之總和即為高分子之自由體積，高分子自由體積之概念可用圖 10-4 來說明。圖 10-4 表示高分子的比體積是溫度的函數，自由體積（$V_f$）是由溫度 0 K 緻密堆疊的高分子鏈熱運動所產生之體積，亦即

$$V_f = V_T - V_0 \tag{10-36}$$

$V_T$：溫度 $T$ 時之實測體積，$V_0$：溫度 0 K 時分子占據之體積。
Bondi（1964）提出 group contribution 概念，估算高分子之凡得瓦爾體積（$V_w$），而

$$V_0 = 1.3V_m \tag{10-37}$$

由自由體積與實測體積可定義自由體積分率 $V_f$（fractional free volume）

$$V_f = \frac{V_T - V_0}{V_T} \tag{10-38}$$

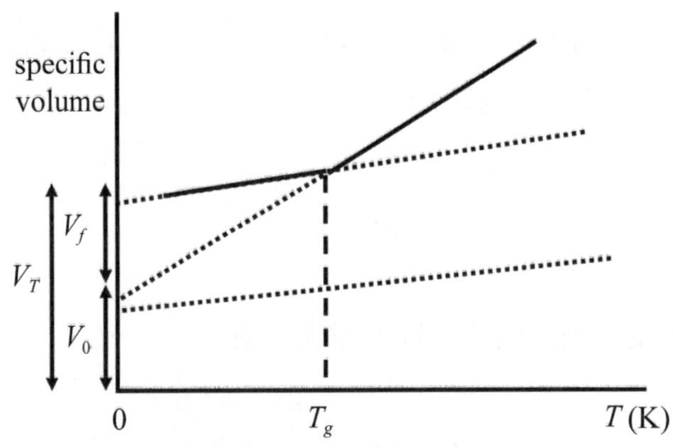

圖 10-4　非結晶高分子比體積隨溫度之變化

自由體積的觀念用於描述與理解氣體分子在高分子中的傳輸是非常有用的，高分

子自由體積的生成係由於分子鏈的熱運動。在高分子中，自由體積隨時間變動而非固定存在，緻密高分子薄膜的氣體透過通量與選擇性和薄膜自由體積有非常密切的關係。自由體積理論的基本概念是薄膜中必須有足夠的自由體積，氣體分子才能由某一位置擴散至另一個位置。氣體分子找到一個可供其擴散的孔洞的機率正比於 $\exp(-B/V_f)$，$B$ 爲氣體分子位移所需之最小局部自由體積，$V_f$ 爲自由體積分率，氣體在薄膜中的移動性與能夠找到供其位移所需足夠大孔洞的機率成正比，移動性與氣體分子擴散係數（$D_T$）之關係可以下式表示

$$D_T = RTA_f \exp\left(-\frac{B}{V_f}\right) \tag{10-39}$$

$R$：氣體常數，$T$：溫度，$A_f$：與氣體形狀和大小有關之係數。

對於高分子與氣體（冷凝性氣體或有機蒸氣）發生交互作用的系統，高分子的自由體積是透過物濃度和溫度之函數 $[v_f = f(\phi, T)]$，在此情況

$$v_f(\phi, T) = v_f(0, T) + \beta(T)\phi \tag{10-40}$$

$\phi$：氣體的體積分率，$\beta(T)$：氣體對自由體積貢獻度常數。

由上式可知，薄膜中氣體濃度愈高，薄膜之自由體積愈大，自由體積增加促使薄膜氣體透過係數增大，使薄膜呈現塑化現象。

## 10-2-2　氣體阻隔薄膜

氣體分離薄膜藉由控制薄膜內微孔洞結構即可達成分離氣體的任務，同樣的，亦可藉由控制薄膜微孔洞結構發展氣體阻隔薄膜（barrier film）。阻隔薄膜是一種可以阻擋水氣和氧氣的阻障層，應用的範圍涵蓋食品包裝、藥品包裝，以及電子元件的封裝等。食品或藥品接觸到水氣／氧氣時會加速食物的腐壞或藥品變質，而電子元件中的有機材料和金屬對於氧氣和水氣更是相當敏感，水氣／氧氣的接觸可能導致元件金屬氧化，影響元件的效能及減少壽命，所以產品完成後須經過封裝以阻隔水氣與氧

氣。高分子薄膜具有質輕、耐衝擊以及完美的可撓曲性，並且在量產上可以利用滾筒製程（roll to roll process）大幅降低生產及製造成本等優點，因此本章主要介紹高分子阻隔膜。圖 10-5 為目前常用高分子薄膜的阻隔性能，以及各種應用領域對阻隔性能的要求，圖中可以發現，高分子阻隔薄膜的阻隔性能僅能滿足食品包裝的需求，對於電子產品如液晶顯示器（liquid-crystal display, LCD）、太陽光電系統（photovoltaic modules, PV module），以及有機發光二極體（organic light-emitting diode, OLED）的阻隔性能要求仍有很大差距，因此必須大幅改善高分子薄膜的阻隔性能。

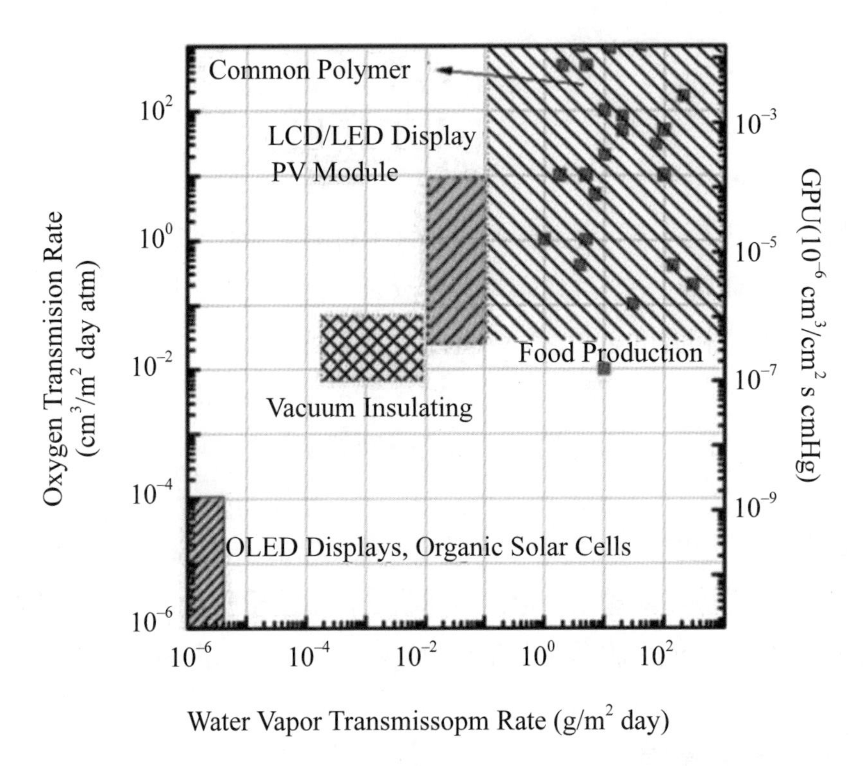


圖 10-5　高分子膜之阻隔性及各種應用對阻隔性能之要求（Yoo, 2013）

高分子膜阻隔性不足起因於高分子材料固有之自由體積，因此降低高分子膜之自由體積即可提升阻隔性能。利用交聯反應或增加高分子結晶度可降低高分子之自由體積，但此種方法對於改善高分子膜阻隔性的效果仍十分有限，為了要大幅提升高分子膜之阻隔性質，許多具可行性的方法被提出如下：

### 1. 電漿輔助化學氣相沉積法（PECVD）

電漿輔助化學氣相沉積法（plasma-enhanced chemical vapor deposition, PECVD）是藉由電漿氣氛中高能量的電子、離子撞擊反應性單體，使其斷鍵產生聚合反應而沉積在高分子基材上形成一層薄膜。許多學者便利用此法在高分子基材上沉積一層 $SiO_2$ 聚合層，藉此提升高分子膜的阻隔特性。

### 2. 原子層沉積法（ALD）

原子層沉積法（atomic layer deposition, ALD）是一種新穎的鍍膜技術，其與化學氣相沉積法（chemical vapor deposition, CVD）類似，但有別於 CVD 讓所有反應性單體到達反應室進行反應，ALD 先通入第一種單體（A）進行單原子層的沉積，經過洗滌反應室並抽眞空後再通入第二種單體（B）進行第二層單原子層的沉積，如此交替進行得沉積層 ABABAB 即可製得奈米等級的超薄薄膜。ALD 鍍膜具備：(1) 沒有針孔、(2) 低結晶缺陷、(3) 具有均勻的梯度覆蓋率，及 (4) 精確的厚度控制等優點，但薄膜成長速率慢、製程不易、成本高，此製程要量化生產仍須面對挑戰。

### 3. Vitex-system Barix 多層膜塗佈技術

Barix 塗膜技術指的是利用無機 - 有機膜交替疊合之多層結構塗佈技術，其無機層是利用高能電漿之反應性濺鍍技術沉積的無機氧化層（例如：$SiO_2$、$Si_3N_4$ 或 $Al_2O_3$），有機層則是利用眞空蒸鍍再 UV 固化之聚丙烯酸酯。無機層可提供高氧氣／水氣阻隔的作用，而夾在兩無機層間之有機層可發揮保有薄膜之柔曲性以及塡補無機層中的缺陷之功能。經過 4～5 次有機／無機交替沉積後之多層膜可發揮超高的阻氣、阻水性質，其氧氣／水氣透過率約在 $10^{-4}$～$10^{-6}$ cc/m$^2$/day 和 g/m$^2$/day（Burrows, 2001），此種薄膜除了有超高阻隔性外，同時保有良好的透明性和撓曲性。Barix 是目前最能符合軟性電子元件需求的技術，然而其所有程序都在高眞空系統下完成，因此製備成本非常高是其最主要的缺點。

### 4. 靜電層層自組裝（layer-by-layer self-assembly）

靜電層層自組裝技術是利用帶電荷的高分子或粒子間之庫倫靜電作用力進行交替的單分子層沉積技術，靜電層層自組裝的超薄膜一般由聚電解質構成，其程序十分簡單，以水溶性帶正電荷之陽離子型聚合物和帶負電荷之陰離子型聚合物，在帶正電荷之高分子基材上交替沉積，薄膜的製備過程示於圖 10-6。與其他製膜技術相比，層

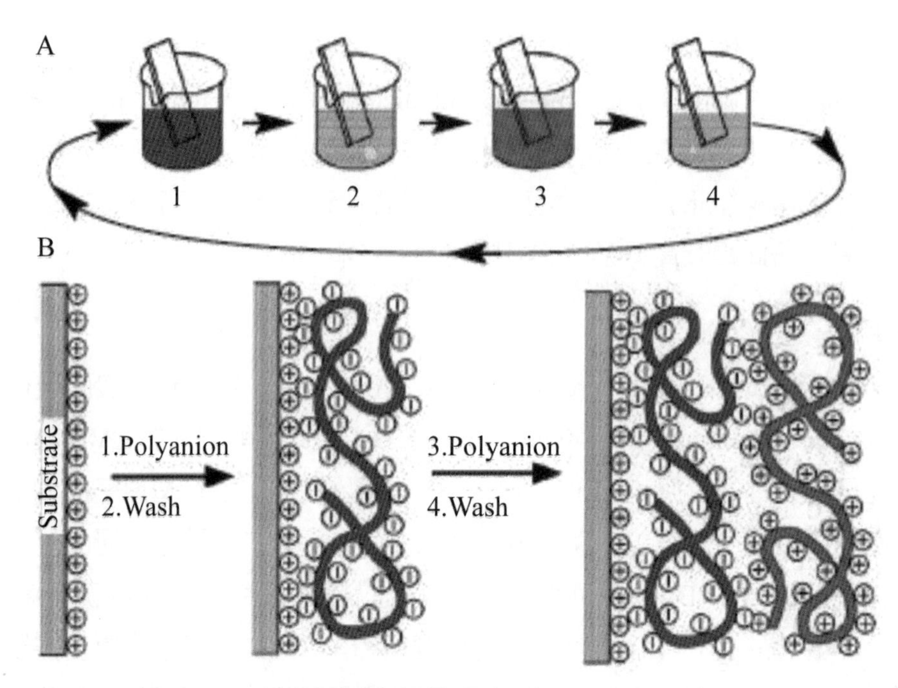


圖 10-6　靜電層層自組裝程序（Decher, 1997）

層自組裝具備製膜設備簡單、成本低、材料選擇多樣化、可以精確調整膜厚及結構等優點。層層自組裝技術最大的缺點在於製膜時間冗長，程序複雜，量化製造有一定困難度。

5. 有機／無機混摻結合塗佈技術

有機／無機混摻結合塗佈技術的製膜成本相較於前述技術低許多，此技術是將有機／無機兩種原本不相容的材料，透過分子設計或表面改質，使其得以在奈米尺度下均勻混合的技術。無機奈米片材為水分子與氣體分子無法透過之結晶片狀材料，將無機奈米片材均勻分散於高分子中，可阻擋氣體或水分子直接經由自由體積透過高分子薄膜。當氣體或水分子遇到無機奈米片材單元時，氣體或水分子無法透過而須繞過此片材，如此將大幅增加氣體或水分子透過薄膜的行走路徑，透過薄膜的難度將提高，即可改善高分子薄膜的阻隔特性。層化奈米顆粒〔例如黏土（clay）〕是最常被用來添加到高分子中的無機物，層化無機物在高分子中的分散狀態，是決定高分子奈米複合薄膜阻隔性能的關鍵因素，層化奈米顆粒在高分子中要達到單層分散實屬不易，因此層化奈米顆粒所製備高分子奈米複合薄膜阻隔性能尚無法滿足所有電子元件的應用需求。石墨烯（graphene）是一種由碳原子以苯環結構組成的二維晶體，原子間的鍵結是由 $sp^2$ 混成軌域形成，其結構和石墨（graphite）的單原子層一樣，呈現蜂窩狀的六角形平面晶體，屬於層狀無機物的一種。石墨烯具有良好的機械強度，其結構非常的穩定，碳 - 碳鍵之間的距離僅有 0.142 nm，除了具備優異的機械、光電性質外，亦具備完美的阻隔特性，因此目前以石墨烯結合高分子產生超高阻隔性能奈米複合薄膜，已成爲非常熱門的課題。

## 10-3　氣體分離薄膜的類型

薄膜是薄膜氣體分離程序之心臟，高效能之氣體分離薄膜必須兼具高產能、高分離效率及低單價。現今使用之氣體分離薄膜，依幾何形狀區分爲平板及管狀（中空纖維）薄膜（圖 10-7）。氣體分離薄膜可分爲自我支撐薄膜（free-standing membrane）與複合薄膜（composite membrane）兩類，自我支撐薄膜爲對稱薄膜，薄膜的結構完整但質傳阻力非常高，通常薄膜的氣體透過係數低，但選擇係數高，商業應用之氣體分離薄膜很少使用自我支撐薄膜，自我支撐薄膜較能呈現薄膜材料之特性，因此氣體分離薄膜材料開發多使用自我支撐薄膜。

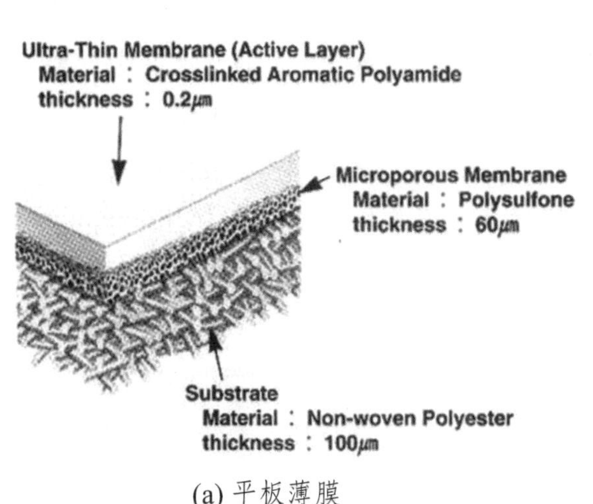


(a) 平板薄膜

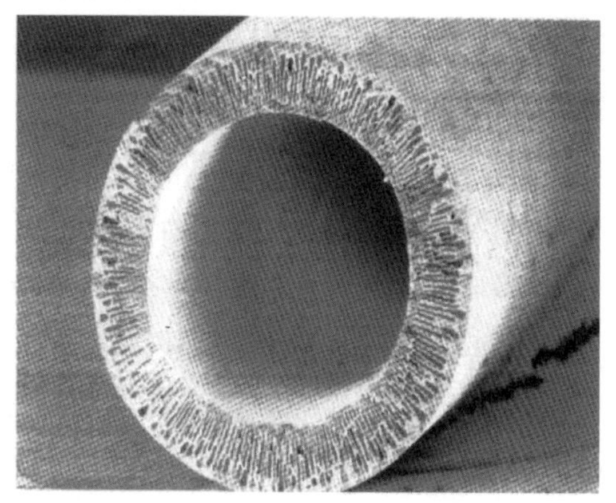

(b) 管狀薄膜（中空纖維）

圖 10-7　薄膜之幾何形狀

爲了獲得高產能，氣體分離薄膜之選擇層必須非常薄，典型薄膜選擇層之有效厚度小於 0.5 μm，且經常小於 0.1 μm。Leob 和 Sourirajan 所發明之高分子相轉換程序，被廣泛應用於製備表面有非常薄選擇層之薄膜，這些薄膜的皮層爲具有選擇物種能力之緻密無孔洞薄層，皮層下方爲相同材料所形成之多孔支撐層，多孔支撐層主要提供薄膜之機械強度且其氣體透過阻力可忽略。使用 Leob-Sourirajan 方法製膜會受製膜材料種類的限制，基於此一理由複合薄膜被快速發展，一般製備 1 $m^2$ 複合薄膜僅需 1 g 選擇層高分子，但是製備 1 $m^2$ 非對稱性 Leob-Sourirajan 薄膜，則需 40～60 g 選擇層高分子，目前新發展之高性能選擇性高分子十分昂貴，因此已無法製備低成本之非對稱 Leob-Sourirajan 薄膜。

複合薄膜由兩層以上不同材料組成，最下方之支撐層使用聚酯不織布，提供薄膜足夠之機械強度，選擇層可直接塗佈於多孔性支撐層上方，但是爲了獲得較佳之薄膜特性，通常會在支撐層與選擇層之間導入由高透過、低選擇材料所形成之中間層，中間層提供平滑表面以利超薄選擇層沉積於其上。中間層爲使用廉價高分子以 Leob-Sourirajan 方法製得之多孔性薄膜，高性能選擇性高分子最後再以不同之方法在中間層表面形成超薄選擇層，選擇層之上可再塗佈一層厚度 1～2 μm 之高氣體透過材料所形成之保護層，確保超薄選擇層在使用過程中不會受到化學藥品侵蝕或機械磨損。

目前商業化氣體分離薄膜約 90% 是由高分子材料製備，高分子氣體分離薄膜可分成玻璃態與橡膠態兩類，玻璃態高分子氣體分離薄膜具備高選擇性和低氣體通量，橡膠態高分子氣體分離薄膜則具有高氣體通量和低選擇性。高分子氣體分離薄膜具備價格低、製膜容易、易操作等優勢，但是機械強度有限、操作溫度不高（$<$ 100℃）、對澎潤及壓縮敏感及易受到 HCl、$SO_x$、$CO_2$ 等化學物質影響限制了高分子薄膜的發展，商業化高分子氣體分離薄膜使用之材料及市場規模如表 10-1 所示。

高分子薄膜可藉由拉伸（stretching）、軌跡蝕刻（track-etching）、模板瀝濾（template leaching）、塗佈（coating）及相轉換（phase inversion）等方法製備，其中相轉換法是製備高分子薄膜最常使用之方法。高分子氣體分離薄膜性能之提升，可藉由高分子材料之開發來達成，利用高分子合成技術開發具有高氣體透過率和選擇性之新高分子基材（Morisato, 1995; Pixton, 1995），使高分子薄膜能具備更高之透氣性與選擇性，同時有更佳之機械強度、熱及化學安定性。高分子主鏈中導入剛硬巨大基團（rigid bulky group），抑制分子鏈運動性（chain mobility）和堆疊，可同時提升高分子薄膜氣體透過率和選擇性，並使薄膜具有較佳安定性。新膜材開發除了合成新

表 10-1　高分子薄膜的氣體分離市場、製造商及薄膜系統（Baker, 2000）

| 公司 | 主要市場／年銷售額 | 薄膜材料 | 模組形式 |
|---|---|---|---|
| Permea (Air Products)<br>Medal (Air Liquide)<br>IMS (Praxair)<br>Generon (MG) | $N_2$/air（$75million/year）<br>氫氣分離<br>（$25 million /year） | 聚碸<br>聚醯亞胺／聚醯胺<br>聚醯亞胺<br>聚碳酸酯 | 中空纖維 |
| GMS (Kvaerner)<br>Separex (UOP)<br>Cynara (Natco) | 天然氣分離<br>$CO_2/CH_4$<br>（$75 million /year） | 醋酸纖維素 | 螺旋 - 捲繞<br>中空纖維 |
| Aquilo<br>Parker-Hannifin<br>Ube<br>GKSS Licensees<br>MTR | 蒸氣／氣體分離<br>空氣除濕<br>其他<br>（$20 million /year） | 聚氧化二甲苯<br>聚醯亞胺 | 中空纖維 |
| | | 矽橡膠 | 平板膜<br>螺旋 - 捲繞 |

的均聚合物（homopolymer）之外，亦可合成共聚合物（copolymer），或是高分子基材中摻入它種高分子或化合物，形成摻合物（blend）或複合物（composite），亦是目前常用來改善高分子氣體分離薄膜性質的方法。無論膜材如何改良，高分子氣體分離薄膜性能提升仍然有限，Robsen 提出高分子薄膜性能界限（upper bound）的概念，如圖 10-8 所示。由於高分子薄膜之氣體分離性能至今仍無法完全滿足商業化性能要求，氣體分離薄膜目前正朝往無機薄膜發展。

無機薄膜材料中，分子篩材料如 silica、zeolite、carbon 是最有可能超越 upper bound 的材料。在分子篩材料中，碳分子篩（carbon molecular sieve）擁有傑出的平面分子形狀選擇性、高疏水性、耐熱與耐腐蝕性，此外碳分子篩很容易形成碳分子篩薄膜。碳分子篩薄膜與高分子薄膜比較其優缺點如表 10-2 所示：

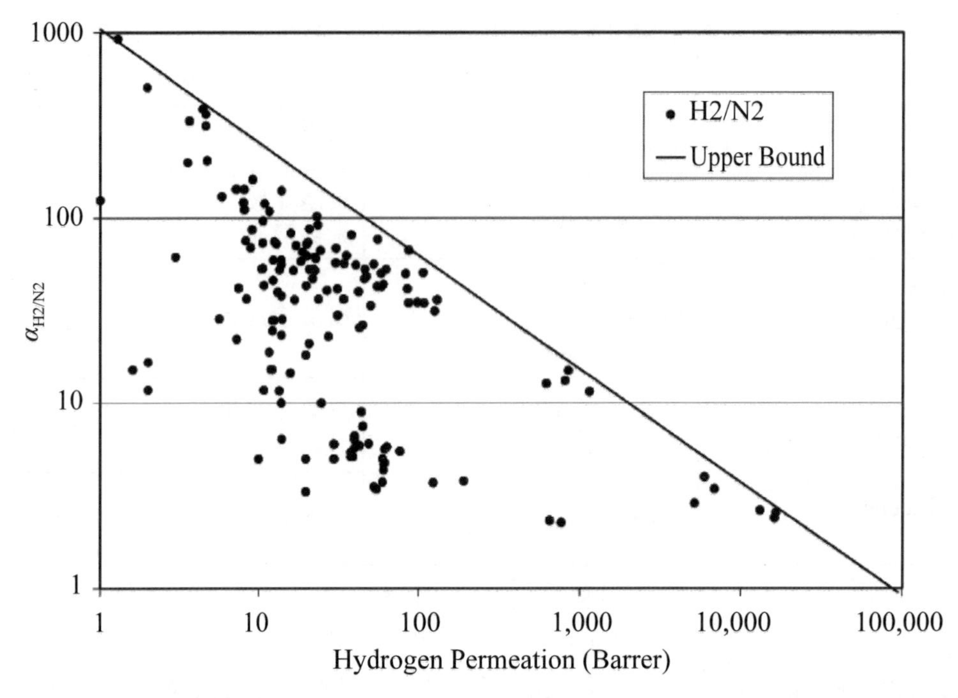


圖 10-8　氫／氮分離之性能界線（1 Barrer = 7.5×$10^{-18}$ $m^3$ (STP) m/$m^2$ s Pa）（Ockwig, 2007）

表 10-2　碳分子篩薄膜與高分子薄膜比較優缺點

| 碳分子篩薄膜優點 | 碳分子篩薄膜缺點 |
|---|---|
| 1. 兼具優異的透過與選擇特性。<br>2. 薄膜透過性質不受進料氣體壓力之影響。<br>3. 薄膜透過性質與時間無關。<br>4. 氣體在膜中之擴散活化能小於高分子薄膜。<br>5. 耐化學藥品性佳，適合用於腐蝕性環境。<br>6. 薄膜熱安定性佳，適於高溫環境應用。<br>7. 薄膜孔洞結構調整的彈性較大。<br>8. 薄膜對某些氣體有極佳的吸附特性。<br>9. 薄膜可承受逆洗、蒸氣滅菌等程序。 | 1. 薄膜脆，不易製備且價昂。<br>2. 薄膜需 pre-purifier 移除氣體中強吸附之蒸氣。<br>3. 薄膜對分子小於 4～4.5Å 的氣體混合物有很高之選擇性，但不適合分離 iso-butane/n-butane、$H_2$/hydrocarbon、air/hydrocarbon。 |

碳分子篩薄膜可用兩種方式製備：高分子前驅物熱分解法與碳顆粒加壓燒結法（較少使用）。其中，高分子前驅物熱分解法又分眞空熱分解與惰性氣體熱分解兩種，熱分解溫度視前驅物高分子種類決定，一般約爲 500～1000℃。碳分子篩薄膜亦可依據是否含有支撐層（多孔性金屬或陶瓷薄層），分成含有支撐層（supported）碳分子篩薄膜和無支撐層（unsupported）碳分子篩薄膜兩類（圖 10-9）。不含無支

撐層碳分子篩薄膜主要用於薄膜之開發研究，而具有商業化價值的碳分子篩薄膜則含有支撐層。常見用來製作碳分子篩薄膜前驅物高分子爲熱固性高分子（thermosetting polymer），或具有較高玻璃轉移溫度（$T_g$），能夠耐高溫的高分子，此類高分子有 cellulose、poly(vinylidene chloride)（PVDC）、poly(furfuryl alcohol)（PFA）、polyacrylonitrile（PAN）、phenol formaldehyde、polyphenylene oxide（PPO）、polyimide 及其衍生物等，近年來亦有學者使用 PPESK 作爲碳膜之前驅物。選擇適當前驅物是製備碳膜的第一個重點，一般而言，所選用的高分子必須在碳化過程中能保有原來之形狀且有高殘碳率，碳化後不會有碎裂或針孔的產生。

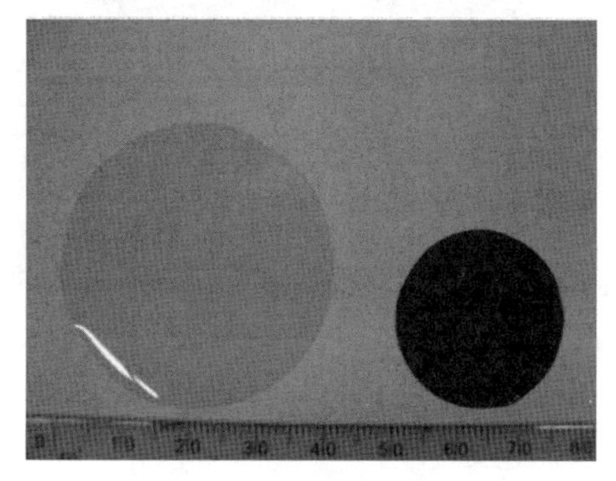

(a) 無支撐層碳膜

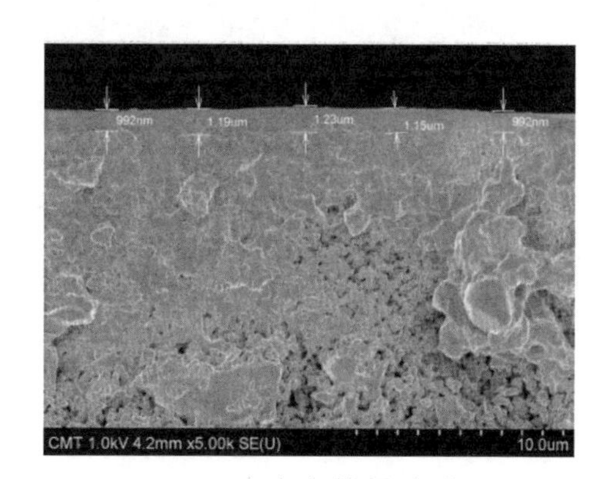


(b) 含有支撐層碳膜

圖 10-9　碳膜之形式

沸石（zeolite）薄膜結合孔洞和形狀選擇性及連續長時間操作所需之機械、熱和化學穩定性，沸石相的選擇決定沸石薄膜有效孔洞尺寸分布並控制薄膜的分離性能，沸石的結晶無機結構使其具有均一的分子尺寸孔洞。沸石結構是由 $TO_2$ 單元組成，T 爲 Si、Al、B、Ge 等原子之四面體結構，通常沸石骨架結構帶負電需藉助陽離子達到電荷平衡，陽離子存在於骨架結構的孔洞中，孔洞尺寸可由環狀結構中 T 原子數目分類，小孔洞沸石薄膜含有八個氧組成之環狀結構，中孔洞沸石薄膜含有十個氧組成之環狀結構，大孔洞沸石薄膜則含有十二個氧組成之環狀結構，現今有包含 MFI、LTA、MOR、FAU 等超過十四種的沸石結構被用於氣體分離薄膜，其中 MFI 結構因其孔洞特性及易於製造，最常出現於沸石氣體分離薄膜。MFI 結構包含 silicate-1 和 ZSM-5，silicate-1 由純二氧化矽組成，ZSM-5 則將部分矽原子用鋁原子取代，silicate-1 和 ZSM-5 沸石薄膜示於圖 10-10。

沸石薄膜發展遭遇到的主要問題在於如何抑制結晶間的孔洞生成，尺寸比沸石固有孔洞還大之結晶間孔洞，是造成沸石薄膜氣體分離效能降低的主要原因，因此抑制結晶間孔洞生成，是沸石薄膜工業化應用的基本課題。目前表面改質技術已被發展用於改善沸石薄膜，主要的改質技術包括降低孔洞尺寸，並增加疏水性之無機矽甲烷化及使用化學氣相沉積（CVD）、原子層沉積（ALD）、焦碳化等方法填補非沸石孔洞。現在用於氣體分離模組的沸石薄膜價格約爲 \$400/ft$^2$，若能將沸石薄膜價格大幅降低至 \$100/ft$^2$，則沸石薄膜在價格及性能上將更具競爭性。

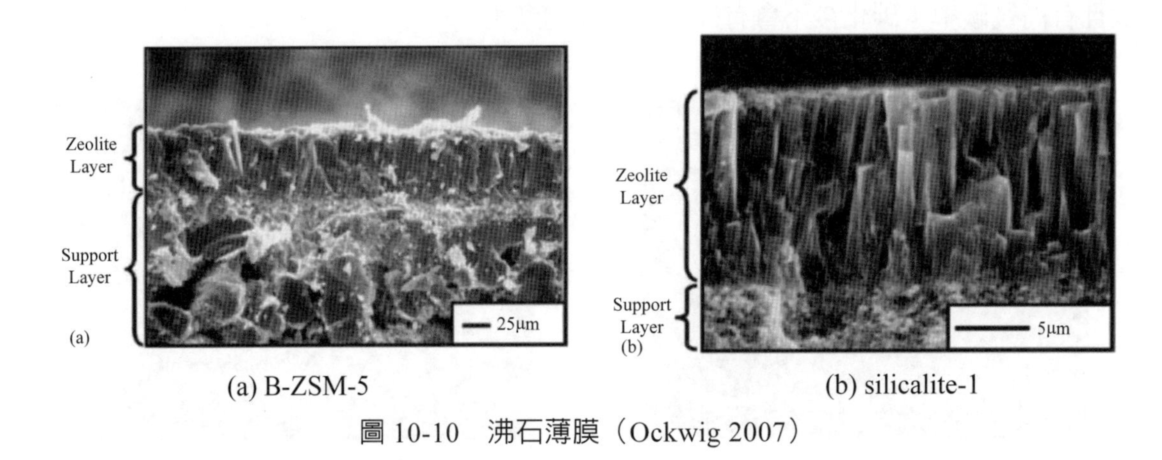


(a) B-ZSM-5　　(b) silicalite-1

圖 10-10　沸石薄膜（Ockwig 2007）

二氧化矽薄膜由於易於製造、成本低、易放大等優點，使其成爲適用於氣體分離的薄膜之一，爲具有網狀連通微孔洞的無機薄膜，薄膜內孔洞直徑約 0.5 nm，此種孔洞結構非常適合氫、氦、氧、氮、二氧化碳等小氣體分子的分離。二氧化矽薄膜通常由表面分離層、中間層、支撐層所組成，典型之二氧化矽薄膜如圖 10-11 所示。二氧化矽薄膜之製備主要使用溶膠 - 凝膠改質法與化學氣相沉積法，以溶膠 - 凝膠製程製備二氧化矽薄膜，均使用浸漬塗佈法將二氧化矽高分子水溶液溶膠塗佈於中孔洞支撐材表面，隨後進行乾燥及 400～800℃煅燒。溶膠 - 凝膠製程可由二氧化矽高分子、顆粒 - 溶膠、模板法等三種合成方法完成，二氧化矽高分子法涉及在控制條件下 alkoxysilane 前驅物（如 tetraethyloxosilane, TEOS）之水解、縮合反應。顆粒 - 溶膠法是將奈米顆粒堆疊以形成高孔隙度結構，不同大小之二氧化矽顆粒堆疊在支撐層上，製成具有不同孔洞尺寸之薄膜，黏合材料添加或各種等級尺寸系統化堆疊可避免缺陷之產生。模板法是使用有機分子混入溶膠基材中作爲模板，有機分子在隨後之煅燒過程中被燒掉，薄膜之孔隙度可藉由改變有機分子之大小和形狀來調整，界面活性劑、有機配位基和高分子均可作為模板。化學氣相沉積法係以 CVD 程序將氣相反應物沉積於基材表面，此法所製備之二氧化矽薄膜在操作溫度高於沉積溫度時薄膜會受損，因此薄膜之製備溫度應高於薄膜之工作溫度。

二氧化矽薄膜中間層之形成，是將奈米顆粒分散物浸漬塗佈於基材表面再經乾燥、煅燒而成，典型的中間層組成為氧化鋁、氧化矽及氧化鋯。有許多方法可以製造二氧化矽薄膜的支撐層，其中最常用之方法是將商業級 $\alpha$-$Al_2O_3$ 次微米顆粒分散物以浸漬塗佈法成膜。無機氧化物（如 $TiO_2$、$ZrO_2$、$Fe_2O_3$、$Al_2O_3$、NiO 等）可加入二氧化矽中，以改善二氧化矽薄膜在蒸氣中的穩定性。

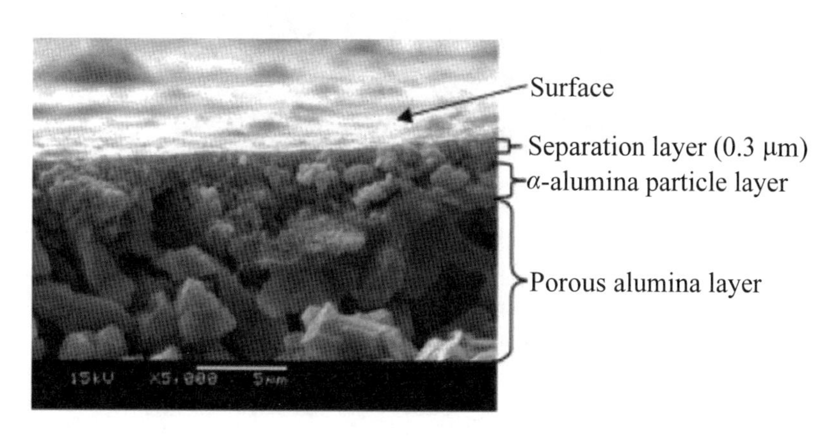


圖 10-11　二氧化矽薄膜（Ockwig, 2007）

金屬薄膜目前主要應用於氫氣分離，金屬薄膜為緻密薄膜允許氫氣以質子和電子型態透過，金屬薄膜對氫氣之選擇性非常高，這是因為金屬薄膜非常緻密的結構阻止大的原子或分子透過薄膜。金屬薄膜熱安定性佳，使其能在較高的溫度下操作，鉭（Tantalum, Ta）、鈮（Niobium, Nb）、釩（Vanadium, V）、鉑（Platinum, Pt）、鈀（Palladium, Pd）等金屬均可用來製備氣體分離薄膜，現在使用最多之氫氣分離金屬薄膜為鈀及其合金所製備之金屬薄膜。

混合基質薄膜（Mixed matrix membranes, MMMs）是將高分子基材與無機粒子混摻（圖 10-12），藉由柔韌的高分子基材包覆分子篩或是對特殊氣體有吸附功能的無機孔洞材料或非孔洞材料，製備兼具高分子與無機材料特性之薄膜，以期提升高分子薄膜氣體分離效能，並解決無機薄膜的易脆裂性質，結合兩項材料之優點，即可得到高效能氣體分離薄膜。傳統使用之無機顆粒包含沸石（Mahajan, 2000）、碳分子篩（Vu, 2003）及無孔的二氧化矽（Merkel, 2002）等。無機顆粒除了自身對薄膜氣體吸附性、氣體篩選性有影響之外，無機顆粒的添加亦會造成高分子鏈段排列的改變，影響自由體積的特性，進而改變氣體在薄膜中的透過行為。

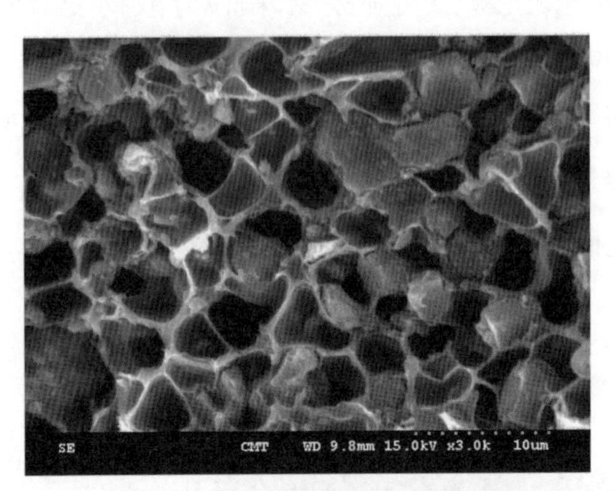


圖 10-12　多孔混合基質薄膜

無機顆粒與有機高分子結合時會因彼此特性差異產生相容性不佳之界面，界面缺陷造成許多 MMMs 無法如預期般的彰顯無機添加物的性質，各種 MMMs 之界面型態如圖 10-13 所示（Chung 2007）。case 1 為 MMMs 之理想形貌，兩相界面無缺陷，而薄膜呈現無機添加物與高分子氣體透過效能之結合。除了理想的界面型態，MMMs 中的高分子與無機添加物之間常有非理想界面型態的產生，case 2 是成膜時高分子連續相與無機添加物產生了不同的表面應力，在兩相間形成了不具氣體選擇性之缺陷孔道，界面缺陷的形成，使薄膜氣體透過率大幅提升，但卻喪失氣體選擇性。case 3 為高分子鏈段與無機添加物接觸產生剛硬化的現象，高分子鏈段剛硬化使 MMMs 的氣體透過率下降，但選擇性上升。case 4 為在配置鑄膜液時，充分舒張的高分子鏈段進入了無機添加物孔洞，溶劑揮發時，高分子鏈仍殘存於孔洞內而造成阻塞的現象，此現象至今仍無明確的鑑定方式可以證明。欲提升 MMMs 之效能，必須解決非理想狀態之兩相界面問題，一般以接近 $T_g$ 的溫度對 MMMs 進行後處理，可使高分子與添加物之界面回到接近理想化的適當狀態，利用耦合劑改質無機添加物表面，亦有助於改善界面問題，在無機添加物表面接枝有機鏈段，使之與高分子親和性增加，亦能避免孔洞缺陷的產生。

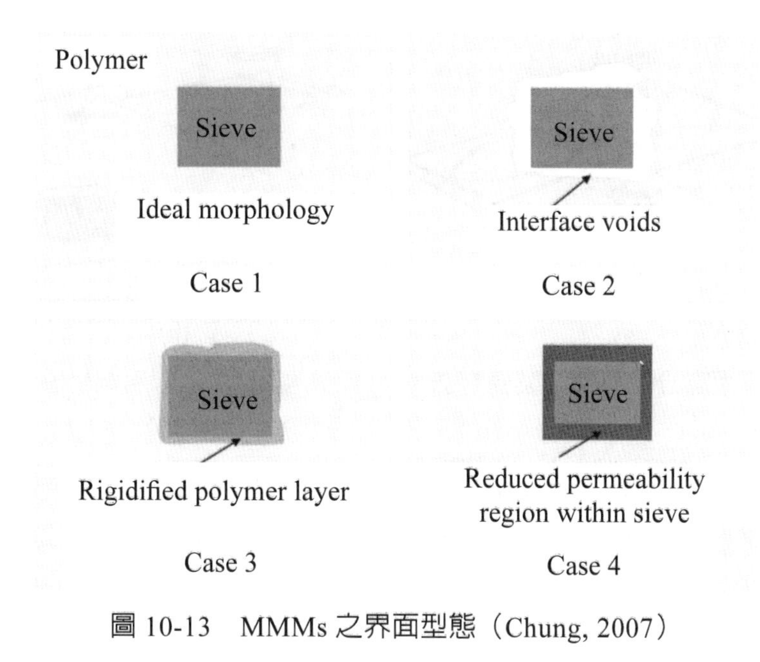


圖 10-13　MMMs 之界面型態（Chung, 2007）

## 10-4　氣體分離薄膜的製備

平板高分子氣體分離薄膜之製備方法如圖 10-14 所示，自我支撐高分子薄膜之製備使用乾式製膜法（圖 10-14(a)），適量高分子溶於溶劑中形成均勻的高分子鑄膜液，鑄膜液以一定間距的刮刀塗佈於基板表面，然後置於特定溫度的環境中，待鑄膜液中的溶劑完全揮發後，將固化之塗層自基板剝離即得自我支撐薄膜。平板複合薄膜之製備須先製備基材膜，基材膜製備使用非溶劑誘導相分離法（圖 10-14(b)），配製完成之鑄膜液以刮刀塗佈於不織布基材，再浸入非溶劑凝固槽中，鑄膜液塗層在非溶劑中進行相分離固化，形成特定膜結構，固化之薄膜自凝固槽中取出，經水洗後乾燥即得基材膜。

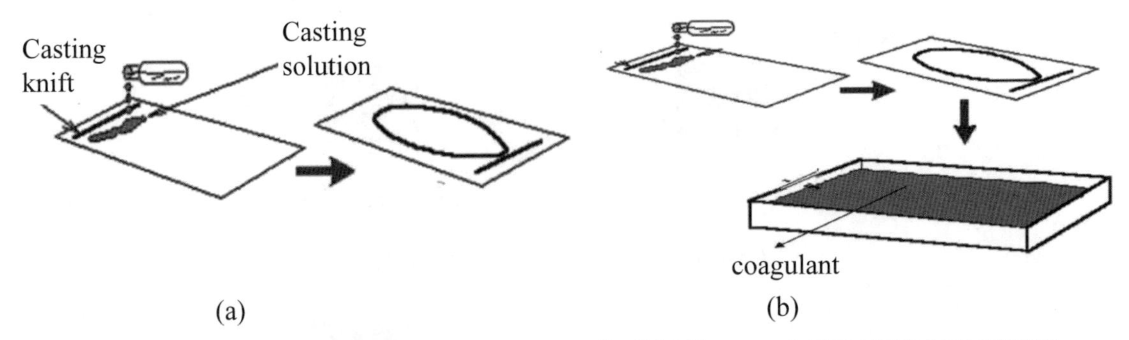

圖 10-14　平板高分子薄膜之製備方法：(a) 乾式製膜；(b) 非溶劑誘導相分離製膜

基材膜表面須再製作一層超薄選擇層，才能完成高分子氣體分離複合薄膜之製備，製作選擇層最簡單的方法為浸漬塗佈（圖 10-15），將基材膜直接浸漬於高分子溶液中，使基材膜表面黏附一層高分子溶液，浸漬塗佈之基材膜經加熱乾燥，即得高分子氣體分離複合薄膜，此法所製備薄膜之選擇層厚度較厚且不易控制。高效能高分子氣體分離複合薄膜需要完整且超薄之選擇層，完整超薄選擇層之製作可使用電漿聚合或界面聚合，其中界面聚合為主要使用方法。界面聚合是將水性單體溶液與油性單體溶液接觸（圖 10-16），聚合反應在界面發生，並在界面產生厚度可低於 100 nm 之超薄高分子層。

高分子氣體分離複合薄膜除平板狀外，亦可製成中空纖維，結合中空纖維紡絲及非溶劑誘導相分離，可製作特定結構之中空纖維基材膜，使用與製作平板膜相同的技術，在其表面形成超薄選擇層，即可製得中空纖維複合氣體分離薄膜。氣體分離

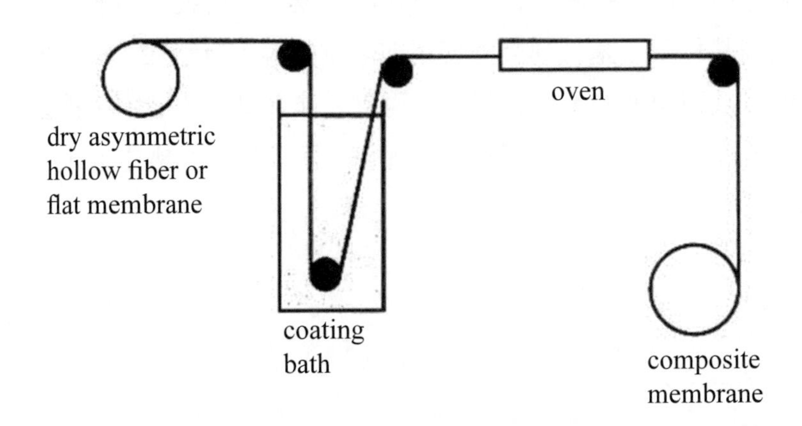

圖 10-15　基材薄膜之浸漬塗佈

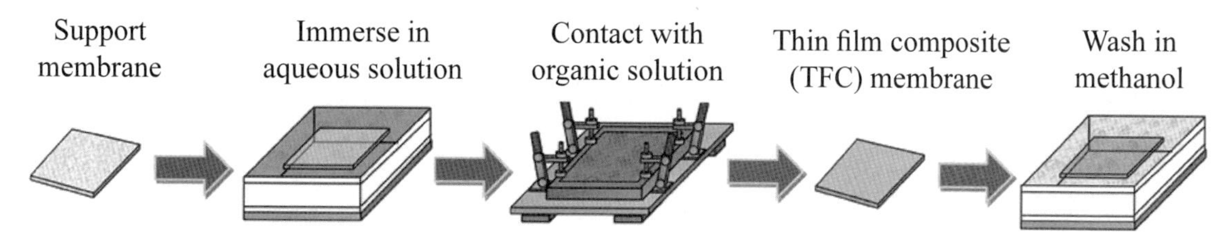


圖 10-16　界面聚合製備超薄選擇層

MMMs 之製備，只須在鑄膜液中摻入定量無機顆粒，沿用上述相同之製膜技術即可製作各種的 MMMs。

無機氣體分離薄膜中具實用可行性的包括二氧化矽、沸石及碳分子篩，二氧化矽與沸石薄膜之製備均使用水熱合成法，選擇適當的支撐材與合成單體，在特定溫度下進行水熱合成反應，使無機結晶在支撐材表面均勻的成長，形成完整的二氧化矽或沸石選擇層。碳分子篩薄膜之製備須先製作高分子先驅物薄膜，高分子先驅物薄膜可分自我支撐及含支撐層兩類。自我支撐高分子先驅物薄膜之製備，使用前述乾式製膜法；含支撐層先驅物薄膜之製備，多使用旋轉塗佈（圖 10-17）。爲控制高分子溶液滲入基材之程度以獲得均一的膜結構，在高分子溶液旋轉塗佈之前，先將基材孔洞填入溶劑，接著控制揮發條件使基材表面溶劑部分揮發，隨後進行高分子溶液旋轉塗佈，即可得到厚度均勻的含支撐層先驅物薄膜。

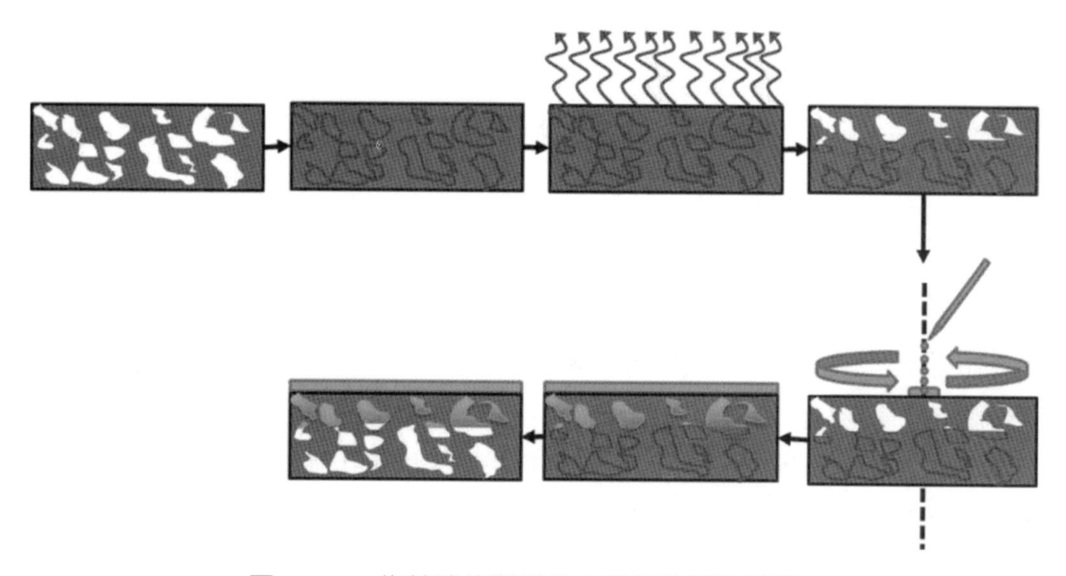

圖 10-17　旋轉塗佈製備含支撐層先驅物薄膜

碳分子篩薄膜製備需將高分子先驅物薄膜經高溫碳化程序，使分子鏈中的碳原子重新排列，形成非結晶碳結構。先驅物薄膜的碳化在高溫爐中進行（圖 10-18），通常碳化溫度範圍爲 500～1,000℃。隨著碳化溫度增加，碳分子篩薄膜中孔洞會縮小，碳分子篩薄膜的氣體透過係數降低但氣體選擇性增加。高溫爐中的氣相環境亦會影響碳分子篩薄膜的結構，碳化可在眞空環境或流動的惰性氣體中進行，碳化過程中升溫程序也會影響碳分子篩薄膜的結構，通常開始升溫的升溫速率較快，溫度增加升溫速率逐漸降低，最後達到碳化溫度並保持一段時間。爲避免快速冷縮造成薄膜產生缺陷，碳化完成後碳分子篩薄膜於高溫爐中自然降溫至室溫。

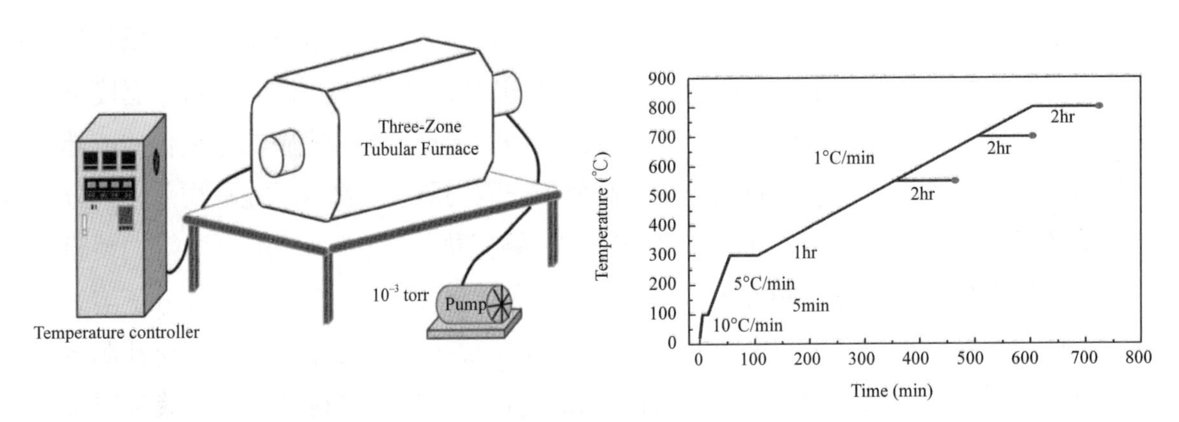


圖 10-18　製備攤分子篩薄膜之碳化裝置與程序

## 10-5　氣體分離薄膜的鑑定

### 10-5-1　結構鑑定

氣體分離薄膜之性能取決於薄膜與氣體之作用力，以及氣體在薄膜中之擴散能力。薄膜之化學結構決定薄膜與氣體之作用力，氣體在薄膜中之擴散能力則由薄膜孔洞結構決定，因此薄膜結構鑑定須分別進行化學結構與孔洞結構鑑定。薄膜與氣體之作用力與薄膜中特定化學官能基有密切關係，薄膜中各種官能基之分析可採用紅外線光譜儀，分析的波數範圍從 4,000 到 400 $cm^{-1}$，以紅外光譜分析可得知，薄膜中特定官能基是否存在及其存在的相對濃度，藉由官能基種類與濃度變化，即可比較薄膜與氣體作用力之強弱。

薄膜內孔洞結構依材料不同，可分爲自由體積與固定孔洞，若爲高分子薄膜，孔洞以自由體積表示，自由體積大小則由分子鏈運動性決定，分子鏈運動性可由玻璃轉移溫度（$T_g$）判定。微差式掃描熱卡計（DSC）可量測高分子薄膜之玻璃轉移溫度與結晶度，玻璃轉移溫度與結晶度高的薄膜，其氣體透過係數較低，但氣體選擇性較佳。高分子薄膜之自由體積與分子鏈堆疊密度有關，緊密堆疊之分子鏈不易產生自由體積，薄膜密度較高，高密度薄膜氣體選擇性較佳，但透過係數較低。藉由薄膜密度差異可判斷薄膜氣體分離效能，密度量測可使用密度梯度管柱或精密天平，密度梯度管柱是將兩種密度不同之液體在玻璃管柱中混合，管柱中不同位置之混合液具有連續變化的密度，將薄膜樣品浸入管柱觀察薄膜在管柱中停留之位置，該處液體密度即爲薄膜的密度。某些精密天平配有密度量測附件，密度量測附件可以量測薄膜在大氣與特定液體中的質量，藉由阿基米得原理即可算出薄膜密度。薄膜分子鏈的堆疊密度亦可以 X-ray 繞射儀（XRD）進行分析，藉由 Bragg's 定律（$n\lambda = 2d\ \sin\theta$）可計算不同分子鏈之間距（$d$），方程式中 $\theta$ 爲入射光與原子面之夾角，$n$ 爲繞射階次，$\lambda$ 爲 $X$ 光波長，分子鏈之間距愈小，表示分子鏈堆疊密度愈高，薄膜氣體選擇性愈好。掃描式電子顯微鏡（SEM）主要用來觀察物體之狀態，其影像解析度極高，放大倍率可高達十萬倍以上，氣體分離薄膜結構完整性可藉由 SEM 影像觀察，氣體分離薄膜要維持良好的選擇性，薄膜表面與截面 SEM 影像不可觀察到有任何的裂縫或缺陷。

無機氣體分離薄膜藉由膜內固定尺寸微孔洞達成篩分氣體分子的目的，具氣體篩分能力之微孔洞尺寸通常小於 1 奈米。BET 微孔洞及表面積分析儀可分析無機氣體分離薄膜內微孔洞結構，使用 Micromeritics 套裝軟體，以 Dubinin-Radushkevich（DR）方程式分析膜內微孔洞表面積，density function theory（DFT）分析法可進行孔洞尺寸分布分析。

正電子湮滅壽命光譜（PALS）爲正電子湮滅光譜分析技術之一，利用放射源 $^{22}Na$ 進行 $\beta^+$ 衰變產生正電子，所產生的正電子進入樣品中，被樣品內的孔洞或自由體積所捕捉，然後在孔洞中發生正電子或正電子偶素湮滅，正電子從生成到湮滅的壽命與物質內孔洞尺寸大小息息相關，孔洞愈大，其電子密度愈低，正電子產生湮滅的機會相對減小，導致湮滅壽命增長，因此，PALS 可被用來探索氣體分離薄膜內微孔洞或自由體積的數量、尺寸與尺寸分布。

## 10-5-2 氣體分離性能鑑定

氣體分離薄膜性能可藉由氣體透過係數（permeability）與選擇係數（selectivity）兩項指標評估，薄膜氣體透過測試結果可計算出薄膜氣體透過係數，自我支撐氣體分離薄膜的氣體透過測試裝置如圖 10-19 所示：

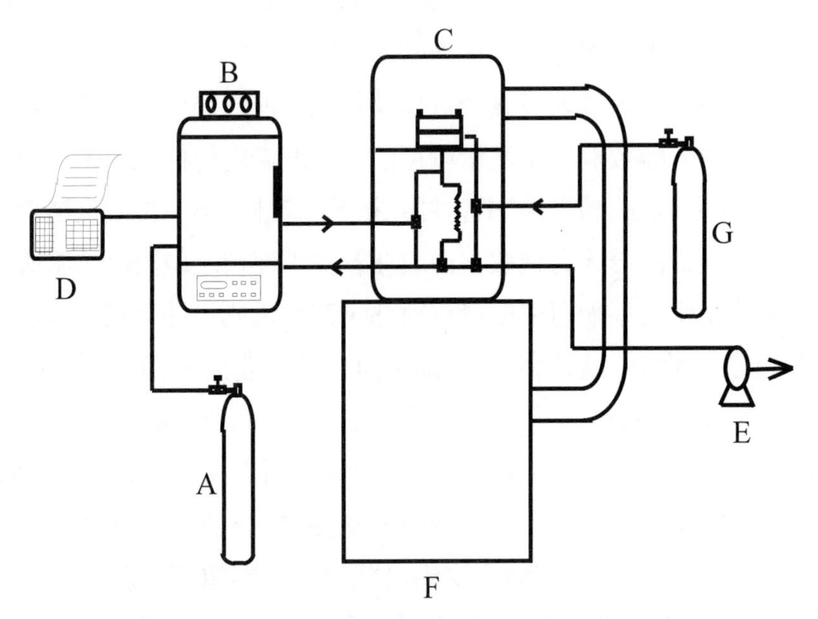


圖 10-19 氣體透過測試裝置（Yanoco GTR-10）

（A：載送氣體；B：氣相層析儀；C：氣體透過分析儀；D：積分器；E：真空泵；F：控溫裝置；G：測試氣體）

氣體透過係數的計算如下：

$$P = \frac{q \times k \times l}{(p_1 - p_2) \times A \times t} \qquad (10\text{-}41)$$

$P$：氣體透過係數（barrer）（1 barrer = $10^{-10}$ $cm^3(STP)cm/(cm^2\,cm\,Hg\,s)$）

$q$：透過薄膜的氣體體積（$cm^3$），$k$：校正因子，$l$：薄膜厚度（cm），$A$：薄膜有效面積（$cm^2$），$t$：測試時間（sec），$p_1, p_2$：薄膜上方與下方之氣體分壓（cmHg）。

選擇係數：

$$\alpha = \frac{P_A}{P_B} \tag{10-42}$$

複合氣體分離薄膜的氣體透過測試裝置如圖 10-20 所示。

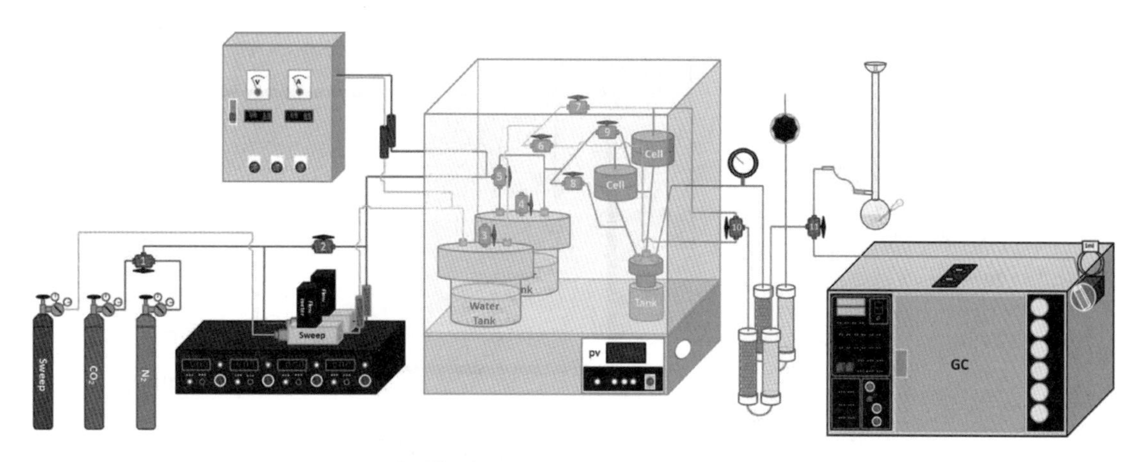


圖 10-20　氣體透過測試裝置（bubble flow meter）

氣體透過率（permeance）的計算如下：

$$P_i = \frac{J_i}{\Delta p_i} = \frac{q_{p,i}}{A \times \Delta p_i \times t} \tag{10-43}$$

$P_i$：氣體透過率（1 GPU = $1 \times 10^{-6}$cm$^3$ (STP)/(cm$^2$ s cmHg)），$q_{p,I}$：透過薄膜的氣體體積（cm$^3$），$A$：薄膜有效面積（cm$^2$），$t$：測試時間（s），$\Delta p_i$：薄膜進料端與透過端之氣體分壓差（cmHg）

依據溶解擴散模型（$P = DS$），薄膜之氣體透過係數（$P$）等於擴散係數（$D$）與溶解係數（$S$）的乘積，氣體分離薄膜的分離行爲可用擴散係數與溶解係數來解析，恆溫氣體吸附實驗可以得到氣體溶解係數，透過實驗量測出氣體透過係數與溶解係數，即可藉由溶解擴散模型求得擴散係數。薄膜恆溫氣體吸附裝置如圖 10-21 所示：

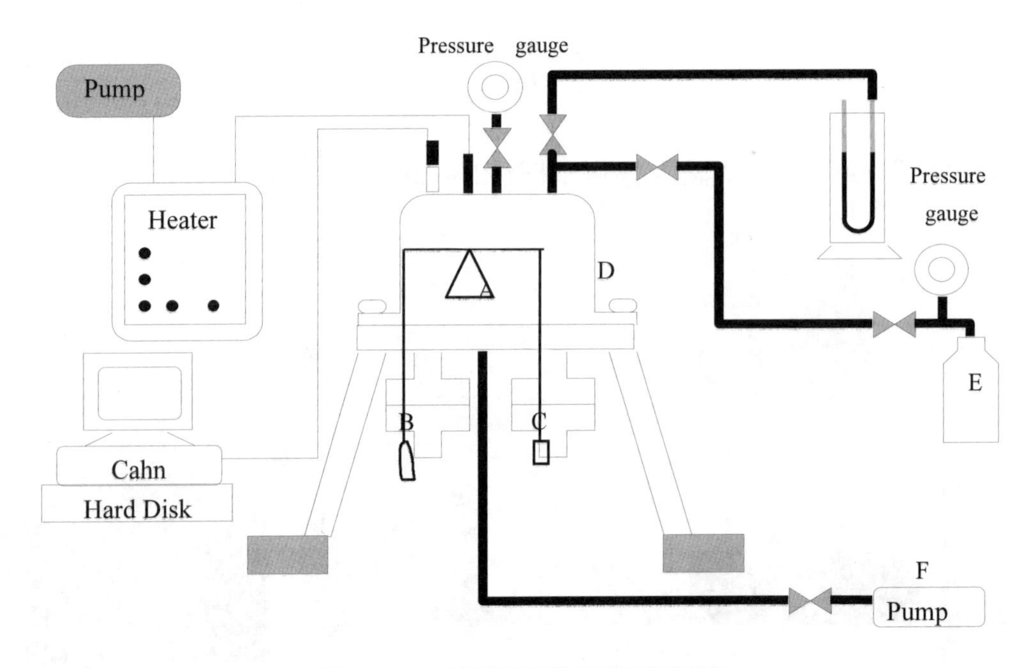


圖 10-21　薄膜恆溫氣體吸附裝置

A：微天平（Cahn model 1000 D-202）；B：浮力校正鋁片；C：薄膜；D：壓力腔；E：測試氣體；F：真空泵

## 10-6　氣體分離薄膜須克服的問題

氣體分離薄膜使用時須具備穩定之分離性能，然而由於材料特性因素，氣體分離透過係數與選擇係數會隨操作時間延長而改變，此種改變對薄膜的實用性會產生不利影響。高分子氣體分離薄膜隨著操作時間增加會產生物理老化行爲（Chung, 1999），物理老化係指隨著時間增加，薄膜趨於緻密，薄膜玻璃轉移溫度上升（圖 10-22）、氣體透過量因而下降、選擇比上升等現象（圖 10-23）。高分子氣體分離薄膜必須在薄膜玻璃態的狀況下操作，方有較佳的分離效能。當高分子氣體分離薄膜處於玻璃態時，隨著使用時間延長，熱力學不平衡分子鏈朝向平衡的分子鏈狀態運動，使薄膜內自由體積逐漸減少，造成薄膜氣體透過係數隨著使用時間增長而逐漸下降，此種現象即爲物理性老化。從熱力學的角度解析薄膜之物理老化行爲，隨著時間增加，薄膜持續靠分子鏈的擾動釋放能量，由熱力學未平衡狀態朝著熱力學平衡狀態前進，因

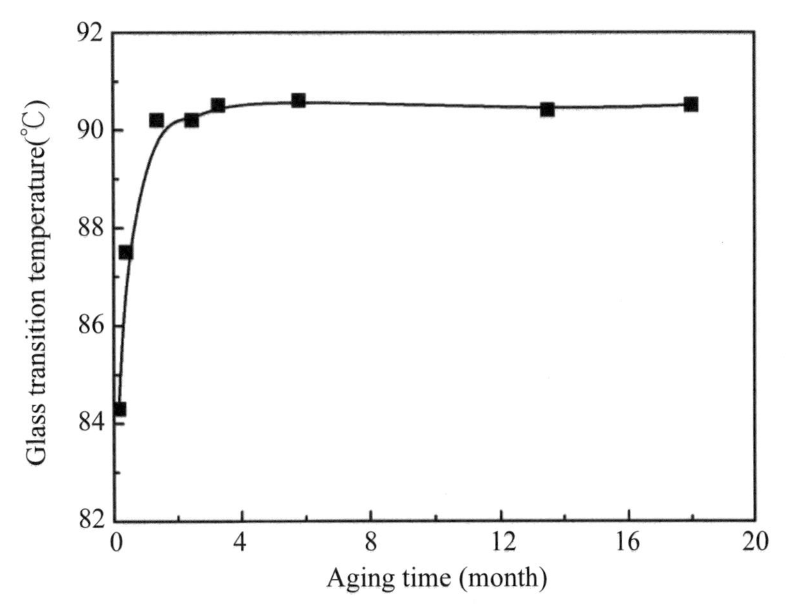


圖 10-22　物理老化對 PMMA 薄膜玻璃轉移溫度之影響（Hu, 2007）

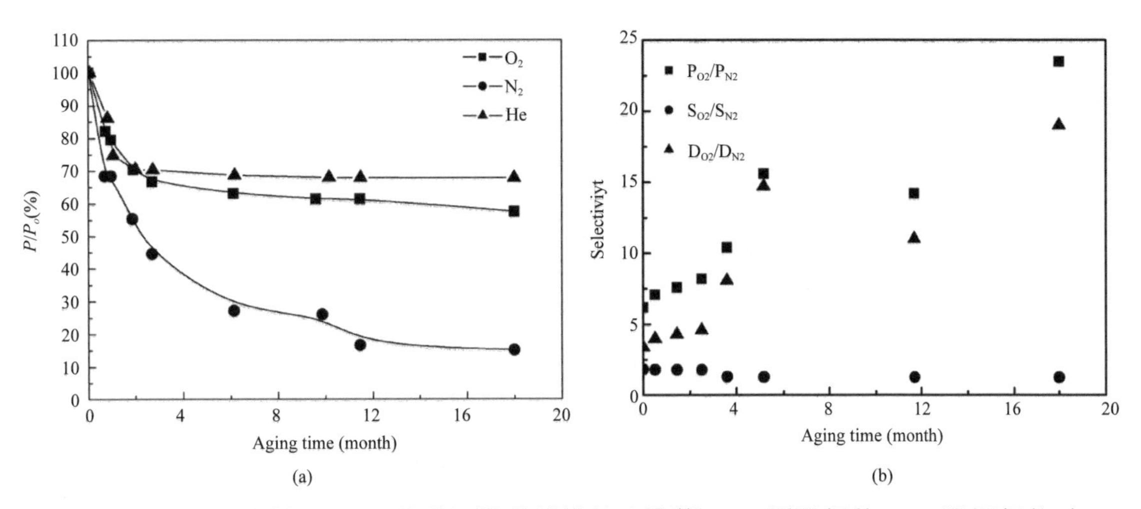


圖 10-23　物理老化對 PMMA 薄膜氣體分離性能之影響：(a) 透過係數；(b) 選擇係數（Hu, 2007）

此，在不同溫度下有不同的物理老化速率，產生不同物理老化結果。另由能量的觀點出發（Cheng, 2006），如果瞬間將處於橡膠態的薄膜移至低溫使其處於玻璃態，薄膜內的高分子將相變化產生的能量差以增加彈性能的方式儲存在高分子中，彈性能增加的過程首先使高分子主鏈繃緊，隨著繃緊的程度不同，薄膜內部產生不同數量的自由體積及不同的自由體積分布。隨後彈性能靠高分子鏈的熱運動得以釋放，隨著彈性能的消散，使得薄膜內的自由體積崩解，所以高分子薄膜物理老化現象是屬於自發而無法避免的。

物理老化現象造成氣體透過係數下降，一般歸因於薄膜內部過剩自由體積（excess free volume）減少，因此，對於含有高過剩自由體積的膜材，其物理老化速率遠大於內部過剩自由體積較低的膜材。薄膜內因分子鏈熱運動而自由體積消失之速率與薄膜厚度有關。實驗結果顯示，愈薄之薄膜其物理老化速率會愈快（Huang, 2004）。高分子氣體分離薄膜物理老化起因於分子鏈熱運動，理論上抑制分子鏈熱運動（交聯反應、熱處理、增加結晶度等），即可減緩高分子薄膜物理老化行爲。

薄膜氣體分離的產能正比於操作氣體壓力，爲了獲得高產能氣體分離效能，需在高的氣體壓力下操作，高壓氣體會壓縮高分子薄膜，使薄膜變得較緻密。同時依據雙重吸附理論，高分子薄膜在高壓環境的氣體溶解係數低於低壓環境，因此隨著操作氣體壓力增高，高分子薄膜的氣體透過係數將先稍微下降而後持平。然而對於冷凝性強的氣體（如二氧化碳），隨著操作氣體壓力增高，高分子薄膜的氣體透過係數會先稍微下降，而後快速增加（圖 10-24(a)）。氣體透過係數增加會使薄膜無法維持原有的氣體選擇性，所產生氣體的純度將無法達到產品要求。

因氣體操作壓力增高所造成透過係數增加，但選擇係數降低的現象，稱爲塑化（plasticization）。高分子薄膜之塑化，起因於冷凝性氣體在薄膜中因壓力增高局部冷凝成液體。局部冷凝的液體會降低分子鏈間的作用力，同時增加分子鏈運動性，薄膜之自由體積因此增加，造成透過係數增加但選擇係數降低。塑化作用若能被抑制，則薄膜氣體分離在高壓操作便可維持穩定，只要在高壓氣體環境中讓高分子鏈運動性不要增加，便可抑制高分子薄膜塑化現象。交聯與熱處理是最常被用於抑制高分子薄膜塑化的方法。圖 10-24(b) 爲利用熱處理抑制 PSF 薄膜的塑化，熱處理可使分子鏈緊密堆疊或產生局部交聯，即使在高壓氣體環境，薄膜分子鏈運動性不會改變，因此呈現很好的塑化抑制效果。

碳分子篩薄膜具有優越的氣體分離效能、好的熱穩定性及抗化學性等優點，但卻有嚴重的化學老化現象。隨著存放於大氣下的時間變長，碳分子篩薄膜的氣體有透過係數逐漸下降，而氣體選擇係數則逐漸上升的趨勢。碳分子篩薄膜存放在大氣環境中，大氣中的氧氣會與碳結構中的不穩定結構產生化學吸附，使得孔洞被填補而變小

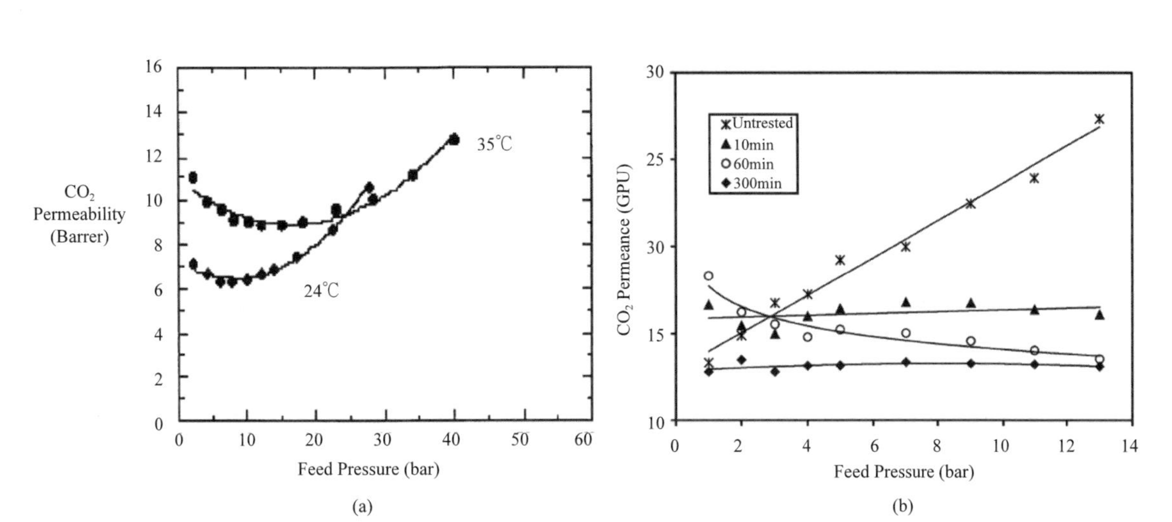


圖 10-24　高分子薄膜塑化行為：(a) 聚醯亞胺薄膜二氧化碳塑化行為（Ismail, 2002）；(b) 熱處理對聚碸薄膜塑化之抑制（Ismail, 2002）

（圖 10-25），氣體的可透過路徑減少，使薄膜的氣體透過係數降低而氣體選擇係數增高。對碳分子篩薄膜進行長時間的氧氣吸附測試，可觀察到碳分子篩薄膜對於氧氣的化學吸附非常劇烈（Lagorsse, 2008），在大氣中儲存之碳分子篩薄膜的氣體透過係數會在極短時間內大幅降低。碳化過程中導入氧氣 doping，可調控碳分子篩薄膜之氣體分離效能（Kiyono, 2010），利用此氧氣 doping 的概念，碳化過程中所通入爐體之氧氣可以預先填補碳結構中之不穩定位置，或許可以減緩碳分子篩膜的化學老化現象。

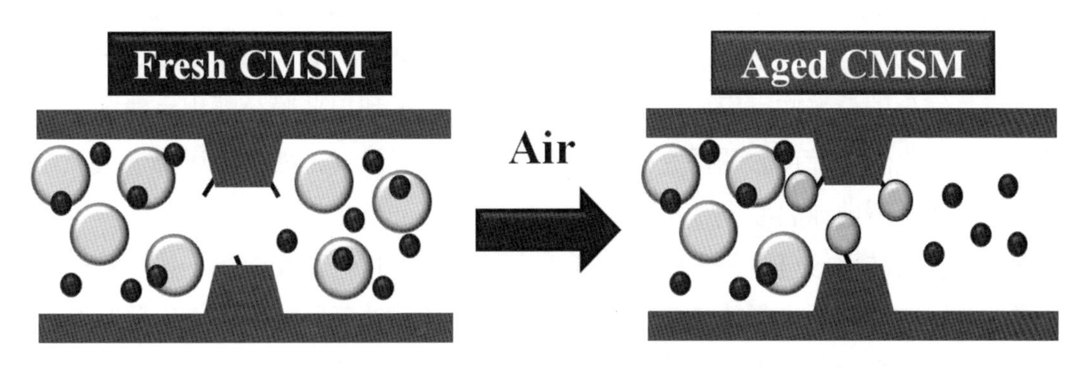


圖 10-25　碳分子篩薄膜之化學老化

# 10-7　氣體分離薄膜的應用

薄膜氣體分離目前主要應用於空氣分離、氫氣分離、天然氣分離、蒸氣／氣體分離、蒸氣／蒸氣分離等領域。空氣分離主要用於生產氮氣和氧氣，使用氧／氮選擇係數超過 8 之新世代薄膜即可生產純度 99% 的氮氣。氧氣之生產較氮氣困難，這是因爲氮氣經常會伴隨氧氣透過薄膜，因此薄膜分離空氣的產物通常是富氧空氣而非純氧氣。富氧空氣雖可應用於改善燃燒爐的燃燒效率、調節室內空氣含氧量、醫療等用途，但大部分使用者還是需要純氧氣，多段式分離程序可用於生產純氧氣。

由製氨過程之清除混合氣體中分離氫氣是薄膜氣體分離第一次大規模商業化應用，氫氣是具有解決能源危機潛力之潔淨能源，基於「氫經濟」概念被提出，未來全球氫氣之需求量將急遽增加。與其他氣體比較，氫氣非常容易透過薄膜。因此使用薄膜分離氫氣，可獲得非常高之氣體透過量與選擇性。薄膜氫氣分離目前大量應用於精煉廠的氫氣回收。

全球新天然氣分離設備市場一年約五十億美元，這使得天然氣處理成爲最大的氣體分離工業應用，天然氣原氣之組成隨開採地點不同而有很大差異，爲了維持天然氣之品質，天然氣之組成必須嚴格控制，處理天然氣使其符合品質規範提供薄膜氣體分離龐大商機，目前薄膜氣體分離程序在天然氣處理的市場占有率不到 1%，且幾乎全用於二氧化碳移除，薄膜二氧化碳移除程序目前仍無法與主要的商業化胺吸附程序競爭，其主要癥結在於目前所使用之薄膜的選擇性及透過量過低，隨著高性能新膜材之開發與應用，薄膜二氧化碳移除程序未來將逐漸取代胺吸附程序，天然氣之處理亦涉及碳氫化合物（$> C_3$）之分離及除水，這些分離未來均可使用薄膜來完成。除此之外，薄膜二氧化碳分離亦可用於地球溫室效應之改善，利用薄膜分離出大氣或燃燒後氣體中之二氧化碳並儲存於開採完天然氣之天然氣地下儲穴，如此將可降低大氣中二氧化碳濃度並減緩地球溫度上升。

近年薄膜已被用於自石化工廠清除氣體中回收碳氫化合物和溶劑，這種氣體／蒸氣分離多使用矽橡膠類橡膠態高分子薄膜，另外加油站油氣回收亦可使用薄膜氣體／蒸氣分離技術。最後一種未來可能發展成薄膜氣體分離主要應用領域的是蒸氣／蒸氣分離，此類分離主要包括乙烷／乙烯、丙烷／丙烯、正丁烷／異丁烷等之分離，此類分離因被分離物種之特性非常近似，傳統薄膜無法獲得很好之分離效果，促進傳輸薄膜（facilitated-transport membrane）之開發將可解決此一問題。

## 10-8　結語

薄膜氣體分離程序極具發展潛力，未來薄膜氣體分離市場預估每年平均會有 7～8% 成長率。爲了獲得經濟、高效能薄膜，各種新膜材與新製膜技術不斷被開發。此外，薄膜成型機制、模組之封裝、分離程序之設計、經濟效能之分析均爲薄膜氣體分離程序未來需持續探討之課題。高分子薄膜毫無疑問是目前氣體分離薄膜的主流，但是就長遠之發展而言，陶瓷、碳分子篩、無機／高分子混成薄膜將是明日之星。

## 習　題

1. 某氣體分離薄膜假設其氣體透過機制為 Knudsen flow，請計算此薄膜之氧／氮、二氧化碳／氮之理論選擇係數？若此薄膜實測選擇係數為 1，此薄膜實際的氣體透過機制為何？
2. 緻密高分子薄膜的凡德瓦爾體積為 0.54 $cm^3/g$，此薄膜的量測密度為 1.25 $g/cm^3$，請計算此薄膜之自由體積及自由體積分率。
3. 膜厚 0.1 mm 高分子薄膜在 2 atm 絕對壓力進行氣體透過測試，取樣 30 分鐘氣體透過量為 1 $cm^3$，測試樣品直徑為 2.5 cm，請計算此薄膜之氣體透過係數（barrer）及氣體透過率（GPU）。

## 參考文獻

1. Baker, R.W., Future directions of membrane gas separation technology, *Ind. Eng. Chem. Res.*, 41(2002)1393-1411.
2. Bondi, A., Van der walls volumes and radii, *J. Phys. Chem.*, 68(1964)441-451.
3. Burrows, P.E., G.L. Graff, M.E. Gross, P.M. Martin, M.K. Shi, M. Hall, E. Mast, C. Bonham,

W. Bennett, M.B. Sullivan, Ultra barrier flexible substrates for flat panel displays, *Displays*, 22(2001)65-69.

4. Cheng, R., H. Yang, Application of time-temperature superposition principle to polymer transition kinetics, *J. Appl. Polym. Sci.*, 99(2006)1767-1772.
5. Chung, T.S., L.Y. Jiang, Y. Li, S. Kulprathipanja, Mixed matrix membranes (MMMs) comprising organic polymers with dispersed inorganic fillers for gas separation, *Prog. Polym. Sci.*, 32(2007)483-507.
6. Chung, T.S., S.K. Teoh, The ageing phenomenon of polyethersulphone hollow fiber membranes for gas separation and their characteristics, *J. Membr. Sci.*, 152(1999)175-188.
7. Decher, G., Fuzzy Nanoassemblies: Toward layered polymeric multicomposites, *Science*, 277(1997)1232-1237.
8. Hu, C.C., Y.J. Fu, S.W. Hsiao, K.R. Lee, J.Y. Lai, Effect of physical aging on the gas transport properties of poly(methyl methacrylate) membranes, *J. Membr. Sci.*, 303(2007)29-36.
9. Huang, Y., D.R. Paul, Physical aging of thin glassy polymer films monitored by gas permeability, *Polymer*, 45(2004)8377-8393.
10. Ismail, A.F., W. Lorna, Penetrant-induced plasticization phenomenon in glassy polymers for gas separation membrane, *Sep. Purif. Technol.*, 27(2002)173-194.
11. Ismail, A.F., W. Lorna, Suppression of plasticization in polysulfone membranes for gas separations by heat-treatment technique, *Sep. Purif. Technol.*, 30(2003)37-46.
12. Kiyono, M., P.J. Williams, W.J. Koros, Generalization of effect of oxygen exposure on formation and performance of carbon molecular sieve membranes, *Carbon*, 48(2010)4442-4449.
13. Lagorsse, S., F.D. Magalhães, A. Mendes, Aging study of carbon molecular sieve membranes, *J. Membr. Sci.*, 310(2008)494-502.
14. Mahajan, R., W.J. Koros, Factors controlling successful formation of mixed-matrix gas separation materials, *Ind. Eng. Chem. Res.*, 39(2000)2692-2696.
15. Merkel, T.C., B.D. Freeman, R.J. Spontak, Z. He, I. Pinnau, P. Meakin, A.J. Hill, Ultrapermeable, reverse-selective nanocomposite membranes, *Science*, 296(2002)519-522.
16. Morisato, A., K. Ghosal, B.D. Freeman, R.T. Chern, J.C. Alvarez, J.G. de la Campa, A.E. Lozano, J. de Abajo, Gas separation properties of aromatic polyamides containing hexafluoroisoproylidene groups, *J. Membr. Sci.*, 104(1995)231-241.

17. Ockwig, N.W., T.M. Nenoff, Membranes for hydrogen separation, *Chem. Rev.*, 107(2007)4078-4110.
18. Pixton, M.R., D.R. Paul, Gas transport properties of polyarylates part I: Connector and pendant group effect, *J. Polym. Sci. Polym. Phys.*, 33(1995)1135-1149.
19. Vieth, W.R., J.M. Howell, H.J. Hsieh, Dual sorption theory, *J. Membr. Sci.*, 1(1976)177-220.
20. Vu, D.Q., W.J. Koros, S.J. Miller, Mixed matrix membranes using carbon molecular sieves I. Preparation and experimental results, *J. Membr. Sci.*, 211(2003)311-334.
21. Yoo, B.M., H.J. Shin, H.W. Yoon, H.B. Park, Graphene and graphene oxide and their uses in barrier polymers, *J. Appl. Polym. Sci.*, 131(2014)39628.

# 符號說明

| | |
|---|---|
| $J$ | 氣體通量（$cm^3/cm^2s$） |
| $D_K$ | Knudsen's 擴散係數（$cm^2/s$） |
| $\lambda$ | 氣體分子平均自由徑（nm） |
| $\gamma$ | 活性係數 |
| $S$ | 溶解係數（$mol/m^3$ Pa） |
| $P$ | 氣體透過係數（barrer）（1 barrer = $10^{-10}$ $cm^3$(STP)cm/($cm^2$ cm Hg s)） |
| $P_i$ | 氣體透過率（GPU）（1 GPU = $1\times10^{-6}$ $cm^3$ (STP)/($cm^2$ s cmHg)） |
| $V_f$ | 自由體積分率 |
| $\alpha$ | 選擇係數 |
| $k_D$ | Henry's 常數（$mol/m^3$ Pa） |
| $c'_H$ | Langmuir site 飽和常數（$mol/m^3$） |
| $b$ | Langmuir site 之親和常數（1/Pa） |

# 第十一章 膜蒸餾

/陳榮輝

# 11-1　前言

地球上的水約 97% 是海水，淡水只有 3%，而且多數的淡水以冰河等形式存在於地球表面，人類可利用在地表的淡水資源大約只占全球水資源總量的 0.26%。根據聯合國公布的資料，目前全球超過 10 億人口居住在水資源缺乏地區。而到 2025 年，這個數字將會攀升到 18 億。此外，隨著氣候變化、乾旱、人口和工業用水的增加，各國對淡水的需求量愈來愈大，使得淡水的有效供應日益趨緊。在臺灣，水庫數量約有 40 座，密度相當高，雖年平均雨量有 2,510 公釐，但因氣候變遷降雨時多時少，且加上地狹人稠，山峰皆為南北走向，海拔多超過 3,000 公尺，導致河川東西流向，使得河川坡陡流急，降雨後大部分流入大海，造成雨量在時間及空間上之分布極不均勻，每人每年所分配雨量僅及世界平均值之七分之一。因此，即使臺灣四面環海，卻是一個水資源缺乏的區域，如果能充分利用海水，將其淡化成淡水，則可解決水資源缺乏的問題。

海水是地球上數量最大的資源，為取之不盡、用之不竭的水資源。開發和利用海水淡化技術，不僅是現代海洋開發的一項重要任務，也是未來開發新水源解決全球性水資源危機的重要途徑之一。目前海水淡化商業用途的技術主要可分為蒸發法和膜過濾法兩大類。蒸發法又包括多效蒸發法、多級閃化法和蒸氣壓縮法三種。膜過濾法主要有逆滲透、電透析和膜蒸餾三種。蒸發法為傳統的分離程序，常以蒸餾分離操作，但此程序常因為占地面積大，且需在高溫下進行，也間接的提高能源的消耗成本及清洗上的不方便。相較傳統蒸餾塔，膜過濾法亦可達到高的產水品質，但設備體積小且占地小。而相較於別的過濾系統，膜蒸餾（membrane distillation, MD）最主要優點有：

1. 操作溫度與壓力不需太高，主要操作在 60～80℃；
2. 能耗僅使用在馬達與加熱系統，此能源可由太陽能來提供；
3. 使用的鹽水不需要化學前處理；
4. 蒸餾水的純度跟濃度無關；
5. 連續蒸氣滲透隨著溶液溫度增加，其蒸發量會有所提升；
6. 可與其他膜製程結合。

膜蒸餾可在低溫以及最少的能量下進行，相較於其他方法，可得到節省成本的效果，在未來有可能取代傳統蒸餾或逆滲透等分離技術，使得近年來引起廣泛的研究。

## 11-2　膜蒸餾的傳送機制

MD 概念源自於 Findley（1967）的分離技術，簡單來說，MD 就是利用微多孔性疏水膜（micro-porous hydrophobic membrane）隔離兩不同溫度的溶液或流體，如圖 11-1，因為膜兩側的溫度差造成蒸氣壓差，兩側流體為了要維持平衡狀態而將蒸氣分子自高溫端透過膜傳送至低溫端，其傳送驅動力為溫度造成之蒸氣壓力差（Smolders and Franken, 1989; Lawson and Lioyd, 1997）。這個利用膜側蒸氣壓的分離方法自 1963 年被 Bodell 發現，Wely（1967）更發現利用蒸氣壓差系統透過多孔性疏水膜的方式可自鹽水中回收去離子水。

MD 的操作過程中，其傳輸的驅動力必須藉由膜兩側之溫度差所產生的蒸氣壓力差來達成，主要以質量傳輸為主，但因膜孔結構不同，有不同的流動模式來描述。當膜孔洞的孔徑小於蒸氣分子的平均自由徑（mean free path）時，蒸氣分子與膜孔壁碰撞機率大於蒸氣分子之間的碰撞，則蒸氣的流動需用 Knudsen 模式（Schofield,

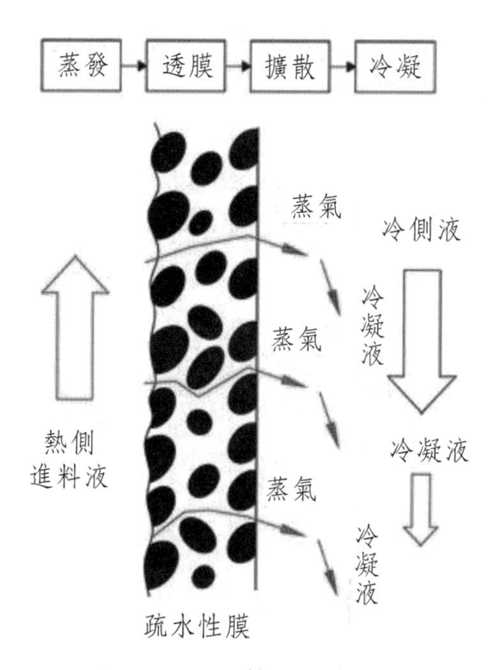


圖 11-1　膜蒸餾示意圖

1987）來表示；反之，若蒸氣分子之平均自由徑小於膜孔洞的孔徑，使得分子間之碰撞機率大於蒸氣分子與膜孔碰撞機率，則需使用 Poiseuille（viscous）模式（Present, 1958; Geankoplis, 1993）來描述膜內部的質傳通量。膜孔洞中難以避免的會有空氣的滯留，爲了描述膜孔洞中蒸氣分子與滯留空氣之質傳關係，Schofield（1987）利用傳統的分子擴散（molecular diffusion）模式來描述。由此得知，需根據不同的條件來選用不同的質傳機制去描述膜內部質量傳輸的過程。

### 11-2-1 Knudsen diffusion model

在 Knudsen 擴散模式中，蒸氣在膜內部的質傳通量（$J_k$）可描述爲：

$$J_k = -D_{k,\,eff}\frac{d\rho}{dx} \tag{11-1}$$

其中 $\rho$ 爲密度，$x$ 爲垂直膜表面之方向，$D_{k,\,eff}$ 爲膜有效擴散係數，依據膜內之幾何形狀以及膜與分子間相互作用，定義爲：

$$D_{k,eff} = \frac{\varepsilon}{\chi}D_k \tag{11-2}$$

$\varepsilon$ 爲膜的淨孔率（porosity），$\chi$ 爲膜孔洞的扭曲率（tortuosity），$D_k = \dfrac{2r_p\bar{v}}{3}$ 爲 Knudsen 平均擴散係數，$r_p$ 爲蒸氣分子通過之微孔半徑，$\bar{v}$ 爲分子流動通過孔洞的平均速度，由 Maxwell distribution function 取得

$$\bar{v} = \left(\frac{8kT_m}{\pi m}\right)^{\frac{1}{2}} = \left(\frac{8R_uT_m}{\pi M}\right)^{\frac{1}{2}} \tag{11-3}$$

$T_m$ 爲膜兩側表面之蒸氣平均溫度，$R_u$ 爲通用氣體常數，$k$ 爲 Boltzmann 常數，$m$ 爲重量莫耳濃度，$M$ 爲總分子量。由於操作過程爲低壓狀態，可假設蒸氣分子爲理想氣體：

$$P = cR_u T_m \tag{11-4}$$

可藉由上述關係式，式（11-1）可整理爲：

$$J_k = K_k \frac{\Delta P}{\delta_m} \tag{11-5}$$

$K_k = \frac{2\varepsilon r_p}{3\chi R_u T_m}\left(\frac{8R_u T_m}{\pi M}\right)^{\frac{1}{2}}$ 爲 Knudsen 擴散係數，$\delta_m$ 爲膜的厚度。從式（11-5）可看出 Knudsen 擴散模式之質傳通量，其驅動力爲壓力差（$\Delta P$）。

## 11-2-2 Viscous diffusion model（Poiseuille diffusion model）

當分子平均自由徑小於膜的微孔半徑，蒸氣分子在膜孔壁面流動速度趨近於零。我們將孔洞視爲一圓管（半徑爲 $r_p$），利用長圓管來模擬孔洞內部情況，於穩定狀態下圓管中的質量流率可表示爲：

$$\dot{m} = \frac{r_p^4 \pi}{8\mu} \frac{MP_m}{R_u T_m} \frac{\left(P_{hm} - P_{mp}\right)}{\delta_m} \tag{11-6}$$

其中 $P_{hm}$ 及 $P_{mp}$ 爲膜孔二端進出的蒸氣壓力，$P_m$ 爲平均蒸氣壓力 $P_m = \frac{P_{hm} + P_{mp}}{2}$。因此單位面積之質量流率（$J_P$）可表示爲

$$J_P = \frac{\dot{m}}{\pi r_p^2} = \frac{r_p^2}{8\mu} \frac{MP_m}{\delta_m R_u T_m}(P_{hm} - P_{mp}) \tag{11-7}$$

由於蒸氣分子在膜孔洞內進行質傳，主要會受到三種因素影響：(1) 蒸氣分子只能從膜孔中透過，其有效質傳面積要比總面積來的小；(2) 蒸氣分子不是直接透過膜孔，所以質傳路徑會大於膜的厚度；(3) 膜孔內壁也會增加質傳的阻力。故蒸氣會受到膜結構與幾何形狀之影響，必須考慮淨孔率 $\varepsilon$ 與扭曲率 $\chi$（Ding et al., 2002），將

其加入於式（11-7）可得：

$$J_P = K_P \frac{\Delta P}{\delta_m} \tag{11-8}$$

其中 $K_P = \frac{r_p^2 \varepsilon}{8\chi} \frac{MP_m}{\mu R_u T_m}$ 爲 Poiseuille 擴散係數。

## 11-2-3 Molecular diffusion model

在等溫等壓下，膜孔洞內部可能有靜止空氣，無形中增加分子碰撞，因此藉由混合氣體分子擴散之 Fick's law 可知（Geankoplis, 1993）蒸氣的莫耳通量（molar flux）

$$N_v = \frac{D_{eff} P}{R_u T_m \delta_m P_{aM}} (P_{hm} - P_{mp}) \tag{11-9}$$

$P_{aM} = \dfrac{P_{hm} - P_{mp}}{\ln \dfrac{P - P_{hm}}{P - P_{mp}}}$ 爲空氣的對數平均壓力。將式（11-9）莫耳通量改以質傳通量表示，同式（11-2）考慮膜之淨孔率與扭曲率

$$J = C(P_{hm} - P_{mp}) \tag{11-10}$$

其中 $C = \frac{1}{\delta_m P_{aM}} \frac{D\varepsilon}{\chi} \frac{MP}{R_u T_m}$ 爲膜蒸餾系統之擴散係數。

【例題 11-1】

利用 Fick's Law 推導 Molecular diffusion 的莫耳通量式（11-9）。

**【解答】：**

由 Fick's law 可知

$$N_v = -cD_{eff}\frac{dx_v}{dx} + x_v(N_v + N_a)$$
$$= -cD_{eff}\frac{dx_v}{dx} + \frac{c_v}{c}(N_v + N_a) \tag{11-11}$$

其中 $N_v$ 爲蒸氣的莫耳通量（molar flux），$N_a$ 爲空氣的莫耳通量，$x_v$ 爲蒸氣莫耳分率，$x_v = \frac{c_v}{c} = \frac{P_v}{P}$，$D_{eff}$ 爲蒸氣分子擴散係數，$c_v$ 爲蒸氣濃度，$c$ 爲全部濃度，$P$ 爲全部壓力。因孔洞內部之空氣爲靜止狀態，所以 $N_a = 0$，而 $c = \frac{P}{R_u T_m}$，式（11-11）爲

$$N_v = -\frac{D_{eff}}{R_u T_m}\frac{dP_v}{dx} + \frac{P_v}{P}N_v \tag{11-12}$$

將式（11-12）移項整理，積分爲

$$N_v\int_{x_{fm}}^{x_{mp}} dx = -\frac{D_{eff}}{R_u T_m}\int_{p_{fm}}^{p_{mp}} \frac{dP_v}{1-\frac{P_v}{P}}$$
$$N_v = \frac{D_{eff}P}{R_u T_m (x_{mp} - x_{fm})}\ln\frac{P - P_{mp}}{P - P_{fm}} \tag{11-13}$$
$$N_v = \frac{D_{eff}P}{R_u T_m \delta_m P_{aM}}(P_{hm} - P_{mp})$$

## 11-2-4　複合性的質傳機制

由前三小節可知，膜蒸餾之透過量與膜兩側之壓力梯度有關。由式（11-5）可看出 Knudsen 的擴散係數會隨溫度升高而下降，而在膜孔徑變大時，其擴散機制影響力會愈小；而式（11-8）中顯示溫度升高時，擴散係數會受蒸氣壓影響而呈指數上升，但是在膜孔徑小於一定程度時，其擴散機制將不具影響力。由於水分子之質傳擴散係數與絕對溫度的 1～2 次方成正比，因此由式（11-10）之擴散係數會隨溫度上升而呈微弱升高。若要完整表達膜孔內部的透過量，單用任一模式來描述，都會造成相當

大的誤差。在過去 Schofield et al.（1990）利用電阻觀念，以並聯方式建立 Knudsen-Poiseuille 擴散機制，以探討在各種不同膜孔半徑與分子平均自由徑的通式，而在眞實膜蒸餾系統，難以避免會有靜止空氣滯留於膜孔洞中，Ding et al.（2002）結合上述三種 Knudsen-Molecular-Poiseuille（KMPT）傳送機制，

$$J=\left\{\left[\frac{1}{C_K\left(\frac{M}{RT_m}\right)^{0.5}}+\frac{1}{C_M\left(\frac{DM}{P_{aM}RT_m}\right)}\right]^{-1}+C_P\left(\frac{MP_m}{8\mu RT_m}\right)\right\}\left(P_{hm}-P_{mp}\right) \qquad (11\text{-}14)$$

其中 $C_K=\frac{r_p\varepsilon}{\chi\delta_m}$，$C_M=\frac{\varepsilon}{\chi\delta_m}$，及 $C_P=\frac{r_p^2\varepsilon}{\chi\delta_m}$。在式（11-14）中將 Knudsen 與 Molecular 擴散機制串聯，運用於當膜孔洞的孔徑小於蒸氣分子的平均自由徑時，並與 Poiseuille 擴散機制並聯，不僅可探討不同膜孔徑下的質傳透過量變化，更同時顧及膜孔洞內部的滯留空氣所造成的影響。所以在本章模擬與分析過程，我們將採用此質量傳送機制，以避免模擬過程中所造成不必要的偏差。

## 11-3 膜材與模組

由圖 11-1 所示，在 MD 分隔兩種溶液的是微多孔的疏水性膜，此膜主要特性爲液體無法穿透而只容許蒸氣透過，其特性是由於液體水分子本身的表面張力作用，使得液體無法穿透膜，水分子因此被阻隔於膜外，無法進入膜孔洞中。因此爲充分滿足膜蒸餾所需之機制，所選用之膜材須具有以下特徵：

1. 此膜爲微孔疏水膜，並且必須爲多孔；
2. 膜材接觸液體必須具有不可濕潤的特性；
3. 膜孔洞中沒有毛細和凝結現象的發生；
4. 只允許蒸氣透過膜；
5. 膜不會改變溶液中不同成分之氣液平衡；

6. 膜至少有一邊直接與溶液接觸；
7. 膜蒸餾的驅動力爲兩側溫度差所產生的蒸氣分壓梯度；
8. 膜不會參與分離過程中的任何化學反應，僅提供一個物理性的支撐架構。

用於 MD 的膜材料有聚丙烯（PP）、聚四氟乙烯（PTFE），以及聚偏氟乙烯（PVDF）等疏水性膜材料。而對於膜材料的選擇，需要綜合考慮聚合物的經濟成本及物化性能。PP 材料價格較低，但耐汙能力差。PP 中空纖維多孔膜是先熔紡成纖維後，再定向拉伸成孔，處於長期連續 MD 操作過程中的 PP 膜材料中的無定形部分容易發生氧化，結果導致被氧化的高分子膜材料表面出現羥基、羧基等親水性官能團，造成 PP 膜喪失疏水性，致使 MD 過程效率降低，最終失去分離效能，因此 PP 材料並不適合使用在 MD 過程中。相對來說，氟原子具有空間位阻小，親核能力強的性能，有機氟材料分子側基或側鏈上含有這種高性能的氟原子，使得含氟高分子材料具有效高的化學穩定性與較低的表面能，比較適合作爲 MD 過程使用的膜材料。比較 PTFE 以及 PVDF 兩種含氟的高分子材料，PVDF 是半結晶型聚合物，具有優良的化學穩定性、表面張力是 $30.3\times10^{-3}$N/m、疏水性較好、熔點爲 170℃、耐氧化等性能，被認爲是 MD 過程的理想材料。PTFE 雖然疏水性、化學穩定性都很好，但 PTFE 的熔點比較高，而且難溶於現有常見的溶劑，目前來說，它的加工性能較差，所以製成中空纖維膜進行 MD 實驗。因此研製性能良好、價格低廉的 MD 用膜材料仍然是 MD 技術發展和應用的重要課題。

而膜蒸餾其傳輸過程，在圖 11-1 中包括以下五個步驟：
1. 高溫熱進料中的揮發性物質往膜材表面移動；
2. 揮發性物質在進料端邊界層與膜接觸面蒸發，達到液氣平衡；
3. 揮發性物質以氣體分子模式在膜孔內移動；
4. 揮發性物質在滲透端邊界層與膜接觸表面液化；
5. 揮發性物質於滲透端往遠離膜材表面移動；

依此機構，MD 可區分爲四種操作模組：

## 一、直接接觸式膜蒸餾（direct contact membrane distillation, DCMD）

如圖 11-2(a) 所示，兩種不同的溶液直接以同向或逆向的接觸方式在膜兩側流動，由於兩側間存在溫度差的現象，使冷側的傳遞蒸氣直接被冷凝到冷卻水中，相對產生不同的蒸氣壓力，並以此壓力作爲驅動力，讓高溫液體的水分子在膜一端蒸發，所產生蒸氣因壓差因素驅使穿透膜孔洞，直接透過膜另一側的冷卻水進行冷凝。此操作方法模組件結構簡單，蒸餾水的通量大，過去已經成功的用於廢水處理，使產生的滲透物降低環境的汙染，如處理紡織廢水，及製藥廢水等。Gryta et al.（2001）將 DCMD 技術用來處理養殖業排放的廢水。現今之研究，約有 80% 在於 DCMD，其優點在於透過量大，但是相對的能量損耗多，導致熱效能不高。

## 二、氣隙式膜蒸餾（air gap membrane distillation, AGMD）

如圖 11-2(b) 所示，此方法與 DCMD 最大不同處在於膜與冷凝板之間多加一道空氣間隙，當熱源和膜面直接接觸，而冷源則跟冷凝板直接接觸，透過膜孔傳遞到冷側的水蒸氣，經過氣隙後在冷卻板上冷凝。AGMD 最大的優點是在熱傳導進行時會大量減少熱量損失，缺點則是會產生額外的質傳阻力，進而影響最終的質傳通量。Zhu 與 Liu（2000）將超音波實際裝設在 AGMD 造水設備上，在超音波的效應下將使溫度極化、濃度極化及結垢現象大幅減低，而且在滲透量方面其效果比未裝設超音波更好。相對於 DCMD，AGMD 爲最節能之 MD 系統，可以直接從氣隙直接單獨收集得到冷凝的純水，不與其他溶液相混合，故適用範圍較爲廣泛，過去 AGMD 已成功用於純水生產和濃縮各種非揮發性溶質。

## 三、掃掠空氣式膜蒸餾（sweeping gas membrane distillation, SGMD）

如圖 11-2(c) 所示，高溫進料於膜一側流動，在膜另一側並非低溫流體，而是以流動的空氣將透過膜後的蒸氣帶走，帶走蒸氣之後再經由分離器將其分離，此方式的冷源溫度還可以高過熱源溫度，對掃掠空氣的要求是其中水蒸氣分壓低於熱源水蒸氣分壓，故適用於移除濃度較稀薄之溶液中的揮發性物質。Garcia-Payo et al.（2002）將甲酸水溶液透過 SGMD 技術有效提升管狀模組的質傳性能。

## 四、眞空膜蒸餾（vacuum membrane distillation, VMD）

如圖 11-2(d) 所示，此方式其原理與 SGMD 類似，同樣高溫進料於膜一側流動，在膜另一側並非低溫流體，而是以抽真空的方式將蒸氣抽走，並在組件外進行水蒸氣的冷凝，由於消除了膜孔內的不凝氣（空氣），使得水蒸氣的傳遞從擴散變成了對流，因此可提高水通量。此外，VMD 另一優點是可將熱傳導所產生的熱損失完全忽略不計，其適用於有機揮發性物質或將氣體從水溶液中移出之用。Kevin et al.（1996）透過純水 VMD 實驗估算熱傳和質傳的邊界層阻力，並且設計膜組件和裝置有效實現高進料和高滲透的最終目標。

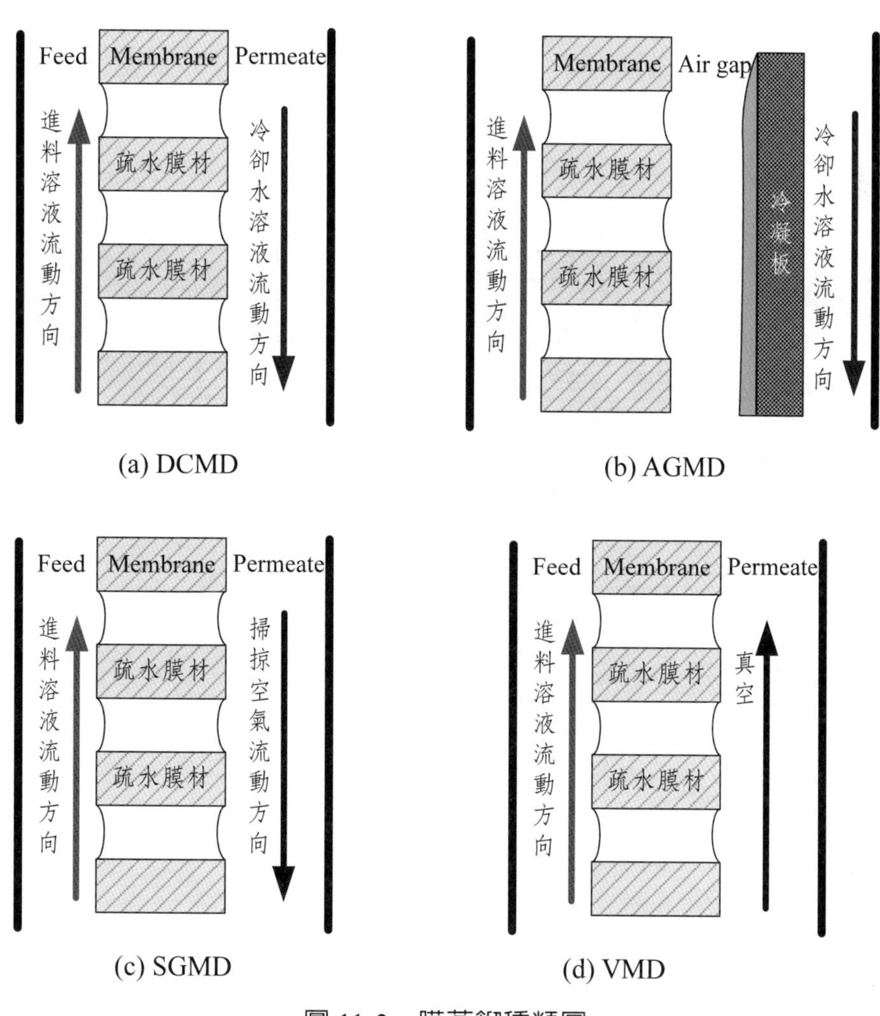


圖 11-2　膜蒸餾種類圖

# 11-4　直接接觸式膜蒸餾模組的數學模式與最優設計

要對 DCMD 模組進行分析與設計前，本節將建立 DCMD 的數學模式，其模式採用以下的假設：

1. 系統內爲不受時間影響之穩定態不可壓縮流體；
2. 液體在管內流動，符合潤滑近似流動模型（Lubrication approximation）；
3. 模式內之膜管徑均一，並均勻分布於系統內；
4. 系統與外界完美絕熱，沒有多餘的熱散失。

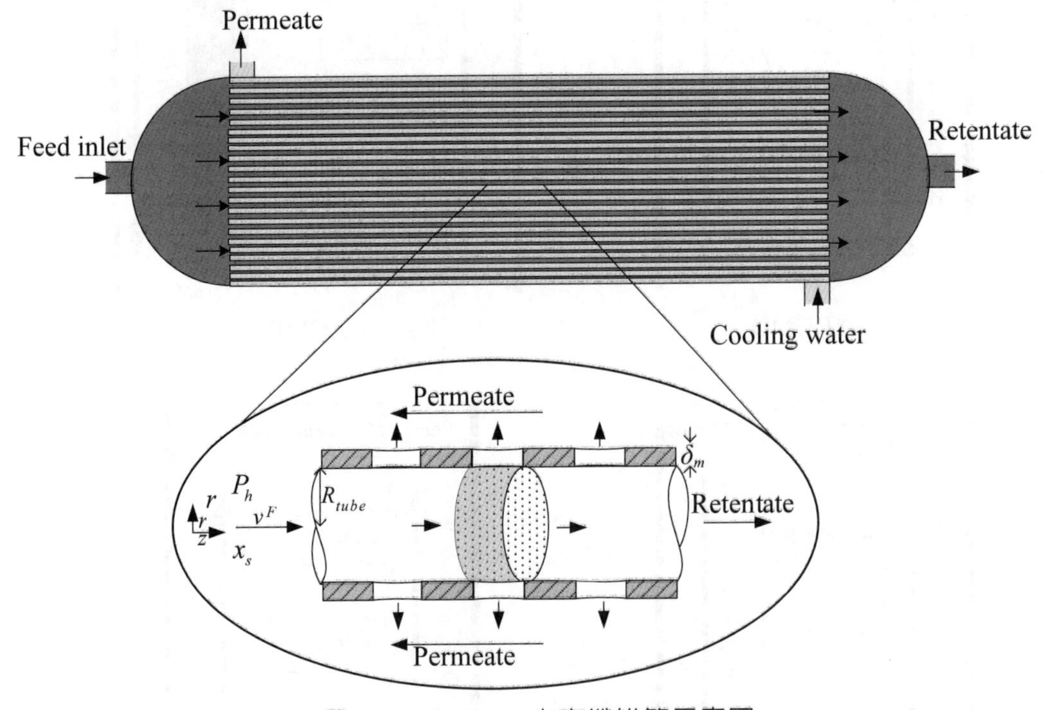


圖 11-3　DCMD 中空纖維管示意圖

基於上述之假設條件下，我們藉由動量平衡、質量平衡與能量平衡的方式，建立鹽水於中空纖維管內部進料之模式，如圖 11-3 爲 DCMD 中空纖維模組的示意圖，高溫鹽水進料由左方中空纖維管內進料，在殼側則通以逆向流的冷卻水，與膜材直接接觸，因而造成一明顯溫度差進行傳送。在進料端，包括中空纖維管內的流動造成動量平衡關係、水透過膜材造成的質量平衡關係與熱傳造成的能量平衡關係。在膜內部有水分子透過造成的質量平衡與溫度差造成的能量平衡；在殼側滲透端則因水分子冷凝造成質量平衡、動量平衡與熱傳造成的能量平衡。由於篇幅限制，在下面討論過程中，僅列出最後推導的公式，而不一步步的推導，有興趣的讀者可參閱我們過去發表的文章（Cheng et al., 2008）。

## 11-4-1　進料端數學模式

如圖 7-3 下方的放大中空纖維管中高溫鹽水進料流入管的內部，水分子受溫度差氣化後會自疏水膜的孔洞中透過至殼側，被逆向低溫的冷卻水冷凝後帶走。其中 $z$ 爲中空纖維管之軸向，$v$ 爲流速，$P$ 爲壓力，$x_s$ 爲鹽的莫耳分率，下標 $h$ 爲進料端，$p$ 爲滲透端。在穩定態 & 牛頓流體下，由 Navior stoke's equation 可得速度分布

$$v_h = \frac{d_i^2}{16\mu_h}\left(-\frac{\partial P_h}{\partial z}\right)\left[1-(\frac{2r}{d_i})^2\right] \tag{11-15}$$

$d_i$ 爲中空纖維管內直徑，$u_h$ 爲高溫鹽水進料黏度。而平均速度（$\bar{v}_h$）爲：

$$\bar{v}_h = \frac{d_i^2}{32\mu_h}(-\frac{\partial P_h}{\partial z}) \tag{11-16}$$

利用軸向與徑向建立之莫耳平衡，軸向所傳送之總莫耳數會與徑向所傳送之總莫耳數相同，總質量平衡式爲：

$$\frac{1}{V_h}\frac{dv_h}{dz} - \frac{v_h}{V_h^2}\left(\frac{M_s}{\rho_s} - \frac{M_w}{\rho_w}\right)\frac{dx_s}{dz} = -\frac{4Jd_o}{M_w d_i^2} \tag{11-17}$$

$d_o$ 爲中空纖維管外直徑，$V_h$ 爲進料溶液之莫耳體積。建立鹽質量平衡式爲：

$$\frac{x_s}{V_h}\frac{dv_h}{dz} + \frac{v_h M_w}{\rho_w V_h^2}\frac{dx_s}{dz} = 0 \tag{11-18}$$

其中下標 $s$ 與 $w$ 分別代表鹽與水。

在能量傳送過程中，管中的鹽水溶液除了流體流動的熱量傳送，同時會提供熱能到膜表面，因此利用軸向與徑向之能量傳遞，可整理出平衡關係式爲：

$$\frac{d(\rho_h v_h C_{p,h} T_h)}{dz} = \frac{-4A_m \alpha Q_p}{N\pi d_i^2} \qquad (11\text{-}19)$$

$N$ 爲中空纖維管管數，$C_{p,h}$ 爲高溫鹽水進料流體比熱，$T_h$ 爲高溫鹽水進料流體溫度，$Q_p$ 爲熱傳送量。

【例題 11-2】

試由質量平衡推導出在 DCMD 中空纖維管的平衡式（11-17）。

**【解答】：**

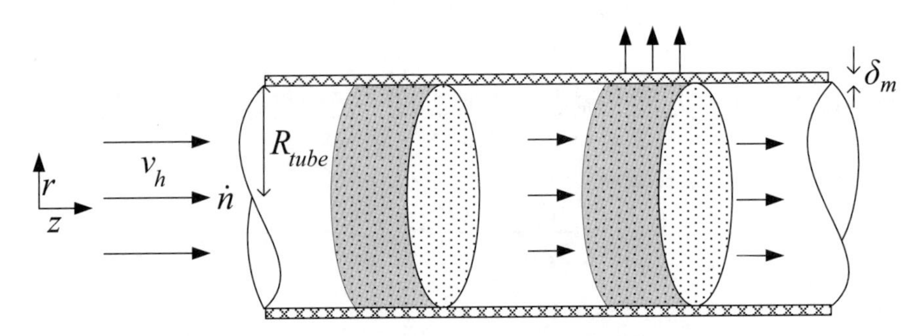


圖 11-4　DCMD 中空纖維管質量平衡示意圖

取一微小體積（圖 11-4 灰色的區域）於 $z$ 方向作質量平衡

$$\frac{dn}{dz} = -\frac{J}{M_w}\pi d_i N \qquad (11\text{-}20)$$

因 $n = \frac{\rho_h}{M_h} v_h \frac{\pi}{4} N d_i^2$，整理式（11-20）可得：

$$\frac{d}{dz}\left[\frac{\rho_h}{M_h}v_h\right]=-\frac{4Jd_0}{M_w d_i^2} \tag{11-21}$$

因爲 $\rho_h$ 與 $M_h$ 皆會隨位置改變持續更新，利用 $\frac{\rho_h}{M_h}=\frac{1}{V_h}$ 代換掉，$V_h$ 爲進料溶液之莫耳體積，得

$$\frac{1}{V_h}\frac{d}{dz}(v_h)+v_h\frac{d}{dz}\left(\frac{1}{V_h}\right)=-\frac{4Jd_0}{M_w d_i^2} \tag{11-22}$$

又 $V_h=x_sV_s+x_wV_w=\frac{x_sM_s}{\rho_s}+\frac{x_wM_w}{\rho_w}=\sum_{i=\{s,w\}}\frac{x_iM_i}{\rho_i}$，下標 $s$ 與 $w$ 分別代表鹽與水，將其代入上述質量平衡式，

$$\begin{aligned}&\frac{1}{V_h}\frac{dv_h}{dz}+v_h\frac{d}{dz}\left(\sum\frac{x_iM_i}{\rho_i}\right)^{-1}=-\frac{4Jd_0}{M_w d_i^2}\\&\frac{1}{V_h}\frac{dv_h}{dz}-\frac{v_h}{V_h^2}\left(\frac{M_s}{\rho_s}-\frac{M_w}{\rho_w}\right)\frac{dx_s}{dz}=-\frac{4Jd_0}{M_w d_i^2}\end{aligned} \tag{11-23}$$

## 11-4-2　膜內部數學模式

膜蒸餾過程是熱量傳輸和質量傳輸同時進行的複雜過程。對於 DCMD 在放大的中空纖維管管壁具體傳遞過程，如圖 11-5，包括以下幾個步驟：

1. 熱量和揮發性成分從進料液主體透過邊界層傳遞到膜界面；
2. 揮發性成分在膜界面處汽化並吸熱；
3. 蒸氣透過膜孔透過微孔膜，同時熱量以傳導形式透過膜；
4. 蒸氣在膜冷側界面處冷凝並放熱；
5. 熱量透過熱邊界層，從膜冷側表面傳遞到冷凝液主體。

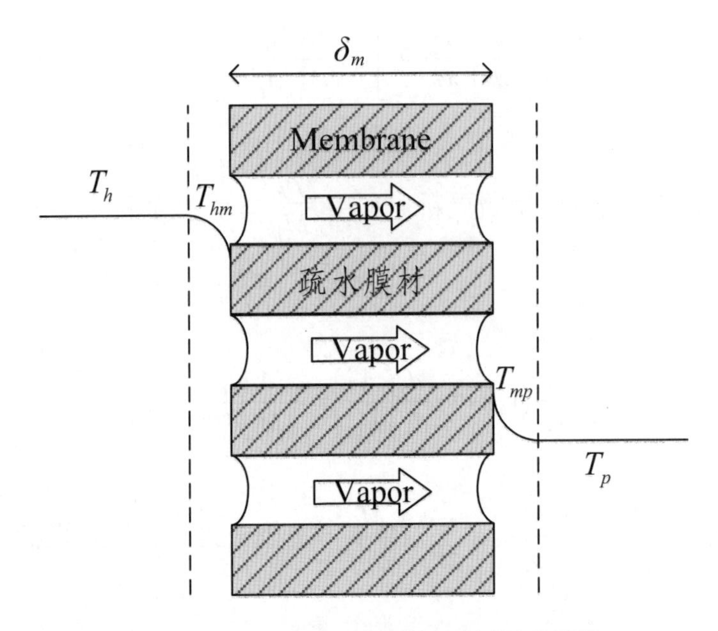


圖 11-5　DCMD 膜蒸餾熱傳遞過程

為描述上述熱量傳遞過程，眾多的研究都採用傳統的傳熱學理論。在高溫鹽水進料流體端，傳熱通量（$Q_h$ 單位面積上的傳熱速率）為：

$$Q_h = h_h A_h \alpha (T_h - T_{hm}) \tag{11-24}$$

其中 $\alpha = \pi d_i N$，$A_h = 1$，$h_h$ 為傳熱係數，$T_h$ 及 $T_{hm}$ 為鹽水進料流體與進料端膜面溫度。流體的對流傳熱係數可透過膜蒸餾實驗獲得（Gryta, M. Tomaszewska, 1998）。

在湍流情況下：

$$\begin{aligned} Nu &= 0.023\mathrm{Re}^{0.8}\mathrm{Pr}^{0.33} \quad \mathrm{Re} > 10^5,\ \mathrm{Pr} > 0.5 \\ Nu &= 0.34\mathrm{Re}^{0.75}\mathrm{Pr}^{0.33} \quad 10^5 > \mathrm{Re} > 10^5,\ \mathrm{Pr} > 0.5 \end{aligned} \tag{11-25}$$

在層流情況下：

$$\begin{aligned} Nu &= 1.62[\mathrm{RePr}(d/L)]^{0.33} \quad \mathrm{Re} < 2100 \\ Nu &= 0.15\mathrm{Re}^{0.33}\mathrm{Pr}^{0.43}\mathrm{Gr}^{0.1} \quad \mathrm{Re} < 2100,\ L/d > 15 \end{aligned} \tag{11-26}$$

通過膜的熱量（$Q_m$）爲汽化潛熱和熱傳導的顯熱之和，

$$Q_m = A_{pm}\alpha\left[J \cdot \Delta H + \frac{k_m}{\delta}\left(T_{hm} - T_{mp}\right)\right] \tag{11-27}$$

$A_{pm} = \dfrac{d_{lm}}{d_i}$，$d_{lm} = \dfrac{d_o - d_i}{\ln\left(d_o / d_i\right)}$，$\Delta H$ 爲蒸發的熱焓，$k_m = \varepsilon \cdot k_{mg} + (1 - \varepsilon)k_{ms}$ 爲熱傳導係數（Alklaibi et al., 2005），$T_{hm}$ 及 $T_{mp}$ 爲膜面二側溫度。滲透液側傳熱通量（$Q_p$）爲：

$$Q_p = h_p A_p \alpha (T_{mp} - T_p) \tag{11-28}$$

其中 $A_p = \dfrac{d_o}{d_i}$，$T_p$ 爲滲透液側溫度。流體的對流傳熱係數在中空纖維管殼側爲：

$$Nu = \frac{h_p d_h}{k_p} = 0.206\,\mathrm{Pr}^{0.36} \tag{11-29}$$

$d_h = \dfrac{1-\phi}{\phi} d_o$ 殼側的水力半徑。假定膜蒸餾的傳熱過程達到穩定，上述傳熱速率相等，$Q_h = Q_m = Q_p$。

### 11-4-3　滲透端數學模式

如圖 11-3 所示，殼側滲透端冷卻水流體與中空纖維管內之高溫鹽水爲逆向流動，管內之水分子受溫差之影響透過膜，再由滲透端之冷卻水帶走。在穩定態且牛頓流體下，由 Navior stoke's equation 可得速度分布，

$$\frac{\partial P_p}{\partial z} = \frac{32\mu_p}{d_p^2} v_p \tag{11-30}$$

$\mu_p$ 爲滲透端冷卻水流體黏度。由於討論的主體在殼側，$d_p$ 以水力半徑表示，其水力

半徑會受到中空纖維管填充度之影響，$d_p = (\frac{1-\phi}{\phi})(d_o)$，$\phi$ 爲填充度（packing density），定義爲該位置下中空纖維管所占的面積比例，$\phi = \frac{N\pi d_0^2}{\pi d_s^2}$，$d_s$ 爲殼側管直徑。

因爲鹽成分無法傳送至滲透端，因此在滲透端僅針對水分的傳送進行質量平衡。所有透過膜的水在滲透端被冷卻水帶走，此總質量平衡關係爲：

$$\frac{dv_p}{dz} = -\frac{2V_p NJd_o}{M_p\left[d_s^2 - Nd_o^2\right]} \tag{11-31}$$

$V_p$ 爲滲透端冷卻水之莫耳體積。在能量傳送過程中，在殼端的冷卻水除了本身的能量傳送，還會從高溫的中空纖維管獲得能量。利用軸向與徑向之能量傳遞，可整理出平衡關係式爲

$$\frac{d(v_p C_p T_p)}{dz} = -\frac{Q_p A_p}{\rho_p \pi\left[d_s^2 - Nd_o^2\right]} \tag{11-32}$$

由逆向 DCMD 中空纖維管的模型，將可分別探討當改變進料溫度、冷水溫度、熱進料流速、冷水流速，以及增加板長後各條件對於透過量與節能效果之影響。模擬流程如圖 11-6，求解步驟爲：

Step 1. 初猜冷卻水出口處之溫度 $T_p\,(z = 0)$。

Step 2. 用前述之進料條件 $T_h$、$v_h$、$P_h$、$x_s$、$v_p$、$P_p$ 與膜參數。將熱通量平衡式（11-24）、（11-27）及（11-28）聯立，解出各接觸面之溫度 $T_{hm}$ 及 $T_{mp}$。

Step 3. 檢查目前位置，若 $z \le L$（管長），則到 Step 4；否則到 Step 7。

Step 4. 藉由所獲得之膜兩側溫度 $T_{hm}$ 及 $T_{mp}$，由式（11-14）求質傳透過量 $J$，及令（$z = z + \Delta z$）。

Step 5. 代入流速、溫度、濃度、壓力的方程式（11-16）、（11-17）、（11-18）、（11-19）、（11-30）、（11-31）、（11-32），求得溫度、濃度、速度與壓力。

Step 6. 由所獲得之溫度、濃度、速度、壓力與膜參數，代入熱通量平衡關係式聯立

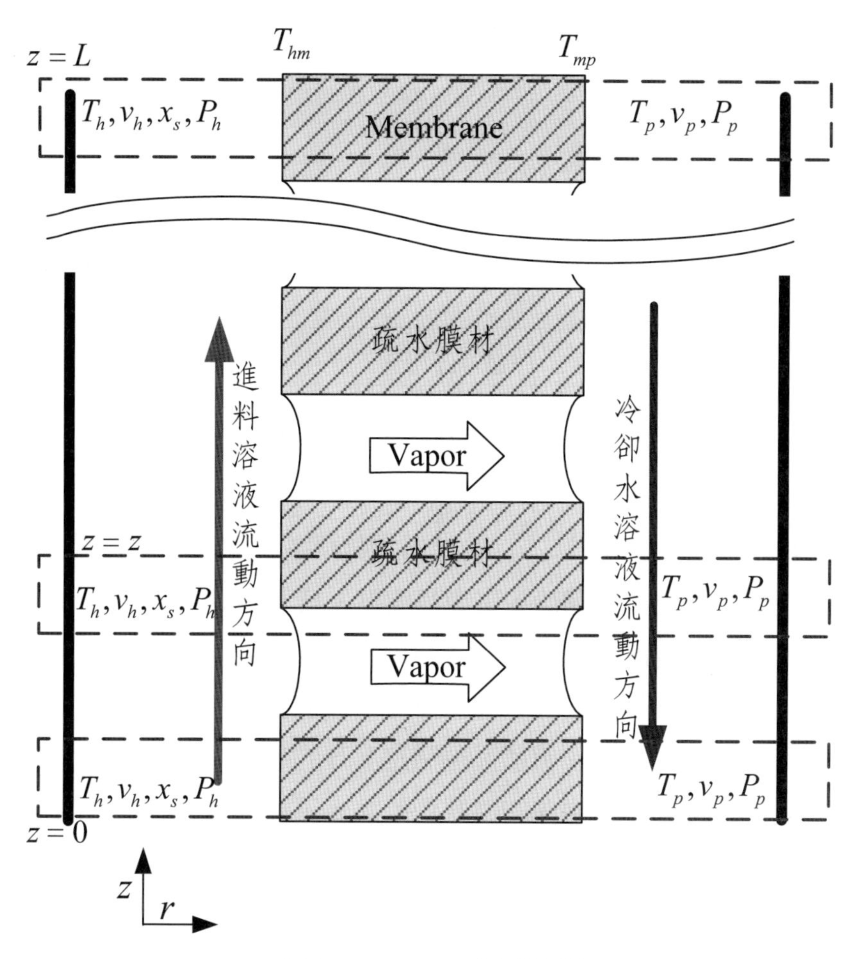


圖 11-6　DCMD 模擬流程

獲得接觸面之溫度 $T_{hm}$ 及 $T_{mp}$。再回 Step 3。

Step 7. 核對所計算之冷卻水進口溫度 $T_p$ 是否與估算進口溫度 $\hat{T}_p$ 相同。若相當接近則停止；否則重回 Step 1。

在此僅對進料溫度改變進行說明，模擬的相關參數於表 11-1。表 11-1 之參數主要是經由 Ding et al.（2003）與 Alklaibi and Lior（2005）的 AGMD 平板實驗獲得，進料端爲 $v_h = 6$（L/min），$P_h(z = L) = 1$（atm），膜材選用 PVDF，冷水 $T_c = 287$（K），$v_c = 6$（L/min），$P_c\ (z = 0) = 1$（atm）。根據圖 11-7(a)，當系統進料溫度改變時，系統的平均透過量（mean flux）與總熱效率值（total efficiency）隨著溫度上升而上升。平均透過量（$\bar{J}$）的定義爲：

$$\bar{J} = \frac{1}{L}\int_0^L J(z)dz \tag{11-33}$$

而系統的總熱效率值（$\eta^{tot}$）其數學式可表示爲：

$$\eta^{tot} = \frac{1}{L}\int_0^L \eta(z)dz \tag{11-34}$$

$$\eta(z) = \frac{J(z)\Delta H(T(z))}{J(z)\Delta H(T(z)) + \frac{k_{em}}{\delta_m}\left(T_{hm}(z) - T_{mp}(z)\right)} \tag{11-35}$$

$\eta(z)$ 爲單點效率值（efficiency），定義進料端提供的能量與實際膜能量的比值。$H_{in}$ 及 $H_{out}$ 爲鹽水進料流體進出的熱焓，主要是由於系統進料溫度上升，因此同時增加了膜兩側的溫度差，使得驅動力大幅上升。由圖 11-7(b) 及 (c) 可以發現，隨著管長的增加不斷的進行質傳與熱傳，使溫差變小而導致透過量及效率值降低。總體而言，當進料溫度上升時，透過量與效率值都呈現穩定上升的趨勢。

在高溫進料的情況下，膜兩側的溫度差較大，可提供較大的質傳通量，大量的質量損耗使進料端溫度急速下降，導致管末端之質傳通量遠比進料端小。當溫差變大時，質傳透過量也會跟著提升，但是因爲溫度差對效率值的影響比質傳透過量小，因此質傳透過量較大時效率值也會比較高。

表 11-1　DCMD 模擬所需薄膜參數及操作條件

| Hollow Fiber Membrane Module | PVDF |
|---|---|
| Length of fibers (m) | 0.34 |
| Shell Diameter (m) | 0.03 |
| Membrane area ($m^2$) | 1 |
| Number of fibers | 3000 |
| Inner diameter of fibers (mm) | 0.30 |
| Membrane thickness (μm) | 60 |
| Nominal pore diameter (μm) | 0.2 |
| Packing density (%) | 60 |

| Hollow Fiber Membrane Module | PVDF |
|---|---|
| Porosity (%) | 75 |
| Thermal conductivity of membrane material (w $m^{-1}$ $K^{-1}$) | 0.25 |
| $C_K$, $C_m$ ($m^{-1}$) and $C_p$ (m) | $15.18\times10^{-4}$, $5.10\times10^{3}$, $12.97\times10^{-11}$ |
| Viscosity of water vapor within membrane (pa · s) | $1.08\times10^{-5}$ |
| Tube side flow rate (L/min) | 6 |
| Tube side temperature (*K*) | 343 |
| Tube side salinity (ppm) | $2.5\times10^{4}$ |
| Shell side flow rate (L/min) | 6 |
| Shell side temperature (*K*) | 298 |

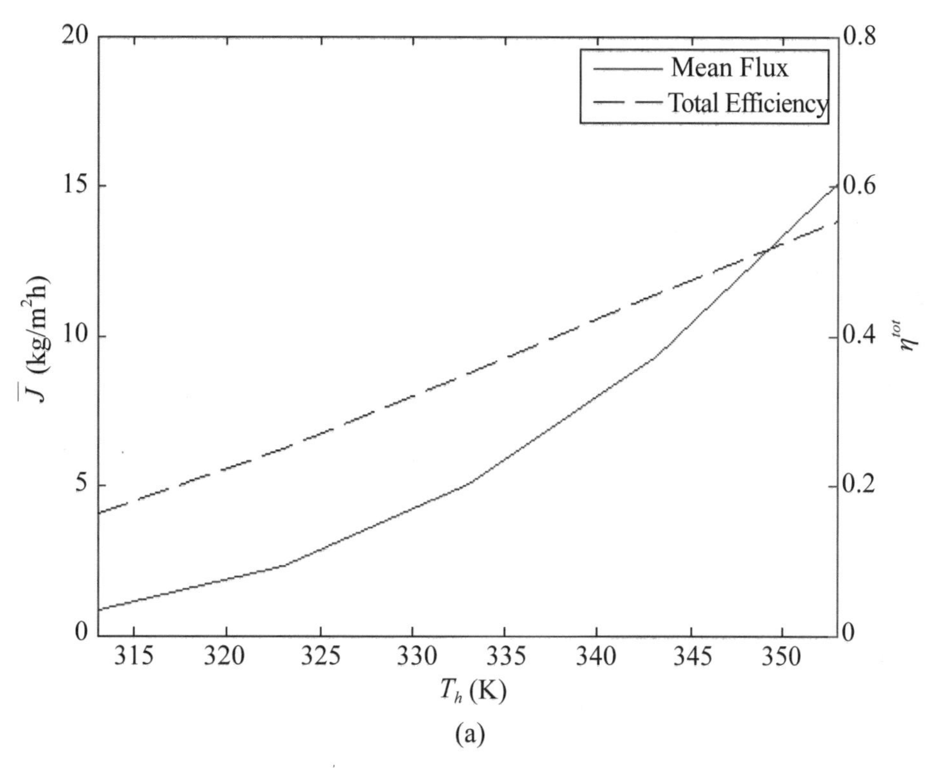


圖 11-7　(a) 改變熱進料溫度之平均透過量與總熱效率值圖

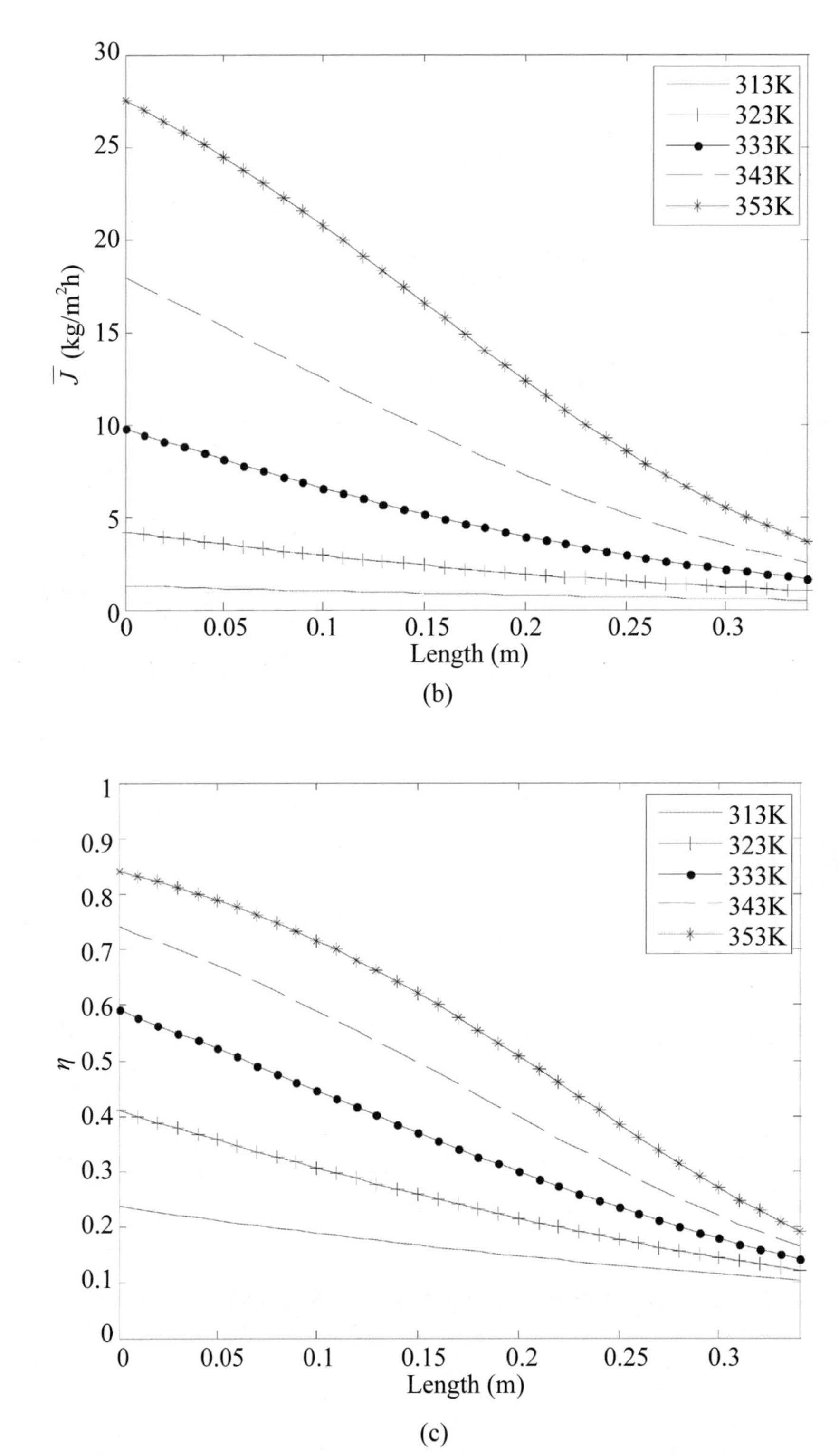


圖 11-7 (b) 熱進料溫度之質傳透過量隨位置變化圖；(c) 熱進料溫度之效率值隨位置變化圖

## 11-4-4　DCMD 最優化設計

當膜組件的參數改變時，可能讓產率提升卻讓總熱效率值下降，即平均產率與總熱效率值不能同時獲得一個最優解，因此要找到最好的產率與熱效率值，成爲一件值得我們去探討的事情。這種同時尋找多目標函數之方式，稱爲多目標最優化（multiple objective optimization）。在多目標最優化的問題中，各目標的最大值存在著彼此互斥的關係，通常不能同時達到最優解，因此在各最佳目標的最優解之間需彼此做出適當讓步，進行適當的妥協，以取得所有解都滿意的整體方案。這類型的問題往往不存在單一個最佳解，而是由多個同時考慮到不同目標的可選擇解所組成的解集合。假設所有的目標函數沒有先後順序，同時具有相同的重要性，則在這個解集合中，沒有任何一個解會絕對的比其他的解更好，此解集合被稱爲柏拉圖最優解集合（Pareto-optimal solutions）。爲了要找出最優的操作條件，此處定義兩個目標函數：

$$\begin{aligned} J_1 &= PR = N\pi d_o \int_0^L J(z)\,dz \\ J_2 &= \eta^{tot} \end{aligned} \tag{11-36}$$

根據式（11-36），可將設計問題定義爲：

$$\max_{\mathbf{f}} \mathbf{J}(\mathbf{f}) = \max_{\mathbf{f}} \left\{ J_1(\mathbf{f}), J_2(\mathbf{f}) \right\} \tag{11-37}$$

其中 $\mathbf{f} = \left[ v_p, L, \phi \right]$，且變數 $v_p$、$L$ 與 $\phi$ 會同時影響到兩目標函數 $J_1$ 及 $J_2$，在本次最優化設計中 $J_1$ 爲平均產率，而 $J_2$ 爲總熱效率。由於多目標最優化的解在數學上將不具備互相比較之特性，而需要決策者的認定，因此求解多目標最優化問題將比單目標最適化問題有更多考量，求解難度也較高。而多目標最優化的方法雖然不少。在此我們使用基因演算法（genetic algorithms, GA）的最優化方式來設計此問題，期望可以設計出最優之 $v_p$、$L$ 及 $\phi$，使兩目標函數皆大。

爲了符合工廠廢熱再利用之前提，在 $T_h$ = 343 K，$T_p$ = 298 K，及 $v_h$ = 6 L/min，改變不同的滲透端流速 $v_p$、管長與管數，以基因演算法來找出多目標最優解。結果如圖 11-8 所示，在最優化的過程中，當不斷變更參數時，可以獲得許多不同的最優解。當我們對於總熱效率值的要求提升時，可以減低流速、管長與管數，而當我們對於產率的要求提升時，可以提升流速、管長與管數量。

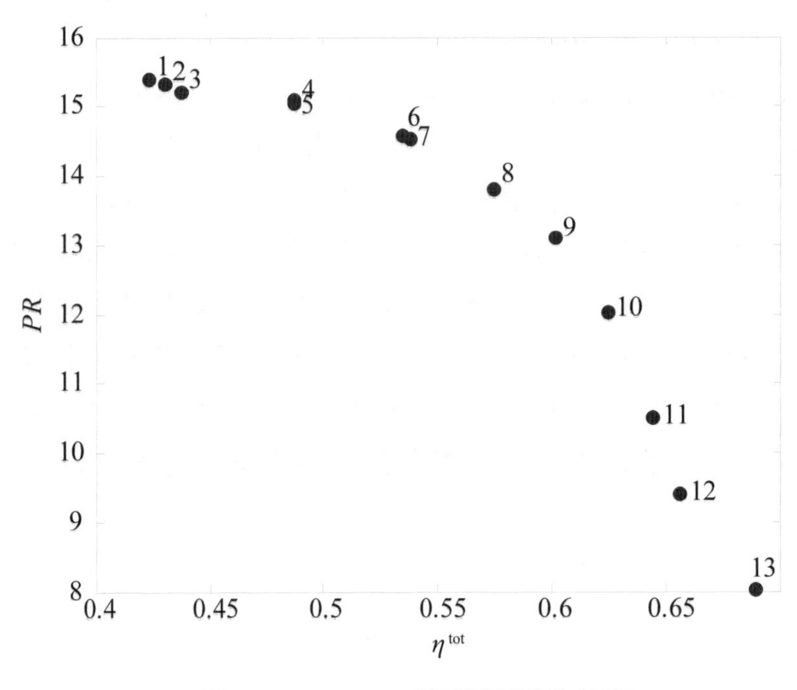


圖 11-8　DCMD 多目標最適化結果

## 11-5　氣隙式膜蒸餾模組的數學模式與最優設計

爲了要對 AGMD 進行分析與設計，本節將先建立 AGMD 的中空纖維管數學模式，其模式採用以下的假設：

1. 系統內爲不受時間影響之穩定態不可壓縮流體；
2. 液體在細小管內流動，符合潤滑近似流動模型（lubrication approximation）；
3. 模式內之膜管徑均一，並均勻分布於系統內；
4. 系統與外界完美絕熱，沒有多餘的熱散失。

基於上述之假設條件，我們藉由動量平衡、質量平衡與能量平衡的方式，建立鹽水於 AGMD 中空纖維管之數學模式，其排列方式爲中空纖維管與通有冷卻水之不鏽鋼管穿插排列。如圖 11-9 爲 AGMD 中空纖維管膜模組示意圖，自下方通以高溫熱鹽水的中空纖維管，與自上方通以冷卻水之不鏽鋼冷凝管在間隔氣隙的殼層內均勻的穿插排列。高溫的熱鹽水因爲與低溫的冷卻水有溫度差而進行傳送。在進料端，包括中空纖維管內的流動造成動量平衡關係、水透過膜材造成的質量平衡關係與熱傳造成的能量平衡關係。在膜內部有水分子透過造成的質量平衡與溫度差造成的能量平衡；氣隙內有包含空氣與水蒸氣造成的熱傳阻力及水蒸氣自冷凝管外表面冷凝之液膜的能量平衡。冷凝管具有因金屬的快速熱傳導造成的能量平衡；內部的冷卻水則提供能量平衡，使高溫熱進料擁有進行質傳的驅動力。由於篇幅限制，在下面討論過程中，僅列出最後推導的公式，而不一步步的推導，有興趣的讀者可參閱我們過去發表的文章（Cheng et al., 2009）。

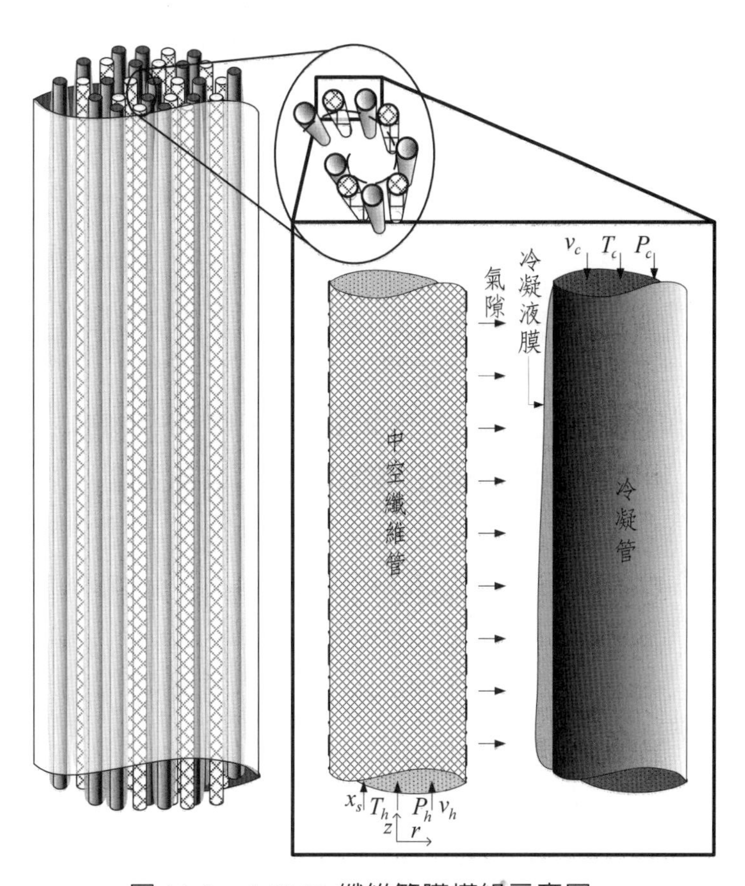


圖 11-9　AGMD 纖維管膜模組示意圖

### 11-5-1 進料端數學模式

在進料端，將針對包括中空纖維管內的流動造成動量平衡關係、水透過膜材造成的質量平衡關係與熱傳造成的能量平衡關係，進行個別的推導。由動量平衡關係可得

$$\frac{\partial P_h}{\partial z} = -\frac{32\mu_h}{d_{h,i}^2} v_h \qquad (11\text{-}38)$$

$d_{h,i}$ 爲中空纖維管內直徑。在質量平衡，利用軸向與徑向建立之莫耳平衡，軸向所傳送之總莫耳數會與徑向所傳送之總莫耳數相同：

$$\frac{1}{V_h}\frac{dv_h}{dz} - \frac{v_h}{V_h^2}\left(\frac{M_s}{\rho_s} - \frac{M_w}{\rho_w}\right)\frac{dx_s}{dz} = -\frac{4Jd_{h,o}}{M_h d_{h,i}^2} \qquad (11\text{-}39)$$

$d_{h,o}$ 爲中空纖維管內直徑。針對 $s$ 成分（鹽）進行質量平衡：

$$\frac{x_s}{V_h}\frac{dv_h}{dz} + \frac{v_h M_w}{\rho_w V_h^2}\frac{dx_s}{dz} = 0 \qquad (11\text{-}40)$$

在能量傳送，管中的鹽水溶液除了流體本身的熱量傳送，也同時會提供熱能到膜表面，因此利用軸向與徑向之能量傳遞，可整理出平衡關係式爲：

$$\frac{d(\rho_h v_h C_{p,h} T_h)}{dz} = \frac{-4Q_h}{N_1 \pi d_{h,i}^2} \qquad (11\text{-}41)$$

$N_1$ 爲中空纖維管數目。

【例題 11-3】

試由動量平衡推導出在 AGMD 中空纖維進料端的平均速度（式 11-38）。

**【解答】：**

由 Navier stoke's equation 可得，

$$\rho_h(v_{h,r}\frac{\partial v_{h,z}}{\partial r}+v_{h,z}\frac{\partial v_{h,z}}{\partial z})=-\frac{\partial P_h}{\partial z}+\mu_h\left[\frac{1}{r}\frac{\partial}{\partial r}(r\frac{\partial v_{h,z}}{\partial r})+\frac{\partial^2 v_{h,z}}{\partial z^2}\right] \quad (11\text{-}42)$$

在 Lubrication approximation 的假設下，$\frac{\partial^2 v_{h,z}}{\partial z^2}<<\frac{1}{r}\frac{\partial}{\partial r}(r\frac{\partial v_{h,z}}{\partial r})$，

$$\rho_h v_z^F\frac{\partial v_{h,z}}{\partial z}<<\mu_h\frac{1}{r}\frac{\partial}{\partial r}(r\frac{\partial v_{h,z}}{\partial r}),\ \rho_h v_{h,r}\frac{\partial v_{h,z}}{\partial r}<<\mu\frac{1}{r}\frac{\partial}{\partial r}(r\frac{\partial v_{h,z}}{\partial r})$$

令 $v_{h,z}\equiv v_h$，Navior stoke's equation 可簡化爲：

$$-\frac{\mu}{r}\frac{\partial}{\partial r}(r\frac{\partial v_h}{\partial r})=\left(-\frac{\partial P_h}{\partial z}\right) \quad (11\text{-}43)$$

BC. 1：$r=0$　　$\frac{\partial v^F}{\partial r}=0$

BC. 2：$r=\frac{d_{h,i}}{2}$　　$v_h=0$

$$-v_h=\frac{d_{h,i}^2}{16\mu_h}\left(-\frac{\partial P_h}{\partial z}\right)\left[1-(\frac{2r}{d_{h,i}})^2\right] \quad (11\text{-}44)$$

平均速度

$$\overline{v_h}=\frac{\int_0^{2\pi}\int_0^{0.5d_{h,i}}(v_h r)drd\theta}{\int_0^{2\pi}\int_0^{0.5d_{h,i}}rdrd\theta}=\frac{d_{h,i}^2}{32\mu_h}(-\frac{\partial P_h}{\partial z}) \quad (11\text{-}45)$$

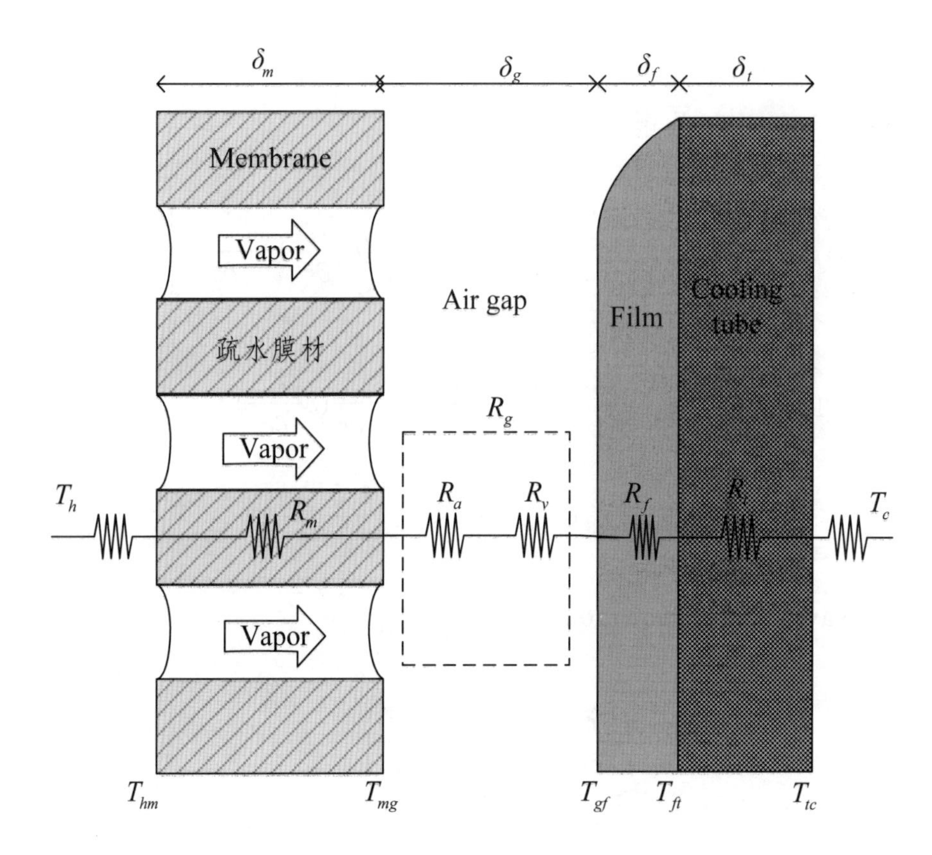


圖 11-10　AGMD 熱傳遞過程

## 11-5-2　膜內部數學模式

膜蒸餾過程是熱量傳輸和質量傳輸同時進行的複雜過程。對於氣隙式膜蒸餾（AGMD）如圖 11-9，其具體過程包括以下幾個步驟：

1. 熱量和揮發性成分從料液主體透過邊界層傳遞到膜界面；
2. 揮發性成分在膜界面處氣化並吸熱；
3. 蒸氣透過膜孔透過微孔膜，同時熱量以傳導形式透過膜；
4. 蒸氣在膜冷側界面處冷凝並放熱；
5. 熱量透過熱邊界層從膜冷側表面傳遞到冷凝液主體。

而在前面 11-2 節的單元，我們已經介紹過膜內部的質量傳輸過程，在此處僅對熱量傳輸的部分作討論。如圖 11-10，熱量傳遞過程包括熱量在膜熱側熱邊界層內的傳遞、熱量以蒸氣形式透過膜孔和以熱傳導方式透過膜、熱量在氣隙端空氣與水蒸氣熱阻的傳遞、冷凝液膜及冷凝管之熱傳導，與冷卻水之熱量傳遞。爲描述上述熱量傳遞過程，衆多的研究都採用傳統的傳熱學理論，高溫進料傳熱通量（$Q_h$ 單位面積上的傳熱速率）爲：

$$Q_h = h_h A_h \alpha_1 (T_h - T_{hm}) \tag{11-46}$$

其中 $\alpha_1 = \pi d_{h,i} N_1$，$A_h = 1$，$h_h$ 爲熱傳遞係數〔式（11-25）及（11-26）〕。透過膜的熱量（$Q_m$）爲汽化潛熱和熱傳導的顯熱之和，

$$Q_m = A_m \alpha_1 \left[ J \cdot \Delta H + \frac{k_m}{\delta} \left( T_{hm} - T_{mg} \right) \right] \tag{11-47}$$

其中 $A_m = \dfrac{d_{lm}}{d_{h,i}}$，$d_{lm} = \dfrac{d_{h,o} - d_{h,i}}{\ln d_{h,o} / d_{h,i}}$。

氣隙內之氣體，只針對能量平衡做探討，我們要先確認熱對流與熱傳導所造成的影響性，才可建立正確的數學模式。由 Rayleigh number（$Ra$）確認是否需要考慮自然對流的影響（MacGregor and Emery, 1969）

$$Ra \equiv \frac{g \beta \delta_g^3 (T_{mg} - T_{gf})}{v_a \alpha_a} \tag{11-48}$$

其中 $g$ 爲重力加速度，$\beta$ 爲熱擴散係數，$\delta_g$ 爲氣隙厚度，$T_{gf}$ 爲氣隙與冷凝液膜接觸面之溫度，$v_a$ 爲空氣動黏度係數，$\alpha_a$ 爲空氣熱擴散係數。當 $Ra < 1,000$ 時可忽略自然對流的影響，而此處之 $Ra = 85$（Alklaibi and Lior, 2005），因此我們只考慮熱傳導，而不考慮熱對流的影響。如圖 11-10，因此於氣隙中，我們採用串聯空氣與水蒸氣的方式探討熱傳導所造成之阻力：

$$Q_g = A_g \alpha_1 \frac{(T_{mg} - T_{gf})}{R_g} \tag{11-49}$$

其中 $Q_g$ 爲氣隙之熱通量，$A_g = \frac{1}{2}\left(\frac{d_{h,o}}{d_{h,i}} + \frac{d_{c,o}}{d_{c,i}}\right)$，$d_{c,o}$ 及 $d_{c,i}$ 爲冷凝管之內外直徑。$R_g$ 爲氣隙之熱阻，$\frac{1}{R_g} = \frac{1}{R_a} + \frac{1}{R_v}$。$R_a = \frac{\delta_g - \delta_f}{k_a}$ 爲空氣之熱阻，$R_v = \frac{1}{JC_{pv}}$ 爲水蒸氣之熱阻，$\delta_f$ 爲冷凝液膜之厚度，$k_a$ 爲空氣之熱傳導係數，$C_{pv}$ 爲水蒸氣之熱容量。

在冷凝液膜的部分，因爲無法得知實際中空纖維管內部液膜之形成過程，且無法直接求得冷凝液膜之厚度，過去學者藉由膜組件所獲得之總透過量除以冷凝板之總接觸面積來求得液膜之平均厚度。當 air gap = 0.2 cm（Alklaibi and Lior, 2005）

$$\delta_f = \frac{\int_0^L J(z)dz}{A_t} = 8.6\times10^{-5}\text{m} \tag{11-50}$$

其中 $A_t$ 爲冷凝管的總表面積，式（11-50）之值作爲 AGMD 中空纖維管之平均液膜厚度。在冷凝液膜處，由於液膜之厚度很小，熱對流的影響會遠小於熱傳導（Alklaibi and Lior, 2005），所以只考慮熱傳導所帶來之影響。冷凝液膜之熱通量爲：

$$Q_f = A_f \alpha_2 \frac{k_f}{\delta_f}(T_{gf} - T_{ft}) \tag{11-51}$$

其中 $A_f = \frac{d_{c,o}}{d_{c,i}}$，$\alpha_2 = N_2 \pi d_{c,in}$，$N_2$ 爲冷凝管之管數量。$k_f$ 爲冷凝液膜之熱傳導係數，$T_{ft}$ 爲冷凝液膜與冷凝管接觸面之溫度。

冷凝管爲固體金屬材質，因此其熱傳導影響會遠大於熱對流之影響，則冷凝管之熱量傳遞將忽略熱對流對其之影響，可得冷凝管之熱通量

$$Q_t = A_t \alpha_2 \frac{k_t}{\delta_t}(T_{ft} - T_{tc}) \tag{11-52}$$

其中 $A_t = \frac{d_t}{d_{c,i}}$，$d_t = \frac{d_{c,o} - d_{c,i}}{\ln d_{c,o}/d_{c,i}}$，$k_t$ 爲冷凝管之熱傳導係數，$T_{tc}$ 爲冷凝管與冷卻水接觸面之溫度。

假定膜蒸餾的傳熱過程達到穩定，則組件內部各區域傳熱速率會相等，$Q_h = Q_m = Q_g = Q_f = Q_t = Q_c$。

## 11-5-3　冷卻水數學模式

因進料端與冷卻水端方向相反，如圖 11-9，冷卻水端因為沒有與外部進行質量傳送，所以只須考慮動量平衡與能量平衡方式。由連續方程式及 Navier stoke's equation 可建立：

$$\frac{\partial P_c}{\partial z} = \frac{32\mu_c}{d_t^2} v_c \qquad (11\text{-}53)$$

在能量傳遞，冷卻流體流動過程中，除了流體本身的能量傳遞，還有從冷卻管吸收之熱能，因此利用冷卻水軸向與徑向之能量傳遞，可整理出平衡關係式為：

$$\frac{d(\rho_c C_{p,c} v_c T_c)}{dz} = -\frac{4Q_c}{\pi N_2 d_{c,i}^2} \qquad (11\text{-}54)$$

我們已將逆向 AGMD 中空纖維管的模式建立完畢，將針對逆向 AGMD 中空纖維管進行定量模擬，並分別探討當改變熱進料溫度、冷水溫度、熱進料流速、冷水流速，以及增加 tube ratio 與充填密度（packing density）後，各條件對於透過量與節能效果之影響。

由圖 11-10 先簡單說明計算流程，我們需要利用 6 個熱量平衡關係式，解聯立獲得各個接觸面的溫度，再利用已知的進料參數以及膜的參數，全數代入 AGMD 中空纖維管數學模式，進行反覆的疊代運算，獲得溫度、壓力、流速隨管長之各項變化，其求解步驟為：

Step 1. 初猜冷卻水出口處之溫度 $T_c(z = 0)$；

Step 2. 用前述之進料條件 $T_h$、$v_h$、$P_h$、$x_s$、$v_c$、$P_c$ 與膜參數，將熱通量平衡關係式（11-46）、（11-47）、（11-49）、（11-51）及（11-52）聯立，$Q_h = Q_m = Q_g = Q_f = Q_t = Q_c$ 解出各接觸面之溫度 $T_{hm}$、$T_{mg}$、$T_{gf}$、$T_{ft}$、及 $T_{tc}$；

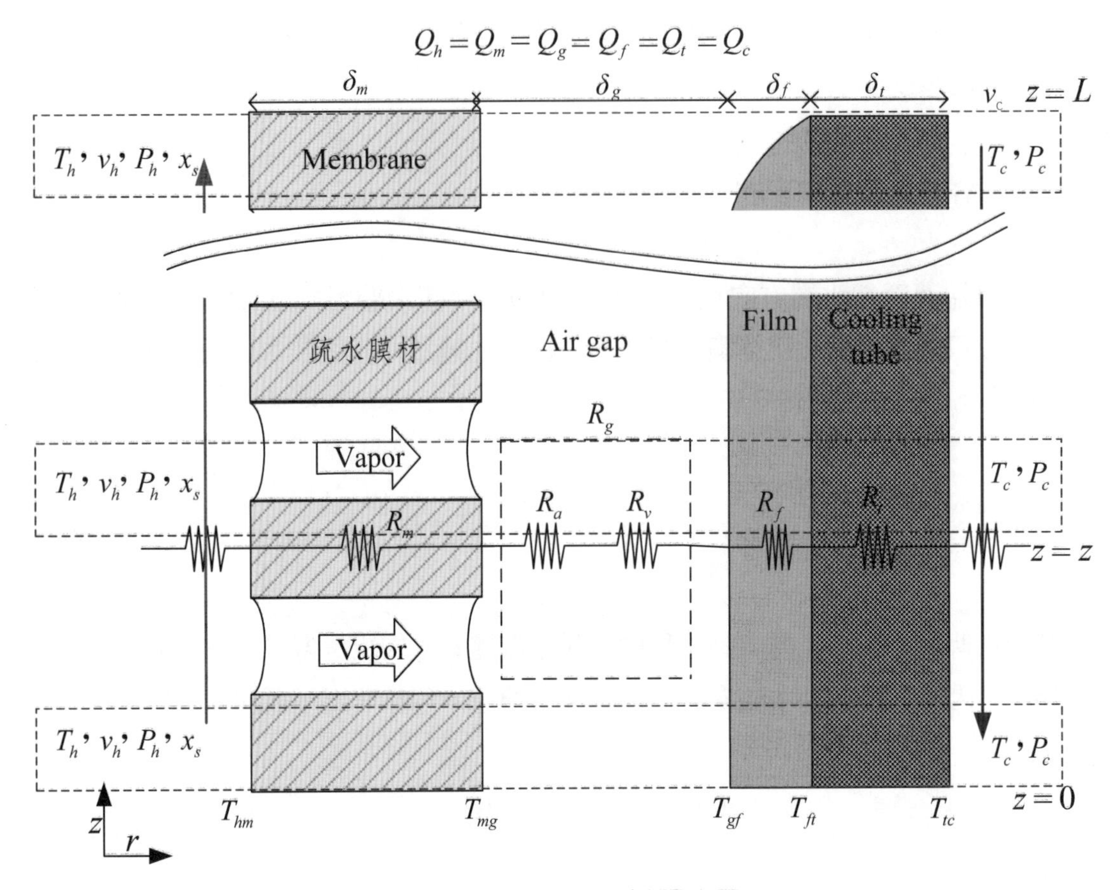


圖 11-11　AGMD 模擬流程

Step 3. 檢查目前位置，若 $z \leq L$（管長），則到 Step 4；否則到 Step 7；

Step 4. 藉由所獲得之膜兩側溫度 $T_{hm}$ 及 $T_{mg}$，由式（11-14）求質傳透過量 $J$，及令 ($z = z + \Delta z$)；

Step 5. 代入流速、溫度、濃度、壓力的方程式（11-38）、（11-39）、（11-40）、（11-41）、（11-53）、及（11-54），求得溫度、濃度、速度與壓力；

Step 6. 由所獲得之溫度、濃度、速度、壓力與膜參數，代入熱通量平衡關係式聯立，由 $Q_h = Q_m = Q_g = Q_f = Q_t = Q_c$ 解出各接觸面之溫度 $T_{hm}$、$T_{mg}$、$T_{gf}$、$T_{ft}$、及 $T_{tc}$。再回 Step 3；

Step 7. 核對所計算之冷卻水進口溫度 $T_c$ 是否與估算進口溫度 $\hat{T}_c$ 相同，若相當接近則停止，否則重回 Step 1。

在此僅對進料溫度改變進行說明，模擬的相關參數於表 11-2。表 11-2 之參數主要是由 Ding et al.（2003）與 Alklaibi and Lior（2005）之 AGMD 平板實驗獲得，進料端 $v_h = 2$（L/min）、$P_h(z = L) = 1$（atm）、膜材選用 PVDF、冷水 $T_c = 298$（k）、$v_c = 2$（L/min）、$P_c(z = 0) = 1$（atm）。在固定的殼半徑下，由圖 11-12(a) 及 (b) 為不同的填充度及中空纖維管與冷凝管的配管數對於系統整體產率（productivity, PR）之影響，其定義為透過量乘上膜總表面積之值。

表 11-2　AGMD 模擬所需薄膜參數及操作條件

| Hollow Fiber Membrane Module | PVDF |
|---|---|
| Length of fibers ( m) | 0.34 |
| Shell Diameter (m) | 0.03 |
| Membrane area ($m^2$) | 1 |
| Number of fibers | 1,525 |
| Inner diameter of fibers (mm) | 0.30 |
| Membrane thickness (μm) | 60 |
| Nominal pore diameter (μm) | 0.2 |
| Packing density (%) | 60 |
| Porosity (%) | 75 |
| Thermal conductivity of membrane material (w $m^{-1}$ $K^{-1}$) | 0.25 |
| $C_K$, $C_m$ ($m^{-1}$) and $C_p$ (m) | $15.18\times10^{-4}$, $5.10\times10^{3}$, $12.97\times10^{-11}$ |
| Viscosity of water vapor within membrane (pa・s) | $1.08\times10^{-5}$ |
| Air gap distance(m) | $1.23\times10^{-4}$ |
| Number of cooling tube | 1,525 |
| Inner diameter of cooling tube (mm) | 0.30 |
| Cooling tube thickness (μm) | 60 |
| Fiber side flow rate (L/min) | 2 |
| Fiber side temperature (K) | 343 |
| Fiber side salinity (ppm) | $2.5\times10^{4}$ |
| Cooling tube side flow rate (L/min) | 2 |
| Cooling tube side temperature (K) | 298 |

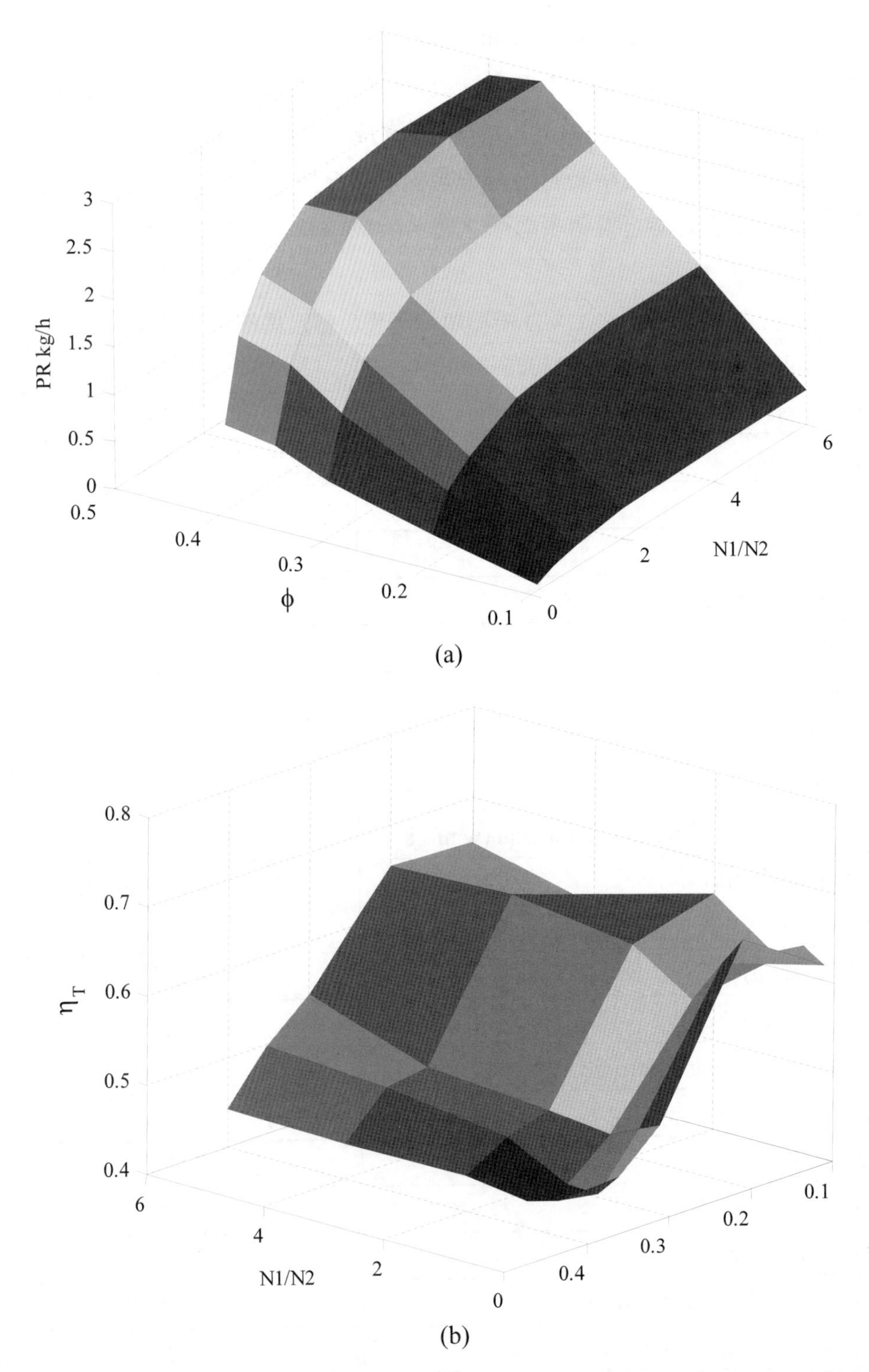


圖 11-12 (a) 不同填充度與配管數下的產率；(b) 不同填充度與配管數下的總熱效率

$$PR = N_1 \pi d_{h,o} \int_0^L J(z)\,dz \tag{11-55}$$

Tube ratio（TR）爲中空纖維管與冷凝管的比例，其定義爲：

$$TR = \frac{N_1}{N_2} \tag{11-56}$$

而填充度（$\phi$）可解釋爲殼側內部所有填充之管面積比上殼側的面積，其定義爲：

$$\phi = \frac{N_1 \pi d_{h,i}^2 + N_2 \pi d_{c,i}^2}{\pi d_t^2} \tag{11-57}$$

由圖我們發現，當我們調整不同的 $\phi$ 與 $TR$，系統內的產率與總熱效率值並未規則的跟著變化。

## 11-5-4　AGMD 最優化設計

在 AGMD 的模擬過程中，了解到當改變不同的冷卻水流速，對系統不會有明顯的影響，但是當改變不同的配管數與填充度，則對系統會有不可預測的結果，此二變數對於產率與總熱效率值的影響變得格外重要，值得我們去設計多目標的最佳產率與效率值。爲進行 Pareto 最優的操作條件設計，此處先定義兩個目標函數：

$$J_1 = PR \tag{11-58}$$

$$J_2 = \eta^{tot} \tag{11-59}$$

設計問題定義爲：

$$\max_{\mathbf{f}} \mathbf{J}(\mathbf{f}) = \max_{\mathbf{f}} \left\{ J_1(\mathbf{f}), J_2(\mathbf{f}) \right\} \tag{11-60}$$

其中 $\mathbf{f} = [N_1/N_2, \phi]$，且變數 $N_1/N_2$ 與 $\phi$ 會同時影響到兩目標函數 $J_1$ 及 $J_2$，我們期

望能找到最優的產率與總熱效率值。模擬結果如圖 11-13，我們以基因演算法（GA）尋找多目標最優解。由結果圖我們可以了解，在不同的操作條件下可以獲得許多符合條件之最優解值。當我們對於總熱效率值的要求較高時，可以減少組件內的塡充度與中空纖維管之管數量；而當我們對於產率的需求提升時，可以在有效的範圍內增加組件內的塡充度與中空纖維管數量，但其塡充度不可高於 0.65，否則會使系統內充滿冷凝液，完全失去氣隙熱阻所造成的節能效果。

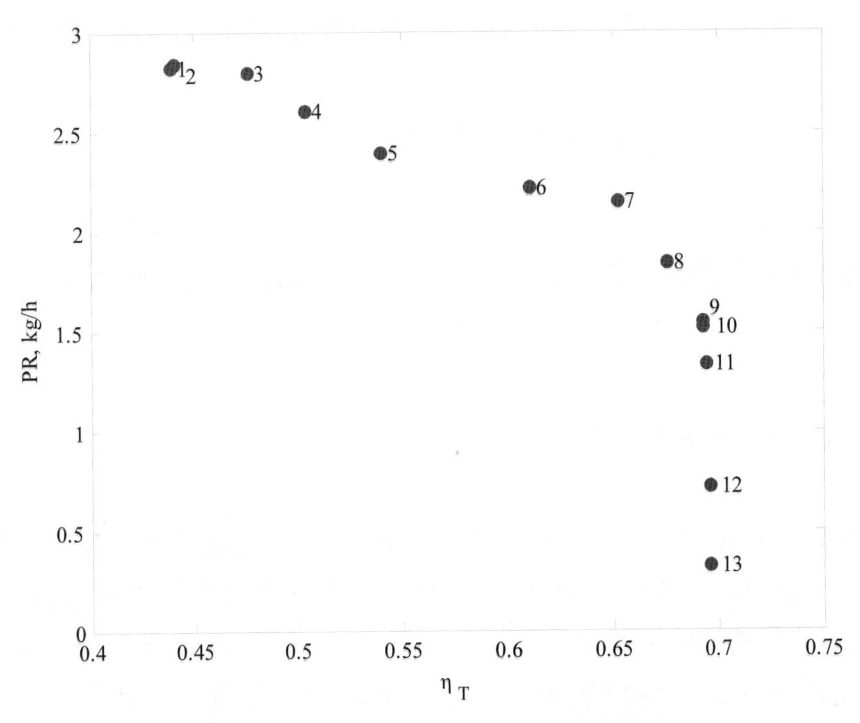


圖 11-13　AGMD 多目標最適化結果

## 11-6　鰭片式膜蒸餾模組

傳統 AGMD 熱源和膜面直接接觸，而冷源則跟冷凝板直接接觸，透過膜孔傳遞到冷側的水蒸氣，經過一個氣隙後，在冷卻板上冷凝。而冷凝水量與熱源的絕對溫度以及膜兩端的溫度有很大的關係。爲了突破 AGMD 性能，從而明顯降低成本和系統的能量消耗，AGMD 模組的設計必須：(1) 空氣間隙薄而滲透暢通、(2) 高進料流速和進料溫度、(3) 低冷溫度、(4) 沿流動方向低溫度變化、(5) 有效太陽能利用、(6) 易於操作和維護，和 (7) 容易按比例放大。根據這些標準，提出一個鰭片管狀模組以增加 AGMD 通量，如圖 11-14 所示。管狀模組包括：一中空芯體，具有一中空隔間；一多孔隙外殼，具有氣體滲透性但不透過液體，以及一凝結室（chamber），係由該中空芯體與該多孔隙外殼之間的空間所構成，包含一與外部連通之出口，且該凝結室包含沿該中芯體間呈放射狀設置之複數鰭片，該複數鰭片將該凝結室分隔成複數個凝結隔間（condensation compartments），如圖 11-14 所示的下部的冷凝腔室是由縮合槽劃分。滲透物可藉由重力沿槽管排出，槽的深度決定了兩個空氣間隙和冷凝薄膜的厚度，而槽的數量表示滲透物的收集區域。完整的內容，有興趣的讀者可參閱我們過去發表的文章（Cheng et al., 2011）。

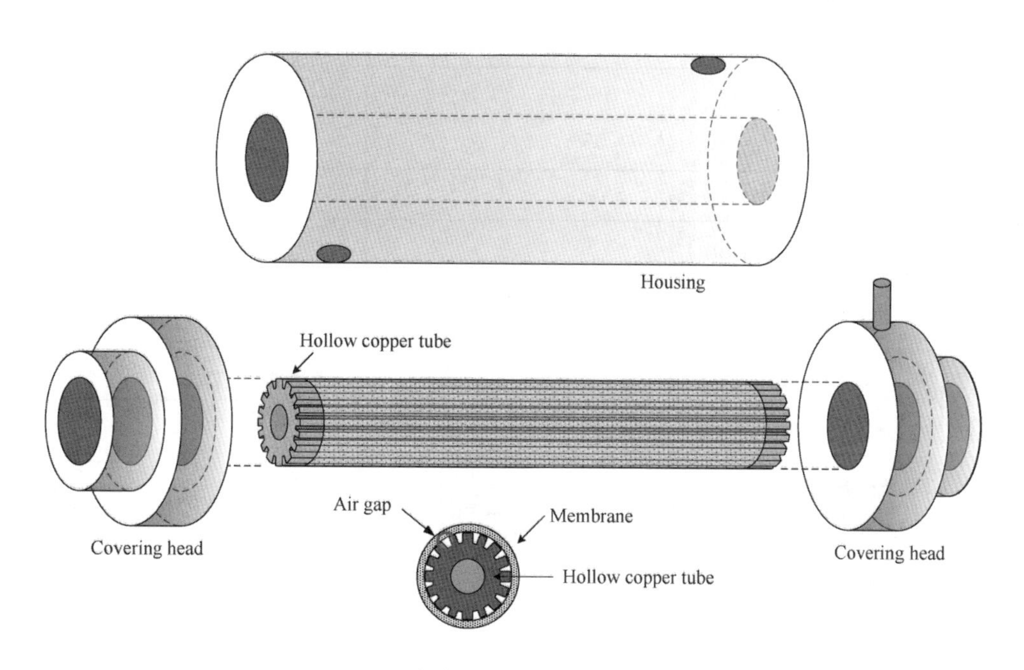


圖 11-14　單鰭片管狀 AGMD 模組的示意圖

使用的膜是聚四氟乙烯（PTFE）片膜，膜孔徑 0.2 μm，它是覆蓋在銅鰭片管，如圖 11-14 最低的部分，並透過瞬時加熱儀器密封。使用該膜的鰭片管狀膜組件的特性示於表 11-3。

表 11-3　單個鰭片管狀膜組件特徵

| AGMD-based tubular membrane module | PTFE |
|---|---|
| Length of fibers (m) | 0.30 |
| Shell Diameter (m) | 0.05 |
| Membrane area ($m^2$) | 0.0167 |
| Inner diameter of tube (mm) | 7 |
| Membrane thickness (mm) | 62.5 |
| Nominal pore diameter (mm) | 0.2 |
| Groove number | 11 |
| Porosity (%) | 77.83 |
| Air gap width (mm) | 1 |
| Number of cooling tubes | 1 |
| Cooling tube wall thickness (mm) | 4 |
| Mean flow pore pressure (PSI) | 25.680 |
| Mean flow pore diameter (mm) | 0.2659 |
| Bubble point pressure (PSI) | 9.865 |
| Bubble point pore diameter (mm) | 0.669 |

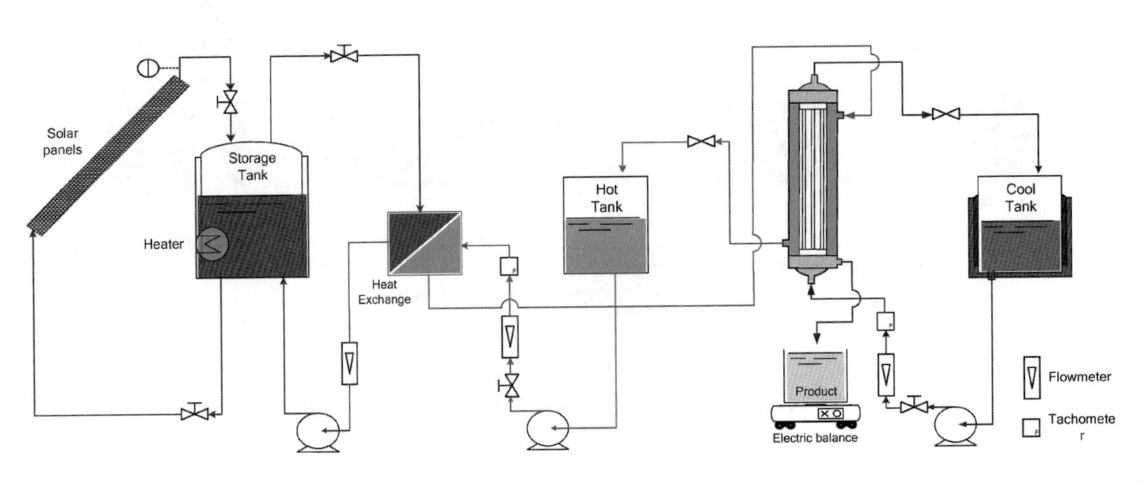


圖 11-15　AGMD 海水淡化系統

爲了評估所提出的鰭片管狀 AGMD 模組的滲透通量，使用電力爲恆定熱源和太陽能作爲替代能源進行實驗，如圖 11-15，實驗裝置由加熱的進料溶液，鰭片 AGMD

模組從其獲得純淨水的滲透，和一個冷卻流系統的循環流動系統。熱進料水從存儲罐到鰭片 AGMD 模組的殼側，並且供給 2～8 升／分鐘的流量，透過循環系統再循環回進料罐。用在恆定的操作條件模組性能分析，而冷卻水的溫度保持在 30～45 ℃，進料的溫度保持在 35～80℃。使用自來水在室溫下冷卻。流體溫度由 0.1 ℃精確度的熱電偶測量並由電腦自動記錄。滲透水的純度透過水電導度計的測量測定，滲透通量是收集流體，使用電子天平測量，並以下式計算：

$$J = \frac{\Delta W}{At} \tag{11-61}$$

其中 $\Delta W$ 是 AGMD 過程持續時間 $t$ 收集的滲透重量，$A$ 爲有效滲透面積。如圖 11-14 所示，膜覆蓋在鰭片銅管和管的外表面切有凹槽。模組的空氣間隙和冷凝區被控制，或者可以由槽的深度和槽的數量，分別進行調整。

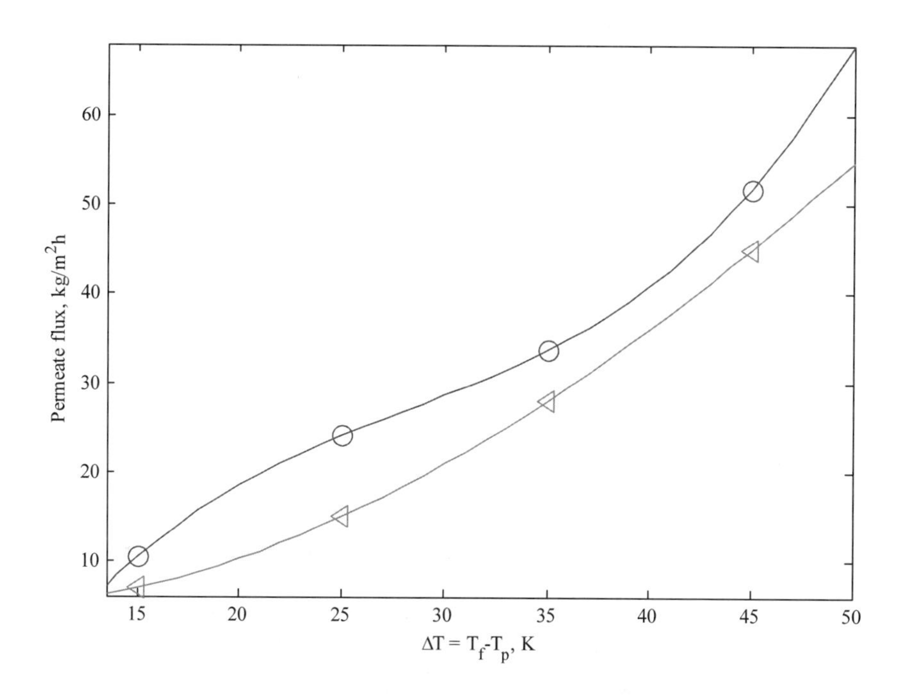


圖 11-16　鰭片管狀 AGMD 模組（○）與 AGMD 模組（Δ）的滲透通量的比較

為了更多地了解鰭片管狀 AGMD 模組的滲透通量，在本節進行與一般 DCMD 模組相同的膜材料之比較。圖 11-16 爲滲透通量的比較，在熱原料和冷流體之間的溫度差相同的變化下，鰭片管狀 AGMD 模組的通量曲線位於 DCMD 模塊的上方，顯示出該管狀 AGMD 模塊的優良設計。在 Alkaibi 與 Loir（2007）的模擬工作中，AGMD 的熱效率爲 0.85～0.95，DCMD 的通量大於 AGMD 大約 3 倍。在完全相同的情況下，包括模組和操作條件，DCMD 的熱效率是 0.78～0.94。如圖 11-16 所示，在 DCMD 得到的滲透通量範圍由 8 $kgm^{-2}h$ 至 54 $kgm^{-2}h$，這結果與 Song et al.（2008）的研究，其最高通量 55 $kgm^{-2}h$ 相媲美。在此提出鰭片管狀 AGMD 模組獲得的滲透通量甚至超過了對應的 DCMD 配置，再次顯示了本鰭片管狀 AGMD 模組的新穎設計，特別是對於本鰭片管狀 AGMD 配置中，槽的深度所決定的兩個空氣間隙以及冷凝膜和槽的間隙呈現滲透物的收集區域。因爲冷凝腔室透過這種獨特的縮合槽分割，如圖 11-14 的下部，多個鰭片提供了覆膜足夠的支持形成通路，改進透過銅管的熱傳導。因此，空氣間隙保持不變，而不發生間隙變異的效應。

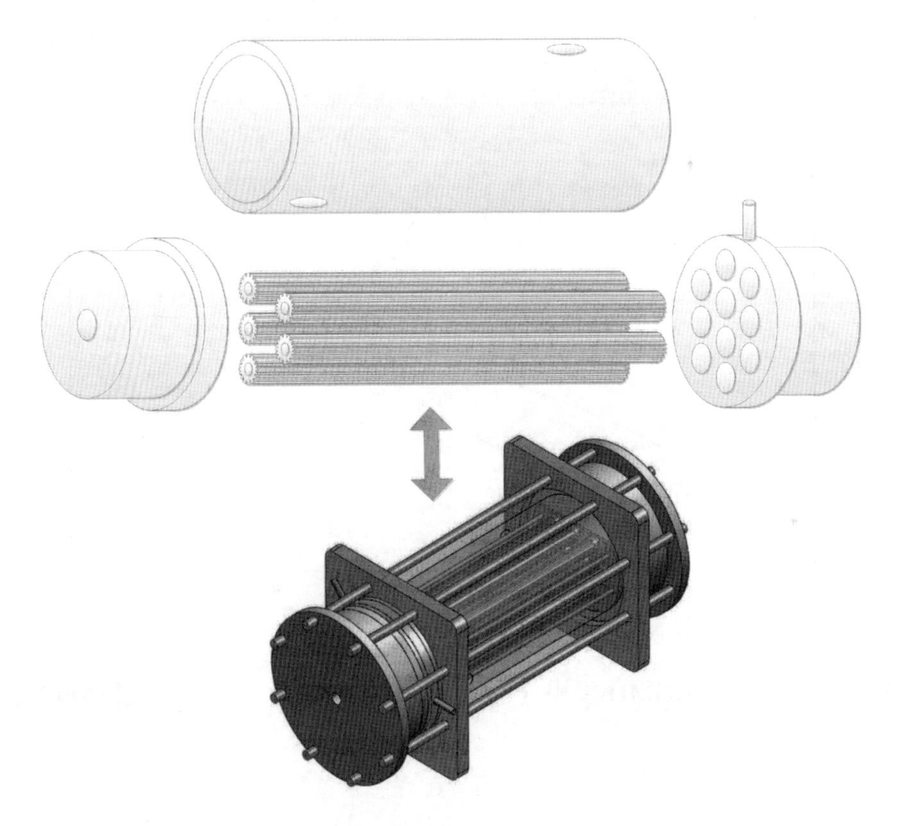

圖 11-17　鰭片多管 AGMD 組件示意圖

同樣的，藉由單管組件的形式放大成多管的組件如圖 11-17，其管件冷熱源流通動線如同單管，冷源在銅管內部流通，熱源則從銅管外部透過，也就是在外殼管內流通，藉此產生蒸氣壓差。蒸餾水同樣透過覆蓋在銅管上的膜，冷凝在銅管上，然後在每根銅管的下端收集蒸餾水。使用類似的單鰭片管狀 AGMD 模組 10 管，膜表面積放大到 1,661 $m^2$，組裝成如圖 11-17。當太陽能熱量被採用於此按比例增大的模組，在臺灣中壢於 2010 年 5 月 5 日進行的日常操作中，太陽能板和得到的熱原料水的最高溫度分別是 343 K 和 318 K，通量性能如圖 11-18，獲得的平均滲透通量大約是 6 $kgm^{-2}h$。需要注意的是，太陽能板溫度的急劇下降是由於在實驗的當天出現在天空的雲彩。在臺灣的氣候變化狀況，要避免這種意外因素非常困難，然而成功的日常操作確實呈現這鰭片管狀 AGMD 模組的潛在利用價值。

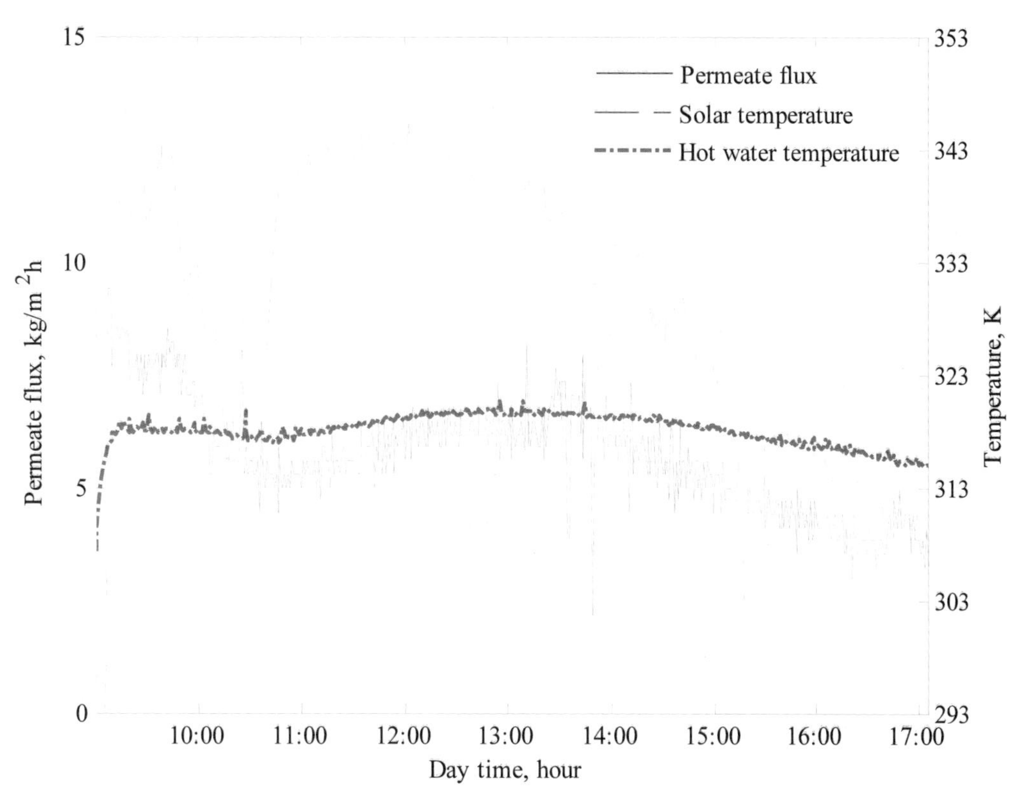


圖 11-18　10 管鰭片管狀 AGMD 模組與太陽能日變化的水滲透通量

# 11-7　膜蒸餾應用於工業製程熱交換

AGMD 是一種熱驅動的過程，靠著冷熱物流的溫度差產生蒸氣壓差，使熱流側產生的蒸氣透過膜，在冷凝板表面冷凝，順著冷凝板流下得到純水。而在實際的操作中，此高熱能的消耗對 AGMD 推廣應用是一個很大的阻礙。在過去許多 MD 的研究裡，大都以完整的熱傳與質傳機制描述過程。Cheng et al.（2008，2009）提出 AGMD 組件的最適化設計，這些設計的模型是基於嚴格的質量、動量，以及能量平衡得到，不適合用在大規模的 MD 設計。

## 11-7-1　AGMD 優化目標

在 MD 的產水過程中，影響產水量的因素有二，分別爲膜兩側的溫度差和總膜面積，但膜兩邊溫度差的影響遠大於膜面積，而能源費用主要是受到溫度與熱效率的影響。除了進料溫度外，熱效率（$\eta$）也是影響能源消耗的重要因素，熱效率爲蒸氣熱與總熱通量的比值，但熱效率受到系統結構和操作條件的影響，換句話說，能源費用與膜費用以及熱效率有相依的關係，因此，在設計 AGMD 時，固定系統的進料溫度和進料流率，以最大純水產量和最小膜組件投資成本條件下，維持系統的高熱效率，這個最優化的目標，其表示式爲：

$$\min \Phi_1 = \min \frac{C_{AGMD}}{total\_md\_year} \tag{11-62}$$

$$\max \eta \tag{11-63}$$

$C_{AGMD}$ 是 AGMD 系統年費用（\$/yr），其中包括了每年的投資成本與能源成本，$toal\_md\_year$ 是每年所能產生的純水量（kg/yr）。

## 11-7-2　AGMD 單元組件

圖 11-19 爲 AGMD 單元組件的示意圖，左側爲熱物流，右側爲冷物流，熱物流流入 AGMD 系統，靠著冷熱物流的溫度差所產生的蒸氣穿過膜後，在冷凝板

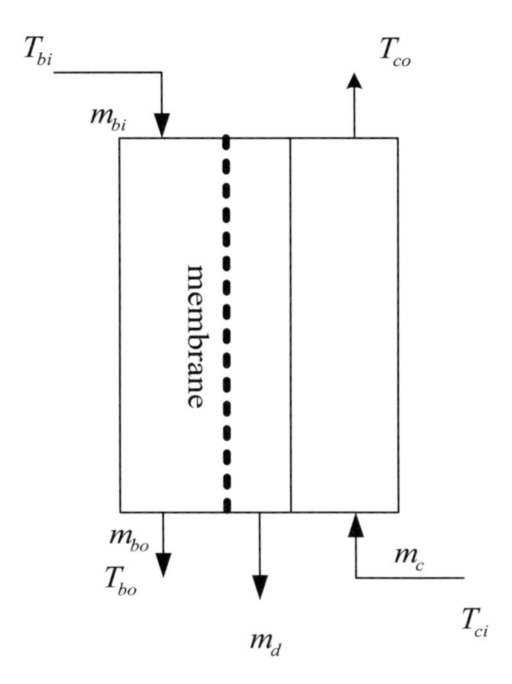


圖 11-19　AGMD 單元組件示意圖

上冷凝，而產生純水，熱物流出口溫度將降低，冷物流出口溫度將升高。Liu et al.（1998）發展出一種較簡單的 AGMD 模型，且考慮熱傳、質傳以及溫度極化的現象，其 AGMD 單元組件模型爲：

$$J=\frac{\Delta T}{\partial T_{MD}^{-2.1}+\beta} \qquad R_{MD}=\partial T_{MD}^{-2.1}+\beta \tag{11-64}$$

$\Delta T = T_h - T_c$、$T_h=\frac{T_{bi}+T_{bo}}{2}$、$T_c=\frac{T_{ci}+T_{co}}{2}$ 及 $T_{MD}=\frac{T_h+T_c}{2}$。$J$（kg/s・m$^2$）則爲質量通量，$\Delta T$（℃）爲熱物流側跟冷物流側的溫度差，$T_{MD}$（℃）爲熱物流側與冷物流側的平均溫度差，$T_h$ 爲熱物流側的平均溫度，$T_c$ 爲冷物流側的平均溫度差，$T_{bi}$ 爲熱物流入口溫度，$T_{bo}$ 爲熱物流出口溫度，$T_{ci}$ 爲冷物流入口溫度，$T_{co}$ 爲冷物流出口溫度。$\partial$ 與 $\beta$ 則是係數，主要取決於 AGMD 的組件和進料溶液的性質，它們可以從不同水溶液的實驗數據回歸得到。假設滲透穿過膜的水的出口溫度等於熱物流的出口溫度，同時在 AGMD 系統過程中沒有熱損失，因此 AGMD 組件即可視爲換熱器，進料熱物流的熱量將由冷物流帶走，冷熱物流平衡式如下：

$$Q = C_w m_{bi}(T_{bi} - T_{bo}) = C_w M_c(T_{co} - T_{ci}) \qquad (11\text{-}65)$$

$C_w$ 爲水的比熱，$m_{bi}$ 爲熱水進料流率，$m_c$ 爲冷水進料流率。

利用效率值 $\varepsilon$ 計算 AGMD 熱物流出口溫度，$\varepsilon$ 定義爲在 AGMD 組件眞實的熱通量比上可能的最大熱通量。在 AGMD 組件，假如 air gap 間距非常小，膜面積與冷凝板無限大，即爲可能的最大熱通量。在這樣的情況下，冷物流的流量大於熱物流時，熱物流的出口溫度會等於冷物流的入口溫度。AGMD 效率值表示爲：

$$\varepsilon = \frac{C_w m_c \left(T_{co} - T_{ci}\right)}{C_w m_{bi} \left(T_{bi} - T_{ci}\right)} \qquad (11\text{-}66)$$

結合式（11-65）與式（11-66），即可解出 $T_{bo}$：

$$T_{bo} = T_{bi} - \varepsilon(T_{bc} - T_{ci}) \qquad (11\text{-}67)$$

效率值 $\varepsilon$ 可由單元傳熱數求得。在此 AGMD 程序中，總熱通量 $Q_T$（kJ/m$^2$）包含兩部分，分別爲蒸發熱 $Q_V$ 與傳導熱 $Q_V$，表示爲：

$$Q_T = Q_V + Q_C = k_v\Delta T + k_s\Delta T = U\Delta T \qquad (11\text{-}68)$$

$k_v$ 爲蒸發熱的熱傳係數，$k_s$ 爲熱傳導係數，兩項結合即爲總熱傳係數 $U$。蒸氣熱的表示爲：

$$Q_V = J\lambda \qquad (11\text{-}69)$$

$\lambda$ 爲潛熱，結合式（11-64）、式（11-68）與式（11-69），可簡化爲：

$$k_v = \frac{\lambda}{\partial T_{MD}^{-2.1} + \beta} \qquad (11\text{-}70)$$

對於熱傳導，在冷熱物流之間的熱傳阻抗包含熱溶液、空氣間隙、膜、冷凝液層、冷凝板以及冷溶液，因此總熱傳導係數的表示爲：

$$k_s = \left( \frac{1}{h_1} + \frac{\delta_m}{k_m} + \frac{\delta_a}{k_a} + \frac{\delta_{cp}}{k_{cp}} + \frac{1}{h_f} + \frac{1}{h_2} \right)^{-1} \quad (11\text{-}71)$$

$h_1$ 與 $h_2$ 分別爲熱溶液與冷溶液的熱傳係數，$h_f$ 爲冷凝液層的熱傳係數，$k_m$、$k_a$ 與 $k_{cp}$ 分別爲膜、空氣以及冷凝板的熱傳導係數，但在此式子中影響不大，所以忽略不計。$\delta_m$、$\delta_a$ 與 $\delta_{cp}$ 分別爲膜、空氣以及冷凝板的厚度。在此熱傳阻力中，空氣間隙是最有影響的一項，因此，總熱傳導係數主要取決於空氣間隙的間隙距離以及空氣的熱傳導係數。

對於 AGMD 單元組件，進料熱物流的質量平衡表示爲：

$$m_{bi} = m_{bo} + JS_m \quad (11\text{-}72)$$

$m_{bo}$ 爲熱物流離開 AGMD 的流率，$S_m$ 爲單元組件膜的面積。

## 11-7-3　多級 AGMD 設計

在 AGMD 系統中，因爲有空氣間隔的存在，所以使得熱量損失大大的減少，但熱物流出口溫度還是維持在高溫度下。爲了有效的利用此能源，增加純水產量，所以考慮設計多級多組件的 AGMD 系統，如圖 11-20。左側爲熱物流，由第一級流入直到第 $Y$ 級流出，流出的熱物流，溫度將會下降，再經由加熱器加熱，流回第一級入口；相反的，右側爲冷物流由第 $Y$ 級流入直到第一級流出，流出的冷物流，溫度將會上升，再經由冷凝器冷卻，流回第 $Y$ 級入口，如此反覆循環。經過多級 AGMD 系統，將可提升純水產量以及減少熱量損失。這多級多組件的 AGMD 是由一些相同的膜組件結合而成，而此系統的級數與每級的膜組件個數將是一個設計的變量。根據數學模型所描述的 AGMD 過程，我們可以使用最適化的方法來設計此多級 AGMD 的問題，即可計算出 AGMD 系統的最佳系統結構以及操作變量。

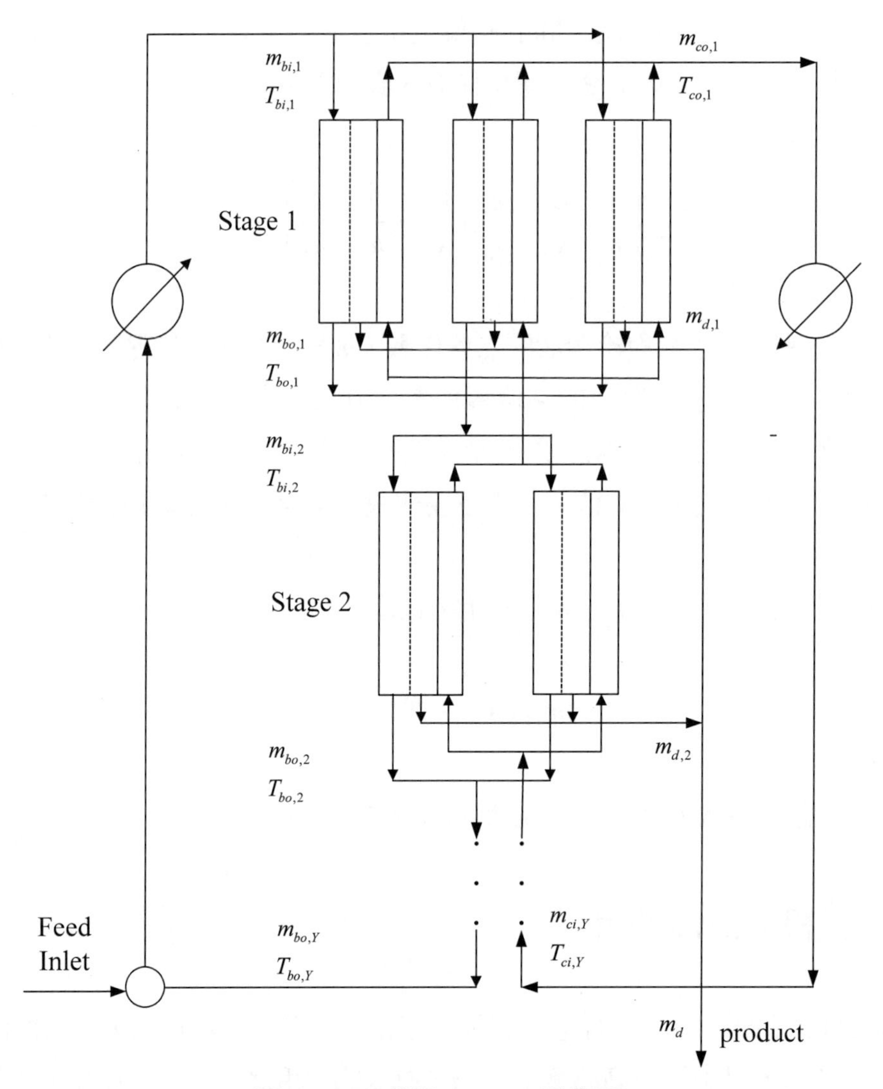


圖 11-20　多級 AGMD 示意圖

在上述的設計方法是使用逆流式的操作，進料熱物流是由第一級進入，而冷物流則是從最後一級進入，由於滲透通量與膜兩邊的溫差成正比，因此改變冷流體進入 AGMD 或離開 AGMD 的流動方式是可以提高滲透通量的，如圖 11-21 改變冷流體的路線圖。在圖 11-21 中，左側爲熱物流，右側爲冷物流，冷物流（$m_{tc,in}$）由下方進入，在進入 $Y$ 級前，有部分的冷物流（$m_{tc,y}$）分配到不同的級數進入，其餘冷物流 $m_{ci,Y}$ 由 $Y$ 級進入 AGMD 系統內。冷流體由冷卻塔或換熱網路進入不同級數的膜組件，離開膜組件後，部分冷卻水可以進入下一級，也可直接離開系統進入冷卻塔或換熱網路，在這種冷流體的運作方法，將可提高膜組件的溫度差而增加滲透通量。由於此方式的改變，將造成冷物流可能出現混合與分離。完整的求解規劃超出本書的內容，有興趣的讀者可參閱我們發表的文章（Lu and Chen, 2011），有完整的討論。

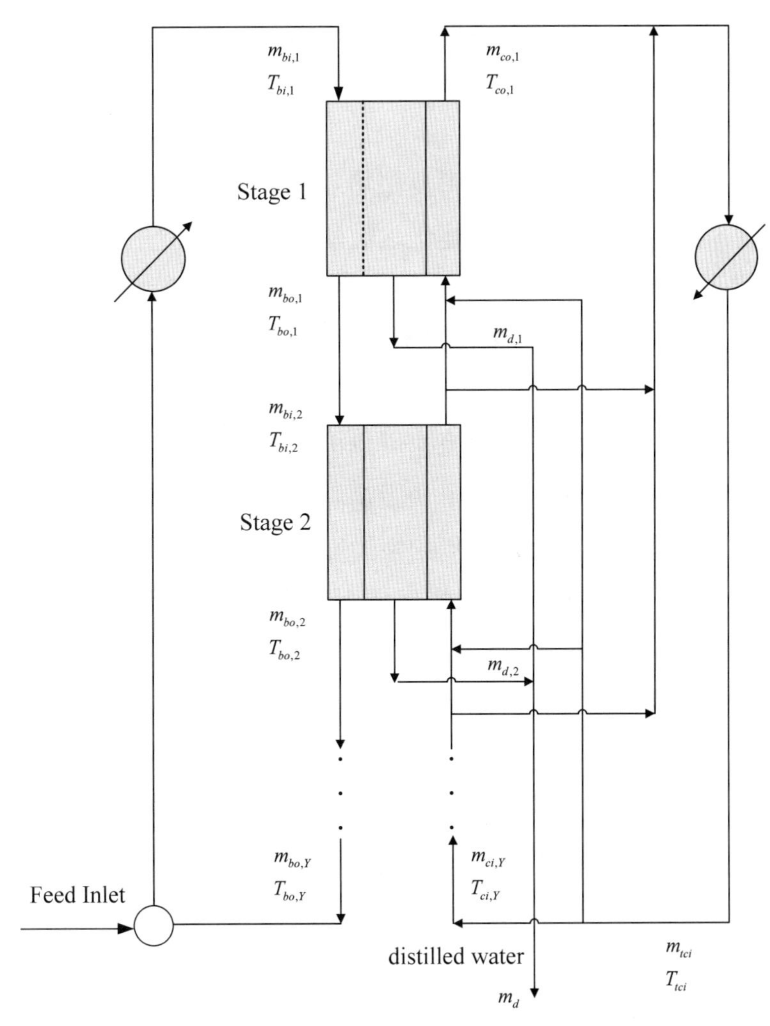


圖 11-21　冷熱流體進出多級 AGMD 示意圖

# 11-8　結語

近年來環保意識抬頭，使人們逐漸對於如何以低能耗從有限的水資源中獲取更多的飲用水感到興趣，因此節能效果甚佳的膜蒸餾技術也日益受到重視。但是過去在中空纖維管之膜蒸餾組件之探討多在於參數對於質傳效果與節能效果之定性分析，少有對於組件作一完整的設計。

爲了有效提升薄膜蒸餾機台的產率及總熱效率值，本章建立了可完整描述系統內部之流速、溫度、濃度與壓力隨管長變化之數學模式。由這些物理模式推導之數學模式讓我們進一步了解無法直接以肉眼觀察之內部變化，並能夠以物理意義加以分析驗證。因爲 DCMD 與 AGMD 各擁有其優缺點，因此在了解 DCMD 與 AGMD 之組件內部變化後，我們也就可以進一步的了解流速與溫度等變數對於系統所造成的影響。雖然不斷的提升進料端之溫度與流速可以提升產率及總熱效率值，但是爲了符合眞實機台情況，我們對進料之參數給予一設定値，而針對實際可變動之參數，如冷卻水流速、中空纖維管長與管數做進一步的探討與設計。多目標最適化爲近年控制設計較常採用之方式，讓我們在相互衝突的目標函數中找到一個平衡點。因此，DCMD 與 AGMD 之系統各有其不同情況下之最佳的操作參數。在過去的研究中，DCMD 最大的詬病在於其雖然具有較大的質傳透過量，卻也相對的使其熱損耗提升，而依據我們的最適化設計，可以進一步在可接受範圍內藉由相對應之滲透端流速、中空纖維管之管長與管數提升 DCMD 之總熱效率值。而 AGMD 之系統受到氣隙熱阻的影響，雖然具有良好的總熱效率，其質傳透過量卻是 MD 系統中最少的一個。因此藉由本文所模擬出的最適化結果，能在可容許之範圍內藉由組件塡充度與中空纖維管之比値調整提升其質傳透過量。

所設計鰭片管狀 AGMD 相較於板式和中空纖維管組件，能提供更大的有效面積，並且又可以保留原有相似於中空纖維管的熱效能，還可以明顯提高其通量值，由實驗得知，相較於傳統 DCMD，在相同的條件下有較佳的通量。然而文獻中 DCMD 的通量是遠大於 AGMD，所以此結果突顯了我們組件設計上的優勢，並且也同時進行組件小規模放大實驗，相較文獻上的實驗，一樣有相當的優勢，此鰭片管狀 AGMD 技術已獲得相關專利（Chen and Lin, 2013）。

AGMD 產生純水是在低溫低壓下進行，因此可視爲一個有優勢的方法，儘管如此，AGMD 過程的高能量消耗卻是個很大的障礙，利用廢熱降低能源的消耗是可行的方法，爲了充分利用廢熱降低產水的成本，可由數學規劃法來進行 AGMD 的系統設計，在此考慮到操作方便與低成本的問題，提出兩個操作模式，並希望能藉由此番的建模與最適化設計，對於環境的保護盡一份心力。

# 習　題

1. 依據現有的膜蒸餾模組，比較並說明使用的時機。試查詢相關文獻，指出目前模組改進的方式。
2. 利用 DCMD 所建立的數學模型，依 11-4 節相同的操作條件，改變不同熱進料流速，分析流速的改變對平均產率及總熱放率的影響。
3. 利用 AGMD 所建立的數學模型，依 11-5 節相同的操作條件，改變不同熱進料流速，分析流速的改變對平均產率及總熱放率的影響。
4. 比較鰭片式膜蒸餾模組與 AGMD，說明熱質傳的機構。
5. 試查詢目前相關文獻，指出目前大規模的 MD 最適化設計與應用。

# 參考文獻


1. Alklaibi, A.M., N. Lior, Transport analysis of air-gap membrane distillation, *J. Membr. Sci.*, 255(2005)239-253.
2. Alklaibi, A.M., N. Lior, Comparative study of direct-contact and air-gap membrane distillation processes, *Ind. Eng. Chem. Res.*, 46(2007)584-590.
3. Bodell, B.R., *Silicone rubber vapor diffusion in saline water distillation*, US Patent 285,032 (1963).
4. Chen, J., Y.H. Lin, *Condensing tube and filtration module thereof*, US Patent 8,353,981 B2 (2013).
5. Cheng, L.H., P.C. Wu, J. Chen, Modeling and optimization of hollow fiber DCMD module for

desalination, *J. Membr. Sci.*, 318(2008)154-166.

6. Cheng, L.H., P.C. Wu, J. Chen, Numerical simulation and optimal design of AGMD-based hollow fiber modules for desalination, *Ind. Eng. Chem. Res.*, 48(2009)4948-4959.
7. Cheng, L.H., Y.H. Lin, J. Chen, Enhanced air gap membrane desalination by novel finned tubular membrane modules, *J. Membr. Sci.*, 378(2011)398-406.
8. Ding, Z., L. Liu, R. Ma, Study on the effect of flow maldistribution on the performance of the hollow fiber modules used in membrane distillation, *J. Membr. Sci.*, 215(2003)11-23.
9. Ding, Z., R. Ma, A.G. Fane, A new model for mass transfer in direct contact membrane distillation, *Desalination*, 151(2002)217-227.
10. Findley, M.E., Vaporization through porous membranes, *I&EC Proc. Des. Dev.*, 6(1967)226-230.
11. Garcia-Payo, M.C., C.A. Rivier, I.W. Marison, U. von Stockar, Separation of binary mixtures by thermostatic sweeping gas membrane distillation II. Experimental result with aqueous formic acid solution, *J. Membr. Sci.*, 198(2002)197-210.
12. Geankoplis, C.J., *Transport process and unit operations*, Prentice Hall, Englewood Cliffs, New Jersey (1993).
13. Gryta, M., M. Tomaszewska, Heat transport in the membrane distillation process, *J. Membr. Sci.*, 144(1998)211-222.
14. Gryta, M., M. Tomaszewaska, J. Grzechulska, A.W. Morawski, Membrane distillation of NaCl colution containing natural organic matter, *J. Membr. Sci.*, 181(2001)279-287.
15. Lawson, K.W., D.R. Lloyd, Membrane distillation. I. Module design and performance evaluation using vacuum membrane distillation, *J. Membr. Sci.*, 120(1996)111-121.
16. Lawson, K.W., D.R. Lloyd, Review membrane distillation, *J. Membr. Sci.*, 124(1997)1-25.
17. Liu, G.L., C. Zhu, C.S. Cheung, C.W. Leung, Theoretical and experimental studies on air gap membrane distillation, *Heat Mass Transf.*, 34(1998)329-335.
18. Lu, Y., J. Chen, Optimal design of multi-stage membrane distillation systems for water purification, *Ind. Eng. Chem. Res.*, 50(2011)7345-7354.
19. MacGregor, R.K., A.P. Emery, Free convection through vertical plane layers: Moderate and high prandtl number fluids, *J. Heat Transf.*, 91(1969)391-401.
20. Present, R.D., *Kinetic Theory of Gases*, McGraw-Hill, New York (1958).

21. Schofield, R.W., Heat and mass transfer in membrane distillation, *J. Membr. Sci.*, 33(1987)299-313.

22. Schofield, R.W., A.G. Fang, C.J.D. Fell, Gas and vapor transport through microporous membrane II. Membrane distillation, *J. Membr. Sci.*, 53(1990)59-171.

23. Smolders, K., A.C.M. Franken, Terminology of membrane distillation, *Desalination*, 72(1989)249-262.

24. Song, L., Z. Ma, X. Liao, P.B. Kosaraju, J.R. Irish, K.K. Sirkar, Pilot plant studies of novel membranes and devices for direct contact membrane distillation-based desalination, *J. Membr. Sci.*, 323(2008)257-270.

25. Weyl, P.K., *Recovery of demineralized water from saline waters*, US Patent 3, 340, (1967).

26. Zhu, C., G. Liu, Modeling of ultrasonic enhancement on membrane distillation, *J. Membr. Sci.*, 176(2000)31-41.

# 第十二章
# 薄膜生物反應器

/ 游勝傑、賴振立

# 12-1 MBR的原理與類型

薄膜生物反應器（membrane bioreactor, MBR），是於傳統活性汙泥法曝氣池中加裝數組薄膜組合而成，操作時利用透膜壓力（transmembrane pressure, TMP）爲驅動力（driving force），將經過活性汙泥處理過的混合液（mixed liquid）過濾而得到濾液（即放流水），由於一般於 MBR 中使用的薄膜其孔隙約僅有 0.1～0.4 μm，因此所得之放流水質甚佳，若再搭配逆滲透膜（reverse osmosis, RO）的使用，其出流水甚至能達到所有回收再利用水的水質標準。

自 30 年前 Dorr Oliver 及 RHONE 兩家公司提出關於 MBR 的兩項專利，到 1989 年日本東京大學山本和夫教授終於有了突破，產生新一代 MBR，造成革命性影響，亦擴大薄膜應用領域。近年來薄膜程序已有許多實際應用的實例，而致力於薄膜系統研發的國家包括有法國、加拿大、日本、德國、新加坡、南韓及中國大陸等，已經發展出多種不同形式的薄膜處理程序，這些薄膜無論是應用在工業廢水或都市汙水的處理效果均相當良好，因此這 20 年來已廣泛被各國運用在廢汙水的處理。

圖 12-1 所示爲 MBR 程序與一般活性汙泥法的示意圖，MBR 中的薄膜單元可取代傳統活性汙泥程序的二級沉澱池及其後續三級處理或汙泥處理單元，由於將薄膜置放於傳統活性汙泥法的好氧槽中可取代沉澱池及消毒槽的角色，因此薄膜生物處理程序相較於活性汙泥程序用地面積小。

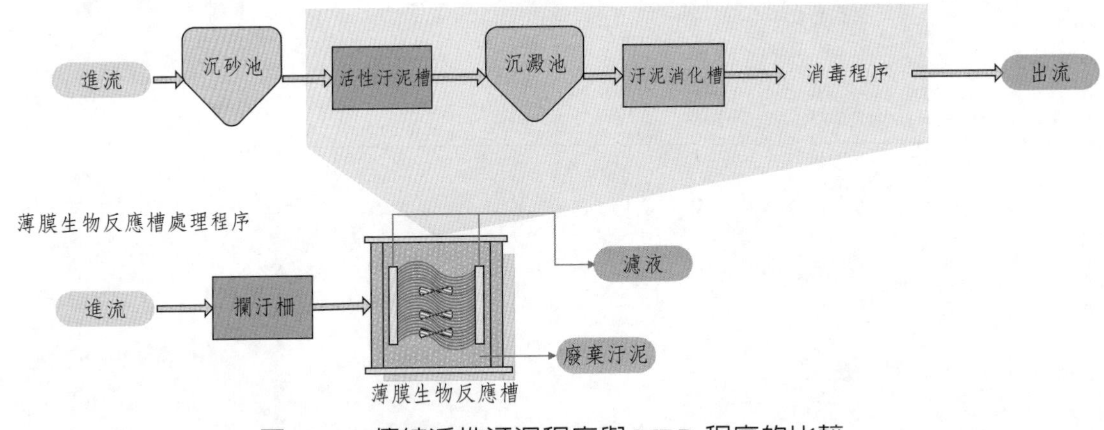


圖 12-1　傳統活性汙泥程序與 MBR 程序的比較

表 12-1 所示則爲 MBR 程序的優缺點，其優點包含有占地面積小，可取代傳統活性汙泥處理法的曝氣槽、終沉池及後續處理槽，處理水質佳，水量及水質穩定，可同時去除多種汙染物，且可克服傳統活性汙泥法常見的汙泥膨化等問題。此外，由於 MBR 不需要沉澱池的設置，因此不會有汙泥沉澱性不佳而導致汙泥流出之問題，而缺點則有薄膜阻塞及成本問題。

表 12-1　MBR 程序的優缺點（Stephenson et al., 2000）

| 優點 | 缺點 |
|---|---|
| 1. 土地面積需求小<br>2. 固體物幾乎可完全去除<br>3. 汙泥濃度高，可承受進流水濃度變化<br>4. 不受汙泥膨化影響<br>5. 汙泥廢棄量少<br>6. 啓動時間短<br>7. 既有廠可翻新改建 | 1. 薄膜阻塞問題<br>2. 薄膜成本高（將隨製膜技術提升而降低成本）<br>3. 曝氣動力高（但因模組不同而異） |

在 MBR 反應槽內薄膜最主要的功能爲過濾機制，操作者利用透膜壓力爲驅動力，將固體顆粒攔截於薄膜表面，使水分子透過薄膜，達到水質淨化作用，如圖 12-2 所示。故其過濾效果僅和薄膜機制有關，而與沉澱作用無關，且薄膜本身具有選擇性，可分離特定物質，具半滲透性（semipermeability）。利用薄膜分離廢水中的固體顆粒時，需給予一適當的驅動力，此驅動力可爲壓力差（pressure gradient, $\Delta P$）、親和力、電荷、濃度差（concentration gradient）及化學性質等。一般用於汙水處理之驅動方式爲壓力驅動式，其優點是處理過後的放流水中無雜質，且可濃縮汙泥濃度，此方式屬於單純的物理分離程序，故對於被分離的物質而言，其本身之化學及生物性質並不會改變。

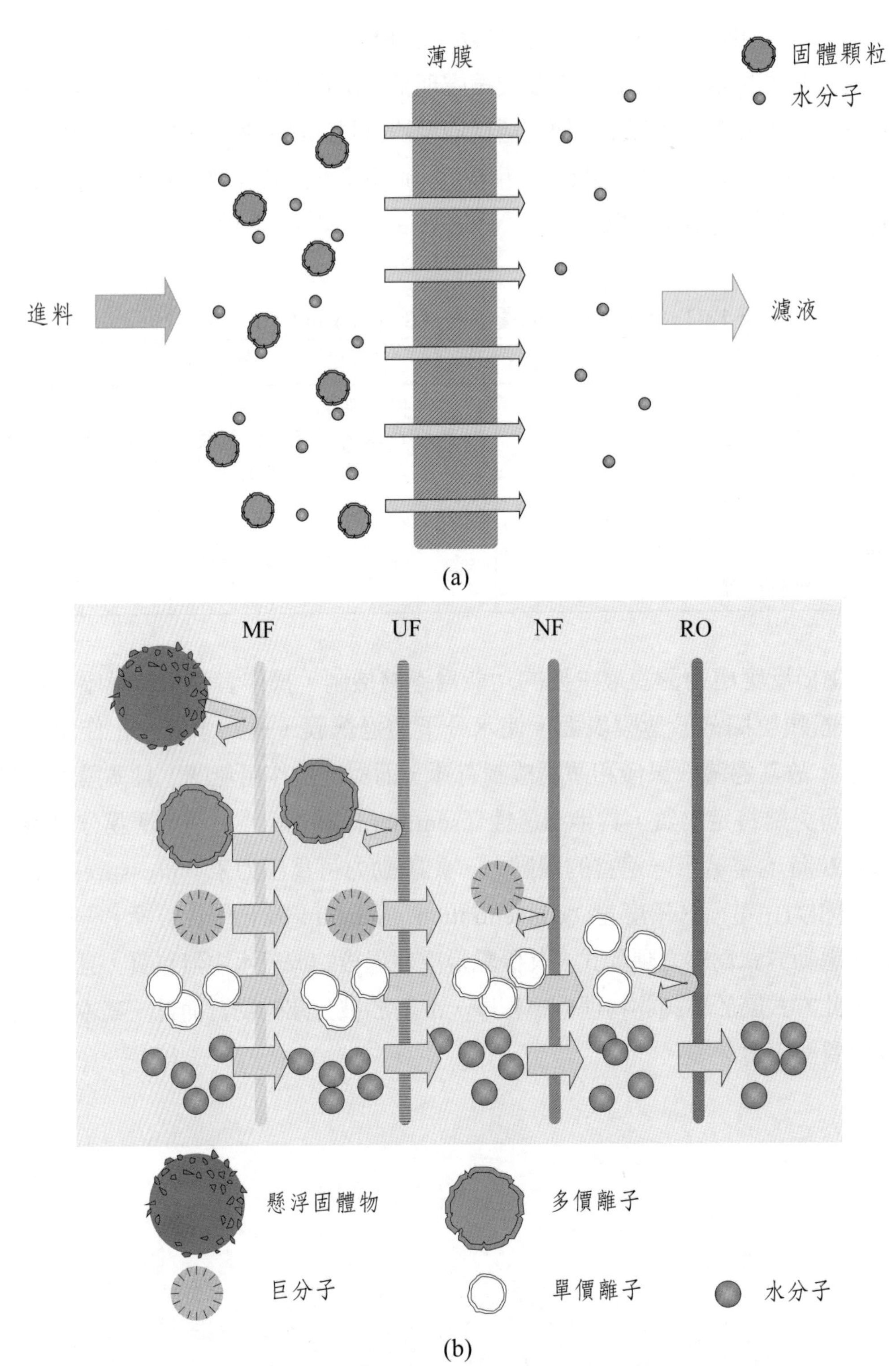


圖 12-2 (a) 薄膜過濾機制；(b) 各類物質能否透過薄膜示意圖

而薄膜過濾水的方式可分爲橫流過濾（cross-flow mode）與全流過濾（dead-end mode）。橫流過濾是一種以進流水與出流水垂直方向過濾的方法，優點是利用高速流動所形成的剪力，針對薄膜表面累積的物質進行去除，另外也可減緩濾餅層（cake layer）在薄膜上的形成。然而，全流過濾是一種以進流水與出流水平行方向過濾的方法，當過濾時間愈長，薄膜會因溶質的累積形成濾餅層，造成薄膜通量遞減，最後產生積垢。如圖 12-3(a)、(b)。

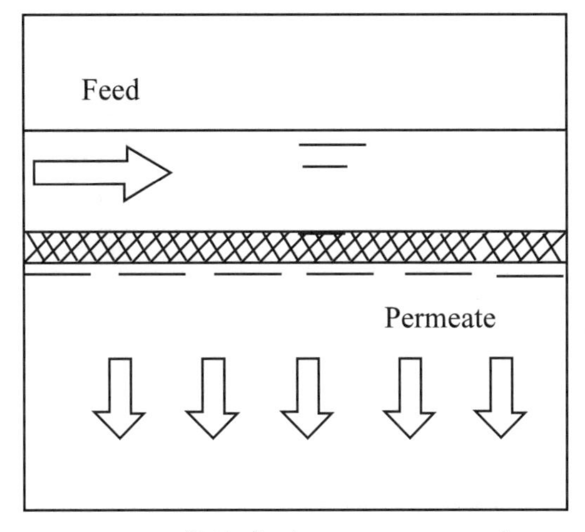


(a) 橫流式（cross-flow mode）

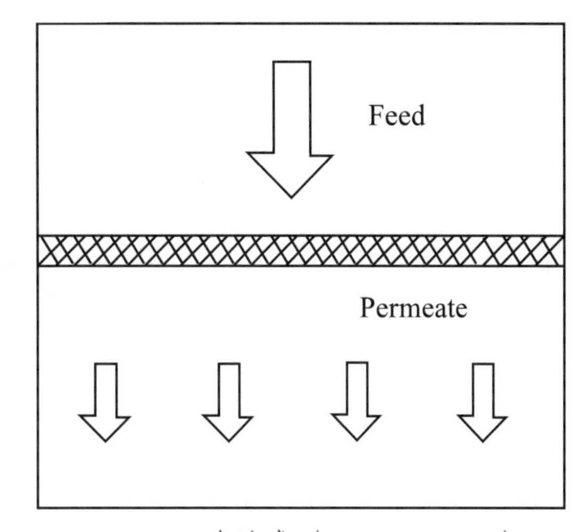


(b) 全流式（dead-end mode）

圖 12-3 薄膜過濾形式

廣義而言，MBR 中的薄膜除了能針對固體顆粒進行選擇性的過濾及去除之外，尚可藉由薄膜來傳送氣體及流體。因此，MBR 程序依照機制的不同可分爲三類（Brindle et al., 1996；Stephenson et al., 2000），如圖 12-4 所示。

第一類爲應用最廣泛的固液分離薄膜程序（Solid-liquid separation MBR），也就是本單元主要介紹的 MBR（如圖 12-4(a)），此類系統中的薄膜最主要的功能爲固液分離，將固體顆粒攔截於系統內，而所得潔淨的過濾液流出系統外，其角色類似於傳統活性汙泥程序中的最終沉澱池。

第二類爲氧傳輸薄膜程序（oxygen mass transfer MBR，如圖 12-4(b)），薄膜在此類系統中的功能爲引導空氣進入反應槽內，並利用薄膜孔徑極微小的特性，使進入反應槽的空氣氣泡較爲細小，如此可提高氣泡與液體的接觸面積，使氧傳輸效率可較一般活性汙泥提高許多。

第三類爲萃取式薄膜程序（extractive MBR, EMBR，如圖 12-4(c)），此程序中所使用的薄膜是由會與特定汙染物有親和力的材料所製造，此系統可用於萃取工業廢水中具有毒性的有機汙染物質及含有抑制性的無機汙染物質，通常用於處理一般生物處理法所無法去除的汙染物質。

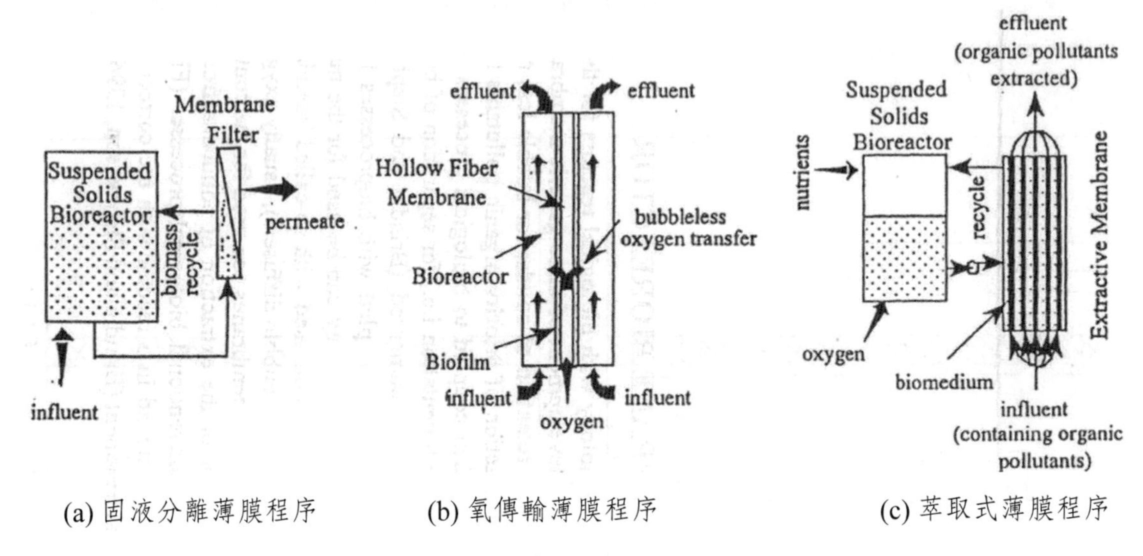


(a) 固液分離薄膜程序　(b) 氧傳輸薄膜程序　(c) 萃取式薄膜程序

圖 12-4　廣義 MBR 程序的分類（Stephenson et al., 2000）

## 12-2　薄膜分類

如上所述，MBR 程序與傳統活性汙泥法最大的差異是 MBR 程序中依每 CMD（$cm^3$/day）汙水的處理量，置入約 2～5 $m^2$ 之薄膜，而薄膜的分類可依孔隙大小及材料的不同來做分別。一般依孔徑大小，可將薄膜分爲緻密薄膜及多孔薄膜兩種，如表 12-2 所示。此兩種薄膜的作用機制不同，緻密薄膜的作用機制是利用薄膜的材質與待過濾物間的物化作用來達到分離的目的，有較高的選擇性，處理水質佳，甚至可去除水中的離子，此種薄膜形式包括有逆滲透（reverse osmosis, RO）、奈米過濾（nanofiltration, NF）、電透析（electrodialysis, ED）等，較常用於高級淨水程序中；而多孔薄膜的作用機制只靠表面的過濾，與緻密薄膜相比，較接近傳統的過濾程序，此類薄膜形式包括有微過濾（microfiltration, MF）及超過濾（ultrafiltration, UF）兩種，這也是一般 MBR 程序最常使用的薄膜。MF 薄膜主要是去除較大顆粒的物質，但去除物的粒徑大小只能到微米左右，UF 薄膜則可去除更小的粒徑，但所需透膜壓力較高。以下針對 MBR 較常用之 UF 及 MF 薄膜做一簡要說明。

表 12-2　緻密薄膜及多孔薄膜的種類（Stephenson, 2000）

| 緻密薄膜 | 多孔薄膜 |
|---|---|
| 逆滲透（reverse osmosis, RO：或稱為 hyperfiltration, HF） | 超過濾（ultrafiltration, UF） |
| 藉由溶劑與溶質於水中具不同之水溶解度及擴散速率之特性達到分離。 | 藉由膜孔大小將大型溶質、溶解性溶質、大分子以及懸浮膠體顆粒加以分離。 |
| 電透析（electric dialysis, ED） | 微過濾（microfiltration, MF） |
| 藉由溶質離子之大小、電荷密度以及電荷數之不同，以離子交換膜進行分離。 | 藉由膜孔大小將水中之懸浮固體分離（大多應用於 MBR 之固體分離或 MABRs 之曝氣單元）。 |
| 奈米過濾（nanofiltration, NF） | |
| 以往視為有漏洞的逆滲透膜。主要透過結合電荷排斥、溶解度擴散行為及篩除等作用達到分離之效果。 | |
| 薄膜材料 | |
| 僅限於高分子聚合材料 | 高分子聚合材料及無機材料 |

1. 微過濾（MF）

孔徑在 0.1～10 μm 間的多孔分離膜稱爲 MF 膜，此種薄膜與 UF 膜最主要的差別在於過濾時的濾速及膜的結構，MF 膜爲較屬於均勻架構（isotropic）膜。相較於其他薄膜單元須以掃流式操作，MF 單元可以直向流或掃流兩種形式過濾，MF 膜屬不需清洗的拋棄式濾膜。MF 過濾物質的範圍在 0.1～1 μm 大小的顆粒，處理目的以捕捉微生物和去除顆粒爲主，一般 MF 膜之操作壓力爲 1～25 psi，透膜壓力爲 10 psi。MF 爲薄膜過濾法中能量消耗最小、過濾量最大者，故常用以作爲其他薄膜程序的前處理，亦被大量使用於 MBR 反應槽中。

2. 超過濾（UF）

此種薄膜處理單元的膜孔徑約在 0.01～0.1 μm 之間，能夠濾除數千至數十萬分子量的巨分子。因爲其孔徑不易精確測量，所以薄膜的孔徑大小是用截留分子量（Molecular Weight Cut-Off, MWCO）來表示，此 MWCO 的觀念是基於阻擋係數所下的定義，通常是指某種球狀蛋白質分子若其分子量爲 MWCO 時，則就會有 90% 的此分子被薄膜所攔阻。也就是可能會有 10% 的此分子量分子會透過薄膜。UF 單元所分離的物質通常爲有機水溶性溶質而非無機鹽，因此稱爲溶質濾除率，而操作壓力通常在 100 psi 以下。最適壓力則視被處理廢水的組成和特性而定，通常在 30～60 psi 之間。UF 可過濾 0.01 μm 以上的顆粒，主要的處理項目，仍以有機物質爲主。UF 膜雖較少使用於 MBR 反應槽中，但由於薄膜技術之日新月異，許多公司陸續開發低透膜壓力、高通量之 UF 膜並試圖將其運用於 MBR 反應槽中。

除依孔徑大小區隔外，膜材料是製造各種優質薄膜的基礎，因此薄膜亦可依材質之不同分爲有機膜及無機膜。其中有機膜一般爲高分子薄膜，常見的材質有醋酸纖維素（cellulose acetate）、聚碸（polysulfone, PSf）、聚四氟乙烯（polytetrafluoroethylene, PTFE）、聚丙烯（polypropylene, PP），以及聚醯胺（polyamide, PA）等。無機膜種類則例如陶瓷（ceramic）、二氧化鈦（titanium dioxide）、二氧化鋯（zirconium dioxide）等薄膜，此類型之薄膜具有高選擇性與較低阻塞潛能，但通常需較高之操作壓力以及較耗能源，且製造成本較爲昂貴。

大部分的薄膜都是滲透性材質，而薄膜成本並非僅與材質有關，亦會隨著薄膜孔徑變小而提高成本。膜材表面特性如表 12-3 所示，表 12-4 則爲有機薄膜的特性。常用於多孔性薄膜技術的材料說明如下。

表 12-3　各種膜材表面特性

| 膜材 | 優點 | 缺點 |
|---|---|---|
| 醋酸纖維素（CA） | 低成本，具抗氯性，比 PA 抗汙染 | 絕熱性低，抗化學性弱，pH > 6 易水解 |
| 聚磺酸鹽（PS） | 可使蒸汽滅菌，耐酸鹼 | 抗碳水化合物能力低 |
| 聚醯胺（PA） | 絕熱效果好，抗化學性強 | 容易與氯作用 |
| 聚偏二氟乙烯（PVDF） | 耐酸性，強度好，抗化學性佳 | 高疏水性 |
| 聚四氟乙烯（PTFE） | 耐酸鹼，抗化學性強，具熱穩定性 | 高疏水性，成本昂貴 |
| 陶瓷薄膜（Ceramic） | 耐高溫，具機械強度，抗化學性強，抗菌，清洗後可乾燥貯存 | 成本昂貴，僅適用 MF 與 UF，質量重，易碎 |

表 12-4　有機薄膜之特性

| | CA | PA | PSf | PTFE | PVDF |
|---|---|---|---|---|---|
| pH 操作範圍 | 4～6 | 4～11 | 2～13 | 0～14 | 2～10 |
| 耐溫性 | 劣（< 30℃） | 佳（< 39℃） | 佳（< 75℃） | 最佳（< 327℃） | 佳（< 150℃） |
| 抗氯性 | 佳 | 劣 | 優 | 優 | 優 |
| 抗生物分解性 | 劣 | 劣 | 優 | 優 | 優 |
| 表面性質 | 平滑 | 粗糙 | — | 平滑 | 平滑 |
| 親疏水性 | 親水 | 親水 | 疏水 | 疏水 | 疏水 |

1. 醋酸纖維素（cellulose acetate, CA）

醋酸纖維素膜是由纖維素、acetate anhydride 及硫酸與醋酸反應而成。膜表面較爲平滑，且爲親水性，可減少水接觸角及溶質的吸附，以降低膜阻塞的程度，且具易製造、價格便宜及抗氯性佳等優點，不過其能承受之 pH 及溫度變化範圍較小，易被生物分解。

2. 聚碸（polysulfone, PSf）

PSf 膜官能基爲 -$SO_2$，pH 操作範圍在 2～13 間，具有好的化學穩定性。可處理高溫溶液，且具有強韌的機械結構，膜的應用性較廣，已被大量的生產與使用於製造 UF 與 MF 膜。

3. 聚醯胺（polyamide, PA）

PA 膜官能基爲 -CONH-，pH 操作範圍 4～11 之間，易被生物分解及抗氯性較差（氯的容忍濃度爲 0.1 mg/L）。但其對溫度的容忍度較強，可達 39℃，且具有較高化學及物理的穩定性，因此有較長的使用壽命。

4. 聚偏二氟乙烯（polyvinylidene fluoride, PVDF）

PVDF 爲結晶性聚合物，跟其他的聚合物相比有傑出的機械強度、硬度及抗蠕變性，優異的抗化學性和抗析出性，表面滑動性良好，耐磨性佳，高穩定性，不易滋生細菌，爲絕緣體，抗 UV 紫外線及對氣候也有較強的抗性，易燃性低，高抗輻射性。可於 150℃下長期使用，室溫下不被酸、鹼、強氧化劑、鹵素所腐蝕。

5. 聚四氟乙烯（polytetrafluoroethylene, PTFE）

一般稱為鐵氟龍（teflon），具有 -[$CF_2$-$CF_2$]$_n$- 的構造，為完全對稱的氟化線性之熱塑性高分子，具高度的結晶性、耐熱性及低摩擦性，熔點約為 327℃。PTFE 不被一般的藥物所侵蝕，亦不溶解於溶劑；摩擦係數甚小，介電性質優良，經由週波數和溫度的不同所引起介電特質的變化甚小。其優點為耐有機性、耐化學性，缺點則為疏水性太強，成本高。

6. 陶瓷膜（ceramic membranes）

陶瓷膜為一固態膜，主要為 $A1_2O_3$、$ZrO_2$、$TiO_2$ 和 $SiO_2$ 等無機材料所製備的多孔膜，其孔徑大小為 2～50 μm。具有極佳的化學穩定性、耐酸鹼及有機溶劑、較高的機械強度。在操作上可反向沖洗，對於抗微生物能力強、耐高溫。同時，由於其孔徑分布窄及選擇性高的特點，在食品工業、生物工程、環境工程、化學工業、石油化工、冶金工業等領域廣泛應用。陶瓷膜與同類的有機薄膜相比，造價較昂貴，其優點為堅硬、承受力強、且不易阻塞，對具有化學腐蝕性液體與高溫清潔液有更強的抵抗能力，其主要缺點為價格昂貴、製造過程複雜。

日本下水道事業團曾引用文獻中調查英國操作中的 20 座 MBR 程序，發現薄膜更換的比例甚低，如表 12-5 所示，大部分薄膜使用可以超過七年。並認為由於薄膜的製造技術進步，未來應可發展出抗腐蝕及抗阻塞性更好的薄膜，因此使用壽命將可大為延長。

表 12-5　日本下水道事業團調查英國 20 座 MBR 程序中薄膜的使用壽命

| 膜使用年數 | 使用模組數 | 更換模組數 | 更換比例（%） |
|---|---|---|---|
| 1 | 85,000 | 162 | 0.2 |
| 2 | 73,936 | 227 | 0.3 |
| 3 | 36,036 | 514 | 1.5 |
| 4 | 15,386 | 29 | 0.2 |
| 5 | 15,386 | 16 | 0.1 |
| 6 | 4,286 | 20 | 0.5 |
| 7 | 686 | 15 | 2.9 |

# 12-3　薄膜模組分類

薄膜模組依形狀進行分類，可分爲摺匣式（pleated filter cartridge）、平板式（plate-and-frame）、螺捲式（spiral-wound）、毛細管式（capillary tube），以及中空纖維式（hollow fiber），如表 12-6 所示。現今最廣泛使用於 MBR 之多孔性薄膜模組爲中空纖維式或平板式薄膜，其優點爲可反沖洗（backflush）及構造緊密；缺點爲過濾效果會隨著透膜壓力升高而變差。

表 12-6　MBR 的薄膜結構形狀分類（Stephenson et al., 2000）

| 結構形狀 | 面積／體積比（$m^2/m^3$） | 操作費用 | 優點 | 缺點 | 應用 |
|---|---|---|---|---|---|
| 平板式 | 400～600 | 高 | 可反洗及拆卸後再進行清洗 | 單位體積之通量低 | ED, UF |
| 中空纖維式 | 5,000～40,000 | 非常低 | 可被反洗，設計緊密並可承受膠體性高之物質 | 對壓力變化敏銳 | MF, UF |

以材料方面，在薄膜生產上中空纖維模組的價格較其餘薄膜低廉，由於薄膜本身密度高，加上流道寬度的優勢比平板膜以及管狀薄膜更容易控制，因此薄膜可在原槽體中進行數次反洗，其中包括物理性的清洗與化學性的清洗。此外在操作上，雖然平板膜在成本上比中空纖維膜高出 20～25%，但應用上所產生的積垢率與操作費用較爲低廉，因此也有數家公司致力於平板式薄膜的開發。

平板式薄膜如圖 12-5 所示，薄膜模組的填充密度爲 100～400 $m^2/m^3$，每一模組的表面積可達 100 $m^2$，有易清洗更換的優點。中空纖維薄膜則如圖 12-6 所示，其內徑約爲 0.2～3 mm 之間，每一模組內約有數千至數百萬根中空纖維膜，中空纖維膜其單位體積的過濾面積（packing density）甚大，可從 5,000 $m^2/m^3$（UF）至 40,000 $m^2/m^3$，因此其單位體積產水量亦較高。

整體而言，目前用於 MBR 之薄膜模組以中空纖維膜市占率最高，平板式次之。

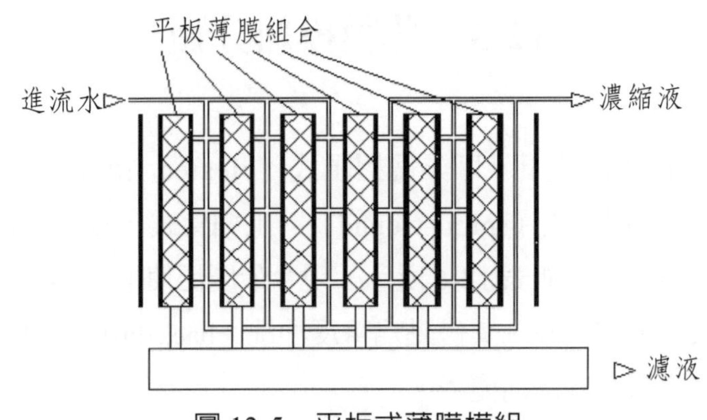


圖 12-5 平板式薄膜模組

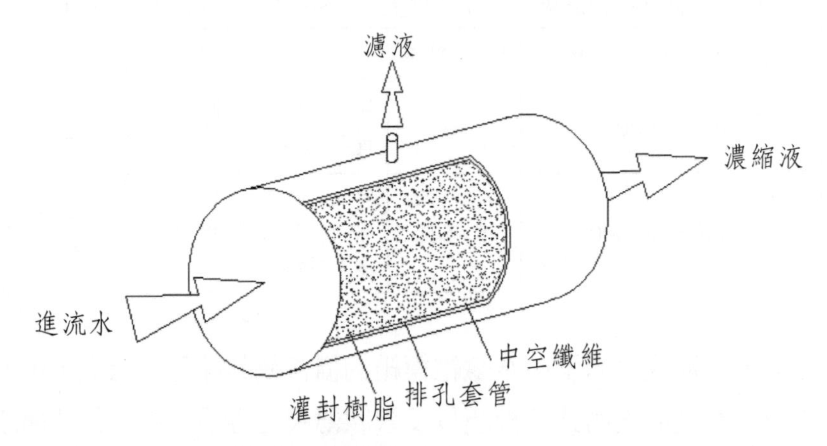


圖 12-6 中空纖維膜薄膜模組（Aptel and Buckley, 1996）

## 12-3-1 MBR 配置形式

就用於廢汙水處理的固液分離程序的 MBR 而言，依薄膜置入活性汙泥法的位置，MBR 配置形式可區分成側流式（side-stream），或稱為外部迴流式（external re-circulated）和沉浸式（immersed/submerged），或稱為整合式（integrated）二類，如圖 12-7 所示。

側流式 MBR 較沉浸式 MBR 發展早二十年，早期側流式 MBR 將薄膜置於生物反應槽之後（圖 12-7(a)），泵將活性汙泥抽至薄膜槽，利用驅動力及薄膜微小的孔隙，使汙泥與放流水分離，汙泥則進一步迴流至生物反應槽。即側流式 MBR 中泵將反應槽混合液抽送至薄膜單元進行固液分離，之後其滲透液（permeate）便成為放流水排放，而濃縮液（concentrate）則迴流至反應槽成為混合液。因此側流式 MBR 薄膜的通量與壓力相較於沉浸式 MBR 而言皆較高，其通量約可達 50～120 LMH（liter/$m^2$hr），而透膜壓力則高達 1～4 bar，且側流式 MBR 的通量及積垢速率較高，因此需要更頻繁的反沖洗或化學藥洗。

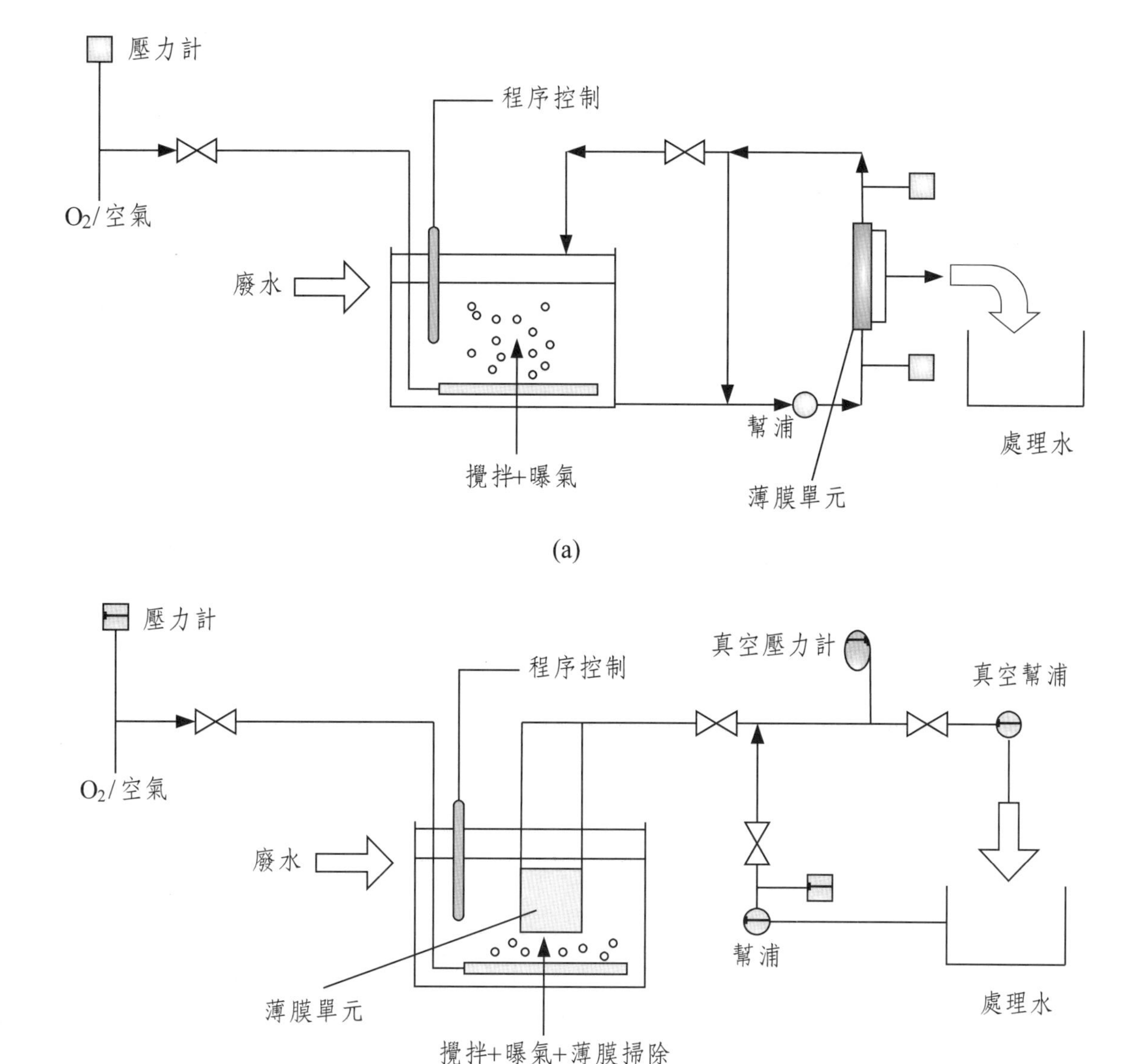


圖 12-7　(a) 側流式；(b) 沉浸式 MBR

由於側流式 MBR 所需的動力費用及土地成本仍高，其後爲節省操作動力費用及土地成本，1990 年代初期發展出沉浸式 MBR（圖 12-7(b)），該法係將薄膜置於生物反應槽中，利用泵及薄膜將生物反應槽混合液中的汙泥與水分離。由於薄膜本身是置放於生物反應槽中，因此並不需迴流。沉浸式 MBR 的薄膜在出水側爲負壓的環境下操作，通量一般約 15～50 LMH，而透膜壓力則約爲 0.5 bar，操作動力較側流式 MBR 低很多，且由於薄膜在生物反應槽中，因此沉浸式 MBR 不需要設置終沉池，其土地成本可大大降低。此外，沉浸式 MBR 的通量相對較低，可長時間維持，化學藥洗頻率約每年兩次。

目前沉浸式 MBR 多用於處理都市汙水，而側流式 MBR 則多用於食品、皮革等工業廢水處理。表 12-7 比較側流式與沉浸式 MBR 的優缺點，最關鍵的是由於沉浸式 MBR 不必設置高流量的循環泵，動力需求較低，因此日益受到重視與應用。2002 年以後，沉浸式 MBR 的研究趨勢已超越側流式 MBR，尤其是應用於都市汙水處理方面特別明顯。側流式 MBR 則被認爲較適合於處理高有機負荷、高毒性的工業廢水，因此僅在特定的研究領域上有較多的應用。

表 12-7　側流式與沉浸式 MBR 之優缺點（范姜仁茂，2009）

| 類型 | 優點 | 缺點 |
| --- | --- | --- |
| 側流式 | 1. 積垢隨膜面掃流速度增加而線性減緩<br>2. 維護及時間成本較低，薄膜模組置換時間較短<br>3. 在高的混合液懸浮固體（mixed liquor suspended solids, MLSS）下順利操作的可能性較高<br>4. 溶解性有機與無機固體物的沉降，較易以控制水力動力方式處理<br>5. 曝氣可藉氧氣質傳與攪拌方式達最佳化<br>6. 容易以化學藥劑進行現地薄膜清洗，而不會對生物產生風險 | 1. 常在較高通量下操作，產生積垢可能性較高<br>2. 剪力較大，易使膠羽破碎<br>3. 泵的設置，使動力需求較高 |
| 沉浸式 | 1. 低耗能，適合大尺度規模應用<br>2. 空間需求低<br>3. 薄膜可置於多種形式的反應槽，採納度與適用度高<br>4. 在較低的壓力與膜面掃流速度下操作，操作狀況較緩和<br>5. 出流水質較側流式佳 | 1. 膜面掃流速度不易控制<br>2. 較大的曝氣與薄膜面積需求<br>3. 薄膜曝氣與氧氣溶解之間需要折衷考量 |

# 12-4　MBR 操作影響因素與積垢去除

## 12-4-1　MBR 操作影響因素

許多因素影響 MBR 通量及薄膜分離汙染物的效果，如表 12-8 所示，影響因素包含有：溫度、操作壓力、進流濃度、濃度極化、pH 值及膜面積垢情形，分述如下：

表 12-8　影響 MBR 效能的因子（范姜仁茂，2009）

| 影響因子 | | 影響性 |
|---|---|---|
| 進流水質 | 汙染物的親疏水性 | 疏水性汙染物會吸附在汙泥、脂質及顆粒物質，於排泥時被去除 |
| 進流水質 | 汙染物的化學結構 | 1. 帶有鹵素官能基的芳香族可能不易被去除<br>2. 帶有烷基鏈的芳香族不易被去除 |
| 薄膜特性 | 薄膜種類、材質、模組 | 1. 影響通量<br>2. 陶瓷膜的通量高，表面平滑可抵抗濾餅層的黏附 |
| 控制參數 | pH | 影響生物的活性與汙染物溶解度 |
| 控制參數 | 溫度 | 1. 影響生物的活性<br>2. 溫度增加使吸附平衡較快達到，降解速率與生物生長速率增加<br>3. 影響黏滯度 |
| 控制參數 | MLSS | 1. 造成積垢，降低滲透液通量<br>2. 高 MLSS 降低氧氣質傳的 $\alpha$ 值<br>3. 酵素活性與 MLSS 比表面積成正比<br>4. 高 MLSS 提高汙染物的吸附能力 |
| 控制參數 | 掃流速度 | 1. 產生剪力，使生物膠羽破裂及懸浮，提高有機物與氧氣的質傳<br>2. 掃流速度過高會破壞汙泥結構，損及微生物間的交互作用 |
| 控制參數 | 曝氣強度 | 1. 提供生物降解的氧氣，並使汙泥維持懸浮<br>2. 在薄膜附近產生紊流及掃流速度，促進濾餅移除效率<br>3. 高曝氣強度會提供高剪力，使液體的黏滯度降低，亦使攪拌增強，膠羽碎裂 |
| 控制參數 | 黏滯度 | 1. 滲透液的黏滯度直接影響通量<br>2. 汙泥黏滯度影響薄膜表面的紊流與掃流速度，間接影響通量<br>3. 影響氣泡大小與分布<br>4. 氧氣在高黏滯度液體的溶解度低，使氧氣質傳效果降低 |
| 操作模式 | | 1. 間歇式過濾操作較連續式過濾，可減少濾餅層，因而降低過濾阻抗且維持較佳通量<br>2. 固定通量式操作較固定壓力式，能避免過多積垢生成 |
| 積垢 | | 膠體粒子積垢與生物積垢影響通量 |

1. 溫度的影響

通量（flux）會隨著溫度增加而成正比增加，是因流體的動黏滯度（kinematic viscosity）隨著溫度增加而下降，每升高 1℃，約可增加 3% 的流通量。但在臨界溫度以上操作，將會增加化學物質的活性及積垢層密度，導致水力阻抗（hydraulic resistance）增加，將加速薄膜的劣化（deterioration），產生負面效果（Ruide et al., 1985）。

2. 操作壓力

在固定操作條件下，操作壓力增加會提高膜單位表面積的流量，使產水率增加，但也增加膜的負荷，容易造成汙染阻塞，必須提高清洗頻率。而且，提高壓力所增加的動力費用，將會增加操作成本，未必符合經濟效益。另因壓力增高，將會使薄膜快速被壓縮緊密，致阻礙流體通過及加速薄膜劣化，減少操作壽命。

薄膜通量與透膜壓力的關係如 12-1 式所示：

$$J = \frac{\Delta P}{\mu Rt} \tag{12-1}$$

式中 $J$：水通量（water flux, $m^3/m^2 \times d$）

$\Delta P$：透膜壓力（kPa）

$\mu$：黏滯係數（kg/m×sec）

$Rt$：薄膜總阻抗（m/kg），含薄膜本身 $R_m$、濾餅層 $R_c$、薄膜內部阻塞物 $R_f$

由上述公式可看出當薄膜壓差愈大、黏滯係數愈小、薄膜阻抗愈小時，其通量愈高。一般而言，MBR 之透膜壓力約操作在 5～40 kPa 不等，過濾通量約在 0.5 $m^3/m^2 \times d$ 左右，視所用薄膜材料、模組形狀、過濾原水水質、操作壓力、廠牌等不同而異。

3. 進流濃度

進流濃度即進流溶液的濃度，包含各種鹽類、金屬礦物、膠體、有機成分等，其驅動壓力差 $\Delta P$ 及溶液密度 $\rho$ 將隨濃度增加而增加，濾液透過率（PR）則隨之減少。

### 4. 濃度極化

於薄膜分離操作過程，被過濾而無法穿透薄膜的分子，受到液體向膜表面移動的推力，將會使此區域的濃度愈來愈高，而形成一濃度梯度（concentration gradient）。也就是在薄膜表面處，水分穿透薄膜後形成一鹽類比較高的邊界層（boundary layer），此處之鹽類具有向中央處形成一體積流（bulk convective flow）的擴散驅動力，形成反向擴散效應（back-diffusion effect）去平衡薄膜表面之溶液對流，此種現象稱為濃度極化效應（concentration polarization）。濃度極化效應的作用下，將會造成薄膜的分離效果降低，致流通量降低及濾液的質量惡化。

### 5. pH 值

不同薄膜材質對 pH 值有其適用的範圍，進流溶液將隨不同 pH 值，使其溶質溶解性改變，而薄膜材質的水解速率更與進流溶液的 pH 值有密切關係。以醋酸纖維素膜為例，其 pH 值適用範圍為 3～8，但若考量薄膜水解作用，其 pH 值最好控制在 5 以上，一般如複合膜（composite）、PSf 膜、PVDF 膜、CA 膜等之 pH 值適用範圍亦為 3～8。

### 6. 膜面積垢（fouling）

薄膜穩定操作，即質量傳輸係數（mass transfer coefficient, MTC）變動性低、驅動壓力差（$\Delta P$）增加小。但是膜積垢將會造成 MTC 減少及 $\Delta P$ 增加，因此膜表面積垢的控制是相當重要，其將可減少薄膜清洗頻率及不必要的操作成本浪費。膜面積垢之形成原因為溶質或外來物質沉積於薄膜表面，形成一層膠狀體，此層物質使水流通量降低及水質變差，其存在是一種不可逆現象，所以有些積垢是無法清洗乾淨的。

## 12-4-2　MBR 薄膜積垢

應用 MBR 技術進行廢水處理時，通常希望薄膜能有最大的處理通量，而通量與薄膜積垢有相對關係，通常積垢愈嚴重，則通量愈少。因此，在 MBR 操作過程中，減少（延緩）積垢的發生是系統穩定的關鍵。

通量是指薄膜在單位時間、單位面積下的過濾處理量，可做薄膜的效能指標。通量的大小是由操作的驅動力和過濾總阻抗力所決定。在 MBR 系統中，通量隨操作時間的增加逐漸降低，這是因為在反應槽中，混合液產生的阻塞物（foulants）經由吸附或沉澱作用而存在薄膜的表面或是孔徑中，而形成積垢（fouling）的現象，這就是造成薄膜的過濾阻力增加的原因，此時可藉由反沖洗除去薄膜表面的阻塞物以回復薄膜的通量。阻塞可分為可逆積垢（reversible fouling）和不可逆積垢（irreversible fouling）二種，可逆積垢可經由反沖洗而回復通量；不可逆積垢則會造成通量永久性的減少。而阻塞物的產生，則是由混合液中的物質經物理化學作用後所產生。

MBR 系統在操作過程所遭遇的薄膜積垢形成的機制共分五類：

1. 吸附作用（adsorption）

大分子和膠體物質經薄膜吸附後，常在薄膜的表面或膜孔中造成阻塞。

2. 生物膜（biofilm）

經長時間過濾後，在薄膜表面會有生物膜的黏著與生長，造成過濾阻礙的生物積垢（biofouling）。

3. 沉積作用（precipitation）

溶解性物質沉積在薄膜表面所造成的積垢，通常是由無機鹽類累積所造成。

4. 薄膜老化（ageing）

此原因為薄膜經長期操作後，材質本身的老化現象引起。

5. 濃度極化（Concentration Polarization, CP）

濃度極化現象是指混合液中的溶質（solute）在薄膜表面生成一層濃度邊界層（concentration boundary layer）或稱停滯流體薄膜（stagnant liquid film），在邊界層上的流速接近零，這時傳輸機制只剩擴散作用（diffusion）。邊界層厚度是由系統的水力條件所控制，如果系統中存在的擾流（剪力）力量大，則厚度就會減少。故要避免濃度極化現象對系統的干擾，可以利用擾流和降低操作通量來避免。

一般薄膜表面的積垢阻塞與惡化是 MBR 系統中常見的現象，造成之原因十分複雜，在各機制之間又會相互影響，導致難以探討實際原因，至今亦無學者有詳細的研究。目前，在討論薄膜積垢現象時，都將其歸咎於單純的膜孔徑堵塞問題，即薄膜孔徑會因積垢，導致其尺寸變小，造成過濾時的阻力增加，通量因此減少。

積垢一般分為有機性積垢（fouling）與無機性積垢（scaling）兩大類。其中又可細分為下列五項：

### 1. 固體物積垢

此類積垢是由反應槽混合液中的大顆粒，如懸浮固體物、細砂、泥沙和鐵鏽等所造成。

### 2. 有機物積垢

有機物積垢爲可溶性的有機物，包括油脂、脂肪、界面活性劑、蛋白質及腐質酸等，在薄膜表面沉積所引起的積垢，一般發生在 RO 系統中。

### 3. 膠體性積垢

在 MBR 系統中存有粒徑在 0.3～5 μm 的小顆粒時，它會沉積在膜面形成膠體。膠體的表面都具有界達電位，受到濃縮時就會趨於穩定，並持續沉積於膜面，增加積垢問題。

### 4. 生物性積垢

MBR 系統中的微生物在過濾時，會隨過濾水流行進而逐漸附著於膜面。微生物一旦附著在薄膜表面即會開始成長，並慢慢發展成爲黏泥狀的生物膜，導致過濾壓力升高和通量降低。在微生物附著之前，一些大分子如腐質物、脂多醣類、蛋白質及其他物質等，會先吸附在膜面而形成條件膜，這些吸附物質形成的薄層會逐漸累積覆蓋薄膜表面，致使膜面原來的特性遭到改變，例如表面的靜電荷和張力，通常會使膜面改變成略帶負電性的狀態。

### 5. 無機性鹽類積垢

在 NF 及 RO 系統中，因爲能截留無機鹽類，因此在薄膜表面會產生無機鹽類的結垢；而在 MF 及 UF 系統則無此類的結垢現象。

目前在探討 MBR 系統的積垢原因時，仍未有統一而完整的理論被建構出來（Chang, 2002），原因爲薄膜生物反應槽是一個複雜的反應系統，因其中的生物組織包含許多不同的成分與活的微生物。MBR 系統中主要是以 MF 薄膜當作分離介質，當薄膜產生積垢時，會使通量降低並增加操作成本（Gander, 2000；張，2001）。直接影響薄膜阻塞的速率與程度的因子如表 12-9 所示，又可分爲三大類，如圖 12-8 所示（Thomas, 2000; Chang, 2002）：

1. 薄膜的性質（membrane characteristics）

包括薄膜的材料與親疏水性質、孔徑大小與分布、模組結構與型態等。經親水化處理的薄膜對於過濾積垢阻抗值會比疏水膜低（Chang, 2001）。累積在膜孔中的磷酸銨鎂（$MgNH_4PO_4 \cdot 6H_2O$, struvite）對無機膜的積垢扮演重要角色；而有機膜的積垢是薄膜表面有生物濾餅構造與磷酸銨鎂形成所導致（Kang, 2002）。

2. 反應槽混合液性質（biomass characteristics）

包括汙染物的性質與濃度、汙泥濃度、膠羽結構與尺寸、胞外聚合物（extracellular polymeric substances, EPS）等。薄膜的阻抗會隨 MLSS 濃度的增加而變大（Fane, 1981）。好氧 MBR 的 MLSS 濃度在 3,000～31,000 mg/L 之間（Brindle, 1996）。當 MLSS 濃度超過 4,000 mg/L 時，通量會急遽降低（Yamamoto, 1989）。當 MLSS 濃度超過 30,000 mg/L 時，不可逆積垢的產生和 MLSS 已無直接關係，而系統中的黏度與溶質之影響則變得顯著（Lubbecke, 1995）。在厭氧 MBR 中，溶質的大量增加所造成的通量減少，比 MLSS 濃度增加之影響還大（Harada, 1994）。

3. 操作條件（operating conditions）

包括水力停留時間（HRT）、汙泥停留時間（SRT）、透膜壓力（TMP）、薄膜膜面掃流速度（cross-flow velocity）等。在厭氧 MBR 的操作中，其過濾阻抗通常會大於好氧 MBR，原因是厭氧 MBR 系統含有較細小的膠體物質和無機物質的沉澱（Chang, 2002）。在沉浸式 MBR 系統中，曝氣的作用除了提供氧氣給微生物外，並可促進系統之擾動與減緩積垢的發生（Dufresne, 1997）。在較短水力停留時間下，生物可獲得較多的營養鹽，增加生物的成長力，導致 MLSS 濃度升高（Dufresne, 1998）。當 SRT 從 5 天增加到 30 天時，MLSS 濃度從 2,500 mg/L 提高至 15,000 mg/L（Xing, 2000）。

各種阻塞影響因子間，大多有相互影響之關係存在。孔徑尺寸和透膜壓力相關，當孔徑較大時，則透膜壓力就比較小。當泵的抽力（suction）增加時（透膜壓力增加），反應槽的黏度會隨之增加，造成 MBR 操作失敗（Ueda, 1996）。黏度增加的原因，是生物膠羽受到過量的剪力影響，造成細胞體內的胞外聚合物釋出。由此發現，當操作條件改變後，反應槽的性質也跟著受影響，因此在 MBR 操作時，參數的變換需做多方考量。

表 12-9　影響 MBR 積垢的因子（范姜仁茂，2009）

| 影響因子 | | 影響性 |
|---|---|---|
| 水質特性 | 1. SS 濃度<br>2. 有機質疏水性 | 1. 高 SS 濃度，易直接產生積垢<br>2. 疏水性物質易於疏水性薄膜上產生積垢 |
| 薄膜性質 | 親疏水性 | 汙染物及膠羽較不易吸附在親水性薄膜，通量降低較小 |
| | 帶電性 | 影響薄膜對帶電粒子及離子的選擇性及形成積垢難易度 |
| | 孔隙 | 小顆粒會在孔隙內部阻塞，致使較大孔隙未必具高通量 |
| | 粗糙度 | 表面愈粗糙，膠體附著在薄膜表面產生積垢的速度愈快 |
| 薄膜類型 | 薄膜模組、材質 | 1. 中空纖維膜的密度及水力動力環境，影響積垢速率<br>2. PVDF 較 PE 材質能預防不可逆積垢 |
| 顆粒特性 | 膠羽大小 | 1. 膠羽愈小，濾餅阻抗愈高<br>2. 膠羽受剪力破碎，會釋出胞外聚合物，使積垢易生成 |
| 控制參數 | 通量 | 通量大於臨界通量時會產生積垢 |
| | 溫度 | 低溫下由於黏滯度改變，積垢速率較快 |
| | MLSS | MLSS < 6,000 mg/L 發生生物積垢可能性較小<br>6,000 mg/L < MLSS < 15,000 mg/L<br>MLSS > 15,000 mg/L 發生生物積垢可能性較高 |
| | 掃流速度 | 影響顆粒離開薄膜表面的質傳與濾餅厚度 |
| | 曝氣強度 | 1. 促進中空纖維式薄膜攪動，抑制積垢生成<br>2. DO 不足時，將改變膠羽表面的疏水性，使積垢惡化<br>3. DO < 0.1 mg/L 時，薄膜表面之生物膜孔隙率相對較小，且 EPS 釋出量較大，致使阻抗較高 |
| | 水力停留時間 HRT | 1. 薄膜表面在較長的 HRT 下，會快速形成緊密的積垢層<br>2. 短 HRT 會促使提供生物較高的營養鹽，使 MLSS 提高，間接影響積垢 |
| | 汙泥停留時間 SRT | 1. 較長 SRT 因生物生長速率慢與 EPS 較少而不易產生積垢<br>2. 較長 SRT 可能提高 MLSS，使液體黏滯度提高而易生積垢 |
| 汙泥異常 | 1. 膨化<br>2. 膠凝不佳 | 1. 絲狀菌在薄膜表面產生薄且無孔的濾餅層，導致嚴重積垢<br>2. 膠凝不良汙泥有較多膠體粒子與弱鍵結 EPS，易產生積垢 |

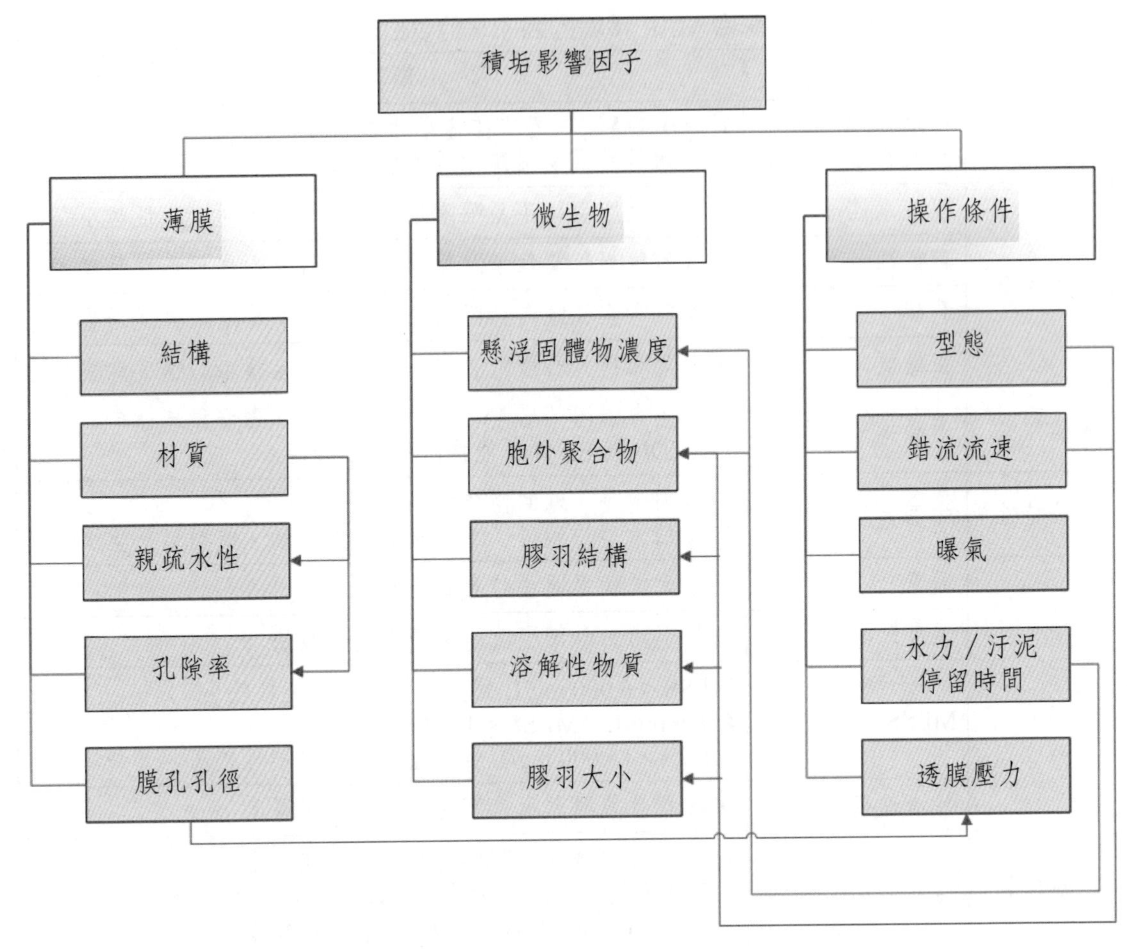


圖 12-8　積垢影響因子（Thomas, 2000；Chang, 2002）

## 12-4-3　MBR 薄膜積垢去除

由於 MBR 在操作上容易形成薄膜積垢，因此許多研究提出對薄膜積垢不同的清洗方法，例如曝氣量條件改變、低通量操作、薄膜物理清洗與化學藥洗等。

日本下水道事業團認爲薄膜模組採用 0.1～0.4 μm 的沉浸式 MF 平板膜或中空纖維膜，則採掃流式的方式操作以利用曝氣剪力剝除薄膜上的積垢物質，並定期以反沖洗水洗淨、藥液注入洗淨以及藥液浸漬洗淨等三類方法清洗。

1. 在反沖洗水洗淨部分，建議以每 10～15 分鐘爲一循環，以 10 分鐘爲例，每抽 9 分鐘的過濾液即用反沖洗水洗淨 0.5 分鐘。

2. 在藥液注入洗淨部分，一般有機性積垢可用 12% 或者是數百到 5,000 mg/L 的次氯酸鹽溶液清洗，無機性積垢則可用鹽酸、檸檬酸溶液清洗，藥洗量約為 1 L/$m^2$hr 左右，藥洗時間為 2 小時，藥洗頻率可依透膜壓力決定，當壓差達 15～30 kPa 時即可進行，一般從每週一次到每四個月一次不等。
3. 在藥液浸漬洗淨方面，使用時機為當藥液注入洗淨亦無法大幅降低薄膜透膜壓力差時，但亦可固定於每年浸漬洗淨 1～3 次，浸漬時間從 2 小時到 20 小時不等，浸漬藥液可用 12% 或者是 1,000 到數千 mg/L 的次氯酸鹽溶液清洗。各積垢去除原理如表 12-10，以下簡述物理清洗與化學清洗控制積垢的原理。

## 一、物理清洗控制積垢

物理清洗包含表面沖洗（rinse or flushing）、反沖洗（backwash or plus air scouring）與表面刷洗（wash）。表面沖洗能去除薄膜表面累積的汙泥濾餅層（Wang and Li, 2008）或指濾餅結構較鬆散，以塊狀或大面積分布之表面型態存在的物質（Metzger et al., 2007）。而 Li and Zhou（2006）等人則針對操作壓力達到定值，立即取出並以沖洗的方式去除薄膜表面的積垢。物理清洗方式的應用在薄膜表面沖洗與薄膜反沖洗兩方面較多人使用。

目前實廠操作皆以下列三種形式之物理性清洗方式，假如這三種物理性清洗方式皆無法有效移除積垢，就應考慮將濾膜化學藥洗以恢復濾膜的通量。日常解決膜阻塞的三種物理性操作方式如下：

1. 利用曝氣所產生之水流剪力將附著在薄膜表面的積垢去除。
2. 間歇性抽水操作薄膜過濾，使薄膜管內負壓消除，以利水流產生的剪力能更有效沖刷薄膜表面的積垢。
3. 當薄膜停止過濾時，同時進行反沖洗，將附著於薄膜孔隙之積垢自薄膜移除。

此外，亦有研究提出以間歇操作方式以改善薄膜積垢的情形，但此方式會造成薄膜表面有濃度梯度的問題，因此有學者利用薄膜間歇操作結合空氣的淘洗（Hong et al., 2002; Chua et al., 2002），以加強去除的效果。然而文獻仍提出間歇過濾在大規模 MBR 應用上不夠符合經濟的效益，因此仍須採取反沖洗次數增加等方法當作處理（Zhang et al., 2005; Vallero et al., 2005）。

表 12-10　不同薄膜清洗方式的分析

| 薄膜積垢清洗方式 | | | | | 文獻出處 |
| --- | --- | --- | --- | --- | --- |
| 表面沖洗 (rinse) | 刷洗 (wash) | 反沖洗 (backwash) | 化學藥洗 (chemicals) | 濾式、材料、孔徑 | |
| 去除表面黏附性微生物 | - | 去除薄膜表面剩餘物質 | 脫附剩餘積垢物質 | MF, PVDF, 0.2 μm | Metzger et al., 2007 |
| - | - | 去除薄膜內部阻塞物質 | 去除內部累積物質 | HF, PVDF, 0.1 μm | Lim and Bai, 2003 |
| - | 去除濾餅層 | - | - | HF, PE, 0.4 μm | Wang and Li, 2008<br>Wang et al., 2007 |
| 去除薄膜表面的濾餅層 | - | 去除剩餘物質 | - | MF, PP, 0.1 μm | Ji and Zhou, 2006 |
| 利用試紙去除表面生物 | - | - | 脫附表面累積物質 | HF, PE and PVDF, 0.4 μm<br>HF, PE, 0.3 μm | Yamato et al., 2006<br>Kimura et al., 2005 |
| 去除表面汙泥濾餅層與部分汙泥膜 | - | - | 去除生物聚合物與表面剩餘膠體顆粒 | HF, PE, 0.4 μm | Chu and Li, 2005 |
| - | - | 反沖洗與空氣淘洗去除剩餘物質 | 去除表面有機物質 | UF, PVDF, 0.03 μm | Jiang et al., 2003 |
| MF: microfiltration, HF: hollow fiber, UF: ultrafiltration. | | | | | |

## 二、化學清洗控制積垢

化學清洗分為酸性清洗與鹼性清洗兩種方法，分別針對有機性與無機性積垢物作去除。Li and Zhou（2006）指出，MBR 系統在不同條件操作下，當物理清洗的循環次數增加，薄膜表面會有不可逆積垢的形成，原因是有些許物質如溶質或相對薄膜孔徑較小之膠體顆粒吸附而導致。不僅如此，薄膜反沖洗也可能破壞汙泥濾餅層，形成小顆粒的物質，原因是濾餅層的累積造成二次過濾的效果，將汙泥顆粒縮減成更小（Kuberkar et al., 2000）。

另外 Lim and Bai（2003）指出不可逆積垢的特性屬於含高緻密性，不具多孔性之物質顆粒，而經藥洗後雖仍有物質的累積，但通量的恢復率可達到 76.8%，比反沖洗方式通量的恢復率 24.7% 更高。因此化學藥洗不僅有效去除物理清洗後剩餘的積垢，更可降低薄膜的積垢率，達到原初通量的設定值。另外 MBR 製造公司如 Kubota, Memcor, Mitsubishi 與 Zenon 等也對積垢提出不同方式與不同強度的化學清洗作去除，詳細如表 12-11 所示。

表 12-11　不同商業化 MBR 供應商提出化學清洗方法

| 製造商 | 清洗方式 | 化學藥劑 | 溶液濃度（%） | 使用方法 |
|---|---|---|---|---|
| Kubota | CIL | 次氯酸鈉<br>草酸 | 0.5<br>0.1 | 以反方向抽洗薄膜兩小時，之後浸泡兩小時。 |
| Memcor | CIP | 次氯酸鈉<br>檸檬酸 | 0.01<br>0.2 | 對薄膜內部，混合液與槽體內曝氣管作清洗。 |
| Mitsubishi | CIL | 次氯酸鈉<br>檸檬酸 | 0.3<br>0.3 | 以反方向抽洗薄膜兩小時，之後浸泡兩小時。 |
| Zenon | CIP | 次氯酸鈉<br>檸檬酸 | 0.2<br>0.2～0.3 | 以反方向循環抽洗薄膜。 |
| CIL（clean in line）表示化學藥劑配製溶液，以重力方式從管線對薄膜內部作清洗。CIP（clean in place）表示薄膜經反應槽取出後，於浸泡前以化學藥劑溶液預潤並去除多餘之化學藥劑。 | | | | |

儘管如此，Flemming et al.,（1992）提出化學清洗會改變積垢物質的特性，造成細胞發生變性（denature）的情形，加上 Leslie et al.,（1993）提出在生物膜質量不減的條件下，化學性的清洗也造成生物膜有非均質性與孔隙度改變等現象，因此化學清洗後的積垢物質仍有待鑑定（Liao et al., 2004）。

一般而言，當操作之壓力與初始操作壓力的差距達到 30 kPa 時，就必須進行化學清洗，但通常在操作上只要壓力差達到 20 kPa 就進行清洗，以得到較佳之濾膜通量之恢復率。正常情況下，沉浸式膜系統之化學清洗約每 6 個月進行一次，通常使用次氯酸鈉進行殺菌，但若有機物汙染情形嚴重，則使用氫氧化鈉清洗，而若濾膜表面的汙染物是屬於無機性的物質（如鐵鏽），則可使用鹽酸來清洗（Mitsubishi Rayon Co., LTD, 1998）。表 12-12 爲統整文獻中進行薄膜積垢控制的各種技術。

表 12-12　MBR 的薄膜積垢控制技術（范姜仁茂，2009）

| 控制方式 | 種類 | 特性／功能 | 缺點 |
| --- | --- | --- | --- |
| 物理性清洗 | 1. 空氣反沖洗<br>2. 滲透液反沖洗<br>3. 薄膜鬆弛 | 1. 對中空纖維式薄膜最有效<br>2. 可部分移除阻塞孔隙之顆粒及濾餅 | 1. 增加滲透液的 TDS<br>2. 可能導致薄膜破損<br>3. 需要耗費能源 |
| 化學性清洗 | 1. 含氯氧化劑<br>2. 檸檬酸<br>3. 界面活性劑／酵素 | 1. 含氯氧化劑與蛋白質及 EPS 作用，使濾餅減少<br>2. 檸檬酸可去除無機積垢<br>3. 界面活性劑可減緩生物附著於聚合物薄膜的表面<br>4. 可作為薄膜的平時維護性清洗，減少回復性清洗 | 1. 沒有通用的化學劑<br>2. 產生二次汙染或毒性廢水 |
| 水力環境控制 | 1. 沉浸式 MBR 控制曝氣強度及時間<br>2. 掃流式 MBR 控制混合液的流速 | 防止生物積垢或減緩積垢速率 | 需要進行模型廠試驗找尋最佳條件 |
| 汙泥與薄膜特性改良 | 1. 粉狀活性碳<br>2. 膠凝劑／混凝劑<br>3. 擔體<br>4. 薄膜改良 | 1. 以粉狀活性碳吸附 EPS，並形成生物活性碳<br>2. 改變膠羽顆粒大小<br>3. 使汙泥附著，減少 MLSS 對積垢影響<br>4. 增加薄膜表面親水性，減少汙泥與薄膜的交互作用 | 額外成本並使廢棄汙泥量增加 |
| 最佳化程序設計與操作 | 1. 前處理設計<br>2. 控制滲透液通量<br>3. 控制 SRT | 1. 避免薄膜表面被磨損或變質，以預防產生積垢<br>2. 在次臨界通量或可持續通量操作，降低積垢生成，並減少化學性清洗需求<br>3. 延長 SRT，使 COD 減少，以減少有機積垢 | 尚未成熟 |

# 12-5　MBR 發展進程及技術現況

MBR 對都市或傳統工業廢水的 COD 處理效率均可達 90% 以上，但仍以都市汙水的處理效率較高。目前生產 MBR 薄膜模組公司，主要可分爲中空纖維／管狀模組以及平板模組，公司分布在歐洲、北美洲及亞洲，其中以中空纖維薄膜模組爲目前

MBR 公司發展的主流，並多爲沉浸式操作，材質則大部分爲 PVDF 及 PES 兩種，孔隙大小介於 0.04～0.4 μm 不等，屬於 UF 至 MF 等級，操作 pH 値範圍多在 2～11 左右，操作溫度可高至 40℃，絕大多數的廢水皆可利用薄膜處理。薄膜多屬中等以上親水性，其對氯的容忍度皆佳，可進行次氯酸鹽化學藥洗。雖然單位體積下中空纖維膜模組密度遠大於平板膜，但其設計通量則差異性不大，爲 10～60 LMH 不等。

在諸家 MBR 模組公司中又以加拿大的 Ge-Zenon、日本的 Kubota，以及美國的 US-Filter 等三家公司模組應用最普遍。現階段 MBR 常見的處理容量約 190～1,900 CMD，其設置仍以美國、日本、南韓、英國、德國最爲積極。

在歐洲方面，自 1999 至 2004 年間陸續啓動 19 座處理流量大於 2,000 CMD 的 MBR，主要以英國與德國最多，其中平板系統應用在英國較普遍（占 75～80%），已處理 10,000 CMD 以上的都市汙水，其餘國家則以中空纖維系統爲主。文獻上世界營運中最大的 MBR 在 2003 年於德國卡斯特（Kaarst）啓用，日處理都市汙水量爲 45,144 CMD，由中空纖維模組廠商提供技術，其出流水目標爲能達成沐浴用水的水質。

在北美洲方面，美國及加拿大在 2005 年以前分別設置 221 及 31 座，但處理容量皆較小，以 1,000 CMD 以下爲主，大部分爲 Zenon 系統（占 50% 以上）。北美洲目前營運中最大的 MBR，位於美國密蘇里州的特拉弗斯城（Traverse City），處理容量 26,900 CMD，而美國華盛頓州國王郡（King County）於 2006 年動工興建目前世界最大的 MBR，其設計處理流量 144,000 CMD，尖峰流量 204,000 CMD，採用 Zenon 的系統，於 2010 年完工。

在亞洲部分，南韓於 2005 年前，共設有 1,400 座 MBR 實廠與模廠。中國大陸的 MBR 技術雖然發展較晚，但近年已有數家廠商生產 MBR 模組，並設置單廠超過 10 萬 CMD 產水量之實廠。至於國內 MBR 處理廠處理量多在 15,000 CMD 以下，首座大型 MBR 工業廢水實廠則位於桃園八德處理 1,270 CMD 的 TFT-LCD 光電業廢水，另已有臺北大學特定區、水湳經貿園區，以及桃園北區汙水處理廠等設置單廠超過 5,000 CMD 的 MBR 都市汙水實廠。

# 12-6 MBR特性優點及適用範圍

MBR的特性爲占地面積小，可取代傳統活性汙泥處理法的曝氣槽、終沉池及後續處理槽，處理後的水質佳，水量及水質穩定，可同時去除多種汙染物，且可克服傳統活性汙泥法常見之汙泥膨化問題。此外，由於MBR不需要沉澱池的設置，因此不會有汙泥沉澱性不佳而導致汙泥流出之問題。日本下水道事業團提出「膜分離活性汚泥法の技術評価に関する報告書」，該報告整理日本「膜分離活性汙泥法の実用化」計畫中於汙水處理實廠所設置的五座模廠之出流水質，如表12-13所示，結果發現五座模廠的平均放流水濃度分別爲0.9 mg/L $BOD_5$、7.6 mg/l $COD_{Mn}$、<0.4 mg/L SS、6.1 mg/L N、0.27 mg/L P、大腸菌群0.11 MPN/ml，以及色度17，其最大放流水濃度分別爲2.3 mg/L $BOD_5$、10.6 mg/L $COD_{Mn}$、<0.4 mg/L SS、10.0 mg/L N、2.16 mg/L P、大腸菌群11 MPN/mL以及色度20，其平均去除率則分別爲$BOD_5$（99.5%）、$COD_{Mn}$（94.5%）、SS（>99.9%）、TN（81.8%）、TP（94.6%）、大腸菌群（>99.9%），以及色度（93.8%），顯示五座模廠之處理水質皆相當良好，均可滿足日本散水用水及景觀用水標準，但色度則仍無法滿足日本親水用水標準（< 10），需再加強。

該報告建議MBR的進流水及放流水水質如表12-14所示，可看出其放流水水質極佳，並認爲MBR程序適用時機爲汙水廠用地面積受限、需要處理高濃度汙水、處理水需要再利用、放流水再利用標的無法加氯消毒、既有的土木構造物無法藉由傳統活性汙泥法增加處理量、活性汙泥固液分離有問題的既有廠等，並建議日本小規模MBR程序配置之土木構造物僅需要沉砂池、調勻池、活性汙泥反應槽以及汙泥處理設備，活性汙泥槽則建議應同時設置缺氧-好氧反應槽達到硝化-脫硝的除氮效果。處理流程爲進流水先經沉砂池沉澱並經過1 mm的欄汙柵先行過濾微小懸浮性物質後，再進入調勻池調整流量以避免透膜壓力的增加。隨後進入缺氧-好氧活性汙泥反應槽，藉由迴流好氧槽硝化汙泥的方式進行硝化-脫硝反應以達除氮效果，並視需要於好氧槽加入PAC達到除磷效果。好氧槽內置入數組模組，利用驅動力將處理水從混合液中抽出與活性汙泥分離並放流之，廢棄汙泥再由好氧槽不經濃縮可直接進入汙泥處理設備脫水處理。

表 12-13　日本下水道事業團建議的進流水及放流水設計水質

| 水質參數 | 進流水濃度 | 放流水濃度 | 備註 |
| --- | --- | --- | --- |
| $BOD_5$（mg/L） | 200 | <2.0 | 放流水為 C-BOD |
| SS（mg/L） | 200 | <1.0 | -- |
| TN（mg/L） | 35 | <10.0 | -- |
| TP（mg/L） | 4 | <0.5 | 搭配化學沉降除磷時使用 |

表 12-14　日本「膜分離活性汙泥法の実用化」計畫中五座 MBR 模廠處理效果

| 水質參數 | 進流水濃度 | 平均放流水濃度 | 最大放流水濃度 | 平均去除率 (%) |
| --- | --- | --- | --- | --- |
| $BOD_5$（mg/L） | 198.2 | 0.9 | 2.3 | 99.5 |
| $COD_{Mn}$（mg/L） | 212.6 | 7.6 | 10.6 | 94.5 |
| SS（mg/L） | 228.4 | <0.4（ND） | <0.4（ND） | >99.9 |
| TN（mg/L） | 35.2 | 6.1 | 10.0 | 81.8 |
| TP（mg/L） | 5.12 | 0.27 | 2.16 | 94.6 |
| 大腸菌群（個 / mL 或 MPN/mL） | 3.36E+05 | 0.11 | 11 | >99.9 |
| 色度（度） | 275 | 17 | 20 | 93.8 |

# 習　題

1. 某最大日處理量 2.4 萬噸的都市汙水處理廠採 MBR 反應槽操作，其水力停留時間為 4 小時，薄膜通量為 0.5 $m^3/m^2 \cdot day$，薄膜採用平板膜，每片膜框長 1 m，寬 0.5 m，單片模組（兩面）面積 1 $m^2$，單片膜框厚度 1 mm，兩片膜框間隔 1 mm。試算：(1) MBR 反應槽大小多少 $m^3$；(2) 薄膜面積多少 $m^2$；(3) 反應槽長、寬、高各為多少 m？
2. 某 MBR 反應槽的體積為 4,000 $m^3$，膜面積 48,000 $m^2$，分別採用 0.05% 及 0.5% 次氯酸鈉進行 CIL 與 CIP 清洗，其中 CIL 進行 10 分鐘，流量為 0.1 $m^3/min$；CIP 採批次處理，每批次處理 10% 模組，停留時間 2 小時，批次與批次操作間隔 1 小時。試問：(1) CIL 後對於反應槽所造成的氯濃度有多高；(2) CIP 所需反應槽體積為多少 $m^3$；(3) 全廠 CIP 需多少時間？

3. 試說明活性汙泥法與 MBR 的差異，並就臺灣水資源現況與水價說明 MBR 的適用性。
4. 請說明中空纖維膜與平板膜於 MBR 反應槽的應用特性，並說明工業廢水與都市汙水分別適合採取何種膜處理。
5. 請說明如何以工程手段延緩 MBR 膜的阻塞。
6. 請說明 MBR 於都市汙水操作時的使用限制，以及克服的方法。

# 參考文獻


1. Charley, R.C., D.G. Hooper, A.G. McLee, Nitrification kinetics in activated sludge at various temperature and dissolved oxygen concentrations, *Water Res.*, 14(1980)1387-1396.
2. Cicek, N., J.P. Franco, M.T. Suidan, V. Urbain, J. Manem, Characterization and comparison of a membrane bioreactor and a conventional activated sludge system in the treatment of wastewater containing high-molecular-weight compounds, *Water Environ. Res.*, 71(1999)64-70.
3. De Haas, D., P. Turl, C. Hertle, Magnetic island water reclamation plant - membrane bioreactor nutrient removal technology one year on, *Enviro 04 Conference and Exhibition* (2004).
4. Fan, X.F., V. Urbain, Y. Qian, J. Manem, W.J. Ng, S.L. Ong, Nitrification in a membrane bioreactor (MBR) for wastewater treatment, *Water Sci. Technol.*, 42(2000)289-294.
5. Harremoes, P., O. Sinkjaer, Kinetic interpretation of nitrogen removal in pilot scale experiments, *Water Res.*, 29(1995)899-905.
6. Lonsdale, H.K., U. Merten, R.L. Riley, Transport Properties of Cellulose Acetate Osmotic Membranes, *J. Appl. Polym. Sci.*, 9(1965)1341-1362.
7. Muller, E.B., *Bacterial energetics in aerobic wastewater treatment*, Ph.D. Thesis, Vrije University, The Netherlands (1994).
8. Rosenberger, S., A. Schreiner, U. Wiesmann, M. Kraume, *Impact of different sludge ages on the performance of membrane bioreactors*, Proceedings IWA 2001 Berlin World Water Congress (2001).
9. Rosenberger, S., K. Kubin, M. Kraume, Rheology of activated sludge in membrane bioreactors, *Eng. Life Sci.*, 2(2002)269-275.

10. Stephenson, T., S. Judd, B. Jefferson, K. Brindle, *Membrane bioreactors for wastewater treatment*, IWA Publishing, London (2000).

11. Wisniewski, C., A. Leon Cruz, A. Grasmick, Kinetics of organic carbon removal by a mixed culture in a membrane bioreactor, *Biochem. Eng. J.*, 3(1999)61-69.

12. Zhang, B., K. Yamamoto, S. Ohgaki, N. Kamiko, Floc size distribution and bacterial activities in membrane separation activated sludge process for small-scale wastewater treatment/reclamation, *Water Sci. Technol.*, 35(1997)37-44.

13. 范姜仁茂，莊連春，曾迪華，廖述良，游勝傑，梁德明，薄膜生物反應器（MBR）於廢水處理之技術評析，*工業污染防治*，109（2009）49-96。

# 符號說明

| | |
|---|---|
| $\Delta P$ | 壓力差 |
| $J$ | 通量 |
| $\mu$ | 黏滯係數（kg/m×sec） |
| $Rt$ | 薄膜總阻抗 (m/kg) |
| $R_m$ | 薄膜本身阻抗 |
| $R_c$ | 濾餅層阻抗 |
| $R_f$ | 薄膜內部阻塞物阻抗 |
| $\rho$ | 密度 |
| CMD | $cm^3$/day |
| LMH | liter/$m^2$hr |

# 第十三章
# 液膜分離

/王大銘、李岳憲

膜分離程序是以壓力差、濃度差、溫度差、或電位差作爲驅動力，來驅使物質透過具有選擇性的膜，利用不同成分透膜速率的差異來進行分離。容易透膜的成分會有較高的透膜通量，因此在透過端會有較高的濃度，而在進料端就會留下較多不易透膜的成分。雖然分離膜通常是固體材料，如高分子、碳材、金屬和陶瓷，但亦可是液體型態的膜，稱爲液膜（liquid membrane）。

圖 13-1 是利用成分在液膜中溶解度差異來進行分離的液膜程序示意圖，在進料液（feed solution）和接受液（receiving solution）之中置入不互溶的液體形成液膜（如進料液和接受液是水相，液膜就採用油相；進料液和接受液是油相，液膜就用水相），利用不同成分在液膜中溶解度的差異來進行分離。如圖 13-1 所示，進料液中的成分 A 可溶於液膜中，溶解的成分 A 擴散至接受液界面，然後溶出到接受液中，成分 B 則不溶於液膜中，所以無法透過液膜。因爲大部分實際液膜分離程序的進料和接收液是水相、液膜是油相，所以本章節都是以油相液膜來進行說明和討論。

爲提升分離的選擇性，常會在液膜中添加與目標成分親和性高（與其他成分無特別親和性）的分子，通常稱爲載體，來攜帶目標成分透過液膜。理想載體只溶於液膜中，而不會溶於進料液或接受液中。含載體的液膜分離程序如圖 13-2 所示，在液膜與進料液的接觸界面，載體 $\overline{\mathrm{C}}$ 會與進料液中的目標成分 A 形成只溶於液膜中的錯合物（complex）$\overline{\mathrm{AC}}$，$\overline{\mathrm{AC}}$ 會因濃度梯度擴散至液膜與接受液的界面，將 A 釋出於接受液中，恢復自由的載體 $\overline{\mathrm{C}}$ 則質傳回到進料液界面，與其他 A 分子結合，攜帶更多 A 分子透過液膜。載體 $\overline{\mathrm{C}}$ 與目標成分 A 形成錯合物 $\overline{\mathrm{AC}}$ 的反應是可逆反應（$\mathrm{A} + \overline{\mathrm{C}} \leftrightarrow \overline{\mathrm{AC}}$），在進料液界面處，A 濃度較高，所以會以進行正向反應爲主，形成 $\overline{\mathrm{AC}}$，而在接受液界面處，A 濃度較低，逆向反應主導，錯合物將 A 成分釋出。在本章節中，上標 $\overline{(\ )}$ 之符號代表該成分只溶於油相中。

上述靠載體錯合物來加速傳送的機制稱爲輔助傳送（facilitated transport），是液膜分離程序中很重要的傳送機制，可利用載體來大幅提升液膜對目標成分的選擇性。利用載體來提升選擇性的原理與萃取（extraction）程序相同，液膜中的載體即是萃取程序中的萃取劑（extractant），在進料相與液膜界面形成錯合物的反應就是萃取反應，而在液膜與接受液界面處所進行的錯合物分解反應即是反萃取反應（anti-extraction 或 stripping）。所以圖 13-2 中的接受液也常被稱爲反萃取液（strip solution），液膜程序也常被解析爲萃取反應、載體錯合物傳送和反萃取反應三個步驟。

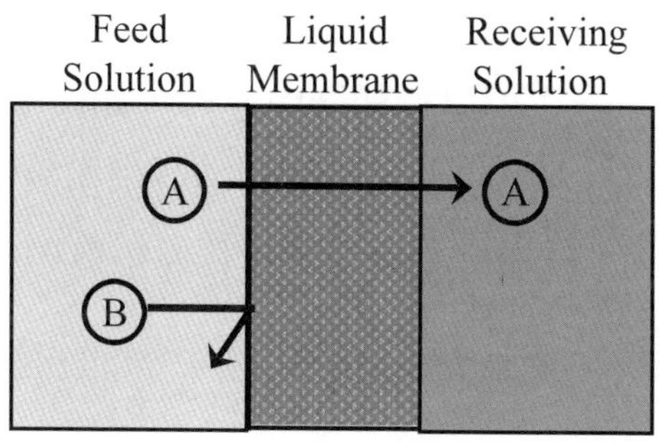


圖 13-1　液膜分離程序的示意圖

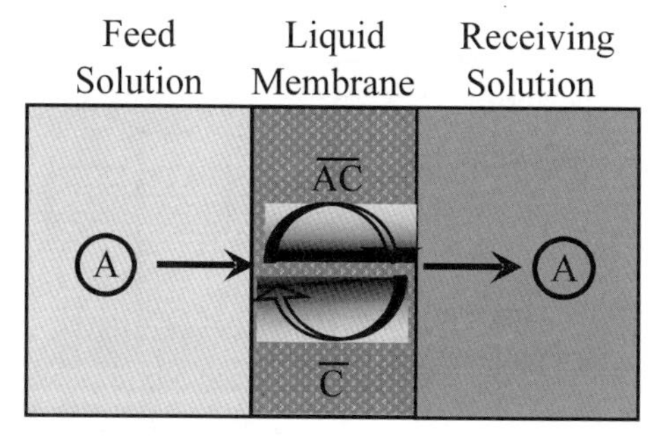


$$A + \overline{C} \leftrightarrow \overline{AC}$$

圖 13-2　含載體液膜分離程序的示意圖

由於可利用載體（萃取劑）來對進料液中的目標分子進行選取，而不是只利用物理上的溶解度差異或孔洞大小來進行分離，所以液膜分離程序具有很高的選擇性，應用面很廣。但因爲是液相操作，要維持不互溶液體（油相和水相）間的穩定界面並不容易，尤其是在大規模操作下要維持長時間的操作穩定性，更有許多技術上的問題要克服，所以至目前爲止，液膜分離技術的產業應用還不像本書其他章節中所討論的膜分離程序那麼廣泛，不過，因爲液膜程序的高選擇性特性，相關的學術和應用研究，一直受到許多學術界和產業界的關注。本章節將簡介液膜技術的發展和應用，並簡要說明液膜的輸送機制、數學模式和模組設計，也會討論液膜技術應用上的瓶頸。

## 13-1　液膜分離技術簡介

在 1902 年 Nernst 與 Riesenfeld 就提出過液膜的構想，將含載體的油相溶液置於水相的進料溶液和接受溶液之間，利用載體來攜帶目標分子，發展出選擇性很高的分離程序。早期的液膜研究都是在小型攪拌器中進行，如圖 13-3 所示，利用油相與水相不互溶且油相密度較低的原理，以油相來隔開進料相和接受相水溶液，讓目標分子可以經由油相中載體的攜帶，從進料溶液傳遞至接受溶液中。

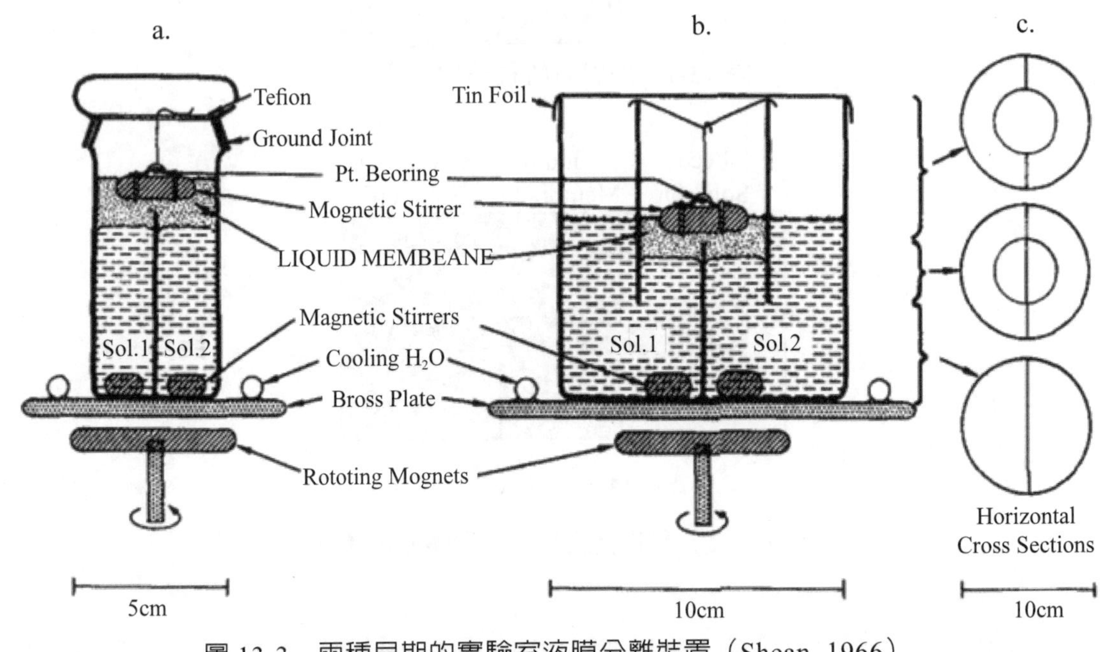


圖 13-3　兩種早期的實驗室液膜分離裝置（Shean, 1966）

液膜可視爲是萃取與反萃取兩程序的結合，在液膜與進料液的接觸界面，目標分子被萃取入油相液膜中，而在液膜與接受液的接觸界面，目標分子從液膜中被反萃取至水相接受液中。在傳統的萃取 - 反萃取分離程序中，萃取和反萃取是各自分開進行，先將待萃取物從進料萃取至油相溶液中，等萃取反應達平衡後，再進行油水分離將水相進料溶液與油相萃取液分開，然後將含有錯合物的油相萃取液移至反萃取槽，與水相反萃取液進行反萃取程序，讓待萃取物質從油相釋放至反萃取液中。由於每槽的可萃取量取決於萃取反應達平衡時的錯合物含量，要有較高的萃取量要採用較高的萃取劑濃度或是加大萃取槽，設備與操作成本會提高，而爲了讓萃取反應達平衡，操作的時間要足夠長，再加上等待油水分層的時間，時間成本亦會較高。液膜程序可以改善萃取—反萃取程序的效率，因爲萃取與反萃取同時發生，反萃取程序讓萃取劑持續再生，萃取反應可以一直進行，不需等待萃取反應達平衡，可以縮短操作時間，也沒有等待油水分層的問題，可以節省操作時間和成本，提升分離效率。

液膜操作通常依其油相液膜固定的方式分為本體式液膜（bulk liquid membrane, BLM）、乳化式液膜（emulsion liquid membrane, ELM）和支撐式液膜（supported liquid membrane, SLM），如圖 13-4 所示。本體式液膜操作主要是靠油相與水相間的不互溶性質來形成液膜（圖 13-4(a)），圖 13-3 的早期實驗室用液膜分離裝置即是屬於本體式液膜。本體式液膜系統的優點是非常簡便，裝置成本也低，但缺點是液膜厚（相較於乳化式和支撐式）、錯合物傳送的路徑長、透膜阻力大，所以操作時通量低，再加上油相與水相的接觸面積小，單位時間的處理量低，不適於實際應用。為了解決本體式液膜過厚且油水接觸面積過小的問題，乳化式液膜的構想在 1960 年代被提出：在油相液膜和水相接受液中，加入界面活性劑，利用界面活性劑分子一端親水、一端疏水的性質，降低油水間的界面張力，讓水相接受液在油相中形成穩定的乳化液滴，液滴碰撞時不會合併，然後將含乳化液滴的油相在水相進料液中攪拌分散，就形成進料水相包覆油相液滴，而油相液滴中又包覆乳化接受液的液膜系統，如圖 13-4(b) 所示。乳化液膜的厚度較薄，再加上利用攪拌分散形成小液滴可提高油水接觸面積，單位時間的處理量遠高於本體式液膜，讓液膜分離技術的實用性大幅提高，但由於需要破壞乳化液滴才能將接受液取出，操作程序較複雜，再加上乳化液滴的穩定性問題，目前仍然未有大規模的實務應用。另一個液膜操作程序是支撐式液膜，將含載體的油相填入於疏水性多孔薄膜的孔洞中，然後將進料水溶液與接受相水溶液分別引入薄膜兩側，利用薄膜材料的疏水性質（不讓水相進入膜孔中）形成油水界面，如圖 13-4(c) 所示。支撐式液膜程序的液膜厚度相當薄（大約與多孔薄膜的厚度差不多，一般是數十到數百微米），可降低錯合物的透膜質傳阻力，也可利用薄膜模組選擇來提供很大的油水接觸面積（如利用中空纖維模組來提高單位體積的膜面積），實用性相當高，但仍有一些長期操作不穩定和裝置成本仍高的問題需要解決，在大規模的實務應用時才能有足夠的技術可行性和經濟競爭性。以下將進一步說明乳化式液膜和支撐式液膜兩分離程序。

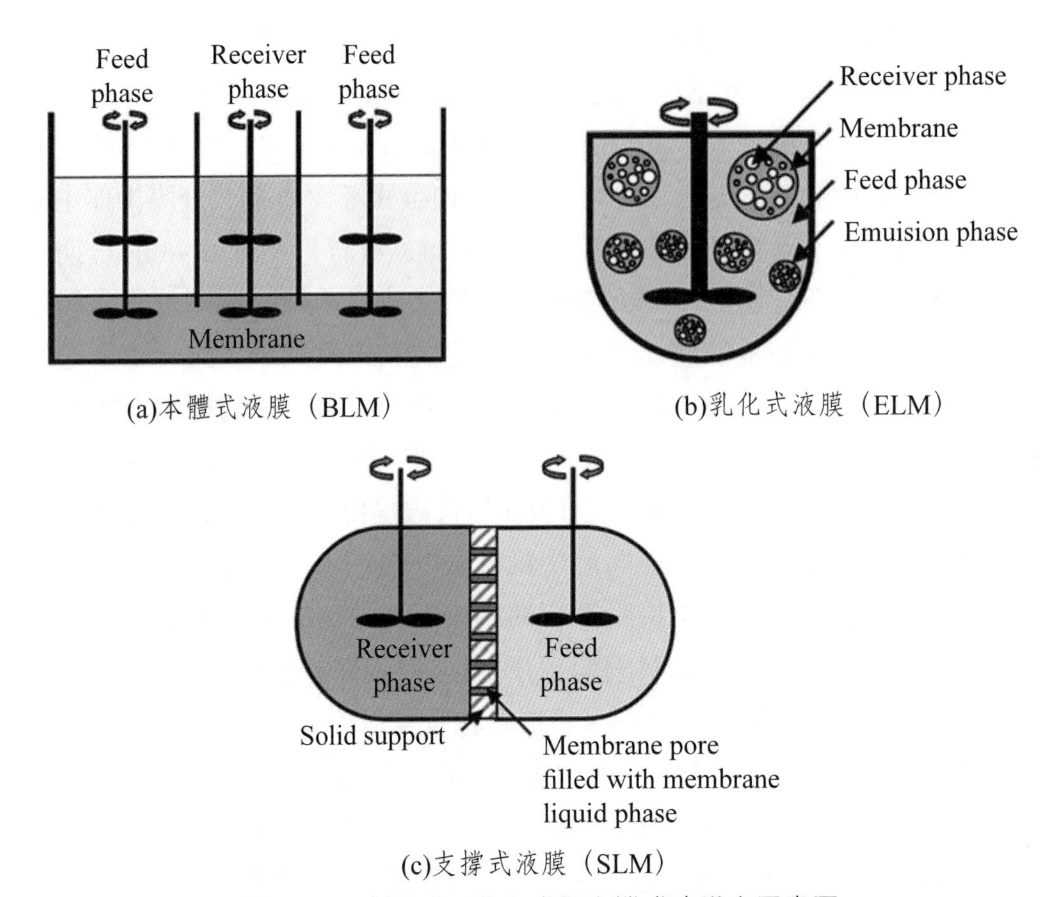


圖 13-4　本體式、乳化式和支撐式液膜之示意圖

## 13-1-1　乳化式液膜

乳化式液膜分離程序的關鍵技術在於如何選擇適當的界面活性劑，讓水相接受液能在油相中形成熱力學穩定的乳化液滴，在後續操作中這些液滴不會破裂或合併，而能穩定存在於油相液膜中。一般而言，界面活性劑的親水親油平衡值（hydrophilic-lipophilic balance, HLB）可作爲選擇時的依據，常用來製備水相在油相中穩定乳化液滴的界面活性劑，其 HLB 值介於 7～11 之間，但不同分離系統所採用的界面活性劑仍有所不同（Chalcraborty, 2010）。

圖 13-5 簡要說明乳化式液膜的操作程序。在乳化槽（emulsifier）中讓水相接受液形成乳化液滴包覆於油相（有機相）液體中後，將含水相乳化液滴的油相與進料水

溶液攪拌混合，會形成「水 / 油 / 水」的乳化式液膜系統。在操作過程中，可將混合槽（mixer）中部分液體引入分層槽（settler）中，因攪拌停止，進料水溶液會與油相分層（油相在上層），此時進料水溶液中的目標分子濃度已大幅降低，如已達分離目標，就可引出系統，而含接受液的油相則被導至破乳槽（de-emulsifier），藉由加熱、通電或改變 pH 值等方法來破乳（de-emulsification），讓油相與接受液分層。分層後，將油相液體導回乳化槽繼續使用，接受液中目標分子濃度已大幅提高，若達到回收濃度，就可引出系統。

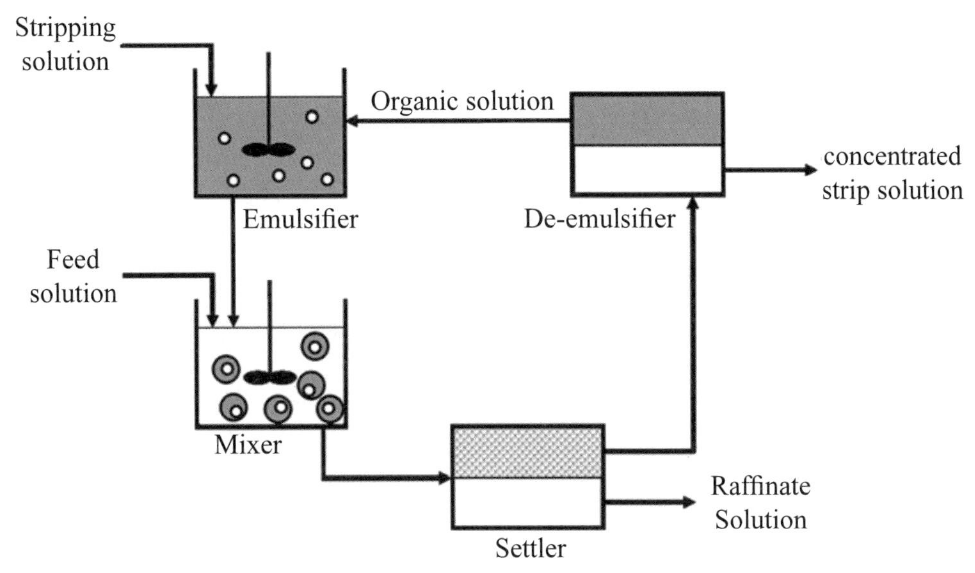


圖 13-5　乳化式液膜操作程序的示意圖

在乳化式液膜系統中，可經由攪拌來形成大量且體積小的液滴，分離槽中每單位體積可以提供約 1,000～3,000 $m^2/m^3$ 的油水接觸面積，因此可以達到提高分離速率的目的。而在操作設計上，接受液的體積通常爲進料溶液的 1/10，可以同時達到將目標物濃縮的效果。但是在工業應用上，乳化液膜仍有許多需要克服的技術問題。例如：攪拌所產生的剪應力會造成乳化液滴破裂，操作溫度及 pH 值也都會造成液膜的不穩定；另外，乳化過程中添加的界面活性劑會帶有親水基團，再加上接受液通常是濃度很高的酸性或鹼性溶液（滲透壓很大），長時間操作時，水會由進料液傳至乳化液滴內，導致乳化液滴的膨潤（swelling）而讓液滴的機械強度下降，更容易因攪拌而破裂。如何提升乳化液滴的穩定性，但卻又能在破乳步驟中容易破乳，其間平衡點如何拿捏，是乳化式液膜在工業應用上的關鍵課題。

## 13-1-2 支撐式液膜

支撐式液膜是以疏水性多孔膜的孔洞來承載油相，並利用材料疏水性質所產生的界面張力來阻擋水溶液進入膜孔中，形成油水界面。依據 Young-Laplace 方程式，可估算出水相液體要進入膜孔內置換出油相液體的臨界置換壓差（critical displacement pressure）：

$$P_c = \frac{-2\sigma \cos\theta^*_{w/o}}{r} \tag{13-1}$$

上式中，$P_c$ 代表臨界置換壓差，$\sigma$ 是油相與水相間的界面張力，$r$ 爲膜孔的半徑，$\cos\theta^*_{w/o}$ 則是水相溶液、油相溶液和材料表面的接觸角（如圖 13-6 所示）。當材料是疏水而親油時，$\theta^*_{w/o} > 90°$，$P_c$ 爲正值，表示只要膜兩側之靜壓差比 $P_c$ 小時，膜孔內的油相溶液不會被水相溶液推擠出來，可以形成穩定的油水界面，但若靜壓差比 $P_c$ 大時，膜孔內的油相溶液就會被水相溶液置換，造成油相液膜的流失。因此，$P_c$ 值愈大，代表液膜操作會愈穩定。

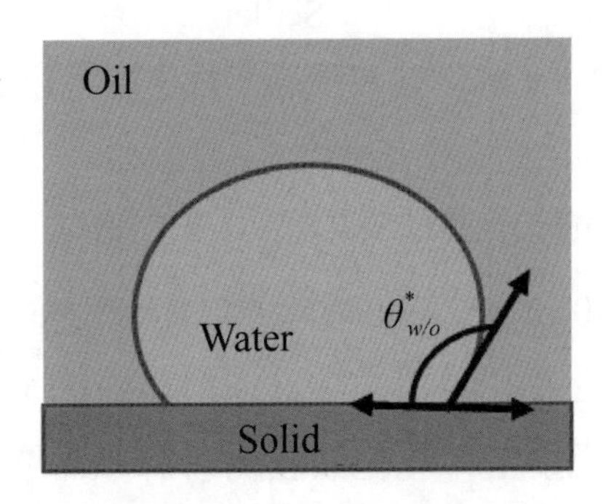


圖 13-6　水相溶液、油相溶液和材料表面的接觸角

常使用的疏水膜有聚丙烯（polypropylene, PP）膜、聚四氟乙烯（polytetrafluoroethene, PTFE）膜及聚偏二氟乙烯（poly(vinylidene fluoride), PVDF）膜，操作前先將薄膜浸置於油相溶液中，讓孔洞含浸油相溶液，再將此支撐式液膜置於進料水溶液與

接受液水溶液之間，形成如圖 13-4(c) 所示意的結構。

支撐式液膜依常使用的薄膜模組設計分爲平板式（flat-sheet）和圓管式（tubular），簡述於下。

## 1. 平板式支撐液膜

平板式液膜係將含浸油相溶液之平板多孔膜置於水相的進料溶液槽與接受溶液槽之間，其架構如圖 13-4(c) 所示。單獨平板式模組的系統設計簡單，故常在測試新系統或探討輸送機制和建立數學模式時使用；在工業應用時，則會採用多層板框式模組（架構與過濾模組類似），以提高其經濟效益，但由於板框式模組單位體積可以提供的膜面積較小，通常是用在處理量較低的小規模操作。

## 2. 圓管式支撐液膜

圓管式支撐液膜系統之架構與殼管式（shell and tube）熱交換器類似，將薄膜製成中空圓管狀，再將管膜封裝入圓柱殼筒中，示意圖如圖 13-7。管膜的一側引入進料水溶液，另一側引入接受液，膜孔內則塡入含載體之油相，進行液膜分離操作。圓管式支撐膜的模組可進一步依膜管的直徑分爲管式（$> 5$ mm）模組、毛細管式（0.5～5 mm）模組和中空纖維（$< 0.5$ mm）模組，管徑愈小，單位體積的膜面積愈大，管式爲 100～500 $m^2/m^3$，毛細管式有 500～4,000 $m^2/m^3$，中空纖維式則有 4,000～30,000 $m^2/m^3$。支撐膜面積較大時，油水接觸面積亦較大，可以有較高的分離速率，故想要提高單位系統體積的分離速率，可以採用管徑較小的管膜，但較小的膜管在操作過程中容易被懸浮粒子阻塞，清洗也比較困難，所以必須考量進料的組成及膜面積的需求，來進行選取。

與乳化式液膜比較，支撐式液膜不需加入界面活性劑來形成乳化液滴，也不需經過乳化和破乳等步驟，操作相對簡單，較容易爲工業界接受，但因需要多孔疏水膜來形成油水界面，設備成本較高，所以一直未有大規模的實務應用。近年來疏水多孔膜的價錢大幅降低，支撐式液膜操作的可行性也愈來愈高。

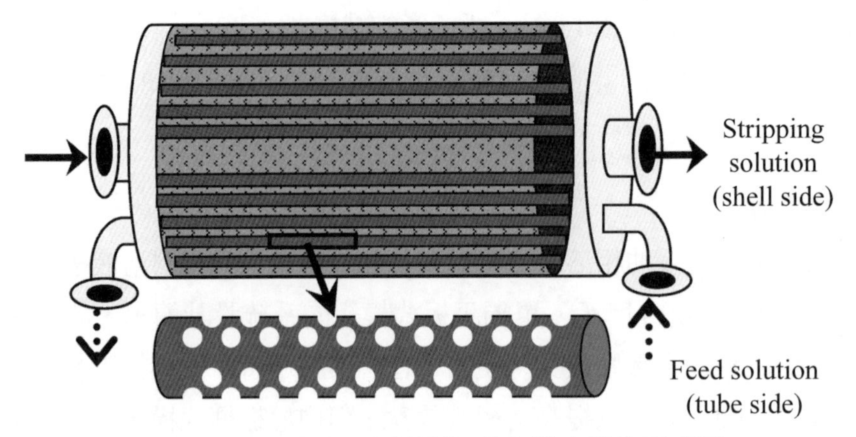


圖 13-7　圓管（中空纖維）式支撐液膜的示意圖

# 13-2　液膜分離的原理與輸送機制

液膜中物質的輸送機制，依照載體的有無分為溶解擴散傳送（solution-diffusion transport）與載體輔助傳送（facilitated transport）。

## 13-2-1　溶解擴散傳送

不含載體的液膜分離程序如圖 13-1 所示，進料溶液中的分子會先溶進油相溶液中，藉由濃度梯度從進料溶液界面擴散至接收溶液界面，再由油相溶出，溶入於接受液中。此種輸送機制，常被稱為溶解 - 擴散機制，目標分子與非目標分子間的選擇性可來自於溶解度的差異或擴散速率的差異，液膜中分子擴散速率通常差異並不大，選擇性的主要來源是溶解度的差異。溶解選擇性可來自於分子在油相液膜中的溶解度差異，例如在圖 13-1 中，A 分子可溶於油相中，但 B 分子不溶，就可以分離 A 和 B，並可用接受液的體積來調整 A 在其中的濃度，進行濃縮。亦可藉由分子在接受液中的溶解度差異來進行選擇，分離出在接受液中溶解度較高的分子。可以靠油相溶液和接收液的選取，來提高目標分子的選擇性，達成分離的效果。但接受液通常是水溶液，常見的方式是調整 pH 值來調控進料中各成分於其中的溶解度，有時亦可調整

pH 值使目標物沉澱出來，讓進料液與接受液之間的濃度梯度（擴散驅動力）能夠維持。

## 13-2-2　載體輔助傳送

如若目標分子在油相中的溶解度太低，或是目標分子與非目標分子間的溶解度差異所能提供的選擇性過低時，可以添加溶於油相且會與目標分子產生結合反應的載體分子，讓目標分子與載體形成溶於油相中的錯合物，提高目標分子的傳遞速率和選擇性。依載體與目標分子的反應機制，載體輔助傳送可以分爲簡單載體傳送（facilitated transport）與偶聯傳送（coupled transport）。簡單載體傳送中，目標分子與載體分子會進行反應形成錯合物，以錯合物傳送作爲目標分子在液膜中的額外（甚至是主要）質傳途徑。偶聯傳送則是指載體分子與目標分子進行結合反應時，會有另外一個輔助分子參與反應，可藉由輔助分子在進料相與接受相之間的濃度梯度來提供目標分子額外的質傳驅動力，甚至可以產生上行傳送（uphill transport）或泵送效應（pumping effect），讓目標分子能夠由低濃度側傳送至高濃度側。偶聯傳送通常又分爲同向傳送（co-transport）和反向傳送（counter-transport），以下簡要說明。

### 1. 簡單載體傳送

在簡單載體傳送中（如圖 13-2 所示），目標分子 A 與載體分子 $\overline{C}$ 進行類似式（13-2）的反應，形成錯合物 $\overline{AC}$。

$$A + \overline{C} \leftrightarrow \overline{AC} \qquad (13\text{-}2)$$

上述反應是可逆反應，$\overline{C}$ 和 $\overline{AC}$ 只溶於油相，在進料液界面處 A 濃度較高，以進行正向反應爲主，A 與 $\overline{C}$ 形成錯合物 $\overline{AC}$，$\overline{AC}$ 擴散至接受液界面處，因接受液中 A 濃度較低，逆向反應主導，將 A 成分釋出於接受液中。目標分子 A 除了可以靠溶解擴散機制傳送之外，也可以靠載體攜帶進行傳送，非目標分子則無法與載體 $\overline{C}$ 反應，進行載體輔助傳送，所以液膜對分子 A 會有高選擇性。載體在輔助傳送機制中扮演的角色爲「傳送催化劑」，載體與目標分子形成錯合物的傳送途徑，可以提供額外的質傳驅動力，增加目標分子在油相中的溶解度、選擇性與質傳速率。

文獻中有許多研究應用簡單載體傳送機制來提高目標分子的傳送效率。最常被提及的例子是生物體利用血紅素（hemoglobin）作爲載體，來增加氧氣分子在血液內的溶解度以及傳送效率。如在分離程序的應用上，可用三辛基氧磷（trioctyl phosphine oxide, TOPO）作爲短鏈段脂肪酸的載體，來增加短鏈段脂肪酸回收率。

### 2. 偶聯同向傳送

偶聯同向傳送（如圖 13-8 所示）中，在形成錯合物時，除目標分子 A 與載體分子 $\overline{C}$ 之外，輔助分子 B 也會參與，進行類似以下的反應：

$$A + B + \overline{C} \leftrightarrow \overline{ABC} \tag{13-3}$$

上式中 $\overline{C}$ 和 $\overline{ABC}$ 只溶於油相。在進料液界面處，載體分子 $\overline{C}$ 與分子 A 和 B 形成錯合物 $\overline{ABC}$，$\overline{ABC}$ 擴散至接受液界面處，將 A 和 B 釋出於接受液中，所釋出之 $\overline{C}$ 擴散回進料液界面處，攜帶更多的 A 和 B 透過液膜。傳送過程中，目標分子 A 與輔助分子 B 之傳送方向相同，故稱爲偶聯同向傳送。根據勒沙特列原理，由式（13-3）可得知：當輔助分子 B 的濃度提高時，會驅使更多的 A 與 $\overline{C}$ 結合。因此，可利用輔助分子 B 的濃度梯度來驅動目標分子 A 的輸送，例如：當進料液和接受液中 A 的濃度相同時，雖然並無濃度差來驅動 A 的傳遞，但若進料液中 B 的濃度高於接收液，進料液界面處形成錯合物的驅動力會大於接受液界面處，進料液界面處的錯合物濃度就會高於接受液界面處，故 A 會以錯合物的形式由進料液傳送至接受液，亦即輔助分子 B 會驅動載體 $\overline{C}$ 攜帶目標分子 A 進行同向傳送。有此偶聯機制，即使進料液中 A 的濃度低於接收液，只要 B 的濃度高於接收液，仍有機會讓進料液界面處形成錯合物的驅動力大於接受液界面處，載體分子 $\overline{C}$ 仍然可以攜帶 A 從進料液傳送至接受液，A 可以由濃度較低處往濃度較高處進行傳送。

一個偶聯同向傳送的例子是用三辛胺（trioctylamine, TOA）作爲載體來攜帶釩離子（$V^{+5}$），TOA 中胺基的電子對會與 $V^{+5}$ 形成錯合物離子基團，但因錯合物離子基團的電性，無法在油相中自由擴散，而必須與具等價且電性相反的離子形成電中性的錯合物，才能在液膜中傳送，達到回收釩的目標。形成電中性錯合物的偶聯反應式如下：

$$n\overline{R_3N} + bH^+ + (VO_2Cl_{n+1})^{-n} \leftrightarrow \overline{(R_3NH)_nVO_2Cl_{n+1}} \tag{13-4}$$

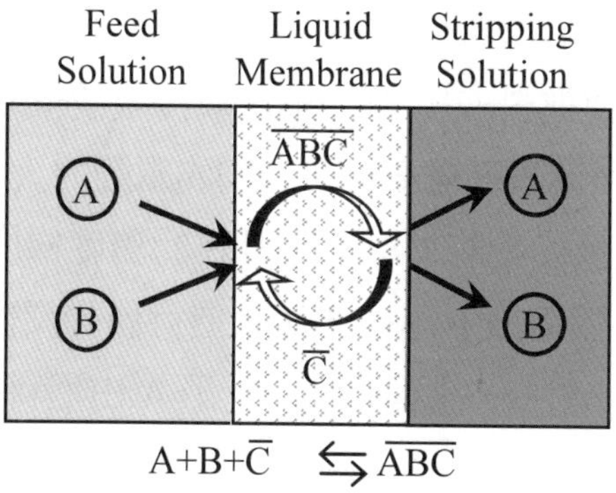

圖 13-8　偶聯同向傳送的示意圖，目標分子 A 與輔助分子 B 之傳送方向相同

**3. 偶聯反向傳送**

偶聯反向傳送（如圖 13-9 所示）時，分子 A 會與分子 B 競爭載體分子 $\overline{C}$，進行類似以下的反應：

$$A + \overline{BC} \leftrightarrow \overline{AC} + B \tag{13-5}$$

上式中 $\overline{AC}$ 和 $\overline{BC}$ 只溶於油相。在進料液界面處，一般 A 濃度高、B 濃度低，式（13-5）中的正反應主導，將 B 和 $\overline{C}$ 從錯合物 $\overline{BC}$ 中釋放出來，B 釋出到進料液中，$\overline{C}$ 與 A 結合成錯合物 $\overline{AC}$，然後 $\overline{AC}$ 擴散至接受液界面處；而在接受液中，一般 A 濃度低、B 濃度高，式（13-5）中的逆反應主導，將 A 和 $\overline{C}$ 從錯合物 $\overline{AC}$ 中釋放出來，A 釋出到接受液中，$\overline{C}$ 則與 B 結合成錯合物 $\overline{BC}$，攜帶 B 從接受液界面擴散回進料液界面，重新進入循環。傳送過程中，目標分子 A 與輔助分子 B 之傳送方向相反，故稱爲偶聯反向傳送。

根據勒沙特列原理，由式（13-5）可得知：當輔助分子 B 的濃度降低時，會驅使更多的目標分子 A 與載體分子結合。因此，可利用 B 的濃度梯度來驅動 A 的輸送，例如：當進料液和接受液中 A 的濃度相同時，雖然並無濃度梯度來驅動 A 之傳送，但若進料液中 B 的濃度低於接收液，分子 A 在進料液界面處形成錯合物的驅動力會大於接受液界面處，進料液界面處錯合物 $\overline{AC}$ 的濃度就會高於接受液界面處，故分子

A 會以錯合物 $\overline{AC}$ 的形式由進料液傳送至接受液，在接受液界面處被釋出的 $\overline{C}$ 會與 B 結合，以錯合物 $\overline{BC}$ 的形式將 B 由接受液中攜帶至進料液。所以，輔助分子 B 的傳送（接受液傳送至進料液）會驅動目標分子 A 進行反向輸送（進料液傳送至接受液）。有此偶聯機制，即使進料液中 A 的濃度較接收液低時，只要 B 的濃度亦低於接收液，就仍有機會讓進料液界面處形成錯合物的驅動力大於接受液界面處，$\overline{C}$ 仍然可以攜帶 A 從進料液傳送至接受液，A 可以因 B 的濃度梯度，由 A 濃度較低處（進料液）往 A 濃度較高處（接受液）進行傳送。進行偶聯反向傳送液膜操作時，常會在接受液中添加大量輔助分子 B，來驅動目標分子 A 由進料液傳送至接受液。

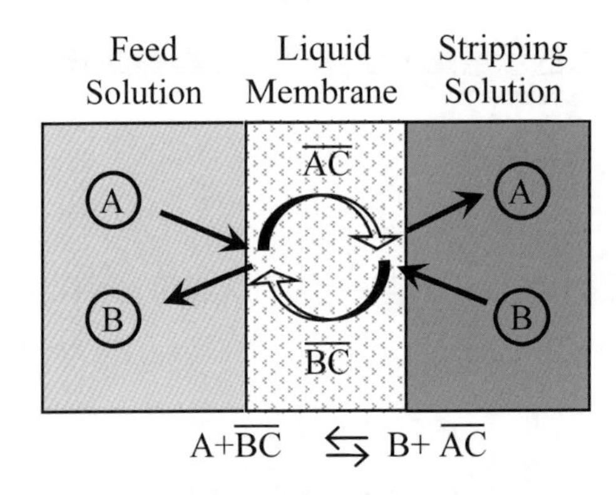


圖 13-9　偶聯反向傳送的示意圖，目標分子 A 與輔助分子 B 之傳送方向相反

用液膜來回收金屬離子的程序，常採用酸性載體分子（以 $\overline{RH}$ 表示，H 代表氫，R 為一長碳鏈，$\overline{RH}$ 只溶於油相中），其機制是典型的偶聯反向傳送。所用的載體分子與電荷數為 n 的金屬離子（以 $M^{n+}$ 表示）會進行如下的反應：

$$M^{n+} + n\overline{RH} \leftrightarrow \overline{MR_n} + nH^+ \quad (13\text{-}6)$$

載體 $\overline{RH}$ 可將金屬離子 $M^{n+}$ 由水相進料液萃入油相中（形成錯合物 $\overline{MR_n}$），並將氫離子釋放到進料液中，$\overline{MR_n}$ 會擴散到接收液與油相界面，由於回收金屬離子程序所用的接受液（反萃取液）一般是強酸，其高氫離子濃度會驅使式（13-6）進行逆反應，將金屬離子 $M^{n+}$ 釋放至接受液中，並將載體再生回 $\overline{RH}$ 的形式，然後 $\overline{RH}$ 擴散回進料液界面處去攜帶更多的金屬離子 $M^{n+}$。在上述操作過程中，金屬離子會從進料液傳送至接受液中，同時伴隨氫離子由接受液傳至進料液中，金屬離子與氫離子的傳送方向相反。一般接受液是強酸水溶液（比進料液酸），所以氫離子的濃度梯度會一直維持，讓氫離子由接受液傳至進料液中，伴隨反向的金屬離子傳送（由進料液至接受液）。

## 13-3　液膜組成

液膜程序中的油相液膜的功能，與萃取 - 反萃取程序中的油相（有機相）相同，而萃取 - 反萃取程序的研究已持續多年，有許多參考資料（Rydberg, 1992; Aguilar, 2008），可供液膜程序設計油相成分之參考。一般油相會包含三主要成分：萃取劑（extractant）、稀釋劑（diluent）以及修飾劑（modifier）。萃取劑是目標分子的載體，當進料液與反萃取液均爲水溶液時（通常的情況），理想萃取劑只溶於油相中，才不會流失到水溶液中；稀釋劑一般是有機溶劑，可溶解萃取劑，但與水不互溶；修飾劑的作用是用來提高目標分子與萃取劑所形成之錯合物在油相中的溶解度，一般是具極性的長碳鏈分子，只溶於油相，添加後可提高油相的極性來提高錯合物在其中的溶解度。本節簡單敘述常用的萃取劑、修飾劑和稀釋劑。

### 13-3-1　萃取劑

根據萃取劑與被萃取物質的反應形式，萃取劑一般分爲：酸性萃取劑（acidic extractant）、鹼性萃取劑（basic extractant）、中性溶合型萃取劑（neutral solvating extractant）。

#### 一、酸性萃取劑

當被萃取物是帶正電的離子，常使用酸性萃取劑。酸性萃取劑爲弱酸性的有機物，通常具有磷酸根（=POOH）、羧基（-COOH）或爲 hydroxyoxim、hydroxoquinoline 之衍生物。這些官能基團能與水溶液中帶正電的離子形成電中性錯合物並釋放出氫離子，常見的萃取反應式如式（13-6）所示，由於酸性萃取劑之萃取反應機制爲陽離子交換，因此又稱爲陽離子型萃取劑（cationic extractant）。由萃取反應式可知，氫離子濃度（pH）對萃取反應有很大的影響，當氫離子濃度較低時（pH 較高），正向（萃取）反應較容易進行，而當氫離子濃度較高時（pH 較低），逆向（反萃取）反應較容易進行。因此在使用酸性萃取劑的程序中，進料液的 pH 會較接受液（反萃取液）爲高，二者之差異愈大時，金屬離子愈容易由進料液傳送至反萃取液。

二（2- 乙基己基）磷酸（di-(2-ethylhexyl) phosphate acid, D2EHPA）是很常用的酸性萃取劑，可用於萃取多種金屬離子，亦可萃取帶正電之胺基酸分子（$NH_3^+RCOOH$），反應式如下式：

$$NH_3^+RCOOH + \overline{HA} \leftrightarrow \overline{HOOCRNH_3^+A^-} + H^+ \tag{13-7}$$

上式中，R 代表一碳鏈。酸性萃取劑除可萃取帶正電的離子之外，也可以與路易士鹼（Lewis base）結合而進行萃取反應。以 D2EHPA 爲例，它能夠與脂肪胺進行下列的反應：

$$RNH_2 + \overline{HA} \leftrightarrow \overline{RNH_3^+A^-} \tag{13-8}$$

圖 13-10 列出幾種常見酸性萃取劑的化學結構，主要是含磷的酸性萃取劑，如 D2EHPA、PC-88A、DDTPA 和 Cyanex 272（Cytec 公司的一支商用萃取劑），另外有 Cognis 公司（現屬於 BASF 集團）的 LIX 系列萃取劑（hydroxyoxim 之衍生物）。

## 二、鹼性萃取劑

當被萃取物帶負電荷，則常使用鹼性萃取劑（又稱爲陰離子型萃取劑）。常見的鹼性萃取劑主要爲胺類萃取劑，包括一級胺（$RNH_2$）、二級胺（$R^1R^2NH$）、三級胺（$R^1R^2R^3N$）以及四級胺鹽（$(R^1R^2R^3R^4N)^+A^-$）。上述化學式中，$R^1$、$R^2$、$R^3$、$R^4$ 代表不同的碳鏈，$A^-$ 則代表陰離子基團。圖 13-11 列出兩種常見鹼性萃取劑的化學結構：三級胺 TOA（trioctyl amine）和 Aliquat 336（一種四級胺鹽）。

Acidic Extractant

LiX65N　LiX860　CYANEX272

D2EHPA　PC-88A　DDTPA

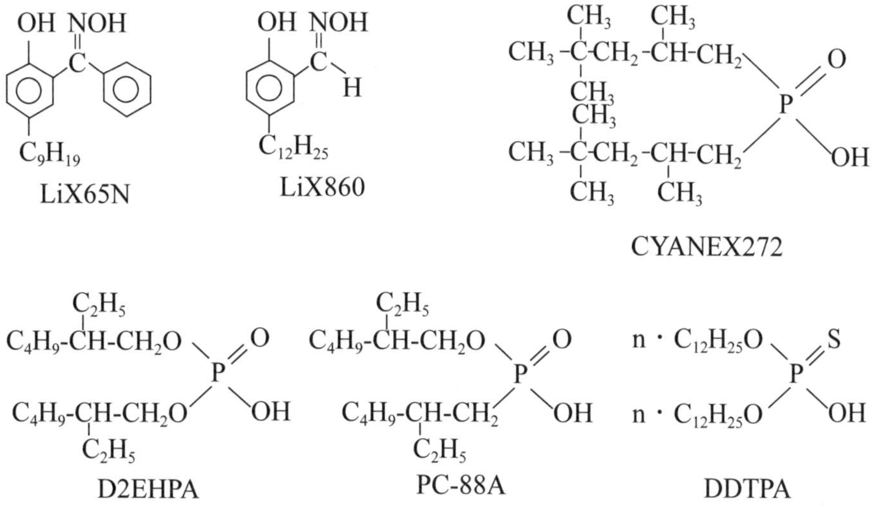

圖 13-10　常見酸性萃取劑的化學結構

Bacis Extractant

TOA　Aliquat 336

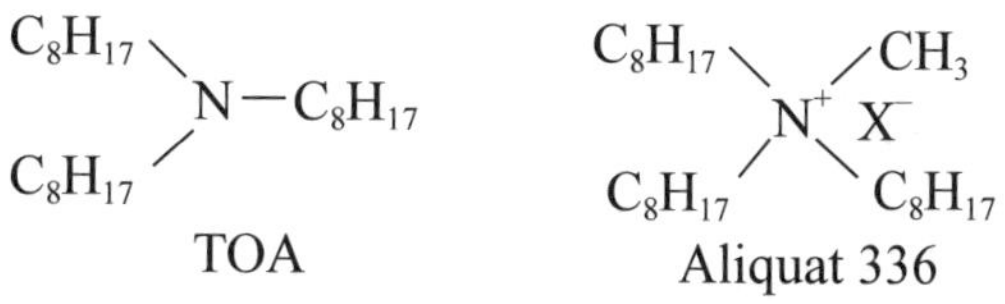

圖 13-11　常見鹼性萃取劑的化學結構

胺類萃取劑（一級、二級、三級胺）與陰離子的錯合機制較爲複雜，要先與酸分子結合，形成中性的離子錯合物。胺類分子屬於中強性的路易士鹼，能夠與路易士酸類分子結合，如下式：

$$HY + \overline{R_3N} \leftrightarrow \overline{R_3NH^+Y^-} \tag{13-9}$$

其中 HY 是一酸分子，$Y^-$ 爲其酸根，$R_3N$ 表示三級胺。此中性的鹽類分子再與陰離子進行反應，如下式所示：

$$\overline{R_3NH^+Y^-} + X^- \leftrightarrow \overline{R_3NH^+X^-} + Y^- \tag{13-10}$$

$X^-$ 表示待萃取之陰離子。

四級胺鹽屬於強鹼性萃取劑，與陰離子的錯合機制較爲單純複雜，鹽類解離後產生陽離子 $R_4N^+$，可以直接與陰離子形成錯合物，完成萃取反應。以 $R_4N^+Cl^-$ 四級胺鹽萃取醋酸根離子爲例，其反應式如下所示：

$$\overline{R_4N^+Cl^-} + CH_3COO^- \leftrightarrow \overline{R_4N^+CH_3COO^-} + Cl^- \tag{13-11}$$

## 三、中性溶合型萃取劑

中性溶合型萃取劑在溶液中呈現中性，會與電中性的待萃取物結合形成錯合物，反應機制爲萃取劑分子提供電子對與待萃取物形成氫鍵，如磷酸三丁酯（tributyl phosphate, TBP），化學結構請參考圖 13-12，TBP 萃取苯酚的反應式可表示爲：

$$\overline{TBP} + PhOH \leftrightarrow \overline{PhO\cdots H\cdots TBP} \tag{13-12}$$

最常見的中性溶合型萃取劑是中性含磷萃取劑，主要官能基爲 P=O：

### 1. 磷酸三烷酯

磷酸三烷酯類萃取劑中，最廣泛使用的是上述的磷酸三丁酯（TBP）。磷酸三丁酯結構中的 P=O 鍵結，具有很強的給電子能力，因此許多酚類容易與 TBP 形成錯合物而被萃取回收。

### 2. 烴基磷酸二烷酯

以甲基磷酸二甲庚酯爲代表，是一種比磷酸三丁酯具有更強萃取能力的工業用萃取劑。

### 3. 二烴基磷酸烷基酯

這一類的萃取劑，合成難度高，尚無較具代表性的商業化產品，因此工業上尚未有廣泛的應用。

### 4. 三烷基氧磷

以三丁基氧磷（tributyl phosphine oxide, TBPO）和三辛基氧磷（trioctyl phosphine oxide, TOPO）為代表，尤其是三辛基氧磷，因為它於水中的溶解度很小，因此是一個很好的萃取劑，其化學結構如圖 13-12 所示。

Neutral Extractant

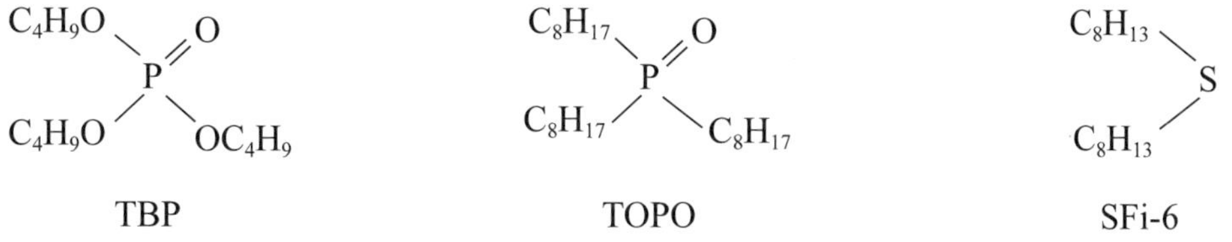

$$(C_4H_9O)_2P(=O)OC_4H_9 \qquad (C_8H_{17})_3P=O \qquad (C_8H_{13})_2S$$

TBP　　TOPO　　SFi-6

圖 13-12　常見中性溶合型萃取劑的化學結構

## 13-3-2　修飾劑

萃取劑和被萃取成分所形成的錯合物與稀釋劑並非完全互溶，而是有一定的溶解度，若錯合物的濃度高於其在稀釋劑中的飽和溶解度，便會於油相中析出，不溶於水相也不溶於油相，一般稱為第三相。修飾劑添加的主要目的是抑制第三相的生成，因此修飾劑亦稱為第三相抑制劑。常見的修飾劑大多為長碳鏈的醇類或醚類，因為同時具有極性基團與非極性基團，可作為錯合物的共溶劑，添加後可提高錯合物於油相中的溶解度。修飾劑在油相中的濃度一般約為 2～10 vol%，但在某些比較特殊的系統或是萃取劑濃度較高（萃取速率較快）的情況之下，修飾劑的含量可能會達到 20 vol% 以上。雖然修飾劑可以抑制第三相的生成，但有時也會有負面的影響：例如萃取劑的活性官能基可能被修飾劑所占據，導致萃取效率下降；或是修飾劑分子的極性基團會攜帶水分子，由進料溶液中傳遞至反萃取液中，產生水傳遞（water transfer）的現象，改變反萃取液的組成。

## 13-3-3　稀釋劑

稀釋劑為液膜油相的主體，用來溶解萃取劑和與修飾劑。由於萃取劑和修飾劑常是黏度很高的液體，需要以稀釋劑來調整萃取劑的濃度，也調節油相的黏度、密度，以及界面張力。理想的稀釋劑，應具有下列性質：

1. 是萃取劑與修飾劑的良好溶劑。
2. 在水相中溶解度低。
3. 對萃取劑和被萃取成分所形成的錯合物有好的溶解性。
4. 較高的閃點（flash point）以及較低的揮發性（有助操作過程中的安全）。
5. 化學穩定性高。
6. 低表面張力。
7. 價格便宜、低毒性。

常見的稀釋劑有脂肪烴（如煤油、正己烷），芳香烴（如苯、甲苯、二甲苯），氯化碳氫化合物（如氯仿、四氯化碳），以及環烷類等。此外，分餾原油的副產物因產量大且價格便宜，也常被用來作爲稀釋劑。表 13-1 列出一些可用來作爲稀釋劑的有機溶劑。

雖然稀釋劑只扮演溶劑的角色，並不參與萃取和反萃取反應，但由於稀釋劑會影響萃取劑與被萃取物之間的交互作用，故也會影響分離的效率，例如稀釋劑的極性對分離效果的影響就不可忽略。有學者觀察到高極性的稀釋劑可以提高萃取效果，可能的原因是：稀釋劑的極性提高時，有助於被萃取物的錯合物在油相溶液中的溶解度；但也有學者觀察到相反的結果，提出的解釋是：稀釋劑的極性愈高，會使得稀釋劑與萃取劑之間的結合力增加而形成錯合物，造成萃取劑可使用的活性官能基被占據，反而導致萃取效率下降。這些研究結果顯示，稀釋劑的極性在萃取反應中所扮演的角色頗爲複雜，但確實是會影響萃取效果。

## 13-4 液膜的應用

液膜分離是萃取和反萃取的組合程序，理論上，只要可用萃取 - 反萃取分離的系統，就可利用液膜程序來取代萃取 - 反萃取，以提高分離效率。本章節將液膜的應用分爲環境保護與循環經濟、生物科技與製藥工業、鏡像異構分離等三領域來簡要說明。

表 13-1　常用的稀釋劑

| Diluent | Flash point (°F) | Component Analysis | | | Specific gravity (20℃) | Boiling point (°F) | Solubility parameter | Viscosity (25℃) |
|---|---|---|---|---|---|---|---|---|
| | | Aromatic | Paraffin | Naphthene | | | | |
| Isopar-L | 144 | 0.3 | 92.7 | 7 | 0.767 | 373 | 7.2 | 1.6 |
| Isopar-E | < 45 | 0.05 | 99.94 | | 0.723 | 240 | 7.1 | |
| Isopar-M | 175 | 0.3 | 79.9 | 19.7 | 0.782 | 705 | 7.3 | 3.14 |
| Norpar 12 | 156 | 0.6 | 97.9 | 1.1 | 0.751 | 384 | | 1.68 |
| Esso Lops | 152 | 2.7 | 51.8 | 45.4 | 0.796 | 383 | | 2.3 |
| DX3641 | 135 | 6 | 45 | 49 | 0.793 | 361 | 7.7 | 1.162 |
| Shell 140 | 141 | 6 | 45 | 49 | 0.785 | 364 | | |
| Napoleum 470 | 175 | 11.7 | 48.6 | 39.7 | 0.811 | 410 | | 2.1 |
| Escad 110 | 168 | 2.4 | 39.9 | 57.7 | 0.808 | 380 | | 2.51 |
| Shell-Livestock | 270 | 15 | 48 | 37 | 0.819 | 512 | | |
| Cyclohexane | | | | 100 | | | 8.2 | |
| Mentor 29 | 180 | 15 | 48 | 37 | 0.3 | 500 | | |
| ShellParabase | 210 | | | | 0.788 | 428 | | |
| Escaid 100 | 168 | 20 | 56.6 | 23.4 | 0.79 | 376 | | 1.78 |
| NS-114 | 140 | 16 | 42 | 42 | | | | |
| NS-148D | 160 | 4.5 | 38.6 | 43 | | | | 1.603 |
| Solvesso 100 | 112 | 98.9 | 1.1 | | 0.876 | 315 | 8.8 | |
| Solvesso 150 | 151 | 97 | 3 | | 0.895 | 370 | 8.7 | 1.198 |
| Xylene | 80 | 99.7 | 0.3 | | 0.84 | 281 | 8.9 | 0.62 |
| HAN | 105 | 88.5 | 4.1 | 6.8 | 0.933 | 357 | 8.9 | 1.975 |

## 13-4-1 環境保護與循環經濟

### 1. 金屬離子的回收與純化

溶媒萃取程序非常重要的應用是在採礦工業，尤其是金屬採礦，許多商用萃取劑的發展，主要目的就是在提純由礦中溶出的金屬離子。液膜程序很少直接應用於採礦工業，但常用於工業廢水中金屬離子的回收、濃縮和分離純化，來解決重金屬汙染所造成的環境問題，也可回收水和有價金屬來循環利用，符合循環經濟的潮流。

文獻中有許多關於應用液膜來回收金屬離子的報導，常見的有回收銅、鉻、鋅、鈷、鎳、鎘、銦、鎵等離子。因爲銅礦的開採甚早，銅萃取劑已發展多年，目前已有很高效率的商業化萃取劑，主要是 Cognis 公司（現屬於 BASF 集團）的 LIX 系列的萃取劑（hydroxyoxim 之衍生物）和 Witco 公司的 Kelex 100 萃取劑（hydroxoquinoline 之衍生物）。六價鉻離子具有毒性，常以鉻酸根（$CrO_4^{-2}$）或重鉻酸根（$Cr_2O_7^{-2}$）的方式存在於水溶液中，可以利用二級胺 N-lauryl-N-trialkylmethylamine（商品名 Amberlite LA-2）或 trioctyl phosphine oxide（TOPO）作爲載體來回收、分離。鋅離子可用含磷酸性萃取劑 D2EHPA 作爲載體，如需特別高的選擇性，可考慮 Avecia 公司（前身爲 Zeneca 公司）的商業化萃取劑 ZNX 50（一種 imidazole 類的化學品）。鈷在硫酸溶液中會以二價陽離子形式存在，可用 D2EHPA 作爲載體；但在鹽酸中會以陰離子錯合物形式（$CoCl_4^{-2}$）存在，就要用陰離子萃取劑〔如 Alamine 336（一種三級胺）或 Aliquat 336（一種四級胺鹽）〕來萃取。鎳離子可用 D2EHPA 作爲載體，但 D2EHPA 與鎳結合能力要比與鋅和鈷離子低，所以鎳離子和鋅或鈷離子同時存在時，常先回收鋅或鈷，然後再回收鎳。鎘離子可用 Cyanex 302（一種 dialkyl phosphinic acid）作爲液膜中的載體。銦、鎵和稀土金屬離子，最常使用的載體是 D2EHPA。鈾離子在水溶液中以 $U^{+6}$、$U^{+4}$ 或 $UO_2^{+2}$ 的形式存在時，可以用 D2EHPA 萃取，如果與硫酸形成負離子 $UO_2(SO_4)_3^{-4}$ 時（開採鈾礦常用硫酸來溶出鈾），則可採用三級胺（如 Alamine 336）來萃取。參考資料（Sole, 1992）中可以找到更多金屬離子回收和純化時常用的萃取劑。

### 2. 有機酸及酯類的回收

液膜程序也可用來回收（移除）水溶液或廢水中的有機酸。當水溶液中有丙酸（propionic acid）或丁酸（butanoic acid）時，可採用 TOA（trioctyl amine）作爲載體，如果有檸檬酸（citric acid）或馬來酸（maleic acid），DOA（dioctyl amine）或 TOA 亦可作爲載體。採用四級胺鹽萃取劑 Aliquat 336 作爲載體，可以移除水溶液中的 glyphosate（一種磷酸酯類，是除草劑的主要成分）（Dzygiel, 2010）。

## 13-4-2　生物科技與製藥工業

在生技產品的製程中，發酵程序是很重要的一環，發酵後，分離發酵液所需的費用占製造成本可高達 50% 以上。發酵液中有離子時，可以考慮採用液膜來回收（移除）離子。例如，發酵液含有機酸時，如以上討論，可用胺類萃取劑來作爲液膜載體。另外，也有文獻探討利用液膜來移除發酵液中的果糖（fructose），所用的載體是硼酸（boronic acid）的衍生物（Dzygiel, 2010）。

液膜技術在製藥工業中的應用也在評估當中，有文獻採用 Amberlite LA-2（一種二級胺）作爲液膜中的載體，從水溶液中移除盤尼西林（penicillin）G，理論上此技術應可推廣用於其他抗生素之回收與分離（Lee, 1994）。有文獻以 TOPO（trioctyl phosphine oxide）爲載體來分離水溶液中的 $\beta$-estradiol（一種雌性激素）和 bambuterol（一種支氣管炎用藥），和以四級胺鹽 Aliquat 336 爲載體，回收分離胜肽（peptide）（Dzygiel, 2010）。

## 13-4-3　鏡像異構物分離

鏡像異構物的 D 式分子和 L 式分子性質非常接近，不容易分離。但因具有鏡像異構物的藥物分子，經常其中一種形式具有療效，另一種形式就無療效或甚至對人體有害，必須加以分離，所以鏡像異構物分離是很重要的研究領域，也有很高的市場價值。液膜技術可以用來分離鏡像異構物，例如：用 N-dinitrobenzoyl-L-alanine octylester 作爲載體來分離乳酸（lactic acid）分子的鏡像異構物，以 $\beta$-cyclodextrin（環糊精）爲載體來分離 propranolol（一種 $\beta$ 受體阻斷藥物分子）的異構物，以 dibenzoyltartaric acid 爲載體來分離 Ofloxacin（一種抗生素）的異構物。讀者可以在參考資料（Dzygiel, 2010）中找到更多液膜分離鏡像異構物的應用例。

# 13-5　數學模式與操作變數

沒有載體的液膜中，分子的輸送機制是溶解擴散，分子先由進料水溶液與液膜接觸界面處溶入油相，擴散至液膜與接受液界面處，溶出到接收液中。通常分子在油水接觸界面的溶入、溶出速率遠大於在液膜中的擴散速率，所以在界面處的溶解是幾乎處於平衡狀態，可以用熱力學平衡關係式來計算界面處分子在油相和水相間的濃度分配，主要是決定於分子在油相和水相的溶解度。對有載體的液膜中，可以用類似溶解擴散機制來描述分子的透膜機制，但界面濃度分配就取決於萃取反應的平衡濃度。本節將先介紹如何建立描述分子透膜通量的數學關係式，然後以此關係式為基礎，概要說明液膜程序操作變數與透膜通量間的關係，所討論的變數有：進料液中分子的濃度、pH（主要應用於離子回收）和操作溫度。

## 13-5-1　溶解擴散之數學模式

當成分 A 在油和水中的溶解度不同時，在油水界面處，A 在水相中的濃度與在油相中會不同。如前所述，在液膜界面處可以視為溶解平衡狀態，故可用熱力學平衡的觀念來計算界面處油水兩相間的平衡濃度，為簡化計算，在此採用理想溶液之線性平衡關係〔類似亨利定律（Henry's law）〕：

$$\frac{[\overline{A}]}{[A]} = K_A \qquad (13\text{-}13)$$

上式中 $[A]$ 代表 A 成分在水相中的濃度，$[\overline{A}]$ 代表在油相的濃度，$K_A$ 為溶解平衡常數（或稱為 A 在油水兩相中的分配係數）。在本章節中，中括號 [ ] 代表該成分之濃度，上標 $\overline{(\ )}$ 符號代表該成分是在油相中。

如圖 13-13 所示，在進料液界面處，成分 A 在水相和油相中的濃度分別為 $[A]_0$ 為 $[\overline{A}]_0$，在接受液界面處，在水相和油相中的濃度則分別為 $[A]_L$ 和 $[\overline{A}]_L$。由式（13-13），可得到：$[\overline{A}]_0 = K_A[A]_0$ 和 $[\overline{A}]_L = K_A[A]_L$。當 $[A]_0$ 和 $[A]_L$ 不同時，液膜兩端的 A 濃度（$[\overline{A}]_0$、$[\overline{A}]_L$）也不同，A 會在油相中擴散。以 Fick's law 來描述分子通量與濃

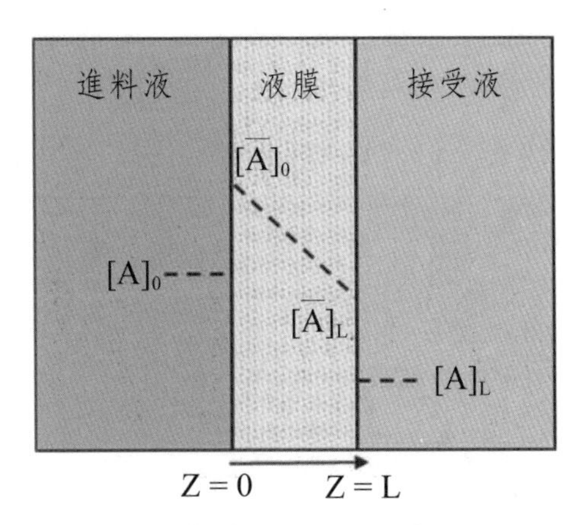


圖 13-13　溶解擴散機制的成分濃度分布示意圖

度梯度間的關係式，可得到成分 A 的莫耳通量（$J_A$）：

$$J_A = D_A([\overline{A}]_0 - [\overline{A}]_L) = \overline{D}_A K_A([A]_0 - [A]_L) \tag{13-14}$$

上式中 $\overline{D}_A$ 是 A 在油相中的擴散係數。式（13-14）是用溶解擴散模式來描述透膜通量的常用方程式，可據以訂出成分 A 透過液膜的透膜係數（permeability）$P_A = \overline{D}_A K_A$，透膜係數爲該成分在油水間的分配係數（$K_A$）和其在油相中擴散係數（$\overline{D}_A$）之乘積。

## 13-5-2　輔助傳送的數學模式

當在液膜中加入可以與成分 A 形成錯合物（$\overline{AC}$）的載體 $\overline{C}$，成分 A 會用錯合物的形式透過液膜，以 $\overline{C}$ 爲載體進行輔助傳送（facilitated transport）。當錯合反應是如式（13-2）的可逆反應，在油水界面處，A、$\overline{C}$ 和 $\overline{AC}$ 處於化學平衡狀態，其濃度遵循下列的化學平衡方程式：

$$\frac{[\overline{AC}]}{[A][\overline{C}]} = K_1 \tag{13-15}$$

上式中 $[\overline{C}]$ 代表油相中自由載體的濃度，$[\overline{AC}]$ 代表油相中與 A 結合的載體濃度（錯化物濃度），$K_1$ 爲式（13-2）之反應平衡常數。

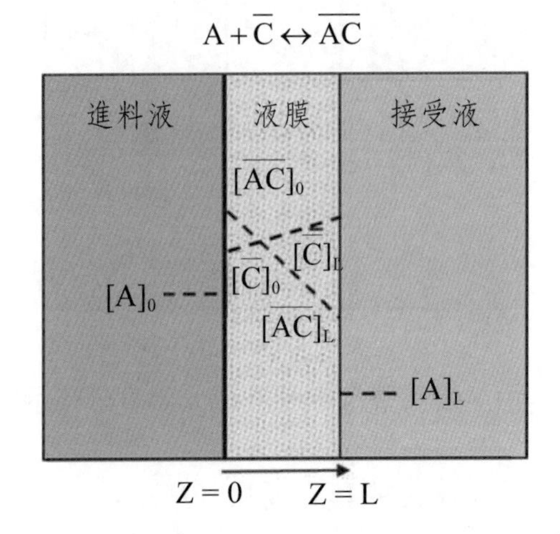


圖 13-14　輔助傳送機制的成分濃度分布示意圖

如圖 13-14 所示，在進料液界面處，成分 A 在水相中的濃度爲 $[A]_0$，因萃取反應，A 在油相中形成錯合物，濃度爲 $[\overline{AC}]_0$，未與 A 形成錯合物的自由載體濃度爲 $[\overline{C}]_0$，依據式（13-15），$[\overline{AC}]_0 = K_1[A]_0[\overline{C}]_0$。與進料液界面處的分析相同，可推導出在接受液界面處成分 A 在水相中的濃度（$[A]_L$）、在油相中錯合物的濃度（$[\overline{AC}]_L$）和自由載體濃度（$[\overline{C}]_L$）之間的關係爲：$[\overline{AC}]_L = K_1[A]_L[\overline{C}]_L$。

依據 Fick's law，錯合物 $[\overline{AC}]_L$ 在油相中的擴散莫耳通量（$J_{AC}$）可以下式描述：

$$J_{AC} = -\overline{D}_{AC}\frac{d[\overline{AC}]}{dZ} \tag{13-16}$$

上式中 $\overline{D}_C$ 是油相中 $\overline{AC}$ 錯合物的擴散係數，Z 是擴散方向之座標（參見圖 13-14）。自由載體 $\overline{C}$ 在油相中的擴散莫耳通量（$J_C$）則可寫爲：

$$J_C = -\overline{D}_C\frac{d[\overline{C}]}{dZ} \tag{13-17}$$

$\overline{D}_C$ 是油相中自由載體 $\overline{C}$ 的擴散係數，一般情況下，$\overline{D}_C \cong \overline{D}_{AC}$。在液膜中部分載體與 A 結合成 $\overline{AC}$，另外一部分是保持自由載體的形式，總載體濃度 $[\overline{C}_{tot}]$ 是自由載體濃

度 $[\overline{C}]$ 和結合載體（錯合物）濃度 $[\overline{AC}]$ 之總和：$[\overline{C}_{tot}] = [\overline{C}] + [\overline{AC}]$。將式（13-16）和式（13-17）相加，可得到總載體通量（$J_C + J_{AC}$）：

$$J_C + J_{AC} = -\overline{D}_C \frac{d}{dZ}([\overline{C}] + [\overline{AC}]) = -\overline{D}_C \frac{d[\overline{C}_{tot}]}{dZ} \tag{13-18}$$

在液膜操作過程中，如果沒有載體流失的問題，總載體通量應爲 0，亦即 $d[\overline{C}_{tot}]/dZ = 0$（$[\overline{C}_{tot}]$ 爲常數）。沒有載體流失時，因總載體的質量守恆，所以總載體濃度一直維持與初始時相同：$[\overline{C}_{tot}] = C_0$，$C_0$ 是液膜分離程序操作開始時所加入載體之濃度。依據以上分析，可知自由載體濃度和結合載體（錯合物）濃度之總和一直維持常數 $C_0$：

$$[\overline{C}] + [\overline{AC}] = C_0 \tag{13-19}$$

由式（13-19）可得到 $[\overline{C}] = C_0 - [\overline{AC}]$，代入式（13-15），可得：

$$[\overline{AC}] = C_0 \frac{K_1[A]}{1 + K_1[A]} = \frac{C_0}{1 + 1/(K_1[A])} \tag{13-20}$$

由上式可知載體與被攜帶成分 A 之結合程度與 $K_1[A]$ 之值有關。當 $K_1[A] >> 1$ 時（高結合常數 $K_1$ 或 A 濃度很高），式（13-20）可簡化爲 $[\overline{AC}] = C_0$，表示所有載體都被占滿，錯合物濃度就是所加入載體的濃度，幾乎沒有自由載體。而當 $K_1[A] << 1$ 時（低結合常數 $K_1$ 或 A 濃度很低），式（13-20）可簡化爲 $[\overline{AC}] = C_0K_1[A]$，表示大部分載體都是自由載體，錯合物濃度與所加入載體的濃度 $C_0$、錯合反應平衡常數 $K_1$ 以及被攜帶分子在水溶液中的濃度 [A] 成正比。

式（13-20）可計算出液膜兩端的錯合物濃度：爲 $[\overline{AC}]_0 = C_0/(1 + 1/(K_1[A]_0))$；$[\overline{AC}]_L = C_0/(1 + 1/(K_L[A]_L))$。當 $[A]_0 > [A]_L$ 時，$[\overline{AC}]_0 > [\overline{AC}]_L$，錯合物 $\overline{AC}$ 會從進料液側擴散至接受液側，依據 Fick's law，錯合物 $\overline{AC}$ 之莫耳通量（$J_{AC}$）可寫爲：

$$J_{AC} = \overline{D}_{AC}([\overline{AC}]_0 - [\overline{AC}]_L) = \overline{D}_{AC} C_0 \left(\frac{1}{1 + 1/(K_1[A]_0)} - \frac{1}{1 + 1/(K_1[A]_L)}\right) \tag{13-21}$$

如果在接受液側的 A 濃度很低時，式（13-21）可簡化為

$$J_{AC} = \overline{D}_{AC} C_0 \frac{1}{1 + 1/(K_1 [A]_0)} \qquad (13\text{-}22)$$

液膜有載體時，成分 A 可以透過溶解擴散和載體輔助兩種機制來傳送，所以 A 的通量應是（13-14）和（13-21）兩式之和，但一般液膜程序中，載體輔助常是主導的機制，式（13-14）之貢獻常可以忽略。

## 13-5-3 偶聯傳送的數學模式

本節分析液膜用於金屬離子回收時的輸送現象，酸性萃取劑（$\overline{HR}$）與金屬離子（$M^{n+}$）的萃取反應常如式（13-6）所示。當錯合反應是如式（13-6）的可逆反應，在油水界面處，$M^{n+}$、$H^+$、$\overline{HR}$ 和 $\overline{MR_n}$ 處於化學平衡狀態，其濃度遵循下列的化學平衡方程式：

$$\frac{[\overline{MR_n}][[H^+]^n}{[M^{n+}][\overline{HR}]^n} = K_2 \qquad (13\text{-}23)$$

上式中 $[M^{n+}]$ 和 $[H^+]$ 分別代表水相中金屬離子和氫離子的濃度，$[\overline{HR}]$ 和 $[\overline{MR_n}]$ 則代表油相中自由載體 $\overline{HR}$ 和錯合物 $\overline{MR_n}$ 的濃度，$K_2$ 為式（13-6）的反應平衡常數。

在液膜中部分載體與金屬離子結合成錯合物 $\overline{MR_n}$，另外一部分是保持自由載體的形式 $\overline{HR}$，總載體濃度是自由載體濃度 $[\overline{HR}]$ 和結合載體（錯合物）濃度 $[\overline{MR_n}]$ 的總和。如同上一節的討論，液膜操作時，如果沒有載體流失時，總載體的質量守恆，所以總載體濃度一直與初始時相同，維持 $C_0$（操作開始時所加入載體的濃度）。依據以上分析，可得：

$$[\overline{HR}] + n[\overline{MR_n}] = C_0 \qquad (13\text{-}24)$$

由式（13-24）可得到 $[\overline{HR}] = C_0 - n[\overline{MR_n}]$，代入式（13-23），可得：

$$[\overline{MR_n}] = K_2 \frac{[M^{n+}][\overline{HR}]^n}{[H^+]^n} = K_2 \frac{[M^{n+}](C_0 - n[\overline{MR_n}])^n}{[H^+]^n} \quad (13\text{-}25)$$

理論上可由上式解出錯合物濃度 $[\overline{MR_n}]$ 和 $K_2[M^{n+}]/[H+]^n$ 之間的關聯性，但不容易找到式（13-25）的解（只有 n = 1 時可以很容易解出）。不過仍可推論出：當 $K_2[M^{n+}]/[H+]^n >> 1$ 時（高結合常數 $K_2$、高 pH 或離子濃度很高），式（13-25）可簡化爲 $[\overline{MR_n}] = C_0/n$，表示所有載體都被占滿，幾乎沒有自由載體。而當 $K_2[M^{n+}]/[H+]^n << 1$ 時（低結合常數 $K_2$、低 pH 或離子濃度很低），大部分載體都是自由載體，式（13-25）可簡化爲 $[\overline{MR_n}] = K_2C_0^n[M^{n+}]/[H^+]^n$。

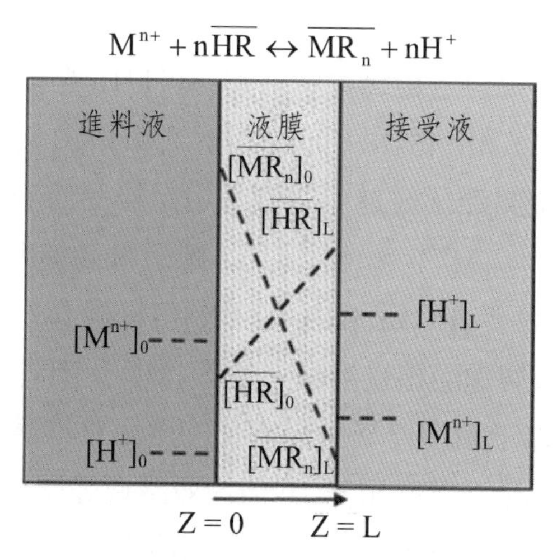


圖 13-15　偶聯傳送機制的成分濃度分布示意圖

如圖 13-15 所示，在進料液界面處，水相中的金屬離子濃度和氫離子濃度分別爲 $[M^{n+}]_0$ 和 $[H^+]_0$，在接受液界面處，水相中的金屬離子濃度和氫離子濃度分別爲 $[M^{n+}]_L$ 和 $[H^+]_L$。知道水相中的金屬離子濃度和氫離子濃度，可由式（13-25）計算出在油相界面處的錯合物濃度 $[\overline{MR_n}]_0$ 和 $[\overline{MR_n}]_L$：

$$[\overline{MR_n}]_0 = K_2 \frac{[M^{n+}]_0(C_0 - n[\overline{MR_n}]_0)^n}{[H^+]_0^n} \quad (13\text{-}26)$$

$$[\overline{MR_n}]_L = K_2 \frac{[M^{n+}]_L(C_0 - n[\overline{MR_n}]_L)^n}{[H^+]_L^n} \quad (13\text{-}27)$$

由式（13-26）和（13-27）可知當 $[M^{n+}]_0/[H^+]_0^n \neq [M^{n+}]_L/[H^+]_L^n$ 時，$[\overline{MR_n}]_0 \neq [\overline{MR_n}]_L$，液膜兩側的錯合物濃度不同，錯合物會在液膜中擴散，由 Fick's law 可算出錯合物 $\overline{MR_n}$ 的莫耳通量（$J_{MRn}$）可寫為：

$$J_{MRn} = \overline{D}_{MRn}([\overline{MR_n}]_0 - [\overline{MR_n}]_L) \tag{13-28}$$

結合式（13-26）到（13-28），就可算出 $J_{MRn}$，也就是離子 $M^{n+}$ 靠載體攜帶的透膜通量。離子 $M^{n+}$ 可以透過溶解擴散和載體輔助兩種機制來傳送，但離子本身幾乎完全不溶於油相中，並沒有辦法經由溶解擴散機制來傳送，所以離子通量幾乎完全就是載體輔助計算出來的值（式 13-28）。

式（13-25）雖然不容易解，但仍可看出 $K_2[M^{n+}]/[H^+]^n$ 愈大時，錯合物濃度 $[\overline{MR_n}]$ 也愈大。因此由式（13-26）和（13-27）可知：$[M^{n+}]_0/[H^+]_0^n > [M^{n+}]_L/[H^+]_L^n$ 時，$[\overline{MR_n}]_0 > [\overline{MR_n}]_L$，載體可攜帶金屬離子從進料溶液傳送至接受溶液。當進料溶液側的金屬離子濃度高過接受溶液側（$[M^{n+}]_0 > [M^{n+}]_L$），離子會從進料溶液傳送至接受溶液；但即使 $[M^{n+}]_0 < [M^{n+}]_L$，只要 $[H^+]_0 < [H^+]_L$ 且小到可以讓 $[M^{n+}]_0/[H^+]_0^n > [M^{n+}]_L/[H^+]_L^n$ 時，離子仍會從進料溶液傳送至接受溶液。要讓 $[M^{n+}]_0/[H^+]_0^n > [M^{n+}]_L/[H^+]_L^n$，有時氫離子濃度差異比金屬離子濃度差異可以產生的效應更顯著，尤其是多價離子，如在三價離子 n = 3 時，氫離子濃度相差 10 倍的效應會等同離子濃度相差 1,000 倍。因此，在用液膜程序回收離子時，常會利用液膜兩側水溶液 pH 的差異（反萃取液側是低 pH 水溶液）來提供離子的驅動力，讓金屬離子能從低濃度端持續傳送至高濃度端，進行上行輸送（uphill transport），達到能將進料液中離子幾乎全部回收的目標。

偶聯輔助傳送可持續進行到 $[M^{n+}]_0/[H^+]_0^n = [M^{n+}]_L/[H^+]_L^n$，此時 $[\overline{MR_n}]_0 = [\overline{MR_n}]_L$，錯合物就不會再攜帶離子從進料液傳送到接受液，此狀況是液膜操作所能達到的極限，無法再移除更多的離子。在此狀態下，

$$\frac{[M^{n+}]_0}{[M^{n+}]_L} = \left(\frac{[H^+]_0}{[H^+]_L}\right)^n \tag{13-29}$$

只要接受液的氫離子濃度比進料液高（$[H^+]_0 < [H^+]_L$），就可讓進料液的金屬離子濃度比接受液低。例如：當接受液的 pH 比進料液低 2（$[H^+]_0/[H^+]_L = 1/100$），對二價

離子（n = 2），進料液和接受液的金屬離子濃度比 $[M^{2+}]_0/[M^{2+}]_L$ 爲 1/10000，分離效果非常好。只要有合適的金屬離子載體，再適當調整進料液和接受液的 pH，液膜對金屬離子回收的效率非常高。

## 13-5-4　進料濃度對透膜速率的影響

液膜中沒有載體，以溶解擴散機制爲主要輸送機制時，其透膜通量可用式（13-14）描述。此狀況下，物質傳送的驅動力是該成分在進料端和接受端水溶液中的濃度差，通量會和濃度差成正比。在接受端濃度固定的狀況下，兩端濃度差正比於進料液的濃度，故通量會和該成分在進料液中的濃度成正比，如圖 13-16 所示。

加入載體後，如屬簡單載體輔助傳送，其透膜通量可用式（13-21）或（13-22）描述。此狀況下，物質傳送的驅動力是該成分與載體之錯合物在液膜兩端的濃度差，在接受端濃度固定的狀況下，通量會與液膜和進料液接觸界面處的錯合物濃度成正比。當目標成分在進料液中的濃度提高時，依式（13-15），界面處的錯合物濃度也隨之提高，透膜通量應也變大；但進料濃度提高到某程度時，幾乎所有的載體都形成錯合物，再提高進料液中的濃度也無法有更多的錯合物，亦即錯合物的濃度有上限，就是所加入載體濃度，此時通量就不會再隨濃度增加而提高，只是保持定值。上述趨勢可很容易由式（13-22）（接受液側的目標成分濃度很低時的簡化式）來說明：當 $K_1[A]_0 << 1$ 時（低進料濃度 $[A]_0$），式（13-22）可簡化爲 $J_{AC} = \overline{D}_{AC}C_0K_1[A]_0$，通量與進料濃度 $[A]_0$ 成正比；但 $K_1[A]_0 >> 1$ 時（高進料濃度 $[A]_0$），式（13-22）則可簡化爲 $J_{AC} = \overline{D}_{AC}C_0$，通量與進料濃度 $[A]_0$ 無關，而是維持一定值 $\overline{D}_{AC}C_0$。式（13-22）所呈現的行爲會如圖 13-16 所示，沒有載體時，通量和進料濃度成正比；有載體時，低進料濃度區域，通量與濃度成正比，高進料濃度區域，通量趨近於一定值。在高進料濃度區域，提高濃度並無法提高通量，要讓 $C_0$ 變大（增加液膜中載體的添加量），才能提高通量。另外，由式（13-22）可知，通量與進料濃度成正比的條件，事實上是 $K_1[A]_0 << 1$，並不一定要 $[A]_0$ 很小，$K_1$（結合常數）小，有同樣的效果；而通量趨近於定值的條件是 $K_1[A]_0 >> 1$，並不一定要 $[A]_0$ 很大，$K_1$ 大，也可有同樣的效果，當 $K_1$ 很大時（載體與目標分子結合力強），即使進料濃度不高，也有可能通量趨近於定值。

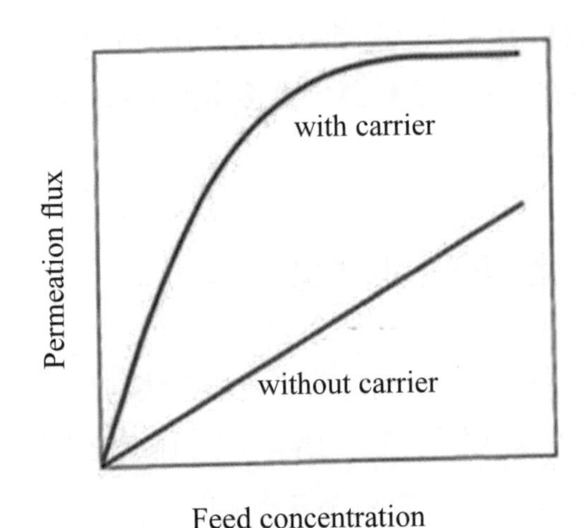


圖 13-16　透膜通量與進料濃度關係的示意圖

金屬離子回收的液膜程序，通常是屬於偶聯輔助傳送，其透膜通量可用式（13-26）至（13-28）來描述。與簡單載體輔助相同，物質傳送的驅動力是金屬離子與載體之錯合物在液膜兩端的濃度差，在載體尚未被全部占滿（低金屬離子濃度）時，進料液中金屬離子濃度的提高，會讓界面處的錯合物濃度也隨之提高，透膜通量也變大，但金屬離子濃度提高到某程度時，幾乎所有的載體都形成錯合物，再提高進料液中的濃度也無法有更多的錯合物，通量就不會再隨濃度增加而提高，而是保持定值。在接受液側的離子濃度很低時，上述的趨勢可由式（13-26）和（13-28）看出：當 $K_2[M^{n+}]_0/[H^+]_0^n \ll 1$（低離子濃度）時，式（13-26）和（13-28）可結合並簡化爲 $J_{MRn} = \overline{D}_{MRn}K_2C_0[M^{n+}]_0/[H^+]_0^n$，通量與進料中之離子濃度 $[M^{n+}]_0$ 成正比；但 $K_2[M^{n+}]_0/[H^+]_0^n \gg 1$（高離子濃度）時，式（13-26）和（13-28）則可簡化爲 $J_{MRn} = \overline{D}_{MRn}C_0/n$，通量與離子濃度 $[M^{n+}]_0$ 無關，而是維持一定值 $\overline{D}_{MRn}C_0/n$。有文獻（Baker, 1977）進行銅離子之支撐式液膜實驗，以 Kelex 100 作爲載體，量測銅離子通量與進料中銅離子濃度的關係（如圖 13-17 所示），確是依循上述討論之趨勢。

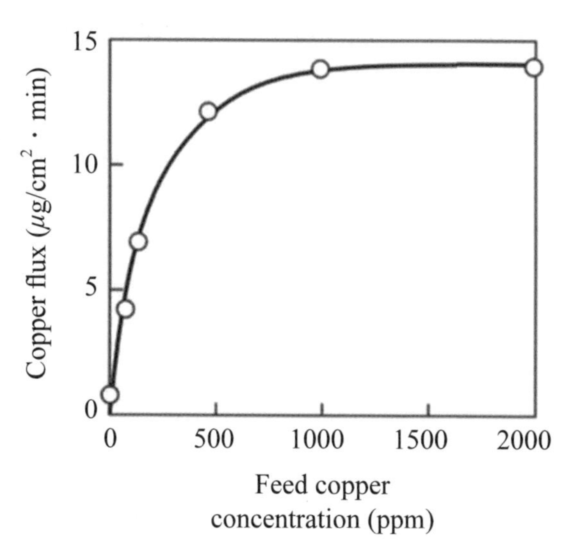


圖 13-17　支撐式液膜回收銅離子時，銅離子通量與進料中銅離子濃度的關係（Baker, 1977）

## 13-5-5　進料 pH 對透膜速率的影響

如 13-5-3 節所討論，金屬離子在液膜中之傳送機制，常是偶聯輔助傳送，油水界面處錯合物的濃度與水相中的 pH 有很密切的關聯。當萃取反應如式（13-6）所示時，界面處的錯合物濃度可用式（13-25）來計算，可看出錯合物濃度與 $[H^+]^n$ 成反比，氫離子濃度愈高（pH 愈低）時，錯合物濃度愈低。要讓金屬離子的透膜通量提高，需要加大液膜兩端的錯合物濃度差，最簡單的方法是讓進料液和接受液的 pH 差值擴大（提高進料液的 pH 或降低接受液的 pH）。進料液和接受液中金屬離子濃度比（$[M^{n+}]_0/[M^{n+}]_L$）的極限值為 $([H^+]_0/[H^+]_L)^n$〔式（13-29）〕，進料液和接受液的氫離子濃度比愈低時，金屬離子濃度比亦愈低，亦即可從進料液中移除更多的離子到接受液中，離子回收的程度愈高。

進料液的 pH 對金屬離子通量也有很大的影響，由式（13-26）可看出，進料液 pH 較高時，液膜進料側的錯合物濃度也愈高，可以提供較高的錯合物濃度梯度，會有較高的離子透膜通量。有研究（Baker, 1977）探討銅離子和鐵離子透膜通量與進料液 pH 之關係，結果如圖 13-18 所示，支持離子透膜通量會隨進料 pH 提高而增加。雖然提高進料液 pH 可提升離子的回收率和透膜速率，有助分離效能的提升，但須注意離子在水溶液中的溶解度也會受 pH 影響，進料 pH 太高時，有可能會導致離子沉澱，所以也不能提到太高。

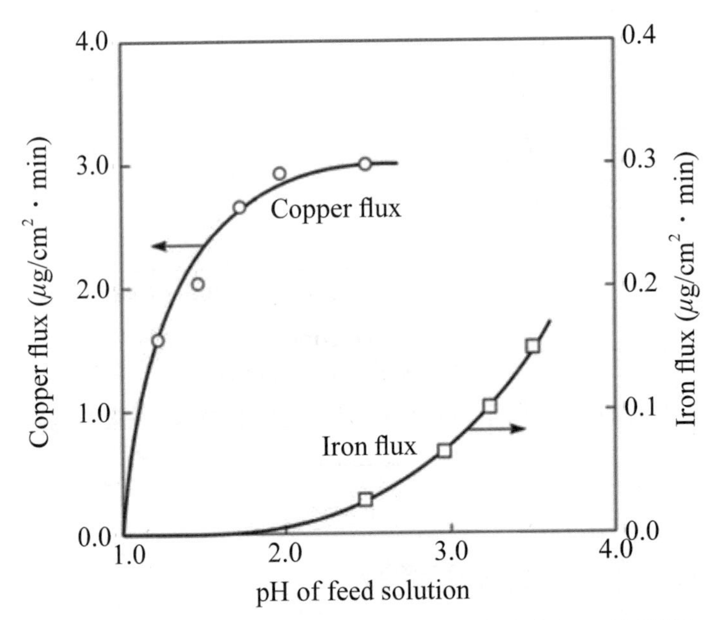


圖 13-18　支撐式液膜系統中，銅離子和鐵離子通量與進料 pH 的關係（Baker, 1977）

進料液的 pH 對離子的選擇性也有很大的影響。如前所述，使用酸性萃取劑作爲液膜載體時，pH 提高有利離子錯合物的形成，能讓萃取程度提高，但對不同的離子，pH 的效應也有所不同。圖 13-19 顯示兩種常用商用萃取劑 D2EHPA 和 LIX 84-I 對不同離子的結合能力，可看出對所有離子，只要 pH 提高，萃取劑與離子的結合程度都會變高，但不同離子在同一個 pH 狀態下結合程度會有所差異。例如：pH=2 時，D2EHPA 對 $Fe^{3+}$ 有不錯的結合能力，但對 $Cu^{2+}$ 就沒有結合能力；pH=3 時，LIX-84-I 對 $Cu^{2+}$ 有不錯的結合能力，但對 $Ni^{2+}$ 就沒有結合能力。可以利用上述的效應來設計液膜程序對離子的選擇性：LIX-84-I 是專門的商用銅離子萃取劑，在低 pH 時（如 pH=1），對銅離子都還有萃取能力，但基本上不與其他離子結合，只要讓進料溶液維持在低 pH，對銅離子會有很高的選擇性，可將銅離子與其他離子分離；以 D2EHPA 爲液膜載體時，控制 pH=2，可以將鋅離子和鎳離子分離。

以液膜程序來回收、純化金屬離子時，如上所述，進料 pH 對離子的回收率、選擇性和透膜速率，都有很大的影響，所以通常要對進料 pH 進行調控。另外，當離子被酸性萃取劑萃入液膜中時，萃取劑會釋出氫離子到進料溶液中（如式 13-6），使得進料液之 pH 降低，對離子的回收率和透膜速率都有不利的影響，也可能會改變對離子的選擇性，因此，要進行進料 pH 的調控，才能維持離子的回收和分離效能。

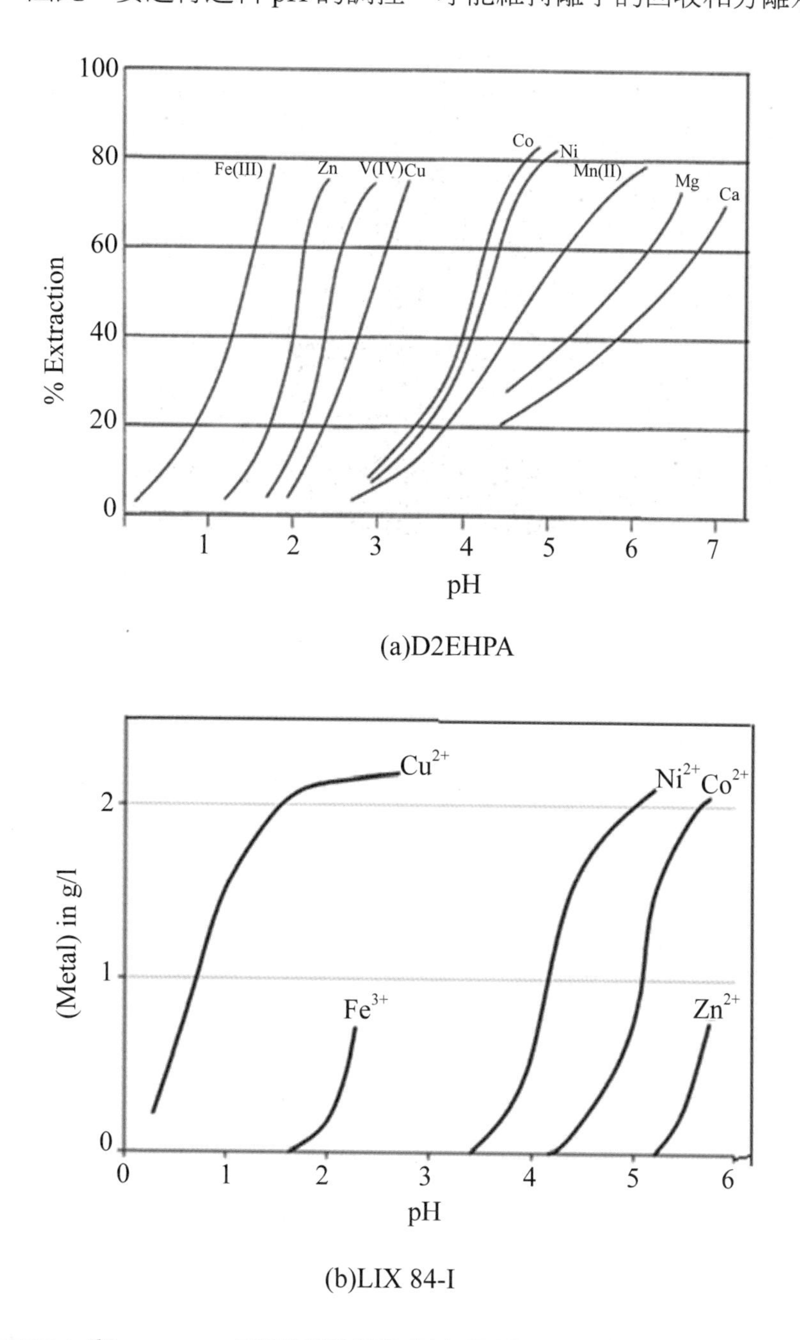


圖 13-19　D2EHPA 和 LIX 84-I 兩種商用萃取劑在不同 pH 環境下，對不同金屬離子的結合能力（負離子是硫酸根）

### 13-5-6　操作溫度的影響

萃取劑和被萃取物結合成錯合物，一般是螯合反應或是有化學鍵結生成，屬於放熱反應，故溫度升高不利於形成錯合物。有文獻（Sato, 1985）探討鹼性萃取劑三辛胺（TOA）對乳酸、酒石酸、丁二酸以及檸檬酸的萃取能力，觀察到操作溫度上升會導致萃取能力下降，且溫度的影響相當大，如以 TOA 萃取檸檬酸，在 20℃時的錯合物的濃度會是萃取 50℃的 15 倍。

## 13-6　液膜操作穩定性

如 13-1 節中所討論，液膜操作通常可分爲本體式、乳化式和支撐式。本體式液膜較厚，透膜效率低，要產業化的可能性較低。乳化式液膜有乳化液滴穩定性的問題，破乳程序麻煩，再加上操作複雜，被產業界接受的可能性也不高。支撐式液膜的分離效率較本體式液膜高，操作步驟又比乳化式液膜相對簡單，較有機會應用在大規模的操作，但其長期操作穩定性仍有一些問題需解決，才能眞正產業化。本節先討論支撐式液膜操作穩定性的問題，然後介紹一個可以解決長期穩定性問題的操作模式，稱爲具分散反萃取相支撐式液膜（supported liquid membranes with strip dispersions），簡稱 SLMSD。

### 13-6-1　支撐式液膜的操作穩定性

支撐式液膜可以利用膜材料疏水性質所產生的界面張力來阻擋水相溶液進入膜孔中，避免膜孔內的油相溶液被水相溶液置換出來，因此可以形成油水界面來同時進行萃取與反萃取。但此種液膜操作方式，仍然可能因爲下列幾個原因，在操作過程中產生油相流失，而無法進行長期操作。

1. 膜兩側的壓差

以中空纖維支撐式液膜爲例，操作過程中，兩端的水相溶液會利用幫浦分別從管側與殼側流入，有時會因兩側流動狀態的不對稱，而形成壓力差，當此壓差大過膜孔內油相液體會被水相置換出來的臨界置換壓差（critical displacement pressure）〔式（13-1）〕，水相溶液會將膜孔中的油相推擠出來，一旦膜孔內的油相被水相替換，便會造成油相的流失，甚至膜孔兩側液體的連通。

2. 流動的剪應力

支撐式液膜兩側水相溶液的流動，會在水相與油相界面處造成剪應力（shear stress），導致界面處的油相逐漸乳化而流失，示意圖如圖 13-20。油水界面處的切線速度愈快，界面的剪應力會愈大，也會引起擾流，導致膜孔中油相的流失也愈快。

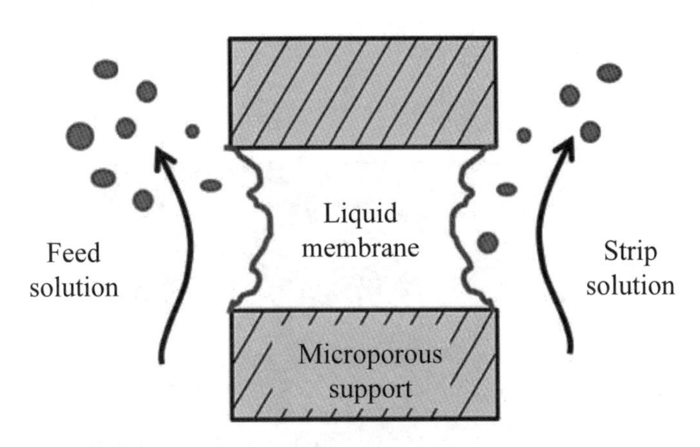


圖 13-20　支撐式液膜操作過程中，油水界面剪應力所導致的油相乳化流失現象

3. 油相成分在水溶液中的溶解

液膜油相所含的載體（萃取劑）和修飾劑、甚至是稀釋劑，都具有微水溶性，在液膜操作過程中，油水界面處的油相成分，有可能逐漸溶於水相中。在長時間操作下，油相成分的逐漸溶解，會造成油相的流失，甚至膜孔兩側液體的連通。此現象造成操作不穩定的時間點，與所選用的萃取劑、修飾劑和稀釋劑有關，文獻中提到從數十分鐘到數個月都有可能。

## 13-6-2　具分散反萃取相支撐式液膜（SLMSD）

爲了改善支撐式液膜長期操作過程中油相流失所導致的問題，有學者（Ho, 2001a; Ho, 2002）提出 SLMSD 的構想，來突破實際應用上的瓶頸。此方法將反萃取水溶液分散在含有萃取劑的油相中，來形成油相與水相的界面，讓反萃取反應進行，再讓含分散反萃取相的油相與疏水性多孔膜的一側接觸，疏水膜的另一側與進料溶液接觸，萃取反應在此界面處進行（如圖 13-21 所示）。反萃取相的分散液滴大小一般界於 80～800 μm 之間，遠大於疏水性多孔膜的孔徑，不會透過膜孔進入進料相，但可提供足夠的油水界面面積，來維持高反萃取反應速率。因為膜的疏水性，進料水溶液不會進入膜孔中，但膜孔內的油相可能會流出到進料液中，為避免油相流失，操作過程中會在進料溶液側施一壓力，避免膜孔中的油相流到進料液中，如仍有油相因為油水界面處的流動剪應力流失或溶解到進料液中，反萃取液側的油相可以進入膜孔內，持續補充操作過程中從膜孔流失的油相，而不會失去操作穩定性。

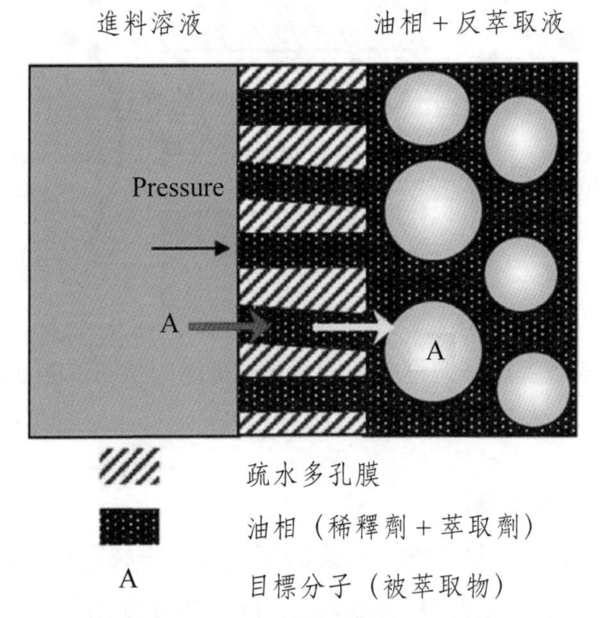


圖 13-21 具分散反萃取相支撐式液膜（SLMSD）的示意圖

中空纖維 SLMSD 操作系統的示意圖如圖 13-22，將反萃取水溶液在油相中攪拌，以液滴形式分散在油相溶液中，並以幫浦打入進入中空纖維的殼側（shell side），同時也將進料水溶液以幫浦輸送進入中空纖維的管側（tube side）。以上述的方式，讓進料液中的目標分子可持續透過油相液膜，傳送至反萃取液中。要結束液膜操作時，可停止攪拌，讓油相與反萃取液分層，此反萃取液富含經液膜純化後的目標分子。此系統可用來回收水溶液中的銅、鎳、鋅、鍶等金屬離子（Ho, 2001a; Ho,

2002）及鉻酸根離子（Ho, 2001b），並被證實可大幅提升支撐式液膜的長時間操作穩定性。

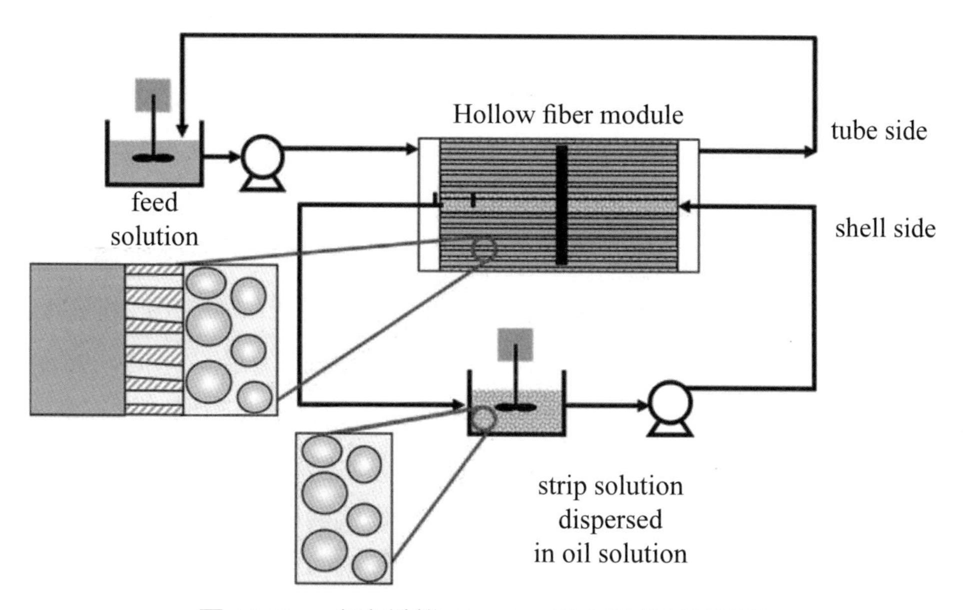


圖 13-22　中空纖維 SLMSD 操作系統的示意圖

# 13-7　發展方向

相較於其他膜分離程序，液膜程序具有很高的選擇性，但因是液相操作，要長時間維持穩定的油水界面並不容易，所以至目前爲止，液膜分離技術的產業應用還在發展和評估中。支撐式液膜（SLM），尤其是具分散反萃取相支撐式液膜（SLMSD），操作簡單且相當穩定，已有機會應用於工業界，目前主要的瓶頸是：由於需要用疏水多孔膜來提供穩定的油水界面，設備成本較高，即使效率比萃取 - 反萃取程序高且操作簡單，受限於成本問題，一直未能有大規模的實務應用。近年來疏水多孔膜的價格降低，讓支撐式液膜的產業化可行性愈來愈高，再加上其分離效率高且所需空間遠小於傳統萃取 - 反萃取程序，競爭力愈來愈高。

爲了讓液膜程序的操作更穩定，仍有許多研究在進展中。採用離子液體（ionic

liquid）來取代油相的稀釋劑和萃取劑，技術開發上已有很大的進展（Lozano, 2011），由於離子液不易被乳化，較不會有從膜孔流失的現象，穩定性可以提升，但離子液體的價格比一般有機液體（油）要高出許多，目前還未有實際應用的例子。

要根本解決液膜程序中油水界面不穩定的問題，最簡單的方法是不採用油相溶液，而是將載體導入於固態薄膜中，但由於分子在固體中的移動速率慢，透過通量會遠低於液膜。為了不要犧牲太多的通量，一般是將載體導入到半固態膜中，例如膠態膜（gel membrane）或高分子萃取膜（polymer inclusion membranes, PIM）（Almeida, 2012）。膠態膜並非完全是固體，膜中含有相當高的液體成分，但因固體成分間有交聯（crosslinking）或很強的交互作用力，不會被液體溶解而只會膨潤（swelling），仍可維持足夠的機械強度；因為其中含有液體，載體的移動仍可維持一定的速率，通量雖較液膜低，但不至於太低。PIM 是在高分子基材膜〔如 PVC（polyvinyl chloride）或 CTA（cellulose triacetate）〕中加入載體，讓分子仍可以靠輔助傳送的機制來透過薄膜，但讓高分子鏈較容易運動，來提高載體在其中的移動速率，一般都會在基材膜中加入大量的塑化劑（plasticizer），在不減少太多透膜通量的情況下，來提高操作穩定性。膠態膜和高分子萃取膜技術的發展非常快速，是值得關注的研究方向。

膠態膜的應用除了從水溶液中來分離和回收目標分子外，有一個很重要的研究方向是用於氣體分離（gas separation）（Okabe, 2007; Baker, 2004）。由於氣體在其中的輸送還是藉由載體來攜帶，只要有合適的載體，可同時具有高通量和高選擇性。利用載體輔助的觀念來製備氣體分離膜，近年來受到很大的關注。

# 習 題

1. 相較於傳統萃取 - 反萃取程序，液膜程序有何優點？
2. 簡要說明乳化液膜程序和支撐式液膜程序。
3. 何謂載體輔助傳送（facilitated transport）？
4. 何謂偶聯傳送（coupled transport）？試說明同向偶聯傳送和反向偶聯傳送之差異。
5. 為何偶聯傳送可以產生上行傳送（uphill transport），讓目標分子能夠由低濃度側傳送至高濃度側？

6. 簡要說明酸性萃取劑、鹼性萃取劑和中性溶合型萃取劑之差異，並各舉一種常用的商用萃取劑。
7. 有一溶液含銅、鋅、鎳三種二價金屬離子（負離子為硫酸根），請依據圖 13-19 所提供關於 D2EHPA 和 LIX 84-I 兩種商用萃取劑的資訊，設計出將銅、鋅、鎳三種離子分離之液膜程序，只要說明所採用的萃取劑和操作 pH 即可，不需討論細部設計。
8. 推導式（13-21）和（13-22），並據以說明圖 13-16 所示之趨勢。
9. 推導式（13-25）。
10. 請參照 13-5-3 節推導反向偶聯傳送數學模式之過程，來分析同向偶聯傳送數學模式。

# 參考文獻


1. Aguilar M., J.L. Cortina, *Solvent extraction and liquid membranes: Fundamentals and applications in new materials*, CRC Press, Boca Raton, Florida (2008).
2. Almeida, M. Ines G.S., R.W. Cattrall, S.D. Kolev, Recent trends in extraction and transport of metal ions using polymer inclusion membranes (PIMs), *J. Membr. Sci.*, 415-416(2012)9-23.
3. Baker, R.W., *Membrane technology and applications*, 2nd Ed., John Wiley & Sons Ltd, West Sussex, England (2004).
4. Baker, R.W, M.E. Tuttle, D.J. Kelly, H.K. Lonsdale, Coupled transport membranes: I. Copper separations, *J. Membr. Sci.*, 2(1977)213-233.
5. Chakraborty, M., C. Bhattacharya and S. Datta, Emulsion liquid membranes, In: *Liquid membranes: Principles and applications in chemical separations and wastewater treatment*, edited by Kislik, V.S., Elsevier, Amsterdam, The Netherlands (2010).
6. Dzygiel, P. and P.P. Wieczorek, Supported liquid membranes and their modifications, In: *Liquid membranes: Principles and applications in chemical separations and wastewater treatment*, edited by Kislik, V.S., Elsevier, Amsterdam, The Netherlands (2010).
7. Ho, W.S., B. Wang, Strontium removal by new alkyl phenylphosphonic acids in supported liquid membranes with strip dispersion, *Ind. Eng. Chem. Res.*, 41(2002)381-388.

8. Ho, W.S., B. Wang, T.E. Neumuller, J. Roller, Supported liquid membranes for removal and recovery of metals from waste waters and process streams, *Environ. Prog. Sustain. Energy*, 20(2001a)117-121.
9. Ho, W.S., T.K. Poddar, New membrane technology for removal and recovery of chromium from waste waters, *Environ. Prog. Sustain. Energy*, 20(2001b)44-52.
10. Lee, C.J., H.J. Yeh, W.Y. Yang, C.R. Kan, Separation of penicillin G from phenylacetic acid in a supported liquid membrane, *Biotechnol. Bioeng.*, 43(1994)309-313.
11. Lozano, L.J., C. Godinaz, A.P. de. L. Rios, F.J. Henandez-Fernandez, S. Sanchz-Segado, F. J. Alguacil, Recent advances in supported ionic liquid membrane technology, *J. Membr. Sci.*, 376(2011)1-14.
12. Okabe, K., N. Matsumiya, H. Mano, Stability of gel-supported facilitated transport membranes for carbon dioxide separation from model flue gas, *Sep. Puri. Technol.*, 57(2007)242-249.
13. Rydberg, J., M. Cox, C. Musikas, G.R. Choppin, *Principles and practices of solvent extraction*, Marcel Dekker, New York (1992).
14. Sato, T., H. Watanabe, H. Nakamura, Extraction of lactic, tartaric, succinic, and citric acids by trioctylamine, *Bunseki Kagaku*, 34(1985)559-563.
15. Shean, G.M., K. Sollner, Carrier mechanisms in the movement of ions across porous and liquid ion exchanger membranes, *Ann. NY Acad. Sci.*, 137(1966)759-776.

# 符號說明

| | |
|---|---|
| $P_c$ | 臨界置換壓差 |
| $\sigma$ | 界面張力 |
| $\cos\theta^*_{w/o}$ | 水相溶液、油相溶液和材料表面的接觸角 |
| $[A]$ | A 成份在水相中的濃度 |
| $[\overline{A}]$ | A 成份在油相的濃度 |
| $K_A$ | 溶解平衡常數、成份在油水間的分配係數 |
| $\overline{(\ )}$ | 該成份是在油相中 |
| $\overline{D}_A$ | A 在油相中的擴散係數 |
| $P_A$ | 成份 A 透過液膜的透膜係數 |
| $J_{AC}$ | 錯合物 $[\overline{AC}]$ 在油相中的擴散莫耳通量 |
| $J_C$ | 自由載體 $\overline{C}$ 在油相中的擴散莫耳通量 |
| $[\overline{C}_{tot}]$ | 總載體濃度 |
| $\overline{HR}$ | 酸性萃取劑 |
| $M^{n+}$ | 金屬離子 |
| $[\overline{HR}]$ | 自由載體濃度 |
| $[\overline{MR_n}]$ | 結合載體（錯合物）濃度 |
| $[M^{n+}]_0$ | 進料液界面處，水相中的金屬離子濃度 |
| $[H^+]_0$ | 進料液界面處，氫離子濃度 |
| $[M^{n+}]_L$ | 接受液界面處，水相中的金屬離子濃度 |
| $[H^+]_L$ | 接受液界面處，水相中的氫離子濃度 |
| $J_{MRn}$ | 錯合物 $\overline{MR_n}$ 之莫耳通量 |

# 第十四章
# 電透析

／呂幸江

# 14-1 前言

薄膜技術在化工、醫藥、能源與食品等相關領域均有廣泛應用，常見薄膜技術包含微過濾（microfiltration）、超過濾（ultrafiltration）、奈米過濾（nanofiltration）、逆滲透（reverse osmosis）與電透析（electrodialysis）等。其中微過濾、超過濾與奈米過濾程序主要是以薄膜孔洞大小的篩分機制來分離不同物質，而逆滲透與電透析採用的薄膜皆爲無孔洞（non-porous）的緻密膜（dense film）。逆滲透藉由溶解擴散機制達到分離目的，電透析則是利用陰陽離子交換膜，使帶電荷的離子透過或排拒。若要有效去除溶液中鹽類，奈米過濾、逆滲透與電透析爲皆爲選擇之一，奈米過濾與逆滲透是利用壓力將溶液中的水分子壓出過濾膜外；電透析則是利用電流，促使溶液中陰陽離子透過分離膜以達到去除鹽類目的（如圖 14-1）。與逆滲透膜相比較，電透析膜對於雜質、細菌的容忍度高，並具有更佳的物性、操作溫度與耐化學品的特性，兩者的優缺點如圖 14-2 所示。電透析具有高回收率，並對氯與矽有高容忍度，相當適合溶液的脫鹽處理。電透析係利用不同性質薄膜對溶液中帶電荷離子進行分離，離子移動需依賴直流電作爲驅動力。電透析的商業化始於 1960 年代（圖 14-3），早期電透析多運用在海水的脫鹽處理以獲得飲用水，後來除了海水淡化之外，也延伸至廢水處理、重金屬回收、蛋白質純化等。

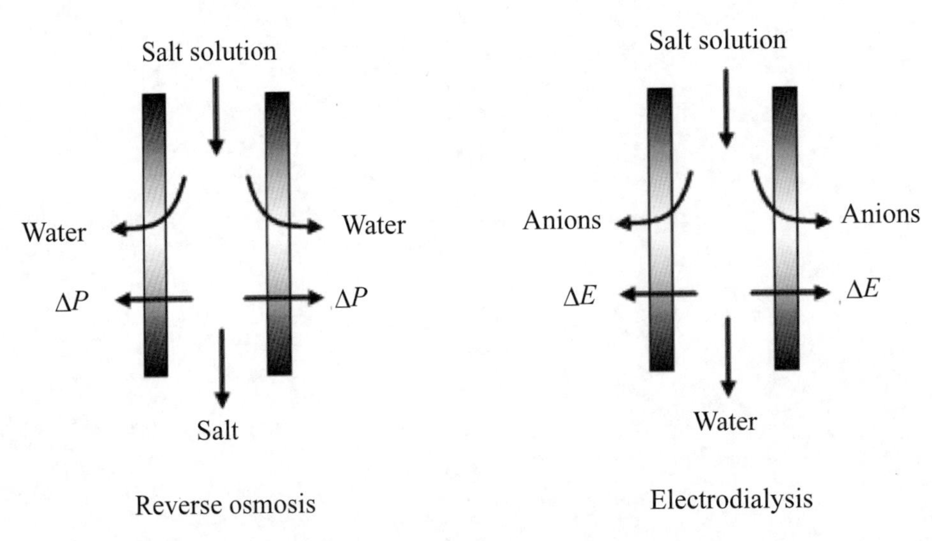


圖 14-1　逆滲透與電透析脫鹽機制示意圖（Porteous, 1983）

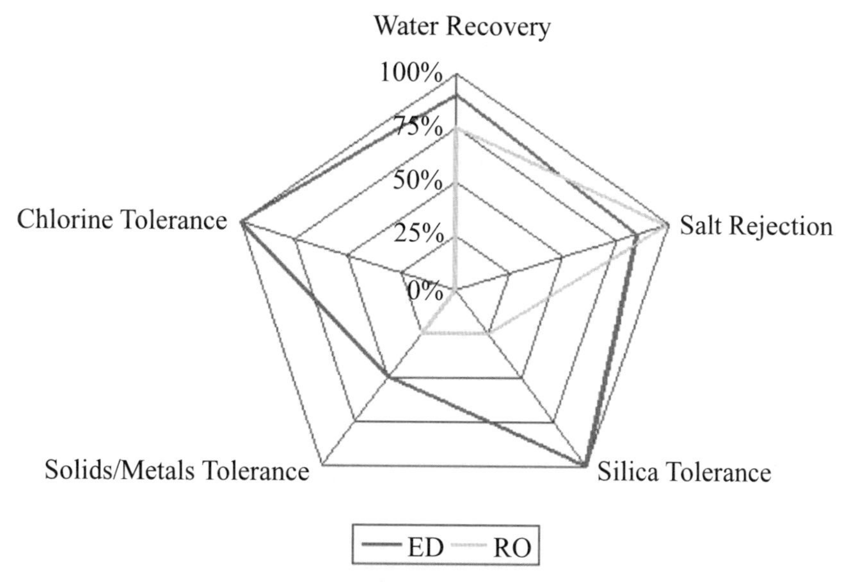


圖 14-2　逆滲透與電透析在水處理的優缺點比較（Porteous, 1983）

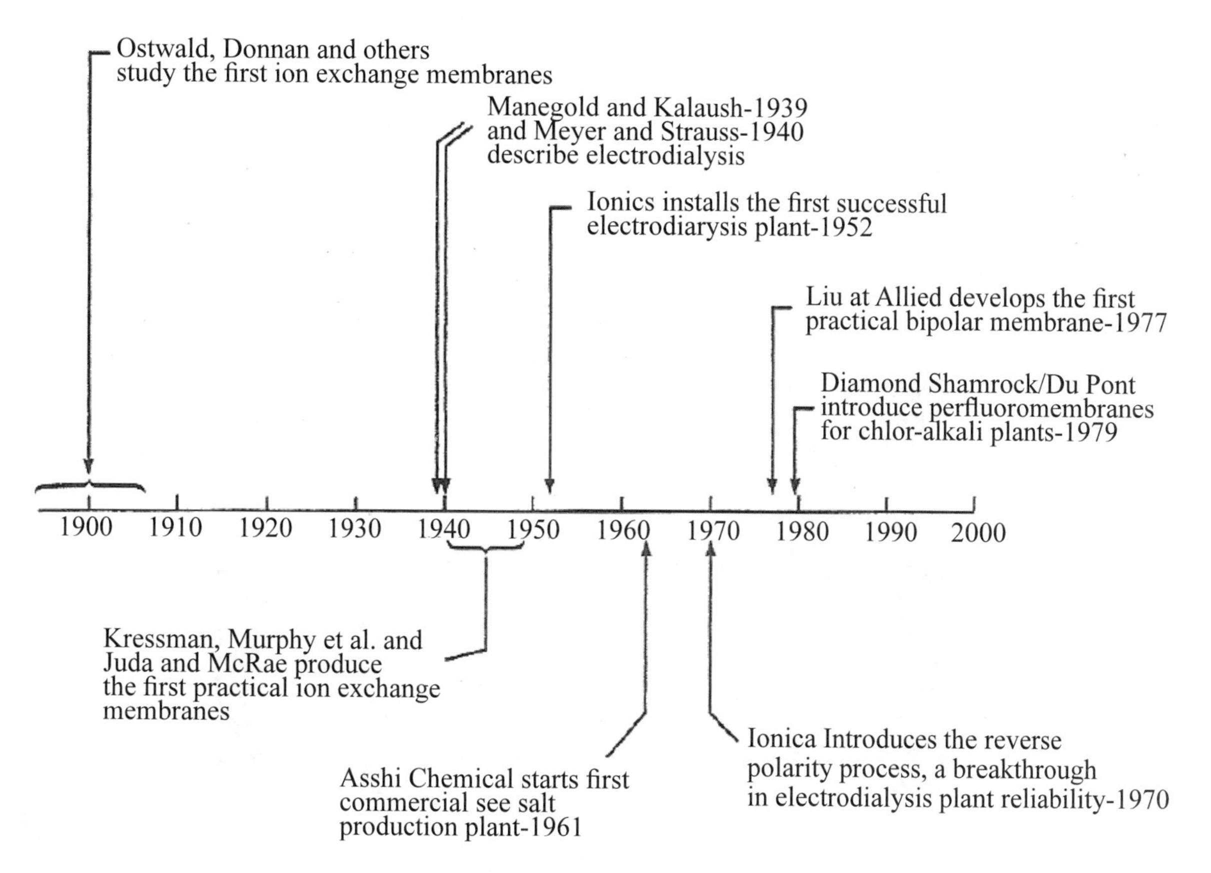


圖 14-3　離子交換膜的發展進程（Baker, 2000）

## 14-2　電透析工作原理

電透析的基本原理，是將兩個離子交換膜間的電解質溶液通以直流電，迫使陽離子移動到陰極端，而陰離子移動到陽極端，此時陽離子可穿透陽離子交換膜，陰離子則會被陽離子交換薄膜阻擋；類似情況也發生在陰離子上，陰離子可穿透陰離子交換膜，而陽離子被陰離子交換薄膜阻擋，如圖 14-4 所示。這類移動會在溶液流通管道上形成兩種形式，一是稀釋液通道（例如淡水），含有低濃度離子的電解溶質，在另一個通道則是含有高離子濃度的電解溶質（例如鹵水）。利用這種方式，可將電解質溶液分成高濃度及低濃度液。以海水淡化而言，就可將海水分離為可供飲用的淡水及濃縮鹵水。

電透析模組是由膜支撐架（membrane stacks）、分離膜（membranes）、電極（electrodes）與隔間（spacers）所組成（圖 14-5），其中陽離子與陰離子交換膜分別以交錯方式排列，其中陰離子交換膜具帶正電官能基（例如 $-NH_3^+$、$-RNH_2^+$、$-R_3P^+$、$-R_2S^+$ 等）（圖 14-6），陽離子交換膜則具帶負電官能基（例如 $-COO^-$、$-SO_3^-$、$-PO_3^-$、$-HPO_2^-$ 等）。其正負極的半反應式如下所示（以鹽水為例）：

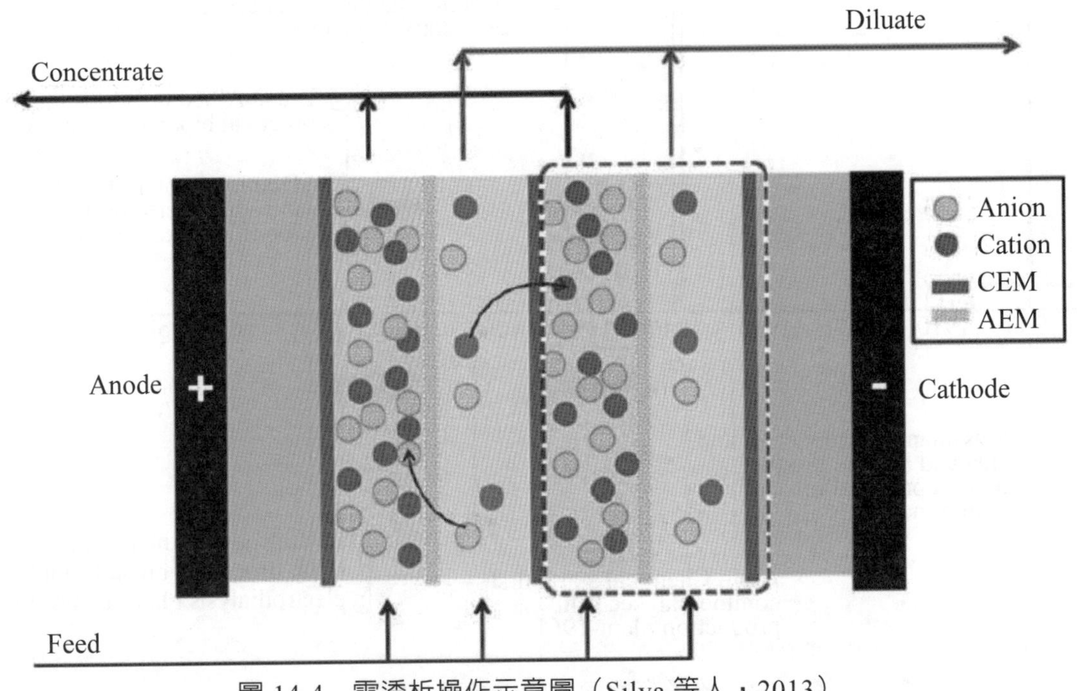


圖 14-4　電透析操作示意圖（Silva 等人，2013）

負極（cathode）：$2H_2O + 2e^- \rightarrow H_2 + 2OH^-$

正極（anode）：$H_2O \rightarrow 0.5O_2 + 2H^+ + 2e^-$ 與 $2Cl^- \rightarrow Cl_2 + 2e^-$

## 14-3　電透析薄膜製備

電透析多採用陰離子與陽離子交換膜作爲分離膜材，其化學結構與一般常見的離子交換樹脂相當類似，均具備高導電性與選擇度。然而離子交換樹脂在水相測試環境下，會膨潤而造成體積大幅改變，若應用在大面積板狀模組中，會使樹脂變形扭曲，不利於水處理等相關應用。有效的解決方法爲製備具有支撐能力與高穩定性的薄膜，可有效解決強度與尺寸安定的問題。

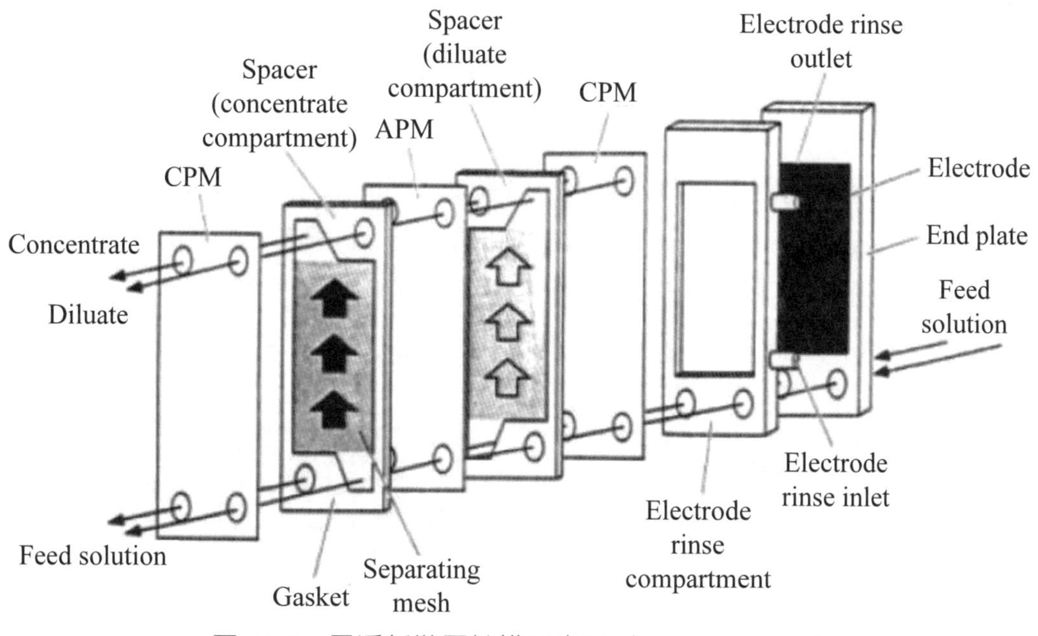


圖 14-5　電透析裝置結構示意圖（Porteous, 1983）

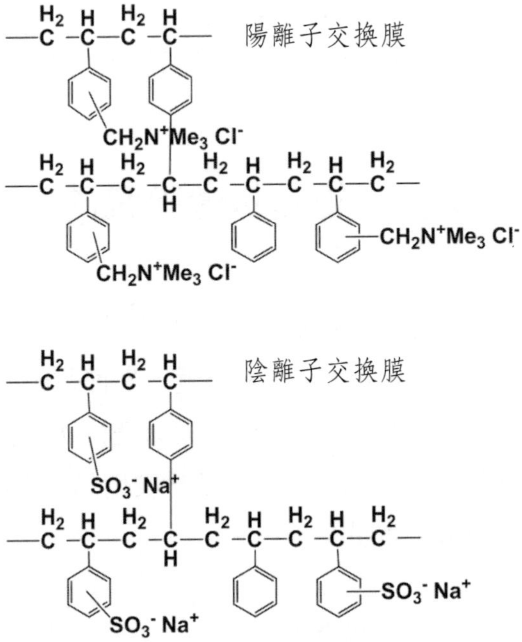

陽離子交換膜

陰離子交換膜

圖 14-6 陽離子與陰離子交換膜的分子結構示意圖（Mulder, 1997）

常見的陰離子與陽離子交換膜可分爲均質膜（homogeneous membrane）與非均質膜（heterogeneous membranes）兩大類（圖 14-7），均質膜具有高滲透選擇度、高導電度與高機械強度等優點，但成本較高；非均質膜雖具備低滲透選擇度、高電阻、機械強度低等缺點，但成本較便宜，兩者製備方法在以下章節進行介紹。

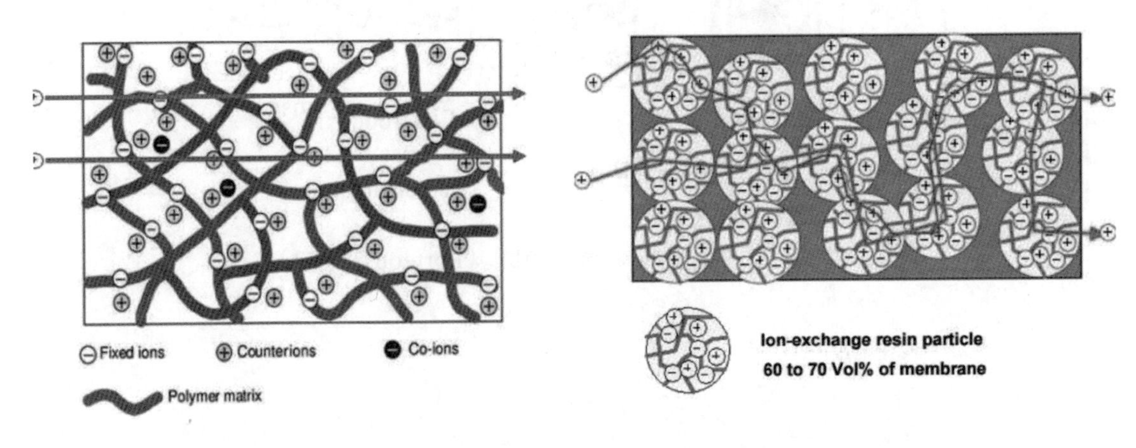


圖 14-7 均質膜與非均質膜的結構示意圖（Strathmann, 2009）

## 14-3-1　均質膜

製備離子交換膜的方法大致上可分為 3 大類：(1) 單體聚合（polymerization）或縮合法（polycondensation）、(2) 固態膜改質法、(3) 液相膜改質法。

### 1. 單體聚合或縮合法

最早的交換膜是由酚與甲醛，經由聚縮合反應所獲得（如圖 14-8），其反應流程如下：酚先與濃硫酸在 80℃反應，進行磺酸化，再與甲醛於 –5℃反應 30 分後升溫至 85℃反應 24 小時。所獲得溶液以溶液蒸發法獲得薄膜，再以水洗方式去除多餘單體。

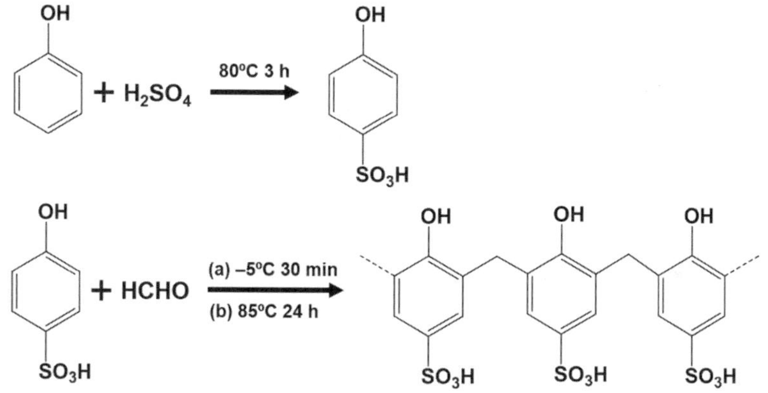

圖 14-8　酚與甲醛的聚縮合反應（Helfferich, 1962）

另一方法（如圖 14-9）是將苯乙烯（styrene）與二乙烯苯（divinylbenzene）進行聚合後進行磺酸化，再以溶液蒸發法處理，即可獲得陰離子交換薄膜。此外全氟化碳高分子膜已大幅應用氯鹼工業上，其製備方法是將四氟乙烯進行共聚合，並使其側鏈上帶有羧酸根或磺酸根（Eisenberg 與 Yeager, 1982）。

### 2. 固態膜改質法

固態高分子膜可利用架橋劑或放射線進行處理，使陰離子或陽離子官能基能修飾於其上，此製程相對簡單，其反應式如圖 14-10 所示，常見原料可分為親水性高分子〔例如玻璃紙（cellophane）與聚乙烯醇（polyvinyl alcohol）〕與疏水性高分子〔例如聚乙烯（polyethylene）與聚苯乙烯）〕，所獲得薄膜將具有低電阻、高滲透選擇

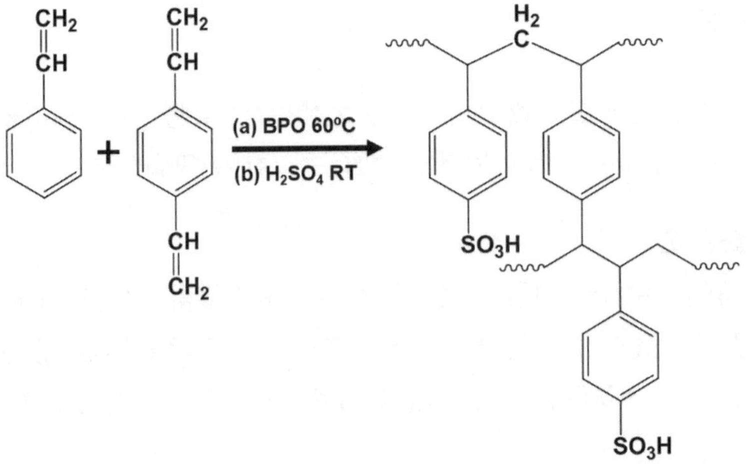

圖 14-9　苯乙烯與二乙烯苯的聚合反應（Helfferich, 1962）

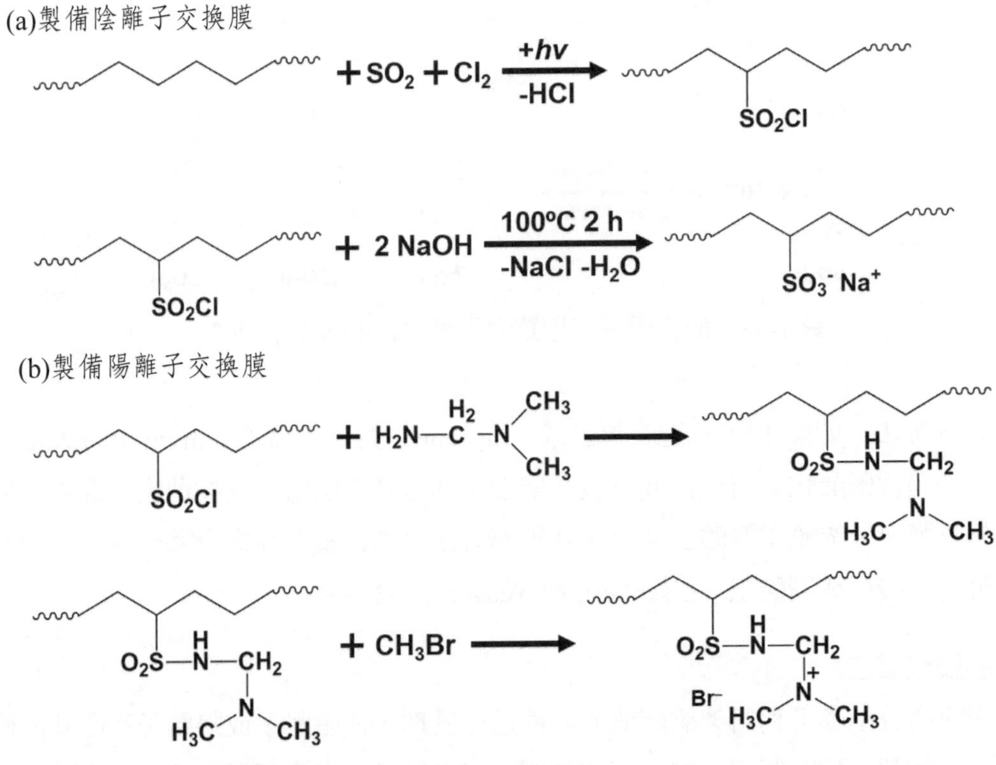

(a)製備陰離子交換膜

(b)製備陽離子交換膜

圖 14-10　陰離子與陽離子固態膜經架橋劑或放射線處理（Strathmann, 1992）

度與優異的機械強度等優點。

3. 液相膜改質法

固態高分子膜也可利用溶劑將其溶解後，再進行化學改質，例如聚碸（polysulfone）的磺酸化處理，其反應如圖 14-11 所示，經磺酸化的聚碸可用溶液蒸發法將大部分溶劑〔例如二氯乙烷（dichloroethane, DCE）〕予以去除，所獲得的薄膜具有極佳的化學耐受度、機械強度與電化學特性。

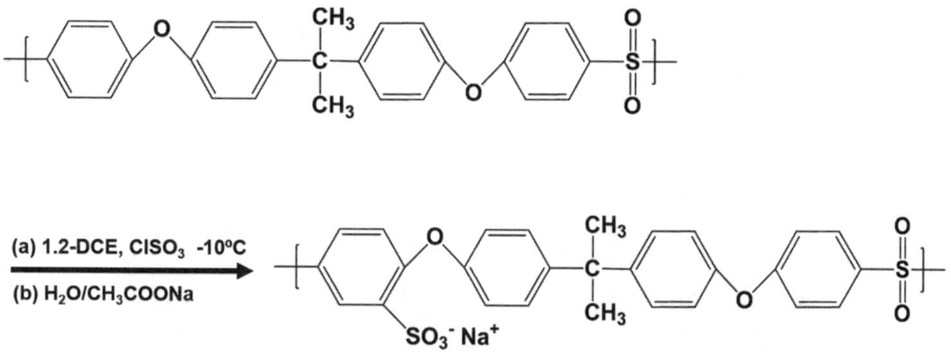

(a) 1.2-DCE, $ClSO_3$ -10ºC
(b) $H_2O/CH_3COONa$

$SO_3^-$ $Na^+$

圖 14-11　聚碸的磺酸化反應（Zschocke 與 Quellmalz, 1985）

## 14-3-2　非均質膜

非均質膜的製備法：有下列三種方式：(1) 將微細的膠態離子交換顆粒混入高分子溶液中（例如聚乙烯、酚醛樹脂或聚氯乙烯），待溶劑揮發後即可形成薄膜（圖 14-12）；(2) 將離子交換顆粒與高分子粉末混合均勻，再以熱壓法製得薄膜；(3) 將陰離子或陽離子溶液刮膜在支撐層（例如不織布）上，待溶劑揮發後也可獲得非均質膜（圖 14-13）。

為克服早期離子交換樹脂存在機械強度低與高體積變化率的缺點，在離子交換膜製備過程中往往需要加入架橋劑增加高分子的微結晶區來改善機械強度，並可降低膜在水相環境下的膨潤比例。近年來將陰離子或陽離子溶液刮膜在支撐層，所製得的交換膜能忍受更高壓力下的操作條件，可大幅改善其機械強度（Allioux 等人，2015）。

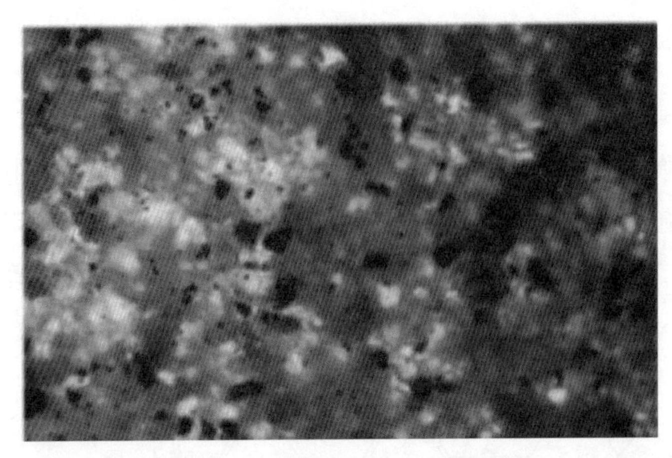

圖 14-12　非均質膜的光學影像（黑色區為離子交換樹脂、暗色區為高分子）（Vyas 等人，2000）

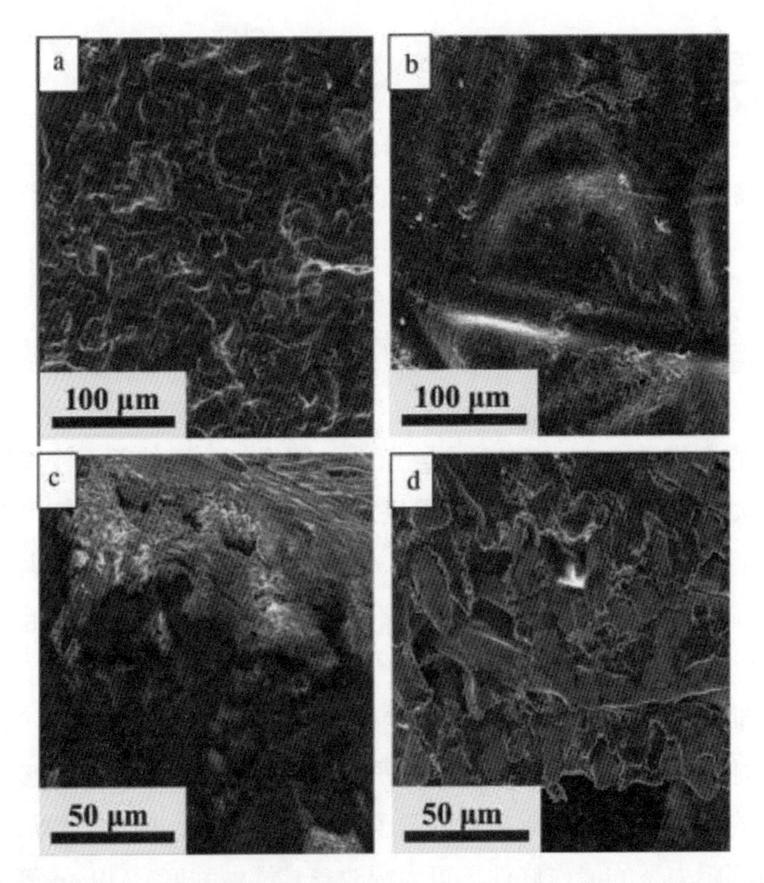


圖 14-13　以不織布為支撐層製備的離子交換膜的表面形態：(a) 陰離子交換膜；(b) 陽離子交換膜：橫切面形態；(c) 陰離子交換膜；(d) 陽離子交換膜（Allioux 等人，2015）

# 14-4　電透析薄膜性質鑑定

## 一、外觀與結構形態分析

待測物表面結構形態可利用掃描式電子顯微鏡（scanning electron microscope, SEM）或場發射掃描式電子顯微鏡（field emission scanning electron microscope, FES-EM）來獲得，此外能量分散 X 光光譜儀（energy dispersive X-ray spectroscopy, EDS）爲電子顯微鏡附加之工具，可進行元素定性分析。另外也能利用穿透式電子顯微鏡（transmission electron scope, TEM）或高解析穿透式電子顯微鏡（high resolution transmission electron scope, HRTEM）來觀察奈米材料中的微結構形態（Lue 等人，2011）。

## 二、熱性質分析（thermal analysis）

熱重損失分析試驗係利用高分子隨著溫度的上升，重量會因部分受熱熔解氣化而造成損失，即爲熱裂解行爲，故以此觀察薄膜熱重損失情形，來評估熱穩定性。微差掃描熱卡計試驗（differential scanning calorimeter, DSC）係用來分析高分子材料本身的熱性質，包含玻璃轉換溫度（glass transition temperature, $T_g$）、熔點（melting temperature, $T_m$）及熱焓值（enthalpy, $\Delta H_f$）（Pan 等人，2011）。

## 三、化學組成（chemical composition）

全反射式傅立葉轉換紅外光線光譜儀（attenuated total reflection-Fourier transform infrared spectrometer , ATR-FTIR）可用來鑑定樣品的化學組成，其原理係利用 IR 光譜圖來判定薄膜中的特定官能基（functional group）的特定吸收頻率（Anunziata 等人，2007）。另可利用 X 光光電子光譜儀（X-ray photoelectron spectroscope, XPS）分析樣品表面（1～10 nm 深度）所含元素化學態和電子態的組成（Liao 等人，2015）。

## 四、陰離子或陽離子交換膜的判別方法

在使用離子交換膜前需先確認其爲陰離子型或陽離子型，首先取少量樣品，置入試管內加入 4% 稀鹽酸液，震盪後去除上清液，並以純水加以清洗，再將樣品與 10% 硫酸銅溶液混合震盪後，以純水清洗之。當樣品變色時，加入少量氨水混合震盪後再以純水洗淨。當樣品顏色變深，即是強酸性陽離子性交換膜；顏色保持不變時，則爲弱鹽基性陰離子交換膜。當樣品顏色不變時，加入 4% 氫氧化鈉溶液混合震盪後以純水洗淨，加入酚酞指示液數滴混合均勻，再以純水洗淨。當樣品爲紅色即代表其爲強鹽基性陰離子交換膜；樣品若不是紅色，加入 4% 鹽酸混合震盪後以純水洗淨，呈紅色則爲弱酸性陽離子交換膜（食品藥物管理署，2013）。

## 五、離子交換容積（ion exchange capacity, IEC）

主要用來評估陰陽離子交換膜在電化學反應中傳導 $H^+$ 離子的能力，簡單來說，IEC 愈高，代表離子交換膜具有更多能讓 $H^+$ 離子透過的官能基，進而提升離子交換的效率，陽離子與陰離子交換膜的測試方法如下所述（Mulder, 1997）。

### 1. 陽離子交換膜 IEC

將陽離子交換膜置於去離子水中浸泡一天，再放入 1M HCl 水溶液一天，使薄膜形成 H-form 後以去離子水將多餘 HCl 去除，可使交換膜的可交換離子官能基與 $H^+$ 離子形成平衡狀態，再將此交換膜置於 0.01 M NaOH 溶液中一天後，以 HCl 溶液進行逆滴定即可獲得陽離子交換膜的 IEC 值。

$$IEC = \frac{C_{NaOH} \times V_{NaOH} - C_{HCl} \times V_{HCl}}{W} \tag{14-1}$$

其中 $C_{NaOH}$：陽離子交換膜浸泡前 NaOH 濃度，$V_{NaOH}$：陽離子交換膜浸泡前 NaOH 體積，$C_{HCl}$：逆滴定 HCl 的濃度，$V_{HCl}$：HCl 滴定體積，$W$：乾膜重。

### 2. 陰離子交換膜 IEC

先將陰離子交換膜短暫置於 0.01 M NaOH 溶液中以去除殘留在膜表面的 $H^+$ 離子，再以去離子水清洗。將陰離子交換膜置於去離子水中浸泡一天後，再放入 0.1 M

HCl 溶液中一天，使薄膜上的官能基形成 H-form（例如使 -$NH_2$ 形成 -$NH_3^+$），再以 0.01 M NaOH 進行逆滴定，即可獲得陰離子交換膜的 IEC 值。

$$IEC = \frac{C_{HCl} \times V_{HCl} - C_{NaOH} \times V_{NaOH}}{W} \tag{14-2}$$

其中 $C_{HCl}$：陰離子交換膜浸泡前 HCl 濃度，$V_{HCl}$：陰離子交換膜浸泡前 HCl 體積，$C_{NaOH}$：逆滴定 NaOH 的濃度，$V_{NaOH}$：NaOH 滴定體積，$W$：乾膜重。

## 六、選擇通透率（permselectivity）

離子交換薄膜的選擇通透率與特定離子透過膜的電荷與透過膜的總電荷有關，理想的陽離子交換膜只會傳輸陽離子。當交換膜中的離子遷移數（transport number, $t_\pm$）與含電解質溶液的離子遷移數（$t'_\pm$）相同時，其選擇通透率則為 0。電解質在分離膜中的濃度、離子交換容積與交換膜的架橋程度將會影響選擇通透率。當薄膜將溶液分離為稀釋液與濃縮液時，溶液穿過薄膜時將出現濃度梯度分布。選擇通透率（$\alpha_\pm$）可由以下公式求得（Tuwiner, 1962）：

$$\alpha_\pm = \frac{t_\mp - t'_\pm}{1 - t'_\pm} \tag{14-3}$$

明確選擇通透率（apparent permselectivity, $\alpha_\pm^a$）則可藉由電位量測法獲得，該裝置如圖 14-14 所示，此時水的傳輸不列入計算。明確離子遷移數（apparent transport number, $t_\pm^a$）可由下式計算求得：

$$t_\pm^a = t_\pm - 0.018 t_w c_\pm \tag{14-4}$$

其中 $t_w$：水透過率，水體積：0.018 mL · $mmol^{-1}$。

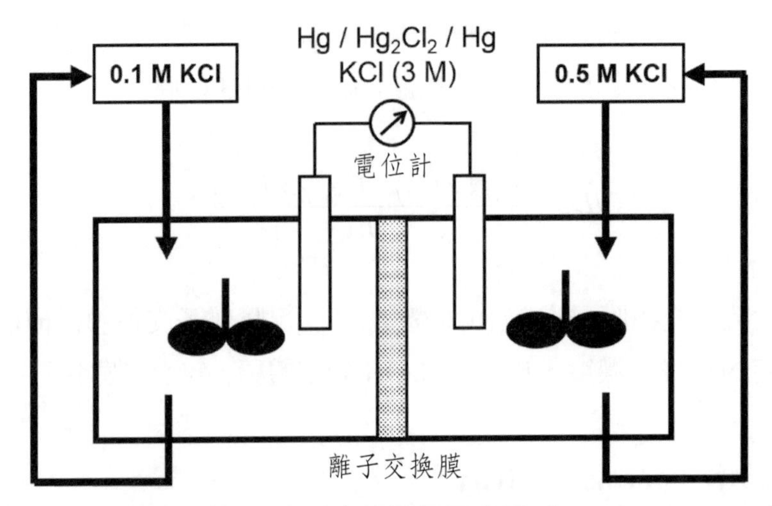


圖 14-14 測量薄膜選擇通透率的模組示意圖（Strathmann, 1992）

各種離子所傳輸的電荷量在透過溶液的總電荷量中所占比例，稱爲該種離子的離子遷移數。當離子遷移數比例愈高，代表透過的該種離子愈多，有利於分離程序。以下以只含有各一種陰陽離子爲例：

$$t^+ = \frac{Q^+}{Q} \text{ 與 } t^- = \frac{Q^-}{Q} \quad (14\text{-}5)$$

$$t^+ + t^- = 1 \quad (14\text{-}6)$$

其中 $t^+$：陽離子的離子遷移數，$t^-$：陰離子的離子遷移數，$Q^+$：陽離子傳輸的電荷量，$Q^-$：陰離子傳輸的電荷量，$Q$：總電荷量。

## 14-5 電透析及電解質膜的應用

電透析系統具有所需空間小、處理時間短、無大量汙泥產生、低耗能、使用壽命長等優點，近年來電透析與其離子分離膜已發展爲具有穩定處理效果與高商業價値等優點，目前已廣泛應用於食品、藥品、化學品純化、海水淡化、貴金屬回收與工業廢水處理等領域。另藉由對陰陽離子交換膜進行合成或改質，可使交換膜具有耐高溫、耐酸鹼與耐化學品等特性，將使電透析相關研究與應用更加寬廣（Xu 與 Huang, 2008）。

## 14-5-1　水處理

臺灣地區由於工業蓬勃發展，用水需求激增，生產製程所排放的廢水與日俱增，若能降低廢水排放與回收再利用，可解決汙染問題。另一簡單途徑，則是將海水淡化以獲得淡水，解決日益嚴重的缺水問題。電透析離子交換薄膜在最近這幾年廣受注目，因其較節省能源，並且在處理過程中不會產生相的變化。離子交換薄膜技術有別於其他分離、濃縮或是脫鹽技術，在未來許多的領域中，將會積極研發電透析離子交換薄膜的應用。目前在商品上使用技術最成功、成熟的是自海水中生產各式的鹽製品（圖 14-15）。截至 1998 年，統計全球電透析法的海水淡化產量，設廠產量介於 $10^2$～$6\times10^4$ $m^3$ 之間的總產量約為 127 萬 $m^3$，占全球淡化水產量 5.6%（排名第 3）。而逆滲透法淡化水總產量約為 883 萬 $m^3$，占全球產量 39.12%（排名第 2），電透析法與前者相比仍有很大的進步空間（Desware, 2003）。全球採用電透析法的海水淡化廠，其產能多以介於 100～500 $m^3$ 產能的小型廠為主。針對電透析技術而言，日本及歐美的電透析公司在水及純水處理的應用上已有相當多實績，除了用在水的淡化處理上，尚可用於無機酸、有機酸及重金屬的回收。雖然陰、陽離子交換膜的產品種類非常多，但電透析設備相對昂貴許多，因此在推廣上較為困難。目前中國大陸的電透析大多應用於水的淡化處理，以海水、河水、地下水與工業用水為主要處理對象。

## 14-5-2　濃縮化學品

由於電透析可對陰離子或陽離子加以濃縮與分離，因此相當適合於化學品濃縮製程。此處以胺基酸為例，由於胺基酸具有雙性官能基，藉由調整溶液 pH 值即可使胺基酸呈現陰離子態或陽離子態，如下式：

$$H_2NCHRCCO^-(\text{high pH}) \Leftrightarrow {}^+H_3NCHRCCO^-(\text{netural}) \Leftrightarrow {}^+H^3NCRCOOH(\text{low pH})$$

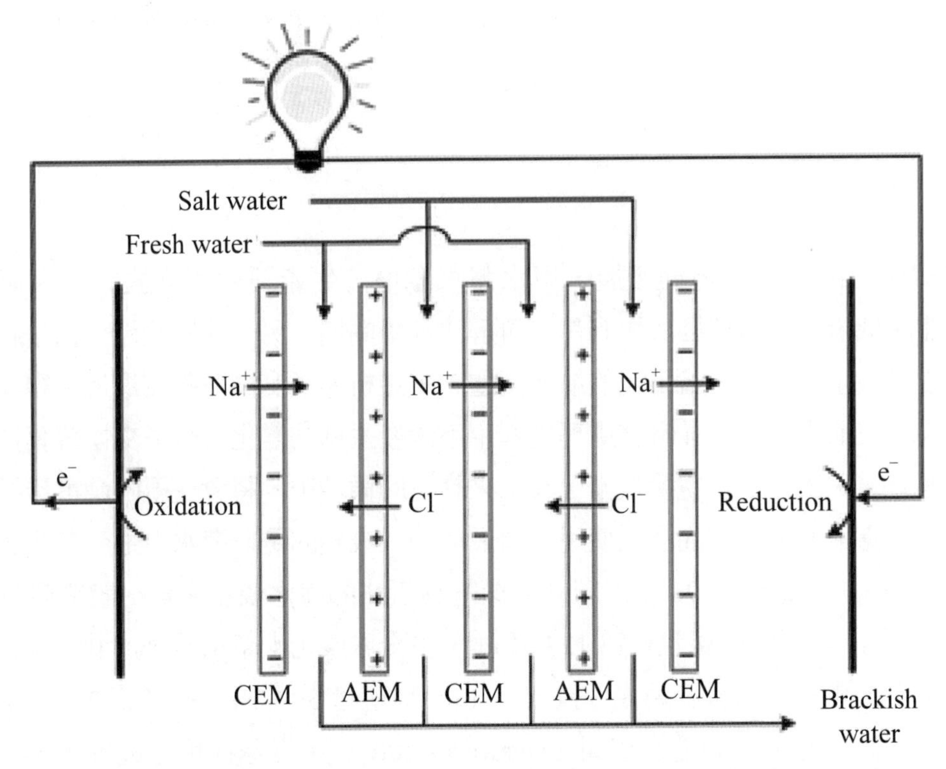


圖 14-15　以電透析淡化海水的裝置示意圖（Vermaas 等人，2013）

在高 pH 值環境時，胺基酸帶負電，因此容易往陽極端移動；在低 pH 值環境下，胺基酸則帶正電，轉而向陰極端移動；在中性環境下，胺基酸則不帶電，即使施加電場也不會向陰極端或陽極端移動，此時的 pH 值稱爲等電點（isoelectric point, IP）。各種胺基酸的等電點都不同，不可一概而論。藉由調整 pH 值，將可分離不同的胺基酸（圖 14-16），在施加電場的電透析裝置中，只需要調整各分離槽中的 pH 值（小於 IP、等於 IP 或大於 IP），即可將不同胺基酸加以分離，所獲得胺基酸僅需簡單處理（例如乾燥或純化等）。因此在電透析裝置中，藉由調整胺基酸溶液的 pH 值，即可對各種胺基酸達成完全分離的目的。

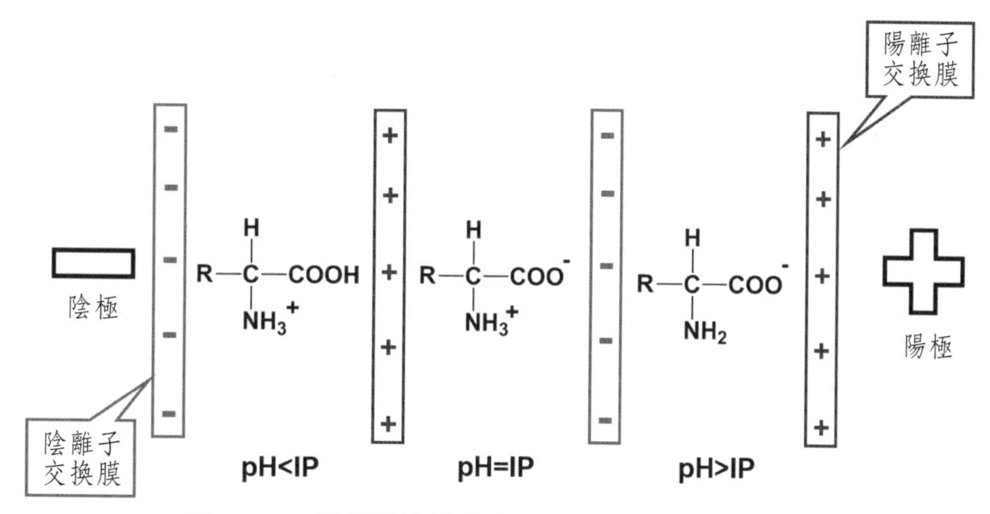


圖 14-16　胺基酸濃縮分離示意圖（Mulder, 1997）

## 14-5-3　反應程序

在反應程序中所產生的副產物多不利於反應常數 k 持續進行，在連續操作時若能同步移除副產物，則可維持較高的反應速率，因此將電透析應用在反應程序中，將可維持產物產率，並提高產物純度（圖 14-17）。以發酵工業爲例，常見問題爲發酵產生的代謝產物往往對酵素或微生物本身具有抑制作用，若能將此類代謝產物予以離子化並提高其導電度，即能在發酵過程中，以電透析持續移除代謝產物，可降低代謝物濃度，減少其抑制作用，並改善發酵的產物產率，例如苯乙酸（Chen 等人，1995）、青黴素（Chen 等人，1995）、醋酸（Chunkwu 與 Cheryan，1999）、乳酸（Nomura 等人，1987；Yen 與 Cheryan，1991；Madzingaidzo 等人，2002），其缺點爲所得產物爲有機酸鹽，仍需經過還原與純化步驟來獲得有機酸。

## 14-5-4　電池電解質

電透析的原理同樣可應用在燃料電池上，內部構造相似，燃料電池是將化學能直接轉換成電能，所使用燃料多爲氫氣，亦有其他燃料電池採用烷類、醇類或酸類等進行反應。此處以氫氣燃料電池爲例，其電池結構如圖 14-18 所示。

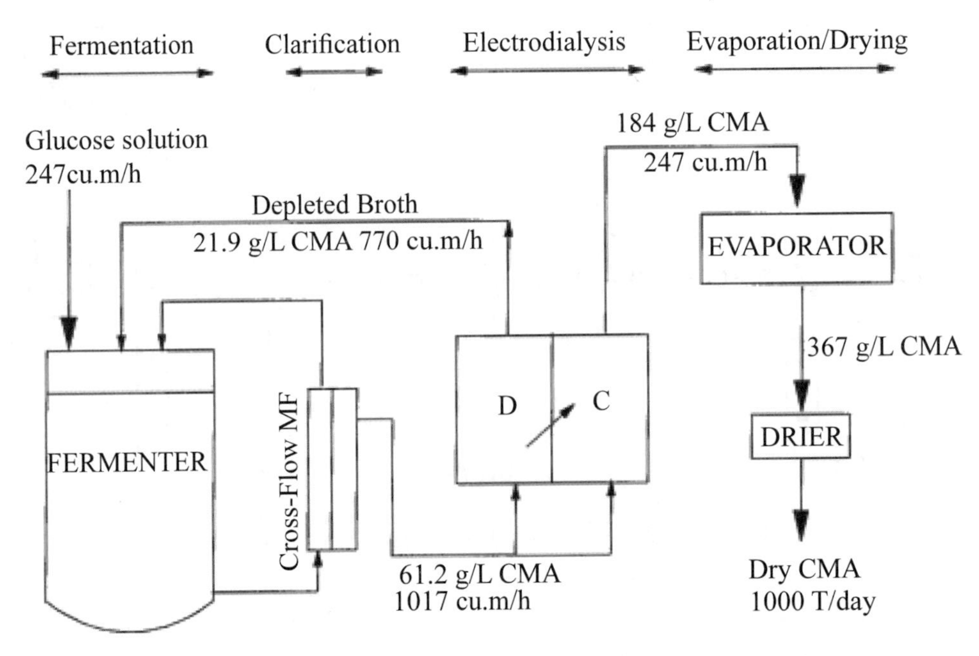


圖 14-17　電透析應用至發酵程序去除副產物之裝置示意圖（Chunkwu 與 Cheryan, 1999）

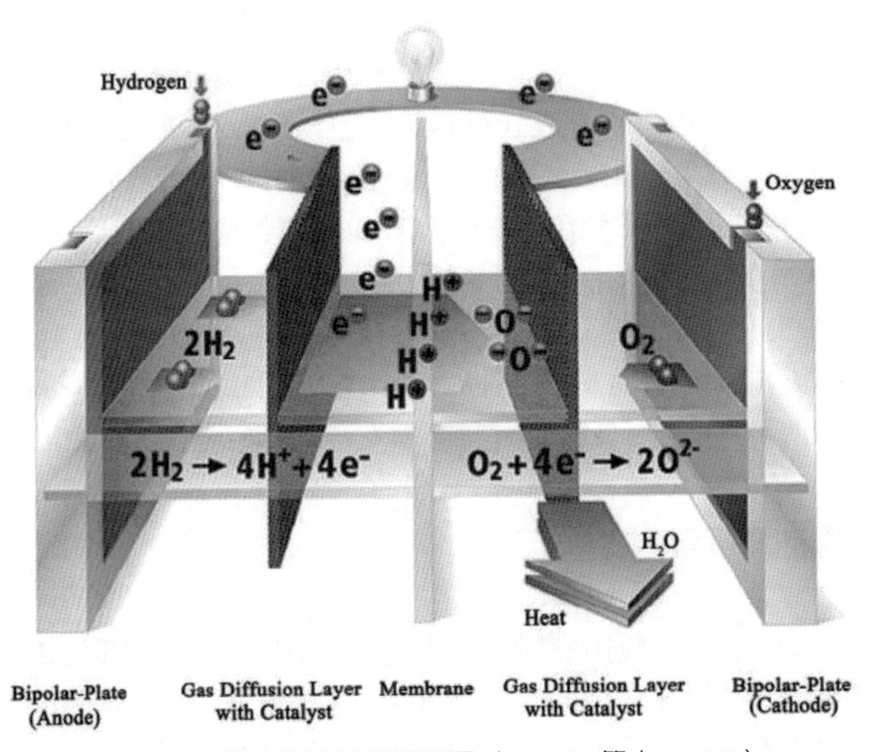


圖 14-18　燃料電池結構示意圖（Garraín 等人，2011）

首先氫氣從陽極端進行氧化形成氫離子，所產生的電子經由外部迴路從陽極傳遞至陰極，氫離子以擴散方式穿過離子交換膜抵達陰極後，與氧氣與電子反應生成水，其陰極與陽極半反應如下所示：

陽極半反應：$2H_2 \rightarrow 4H^+ + 4e^-$

陰極半反應：$4H^+ + O_2 \rightarrow 2H_2O$

電池總反應爲 $2H_2 + O_2 \rightarrow 2H_2O$ ，可藉由下式計算電池的理論電位 $E^0 = 1.2$ V。

$$\Delta G = -n \times F \times E^0 \tag{14-7}$$

$n$：每莫耳燃料產收電子數、F：法拉第常數（96485 C $mol^{-1}$）。

經計算可得 $\Delta G^0 = -237.13$kJ $mol^{-1}$。另外，在標準狀態下液態水的 $\Delta H^0 = -285.85$ kJ $mol^{-1}$，可求得其理論效率（可獲得電能占放出熱能的比率）約爲 83%。若電池在更高溫度環境下操作，將能獲得更高能量轉換效率。電池的電極、電解質與操作溫度爲影響其效能的重要因素，其中採用固態電解質的全氟化磺酸基的陽離子交換膜（例如杜邦公司的 Nafion®）的電池之優點爲利於水分傳輸與質子（氫離子）傳導，但只適合在低溫環境下操作（< 100℃），較高溫時易失水而降低導電度。燃料電池的燃料與傳統石化燃料（例如煤、天然氣與石油）相比，不會產生硫化物、氮化物與其他溫室氣體，燃料電池具有高效率放電、無汙染物產生等優點，在未來綠能發電占有一席之地。

## 14-6　結語

電透析爲具有清潔生產和高效率分離的技術，但在大規模商業化仍有部分問題需要考量，包括離子分離膜的選擇有限與電透析設備成本高等挑戰，操作時亦受限於分離膜本身壽命問題或濃縮極化而導致效率降低。目前在電透析應用多在水相環境下操作，在非水相（有機溶劑）環境下受限於離子交換膜在有機溶劑中穩定性差，容易發生高電阻，導致能量消耗，目前仍屬實驗室規模。由於電透析技術可獲得高品質產品且對環境友善，許多先進國家開始投資採用，將取代高汙染工業程序，因此研究人員將有動力對電透析程序與離子交換膜加以開發改良，期望未來能讓電透析製程應用至各行各業並達到最佳化。

## 習　題

1. 請說明電透析（electrodialysis, ED）的分離機制。
2. 請說明電透析程序使用的帶電荷薄膜的製備方法。
3. 請說明使用電透析及逆滲透程序分別進行海水淡化時，其膜材及分離機制的異同之處。
4. 依據下表數據計算直接甲醇燃料電池（反應式如下）的標準焓值（standard enthalpy, $\Delta H^0$）及標準自由能（standard Gibb's free energy, $\Delta G^0$）變化。進一步計算該燃料電池放電的標準電位。（提示：$\Delta G^0 = \Delta \text{nF} \text{E}^0$, $F = 96485$ C mol$^{-1}$, 1 J = 1 VC）

$$CH_3OH(l) + \frac{3}{2}O_2(g) \rightarrow CO_2(g) + 2H_2O(l)$$

| Compound | Formula | $\Delta_f H^0$（kJ/mol） | $\Delta_f G^0$（kJ/mol） |
|---|---|---|---|
| Methanol | $CH_3OH_{(l)}$ | –238.66 | –166.27 |
| Water | $H_2O_{(l)}$ | –285.85 | –237.13 |
| Carbon dioxide | $CO_{2(g)}$ | –393.51 | –394.36 |
| Oxygen | $O_{2(g)}$ | 0 | 0 |

## 參考文獻

1. Allioux, F., L. He, F. She, P.D. Hodgson, L. Kong, L. F. Dumée, Investigation of hybrid ion-exchange membranes reinforced with non-woven metal meshes for electro-dialysis applications, *Sep. Purif. Technol.*, 147(2015)353-363.

2. Anunziata, O.A., A.R. Beltramone, M.L. Martínez, L. López Belon, Synthesis and characterization of SBA-3, SBA-15, and SBA-1 nanostructured catalytic materials, *J. Colloid Interf. Sci.*, 315(2007)184-190.
3. Baker, R.W., *Membrane technology and applications*, McGraw-Hill Publishers, New York (2000).
4. Chen, D.H., S.S. Wang, T.C. Huang, Separation of phenylacetic acid, 6-aminopenicillanic acid and peniciliin G wish electrodialysis under constant current, *J. Chem. Tech. Biotechnol.*, 64(1995)284-292.
5. Chunkwu, U.N., M. Cheryan, Electrodialysis of acetate fermentation broth, *Appl. Biochem. Biotechnol.*, 77-79(1999)485-499.
6. Desware, *Global production of desalination water*, http://www.desware.net (2003).
7. Eisenberg, A., H.L. Yeager, *Perfluorinated ionomer membrane*, In: ACS Symp. Series No.180, American Chemical Societry, Washington D.C. (1982).
8. Garraín, D., Y. Lechón, C. de la Rúa, Polymer electrolyte membrane fuel cells (PEMFC) in automotive applications: Environmental relevance of the manufacturing stage, *Smart Grid Renew. Energ.*, 2(2011)68-74.
9. Helfferich, F., *Ion exchange*, McGraw-Hill Book Company, New York (1962).
10. Liao, G.M., C.C. Yang, C.C. Hu, Y.L Pai, S. J. Lue, Novel quaternized polyvinyl alcohol quaternized chitosan nanocomposite as an effective hydroxide conducting electrolyte, *J. Membr. Sci.*, 485(2015)17-29.
11. Lue, S.J., C.H. Chen, C.M. Shih, M.C. Tsai, C.Y. Kuo, J.Y. Lai, Grafting of poly(N-isopropylacrylamide-co-acrylic acid) on micro-porous polycarbonate films: Regulating lower critical solution temperatures for drug controlled release, *J. Membr. Sci.*, 379(2011)330-340.
12. Madzingaidzo, L., H. Danner, R. Braun, Process development and optimization of lactic acid purification using electrodialysis, *J. Biotechnol.*, 96(2002)223-239.
13. Mulder, M., *Basic principles of membrane technology*, 2nd Ed., Kluwer Academic Publishers, The Netherlands (1996).
14. Nomura, Y., M. Iwahara, M. Hongo, Lactic acid production by electrodialysis fermentation using immobilized growth cells, *Biotechnol. Bioeng.*, 30(1987)788-793.
15. Pan, W.H., S.J. Lue, C.M. Chang, Y. L. Liu, Alkali doped polyvinyl alcohol/multi-walled carbon

nano-tube electrolyte for direct methanol alkaline fuel cell, *J. Membr. Sci.*, 376(2011)225-232.

16. Porteous, A., *Desalination technology: Development and practice*, Applied Science Publishers, New York (1983).
17. Silva, V., E. Poiesz, P. van der Heijden, Industrial wastewater desalination using electrodialysis: Evaluation and plant design, *J. Appl. Electrochem.*, 43(2013)1057-1067.
18. Strathmann, H., Ion-exchange membranes, In: *Membrane handbook*, edited by Winston, W.S., K.K. Sirkar, Van Nostrand Reinhold, New York (1992).
19. Strathmann, H., *Electromembrane processes: State-of-the-art processes and recent developments*, In: 2.500 Desalination and water purification, MIT OpenCourseWare, http://ocw.mit.edu (2009).
20. Tuwiner, S.B., *Diffusion and membrane technology*, Reinhold Publishing Co., New York (1962).
21. Vermaas, D.A., D. Kunteng, M. Saakes, K. Nijmeijer, Fouling in reverse electrodialysis under natural conditions, *Water Res.*, 47(2013)1289-1298.
22. Vyas, P.V., B.G. Shah, G.S. Trivedi, P. Ray, S.K. Adhikary, R. Rangarajan, Studies on heterogeneous cation-exchange membranes, *React. Funct. Polym.*, 44(2000)101-110.
23. Xu, T., C. Huang, Electrodialysis-based separation technologies: A critical review, *AIChE J.*, 54(2008)3147-3159.
24. Yen, Y.H., M. Cheryan, Separation of lactic acid whey permeate fermentation broth by electrodialysis, *Trans. I Chem. E.*, 69(1991)200-205.
25. Zschocke, P., D. Quellmalz, Novel ion exchange membranes based on an aromatic polyethersulfone, *J. Membr. Sci.*, 22(1985)325-332.
26. 食品藥物管理署，*14008離子交換樹脂*，食品添加物規格檢驗方法，衛生福利部，2013。

# 符號說明

| | |
|---|---|
| $C$ | 濃度（M） |
| $E^0$ | 電位（V） |
| $F$ | 法拉第常數（$C\ mol^{-1}$） |
| $\Delta G^0$ | 自由能（$J\ mol^{-1}$） |
| $\Delta H^0$ | 焓（$J\ mol^{-1}$） |
| $n$ | 轉移電子數（-） |
| $Q$ | 電荷（C） |
| $t$ | 離子遷移數（-） |
| $V$ | 體積（L） |
| $W$ | 重量（g） |

# 第十五章
# 燃料電池

/劉英麟

# 15-1 前言

過去一、兩百年來，煤、石油、天然氣等化石能源，提供了人類的時代巨輪往前邁進的源源動力，化石能源可謂是儲存了億萬年的太陽能源，因此，不論是化石能源或是其替代能源，太陽都是人類在地球上最重要的能源來源。不斷開採與利用石油的結果，石油耗盡或是能源短缺的議題，在過去幾次所謂的能源危機中被突顯出來。近年來，能源議題的關注點，從能源短缺朝向全球暖化，發展化石燃料的替代性能源的著眼點，也從單面向地取得能源來源，擴展到兼及減少例如二氧化碳等溫室氣體的排放，以降低全球暖化的速度。利用太陽作爲能源的來源，可以使用太陽能電池將之轉換爲電能，再將電能儲存於如電池（battery）等儲能裝置，例如鋰電池、氧化還原液流電池等，再以釋放電能的方式加以使用；此外，也可以將太陽能以不同的方式轉換儲存於不同物質之中，例如以藻類等生物方法使用太陽能生產醇類化學品或柴油等，或是以太陽能驅動產氫化學反應而生產氫氣等，太陽能源便被轉換而儲存於此類物質之中，再利用化學或電化學反應等，將此能量轉換成電能等不同的能源形式，便可加以利用。

燃料電池（fuel cell）是一個能量轉換的裝置，將燃料的化學能利用電化學反應轉換成爲電能，不受卡諾循環（Carnot cycle）的限制，理論上的能量轉化效率極高。不同形式的燃料電池如表 15-1 所示，具有不同的電池元件組成和電化學反應，但其關鍵元件大抵包括電極〔陰極（anode）、陽極（cathode）〕、分隔膜以及雙極板。適當的觸媒被放置於電極上以催化電化學反應，分隔膜則提供隔開兩個電極、阻擋燃料滲透，以及在兩電極間傳送離子的作用。不同的燃料電池採用不同的分隔膜，其一爲含有電解質的多孔性材料，另一爲離子交換膜，包括傳送氫離子的質子交換膜（proton exchange membrane, PEM），以及傳送氫氧根離子的陰離子交換膜（anionic exchange membrane, AEM）。

表 15-1　燃料電池的種類及特性

| 燃料電池種類 | 燃料 | 離子種類 | 操作溫度（℃） | 電解質 |
|---|---|---|---|---|
| 質子交換膜料電池（proton exchange membrane fuel cell, PEMFC） | 氫氣 | $H^+$ | 室溫～200 | 質子傳導聚電解質膜 |
| 直接甲醇燃料電池（direct methanol fuel cell, DMFC） | 甲醇 | $H^+$ | 室溫～200 | 質子傳導聚電解質膜 |
| 磷酸燃料電池（phosphoric acid fuel cell, PAFC） | 天然氣、甲醇 | $H^+$ | 100～200 | 磷酸 |
| 固態氧化物燃料電池（solid oxide fuel cell, SOFC） | 天然氣、來自石化原料的燃氣 | $O^{2-}$ | 800～1,000 | 氧化鋯 |
| 熔融碳酸鹽燃料電池（molten carbonate fuel cell, MCFC） | 天然氣、來自石化原料的燃氣 | $CO_3^{2-}$ | 600～700 | 碳酸鹽 |
| 鹼性燃料電池（alkaline fuel cell, AFC） | 氫氣、甲醇 | $OH^-$ | 60～90 | 鹼金屬氧化物 |

# 15-2　質子交換膜燃料電池

以氫氣爲燃料的能源使用方式，與目前的能源使用系統相當接近，且氫氣轉能反應後的副產物只有水，不產生汙染性副產物，因此，1970 年代提出氫經濟（hydrogen economy）概念，揭櫫使用氫氣作爲人類活動之能源來源的社會型態，發展氫氣生產、儲存、運送、供應、利用等相關技術，期待以氫氣取代汽油、柴油等燃料，以燃料電池取代內燃機。在此願景中，質子交換膜燃料電池（proton exchange membrane fuel cell, PEMFC）直接以氫氣作爲燃料（如圖 15-1），在氫經濟中扮演將儲存於氫氣的化學能轉換爲電能的重要角色。其實早在 1960 年代，質子交換膜燃料電池就被應用於美國太空總署的太空計畫之中，作爲太空船的能源供給裝置。到了 1980 年代以降，由於材料、觸媒技術以及電池組設計等多方面的進步，質子交換膜燃料電池在效能、安全，以及價格方面都獲得巨大的進展，直到今日，整個研究仍蓬勃地發展，也愈來愈貼近於民生的實際需求。例如使用氫氣爲燃料的燃料電池汽車（fuel cell vehicle, FCV），以及其相關的基礎建設方案等，都已進入實證的階段，日本豐田汽車（Toyota Motor Co.）與本田汽車（Honda Motor Co.）等製造商，於 2016 年都已有商業化的 FCV 問世。

質子交換膜是質子交換膜燃料電池的關鍵元件之一，其主要功能包括將質子（氫離子）由陽極傳送到陰極、避免燃料由陽極擴散到陰極，以及提供陰、陽極間的隔絕性等。其性質之一般要求包括：

1. 質子傳導能力：質子傳導度（proton conductivity）達到 0.1 S $cm^{-1}$ 以上；
2. 機械強度：質子交換膜在乾燥或濕潤的狀態下，必須具有相當的機械強度，以免於膜電極組和電池組裝的過程中受到外力破壞；
3. 燃料阻隔能力：質子交換膜需具有低的反應燃料（氫氣，或是直接甲醇燃料電池中使用的甲醇）滲透係數，以使燃料電池具有良好的法拉第效率；
4. 化學阻抗性：燃料電池作用時爲反覆的氧化還原反應，於此過程中，質子交換膜需能抵抗氧化還原反應中過氧化物等活性物種的攻擊，而不發生明顯的降解作用；
5. 尺寸安定性：質子交換膜需具有一定程度的尺寸安定性，以免於操作時發生形變而與燃料電池的其他元件沾黏或剝離。

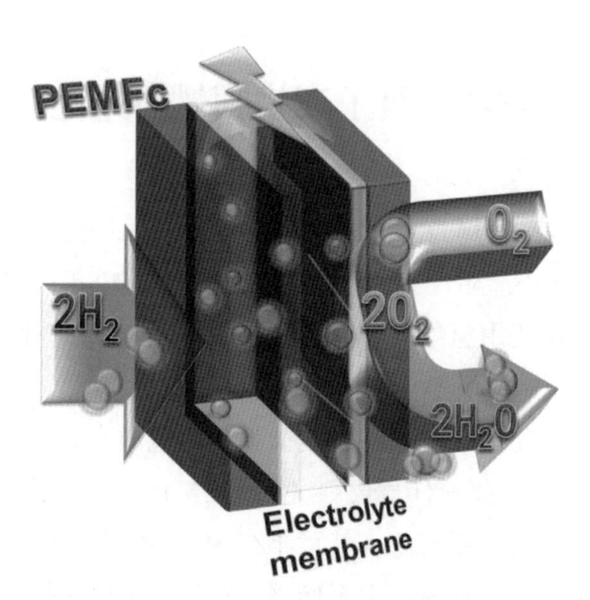


圖 15-1　質子交換膜燃料電池

爲達到傳導質子的目的，最簡單而顯明的分子設計即是在其化學結構中導入可以解離氫離子的酸化學基團，而最常使用的便是磺酸基團。例如，在前述使用於美國太空計畫的燃料電池中，便是使用磺酸化聚苯乙烯（sulfonated polystyrene）所形成的薄膜作為燃料電池的質子交換膜。然而，此類高分子因為抗氧化性質未臻理想，在燃料電池操作的電化學環境中會發生降解而降低電池壽命。因此，開發適合作為質子交換膜的高分子材料，便受到廣泛的研究。

## 15-2-1　質子交換膜的質子傳導機制

由帶有酸基的材料所形成的質子交換膜，其傳導質子的機制可以分為 Vehicle 機制和 Grotthuss 機制（圖 15-2）。當質子交換膜被水潤濕時，質子利用水分子為媒介，與之形成水合離子，在酸根基團構成的離子團簇間進行移動而形成質子傳導，此機制稱為 Vehicle 機制，其質子傳導速率與水合離子的擴散移動速率直接相關，也和質子交換膜中高分子鏈的自由體積有關；Grotthuss 機制又稱為跳躍（hopping）機制，即質子以跳躍的方式在酸根基團間進行移動。一般來說，Vehicle 機制需於水分子存在下方能有效作用，而 Grotthuss 機制的質子傳導效率優於 Vehicle 機制。

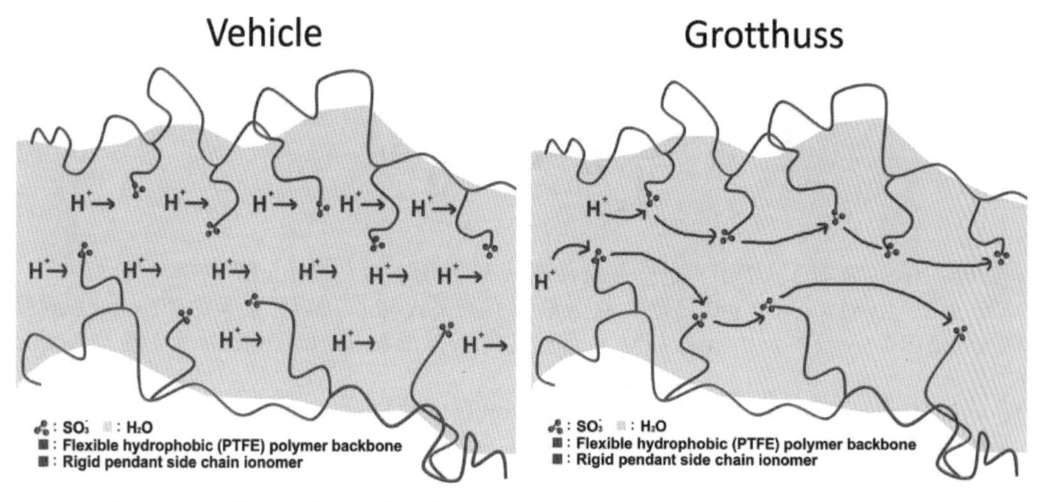


圖 15-2　帶有酸基的材料所形成的質子交換膜，其傳導質子的機制

## 15-2-2 磺酸化全氟高分子質子交換膜

以磺酸化全氟高分子爲基材所製成的質子交換膜，是現今最廣爲使用的質子交換膜。此一類高分子的化學結構可以表示如圖 15-3，在 1960 年代便由杜邦（DuPont）公司發展出來，以其高抗化學性而應用於鹼氯工業之中。其後，亦有其他公司推出類似產品，例如來自陶氏（Dow）公司的磺酸化全氟高分子膜產品，與杜邦的產品相較，即是在側鏈上少了一個 -($OCF_2CF_2$)- 單元。改變如圖 15-3 中所示結構的重複單元比例，會影響結構中磺酸根的含量，亦即影響其離子交換容量（ion exchange capacity, IEC，意謂每克的乾燥磺酸化高分子含有的磺酸基團的當量數，常用單位爲 mmol $g^{-1}$）。一般來說，杜邦公司的 Nafion® 膜其 IEC 値均大於 0.9 mmol $g^{-1}$，產品規格落在 0.95～1.01 mmol $g^{-1}$ 之間。

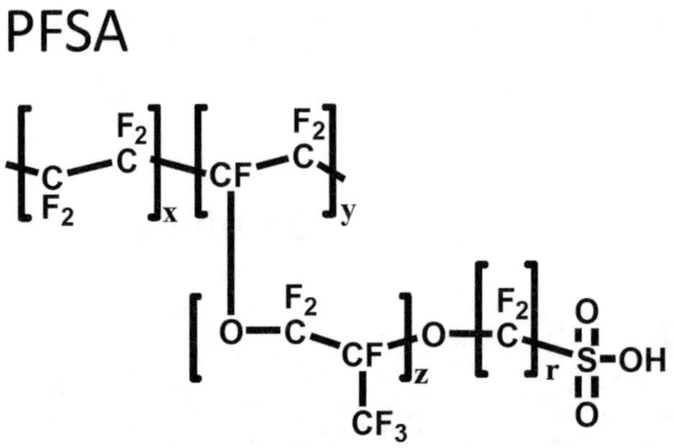

(1)當x=6~10，y=z=1，r=2時，此全氟樹脂構成杜邦所生產的Nafion系列膜。
(2)當x=6~10，y=1，z=0，r=1~5時，此全氟樹脂構成Asahi Glass所生產的Flemion系列膜。
(3)當x=1.5~14，y=1，z=0，r=2~5時，此全氟樹脂構成Asahi Chemicals所生產的Aciples系列膜。
(4)當x=3~10，y=1，z=時，此全氟樹脂構成Dow膜，由Dow Chemical公司以四氟乙烯與乙烯醚單體聚合。

圖 15-3 作為質子交換膜原料的磺酸化全氟高分子

從結構上看來，磺酸化全氟高分子具有疏水的全氟鏈段以及親水的磺酸基團，因爲兩性性質（amphiphilic property）而在成膜時可以形成微相分離（microphase separation）的結構（圖 15-4）。以 Nafion 爲例，在乾燥（無水）狀態下由親水性磺酸基團區塊（domain）所形成的離子團簇，其大小約 5 nm，當 Nafion 膜吸水潤濕時，前述親水區塊膨潤變大而成爲膜中主要的區塊，在膜中形成連續的離子團簇網絡而建立質子傳導通道（proton conducting channels）。因此，Nafion 質子交換膜便可以在較低的 IEC 值時就形成質子通道，而表現出較高的質子傳導度，且其質子傳導度隨溫度的上升而上升，這與高溫有助於質傳效率相關。然而，當溫度過高時，Nafion 膜會失去水合能力而使含水率下降，甚至因爲水分蒸發而喪失其質子傳導能力，因此，Nafion 膜的適當操作溫度大約在 60～80℃之間。另一方面，因爲需要水分子作爲媒介，Nafion 膜在相對濕度低於 15% 時幾乎喪失了質子傳導能力，因此，使用 Nafion 膜作爲質子交換膜的燃料電池，在結構設計上便需要有對燃料和氧化劑加濕的設備，以確保 Nafion 膜在高濕環境下操作。Nafion 膜的保水能力以及其於低濕環境下操作的性能和效能，可以藉由添加強酸性、高保水能力的無機材料來改善。以添加磷酸氫鋯粒子爲例，其本身爲布忍斯特酸可貢獻質子傳導，且親水的特性有助於提高膜的保水能力，因此可以有效改善 Nafion 膜在低濕環境下的質子傳導能力（Casciola 等人，2008）。

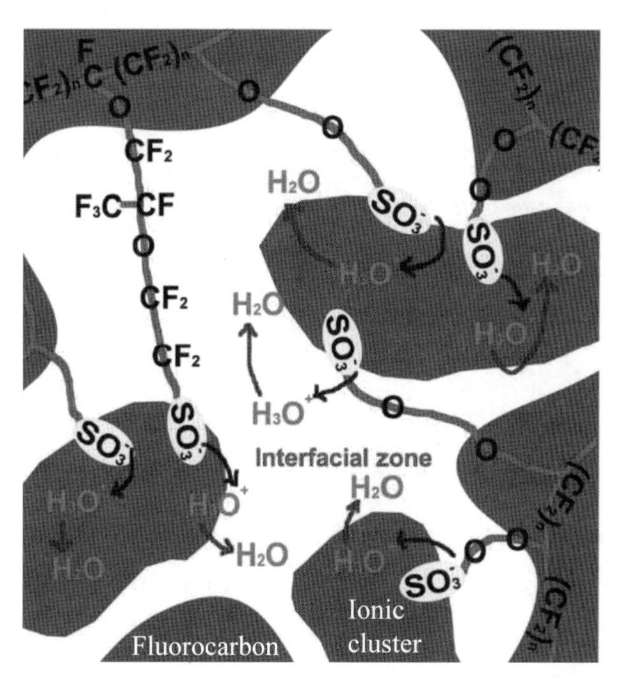


圖 15-4　磺酸化全氟高分子具有疏水的全氟鏈段以及親水的磺酸基團，在成膜時可以形成微相分離構造而形成質子傳導通道

此外，因爲 Nafion 膜的微結構對其質子傳導度有相當大的影響，而不同的加工製膜過程和條件，都會影響所獲得的 Nafion 膜的微結構，從而影響其質子傳導度和其他性質。文獻上報導使用 Nafion 分散溶液以濕式製膜法所重鑄的 Nafion 膜，其質子傳導度往往低於杜邦公司以壓出法所製備的商業 Nafion 膜便著因於此。雖然 Nafion 膜的質子傳導度已相當不錯，且也被當作開發替代質子交換膜的指標，但仍有報導有效地提高了 Nafion 膜的質子傳導度。其中，一個重要的例子爲 Kannan 等人（2008）使用酸化的單壁碳奈米管（single walled carbon nanotube, SWCNT）作爲添加物，在 0.05 wt% 的添加量下，所得到的 Nafion 奈米複合膜的質子傳導度，可比 Nafion 商業膜高出數倍之多。其後，Liu 等人（2010）利用臭氧活化法將 Nafion 高分子鏈反應於多壁碳奈米管（multiwalled CNT, MWCNT）的外徑上，添加 0.05 wt% 的 Nafion 改質 MWCNT 於 Nafion 中，其重鑄 Nafion 奈米複合膜的質子傳導度也較 Nafion 商業膜高出數倍。因爲改質 MWCNT 表面的 Nafion 高分子鏈與本體的 Nafion 具有良好的相容性，誘導 Nafion 高分子鏈沿著 MWCNT 外徑形成厚度約數奈米、長度達數微米（μm）的 Nafion 區域。當 Nafion 鏈被限制在此奈米等級的空間時，其質子傳導區域更容易相連接而形成連續的質子傳導通道，在 Nafion 複合膜中宛如提供質子傳導的高速公路，因而有效地提高 Nafion 膜的質子傳導度。此一現象也由 Nafion 電紡纖維（electrospun fiber）的質子傳導度得到驗證，當 Nafion 電紡纖維的直徑高於次微米等級時，其質子傳導度與一般的 Nafion 膜無異，但當其纖維直徑達到奈米尺度時，其質子傳導度便急速地上升（Dong 等人，2010），顯示當 Nafion 高分子鏈被限制於奈米尺度下的環境時，的確可以因爲形成連續的質子傳導通道，而大幅提高其質子傳導度。

受 Nafion 高分子鏈化學結構的限制，要直接在其分子結構上進行化學反應而改質，有一定之難度，然而最近 Peng 等人（2015）發表 Nafion 高分子鏈上的某些 C-F 鍵結具有化學反應活性，可以進行原子轉移加成反應（atom transfer radical addition, ATRA）和原子轉移自由基聚合反應（atom transfer radical polymerization, ATRP）（圖 15-5），利用此一化學反應製備新穎高性能的 Nafion 膜應用於質子交換膜的報導隨即由 Feng 等人（2016）發表，可預期此反應途徑的發明，將擴展 Nafion 此一高分子鏈在分子設計和性質／效能提升的寬度和廣度。

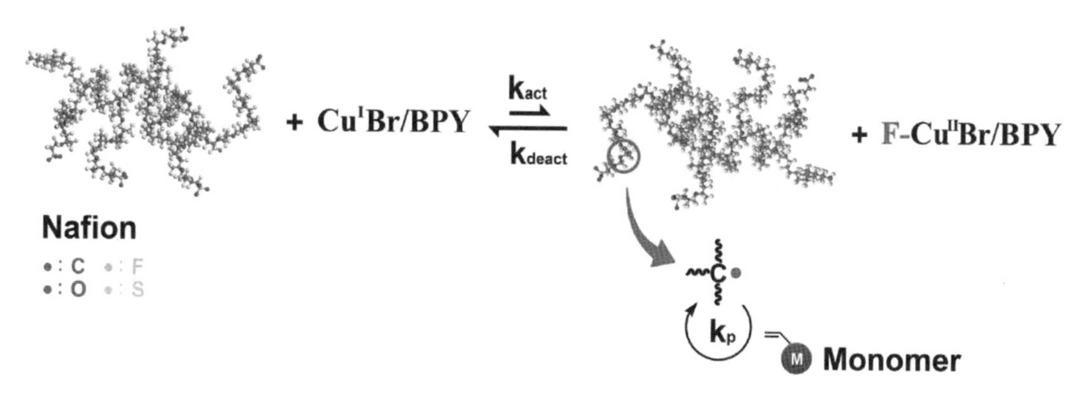


圖 15-5　Nafion 高分子鏈以 C-F 鍵結為活性點，進行原子轉移自由基聚合反應

## 15-2-3　非氟化有機高分子質子交換膜

前述磺酸化全氟高分子的合成，製程複雜且使用的單體較爲昂貴，其價格居高不下，以 NR 212 膜爲例，2016 年春的價格仍高達每平方英尺 150 美元，兼之仍有難以在低濕環境下操作、高的甲醇滲透係數、中度的機械強度等缺點，因此設計與合成新的磺酸化高分子作爲製備質子交換膜的原料，便吸引廣大的研究者注意。如前所述，以磺酸化聚苯乙烯爲基材的質子交換膜曾被使用於美國太空計畫的燃料電池之中，但其抗氧化的穩定性不佳，在操作過程中發生高分子鏈段因氧化裂解而失效。由此可知，開發非氟化的磺酸化高分子作爲質子交換膜之用，首要的挑戰便是抗氧化穩定度。在過去幾十年來，有許多種類的高分子都曾被應用於前述的高分子和質子交換膜的開發之中（Rozière 及 Jones，2003；Bose，2011；Liu，2012；Bakangura 等人，2016），衡諸性質與效能，擇其要者討論於後。

1. 聚亞醯胺高分子：聚亞醯胺高分子爲重要的高分子材料，其具有高耐熱、高機械強度、高成膜特性等特點，已被廣泛使用於如軟式印刷電路板、電子絕緣材料、高溫膠帶、分離薄膜等，製程技術成熟，原料與製程化學品已有完整供應鏈。然而，傳統聚亞醯胺高分子係由二胺單體與雙酐單體進行聚合而成，所形成的五元環結構在鹼性下易發生水解反應而斷鏈降解，因此作爲質子交換膜之用，有其先天上的限制。爲避免聚亞醯胺高分子易水解的缺點，因此開發作爲質子交換膜用途的磺酸化聚亞醯胺高分子，改以具有六元環結構的聚亞醯胺高分子爲主，以萘雙酐化合物

（例如 napthalene tetracarboxylic dianhydride, NDA）取代苯雙酐化合物作爲聚合單體，如圖 15-6 所示。磺酸化聚亞醯胺高分子可以由磺酸化二胺單體與前述萘雙酐化合物進行聚合反應而得，也可以由一般的雙胺單體與萘雙酐單體聚合成聚亞醯胺之後，再進行後磺酸化反應而得。

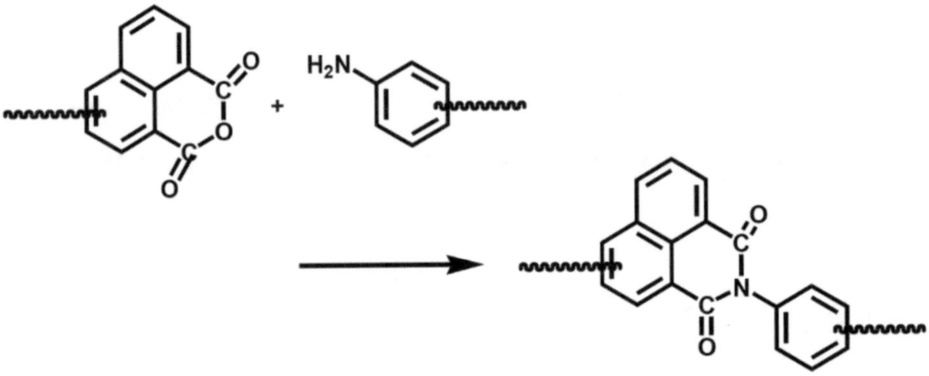

圖 15-6　具有較佳抗水解特性的六員環聚亞醯胺高分子

2. 高性能工程塑膠：高性能工程塑膠，如聚酮（polyketone）、聚醚酮（polyetherketone）、聚醚碸（polyethersulfone）等等，其合成方法大抵如前述磺酸化聚亞醯胺一般，可以使用磺酸化單體進行聚合反應或是由後磺酸化反應對高分子鏈進行磺酸化而得。此類磺酸化高分子的分子設計自由度大，所形成的高分子薄膜機械性質、耐水解特性、抗氧化穩定性等俱佳，已成爲開發新型質子交換膜的主軸。
3. 其他高分子：例如磺酸化聚氧化苯醚（poly(phenylene oxide)）、磺酸化聚氧代氮代環已烷（polybenzoxazine）、磺酸化聚酞嗪酮醚酮（poly(phthalazinone ether ketone)）等。

以上所述之磺酸化高分子，其 IEC 値由其分子鏈上的磺酸基團的濃度而定，以直接聚合法所得到的磺酸化高分子的 IEC 値，可以由單體進料中的磺酸化與非磺酸化單體的比例進行調控；而由後磺酸化法得到者，則可以由磺酸化反應的時間和反應試劑的濃度進行調控。一般來說，具有較高 IEC 値的磺酸化高分子表現較高的質子傳導度，但相對地，磺酸化程度過高的高分子則可能會有可溶於水、對水膨潤度過高、機械強度不足等問題，必須視磺酸化高分子的化學結構加以調控，以獲得最適化的 IEC 値。然而，受到無法代入過多的磺酸基團於高分子鏈的限制，此類磺酸化高分子的質子傳導度也受到限制。爲解決此問題，必須使磺酸化高分子具有相對低的 IEC 值，卻能有較高的質子傳導度，也就是成膜之後，膜中的磺酸基團應該要有更高效率的利用方式，以提高其對質子傳導的貢獻度。

如前所述，磺酸化全氟高分子膜的微相分離構造對提高薄膜的質子傳導度有相當的貢獻，因此，欲提高具有相對低 IEC 值的磺酸化有機高分子薄膜的質子傳導度，形成微相分離構造便成爲分子設計的主軸。這個部分的發展可以分爲以下幾個階段（He 等人，2015）：

1. 將磺酸化高分子鏈上的磺酸基位置鏈段化，意即將磺酸化高分子由雜亂共聚合物（random copolymer）形式轉變爲嵌段共聚物（block copolymer）形式。如同其他具兩性特性的嵌段共聚合物在成膜後會形成微相分離的微結構，在磺酸化高分子薄膜中，含量相對較少的親水性磺酸基團發生聚集，與疏水部分形成海島型微相分離結構，如同磺酸化全氟高分子膜一般，磺酸基團所形成的離子團簇有利於質子傳導。
2. 承前述，將含有磺酸基團的高分子鏈段上之磺酸基團區域化（localization），意即非將磺酸基團平均散置於高分子鏈上，而是集中到鏈段的某些重複單元上。通常這些重複單元具有多個磺酸基團，如此可以更有效地誘導相分離的發生以及微相結構的生成。
3. 再承前述，將磺酸基團密集化（dense），例如在一個重複單元的苯環結構上導入超過一個磺酸基團，近來的趨勢則是設計一個含有多個苯環結構的盤狀重複單元，將磺酸基團集中於此盤狀單元的苯環結構上。如此，巨大的盤狀磺酸化結構可以誘導形成更大的磺酸基團區塊，更容易連結成爲質子傳導通道，因而可以使此類磺酸化高分子所形成的薄膜，表現出更高的質子傳導度。

透過適當的分子設計所形成的微相分離結構以及質子傳導通道，許多新合成的磺酸化高分子質子交換膜都已具有比 Nafion 薄膜還要高的質子傳導度，以及優越的抗氧化穩定性和機械性質，非常具有商業化潛力。未來，當 PEMFC 的應用和市場更爲開闊時，質子交換膜的商品必將更爲多樣而優異。

### 15-2-4　高溫型質子交換膜

前述磺酸化高分子質子交換膜在潤濕的條件下運作，因此需在低溫下（60～80

℃）操作，但使用可以在高溫下操作的質子交換膜應用於高溫型燃料電池，是另一項發展的重點，其具有的優點敘述如下：

1. 單從動力學角度看，提高燃料電池的操作溫度即可加速電化學反應速率、促進燃料氣體擴散，以及提高質子傳導速率。
2. 對一氧化碳的耐受度提高：氫氣燃料中的一氧化碳會吸附於燃料電池的觸媒表面而毒化觸媒，提高溫度可以降低此吸附現象，而提高系統對一氧化碳的耐受度，例如在 80℃時，一氧化碳的濃度需低於 20 ppm 左右，而提高到 200℃時，可以耐受的一氧化碳濃度便提高到約 30,000 ppm，這同時也降低了對氫氣燃料的純度要求，可以減少氫氣純化的步驟和衍生的成本。
3. 減少燃料電池系統中的水管理需求：低溫型質子交換膜燃料電池需要加濕裝置以維持質子交換膜傳導質子的能力，但過多的水（來自加濕過量以及化學反應生成）會阻礙物質擴散而降低燃料電池效能，因此需要良好的水管理設計和組件；相反地，高溫型質子交換膜燃料電池在高於水的沸點下操作，系統內的水以水蒸氣而非液態水的形態存在，而使得水管理的問題相對容易而簡化。
4. 使用較爲便宜的觸媒：低溫型燃料電池因電化學反應速率較低，需使用昂貴的白金作爲觸媒，但提高溫度後，因電化學反應速率提高，有機會使用較爲便宜的其他金屬取代白金作爲觸媒，大幅降低燃料電池的成本。

如同 Nafion 薄膜應用於低溫型質子交換膜燃料電池，目前廣爲高溫型質子交換膜燃料電池（Boss, 2011）所使用的質子交換膜，爲含浸磷酸的聚苯并咪唑（polybenzimidazole, PBI）薄膜，係由二酸與四胺單體聚合而成，其基本化學結構之一例如圖 15-7 所示。

除了基本結構的 PBI 質子交換膜外，其他研究發展的方向有：

1. PBI 的分子量過高時，溶解度降低而使加工困難，但是分子量太低則有機械強度不足、成膜性不佳等問題，因此可以透過分子設計合成新單體，以改善所合成之 PBI 的溶解性質，因而也有許多不同結構的 PBI 高分子被陸續報導。
2. 除了咪唑結構外，也可以在 PBI 結構上導入其他具有胺基的化學基團，可以增加 PBI 每一重複單元對磷酸的含有率，增加含浸磷酸後的 PBI 膜的酸基濃度，提高 PBI 質子交換膜的質子傳導度。
3. 在 PBI 的化學結構上引入磺酸基團，可以增加 PBI 薄膜的酸基含量，此部分也可以利用 PBI 與磺酸化高分子的混摻而達成。

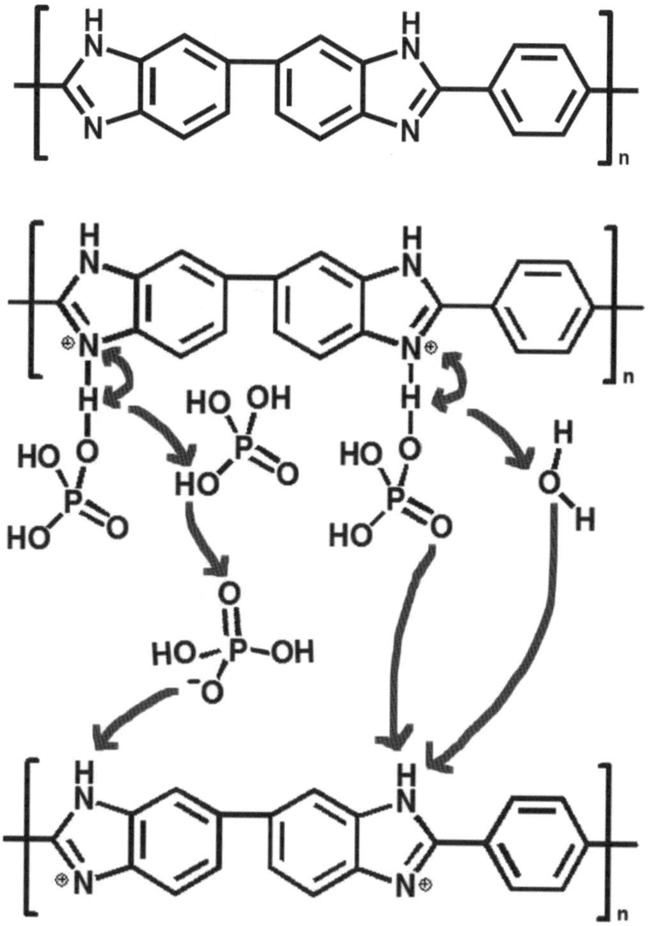

圖 15-7　典型聚苯并咪唑高分子之化學結構及其含浸磷酸後的結構示意圖

4. 使用聚磷酸取代磷酸作爲酸含浸試劑，以減少在使用過程中磷酸滲出（leaking out）的問題。

韓國三星（Samsung）公司對於以 PBI 爲基礎的質子交換膜，進行相當程度的專利布局，並發展商業化的生產規模，提供商業產品（Choi 等人，2013）。從三星公司的專利和發表的文獻分析，可知其發展的質子交換膜主要利用 PBI 高分子與氧代氮代苯并環己烷進行混摻。將氧代氮代苯并環己烷進行熱開環交聯後，其反應活性體和 PBI 結構進行反應，而將 PBI 高分子鏈與氧代氮代苯并環己烷結合成一交聯的高分子薄膜。一般相信，開環聚合之後的氧代氮代苯并環己烷具有三級胺結構，也有助於增進此質子交換膜的磷酸保有能力以及提高質子傳導度。

# 15-3　直接甲醇燃料電池

## 15-3-1　酸性直接甲醇燃料電池

不同於 PEMFC 以氫氣爲燃料，直接甲醇燃料電池（direct methanol fuel cell, DMFC）是以甲醇水溶液作爲燃料於陽極進料（Joghee 等人，2015；Mehmood 等人，2015）。甲醇與水在陽極受觸媒催化進行反應生成質子、電子與二氧化碳，電子經由外部電路流至陰極形成電流，質子則透過質子交換膜抵達陰極，同樣地在陰極與氧分子發生氧化反應而生成水。因此，質子交換膜也是 DMFC 的關鍵元件之一。DMFC 的陰、陽極半反應與總反應如下：

陽極：$CH_3OH + H_2O \rightarrow CO_2 + 6H^+ + 6e^-$

陰極：$3/2O_2 + 6H^+ + 6e^- \rightarrow 3H_2O$

總反應：$CH_3OH + 3/2\ O_2 \rightarrow CO_2 + 2H_2O$

因爲 DMFC 的能量密度較一般的二次電池（例如鋰離子電池）要高，且其甲醇燃料可以做成少量分裝的形式，攜帶和使用上與氫氣相比也較無安全上的疑慮，因此 DMFC 相當適合發展作爲攜帶型電子產品的電力來源。

作爲 DMFC 使用的質子交換膜，同樣需具備高的質子傳導度，此外，也要求具有抵擋甲醇滲透的能力，即低的甲醇滲透率（methanol permeability）（Awang 等人，2015；Radenahmad 等人，2016）。Nafion 薄膜雖然具有高的質子傳導度，但其貢獻質子傳導的通道恰也提供了甲醇滲透的管道，因此，Nafion 薄膜的甲醇滲透率並不低，大約在 $10^{-6}$ $cm^2$ $s^{-1}$ 之等級。應用於 DMFC 的商業 Nafion 膜以 Nafion 117 爲代表（Mondal 等人，2015），其以增加厚度來降低甲醇滲透。因爲質子傳導度與甲醇滲透率均會影響應用於 DMFC 質子交換膜的效能，因此研究上有以兩者之比值：質子傳導度 / 甲醇滲透率（稱爲薄膜選擇率，membrane selectivity），作爲初步評估質子交換膜應用於 DMFC 效能的基準（Aricò 等人，2015）。然而，當甲醇滲透率低於某一程度時，進一步降低薄膜的甲醇滲透率並不會持續對質子交換膜的性質有所貢獻，主要還是取決於質子傳導度的大小，因此，對於具有非常低甲醇滲透率的質子交換膜而言，使用薄膜選擇率來評估其應用於 DMFC 時的效能，多有失眞之虞。

抑制甲醇在 Nafion 膜的擴散以降低其甲醇滲透率的研究報導很多，大多以添加其他高分子以抑制 Nafion 鏈的移動性、或是添加無機材料以增加甲醇在薄膜內的擴散路徑爲主要方法。前者例如添加具有鹼性團基的高分子鏈和 Nafion 鏈形成離子交聯結構，後者之例子則是添加層狀黏土（clay）於 Nafion 薄膜之中。前述對 Nafion 的改質雖然可以有效降低其甲醇滲透率，但往往也同時降低了其質子傳導度，在此兩個 tradeoff 的性質間無法兼顧，因而此類薄膜的效能便常以獲得較高的薄膜選擇率來表示。有效而理想的改質爲同時提高 Nafion 薄膜的質子傳導度與降低其甲醇滲透率，在兩個面向上同時貢獻而提高薄膜選擇率，可以得到較佳的直接甲醇燃料電池的效能。例如，Chang 等學者（Chang 等人，2013）利用 Nafion 以及 $Fe_3O_4$ 奈米粒子改質 MWCNT 後，將此改質之 MWCNT 添加至 Nafion 之中製成複合膜，此複合膜的薄膜選擇率爲重鑄 Nafion 膜的 15 倍、Nafion 117 膜的 4.8 倍；此薄膜的性能表現於單電池效能上，考量 0.4 V 時的電流密度，複合膜的效能爲分別爲重鑄 Nafion 膜的 6.6 倍和 Nafion 117 的 1.5 倍。値得注意的是，使用 Nafion 膜的 DMFC 通常使用 2 M 甲醇水溶液作爲燃料進料，而當質子交換膜的甲醇滲透率降低時，表示其對甲醇滲透的抵擋效率提高，因此可以使用較高濃度的甲醇水溶液作爲燃料進料，從而也可以進一步提升此 DMFC 的電池效能。

既然質子傳導度也是應用於 DMFC 的質子交換膜的重要性質，因此開發 PEMFC 使用的質子交換膜意味著也可同時應用於 DMFC，只是在追求高質子傳導度的同時，要兼顧甲醇滲透率。具有相對較低質子傳導度的質子交換膜，可能在應用於 PEMFC 上的潛力會受到限制，但若其因爲分子結構較爲堅硬或是分子鏈對於甲醇的親和性較低，則極可能可以表現出較低的甲醇滲透率而可應用於 DMFC，這是開發質子交換膜可以留心的地方。

## 15-3-2　鹼性直接甲醇燃料電池

在前述 DMFC 中，其陽極反應如下：

$$CH_3OH + H_2O \rightarrow CO_2 + 6H^+ + 6e^-$$

仍須使用價昂的貴金屬觸媒進行催化，例如 Pt/Ru 合金觸媒等，而甲醇在鹼性條件下的氧化反應速率，比在酸性條件下高很多，因此，若將前述陽極反應改為在鹼性條件下進行，極有可能因為反應速率提高而使用價格較為低廉的觸媒，此為鹼性直接甲醇燃料電池（direct methanol alkaline fuel cell, DMAFC）的優勢之一。DMAFC 的陰、陽極半反應與總反應為：

陽極：$CH_3OH + 6OH^- \rightarrow CO_2 + 5H_2O + 6e^-$

陰極：$3/2O_2 + 3H_2O + 6e^- \rightarrow 6OH^-$

總反應：$CH_3OH + 3/2O_2 \rightarrow CO_2 + 2H_2O$

其總反應與酸性 DMFC 相同。於此電池中，氫氧根離子在陰極產生，擴散通過隔離膜到達陽極與甲醇反應，生成的電子通過外部電路而產生電流，氫氧根離子由陰極擴散至陽極，與甲醇的擴散方向剛好相反，因此本質上可以抑制甲醇擴散。基於具有高反應速率、可使用非白金觸媒，以及抑制甲醇滲透等特性，DMAFC 有相當高的發展潛力，也愈來愈受到研究者的重視（Yu 及 Scott，2004；Cheng 等人，2015）。

與使用質子交換膜的酸性 DMFC 不同，DMAFC 的隔離膜必須具有傳導氫氧根離子的能力，因此其離子交換膜的發展方向也和質子交換膜不同，而與使用氫氣為燃料的鹼性薄膜燃料電池（alkaline membrane fuel cell, AMFC）類似，因此初期發展即以此為基礎。使用於 DMAFC 的陰離子交換膜（anion exchange membrane, AEM）略述之如下：

1. 鹼摻雜（dopped）高分子膜：利用如氫氧化鉀等強鹼摻雜高分子膜，使其含有氫氧基離子，達到在高分子膜中輸送氫氧基離子的功能。最常被使用的基材高分子膜為聚乙烯醇（poly(vinyl alcohol), PVA），因其具有良好的成膜性以及與氫氧根離子間的良好相容性。此外，為了提高陰離子交換膜的機械強度、鹼含有量、抗甲醇滲透性等，許多的研究報告都著眼於添加無機的奈米粒子對陰離子交換膜進行改質，包括二氧化矽、二氧化鈦、氧化鋁、碳奈米管等等；此外，有機的改質劑包括幾丁聚醣和四級銨鹽等，也可被使用。
2. 四級銨化的高分子：使用含有氯甲基或是溴甲基的高分子，以胺化合物摻雜後進行四級銨化，使用的胺化合物包括三甲基胺、三乙基胺、咪唑（imidazole）、苯并咪唑（benzimidazole）、胍（guanidine）等。

3. 含其他鹽基之高分子：例如磷離子鹽（phosphonium salt）以及鋶離子鹽（sulfonium salt）等等。
4. 含有胺基的高分子：以氯或溴化合物進行四級胺化，例如聚苯并咪唑（polybenz-imidazole）便是常用於此製程的高分子。

因爲氫氧根離子比質子大，因此氫氧根離子的移動速率比質子小，兼之陰離子交換膜通常無法如質子交換膜一般由爲親 - 疏水的微相分離形成質子通道，因此，陰離子交換膜的氫氧根離子傳導度通常較質子交換膜的質子傳導度低。近年來，經過研究者的努力，經由交聯穩定陰離子交換膜以提高其離子含量、設計合成嵌段陰離子交換膜高分子以利形成微相分離構造，以及利用特殊設計的奈米添加物形成離子通道等。許多新穎的陰離子交換膜其氫氧根離子傳導度，已能與質子交換膜的質子傳導度相當，兼之甲醇滲透亦受到抑制而降低，DMAFC 的單電池效能已和 DMFC 相當。例如，長庚大學呂幸江教授團隊（Wu 等人，2014）使用聚苯并咪唑高分子改質多壁碳奈米管使之形成離子通道，再將此改質碳奈米管與聚苯并咪唑高分子形成奈米複合陰離子交換膜，在 2 M 甲醇的進料下，其單電池的最高能量密度高達 105 mW $cm^{-2}$，已超越由 Nafion 117 膜所組裝而成的 DMFC 單電池效能。

此外，氫氧根離子會造成四級胺鹽裂解，這是使用此類陰離子交換膜的 DMAFC 的另一個問題。當四級胺鹽帶有 $\beta$- 氫原子時，此四級胺鹽的裂解經由 E2 離去反應（E2 elimination）或是霍夫曼離去反應（Hofmann elimination）發生，若不含 $\beta$- 氫原子，此裂解反應則經由親核取代反應（nucleophilic substitution）發生，又若四級胺鹽旁有巨大立體障礙，則由 E1 離去反應途徑造成四級胺鹽裂解（Cheng 等人，2015）。藉由理解陽離子結構、高分子主鏈結構、立體障礙、交聯結構等對四級胺鹽裂解的影響，改善此陰離子交換膜膜材穩定度的方法和途徑，也吸引許多研究者的注意，並已有相當的成果。

## 15-4　結語

燃料電池爲新世代能源供應鏈中，重要的能量轉換裝置，可以將儲存於化學物質（燃料）中的能量，經由電化學反應轉換成電能的形式而爲人類所利用。不論是傳導質子的質子交換膜或是傳導氫氧根離子的陰離子交換膜，在現行發展的燃料電池系統中，均扮演關鍵元件的重要角色。未來，因應燃料電池模組與電池堆的設計需求所應對的操作條件改變，以及不同應用對象的需求等，離子交換膜的研究與發展也將持續進行。此外，目前相關燃料電池以使用氫氣以及甲醇爲主，然而，高碳數的醇類較之甲醇擁有更高的能量密度，因此使用乙醇或是丁醇爲燃料的燃料電池，也吸引許多的研究投入。因應這些使用不同燃料進料的燃料電池的發展，其對所對應的離子交換膜的性質與性能的要求也將日新月異，這也將是應用於燃料電池的離子交換薄膜持續研發和進步的驅動力。

## 習　題

1. 請說明質子交換膜燃料電池的作用原理，以及質子交換膜於其中扮演的角色和功用。
2. 請比較直接甲醇（酸性）燃料電池與直接甲醇鹼性燃料電池的異同，並分別說明其陰、陽極和總化學反應。
3. 請圖示 Nafion 的化學結構，並依結構說明其在形成與應用於質子交換膜的優勢。
4. 對於直接甲醇燃料電池使用的質子交換膜，如何評價其薄膜選擇率。
5. 陰離子交換膜應用於直接甲醇鹼性燃料電池，請說明其使用的高分子的化學結構構成要件和種類。

## 參考文獻


1. Aricò, A.S., D. Sebastian, M. Schuster, B. Bauer, C. D'Urso, F. Lufrano, V. Baglio, Selectivity of direct methanol fuel cell membranes, *Membranes*, 5(2015)793-809.
2. Awang, N., A.F. Ismail, J. Jaafar, T. Matsuura, H. Junoh, M.H.D. Othman, M.A. Rahman, Functionalization of polymeric materials as a high performance membrane for direct methanol fuel cell: A review, *React. Funct. Polym.*, 86(2015)248-258.
3. Bakangura, E., L. Wu, L. Ge, Z. Yang, T. Xu, Mixed matrix proton exchange membranes for fuel cells: State of the art and perspectives, *Prog. Polym. Sci.*, 57(2016)103-152.

4. Bose, S., T. Kuila, T.X.H. Nguyen, N.H. Kim, K. Lau, J.H. Lee, Polymer membranes for high temperature proton exchange membrane fuel cell: Recent advances and challenges, *Prog. Polym. Sci.*, 36(2011)813-843.
5. Casciola, M., D. Capitani, A. Comite, A. Donnadio, V. Frittella, M. Pica, M. Sganappa, A. Varzi, Nafion-zirconium phosphate nanocomposite membranes with high filler loadings: Conductivity and mechanical properties, *Fuel Cells*, 3-4(2008)217-224.
6. Chandan, A., M. Hattenberger, A. El-kharouf, S. Du, A. Dhir, V. Self, B.G. Pollet, A. Ingram, W. Bujalski, High temperature (HT) polymer electrolyte membrane fuel cells (PEMFC) - A review, *J. Power Sources*, 231(2013)264-278.
7. Chang, C.M., H.Y. Li, J.Y. Lai, Y.L. Liu, Nanocomposite membranes of Nafion and $Fe_3O_4$-anchored and Nafion-functionalized multiwalled carbon nanotube exhibiting high proton conductivity and low methanol permeability for direct methanol fuel cells, *RSC Adv.*, 3(2013)12895-12904.
8. Cheng, J., G. He, F. Zhang, A mini-review on anion exchange membranes for fuel cell applications: Stability issue and addressing strategies, *Int. J. Hydrogen Energy*, 40(2015)7348-7360.
9. Choi, S.W., J.O. Park, C. Pak, K.H. Choi, J.C. Lee, H. Chang, Design and synthesis of cross-linked copolymer membranes based on poly(benzoxazine) and polybenzimidazole and their application to an electrolyte membrane for a high-temperature PEM fuel cell, *Polymers*, 5(2013)77-111.
10. Dong, B., L. Gwee, D. Salas-de la Cruz, K.I. Winey, Y.A. Elabd, Super proton conductive high-purity Nafion nanofibers, *Nano Lett.*, 10(2010)3785-3790.
11. Feng, K., L. Liu, B. Tang, N. Li, P. Wu, Nafion-initiated ATRP of 1-vinylimidazole for preparation of proton exchange membranes, *ACS Appl. Mater. Interfaces*, 8(2016)11516-11525.
12. He, G., Z. Li, J. Zhao, S. Wang, H. Wu, M.D. Guiver, Z. Jiang, Nanostructured ion-exchange membranes for fuel cells: Recent advances and perspectives, *Adv. Mater.*, 27(2015)5280-5295.
13. Joghee, P., J.N. Malik, S. Pylypenko, R. O'Hayre, A review on direct methanol fuel cells - In the perspective of energy and sustainability, *MRS Energy Sustain.*, 2(2015)E3.
14. Kannan, R., B.A. Kakade, V.K. Pillai, Polymer electrolyte fuel cells using nafion-based composite membranes with functionalized carbon nanotubes, *Angew. Chem. Int. Ed.*, 47(2008)2653-2656.

15. Liu, Y.L., Developments of highly proton-conductive sulfonated polymers for proton exchange membrane fuel cells, *Polym. Chem.*, 3(2012)1373-1383.

16. Liu, Y.L., Y.H. Su, C.M. Chang, Suryani, D.M. Wang, J.Y. Lai, Preparation and applications of Nafion-functionalized multiwalled carbon nanotubes for proton exchange membrane fuel cells, *J. Mater. Chem.*, 20(2010)4409-4416.

17. Mehmood, A., M.A. Scibioh, J. Prabhuram, M.G. An, H.Y. Ha, A review on durability issues and restoration techniques in long-term operations of direct methanol fuel cells, *J. Power Sources*, 297(2015)224-241.

18. Mondal, S., S. Soam, P.P. Kundu, Reduction of methanol crossover and improved electrical efficiency in direct methanol fuel cell by the formation of a thin layer on Nafion 117 membrane: Effect of dip-coating of a blend of sulphonated PVdF-co-HFP and PBI, *J. Membr. Sci.*, 474(2015)140-147.

19. Peng, K.J., K.H. Wang, K.Y. Hsu, Y.L. Liu, Atom transfer radical addition/polymerization of perfluorosulfonic acid polymer with the C-F bonds as reactive sites, *ACS Macro Lett.*, 4(2015)197-201.

20. Radenahmad, N., A. Afif, P. Petra, S.M.H. Rahman, S.G. Eriksson, A. Azad, Proton-conducting electrolytes for direct methanol and direct urea fuel cells - A state-of-the-art review, *Renew. Sustain. Energy Rev.*, 57(2016)1347-1358.

21. Rozière J., D.J. Jones, Non-fluorinated polymer materials for proton exchange membrane fuel cells, *Annu. Rev. Mater. Res.*, 33(2003)503-555.

22. Wu, F., C.F. Lo, L.Y. Li, H.Y. Li, C.M. Chang, K.S. Liao, C.C. Hu, Y.L. Liu, S.J. Lue, Thermally stable polybenzimidazole/carbon nano-tube composites for alkaline direct methanol fuel cell applications, *J. Power Sources*, 246(2014)39-48.

23. Yu, E. H., K. Scott, Development of direct methanol alkaline fuel cells using anion exchange membranes, *J. Power Sources*, 137(2004)248-256.

# 第十六章 血液淨化薄膜

/張雍

# 16-1　前言

對於未來生醫薄膜在血液淨化科技的發展，如何精準控制各種人體內生物分子於薄膜材料界面的交互作用行爲，已成爲薄膜分離工程的重要研究基礎之一。薄膜材料界面的化學性質與物理微結構會與生物分子產生化學或物理交互作用，尤其是當薄膜材料置於人體環境中，對於大部分的生物分子而言，生物分子通常會不具選擇性的自然吸附於材料表面上。因此，對於目前許多致力於生物分子與薄膜材料界面間的研究工作，探討其分子間之交互作用尤其重要，特別是控制分子與薄膜材料間特定官能基結合機制及不特定分子吸附行爲。大部分的高等生物結構體都具有與生俱來的生物感測能力，會自然辨識周遭所處的環境或接觸的物質。一般來說，這些生物結構體所具有的辨識能力是來自於特定的分子引力作用所產生，包含物理構形變化、特定微結構形態及化學結構特性所決定。這樣的特性往往能幫助生物分子在與周遭環境接觸時，保有正確的生物訊息溝通傳遞，因此當生物分子與薄膜材料界面接觸時，也可使用此一概念去了解其相互作用的現象。如果以此角度反向思考，要設計一薄膜材料界面能與特定生物分子產生有意義的接觸，就必須讓薄膜材料的表面能產生具有類似生物結構體的特性，才能與生物分子間產生可控制性的辨識效果，如此就能控制生物分子與薄膜材料間產生特定位向結合現象與不特定分子吸附行爲。這些特性的控制即決定一個薄膜材料是否能應用於人體之血液淨化科技發展的重要關鍵。其中，控制薄膜材料界面具有抗不特定生物分子吸附特性，對於血液相容性薄膜材料的開發更是不可或缺的重要一環。

「高分子生醫薄膜材料」其水溶液性質與固液界面性質的控制對於人體中生物分子反應有何重要性？一般而言，對於大部分的生物分子會透過與高分子薄膜材料中特定官能基的交互作用（specific binding interaction）來獲得生物分子辨識能力，也能藉由高分子薄膜材料的物理形狀、分子微結構及化學特性來辨識外來物體。此外，許多生物分子會於高分子薄膜材料表面進行不特定的物理吸附行爲（nonspecific adsorption），這種現象會降低高分子材料的功能性，例如對於須講求精準控制生物分子辨識能力的基因（gene）或藥物輸送載體（drug delivery carrier），會產生非預期性的辨識訊號干擾或錯誤分子辨識現象。因此必須針對高分子薄膜材料之分子結構與化學特性進行設計與控制，才能提高生物分子與高分子材料之間特定分子官能基結合效率及降低其對於生物分子之不特定吸附行為，提升高分子於生醫薄膜材料的功能性與薄膜分離工程的應用性。文獻上關於蛋白質生物巨分子與高分子薄膜材料間相互作用的研究，概略彙整重要觀念分述如下。

## 一、蛋白質與高分子薄膜材料之疏水性作用現象

當蛋白質分子與疏水性高分子薄膜材料接觸時，一般會產生不可逆的自發性物理吸附現象，這個觀念已清楚的建立並被接受。此吸附現象的驅動力主要是來自於蛋白質分子在吸附過程中產生構形變化，暴露出的疏水區域會與高分子薄膜材料形成疏水作用力，並破壞排列於材料表面上的水分子結構，從熱力學的觀點，此過程會使整體系統的熵值增加，是自發性的過程。但並非所有的蛋白質分子於疏水性高分子薄膜材料皆會產生不可逆吸附行為，如果其疏水性作用力不強，已吸附之蛋白質仍然有機會會被溶液中的蛋白質所取代。

## 二、蛋白質與高分子薄膜材料之靜電作用現象

一般基本的靜電作用現象，在低離子強度的溶液環境中，帶正電的蛋白質會吸附於負電的高分子薄膜材料表面；帶負電的蛋白質會吸附於正電的高分子薄膜材料表面。從熱力學的角度來解釋，此吸附現象的驅動力主要是來自於正、負離子基團間因庫侖作用力所產生的結合過程中，伴隨著圍繞於離子基團周圍之水合分子的釋放，使整體系統的熵值增加。但此靜電作用現象會在較高離子強度（如 0.15 N）的溶液環境中消失，這是由於在高鹽環境下會發生靜電遮蔽效應所產生的結果。

## 三、蛋白質於高分子薄膜材料固液界面之吸附現象

當同一種類的蛋白質分子吸附於基材表面時，一般蛋白質會趨向於單層吸附，其他蛋白質不會繼續吸附於此一單層膜上。根據文獻資料顯示，主要的原因是吸附於材料表面之蛋白質單層膜表面會保有足夠水合分子層，可防止溶液中其他蛋白質接近吸附。這個概念也被用於處理一些臨床醫療的醫用薄膜材料，例如與血液組織接觸的薄膜表面會先使用肝素（heparin）處理以降低血栓現象的產生。另外的研究提出，雖

然在薄膜材料表面上吸附一層蛋白質單層膜可提供防止其他蛋白質分子的吸附，但對於細胞而言則並非如此，例如將細菌貼附於材料表面，目前大部分的研究結果都指出，需先有特定的蛋白質分子吸附於薄膜材料表面上，才會引發細菌的貼附並產生生物膜（biofilms），這也是發炎反應發生的重要起始步驟。因此，對於蛋白質於高分子材料固液界面之吸附現象的探討，目前被大部分學者所接受的主要觀念有兩個：

1. 親水性強的高分子薄膜材料可降低蛋白質分子的吸附，疏水性強的高分子薄膜材料表面會產生一層不可逆吸附之蛋白質單層膜；
2. 當薄膜表面強烈吸附蛋白質時，通常也會使得生物細胞進行貼附，而當薄膜表面可以防止蛋白質吸附，通常會使得生物細胞無法進行貼附生長。

近年來，如何設計出可完全防止蛋白質分子吸附與細胞貼附的薄膜材料，已成為發展尖端薄膜科技的重要領域之一，這對於研發血液相容性高分子薄膜及高效率抗菌薄膜材料的發展，是不可或缺的技術。

接下來的章節將針對血液相容性薄膜系統與製程進行說明，並介紹血液透析、血液富氧與血液分離薄膜。

## 16-2 血液相容性薄膜系統

「血液相容性高分子」是一種可提供反抗血液成分分子吸附沾黏性質的薄膜材料，可用於防止凝血纖維蛋白原（Fibrinogen）或血球細胞於高分子薄膜材料固液界面進行不特定物理吸附行為的發生，進而可控制高分子薄膜材料於人體血液中的抗凝血反應，從 1980 年迄今，一直是發展生醫薄膜材料相當重要的研究課題。血液相容性高分子薄膜材料對於許多生物科技的發展是相當重要的，其應用領域包括人體器官移植（organ transplantation）或組織修補（tissue repair）、藥物釋放（drug release）、人造血管（artificial blood vessels）、組織工程（tissue engineering）、生物傳感器（biosensor）、生物晶片（biochip）、抗菌材料（antibacterial materials）、生化分離以及食品安全檢驗等。

目前文獻對於抗凝血機制的研究，主要是以人體中蛋白質在薄膜材料固體表面的物理吸附行為進行探討。許多研究指出，蛋白質吸附可能是導致許多生物巨分子（如細胞或細菌）於材料表面產生沾黏、聚集及形成生物膜的主要因素，因此要有效防止生物分子於薄膜材料表面產生非特定性吸附，控制蛋白質的吸附行為是重要的關鍵。由於血液相容性高分子薄膜材料具有可抗蛋白質吸附、血球細胞貼附與引發免疫反應的特性，可用來增加生物組織修補材料的表面抗凝血性質，因此是未來發展與生物體內血液接觸的重要醫療用薄膜材料。

凝血反應是生物體內的一種自發性連鎖反應，目的是為了防止血液大量從組織系統中流失，一般發生於體內血管組織遭受破壞或當異物侵入時。當薄膜材料置於生物體內與生理組織中的血液接觸時，材料表面便會與血液中之血小板及凝血蛋白進行一連串複雜的交互作用，最後會產生血液凝塊（clot）或血栓（thrombus）。文獻上使用的血液相容性高分子材料可分為兩大類，第一類為天然材料，生物體中組成細胞薄膜外壁的磷脂質（phospholipid），目前被認為是最能有效防止人體血液成分或其他生物分子吸附的物質。研究指出，其中帶有雙離子（zwitterionic）電中性的 phosphorylcholine（PC）lipids，是讓細胞膜外層形成血液相容性表面的主要成分，這對於發展仿生合成薄膜材料是重要的發現。第二類為合成材料，製備上較容易控制且應用較廣，一些特殊化學結構的組成可用來設計成具有抗生物分子吸附的特性。George Whitesides 曾對不同生物官能基團在金表面形成分子自組裝單層膜（self-assembled monolayers, SAMs）進行研究，說明化學結構組成與蛋白質吸附的關聯性，最後由分子級的微觀角度及實驗結果歸納提出可抗血漿蛋白質吸附之化學結構設計的四項基本原則：

1. 材料需為親水性（hydrophilic）；
2. 需有提供分子間氫鍵的受體（hydrogen-bond acceptor）；
3. 不能含有提供分子間氫鍵的予體（hydrogen-bond donor）；
4. 整個化學結構需為電中性。

這些原則提供了許多抗生物分子吸附的化學結構成分設計的研究基礎，也被用來解釋一些抗生物分子吸附的機制，但仍然有缺陷，無法解釋部分的生物分子的作用行為，如醣類分子與蛋白質間的作用關係。聚乙烯乙二醇）（poly (ethylene glycol), PEG）是文獻上最廣泛使用在生物科技發展的合成材料，目前已有相當多種的 PEG 衍生物被用於各種不同的研究領域，包含生化分離、藥物釋放、生物分子改質、抗蛋白質吸附，以及細胞薄膜融合之交互作用等。PEG 為一種線性或分支狀的中性高分子，擁有特殊的溶液性質，可溶於水溶液或大部分的有機溶劑，特別在水溶液環境中會對於其他巨分子有顯著的體積排斥效應（excluded volume effect），因此許多針對PEG與生物分子作用行爲的研究，尤其是關於蛋白質在固體表面的吸附行爲。近年來的研究發現，PEG被覆於物質的固體表面，於生物體中並不會產生免疫反應，同時具有高度的血液相容性。

由於PEG是一種具有高度抗生物分子吸附特性的材料，因此使用PEG的塗層技術目前已有一些重要應用，包含藥物傳遞控制、抗蛋白吸附及生物分子感測。文獻上利用PEG將藥物包覆並應用於疾病治療，尤其是對於癌症治療或胰島素的釋放控制。由於PEG分子具控制蛋白質分子吸附的特性，因此大量的應用於薄膜生化分離技術中。對於可提供抗原-抗體（antigen-antibody）產生辨識作用的薄膜生物傳感器，不特定的蛋白質吸附會使生物分子產生辨識訊號干擾或錯誤分子辨識現象，此現象可透過PEG塗層於薄膜表面來進行修飾。George Whitesides學者於2001年針對細胞薄膜外壁磷脂質的天然抗凝血性質，提出主要的貢獻是來自於雙離子（zwitterionic）配對的官能基化學結構。因此，其研究團隊透過自組裝單層膜的技術，於金膜表面製備不同雙離子配對的官能基結構。在此研究中顯示，當基材表面帶有正電或負電之單一電荷時，其表面會產生大量的蛋白質吸附，但是當電荷以1:1的均勻混合，產生電中性的自組裝單層膜時，則可有效的防止蛋白質的吸附。此研究是文獻上首次提出正電與負電配對的雙離子官能基結構，可提供材料防止不特定的蛋白質吸附特性，也合理解釋了細胞薄膜外壁磷脂質的抗生物分子吸附性質。

依據研究發展年代，血液相容性薄膜材料系統可分類成：(1) 第一代HEMA-based systems、(2) 第二代PEGylation systems，和 (3) 第三代雙離子性材料（Zwitterionic systems），如圖16-1所示。

## 一、第一代 HEMA-based systems

1950年代所發展之2-hydroxyethyl methacrylate（HEMA）-based高分子是第一代應用於抵抗生物分子沾黏的薄膜材料，該材料具親水性與電中性，並且其-OH基團可與水分子產生氫鍵，進而形成穩定的水合層，可有效減少非特定蛋白貼附。但許多研究指出，當此材料接觸人體血液時會貼附許多凝血蛋白與血液細胞，因爲材料與蛋白或細胞之間具有複雜的物理作用。

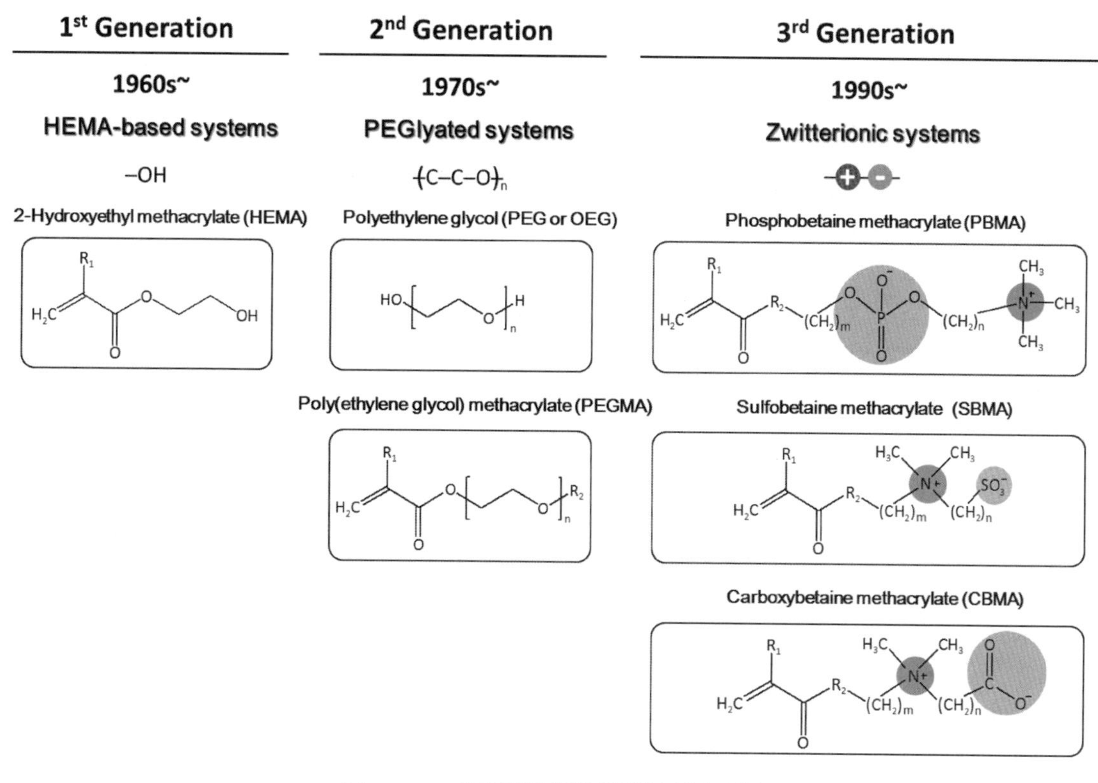


圖 16-1　血液相容性薄膜材料系統

## 二、第二代 PEGylation systems

1970 年代所發展之 Oligo(ethylene glycol)（OEG）與 Poly(ethylene glycol)（PEG）高分子薄膜材料，是第二代應用於抵抗生物分子沾黏的材料系統。由 ethylene glycol（EG）所改質的材料，已被廣泛使用於抵抗蛋白或生物分子沾黏的研究，最近的研究指出，使用 OEG 自組裝單層膜並有效控制其分子鏈密度，可有效抵抗蛋白與生物分子貼附，此乃因 OEG 自組裝表面形成水合層之因素。然而 PEG 類材料雖具備良好的抗沾黏特性，但會因為高溫或氧化造成高分子鏈裂解的現象，長時間使用下會面臨穩定性問題。

## 三、第三代 Zwitterionic systems

在過去 20 年來的研究指出，1990 年代所發展之雙離子性高分子薄膜材料，為應用於人體中抵抗生物分子沾黏最具潛力的材料系統。文獻指出，生物體中組成細胞膜外壁的磷脂質（phospholipid）能有效防止人體血液成分或其他生物分子吸附，該性質主要是來自於雙離子配對官能基的效應，因此 phosphorylcholine（PC）材料被視爲可用於提升血液相容性的生醫材料。之後許多研究藉由合成純化得到 MPC 單體（如圖 16-1 中所示），其結構具結合 PC 結構及甲基丙烯酸酯（methacrylate），但其合成過程非常困難且複雜。1990 年 Ishihara 研究團隊提出新的製程，並成功純化出 100% 的 MPC 單體材料，其對於血液接觸生醫材料發展具有相當大的貢獻。

MPC 的研究發現了雙離子基團的重要性，但 MPC 有合成過程複雜、低產率及高價格等缺點，因此其他雙離子型系列材料相繼開發成功，如 sulfobetaine methacrylate（SBMA），其易合成且具較低成本，而最近關於 PSBMA 高分子應用於各種生醫領域之研究也非常廣泛。PSBMA 高分子具有非常強的水合能力且無毒、具穩定抗生物分子沾黏特性，適合使用於植入人體之材料。過去研究指出，當基材表面帶單一正電荷或負電荷時，其表面會造成大量蛋白質吸附，而當正負電荷官能基以相等莫耳比例混合，產生電中性之自組裝單層膜時，則可有效抵抗蛋白質吸附，但此研究同時發現，使用單成分雙離子自組裝單層膜並無法防止蛋白質貼附。因此進而利用原子轉移自由基聚合法（atom transfer radical polymerization, ATRP）將 sulfobetaine 結構單體合成成共聚高分子，並於另一嵌段分子鏈中加入疏水性基團，將其物理吸附於基材表面且控制其表面吸附密度及覆蓋率。此研究發現，表面吸附密度提高時可大幅降低非特定蛋白質的吸附，並證明單成分雙離子官能基可完全抵抗生物分子沾黏，顯示雙離子性高分子材料在未來生醫材料研究發展的重要性。

另一種雙離子性生醫材料爲 Carboxylbetaine methacrylate（CBMA），其不同點在於分子官能基末端具有羧基（-COOH），且結構類似於 glycine betaine，其爲適當的溶質對於生物體器官內的滲透壓有相當重要的影響。近年來，Shaoyi Jiang 等研究團隊針對 CBMA 材料進行系統性且深入的研究，證明 CBMA 也具有相當好的抗生物分子沾黏性質與血液相容性。大部分高等生物結構體都具有生物感測能力，可自然辨識周遭所處環境及物質，而這些辨識能力是來自於特定分子引力所產生，主要貢獻大多在於蛋白質種類。CBMA 對於生物辨識系統具有相當廣泛的應用，因爲其分子鏈末端基（-COOH）易反應變成其他官能基，並與其他生物分子作用達到辨識功能，因此 CBMA 不僅具有抵抗生物分子沾黏特性，還有生物辨識功能，因此應用範圍更加廣泛。

# 16-3　血液相容性薄膜製程

仿生雙離子性材料已是近年來最被廣泛研究並且具備理想血液相容性的薄膜材料，而如何設計雙離子性薄膜材料界面結構也是受到關注的問題。如圖 16-2 所示，歸納出雙離子性材料於薄膜基材表面需要控制的四種因素，可使此薄膜表面具有穩定的血液相容特性：

1. 高分子於薄膜材料表面接枝密度；
2. 高分子於薄膜材料表面的覆蓋率；
3. 高分子於薄膜表面的物理構形；以及
4. 高分子鏈的物理化學特性與鏈間相互作用力。

蛋白質吸附於薄膜基材表面與雙離子性高分子接枝密度有極大的關聯性，使用分子量較低的 PSBMA 分子，可於薄膜基材表面產生較高的高分子接枝密度與較低的蛋白質吸附量，這是由於分子量較高的 PSBMA 分子鏈會產生高分子接枝缺陷而導致較

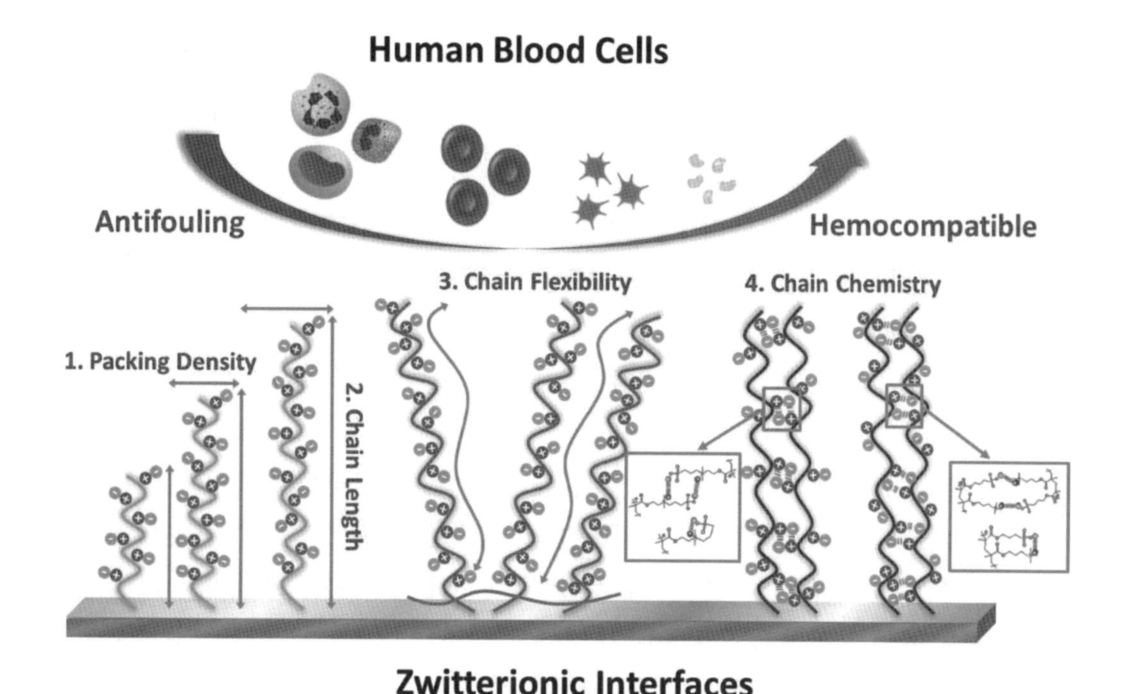


圖 16-2　保有血液相容性之雙離子性材料於薄膜基材表面所需控制的四種因素

高的蛋白質吸附量。但研究發現，若要得到相當完美的抗血漿蛋白吸附界面，可混合使用低分子量與高分子量的 PSBMA 分子鏈，交互接枝可修復薄膜基材表面之高分子接枝的結構缺陷，類似的結果也可由 PEG 分子鏈接枝研究中進行驗證。

而控制雙離子性高分子於基材表面接枝覆蓋率對於血液相容性的影響也是相當重要的，過去研究指出，隨著增加 PSBMA 分子鏈於薄膜基材表面的接枝厚度可增強材料界面的水合能力，進而能將雙離子性分子鏈完全延展，產生完美的血液相容性質。而雙離子性材料之血液相容性質與分子鏈間所形成的水合效應有很大的關聯性，當其分子鏈界面能與水分子產生水合層，可提供一物理與能量屏障來防止蛋白質吸附於薄膜基材表面上。

除了設計足夠的雙離子性分子鏈之接枝密度與覆蓋率所產生的界面水合效應可降低蛋白質吸附程度外，控制雙離子性分子鏈之柔軟度也是重要的考量，薄膜界面分子鏈高度接枝堆疊會影響到雙離子性分子鏈之鏈動能力，進而降低水合效應。最後，針對雙離子性分子鏈之物理化學特性，其表面的電中性是由帶正電與帶負電官能基依相等比例所組成，當材料界面帶正電與帶負電官能基比例不相等時，薄膜表面的血液相容性會消失，進而產生血球的貼附與激活；而薄膜材料界面帶正電與帶負電官能基比例相等時所產生的離子性結構配對，以及正負電官能基的分子間距都會影響薄膜材料界面抵抗各式血液成分的吸貼附特性。

高分子薄膜材料表面的改質與高分子接枝形態會與例如：血液透析、血液過濾、血球分離及心肺復甦等相關醫療裝置有很強的關聯性，過去中原大學薄膜技術研發中心針對不同高分子薄膜材料進行不同的表面改質方式，包括光聚合、熱聚合、電漿聚合及物理吸附等方式進行研究探討，並比較各種薄膜表面仿生雙離子化程度以及雙離子高分子的物理化學構形（圖 16-3），並證實若能有效調控上述四種因子，即可使雙離子材料於薄膜表面具有完美抵抗各式人體生物分子吸貼附或沾黏特性，進而控制薄膜材料界面之血液相容性質。

2007 年，中原大學薄膜技術研發中心使用光聚合法在鏈段型聚氨酯彈性體橡膠（segmented polyurethanes, SPU）薄膜基材表面製備血液相容性之仿生雙離子型高分子薄膜，該 SPU 薄膜可透過溶劑膨潤效應將分子鏈間的距離拉開，以濃度梯度效應驅使雙離子性單體擴散進入薄膜基材界面，並透過光起始聚合反應，將雙離子性高分子鏈互穿進入 SPU 鏈結空間，產生雙離子化互穿式薄膜系統，並驗證其具有良好的血液相容性質。2008 年，開始發展血液相容性之聚偏二氟乙烯（polyvinyli-

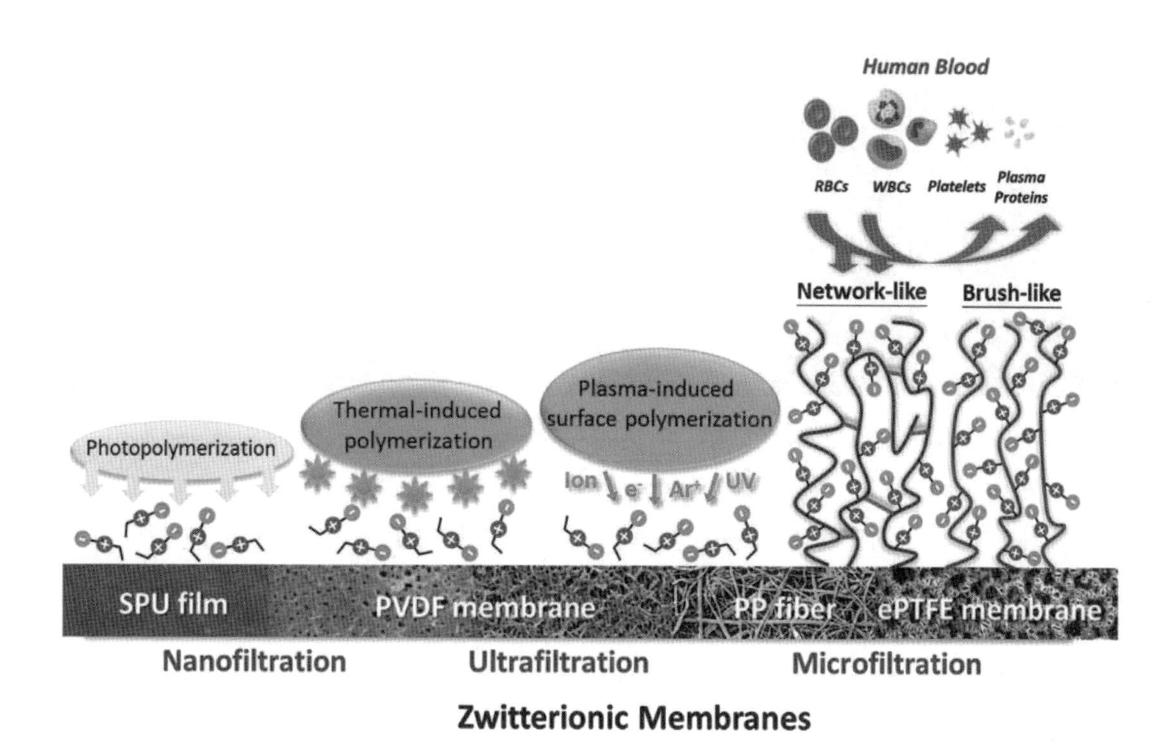


圖 16-3　不同高分子薄膜材料進行仿生雙離子化表面改質方式

dene Fluoride, PVDF）薄膜系統，以第二代抗蛋白吸附材料甲基丙烯酸聚乙二醇酯（poly(ethylene glycol) methacrylate, PEGMA），採用臭氧改質誘發熱聚合方法，來控制 PVDF 材料界面之分子鏈接枝反應，並探討基材界面之抗凝血蛋白吸附效應，結果指出控制分子鏈之接枝密度是重要的變因。2009 年，以類似程序透過臭氧前處理與表面起始原子轉移自由基聚合法，製備可控制結構之雙離子性 PVDF 薄膜系統，並展現良好的血液相容性質。爲了提高薄膜基材之改質效能，2010 年，利用電漿改質技術控制 PVDF 薄膜表面之雙離子化，發現使用低壓與常壓電漿處理，雙離子性高分子鏈接枝於 PVDF 基材界面會產生分子構形的差異，當接枝分子鏈之構形接近於刷狀結構時，材料界面會有較佳的血液相容性質，如圖 16-4 所示。

2012 年，進一步將雙離子性高分子鏈透過常壓電漿處理，接枝於疏水性聚丙烯（polypropylene, PP）纖維薄膜表面，並透過電漿處理時間與能量控制其化學結構的保有度。當雙離子性高分子鏈之帶正電與帶負電官能基之組成相等時，其電中性薄膜材料界面才能提供穩定的血液相容性質。2013 年迄今，薄膜中心在血液相容性的生

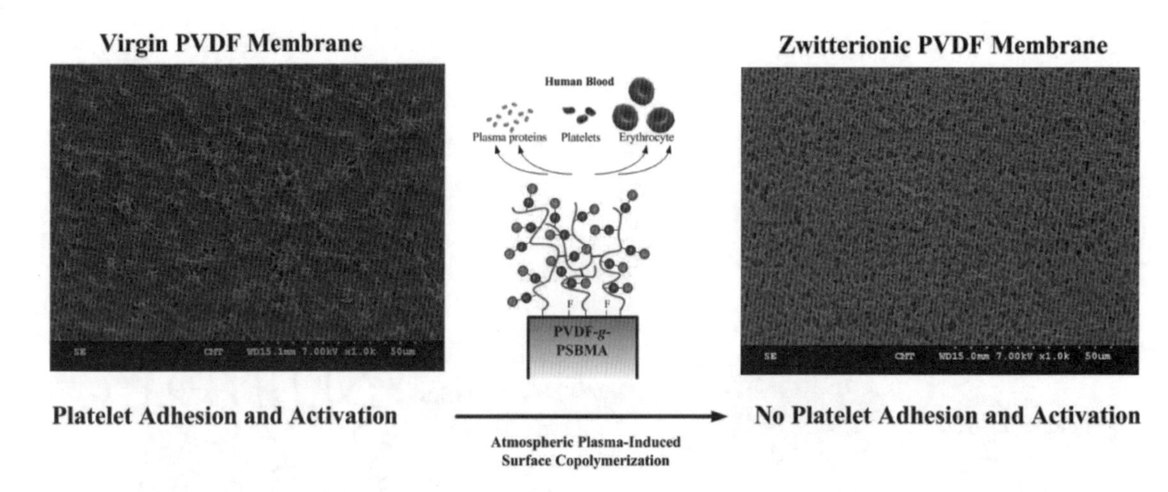


圖 16-4　PVDF 薄膜表面的雙離子化表面電漿改質與血液相容性質控制

醫薄膜改質技術的研發，以快速、穩定與簡單的自組裝雙離子化物理吸附法爲主要的血液相容性薄膜製程開發方向。

在未來對於血液相容性薄膜材料與製程的建構，若薄膜材料表面能同時具備多功能性，則可增加不同應用範圍及多元性，例如：增加細胞貼附或脫附能力、細胞辨識捕捉、特定吸附及穩定的血液相容性，因此製備穩定的多功能血液相容性薄膜材料是未來主要的發展趨勢。

## 16-4　血液淨化薄膜

在醫療院所，一般使用的生醫薄膜會與患者血液直接接觸，主要用於體外循環維生系統。因此除了須有無菌、無毒之性質外，還須考量血液適應性的問題。這類薄膜最爲人所熟知的，首推用於人工心肺機內的氣體交換膜與洗腎機內的血液透析膜。

當產生呼吸衰竭或心因性休克，需要暫時支援人體心肺功能的運作時，就需要使用體外循環維生系統，將病人體內的血液由靜脈引出體外，經氣體交換後再送回動脈或靜脈。血液在體外循環的時間通常是根據手術的需要與病人復原的狀況而定，如果需長時間體外循環，凝血效應的考量就更嚴峻了。進行開心手術時所用的人工心肺機，其血液由右心房引出，經由離心幫浦打入氣體交換膜組，然後把血液注入主動脈而運行全身。離心幫浦取代心臟的功能，氣體交換膜組則取代肺臟的功能。目前使用的氣體交換膜組是具細微孔洞中空纖維膜組，使用的材質有三類，即聚丙烯、聚（4-甲基 -1- 戊烯）與矽膠。這三種材料的抗凝血性質並不佳，當血液觸碰膜管表面時，有可能會產生血塊，因此使用時必須加入抗凝血藥物，這種做法會造成內出血的危險，因此僅可短時間使用。

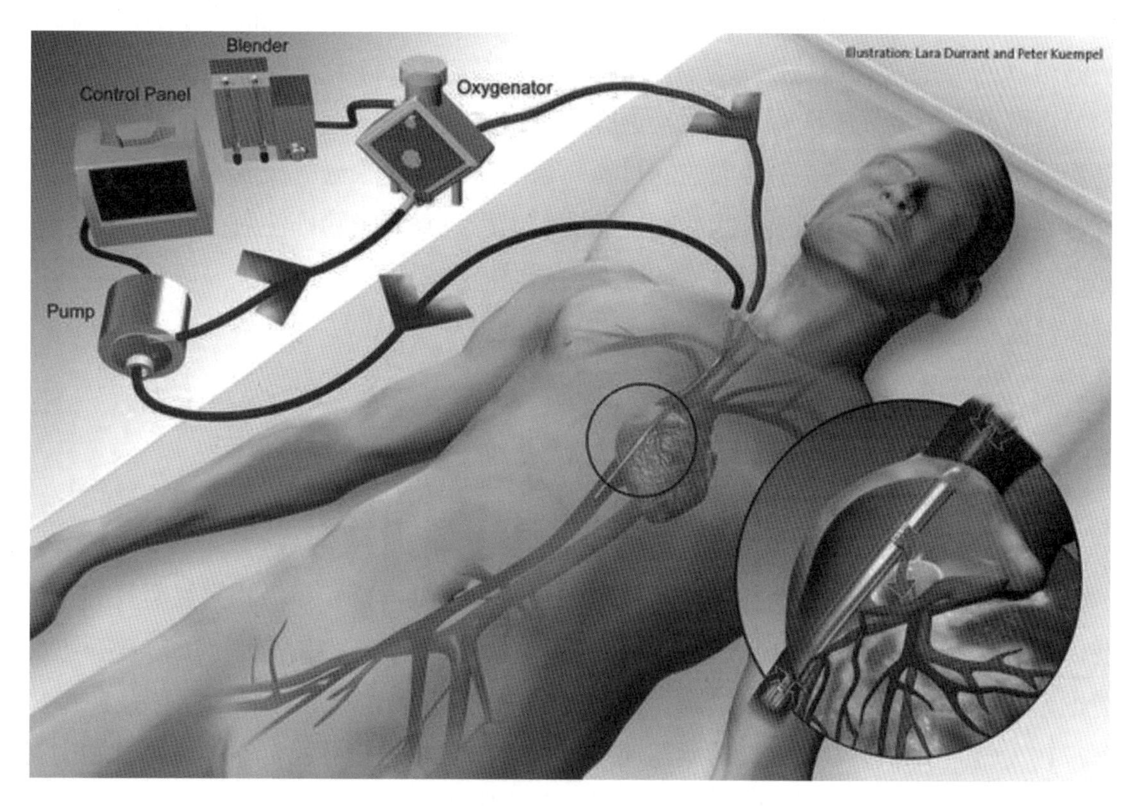


圖 16-5　支援人體心肺功能運作的葉克膜體外循環系統

若是可較長時間支援人體心肺功能運作的葉克膜（extra-corporeal membrane oxygenation, ECMO）體外循環機，就須針對使用的微孔薄膜進行表面抗凝血處理。葉克膜體外循環機基本上可分爲兩類，一類如同人工心肺機，同時取代心與肺的功能，缺氧血由頸前靜脈引出，經葉克膜體外循環機，將富氧血注入大動脈弓，主要用於嬰幼兒。另一類則僅取代肺臟功能，缺氧血由頸前靜脈引出，經葉克膜體外循環機把富氧血注入股靜脈，多用於年齡較大的孩童與成年人。

腎臟在人體中扮演著平衡各器官運作的重要角色，其中一項重要的功能是清除體內新陳代謝產生的廢物，如尿酸（uric acid）、尿素（urea）、肌酸酐（creatinine）等，並維持身體水分的平衡，如管制鈉、鉀、鈣、磷及酸鹼的穩定及平衡。如果腎臟受到傷害而無法正常運作時，會造成體內廢物無法排除，導致其他器官受到影響，如尿毒症、下肢水腫、高血膽固醇、糖尿病、紅瘡狼斑等併發症。對於腎臟衰竭的病人，一般可透過腎臟移植，腹膜透析（peritoneal dialysis）或血液透析（hemodialysis）進行治療。其中血液透析就是一種體外循環維生系統，把病人體內的血液引出，經中空纖維狀的半透膜管進行血液淨化，清除體內廢物並控制水分平衡後再送回病人體內，這個過程稱爲人工洗腎。洗腎半透膜的選用，如同氣體交換膜，除了須考量無毒易殺菌外，還須選用不易引發血栓的材質。目前常見的是聚磺酸及醋酸纖維素，這類材質的抗凝血性其實並不佳，因此須在血液引出患者身體後隨即注射抗凝血劑，但如此一來，也會導致患者有內出血的危險。由於血液透析用膜市場龐大，使得業者在抗凝血性血液透析膜的研發上不遺餘力。

## 16-5　血液分離薄膜

人體的血液主要由血漿和血球組成，其功能爲提供器官和組織的氧氣與養分，以及傳送由人體內部所產生的訊息物質和酵素。血漿包含水、電解質、蛋白質等，血清則是血漿除掉凝血因子後的透明液體。血球的組成包含紅血球、白血球及血小板等，在人體血液循環中各有其功能和運作方式。白血球是由淋巴結、脾臟、骨髓中產生，其壽命依白血球種類不同而有所差異，可從數小時至數年之久。當細菌侵入人體釋出毒素或組織受傷產生訊號分子時，會促使受傷區域的血管擴張，通透性增加，組織液進入受傷區域使之腫脹、發熱，而白血球則大批接近該區域以吞噬細菌和壞死的組織。一般而言，在輸血過程中，若將捐血者的白血球隨著血液進入受血者身體中，根據臨床醫學研究發現，依受血者身體健康程度不同，會產生不同的副作用與併發症，如非溶血性發熱反應（febrile non-hemolytic reaction）、異體免疫反應、人類T淋巴細胞病毒I型（human T-lymphotropic virus 1, HTLV-1）、感染巨型細胞病毒，與輸血相關移植體抗宿者疾病等。根據現階段之臨床研究指出，需將正常血液中的白血球濃度降低至每升血液含 $10^6$ 個白血球以下，才能有效的改善輸血副作用發生，因此有功效之血球過濾器需達 99.9% 以上之白血球減除效果，才能達到輸血安全的標準。

關於使用減除白血球（減白）之過濾器來進行人體血液分離程序的重要性，根據美國奧克拉荷馬血液機構（Okalahoma Blood Institute）總裁 Dr. Ronald O. Gilcher 指出，白血球減除須耗費相當的成本，該機構供應 1 單位紅血球濃厚液收費 100 美元，但經白血球減除處理後，則增加爲 1 單位血品 180 美元，在成本耗費驚人的情況下，仍有很多國家全面採用減除白血球血品，在法國甚至對於非細胞成分之血品，如新鮮冷凍血漿，亦進行白血球的減除程序，這是因爲經臨床評估與研究後，發現使用減除白血球血品，優點大於額外成本的花費。其優點如下：

### 1. 降低非溶血性發熱反應之發生率

因爲白血球在血液儲存的過程中，會持續釋放一些細胞激素（cytokine），如 $\alpha$-TNF（tumor necrosis factor alpha，腫瘤壞死因子）及 interleukin-1（白細胞介素或介白素，IL-1），而這正是引發輸血後發熱反應的主要原因。因此，在血液儲存前做減除白血球的處理，可大大降低血品中細胞激素的濃度。

### 2. 減低病毒感染的機率

某些存在於白血球中的病毒，如巨細胞病毒，EBV（epstein-barr virus，人類皰疹毒第四型），HTLV-I/II 及 HHV-8（human herpesvirus-8，人類皰疹病毒 -8），可藉由減除白血球的程序加以去除，故減除白血球不僅增加血液的品質，也提升了輸血的安全性。

### 3. 避免發生疾病的再活化

因輸入外來白血球上異體抗原（human leukocyte antigen, HLA）的刺激，受血人曾感染病毒的免疫病毒因而被活化，造成休眠在病患體內的病毒重新活躍起來，再度開始增生並感染其他未感染的白血球，而這可利用血品中白血球的去除來避免。

### 4. 減少 HLA 異體免疫的發生

白血球抗原異體免疫的發生，常是血小板輸用無效（platelet refractoriness）的原因，可以採用減除白血球的血小板來處理；甚至對於已發生白血球抗原異體免疫的病人，從預防醫學的角度建議還是選用減除白血球的血品，以避免更多種類的抗白血球的抗體產生。另外，輸血相關之移植體抗宿主病，一旦發生，其死亡率達 90% 以上，究其原因主要在於成熟 T 淋巴球的輸入，故輸用減除白血球的血品可降低此一風險。

5. 節省治療成本

在做白血球減除的過濾過程中，同時會將細小的凝塊及纖維蛋白原（fibrinogen）去除，所以經處理過的血品在輸用的過程中，無須加裝凝集濾膜（micro-aggregate filter），節省輸血成本；而使用減除白血球血品，病患發生輸血後之併發症機率減低，病程減短，相對可減輕醫療花費的負擔。

隨著輸血醫學的進步，近年來血液成分治療（blood component therapy）已逐漸取代全血輸血，成為醫院重要的輸血處理方式，亦即使用血液中特定血球或血清為病患進行輸血治療。血液成分治療除了可以降低血源的浪費，也可增加由單一捐血者所能給予之輸血者數量，因此發展出許多的血液成分製品。過去醫學研究指出，在血液成分治療過程中，白血球對於輸血者會產生許多副作用，包含非溶血性過敏、肺水腫與移植物抗宿主症等免疫反應，以及經輸血傳染疾病，如巨噬細胞病毒（cytomegalovirus, CMV）或人類免疫不全病毒（human immunodeficiency virus, HIV-1）等。因此，降低或去除血液中白血球可有效防止許多輸血副作用，其中減白後之紅血球濃厚液與血小板濃厚液為目前使用治療最常用的特定輸血成分。過去的研究指出，可使用薄膜過濾器將血液中白血球進行大量移除，而目前所採用的主要方式是將白血球捕捉於具有纖維結構或海綿結構的不織布薄膜上，來取代傳統離心方法。使用血球過濾器於血液成分分離處理的主要的優點包含：(1) 較低的疾病感染率、(2) 高度白血球移除率、(3) 簡易的元件構造。相關的研究開始於 1983～1993 年間，極少數的學術文章提出如何設計薄膜材料來有效去除血液中之白血球，大部分的科學家指出濾材移除白血球與所使用的薄膜孔洞大小與薄膜材料厚度等物理結構有很大的影響。到了 1990 年後，學者提出控制材料與白血球間的親合性，可透過表面改質技術調整材料表面的化學性質，包含親疏水性與氫鍵作用力，可提高材料與各式血球作用對於白血球的相對親合選擇性，而對於材料界面是如何選擇白血球，主要學理機制的研究到目前為止仍然尚未釐清。

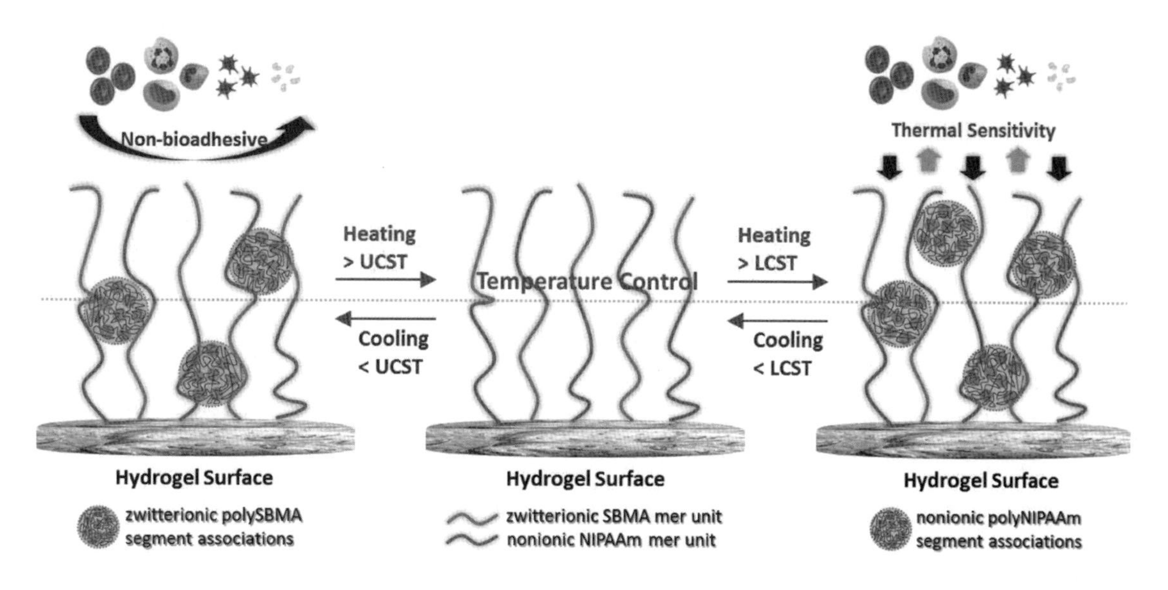


圖 16-6　智能型生醫水膠薄膜的界面分子鏈結構設計

未來在血液分離薄膜的研發，會以智能型生醫薄膜系統為主要的發展方向，如圖 16-6 所示。透過溫感性質控制智能型生醫水膠薄膜之界面分子鏈結構，可供薄膜篩選血液中之特定成分，如幹細胞、癌細胞或白血球等，而在未來血液處理的下一階段研發是重要的挑戰。

## 16-6　結語

人體之血液淨化處理的技術發展，主要可分為三個方面：(1) 血液透析技術的開發已超過 50 年的歷史，是人類發展血液相關處理技術最為成熟的項目，關鍵技術在於透過透析中空纖維膜的材料結構控制，將尿毒分子由人體血液中移除至安全的濃度範圍，對於腎臟病患是賴以為生的生活必需品。目前在血液透析技術方面的發展，重要的方向是朝著縮短病患洗腎所需的時間與可攜帶式之洗腎機，以提高洗腎病患之生活品質；(2) 毒素濾除器的發展，對於急性中毒病患的處理是不可或缺的項目，特別是藥物中毒。而近年來相關技術的重要發展方向是朝著濾除血液中特定之致病病毒，如目前日本正積極發展狂牛病毒之血液純化處理的相關技術；(3) 血球分離器的發展，是日本 Asahi Medical 公司發展出來的技術，在進行血液中特定細胞篩選時，無意間發現在纖維不織布可將白血球由血液中分離，降低血液中白血球濃度，有助於減少輸血副作用。

人體之血液淨化處理的未來技術發展，將以癌症治療、幹細胞回收與血小板純化爲主要方向。

# 習　題

1. 試解釋血液相容性薄膜的基本特性。
2. 試說明血液相容性薄膜於體外循環維生系統發展的重要性。
3. 試說明血液透析的原理。
4. 試解釋減除白血球於輸血安全的重要性。
5. 試說明未來血液處理的重點發展方向。

# 參考文獻


1. Chang, Y., C.Y. Ko, Y.J. Shih, D. Quémener, A. Deratani, D.M. Wang, J.Y. Lai, Surface grafting control of PEGylated poly(vinylidene fluoride) antifouling membrane via surface-initiated radical graft copolymerization, *J. Membr. Sci.*, 345(2009)160-169.
2. Chang, Y., S.C. Liao, A. Higuchi, R.C. Ruaan, C.W. Chu, W.Y. Chen, A highly stable nonbiofouling surface with well-packed grafted zwitterionic polysulfobetaine for plasma protein repulsion, *Langmuir*, 24(2008)5453-5458.
3. Chang, Y., S. Chen, Q. Yu, Z. Zhang, M. Bernards, S. Jiang, Development of biocompatible interpenetrating polymer networks containing a sulfobetaine-based polymer and a segmented polyurethane for protein resistance, *Biomacromolecules*, 8(2007)122-127.
4. Chang, Y., S. Chen, Z. Zhang, S.Y. Jiang, Highly protein-resistant coatings from well-defined diblock copolymers containing sulfobetaines, *Langmuir*, 22(2006)2222-2227.
5. Chang. Y., S.H. Shu, C.W. Chu, Y.J. Shih, R.C. Ruaan, W.Y. Chen, Hemocompatible mixed-charge copolymer brushes of pseudozwitterionic surfaces resistant to nonspecific plasma protein

fouling, *Langmuir*, 26(2010)3522-3530.

6. Chang, Y., T.Y. Cheng, Y.J. Shih, K.R. Lee, J.Y. Lai, Biofouling-resistance expanded poly(tetrafluoroethylene) membrane with a hydrogel-like layer of surface-immobilized poly(ethylene glycol) methacrylate for human plasma protein repulsions, *J. Membr. Sci.*, 323(2008)77-84.
7. Chang, Y., W.C. Chen, Y.J. Sheng, S. Jiang, H.K. Taso, Intramolecular janus segregation of a heteroarm star copolymer, *Macromolecules*, 38(2005)6201-6209.
8. Chang, Y., W. Yandi, W.Y. Chen, Y.J. Shih, C.C. Yang, Y. Chang, Q.D. Ling, A. Higuchi, Tunable bioadhesive copolymer hydrogels of thermoresponsive poly(N-isopropyl acrylamide) containing zwitterionic polysulfobetaine, *Biomacromolecules*, 11(2010)1101-1110.
9. Chang, Y., W.J. Chang, Y.J. Shih, T.C. Wei, Zwitterionic sulfobetaine-grafted poly(vinylidene fluoride) membrane with highly effective blood compatibility via atmospheric plasma-induced surface copolymerization, *ACS Appl. Mater. Interfaces*, 3(2011)1228-1237.
10. Chang, Y., W.Y. Chen, W. Yandi, Y.J. Shih, W.L. Chu, Y.L. Liu, C.W. Chu, R.C. Ruaan, A. Higuchi, Dual-thermoresponsive phase behavior of blood compatible zwitterionic copolymers containing nonionic poly(N-isopropyl acrylamide), *Biomacromolecules*, 10(2009)2092-2100.
11. Chang, Y., Y. Chang, A. Higuchi, Y.J. Shih, P.T. Li, W.Y. Chen, E.M. Tsai, G.H. Hsiue, Bioadhesive control of plasma proteins and blood cells from umbilical cord blood onto the interface grafted with zwitterionic polymer brushes, *Langmuir*, 28(2012)4309-4317.
12. Chang, Y., Y.J. Shih, C.J. Lai, H.H. Kung, S, Jiang, Blood-inert surface via ion-pair anchoring of zwitterionic copolymer brushes in human whole blood, *Adv. Funct. Mater.*, 23(2013)1100-1110.
13. Chang, Y., Y.J. Shih, C.Y. Ko, J.F. Jhong, Y.L. Liu, T.C. Wei, Hemocompatibility of poly(vinylidene fluoride) membrane grafted with network-like and brush-like antifouling layer controlled via plasma-induced surface PEGylation, *Langmuir*, 27(2011)5445-5455.
14. Chang, Y., Y.J. Shih, R.C. Ruaan, A. Higuchi, W.Y. Chen, J.Y. Lai, Preparation of poly(vinylidene fluoride) microfiltration membrane with uniform surface-copolymerized poly(ethylene glycol) methacrylate and improvement of blood compatibility, *J. Membr. Sci.*, 309(2008)165-174.
15. Chen, S.H., Y. Chang, K.R. Lee, J.Y. Lai, A three-dimensional dual-layer nano/micro fibrous structure of electrospun chitosan/poly(D,L-lactide) membrane for the improvement of cytocom-

patibility, *J. Membr. Sci.*, 450(2014)224-234.

16. Chiag, Y.C., Y. Chang, A. Higuchi, W.Y. Chen, R.C. Ruaan, Sulfobetaine grafted poly(vinylidene fluoride) ultrafiltration membranes exhibit excellent antifouling property, *J. Membr. Sci.*, 339(2009)151-159.
17. Chiag, Y.C., Y. Chang, C.J. Chuang, R.C. Ruaan, A facile zwitterionization in the interfacial modification of low bio-fouling nanofiltration membranes, *J. Membr. Sci.*, 389(2012)76-82.
18. Chiag, Y.C. Y. Chang, W.Y. Chen, R.C. Ruaan, Bio-fouling resistance of ultrafiltration membranes controlled by surface self-assembled coating with PEGylated copolymers, *Langmuir*, 28(2012)1399-1407.
19. Chou, Y.N., Y. Chang, and T.C. Wen, Applying thermosettable zwitterionic copolymers as general fouling-resistant and thermal-tolerant biomaterial interfaces, *ACS Appl. Mater. Interfaces*, 7(2015)10096-10107.
20. Higuchi, A., Q.D. Ling, Y. Chang, S.T. Hsu, A. Umezawa, Physical cues of biomaterials guide stem cell differentiation fate, *Chem. Rev.*, 113(2013)3297-3328.
21. Huang, C.J., Y.S. Chen, Y. Chang, Counterion-activated nanoactuator: Reversibly switchable killing/releasing bacteria on polycation brushes, *ACS Appl. Mater. Interfaces*, 7(2015)2415-2423.
22. Jhong, J.F., A. Venault, C.C. Hou, S.H. Chen, T.C. Wei, J. Zheng, J. Huang, Y. Chang, Surface Zwitterionization of Expanded poly(tetrafluoroethylene) membranes via atmospheric plasma-induced for enhanced skin wound healing, *ACS Appl. Mater. Interfaces*, 5(2013)6732-6742.
23. Jhong, J.F., A. Venault, L. Liu, J. Zheng, S.H. Chen, A. Higuchi, J. Huang, Y. Chang, Introducing mixed-charge copolymers as wound dressing biomaterials, *ACS Appl. Mater. Interfaces*, 6(2014)9858-9870.
24. Lin, N.J., H.S. Yang, Y. Chang, K.L. Tung, W.H. Chen, H.W. Cheng, S.W. Hsiao, P. Aimar, K. Yamamoto, J.Y. Lai, Surface self-assembled PEGylation of PVDF microfiltration membranes via hydrophobic-driven anchoring for ultra-stable bio-fouling resistance, *Langmuir*, 29(2013)10183-10193.
25. Shih, Y.J., Y. Chang, Tunable blood compatibility of polysulfobetaine from controllable molecular-weight dependence of zwitterionic nonfouling nature in aqueous solution, *Langmuir*, 26(2010)17286-17294,

26. Shih, Y.J., Y. Chang, A. Deratani, D. Quemener, "Schizophrenic" hemocompatible copolymers via switchable thermoresponsive transition of nonionic/zwitterionic block self-assembly in human blood, *Biomacromolecules*, 13(2012)2849-2858.

27. Shih, Y.J., Y. Chang, D. Quemener, H.S. Yang, J.F. Jhong, F.M. Ho, A. Higuchi, Y. Chang, Hemocompatibility of polyampholyte copolymers with well-defined charge bias in human blood, *Langmuir*, 30(2014)6489-6496.

28. Sin, M.C., P.T. Lou, C.H. Cho, A. Chinnathambi, S.A. Alharbi, Y. Chang, An intuitive thermal-induced surface zwitterionization for versatile, well-controlled haemocompatible organic and inorganic materials, *Colloid. Surf. B-Biointerfaces*, 127(2015)54-64.

29. Sin, M.C., Y.M. Sun, C.L. Yao, C.J. Chou, H.W. Tseng, J. Zheng, Y. Chang, PEGylated poly(3-hydroxybutyrate) scaffold for hydration-driven cell infiltration, neo-tissue ingrowth, and osteogenic potential, *Int. J. Polym. Mater. Polym. Biomat.*, 64(2015)865-878.

30. Sin, M.C., Y.M. Sun, Y. Chang, Zwitterionic-based stainless steel with well-defined polysulfobetaine brushes for general bioadhesive control, *ACS Appl. Mater. Interfaces*, 6(2014)861-873.

31. Tayo, L.L., A. Venault, V.G.R. Constantino, A.R. Caparanga, A. Chinnathambi, S.A. Alharbi, J. Zheng, Y. Chang, Design of hemocompatible poly(DMAEMA-*co*-PEGMA) hydrogels for controlled release of insulin, *J. Appl. Polym. Sci.*, 132(2015)42365.

32. Venault, A., H.S. Yang, Y.C. Chiang, B.S. Lee, R.C. Ruaan, Y. Chang, Bacterial resistance control on mineral surfaces of hydroxyapatite and human teeth via surface charge-driven antifouling coatings, *ACS Appl. Mater. Interfaces*, 6(2014)3201-3210.

33. Venault A., M.R.B. Ballad, Y.H. Liu, P. Aimar, Y. Chang, Hemocompatibility of PVDF/PS-*b*-PEGMA membranes prepared by LIPS process, *J. Membr. Sci.*, 477(2015)101-114.

34. Venault, A., Y. Chang, D.M. Wang, D. Bouyer, A. Higuchi, J.Y. Lai, PEGylation of anti-biofouling polysulfone membranes via liquid- and vapor-induced phase separation processing, *J. Membr. Sci.*, 403-404(2012) 47-57.

35. Venault, A., Y. Chang, H.H. Hsu, J.F. Jhong, H.S. Yang, T.C. Wei, K.L. Tung, A. Higuchi, J. Huang, Biofouling-resistance control of expanded poly(tetrafluoroethylene) membrane via atmospheric plasma-induced surface PEGylation, *J. Membr. Sci.*, 439(2013)48-57.

36. Venault, A., Y. Chang, H.S. Yang, P.Y. Lin, Y.J. Shih, A. Higuchi, Surface self-assembled zwitterionization of poly(vinylidene fluoride) microfiltration membranes via hydrophobic-driven

coating for improved blood compatibility, *J. Membr. Sci.*, 454(2014)253-263.

37. Venault, A., Y.H. Liu, J.R. Wu, H.S. Yang, Y. Chang, J.Y. Lai, P. Aimar Low-biofouling membranes prepared by liquid-induced phase separation of the PVDF/polystyrene-*b*-poly(ethylene glycol) methacrylate blend, *J. Membr. Sci.*, 450(2014)340-350.

38. Venault, A., Y.S. Zheng, A. Chinnathambi, S.A. Alharbi , H.T. Ho , Y. Chang, Y. Chang, Stimuli-responsive and hemocompatible pseudozwitterionic interfaces, *Langmuir*, 31(2015)2861-2869.

39. Yu, B.Y., J. Zheng, Y. Chang, M.C. Sin, C.H. Chang, A. Higuchi, Y.M. Sun, Surface zwitterionization of titanium for a general bio-inert control of plasma proteins, blood cells, tissue cells, and bacteria, *Langmuir*, 30(2014)7502-7512.

# 第十七章
# 藥物控制釋放之應用

/ 孫一明

# 17-1 簡介

當我們生病了，需要使用藥物治療。傳統的藥物使用方式主要分為口服及注射兩種，但也有些藥物是可以經皮膚或其他黏膜部位所吸收的。無論是採取何種方式，都希望藥物能順利傳遞到需要的位置，也需要藥物在需治療處可以保持最適當的濃度，藥效可以維持最適當的時間。要達到這樣的目的，就須想辦法控制藥物的釋放，而薄膜也可以在其中扮演重要的角色。

## 17-1-1 基本觀念

近幾年來，研究抑制藥物服用劑量過剩及副作用，提供更安全有效的藥物施用方法，在「必要的地方」、「必要的時間」提供「必須的最小限用藥量」。舉例而言，若以傳統的服用方式，每日在不同的時間服用藥物，勢必在剛服用之初，造成血液中藥物濃度的快速上升，但之後受到藥物新陳代謝的影響，血中藥物濃度又會下降，直到下一次服用藥物時，藥物濃度才會再次提升。這上下來回的血液中藥物濃度震盪，不但可能造成體內生理機制的上下變化，也可能在高藥物濃度時造成副作用，而在低濃度時失去了治療效果（圖 17-1，實線）。最好是有一藥物控制釋放系統，能夠定時、定量地將藥物傳送到所需要的位置，保持血液中一恆定的藥物濃度，以達到最佳的療效（圖 17-1，虛線）。

藥物控制釋放系統可以增進藥物安全性、有效性、便利性與病人依順性（compliance），提升藥品治療的效果。若以商業利益而言，原廠藥（brand name drug）可藉藥物控制釋放系統的開發而延長該藥品的市場生命週期，不但強化其市場之競爭力，並降低其他學名藥（generic drug）廠生產的競爭性；對於學名藥廠而言，也可藉藥物控制釋放系統的開發，而能設計與原廠相等的藥劑，提高銷售的可能性。以藥物控制釋放技術來開發新劑型藥物，所需要的研發時程短、成本低而成功率高，成為製藥工業開發新產品的另一選擇。（Baker 1987; Baker, 2000; Hsieh, 1988; Mahato and Narang, 2011; Saltzman, 2001; Schäfer-Korting, 2010; Siepmann et al., 2012）

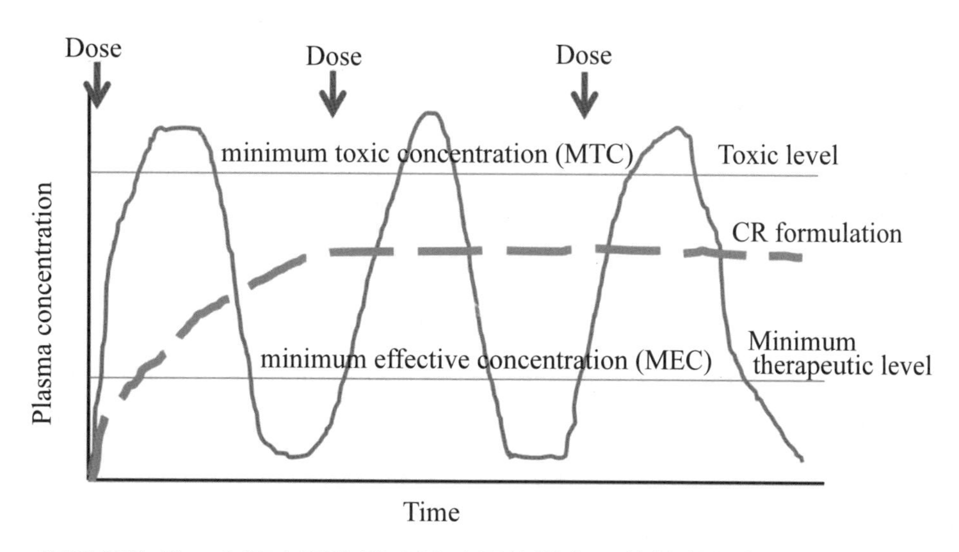


圖 17-1　服用藥物後，血液中藥物濃度隨時間的變化：傳統藥物與藥物控制釋放兩種方式的比較。藥物濃度應保持在最小有效濃度（minimum effective concentration, MEC; minimum therapeutic level）與最小毒性濃度（minimum toxic concentration, MTC; toxic level）之間。實線：一般劑型，箭頭處為給藥（dose）時間點；虛線：藥物控制釋放劑型（CR formulation）。

## 17-1-2　給藥途徑

若要設計一合適的藥物控制釋放系統，必須先了解人體上一些可以給藥的途徑（adminstration routes）。由圖 17-2 所示，可以區分爲最普遍使用的之腸胃道（enteral）途徑與非腸胃道（parenteral）途徑。經腸胃道爲最普遍與方便的給藥方式，多爲口服（oral）劑型而利用腸胃（gastro-intestinal, GI）吸收或是直腸（rectal）塞劑形式給藥；非腸胃道則較多變化，包含黏膜穿透（trans-mucosal）途徑、經皮膚吸收（transdermal）與注射植入（injection or implant）等給藥的途徑（Turley, 2009）。黏膜穿透途徑又可分爲經由眼睛（ocular）、呼吸道（nasal/respiratory tract）、頰內與舌下（buccal/sublingual）與陰道（intra-vaginal）及子宮內（intra-uterine）等處的黏膜使人體吸收藥物；經皮膚吸收是在皮膚表面塗抹或是貼片方式使藥物進入體內；注射則又有分靜脈（intravenous, IV）、皮下（subcutaneous, SC）與肌內（intramuscular, IM）等方式使藥物進入人體。

其中口服爲最常用的給藥方式與途徑，藥物可以從服藥者之食道、胃、小腸、大腸一直到直腸等消化道等各部位吸收。口服方式可以讓病人自行進行，爲最方便的給藥方式，但因爲藥物是進入消化道循環系統，一旦被吸收，藥物會經由肝門靜脈循環（hepatic portal vein circulation）到肝臟，許多藥物在此即被肝臟所代謝，產生首渡效應（first-pass effect），造成服藥效果大打折扣，而且藥物在消化道的停留時間因人而異，造成效果不一，因此會考慮其他給藥途徑。

黏膜系統則是人體對外的一些腔體，包括口服途徑的進口（口腔內的頰內、齒齦部與舌下）與出口（直腸）、呼吸道（由鼻腔到肺內氣管）、陰道、子宮以及眼部等，藥物可藉這些部位的黏膜而吸收。黏膜系統表皮具有充分的濕潤性，藥物可以很快的滲透進入而被吸收，除了局部性（topical）病痛給藥，目前也被應用於全身性（systemic）給藥。

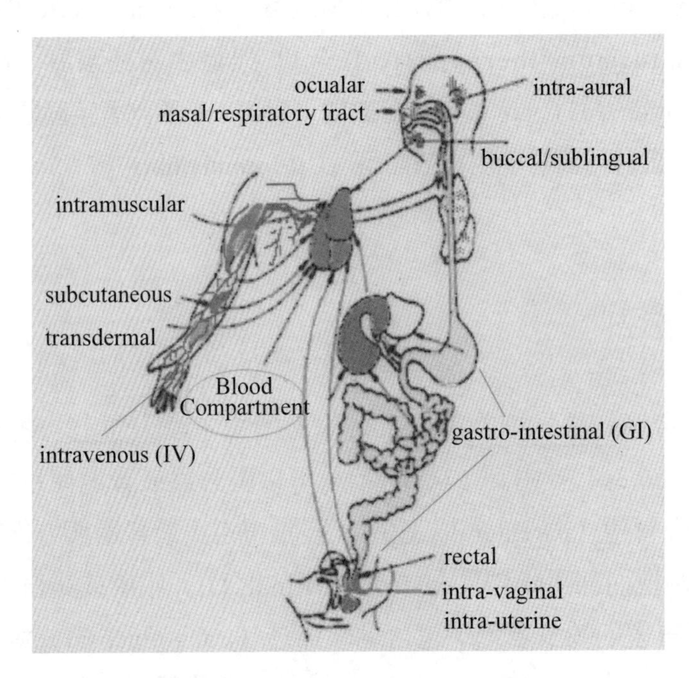


圖 17-2　全身給藥途徑的示意圖

皮膚穿透自古以來即被用於局部性的給藥，例如傳統的痠痛貼布、膏藥等皆是，目前也考慮成爲全身性的給藥途徑。皮膚是保護人體不被外界侵入的最大器官，皮膚上的角質層成爲藥物吸收的最大障礙，一般藥物的滲透速率受到限制。但是，由於其施用方便、安全性高、對於長效型給藥速率易控制等考量，在近年廣泛受到重視，尤其儲槽（reservoir）式薄膜藥物控制釋放的給藥占有一重要地位，將在之後進行介紹。

注射植入則是以針筒注射藥物溶液或經手術置入植入物（implant），施打的部位包括了靜脈（intravenous）、皮下（subcutaneous）與肌內（intramuscular）等，也就是在醫療院所俗稱的 IV、SC 與 IM 等方式，優點是快速有效，但由於此方式是直接侵入體內，必須在醫療場所由醫護人員施用。

## 17-1-3　藥物控制釋放之機制

一般欲達成控制藥物釋放速率的機制可概分爲：擴散（diffusion）、化學（chemical）、膨潤（swelling）與刺激應答（stimuli-responsive）型等四種控制釋放模式。（Mahato, R. I.; Narang, 2011; Schäfer-Korting, 2010; Siepmann et al., 2012）

其中擴散控制釋放模式乃是將藥物包覆於高分子薄膜所形成的儲槽（reservoir）內或分散於不溶性之高分子基質載體（matrix）中，由於藥物於儲槽或載體中的濃度高於外界，藥物即可藉由擴散作用而自高分子膜或載體內釋出，如圖 17-3 所示。其中儲槽式利用了不可溶解之高分子薄膜（non-dissolvable polymer membrane）作爲藥物釋放的速率控制機制，所選用的材料設計與包覆膜衣的操作條件就影響了藥物釋放的行爲與速率。依不同給藥途徑與需求，可以做不同的薄膜設計與考量，其細節會在後面做說明。

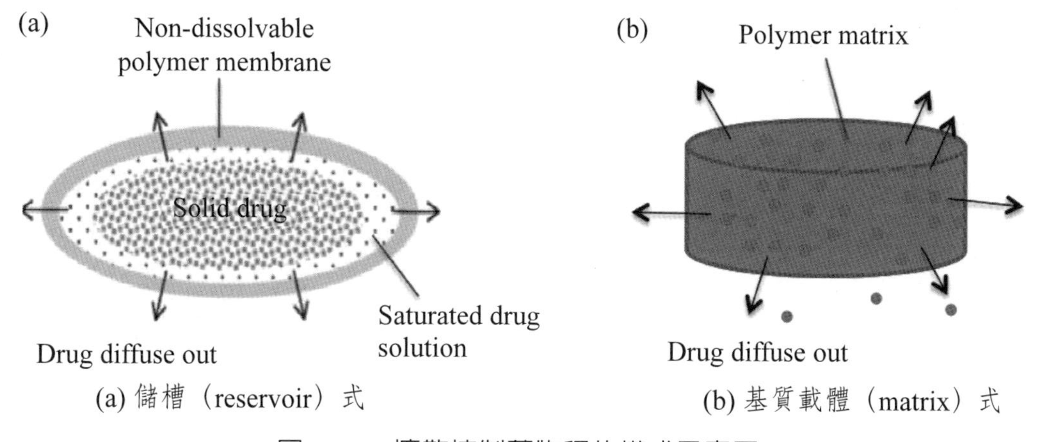


(a) 儲槽（reservoir）式　　(b) 基質載體（matrix）式

圖 17-3　擴散控制藥物釋放模式示意圖

在化學控制釋放模式中，又以降解（degradation）與溶蝕（erosion）控制釋放最爲普遍，當核心藥物被包覆在可降解性的高分子內時，高分子會在溶液中慢慢因水解或其他反應而分解或溶解後，才將藥物緩慢釋出，其釋出速度可由高分子的分解或溶蝕速度控制，但往往也受藥物於高分子中的擴散速度影響。此外，亦可利用化學鍵，將藥物的前驅物反應接枝於高分子側鏈之官能基上，此前驅藥物可在體內環境經化學反應或是利用離子交換的原理，使藥物在體內慢慢釋出。不過此類機制在實際使用與法規上安全性考量的限制比較多，需特別注意。

膨潤控制釋放模式有一大部分與擴散相關，但有相當大的差異。其中溶劑（水）膨潤（solvent swelling）系統，主要是利用親水性玻璃態（glassy state）高分子的高度吸水膨潤能力，若將其與藥物混合製成基質載體，當此載藥高分子系統吸水，藥物在其內擴散的能力將大幅提升，但未吸水的基質載體則仍處於未鬆動的玻璃態，而將藥物分子牢固地鎖在基質中。藥物的釋放受高分子遇水產生鬆弛（relaxation）速率的動力學所控制，擴散反而不是藥物釋放的速率決定步驟。此外，亦可以將高度吸水膨潤的高分子與藥物同時放入不會變形膨脹的半透性薄膜儲槽系統內，當系統遇水滲透進入系統內，則藥物溶液會受到膨潤的高分子擠壓而由膜表面預先所留的小孔流出。此系統的藥物釋放完全受膜內外的滲透壓（osmotic pressure）差所決定，故又稱滲透壓幫浦（osmotic pump），此系統設計與薄膜相關，將會在後面說明。

應答刺激型釋放系統則可能採用以上的所有釋放機制，但是要在環境改變產生的刺激下啓動，故又稱爲環境敏感性或應答性（environmentally sensitive or responsive）釋放系統。外在環境的刺激包括：熱、光、酸鹼性與離子強度等，啓動的方式可藉外在施予的能量包括：磁力、超音波、電位差等。製作這一類系統的材料，可以很聰明的受到環境改變而啓動釋放機制，故又稱聰明材料（smart materials），廣泛地受到學術研究的重視，值得多了解其未來的發展。

由於本章的內容是討論薄膜於藥物控制釋放系統的應用與原理，其後三節將針對儲槽式與滲透壓幫浦式薄膜藥物控釋系統及其所需要了解的一些理論分析做討論。

# 17-2　儲槽式薄膜藥物控釋系統

圖 17-3(a) 爲儲槽式薄膜藥物控釋系統的基本樣貌，但是在實際應用，會隨著給藥途徑而有所變化。由於儲槽式薄膜藥物控釋系統在口服、穿皮、注射、植入等給藥途徑都有不同的設計與考量，實際的應用也相當廣泛，本節就逐一介紹。

## 17-2-1　口服給藥系統

藥物經由口服進入人體後，須先經過酸性胃液的洗滌，然後在微鹼性的小腸被吸收。許多藥物在流經胃部時就被酸液分解，因此有人就想把藥物用高分子物質包覆起來，這些高分子不會被酸液分解，但是會在鹼性環境釋放藥物。爲了延長口服藥的藥效，有時也會採取類似的方法，就是在藥物之外以高分子形成一層膜衣，這種高分子因無法被胃液分解，也無法被腸道吸收，因此延長了藥丸在腸道的滯留時間。

在口服藥物中，可以應用儲槽式薄膜藥物控釋系統的是錠劑（tablet）與膠囊（capsule）劑型，這兩種劑型大都經過造粒，或先製成藥粒（pellet），再經過打錠成爲藥錠或放入軟膠囊中成爲膠囊劑型，圖 17-4 爲這兩種劑型的實物照片。這兩種劑型除了主成分藥物之外，尚添加了賦形劑，它的功能包括造粒、稀釋、黏合、潤滑、矯味等，當打錠或造粒成型後，即成爲一單純的基質（matrix）型的錠劑或藥粒，若再加以包覆一層膜衣（film coating）或薄膜（Hsieh，1988；林，1996），即

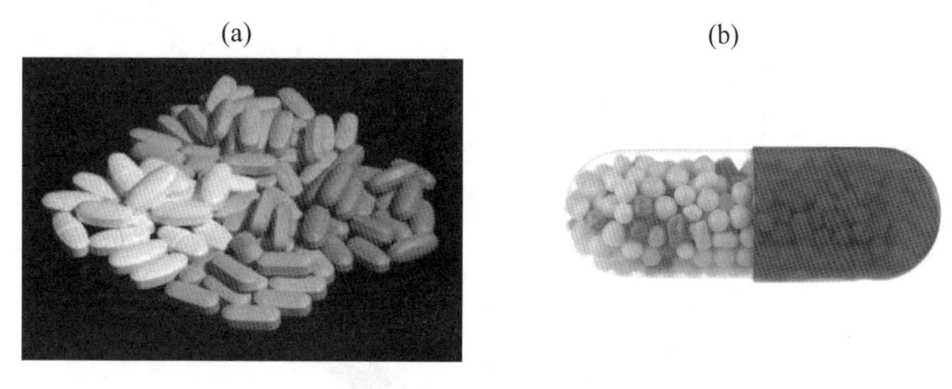


圖 17-4　一般藥品的 (a) 錠劑與 (b) 膠囊劑型

https://en.wikipedia.org/wiki/Tablet_（pharmacy）
https://chindia-alert.org/why-is-chindia-a-big-deal/capsule/

可形成儲槽式薄膜藥物控釋劑型。這層膜衣（薄膜）具備：(1) 可以有易辨識性的色澤、質感、阻隔水氣等功能；(2) 可保護內層的藥物通過酸性的胃部，達成腸溶（enteric coating）的效果；(3) 可控制藥物滲透，達成緩慢釋放的效果。此類方式也統稱爲包覆（encapsulation）或微粒包覆（microencapsulation）技術。

膜衣包覆（林，1996）的程序通常使用聚丙烯酸系列或纖維素系列的高分子（Sun et al., 1999），膜衣的厚度多在 20～100 μm，一般採噴霧包覆（spray coating）技術的製程，將水性或油性的高分子溶液霧化液滴噴覆在藥錠或藥粒上，當液滴中的溶劑逐步揮發，所留下的高分子粒子即相互結合形成連續的薄膜，將內部含賦形劑的藥蕊包覆在內，見圖 17-5 所示。所使用的設備有適用較大錠劑的旋轉式膜衣包覆盤（coating pan）與較小粒子的流體化床噴霧包覆設備（fluid bed spray coater），工作示意圖與外觀分別見圖 17-6 與 17-7 所示。

值得注意的是，本節所介紹的膜衣包覆方式與一般分離用薄膜的製作方式不相同，但仍可依據所使用的高分子性質、製程條件、膜衣厚度、摻混配方與後續熱處理程序等，有效地調控膜衣的性質，設計藥物透過膜衣的速率，而達藥物控制釋放的目的。此外，亦可利用可溶性高分子製作包覆膜衣，利用不同厚度的膜衣有不同的溶離（dissolution）速率，當膜衣溶離時，藥物可完全釋出，因此可以將不同溶離時間的膜衣包覆藥粒組合，放入同一膠囊內，而達成長效性定速釋放（constant release）的藥物釋放系統。

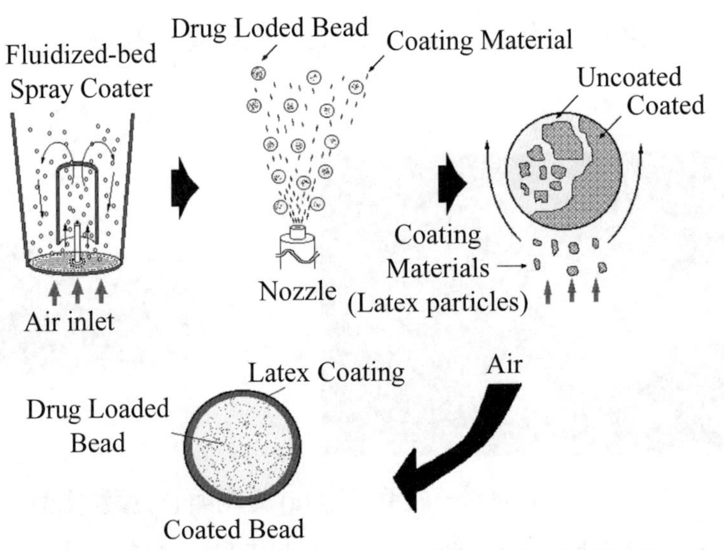


圖 17-5 流體化床噴霧包覆（fluid bed spray coating）程序中液滴落在藥粒表面形成膜衣的過程

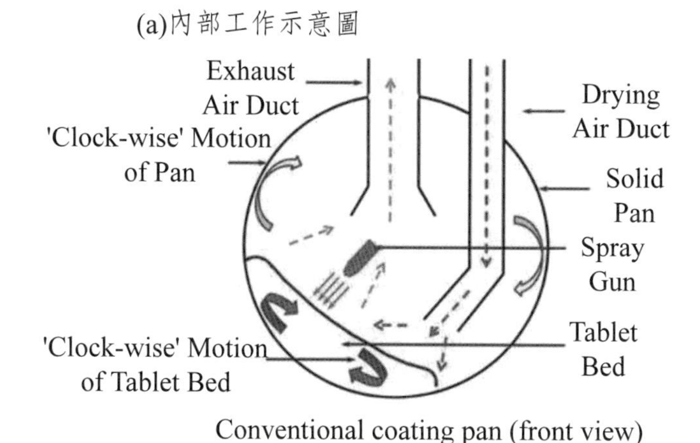

圖 17-6　傳統式膜衣包覆盤（coating pan）

http://www.colorcon.com/products-formulation/process/pan-coatings/solid-pan
http://chitramachineries.com/conventional-coating-pan.html

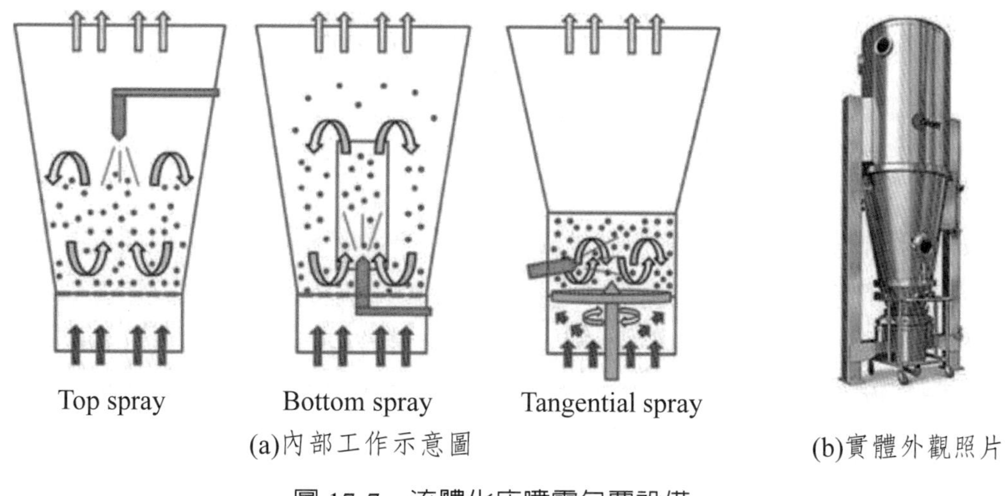


圖 17-7　流體化床噴霧包覆設備

http://www.colorcon.com/products-formulation/process/fluid-bed-coating
http://www.glatt.com/en/processes/coating/fluidized-bed-coating/

此類膜衣包覆口服劑型若爲錠劑形式，在市面上統稱爲膜衣錠，亦有持續性藥效膜衣錠、長效膜衣錠、緩釋膜衣錠、速效性膜衣錠、腸溶性膜衣錠等名稱區別，各種藥品都會在仿單上註明，並多以 F.C.（film coated）或 C.R.（controlled release）標示；而微粒膠囊劑型亦有持續性藥效、長效、緩釋、腸溶等性質之膜衣包覆微粒藥物。

利用此膜衣包覆技術製成的口服藥品繁多，多藉著這層膜衣的功能達成腸溶或是長效釋放的目的。國人一般可見的例子包括治療便秘的 Dulcolax®（樂可舒®腸溶錠，bisacodyl），製成腸溶錠可使藥物到達大腸再開始作用，可減少對上消化道的刺激。非類固醇消炎止痛劑 Voren®（非炎®腸溶微粒膠囊，diclofenac），其有效成分 diclofenac（雙氯芬酸）會直接傷害胃部引起胃部不適，因此研製成腸溶劑型，使藥品到達小腸才溶離釋放出有效成分，避免在胃部溶解、減少對胃部的傷害。長效釋放的劑型，例如可用於降血壓的 Isoptin®（心舒平®持續性膜衣錠，verapamil），由於 verapamil 在體內藥效較短，每天需服用 3 次才可達到持續降血壓的效果，但是長期每日多次服藥易降低患者服藥依從性，因此將每天的總劑量設計製成膜衣錠，一天服藥一次即可達到 24 小時持續降壓的效果。又如高劑量抗癲癇之 Depakine®（帝拔癲持續性藥效膜衣錠，Valproate），可以延長每次服藥的間隔時間。用於舒緩氣喘及支氣管痙攣的 Xanthium®（善寧®持續性藥效膠囊，Theophylline），一般劑型每日需服用 3～4 次，且其治療濃度範圍狹窄，故製成持續性藥效膠囊，可每日服藥 1～2 次，且避免因血中濃度過高造成的副作用及血中濃度過低造成的療效不足。

### 17-2-2 注射型微膠囊給藥系統

如果藥物是經由注射方式傳遞到體內，其藥效會較快且強烈，但大量的藥物傳遞到體內，瞬間藥物濃度常遠高於有效濃度，在體內也會迅速地代謝，使得藥物濃度迅速下降。這樣的投遞方式常會造成較強的副作用，且藥效不長，解決的方式仍是包覆藥物，讓藥物由包覆物中緩緩釋出。在血液中流動時，藥物的體積不能太大，必須製成直徑小於 10 μm 甚至達奈米（nm）等級的微小粒子。（Dubey et al., 2009; Schäfer-Korting, 2010; Siepmann et al., 2012）

包覆物所用的材料不能一直存在血液中，因此需要使用生物相容性佳且可分解吸收的材料。這類的包覆材料包括：天然高分子如膠原蛋白、多醣類生物高分子、細胞膜主要組成物的磷脂質，以及化學合成的聚乳酸 - 甘醇酸（poly (lactic acid-co-glycolic acid), PLGA），或是一些可生物降解的聚酯類高分子等。磷脂質形成的微脂體（liposome），有同細胞的保護膜，不但可以保護藥物，更能騙過免疫細胞的攻擊，加上表面官能基容易改質，可以接上特殊細胞辨識物，而成為標靶治療（target therapy）的利器。（Schäfer-Korting, 2010; Siepmann et al., 2012）

## 17-2-3　穿皮給藥系統

除了利用薄膜包覆藥物用於口服與注射之外，穿皮給藥貼片也是現今常見的給藥劑型，它利用皮膚滲透作爲投藥的途徑，稱爲穿皮輸藥系統（transdermal drug delivery system），這種投藥途徑可以避免口服投藥在經過消化系統時產生部分代謝，造成變異性。穿皮輸藥系統可長時間持續輸藥且隨時都可以停止，使血液中的藥劑濃度可以得到較佳的控制（Kydonieus and Berner, 1987; Prausnitz and Langer, 200; 方，2006）。

儲槽式薄膜穿皮給藥貼片的主要組成包括有最外層的保護背層（backing layer）、中間的藥物儲藥室（drug reservoir）、控制藥物釋放速率的高分子薄膜（控釋膜，rate controlling membrane），及貼附所需的黏著劑，如圖 17-8 所示。在使用上，儲藥室內可以是溶液、軟膏或凝膠等半固體劑型，並利用高分子薄膜兩邊藥物的濃度差作爲驅動力，使藥物穿透高分子膜而釋出到達皮膚表面，並被吸收進入人體。

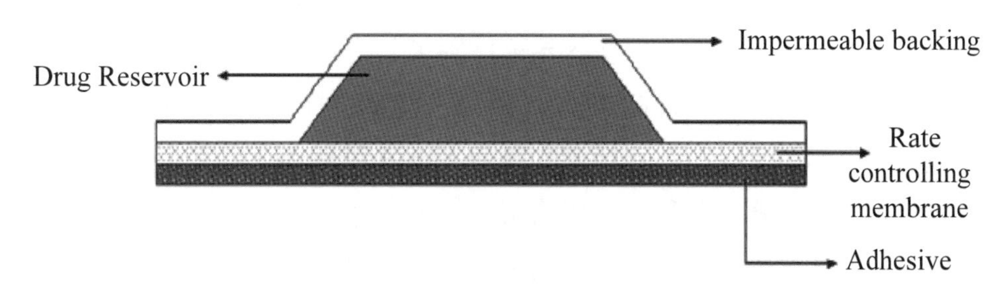


圖 17-8　儲槽式薄膜穿皮給藥系統

以 1990 上市的吩坦尼（fentanyl, Duragesic®）穿皮貼片爲例，參考圖 17-8，第一層是 PET 聚酯高分子膜組成的不可滲透保護背層（impermeable backing），可避免藥物外滲到周圍；第二層爲儲藥室，內含有 fentanyl 與酒精，並加入羥乙基纖維素（hydroxyethyl cellulose, HEC）形成凝膠；第三層爲乙烯 - 醋酸乙烯共聚物（ethylene vinyl acetate copolymer, EVA）控釋膜，對於一些經皮吸收較快的特異族群，此控釋膜可以調節藥物釋放於皮膚的速率，並藉由長效釋放作用來增加病人的依順性，而釋放速率取決於貼片的大小；第四層爲矽膠黏著劑（silicone adhesive），安全且不會刺激皮膚。儲藥室配方裡所含的酒精可以促進藥物穿透角質層到達表皮層，因爲 fentanyl 的親脂性高，故在表皮層內會形成儲藏室，緩慢的釋放藥物到血管，以達到控制慢性疼痛和頑固性疼痛的效果。

其他的例子尚包括 1979 年最早開發成功的 Transderm-scop® 貼片，包含一種副交感神經遮斷藥 scopolamine，主要是治療暈機、暈車、暈船等症狀，由於毒性強，且血中的濃度須嚴格控制，因此可利用薄膜穿皮輸藥系統解決藥效持續與濃度控制的問題。另一種普遍使用的 Transderm-Nitro®（Nitro-dur®）貼片，是包含狹心症的特效藥——硝化甘油（nitroglycerin）。硝化甘油是一種會經由肝臟代謝的藥，過去曾用舌下含錠或點滴注射的方式，以避免被腸胃消化殆盡。利用硝化甘油貼片，使硝化甘油連續 24 小時以一定的速度釋放，較口含錠或注射更為方便與迅速。尼古丁 NicoDerm® 貼片內之尼古丁可經由皮膚滲透至微血管，在血液中穩定持續循環，可避免吸菸的慾望，再配合自我的堅決戒菸意願，慢慢減少貼片使用之劑量，可將戒菸者之痛苦降到最低，也可減緩戒菸後體重增加的問題發生，以達到戒菸的成效。其他常見的貼片還有減輕婦女更年期症狀的荷爾蒙補充貼片（Estraderm®）與高血壓貼片（Catapres-TTS®）等；另外，基質載體（matrix）型穿皮給藥系統，基本上是將藥物直接混入黏著劑層，並無控釋膜，而是利用皮膚本身為速率控制膜，但由於人與人之間的差異較大，釋放速率也就不那麼容易被控制了。

由於此處薄膜的功能是藥物控釋膜，所以藥物於膜材內的滲透特性便決定了藥物的釋放速率，所以如何設計與製造合適的薄膜，以達到藥物控制釋放的目的是技術的關鍵。一般而言，以薄膜的化學組成影響最大，例如乙烯 - 醋酸乙烯共聚物中，若聚乙烯的含量高，則高分子膜會呈現較高的結晶性，藥物的滲透速率會下降。此外，亦可調整膜的孔隙性、改變厚度與整個貼片的面積等，都可以調控藥物釋放的速率，至於藥物於高分子薄膜內之擴散與滲透的一些原理與機制，請參考 17-4 節的內容。

### 17-2-4　體內植入型給藥系統

體內植入型給藥系統主要是以藥物儲存室為主體，透過薄膜控制藥物釋放速率，植入體內後可長期緩慢地釋放藥物。典型的例子為 1983 年在芬蘭上市的 Norplant® 植入型避孕藥，是一種含有黃體素（levonorgestrel）的皮下植入型避孕藥，黃體素是常見的口服避孕藥成分，可抑制排卵、阻止受精及干擾受精卵著床。Norplant® 的劑型設計為六個火柴棒大小的矽膠（Silastic®, dimethylsiloxane/ methylvinylsiloxane copolymer）管狀膠囊（與中空纖維膜相似），每個管狀膠囊含有 36 mg 的黃體素，使用時將這六個管狀膠囊以扇形分布狀植入上臂的內側，如圖 17-9 所示。此設計可讓藥物經由管壁滲透而出，在體內緩慢釋放黃體素，剛開始釋放的劑量約 85 μg/day，持續降至 30 μg/day 後呈現穩定釋放，避孕成功率達 99% 以上且效果可持續 5 年。

而第二代的產品（Norplant-II, Jadelle®）則改良爲兩個彈性柱狀矽膠管植入體組合，此系統於矽膠薄管內填充矽膠共聚合物及 75 mg 的黃體素。在體內初始釋放速率較第一代快，同樣在 2 年左右達 30 μg/day 的穩態劑量，且持續 3 年的避孕效果。由於 Norplant® 或 Jadelle® 是植入在上臂的皮下位置，植入與移除較爲複雜，故皆需專業醫療人員來完成。同時，植入後外觀看起來有些紋理，移除時須做局部麻醉手術，某些病患可能留下疤痕，因此使用者已愈來愈少。

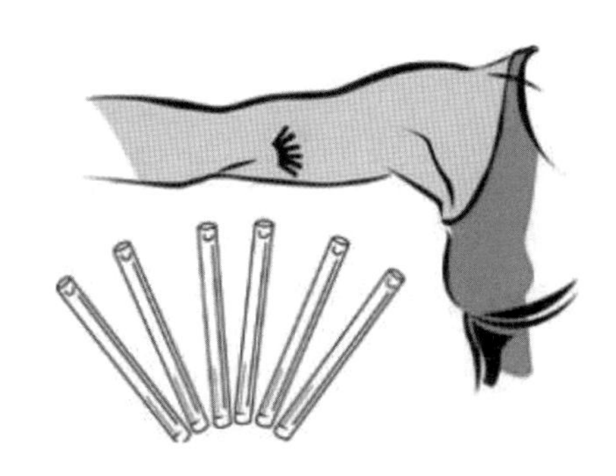

圖 17-9　Norplant® 體內植入避孕藥

http://www.catholiclane.com/norplant-is-back-under-a-different-name/

另外，還有一種子宮內避孕器設計，同樣裝黃體素來達到避孕效果，例如 Mirena®，是一種子宮內黃體素投藥系統（levonorgestrel-releasing intrauterine system, LNG-IUS），結構包含一個荷爾蒙彈性藥核嵌在 T 型的聚乙烯（polyethylene）垂直桿體上，而在 T 型體一端有一迴環並綁著尾線，另一端則有兩隻水平臂，如圖 17-10 所示。其中藥核是由 52 mg 的黃體素以及矽膠（polydimethylsiloxane, PDMS）混合組成的白色圓柱體，外層包覆一層半透明的 PDMS 薄膜。IUS 的藥物釋放速率主要由 PDMS 的共聚物來控制，藥物靠著擴散作用而釋放到子宮，以 Mirena® 爲例，避孕效果可達 5 年，初始的釋放速率約 20 μg/day，5 年後下降至 10 μg/day，5 年的平均釋放速率約爲 14 μg/day。相較於黃體素的口服和皮下植入劑型，Mirena® 的黃體素在血漿濃度是最低的，且同樣可在血漿中維持穩定的濃度。一般來說，Levonorgestrel-releasing

IUS 的作用機轉認爲是其抑制垂體分泌促性腺激素的作用而抑制排卵，亦會使子宮頸黏液變稠，阻礙精子穿透，又能使子宮內膜萎縮不利於孕卵著床，綜合這些作用因而達到避孕效果，成功率有 99% 以上。此外，IUS 也可用來治療經血過多、預防雌激素補充治療引起的子宮內膜增生。

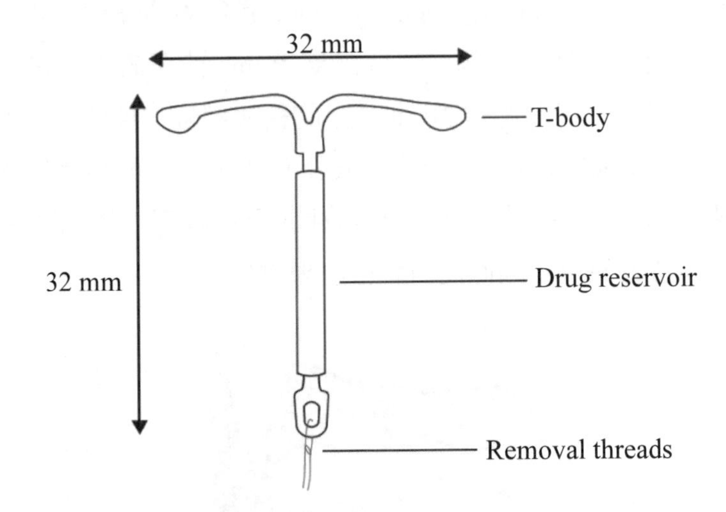


圖 17-10　Mirena® 結構示意圖（Mirena Label, 2000）
http://www.drugs.com/pro/mirena.html

## 17-3　滲透壓幫浦式薄膜藥物控釋系統

滲透壓幫浦式口服控釋系統（osmotic-controlled release oral delivery system, OROS）最早是由 ALZA Corporation 在 1974 年開發的一種特殊口服釋放系統，劑型設計主要是由一個錠劑所組成，包含藥物層以及外層的半透硬膜（semi-permeable hard membrane），並以雷射打一個或多個小孔（orifice），作爲藥物釋放的出口，當錠劑在體內吸水後，形成滲透壓而推動藥物溶液從藥物層上方小孔釋出，如圖 17-11 所示，爲單層式（single layer）滲透壓幫浦式控釋系統。之後，爲了水難溶藥物，發展了雙層的推拉式滲透壓幫浦（push-pull osmotic pump）式控釋系統，除了一藥物層之外，還有一易吸水膨脹的推動層（push component），可以將藥物由小孔推出。（Malaterre et al., 2009）

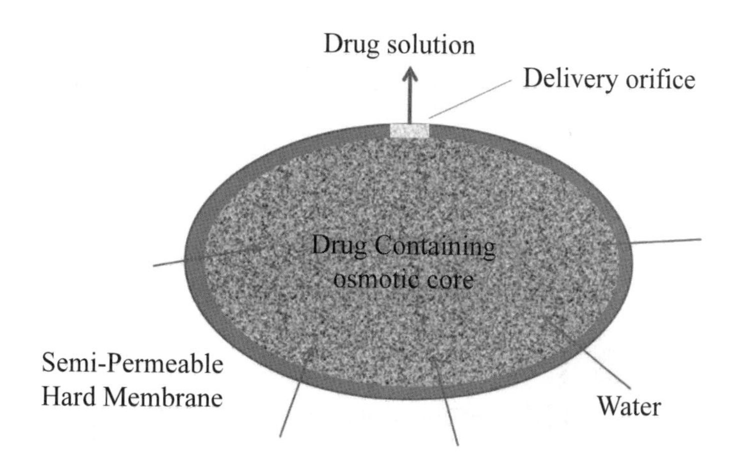


圖 17-11　單槽式滲透壓幫浦式控釋系統示意圖

OROS 的特點在於藥錠本身不受食物、腸胃道的 pH 和蠕動影響，可利用半透薄膜及滲透壓控制藥物零級釋放（zero order releasing），達到緩釋效果。著名的應用例子有治療狹心症、高血壓的硝苯地平（nifedipine）長效錠（Procardia® XL、Adalat® OROS）。以 Procardia® XL 為例，為推拉式滲透壓幫浦控釋系統，推進層（push component）組成有環氧乙烯（polyethylene oxide, PEO）、氯化鈉、氧化鐵（ferric oxide）、羥丙基甲基纖維素（hydroxypropyl methylcellulose, HPMC）、硬脂酸鎂（magnesium stearate），而藥物層包含 nifedipine、PEO、HPMC、硬脂酸鎂，錠劑外層包覆一層醋酸纖維素（cellulose acetate）和 PEG 4000 混合的半透膜，在藥物層上方雷射打一個直徑 0.35 mm 的小孔，藉由控制錠劑的組成，使雙層內核與腸胃道形成一恆定的滲透壓梯度，藉此維持零級釋放，持續釋放 nifedipine 達 24 小時，釋放後的不溶外殼最終以原形隨著糞便排出體外。

還有另一 OROS 設計，應用在治療注意力不足／過動症（attention deficit/hyper-activity disorder, ADHD）的 methylphenidate HCl（專思達 Concerta®），它是一個三層的錠劑，內核包含兩層不同濃度的藥物層，以及一層推動層（push compartment），錠劑外層包覆一層半透膜以及一層 methylphenidate HCl 藥物外衣（drug overcoat），而在第一層的低濃度藥物層上方有一個雷射打孔的小洞（錠劑結構如圖 17-12 所示）。在服用 Concerta® 之後，外層的藥物會先溶解釋放出來，提高起始濃度，因此藥物可在 15 分鐘之內就開始作用，接下來推動層會在胃中因滲透壓吸收水分而膨脹，慢慢地將錠劑中的藥物推出，藥物釋放的速度便由外層包裹的半透膜讓水進入的速度來控制，一開始推出的是第一層的低劑量，慢慢地第二層與第一層的劑量部分混合，中劑量的藥物濃度開始釋出，最終高劑量被推出，這樣的劑型設計給病患一整天持續性的治療效果。

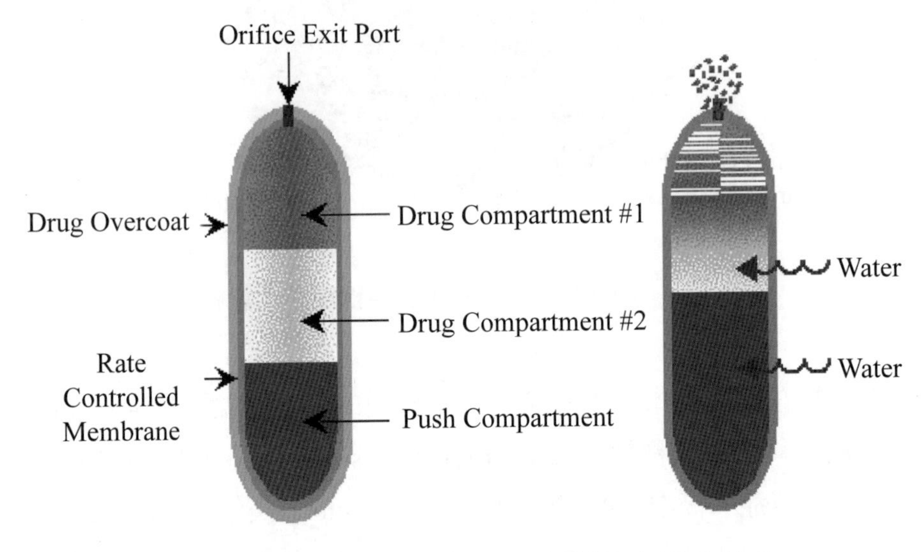


圖 17-12　Concerta® OROS 結構及作用示意圖

https://tr.instela.com/m/ritalin--i52067

# 17-4　薄膜藥物控釋系統之理論分析

## 17-4-1　藥物於高分子薄膜內之擴散與滲透

由於藥物的滲透必須先溶於高分子薄膜，才會因爲濃度梯度產生擴散，對於藥物於均勻且緻密的高分子薄膜中之釋放行爲，可以使用溶解 - 擴散模式（solution-diffusion model）來描述：藥物在高分子薄膜的滲透係數（permeability, $P$）等於藥物在膜中的擴散係數（diffusivity, $D$）及在膜與溶液間的分配係數（partition coefficient, $K$）之乘積（$P = K \times D$）。其中，藥物的擴散係數會受高分子鏈的移動性（mobility）和分子體積的影響；分配係數則會受溶劑、高分子膜材與藥物分子間的交互作用所影響（Arifin et al., 2006; Baker and Lonsdale, 1974; Burnette, 1987; Crank and Park, 1968）。

一般來說，擴散係數的估計可藉由擬穩態法（pseudo steady-state method）與時間滯留法（time-lag method）來推算，若高分子膜較厚或是擴散係數較小時，擴散過程中達穩態之前會有一段過渡時期（transient state），而有時間滯留（time lag）的現象，此滯留時間（$\theta_L$）會與擴散係數 $D$ 值成反比關係，藉此關係來計算其擴散係數；或者可直接採用穩態法計算藥物在膜內的滲透係數，若得知分配係數便可求得其擴散係數（Crank, 1975; Crank and Park, 1968）。

## 17-4-2　擬穩態法求取膜內之滲透係數與擴散係數

藥物在溶劑中的溶解度和藥物在高分子膜中的溶解度的差異，取決於藥物本身與溶劑、高分子膜之間的交互作用。當高分子膜在藥物溶液中時會吸附藥物分子，此時藥物與溶劑、高分子膜間的交互作用就影響著高分子膜材的吸附量，所以在吸附平衡時便形成一特定的分配，因此定義一分配係數 $K$：

$$K=\frac{C_m}{C_S} \tag{17-1}$$

其中 $C_m$ 為藥物在高分子膜內的濃度，$C_S$ 則是藥物於溶液中的濃度。而藥物於高分子膜中的濃度可經由下式計算：

$$C_m=\frac{DL}{\dfrac{1}{\rho_p}+\dfrac{SC}{\rho_s}+\dfrac{DL}{\rho_D}} \tag{17-2}$$

其中 $\rho_p$、$\rho_s$ 與 $\rho_D$ 分別為膜材、溶劑與藥物的眞實密度，$DL$ 為載藥量（drug loading），$SC$ 為膜材於藥物溶液中吸附溶劑的含量（solvent content）。

根據輸送現象中的質傳理論，最基本的擴散模式為 Fick's First Law：

$$J=-D\frac{dC}{dx} \tag{17-3}$$

擬穩態法即是使用此原理來設計（假設 $D$ 為定值）。參考 Sun et al.（1999），建立一 side-by-side 雙槽式擴散槽（圖 17-13），藉由 UV 分析可連續偵測藥物承接側（receptor side）濃度隨時間的變化，可以計算藥物由供給側（donor side）穿透膜材到達承接側的通量。

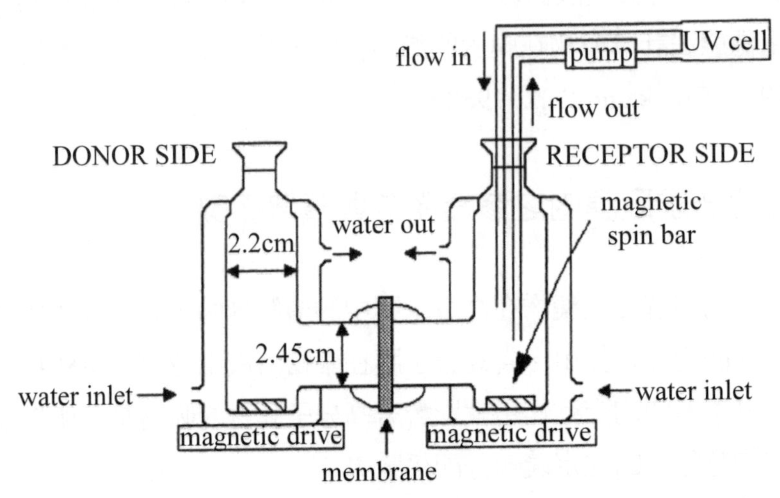


圖 17-13　Side-by-side 雙槽式擴散槽（Sun et al., 1999）

實驗中承接側與供給側的藥物濃度梯度在短時間內可視爲定値，不因爲滲透的過程而發生顯著的改變，在接觸供給側（$x$=0）與承接側（$x$=$l$）的膜表面濃度分別爲 $C_0$ 與 $C_l$，且 $C_0 > C_l$，當擴散到達穩態時，膜內濃度會呈線性關係（見圖 17-14），Fick's First law 可寫成：

$$J = D\frac{C_0 - C_l}{l} \tag{17-4}$$

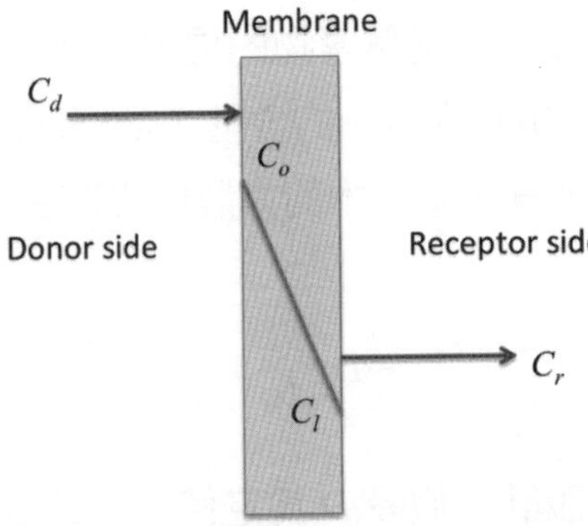

Membrane
$C_d$
$C_o$
Donor side
Receptor side
$C_r$
$C_l$

圖 17-14　藥物經由薄膜滲透示意圖

其中，若上、下游膜表面濃度（$C_o$、$C_l$）已知，則測得通量可得知 $D$ 值，但膜表面濃度不易測得，而膜外濃度（供給側或承接側之藥物濃度）較易測得。假設藥物在溶劑中與膜中的分配係數為 $K$，則

$$K=\frac{C_0}{C_d}=\frac{C_l}{C_r} \tag{17-5}$$

根據溶解擴散模式：$P=KD$，故可將式（17-4）改寫為：

$$J=P\frac{C_d-C_r}{l} \tag{17-6}$$

$P$ 定義為滲透係數（permeability），在承接側作質量平衡，並假設 $C_d \gg C_r \approx 0$，可以得到下式：

$$J=\frac{1}{A}\frac{dQ}{dt}=P\frac{(C_d-C_r)}{l}\approx P\frac{C_d}{l} \tag{17-7}$$

其中 $Q$（$=V_rC_r$）為藥物滲透累積量，並可由承接側體積（$V_r$）與濃度（$C_r$）的乘積得知，則滲透係數可以由下式表示：

$$P=\frac{1}{A}\frac{l}{C_d}\frac{dQ}{dt}=\frac{1}{A}\frac{l}{C_d}\frac{d(V_rC_r)}{dt} \tag{17-8}$$

若承接側體積（$V_r$）為定值，由此可由量測承接側濃度（$C_r$）對時間的微分求得滲透係數：

$$P=\frac{V_r}{A}\frac{l}{C_d}\frac{dC_r}{dt} \tag{17-9}$$

## 17-4-3　時間滯留法求取膜內之滲透係數與擴散係數

擴散在達穩態之前，可能會因膜材較厚或擴散係數較小而有時間滯留（time lag）的現象，由於只考慮一維的擴散方程式，所以可以定義一微差體積（differential volume），對之作質量平衡後，得到 Fick's second Law 之偏微方程式：

$$\frac{\partial C}{\partial t}=D\frac{\partial^2 C}{\partial x^2} \tag{17-10}$$

其中 $C$ 爲膜內藥物之濃度，同時爲膜內位置（$x$）與時間（$t$）的函數，其對應之初始與邊界條件如下：

I.C. $t = 0$ $C(x, 0) = 0$ $for\ 0 < x < l$

B.C. $t > 0$ $x = 0$ $C(0, t) = C_0$

$x = l$ $C(l, t) = 0$

$l$ 爲膜厚，假設 $D$ 不隨濃度而變化並視爲一定值，可解出：

$$\frac{C}{C_0}=\left(1-\frac{x}{l}\right)-\frac{2}{\pi}\sum_{n=1}^{\infty}\frac{1}{n}\sin\frac{n\pi x}{l}\cdot\exp\left(-D\frac{n^2\pi^2}{l^2}t\right) \tag{17-11}$$

在 $x=l$ 處求滲透之通量後對時間積分，可得單位面積通過累積量（$Q/A$）與時間的關係

$$\frac{Q}{A}=\int_0^t J|_{x=l}\,dt=-D\int_0^t\left(\frac{\partial C}{\partial x}\right)_{x=l}dt$$

$$Q=\frac{ADC_o}{l}\left[t-\frac{l^2}{6D}\right]-\frac{2lC_o}{\pi^2}\sum_{n=1}^{\infty}\frac{(-1)^n}{n^2}\exp\left(\frac{-Dn^2\pi^2 t}{l^2}\right) \tag{17-12}$$

當 $t\to\infty$ 時，右式第二項趨近於 0，藥物滲透的累積量 $Q$ 達到擬穩態，與時間爲線性關係：

$$Q=\frac{ADC_o}{l}\left[t-\frac{l^2}{6D}\right] \tag{17-13}$$

此線性關係可外插到 $t$ 軸，得到滯留時間（time-lag, $\theta_L$），可以下式表示之：

$$\theta_L = \frac{l^2}{6D} \tag{17-14}$$

實驗時，以滲透累積量（$Q$）對時間（$t$）做圖，可以得到類似於圖 17-15 中細線的圖形，而得到滯留時間（$\theta_L$）。利用式（17-14）就可以直接求得 $D$。其中斜率（$\frac{dQ}{dt}$）若代入式（17-8）中，亦可得擬穩態下之滲透係數（$P$）。

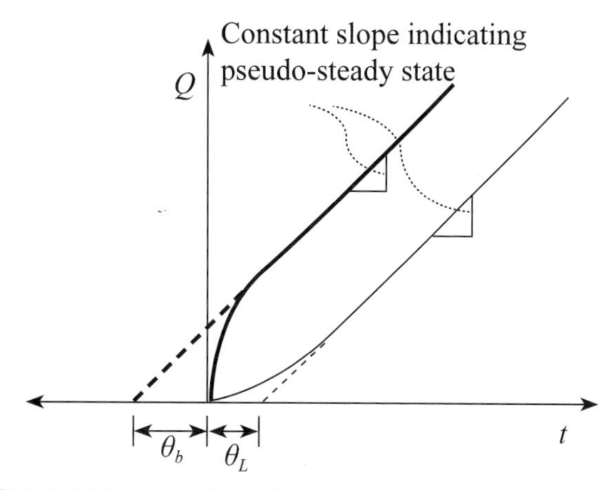


圖 17-15　薄膜滲透系統之藥物承接側累積量與時間關係之示意圖。細線為式（17-12）與式（17-13）（直線區），$\theta_L$ 為滯留時間〔式（17-14）〕。粗線之直線區為式（17-15），$\theta_b$ 為初爆時間〔式（17-16）〕

穿皮投藥貼片或體內植入型之儲槽式薄膜系統在尚未與人體接觸時，藥物已經在膜內成飽和吸附，則式（17-10）的初始條件則爲

$$\text{I.C.} \quad t = 0 \quad C(x, 0) = C_o \quad for\ 0 < x < l$$

而在應用時，所接觸的介質仍假設濃度爲零，則邊界條件不變，以此解之，可重新得到滲透累積量（$Q$）對時間（$t$）之關係，如同圖 17-15 中之粗線條所表示之方程式，當 $t \to \infty$ 時，亦達一擬穩態，成一線性關係

$$Q = \frac{ADC_o}{l}\left[t + \frac{l^2}{3D}\right] \tag{17-15}$$

此線性關係可外插到 $t$ 軸，得到初爆時間（burst time, $\theta_b$），可以下式表示之：

$$\theta_b = \frac{l^2}{3D} \tag{17-16}$$

而滲透的累積量 $Q$ 在初始之時，會迅速增加，但逐漸緩慢而達到一擬穩態。此種行爲，可以解釋一些貼片在施用之初，釋放速率較穩定時爲高的狀況，稱之爲初爆效應（burst effect）（Fan and Singh, 1989; Peppas, 1984 and 1987）。

### 17-4-4 藥物於高分子薄膜內之質傳分析

前面描述了 Fick's First Law，利用質量平衡的觀念，就平板片狀之薄膜而言，考慮在一維方向上的動態擴散變化，可得 Fick's Second Law 之偏微方程式（17-10），根據不同的初始條件與邊界條件，可以得不同時間下，藥物在膜內擴散的濃度分布，在此皆假設擴散係數爲定值，可推導出不同的形式，歸納整理如下：

#### 一、半無限厚平板（semi-infinite slab）

當膜材相當厚，或是滲透實驗的時間遠低於達穩態操作的時間時，又或者擴散係數很小，則藥物從一端擴散至另一端，都可視爲擴散至無限遠的一端，符合半無限厚平版模型（semi-infinite slab model）。因此有如下之初始與邊界條件：

$$\begin{aligned}
&\text{I.C.} \quad t = 0 \quad C(x, 0) = 0 \\
&\text{B.C.} \quad t > 0 \quad x = 0 \quad C(0, t) = C_0 \\
&\qquad\qquad\qquad\; x = \infty \quad C(\infty, t) = 0
\end{aligned}$$

假設 $D$ 爲常數，在 $x$ 方向上的藥物濃度分布可表示爲：

$$\frac{C(x, t)}{C_0} = 1 - erf(\omega) \tag{17-17}$$

其中 $\omega=\dfrac{x}{\sqrt{4Dt}}$，$D$：藥物於膜內之擴散係數。

其藥物濃度與位置（$x$）、時間（$t$）的關係如圖 17-16 所示：

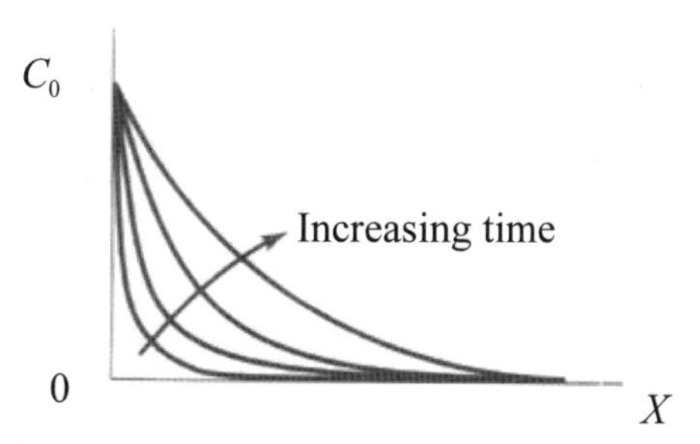


圖 17-16　半無限厚平板之濃度分布曲線（Welty et al., 2001）

## 二、固定之邊界條件（**fixed boundary condition**）

利用 side-by-side 雙槽式擴散設備，使得在供給側的藥物經由穿透膜材而達承接側，因表面濃度皆為固定不變，藥物在膜內形成一與位置（$x$）、時間（$t$）相依的濃度分布關係式，根據實驗的初始條件、邊界條件：

$$
\begin{aligned}
&\text{I.C.} \quad t=0 \quad C(x,0)=0 \\
&\text{B.C.} \quad t>0 \quad x=0 \qquad C(0,t)=C_0 \\
&\qquad\qquad\qquad\ \ x=l \qquad C(l,t)=C_l
\end{aligned}
$$

藥物在膜內濃度分布可表示為

$$
C(x,t)=\sum_{n=1}^{\infty}\left[\frac{2C_l}{n\pi}(-1)^n-\frac{2C_0}{n\pi}\right]e^{-D(\frac{n\pi}{l})^2t}\cdot\sin\left(\frac{n\pi}{l}\right)x+(C_l-C_0)\frac{x}{l}+C_o \tag{17-18}
$$

$C_0$：供給側膜材表面濃度，$C_l$：承接側膜材表面濃度，$D$：藥物於膜內之擴散係數，$l$：膜厚。當 $C_l=0$ 之時，此解與式（17-11）相同。

## 三、變動之邊界條件（variable boundary condition）

同樣討論 side-by-side 雙槽式擴散設備下，藥物穿透膜材的擴散情形，對於供給側與承接側均為有限體積（limited volume），再加上膜本身之吸附藥量不可忽略，則供給側與承接側之濃度會持續改變，假設：

1. 供給側之體積 $V_d = V_1$ 為定值，濃度 $C_1$ 隨時間因滲透而發生變化

$$V_1 \frac{dC_1}{dt} = -J_1 A \qquad C_1(0) = C_d \tag{17-19}$$

2. 供給側之體積 $V_d = V_2$ 為定值，濃度 $C_2$ 隨時間因滲透而發生變化

$$V_2 \frac{dC_2}{dt} = +J_2 A \qquad C_2(0) = C_r \tag{17-20}$$

3. 膜材內仍應用 Fick's Second Law：

$$\frac{\partial C_m}{\partial t} = D \frac{\partial^2 C_m}{\partial x^2} \tag{17-21}$$

I.C. $\quad t = 0 \quad C_m(x, 0) = 0$

B.C. $\quad t > 0 \quad x = 0 \qquad -D \left.\frac{dC_m}{dx}\right|_{x=0} = J_1$

$\qquad\qquad\qquad x = l \qquad -D \left.\frac{dC_m}{dx}\right|_{x=l} = J_2$

其中第 3 點之邊界條件 $C_m(0, t)$ 與 $C_m(l, t)$ 並無法隨時維持一定值。若為擬穩態（$\frac{l^2}{D} \ll \frac{1}{\beta D}$，其中 $\beta = \frac{AK}{l}\left(\frac{1}{V_1} + \frac{1}{V_2}\right)$）（Cussler, 1997），則

$$J_1 = J_2 = \frac{D}{l}[KC_1(t) - KC_2(t)] = \frac{D}{l}[C_m(0,t) - C_m(l,t)] \tag{17-22}$$

但若是非穩態的狀況（transient state），將用到式（17-19）、（17-20）與（17-21）之聯立方程式的解。其中需特別注意藥物之總量須保持質量平衡

$$m_0 = C_d V_1$$
$$m_1 = C_1(t)V_1,\quad m_2 = C_2(t)V_2$$
$$m_m = A\int_0^l C_m(x, t)dx$$

在任何時間 $t$，總質量平衡：$m_0 = m_1 + m_2 + m_m$。當 $D$ 不是非常大時，可假設吸附平衡能夠隨時保持，所以在邊界之處：

$$C_m(0, t) = KC_1(t)$$
$$C_m(0, t) = KC_2(t)$$

聯立方程式的解可利用 Laplace transform 來求得。

## 17-4-5　不同幾何形狀載藥系統之釋放速率

以上大部分的討論均適用於平板式薄膜內藥物的滲透與擴散，若是一如圖 17-8 的平板式儲槽式薄膜穿皮給藥系統，在擬穩定狀態時，藥物的釋放速率（release rate）（Siepmann and Siepmann, 2008 and 2012）可以由式（17-7）得知：

$$\text{release rate} = \frac{dQ}{dt} = AP\frac{\Delta C}{l} = ADK\frac{\Delta C}{l} \qquad (17\text{-}23)$$

其中 $\Delta C$ 爲儲槽內藥物溶液與皮膚間的濃度差，$l$ 爲膜厚，$A$ 爲膜面積，$P$、$D$ 與 $K$ 分別爲膜內的藥物滲透係數、擴散係數與分配係數，且 $P = DK$。

但若是儲槽爲圖 17-9 或圖 17-10 的管狀式給藥系統，則藥物的釋放速率（Siepmann and Siepmann, 2008 and 2012）可表示爲：

$$\text{release rate} = \frac{dQ}{dt} = AP\frac{\Delta C}{r_i \ln\frac{r_0}{r_i}} = 2\pi r_i LDK\frac{\Delta C}{r_i \ln\frac{r_0}{r_i}} = 2\pi r_i LDK\frac{\Delta C}{\ln\frac{r_0}{r_i}} \qquad (17\text{-}24)$$

其中 $r_i$、$r_o$ 與 $L$ 分別爲膜管的內半徑、外半徑與長度，如圖 17-17 所示。

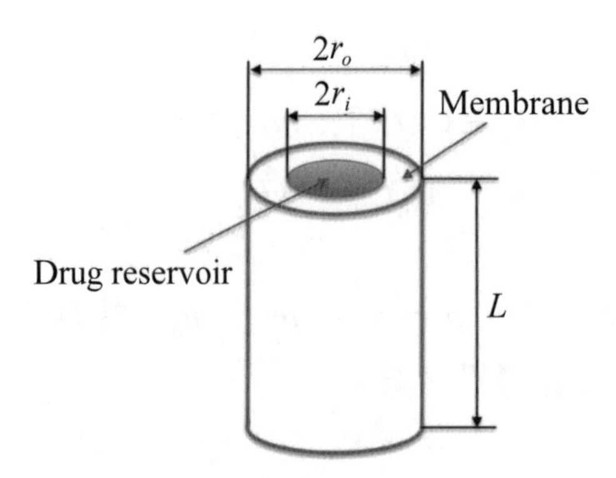


圖 17-17　管狀儲槽式薄膜給藥系統模型

若這儲槽為球型，類似於圖 17-5 中的微粒膠囊，則藥物由此膠囊的釋放速率（Arifin et al., 2006; Siepmann and Siepmann, 2008 and 2012）可表示為：

$$\text{release rate} = \frac{dQ}{dt} = 4\pi P \frac{\Delta C}{\left[\frac{r_o - r_i}{r_o \cdot r_i}\right]} = 4\pi DK \frac{\Delta C}{\left[\frac{r_o - r_i}{r_o \cdot r_i}\right]} \tag{17-25}$$

其中 $r_i$ 與 $r_o$ 分別為球內儲槽的半徑與含膜衣之外半徑，如圖 17-18 所示。

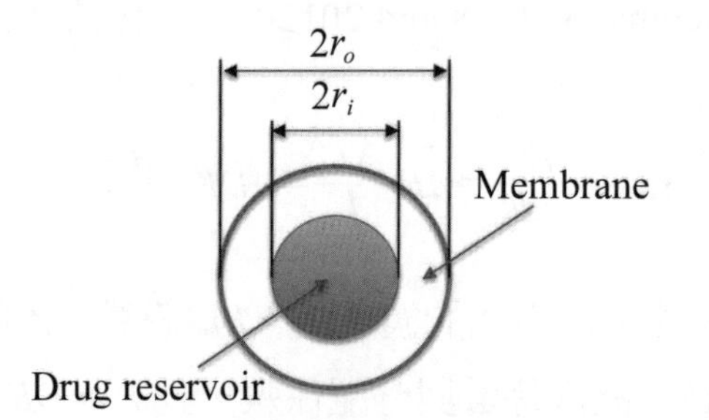


圖 17-18　球狀儲槽式薄膜給藥系統模型

這些式子可以作為各類型給藥系統設計的參考，但藥物儲槽內的濃度並不恆常一定，而人體接受處濃度又會受吸收與循環而有一些差異，$\Delta C$ 難以維持一定值，必須注意其中的變化。

本節僅就一些薄膜內藥物的滲透與擴散的數學模擬做一初步的討論，在實用時則需根據給藥系統的幾何形狀，藥物的溶解與擴散特性，身體的吸收、循環與代謝等狀況，再根據質量平衡與擴散方程式進行討論，限於篇幅，無法一一介紹，值得讀者由所附的參考文獻開始，再進一步做深入的研究。

## 17-5　結語

基本上，薄膜在藥物控制釋放上扮演著重要的角色，不但在施用於人體之前可以保護藥物，並且在施用時可以控制藥物釋放的速率。本章由藥物控制釋放相關基礎知識開始，再就儲槽式與滲透壓幫浦式薄膜藥物控釋系統作一介紹，讓讀者有一初步的概念，並在最後闡述一些有關藥物於薄膜內滲透與擴散的理論分析基礎，希望初學者對於藥物控制釋放有一基本的認識，若有機會進入相關產業，可以利用薄膜技術的專長在此領域發揮所長，分析與設計新的藥物釋放系統。

## 習　題

1. 藥物控制釋放劑型與傳統劑型相比較，有何優點？
2. 人體服用藥物的途徑有哪些？各有何特色與限制？
3. 藥物控制釋放之機制有哪些？各有何特色與限制？哪一種機制與薄膜的應用最相關？
4. 薄膜於藥物控制釋放劑型中，儲槽式薄膜藥物控釋系統為重要的應用，請舉例說明這些系統的設計與應用。
5. 膜衣包覆乃是在藥物核心外層形成一層薄膜，常用的方法為噴霧包覆（spray coating），請搜尋文獻，討論此法所形成的高分子薄膜有何種結構？此類薄膜與一般分離用薄膜有何不同？
6. 請參考一般藥物於高分子薄膜內的擴散機制，說明如何設計穿皮給藥貼片中的控釋膜（rate controlling membrane）？
7. 滲透壓幫浦式口服控釋系統的外層也有一層膜衣，僅容許水滲透但本身不會因膨潤而變形，請說明可使用何種材質？如何設計它的製造程序？
8. 於一 Side-by-side 雙槽式擴散（圖 17-13）實驗，上游供給側之 4-cyanophenol 藥物濃度為 1 g/L（0.001 g/cm$^3$），雙槽中間的薄膜材質為聚（甲基丙烯酸羥乙酯）（poly(2-hydroxy-

ethyl methacrylate), PHEMA），膜厚為 0.157 cm，兩側溶液體積分別為 25 mL，圓形膜片的直徑為 2.45 cm，若藥物於薄膜內與溶液間的分配係數（$K$）為 13.2，由實驗結果可將下游承接側之濃度對時間作圖，得到圖 17-19，請依照擬穩態法與滯留時間法，分別求取藥物於膜內的擴散係數，並討論兩種方法所得數據間的差異是否合理？並說明可能的原因。（Cheng and Sun, 2005）

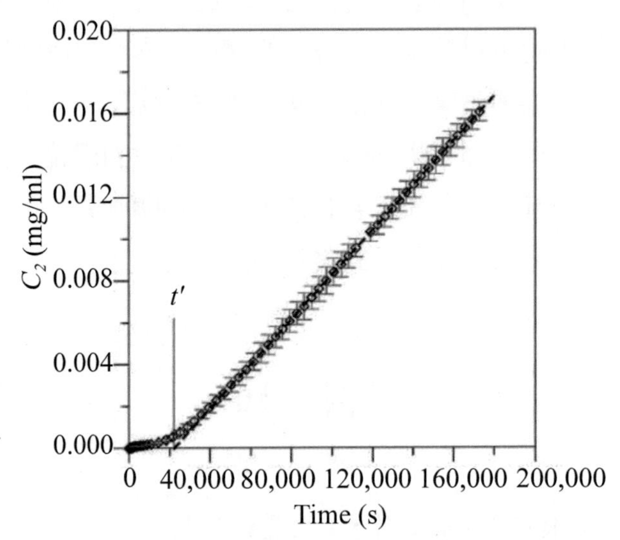


圖 17-19 雙槽式薄膜擴散實驗中，下游承接側之濃度對時間作圖

9. 第 8 題的實驗過程中，若將 PHEMA 膜取出分析藥物於膜內的濃度分布後作圖，可得圖 17-20。嘗試由式（17-11）擬合，找出擴散係數。並討論第 8 題中所求得數據值與此之差異，並說明可能的原因。（Cheng and Sun, 2005）

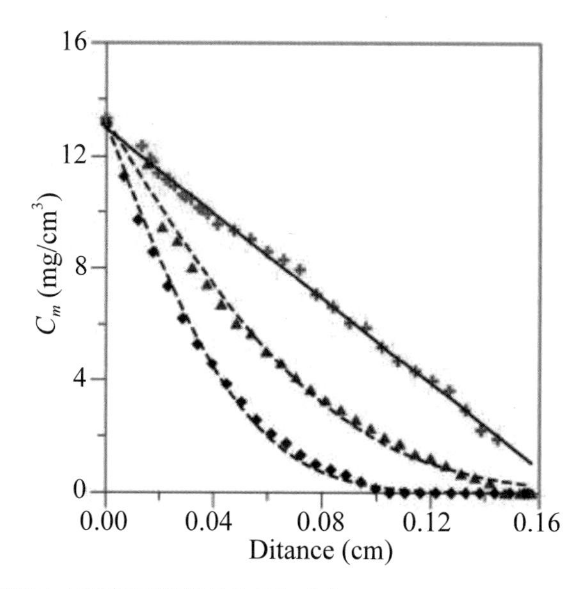


圖 17-20　薄膜內的藥物濃度分布圖（◆ : 3 h; ▲ : 7 h; ✚ : 34 h）

10. 近來有一種新的藥物劑型，稱之為口腔快速溶解膜片（Orally dissolving strips）（Bala et al., 2013），可以在口內接觸濕潤的表面（如舌頭）後，完全溶解而將藥物釋放而出，請用製造薄膜的觀點來思考，有何需要考慮之處？請找一位醫藥背景的同學討論，若要設計一新的藥品，有何需要考慮之處？是否可以有任何變化，以突破現有藥品的限制？

# 參考文獻

1. Arifin, D.Y., L.Y. Lee, C.H. Wang, Mathematical modeling and simulation of drug release from microspheres: Implications to drug delivery systems, *Adv. Drug Deliv. Rev.*, 58(2006)1274-1325.
2. Baker, R.W., *Controlled release of biologically active agents*, John Wiley and Sons, New York (1987).
3. Baker, R.W., *Membrane technology and applications*, Chapter 12, McGraw-Hill, New York (2000).
4. Baker, R.W., H.K. Lonsdale, Controlled release: Mechanisms and rates, In: *Controlled release of biologically active agents*, edited by Tanquary A.C., R.E. Lacey, Plenum Press, New York (1974).
5. Bala, R., P. Pawar, S. Khanna, S. Arora, Orally dissolving strips: A new approach to oral drug

delivery system, *Int. J. Pharm. Investig.*, 3(2013)67-76.

6. Burnette, R.R., Theory of mass transfer, In: *Controlled drug delivery: Fundamentals and applications*, 2nd Ed., edited by Robinson, J., V.H.L. Lee, CRC Press, Boca Raton, Florida (1987).
7. Cheng, M.L., Y.M. Sun, Observation of the Solute Transport in the Permeation through Hydrogel Membranes by Using FTIR-Microscopy, *J. Membr. Sci.*, 253(2005)191-198.
8. Crank, J., *The mathematics of diffusion*, 2nd Ed., Oxford University Press, London (1980).
9. Crank, J., G.S. Park, *Diffusion in polymers*, Academic Press, London (1968).
10. Cussler, E.L., *Diffusion: Mass transfer in fluid systems*, 2nd Ed., Cambridge University Press, New York (1997).
11. Dubey, R., T.C. Shami, K.U.B. Rao, Microencapsulation technology and applications, *Def. Sci. J.*, 59(2009)82-95.
12. Fan, L.T., S.K. Singh, *Controlled release: A quantitative treatment*, Springer-Verlag, Berlin (1989).
13. Hsieh, D.S., *Controlled release systems: Fabrication technology*, Vol. I and II, CRC Press, Boca Raton, Florida (1988).
14. Kydonieus, A.F., B. Berner, *Transdermal delivery of drugs*, Vol. I-III, CRC Press, Boca Raton, Florida (1987).
15. Mahato, R.I., A.S. Narang, *Pharmaceutical dosage forms and drug delivery*, 2nd Ed., CRC Press, Boca Raton, Florida (2011).
16. Malaterre, V., J. Ogorka, N. Loggia, R. Gurny, Oral osmotically driven systems: 30 years of development and clinical use, *Eur. J. Pharm. Biopharm.*, 73(2009)311-323.
17. Peppas, N.A., Mathematical modelling of diffusion processes in drug delivery polymeric systems, In: *Controlled drug bioavailability*, edited by Smolen V.F., L.A. Ball, John Wiley and Sons, New York (1984).
18. Peppas, N.A., Diffusion through polymers, In: *Transdermal delivery of drugs*, Vol. I, edited by Kydonieus, A.F., B. Berner, CRC Press, Boca Raton, Florida (1987).
19. Prausnitz, M.R., R. Langer, Transdermal drug delivery, *Nat. Biotechnol.*, 26(2008)1261-1268.
20. Saltzman, W.M., *Drug delivery: Engineering principles for drug therapy*, Oxford University Press, New York (2001).
21. Schäfer-Korting, M. *Drug delivery, Handbook of experimental pharmacology 197*, Springer-

Verlag, Berlin Heidelberg (2010).

22. Siepmann, J., F. Siepmann, Mathematical modeling of drug delivery, *Int. J. Pharm.*, 364(2008)328-343.

23. Siepmann, J., F. Siepmann, Modeling of diffusion controlled drug delivery, *J. Control. Release*, 161(2012)351-362.

24. Siepmann, J., R.A. Siegel, M.J. Rathbone, *Fundamentals and applications of controlled release drug delivery*, Springer, New York (2012).

25. Sun, Y.M., W.F. Huang, C.C. Chang, Spray-coated and solution-cast ethylcellulose pseudolatex membranes, *J. Membr. Sci.*, 157(1999)159-170.

26. Turley, S.M., *Understanding pharmacology for health professionals*, 4th Ed., Chapter 4, Pearson (2010).

27. Welty, J.R., C.E. Wicks, R.E. Wilson, G. Rorrer, *Fundamentals of momentum, heat, and mass transfer*, 4th Ed., John Wiley & Sons, New York (2001).

28. 方嘉佑，*皮膚深度之旅：經皮輸藥不用打針*，科學發展，403(2006)34-39。

29. 林山陽，*膜衣包覆技術：材料選擇，處方設計及實務應用*，九州圖書文物有限公司，台北（1996）。

30. 孫一明，張雍，阮若屈，薄膜科技的應用：搞不好會要命的薄膜 - 醫療用薄膜，*科學發展*，429(2008) 44-49。

# 符號說明

| | |
|---|---|
| $A$ | 面積（$cm^2$） |
| $C$ | 藥物之濃度（$g/cm^3$） |
| $C_m$ | 藥物在高分子膜內的濃度，可爲位置與時間之函數（$g/cm^3$） |
| $C_S$ | 藥物於溶液中的濃度（$g/cm^3$） |
| $C_d$、$C_r$ | 藥物於膜外溶液中的濃度（供給側與承接側）（$g/cm^3$） |
| $C_o$、$C_l$ | 藥物於膜內近供給側與承接側之表面濃度（$g/cm^3$） |
| $D$ | 藥物擴散係數（$cm^2/s$） |
| $DL$ | 載藥量，每克高分子膜材之吸附載藥量（g/g） |
| $J$ | 擴散通量（$g/cm^2 \cdot s$） |
| $J_1$、$J_2$ | 分別爲供給側與承接側之擴散通量（$g/cm^2 \cdot s$） |
| $K$ | 膜與溶液間的分配係數（無單位） |
| $l$ | 膜厚（cm） |
| $L$ | 管狀儲槽式薄膜給藥系統之長度（cm） |
| $m_0, m_1, m_2, m_m$ | 分別爲藥物之初始總量與藥物於供給側、承接側及膜內之量（g） |
| $P$ | 滲透係數（$cm^2/s$） |
| $Q$ | 藥物滲透累積量（g） |
| $r_i$、$r_o$ | 球形或柱形儲槽的內半徑與含膜衣之外半徑（cm） |
| $SC$ | 溶劑吸附量，每克高分子膜材於藥物溶液中吸附溶劑的量（g/g） |
| $t$ | 時間（s） |
| $V_d$、$V_1$ | 雙槽式擴散設備中供給側的體積（$cm^3$） |
| $V_r$、$V_2$ | 雙槽式擴散設備中承接側的體積（$cm^3$） |
| $x$ | 位置（cm） |
| $\beta$ | 比率常數，$\beta = \frac{AK}{l}\left(\frac{1}{V_1}+\frac{1}{V_2}\right)$（$cm^{-2}$） |
| $\Delta C$ | 膜兩側之藥物濃度差（$g/cm^3$） |
| $\theta_L$ | 滯留時間（s） |

| | |
|---|---|
| $\theta_b$ | 初爆時間（s） |
| $\rho_p$、$\rho_s$、$\rho_D$ | 高分子膜材、溶劑與藥物的密度（$g/cm^3$） |
| $\pi$ | 圓周率（無單位） |
| $\omega$ | 半無限厚平板模型中，位置、時間與擴散係數所組成的無因次符號，$\omega=\frac{x}{\sqrt{4Dt}}$（無單位） |

# 第十八章
# 薄膜在組織工程上之應用

/楊台鴻、李亦宸

# 18-1 人工胰臟

## 18-1-1 糖尿病簡介

隨著生活方式及飲食習慣的改變，根據中華民國衛生福利部中央健康保險署的統計，近年來臺灣有近百萬的人口患有糖尿病；同時間，糖尿病也高居爲國人十大死因之第四位。一般而言，糖尿病屬於慢性疾病，一旦罹患，終其一生就像是背負著一顆不定時炸彈，威脅患者生命及降低其生活品質，因此許多人認爲糖尿病是一種可怕的疾病。然而，事實上糖尿病本身並不可怕，可怕的是慢性糖尿病所帶來的其他併發症（Association, 2007），如：全身性的血管、視網膜、及神經病變，嚴重時甚至會引起失明、心臟病、中風等疾病產生，由此可知糖尿病是一種不容忽視的疾病。

糖尿病屬於一種代謝性疾病，最常發生的原因有兩種：患者本身胰臟無法製造足夠的胰島素（insulin），或是細胞對於胰島素的反應不正常（Kostas 等人，2015）；因此造成血液中的葡萄糖無法有效地進入至組織或細胞中被利用、或是無法被轉化成肝醣後儲存，使得血液含糖量升高。而若血糖含量遠大於腎臟再吸收能力時，此時就會引起糖尿之現象（Hameed 等人，2015）。由上述造成糖尿病的機制，在臨床上將常見的糖尿病分爲第一型及第二型糖尿病。

### 一、第一型糖尿病

第一型糖尿病的發生，主要是因爲患者本身無法製造足夠的胰島素，所以患者需要定期地接受胰島素的注射，以維持體內血糖濃度的恆定，因此第一型糖尿病亦被稱爲胰島素依賴型糖尿病（insulin-dependent diabetes mellitus, IDDM）。此外，臨床上認爲第一型糖尿病是一種先天自體免疫系統反應所誘發之疾病。胰島素是由身體中的胰島 $\beta$ 細胞所製造，而由於第一型患者的胰島 $\beta$ 細胞常具有特殊的自身抗體〔例如：GAD（glutamic acid decarboxylase）蛋白等〕（Morales 與 Thrailkill，2011），這些自身抗體有可能會協助誘導免疫系統中的 T 淋巴細胞攻擊 $\beta$ 細胞，造成胰島 $\beta$ 細胞損傷及患者胰島素產量下降（Morran 等人，2015）。正因如此，多數第一型糖尿病也好發於兒童及青年身上。

## 二、第二型糖尿病

第二型糖尿病亦可稱爲非胰島素依賴型糖尿病（noninsulin-dependent diabetes mellitus, NIDDM），其與第一型糖尿病最大的區別，即是第二型之患者身體中的胰島素接受體無法感受正常分泌的胰島素濃度而作出適當地生理反應，在此狀況下，胰島 $\beta$ 細胞無法製造出更高濃度的胰島素來讓細胞利用葡萄糖，以及肝臟會不適當地將肝醣轉化成葡萄糖後釋放至血液中，進而造成血液中之血糖濃度過高（Tangvarasittichai, 2015）。其發生原因較廣，常被認爲與肥胖、老化、代謝及遺傳等因素有關，因此第二型糖尿病的患者占總糖尿病患者的 90%（Christian 與 Stewart，2010；Ripsin 等人，2009；Riserus 等人，2009）。

## 18-1-2　臨床上治療方法現況及缺點

目前臨床上的治療方法，針對第一型糖尿病主要爲胰島素注射治療，患者必須在日常生活中隨時攜帶針劑並定期注射胰島素，以便維持血糖值的恆定。而目前對於第二型糖尿病所採取的方式，主要是以藥物（如雙胍類藥物）來改善患者本身細胞對於胰島素的低敏感性（Matsuzaki 與 Humphries, 2015）。然而，雖然上述的方法行之有年，也是目前最常見的治療方法，但是仍然存在一些無法改善的缺點，如：注射針使用上的不方便性，及胰島素藥物的保存等，因此組織工程學家試想利用工程方式製作可自行釋放胰島素的人工胰臟，以解決現有治療方式所存在的問題。

對於由工程學角度所設計的人工胰臟來說，其最重要的功能，即是能夠模擬眞實胰臟分泌胰島素，進而調控血糖的濃度。因此在材料的選擇上，必須經過縝密的設計。作爲人工胰臟的材料，除了本身要具能阻隔白血球及免疫球蛋白等物質所引起的排斥外，同時還要具備能夠讓胰島素自由擴散的能力。從先前的研究指出，能夠同時符合上述需求之材料就以半透性薄膜爲不二選擇（Young 等人，1996）。利用半透性薄膜製成人工胰臟之優點，具有解決現階段患者需要定時注射胰島素及使用針劑、藥物的不方便性等問題的能力外，更特別的是，此人工胰臟是利用半透性膜包覆著可以生產胰島素的蘭氏小島（pancreas islets），而非只是包覆著胰島素，因此具有長效期釋放胰島素之功能。此特點可以有助於改善外源性的胰島素之使用。圖 18-1 是人工胰臟示意圖，我們可以了解到，在體外製作人工胰臟時，首先會使用一非對稱半透性

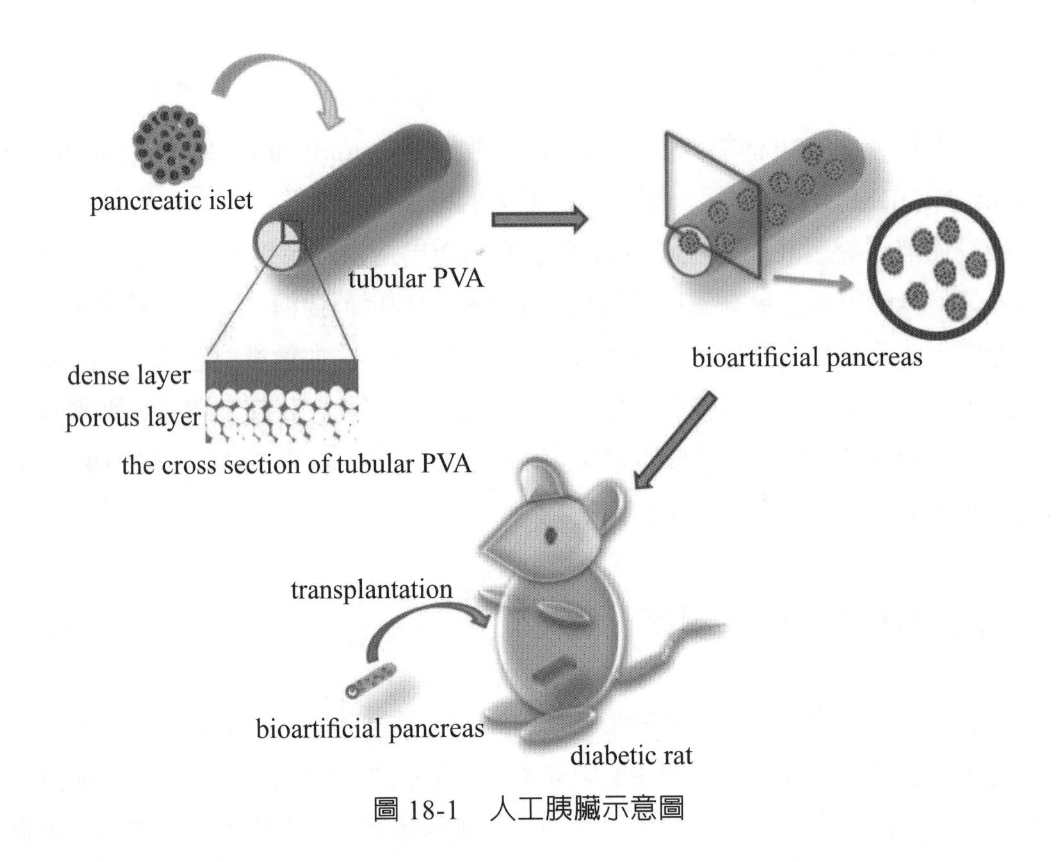


圖 18-1　人工胰臟示意圖

膜來包覆蘭氏小島，以便形成一微型人工胰臟，再將此人工胰臟移植至患者（如糖尿病鼠）中，以便控制血糖濃度。

非對稱半透性膜的設計，可以有許多種形式，但爲了能夠有效地阻隔白血球及免疫球蛋白等大分子，但卻又不影響養分、葡萄糖及胰島素的傳送下，根據先前的研究的結果認爲，利用高分子〔如聚乙烯醇（PVA）〕及增孔劑〔如聚乙二醇（PEG）〕，藉由相轉換法（phase inversion）所製成之薄膜，由於同時具有皮層（skin layer）及孔洞層（porous layer），因此可以在分子的擴散行爲上具有一控制胰島素釋放之能力（Young Yao Chang 與 Chen，1996）（圖 18-2）。同時，除了包覆蘭氏小島本身之薄膜需經過縝密地設計外，使用何種方式包覆蘭氏小島也是人工胰臟成功與否的重要條件。而針對人工胰臟包覆蘭氏小島的設計大致上可分爲以下三種：(1) 微膠囊包覆（microencapsulate）、(2) 擴散槽式（diffusion chamber）、(3) 微血管外包覆式（intravascular capillary unit）。

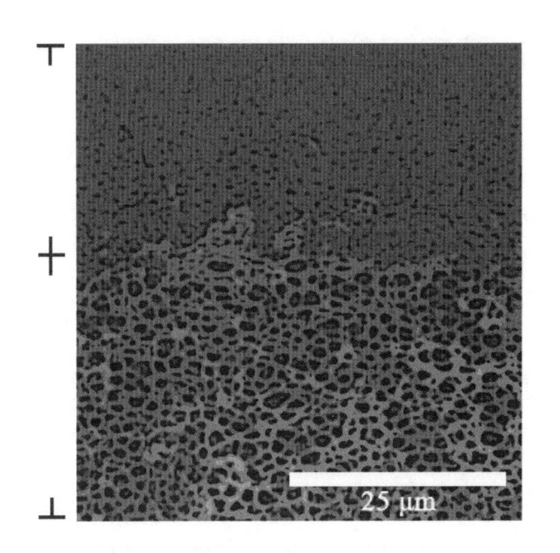


圖 18-2　聚乙烯醇薄膜之截面示意圖，上層為皮質層，下層為孔洞層

1. 微膠囊包覆式

利用高分子將蘭氏小島包覆形成一小球後可進行移植，而每一小球約只包覆 1～2 個蘭氏小島。

2. 擴散槽包覆式

利用高分子薄膜製成中空管狀形成一小室後，每一小室放入約 1,000 個蘭氏小島。

3. 微血管外包覆式

利用高分子薄膜在中空管外側形成一殼層，並將蘭氏小島放入殼層內。

上述三種設計中，前兩者包覆法在植入的方便性上占有較大的優勢，而且對於植入位置也較有彈性；但是其仍需改善的地方爲由於血糖需要先穿透薄膜後刺激蘭氏小島分泌胰島素，然後胰島素需再次穿透薄膜至組織後才能降低血糖，因而造成傳遞路徑過長之問題。反觀第三種微血管外包覆式之人工胰臟，由於直接植入微血管，其最大的優點爲蘭氏小島之養分可以直接由血管供應，以及血糖與胰島素間的物質交換也可以藉由穿透內皮細胞來傳輸，以減少過長的路徑傳遞時間。雖然微血管包覆式可以解決路徑時間之問題，但在使用上仍需要注意使用的材料，必須要有良好的血液相容性，以避免血栓阻塞。

## 18-1-3　人工胰臟釋放胰島素效能之數學模型

由前段我們對於人工胰臟之薄膜及包覆類型已有基本的了解，但如何評估胰島素在人工胰臟中的釋放效能則是另一重要關鍵。我們可以整理一體外數學模型，以利於人工胰臟在應用上之設計。

由圖 18-3 我們可以了解，系統中當葡萄糖要刺激蘭氏小島分泌胰島素時會有三個階段，首先第一階段葡萄糖必須先由灌流液中穿透薄膜後，進入包覆蘭氏小島之空間。由於與灌流液中葡萄糖濃度相比，進入薄膜的量微乎其微，因此在此假設進入薄膜中的葡萄糖濃度與灌流液中相等（$G_p$）。此外，包覆蘭氏小島的空間中葡萄糖濃度也假設爲均勻濃度（$G_m$）。因此可以系統二中葡萄糖的變化速率可得到下列式（18-1）。而式（18-1）中的假設也部分取決於在包覆蘭氏小島的空間中，流體和是否有明顯地擴散梯度，因此總質傳係數（$k_G$）爲葡萄糖質傳至膜外、擴散穿過薄膜，以及在包覆空間內之擴散與反應係數的集合。

$$V_m \frac{dG_m}{dt} = k_G A_m (G_P - G_m) \qquad (18\text{-}1)$$

$V_m$：包覆蘭氏小島空間之總體積

$A_m$：薄膜之總面積

$G_p$：灌流液中葡萄糖濃度

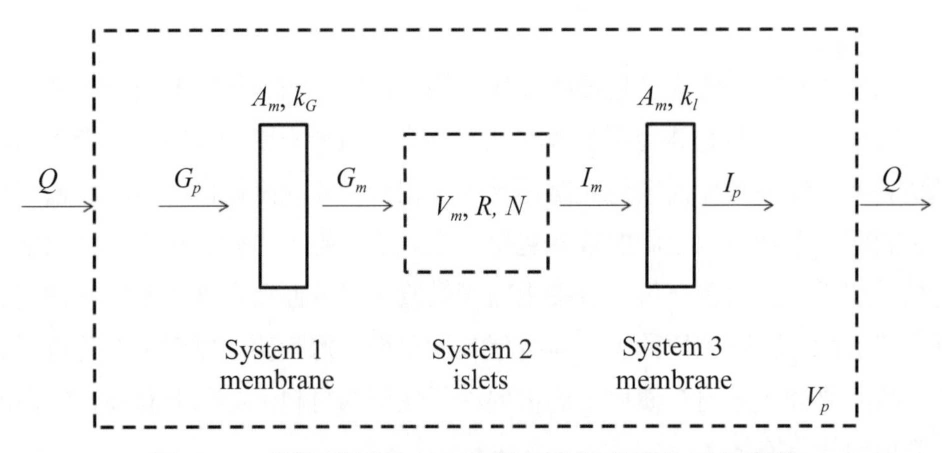


圖 18-3　葡萄糖刺激人工胰臟分泌胰島素的三個階段

$G_m$：包覆蘭氏小島的空間中葡萄糖濃度
$k_G$：葡萄糖穿透薄膜之總質傳係數

而第二階段爲蘭氏小島經由葡萄糖的刺激後分泌胰島素，此部分有許多胰島素分泌的數學模型已被報導（Cerasi 等人，1974；Grodsky，1972；Jaffrin 等人，1988；Mullon 與 Norton，1990；Nomura 等人，1984），而在此我們採用 Jaffrin 等人之數學模型可得到式（18-2）（Jaffrin Reach 與 Notelet，1988）。假設每一個在薄膜中的蘭氏小島均可正常分泌胰島素（即高分子薄膜不會對蘭氏小島造成毒害）（Young 等人，1998），那麼每一個小島所分泌的胰島素（$R$）被視爲是由基礎胰島素濃度（$R_0$）、超過閾值時胰島素與葡萄糖濃度成比例的靜態貢獻（$aH(G_m - G_s)$），以及葡萄糖濃度變化速率的動態貢獻（$b\frac{dG_m}{dt}$）所組成。

$$R = R_0 + aH(G_m - G_s) + b\frac{dG_m}{dt} \tag{18-2}$$

$R$：每一小島所分泌的胰島素量
$R_o$：基礎胰島素濃度（0.01 ng/min）（Jaffrin Reach 與 Notelet，1988）
$G_s$：誘發蘭氏小島分泌胰島素之葡萄糖閾值濃度（5.6 mmol/L）（Jaffrin Reach 與 Notelet，1988）
$k_G$：葡萄糖穿透薄膜之總質傳係數
$a$：0.007（ng/min）（mmol/L）（Jaffrin Reach 與 Notelet，1988）
$b$：0.29 ng/（mmol/L）（Jaffrin Reach 與 Notelet，1988）

雖然上式（18-2）可以推導出每一個小島所分泌的胰島素，但値得注意的是，當 $G_m \geq G_s$ 時，$H(G_m - G_s) = (G_m - G_s)$；相反的，當 $G_m < G_s$ 時，$H(G_m - G_s) = 0$。

最後，在最後階段，蘭氏小島所分泌的胰島素會由質傳的方式透過高分子薄膜後進入灌流液。再假設 $I_m$ 和 $I_P$ 於系統中爲均勻濃度（Young Chuang Yao 與 Chen，1998），由系統三可以得到方程式（18-3）和（18-4），如下：

$$V_m\frac{dI_m}{dt} = k_i A_m(I_P - I_m) + NR \tag{18-3}$$

$$V_m \frac{dI_m}{dt} = k_j A_m(I_P - I_m) + QI_P \qquad (18\text{-}4)$$

$I_m$：包覆蘭氏小島空間之胰島素濃度

$I_P$：灌流液中之胰島素濃度

$k_i$：胰島素穿透薄膜之質傳係數

$Q$：灌流液之體積流速

$V_m$：包覆蘭氏小島空間之總體積

$N$：蘭氏小島的總數

更進一步，利用龍格 - 庫塔（Runge–Kutta）運算法來計算方程式（18-1）到（18-4），即可預估人工胰臟釋放胰島素至灌流液中之效能。除此之外，同時間也可以了解到在經過葡萄糖的刺激後，胰島素的釋放速率是藉由 $k_i$ 來調控；而胰島素的釋放量則是由「活的」蘭氏小島之數量來調控。

對於人工胰臟的設計來說，由於考量到葡萄糖必須能夠穿透高分子薄膜後刺激蘭氏小島分泌胰島素，而更進一步胰島素也要能夠穿透薄膜後調控血糖濃度，因此系統相當複雜。但是藉由本節了解到人工胰臟的設計原理及胰島素釋放效能之數學模型後，相信有利於研究者開發人工胰臟相關產品。

# 18-2　人工神經

## 18-2-1　神經系統簡介

呼吸、走路及跑步等動作，在日常生活中對於人們是再平常不過的行爲。但是人體之所以能夠執行這些動作，其實是經過一連串複雜的生理機制反應後才能夠順利完成。然而，其中在整個過程扮演最重要角色的就是人體的神經系統，因爲身體中各種生理行爲多數是經由神經系統的訊息傳導後而執行，這也說明了神經系統是一個不可或缺的角色。

人體的神經系統主要分爲中樞神經系統（central nervous system）及周邊神經系

統（peripheral nervous system），中樞神經系統的基本組成爲腦和脊髓，而周邊神經系統則是除了腦與脊髓外的神經系統。二者在功能上最大的區別即是，中樞神經系統將身體中各種訊息整合並做出反應；周邊神經系統則是負責訊息的傳出或傳入。因此，不論是中樞或周邊神經系統，對於人體來說都是缺一不可。

## 一、神經系統損傷及周邊神經系統損傷

在臨床上，會造成病人神經系統損傷的主因往往是老化、心血管疾病、或是交通意外，這些原因使病人因神經損傷而造成生理功能喪失、甚至半身不遂等問題（Beal, 2010; McDonald, 1999）。然而，目前對於嚴重的功能喪失或半身不遂來說，最有效的治療方法就屬長期復健一途（Schmidt 與 Leach，2003）。但是由於成年人神經突觸平均生長速率爲 1～2 mm/day（Lemmon 等人，1992），因此藉由復健來促進神經功能再生的速度和程度有限。因而，爲了加速受損的神經突觸修復，神經臨床醫師有了利用手術嫁接的方式來修補受損神經的想法。

## 二、臨床上手術做法及其缺點

由於使用手術來修補中樞神經系統之損傷並不容易，因此以手術嫁接修復突觸損傷，仍是以周邊神經系統爲最主要的方向。臨床上，傳統神經嫁接術之原理，是利用周邊神經上的特殊結構——神經髓鞘作爲媒介；當神經突觸遭受外在因素斷裂後，位於身體遠端的神經會開始退化、死亡，最後只留下原先包覆神經突觸的髓鞘。但是位於身體近端部分的神經突觸仍是具有持續生長的能力，因此神經科醫師最常見的處理方式，就是利用顯微手術將神經髓鞘接合後，去誘導近端神經突觸的生長錐（growth cone）沿著髓鞘生長至遠端，重新恢復原有功能。然而這樣的方式除了突觸生長速率慢外、還會有突觸是否會順利地沿著所需要的方向生長、近端突觸是否能夠長入空的髓鞘中，或是手術兩端接合處存有手術張力會造成神經損害等問題。更重要的是，當遇到大的損傷缺口時，傳統的手術嫁接術則無法使用。

因此，神經組織工程學家發展出利用高分子薄膜製成神經導管作爲架橋，來幫助神經突觸修補的方法。使用神經導管來修復神經損傷與傳統嫁接術相比，神經導管最大的優勢就是除了可以客製化依照不同斷裂程度製作外，更可以製作出具有不同彈性係數、裂解速率等的導管，甚至可以製作成多能性（如包覆具有藥物釋放能力、含有

生長因子或細胞外基質，以及結合幹細胞等）的導管來調控神經突觸的修補。但傳統神經導管由於仍受限於神經突觸生長的機制，而使得修補程度有所受限，因此本節將提供一個如何結合幹細胞及高分子基材來製作人工神經導管之方法。

## 18-2-2 人工神經導管

圖 18-4 是人工神經導管示意圖，我們可以了解到，在製作人工神經導管時，可先製作出一適當大小之中空高分子圓柱體，以作為神經突觸生長之架橋。接著將從大腦皮質分離純化後所得到的神經幹／前驅細胞球（neurosphere）培養於導管內部，使之形成一神經幹／前驅細胞單層結構後（Li 等人，2014），移植至具有坐骨神經斷裂模型的老鼠內以進行修補。

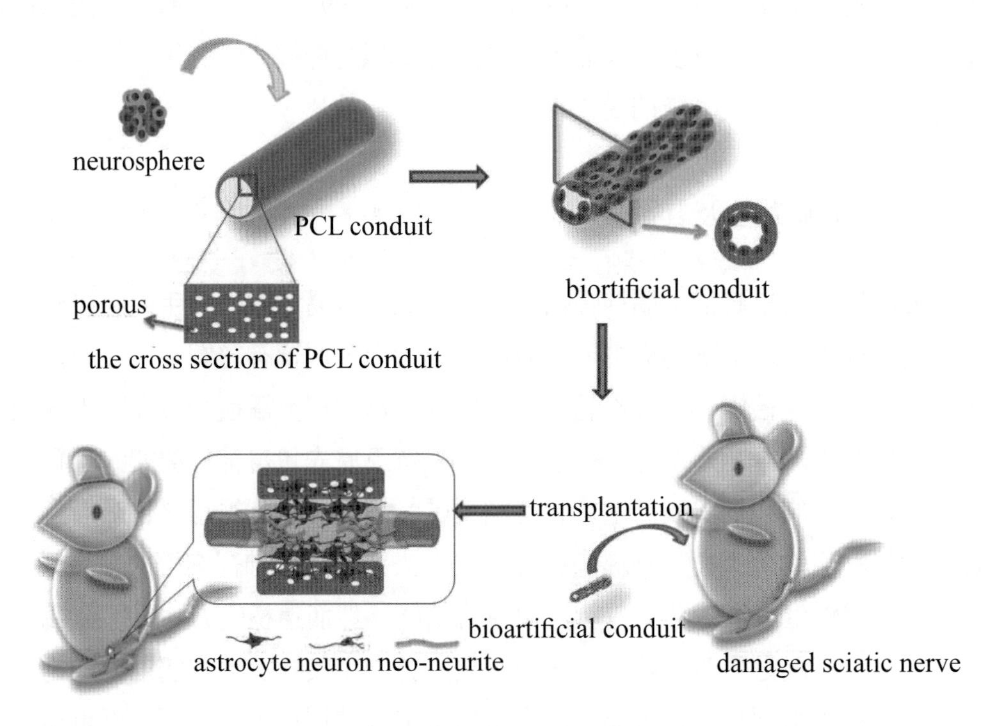


圖 18-4　人工神經導管示意圖

### 一、導管製作及類型

在製作神經導管時，高分子基材的選擇會因使用者之需求而有所不同，早期用於神經導管之材料多為不可裂解的矽膠管（silicone tube）。儘管此類的導管具有不錯的修補效果，但是由於對於體內的神經細胞可能具有毒性及於恢復後需要二次手術取出之問題（Heath 與 Rutkowski，1998），因此近年來逐漸地被生物可裂解性（biodegradable）的高分子所取代。依據研究指出，組織工程領域中常見的可裂解性高分子為聚甘醇酸（polyglycolic acid, PGA）、聚己內酯（polycaprolactone, PCL）、聚乳酸（polylactic acid, PLA）、聚乳酸 - 甘醇酸（poly(lactide-co-glycolide), PLGA）等（Seal 等人，2001；Steuer 等人，1999；Sun 等人，2010）。本節中，由於聚己內酯除了是生物可裂解高分子外，還是美國食品藥物管理局所認證，可用於人體之高分子，因此使用聚己內酯作為原料，並結合濕式相轉換法（wet-phase inversion）製作神經導管。由圖 18-5 可觀察到，經由濕式相轉換法可得到不透明的導管，而導管表面屬於一緻密層。

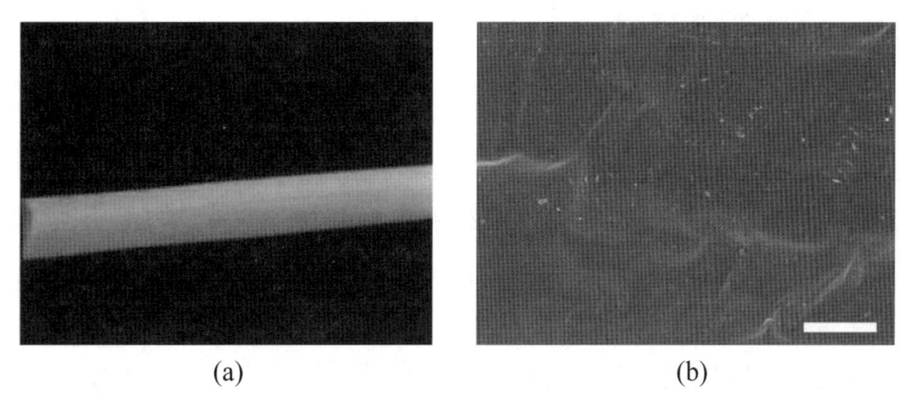

(a) (b)

圖 18-5 (a) 聚己內酯神經導管；(b) 電子顯微鏡下聚己內酯導管表面之結構，scale bar = 20 μm

更進一步，若是利用電子顯微鏡觀察此導管截面及管內面，均可發現其結構與導管外觀截然不同（圖 18-6），是屬於一具有孔洞之結構。此導管同時間具有兩種結構層之原因，在此推測可能因為高分子管外的最表面在相轉換法的過程中，因為溶劑急速接觸到非溶劑而形成一薄層之緻密層後，接著高分子導管內部再經由擴散作用，使溶劑與非溶劑進行交換，而在交換的過程中，由於有足夠的時間使得孔洞可以成核成長，因此形成了具有孔洞之結構。而由圖 18-6(b) 也可發現，此神經導管內之孔洞是相互聯通，此特點更有利於養分的傳輸及神經突觸相互生長連結。

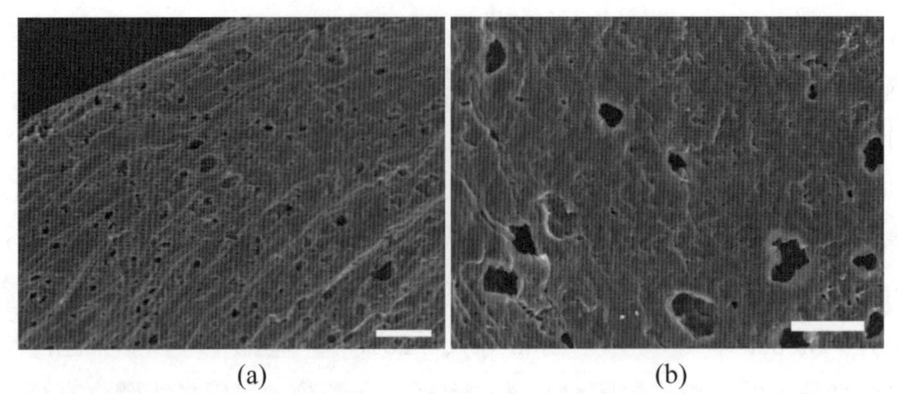

圖 18-6　電子顯微鏡下聚己內酯導管之 (a) 截面及 (b) 管內表面結構。Scale bar = (a) 40 μm、(b) 20 μm

## 二、神經幹／前驅細胞培養與分析

在完成神經導管的製作後，為了加速兩端斷裂的神經突觸修補接合，使用神經幹／前驅細胞於體外（in vitro）培養於聚己內酯導管內部，希望藉由導管與神經幹／前驅細胞之協同作用來加成修復的效果。雖然用於神經系統損傷的修復時，使用神經幹／前驅細胞來作為細胞來源是最直接有效的方法，而基於神經幹／前驅細胞若要保有幹細胞特性時需屬於懸浮聚集成球的狀態（圖 18-7(a)）；一旦貼附於基材時，神經幹／前驅細胞則會開始走向分化的命運，在自發性的分化下，分化後的細胞 85～

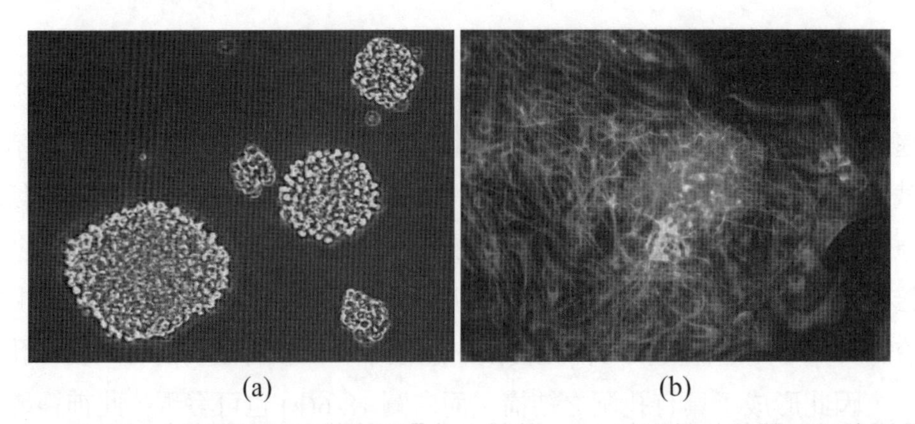

圖 18-7　(a) 神經幹／前驅細胞於懸浮不分化之狀態；(b) 神經幹／前驅細胞貼附分化後之螢光染色圖，綠色：神經膠質細胞，紅色：神經元細胞，藍色：細胞核（請參閱彩色頁）

90% 多屬於負責提供養分的神經膠質細胞（glia cell），只有 5～10% 的細胞會分化成具有可傳輸訊息突觸的神經元細胞（neuron），因此如何使神經幹／前驅細胞貼附於聚己內酯導管後具有更多的神經元細胞則成了另一挑戰。

為了解決上述問題，本節將提供一個兩階段性的做法：

1. 首先，使用具有使神經幹／前驅細胞貼附不分化的培養基，將神經幹／前驅細胞球塗佈於導管內部（Li Tsai Wang 與 Young，2014），並藉由增生，形成一神經幹／前驅細胞層。由圖 18-8 可觀察到，經由七天培養後，神經幹／前驅細胞球已崩裂形成一由單顆神經幹／前驅細胞所形成的細胞層。

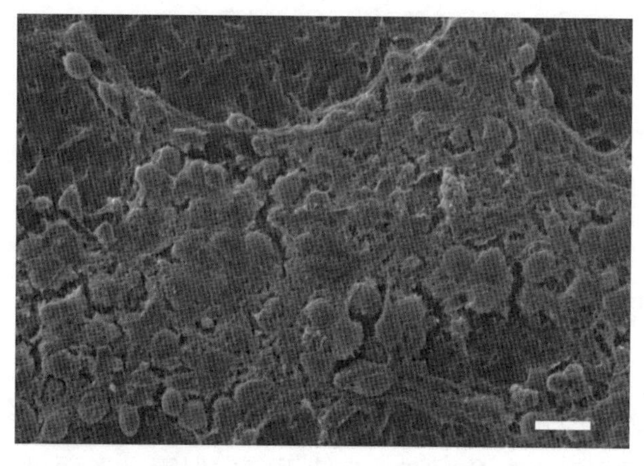

圖 18-8　神經幹／前驅細胞經由貼附不分化的培養基培養七天後，於聚己內酯導管內之電子顯微鏡下細胞形態。Scale bar = 10 μm

2. 再利用促神經元分化培養基，將步驟 1 之人工神經導管內之幹細胞誘導分化，形成神經網路後（圖 18-9），利用顯微手術，將此導管移植至神經斷裂（如老鼠之坐骨神經）處作為架橋，以利於兩端神經突觸相互接合，並加速恢復原有神經功能。

人體中的神經系統相當複雜，當治療神經損傷疾病時，有時需要結合材料與細胞，因此神經組織工程是一門跨領域之應用科學，為了使得高分子科學相關之研究者能夠發展出各種應用於神經系統治療之基材，本節利用周邊神經系統損傷之模型作為範例，希望能夠有助於激發研究者投入神經科學研究之興趣。

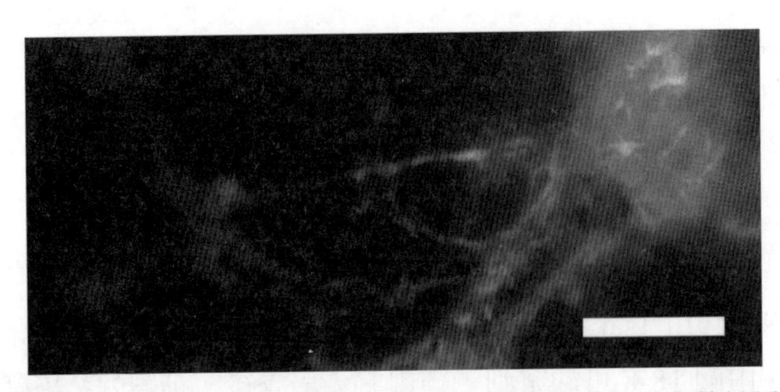

圖 18-9 聚己內酯導管內之神經幹／前驅細胞層經由促神經元分化培養基誘導後，於形成神經網路之導管縱向剖面螢光染色圖，照片左右模糊處為導管曲面所造成。綠色：神經膠質細胞，紅色：神經元細胞，藍色：細胞核。Scale bar = 50 μm（請參閱彩色頁）

# 18-3 皮膚工程

## 18-3-1 白斑症簡介

擁有白嫩如霜的皮膚相信是多數人夢寐以求的目標，爲此許多人在外出時會使用洋傘、防曬乳、甚至回家後也會更進一步使用美白保養品。而付出的這些努力，其目的就是爲了防止黑色素（melanin）沉澱，造成皮膚變黑。

由上述可了解，黑色素似乎是造成皮膚變黑的原兇。然而，讓人避之唯恐不及的黑色素，對於某些族群——白斑症（vitiligo）患者來說，卻是個不可或缺的重要物質。白斑症屬於一種慢性皮膚病，其病徵是部分皮膚失去原有的黑色素而白化。目前臨床上對於造成白斑症眞正原因尚不明瞭，但是多數的研究指出，自體基因及免疫、病毒及神經的疾病均是可能造成白斑症的原因（Halder 與 Chappell，2009）。白斑症患者大約占全球人口數的 1%（Nath 等人，1994），此病雖非傳染病，但是卻會在患者身上蔓延擴散，而且各個年齡層均可能發生，但半數的患者會在青少年期前發病。其好發於頭頸部及四肢，當發生於兒童或青少年身上時，有可能因同儕間的嘲弄，造成患者心靈上的傷害，因此造成病患的困擾。

目前白斑症主要分爲分節型（segmental）及非分節型（non-segmental）白斑症，其中又以非分節型較爲常見（Ezzedine 等人，2015）。

## 一、分節型白斑症

種類會因其外觀、發生原因及由其他疾病所造成的併發症而有所不同；但和自體免疫疾病之關聯性較弱。與非分節型相比，其面積擴散速率較快、穩定及無法治療，故一般治療均屬於局部性治療。

## 二、非分節型白斑症

在人體上會以對稱性的方式形成大面積的色素脫落，而新的脫落區塊也會隨時間而蔓延。發生年齡通常為青少年時期。

## 三、臨床治療現況及優缺點

由上述可了解，白斑症是由於表皮中黑色素細胞（melanocyte）的功能被破壞而造成色素消失（Yu, 2002）。臨床上，若是白斑區域面積不大且已穩定下，最常使用外部塗抹或是口服類固醇。若是此方法效果不明顯時，會進一步地於患部塗抹藥物後照射紫外光。但上述方法最大的缺點即是類固醇藥物可能會使病人出現副作用，以及只針對某些病人有短期明顯效果。然而，上述方法由於只能夠用於局部小面積脫色，遇到較大面積時又該如何治療？因此，當白斑面積大於體面積 20% 以上時，臨床醫師將會進行一非侵入性治療——光化學療法。

目前，臨床上常用之光化學療法為 PUVA、窄帶 UVB（narrow-band UVB）、低能量雷射照射，此方法會先請病患服用一醫療用光敏感劑〔如甲養補骨脂素（8-MOP）〕，接著照光約2～3小時即可，由於光化學療法具有免疫治療之作用，因此可以活化身體中酶的活性並促進黑色素細胞，以達到治療效果（Njoo 等人，1999；Yu，2002；Yu 等人，2003）。但是使用光化學療法最大的缺點是每週需進行 2～3 次的療程，病人有時會有腸胃不適、皮膚癢等狀況，而且病人在治療過程中，也需避免曬到陽光，以免產生曬傷等情況。

此外，若是當病人上述二種方法均嘗試過後但效果不明顯時，此時皮膚科醫師會建議利用皮膚移植或是黑色素細胞移植。然而使用移植的方法除了會因從其他正常部位拿取組織而造成傷口、疤痕外，就是雖然使用黑色素細胞移植是最直接的方法，但是卻會面臨到下列幾點問題（Guerra 等人，2000；Yaar 與 Gilchrest，2001），造成移植的效率降低。

1. 移植前，黑色素細胞之移植細胞數需生長至足夠量，因此較爲費時。
2. 移植過程中黑色素細胞處於懸浮狀態，容易造成細胞活性降低，導致成功率下降。
3. 若移植部位爲四肢，黑色素細胞較不容易被固定於患部。

爲了增加黑色素細胞移植之成功率，因此組織工程學者有了利用生醫材料來固定細胞於患部，使黑色素細胞與患部接觸機率增加以提高成功率的想法。

## 18-3-2 黑色素薄膜

由於多數研究已指出，甲殼素除了具有良好生物相容性外，更是美國食品藥物管理局（FDA）核可的生醫材料（Mi 等人，2001；Rao 與 Sharma，1997），本節則以甲殼素（chitosan）爲例來提供一新治療白斑症的概念。首先，讓我們先了解皮膚之所以能夠呈現正常膚色，是因爲黑色素細胞生產黑色素（melanin）後會經由細胞突觸（dendrite）或是旁分泌（paracrine）將黑色素傳送至表皮細胞的細胞質內沉澱，因而產生膚色。有了基本概念後，由圖 18-10 顯示，我們可以先製作出具有良好生物相容性、且能夠促進細胞生長之甲殼素薄膜，接著將黑色素細胞培養於甲殼素薄膜上，等到細胞增生聚集後，將此薄膜直接貼附於

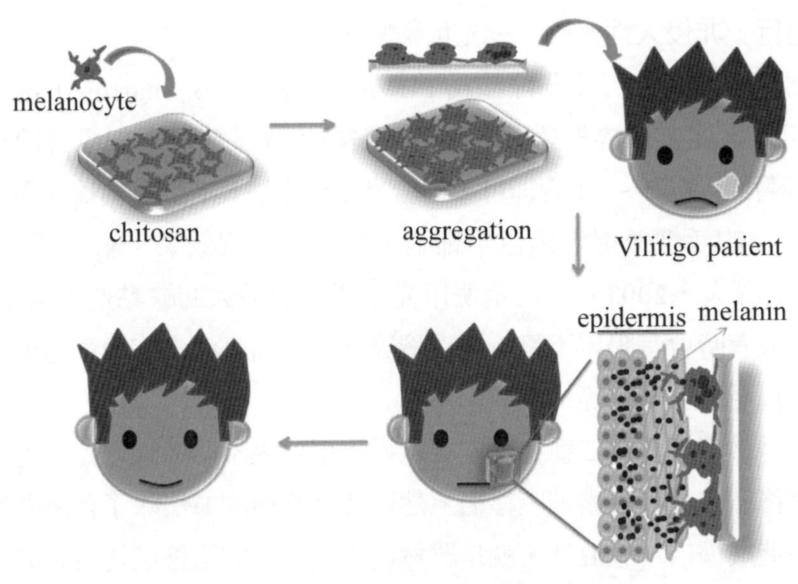


圖 18-10　黑色素薄膜示意圖

患部上。

在貼附的期間，於甲殼素上聚集的細胞，因爲受到材料 - 細胞及細胞 - 細胞間之影響（cell-substrate and cell-cell interaction），使得黑色素細胞可以被固定於患部不會流動損失，更可以有效地將黑色素藉由細胞突觸或是旁分泌的方式傳送至表皮，使患部恢復正常膚色。

## 18-3-3　黑色素細胞於薄膜上成球之動力學描述

相信由上述可了解到本節之核心想法。而一般來說，細胞於體外培養時會形成一單細胞層，然而，某些特定細胞如肝細胞以聚集的形態生存著。由此可知，細胞之增生、活性等行爲與其形態及細胞間的作用有關。因此接下來，我們將利用黑色素細胞作爲模型，來了解單一細胞藉由材料的誘導時，具有不同細胞形態下之性質。首先，由圖 18-11 顯示，當細胞以相同密度（約 $4 \times 10^4$ cell/cm$^2$）培養於甲殼素薄膜與一般培養皿上時，甲殼素可以促進細胞球的形成。除此之外，若是培養皿上的細胞密度爲甲殼素上的兩倍時，仍然無法看到培養皿上細胞球的形成。在扣除了細胞密度的因素後，更可確定甲殼素具有促進黑色素細胞成球之能力。

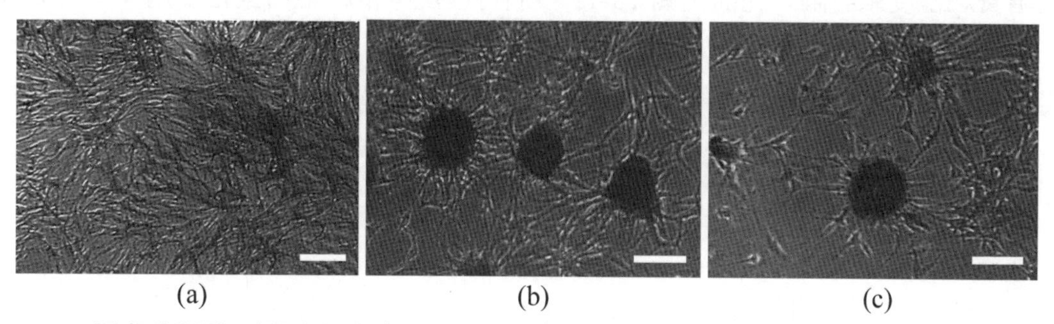


圖 18-11　黑色素細胞（圖中黑色處）以相同密度培養於 (a) 一般培養皿和 (b) 甲殼素薄膜上；(c) 以一半細胞細胞密度培養於甲殼素之示意圖

細胞球形成後，往往最令人擔心的就是培養基中的養分是否仍可以被傳導進入球中，以維持細胞活性。因此由先前研究指出，當黑色素細胞聚集成球後即便持續培養到第 5 天，細胞仍然具有高度的細胞活性，甚至高於在一般培養皿上以單層形態存在時的活性（Lin 等人，2005）。由此可推論，當黑色素細胞培養於甲殼素薄膜上後，所形成的細胞球並不會影響其細胞活性，而甲殼素薄膜對於黑色素細胞也具有促進增生之效果。

接著，當細胞之活性及增生能力不受細胞球形態影響，並可以藉由甲殼素之薄膜來調控後，由於白斑症患者是否能夠恢復其正常膚色與細胞是否能夠正常分泌黑色素為正相關，更進一步，我們必須了解此細胞球內的黑色素細胞仍具有分泌黑色素之功能，而由我們先前研究指出細胞球於甲殼素成球之後，黑色素細胞球切片後以蘇木 - 伊紅染色法（haematoxylin and eosin stain）染色，可以觀察到細胞球中，有大量的黑色素存在於細胞質中。因此也證明存在於甲殼素薄膜上的黑色素細胞球，除了仍具有增生能力外，同時間其分泌黑色素之功能不會受到影響（Lin Jee，Hsaio Lee 與 Young，2005）。

當確定藉由甲殼素的細胞 - 材料作用力（cell-substrate interaction）可使黑色素細胞形成細胞球後，能促進其增生與大量分泌黑色素。然而，臨床上需利用此方法來治療病患時，我們從病患身上分離其自體黑色系細胞後，若是在體外培養時間愈久，那麼受到外在因素影響造成汙染、活性不佳等的機率則愈大，因此細胞成球之時間就顯得格外重要，這也使得我們思考若是結合細胞間作用力（cell-cell interaction）之協同效應，或許可以減少細胞成球之時間。因此接下來，細胞成球的動力學將被利用細胞培養之密度來討論。先前由圖 18-11 我們可發現，當細胞培養密度為 $4 \times 10^4$ cell/cm$^2$ 時，一般常用培養皿上仍無法看到細胞球之形態，相反的，甲殼素薄膜上則有明顯的聚集。更進一步，由圖 18-12 的結果顯示，細胞培養密度若以兩倍的序列稀釋下

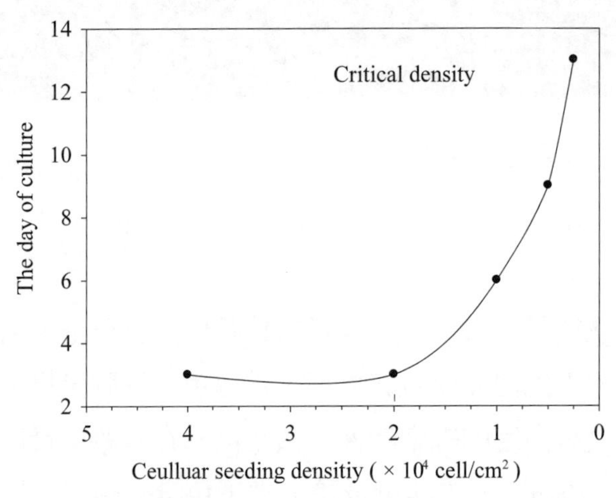


圖 18-12　於甲殼素薄膜上，黑色素細胞成球天數之動力學

培養，當細胞密度小於 $2 \times 10^4$ cell/cm$^2$ 後，細胞成球之時間則會急遽上升至六天以上，由此可推論若想在短時間藉由甲殼素得黑色素細胞時，細胞密度需大於臨界密度（critical density）。

## 18-3-4　黑色素薄膜治療白斑症病患之臨床案例

最後，由上述了解到各種參數後，本節將提供一利用高分子薄膜培養黑色素細胞治療白斑症病患之臨床案例，由圖 18-13 結果顯示，此男病患的白斑症患部經由高分子薄膜含有成球的黑色素細胞覆蓋治療後，在短期內其鬢角之患部有明顯縮小，由此證明本節之概念於臨床治療上是具有可行性。

白斑症雖然不是一種傳染病，但對於白斑症病患來說，常因影響觀瞻而帶來極大的困擾。然而，治療白斑症的過程是一個長期的抗爭，目前並無特定一種極有效的治療方式。因此本節中可了解到如何利用高分子薄膜進行治療白斑症之概念外，也希望可藉由黑色素細胞成球後能夠促進增生及產生大量黑色素之訊息，和黑色素成球之動力學，讓高分子薄膜之研究者對於如何選擇成球的基材及時間能有基礎了解，以利於白斑症治療之設計。

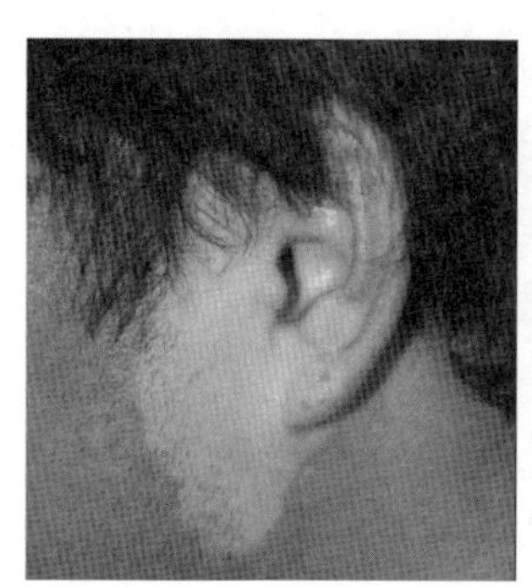
(a) 治療前

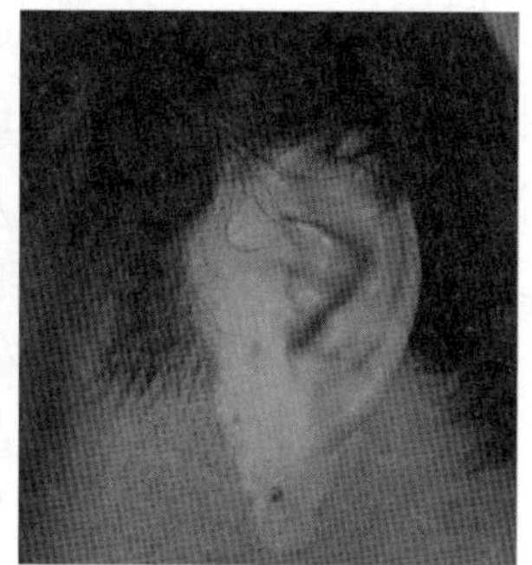
(b) 治療後

圖 18-13　含有黑色素球之甲殼素薄膜用於白斑症病患之結果

# 18-4 抗老化工程

## 18-4-1 老化簡介

嫦娥奔月、秦始皇派童男童女至蓬萊仙島尋找長生不老藥，都是耳熟能詳的民間故事，由歷史及這些故事可知長生不老是自古以來人們所追尋的夢。隨著 19 世紀後半弗萊明博士發現青黴素後具有殺菌能力後，許多的抗生素及新藥也如雨後春筍般的相繼問世，因此有許多以往的疑難雜症也開始有了治療的方法。因此在抗生素解決了感染的問題後，20 世紀初期，許多新手術及儀器治療方法也被用於醫學上，而人類的壽命也因此被延長了許多。

雖然人類壽命隨著醫療科技發展愈來愈長，但是仍然得面對面容、身體機能愈來愈老化的情形。然而，對於令人聞風喪膽的一詞——老化（senescence），我們又眞的了解多少呢？一般來說，老化的定義即為生物衰老的過程，但實際上影響此過程的主要原因是因為人體中細胞老化而造成的。從學校的基礎生物學中我們得知，組成身體組織的最小單位為細胞，而細胞之中保存了人體重要的遺傳因子——去氧核醣核酸（deoxyribonucleic acid, DNA），因此當細胞進行分裂、複製的過程中，DNA 也會跟著複製。但令人遺憾的是，DNA 複製的機制並不完美，因為複製的過程中，DNA 末端的端粒酶會隨著每一次複製而縮短（Bodnar 等人，1998），但端粒酶被縮短到一定程度後，細胞就會進入複製性的衰老及死亡，進而造成老化（Chiu 與 Harley，1997；Prowse 與 Greider，1995）。

### 一、臨床現況

目前臨床上針對細胞老化並無特定的治療方法，因此市面上有著許許多多的醫學美容診所提供擁有多樣化的選擇給想要抗老化的人們。然而醫美診所中現行常見的抗老化技術，如利用肉毒桿菌撫平皺紋或拉提臉型（Rivkin 與 Binder，2015），玻尿酸、膠原蛋白，或自體脂肪等來填補臉部或身體的皺紋凹陷處及恢復皮膚彈性（Charles-de-Sa 等人，2015；Jimbo 等人，2015；Prikhnenko，2015），甚至利用高濃度自體血小板血漿（platelet-rich-plasma, PRP）中的各種生長因子來促進自體皮膚細胞的活性（Shin 等人，2012）。然而，對於上述抗老化的方法，我們可以了解到多數仍然是利用外加生長因子或塡充物的方式來使得衰老的部分看起來較年輕，但實際上，如何眞正的找到不利用外源性的生長因子或塡充物卻可讓自身細胞具有回春（rejuvenation）及抗老化的方法，才是臨床研究上的一大挑戰。

### 二、研究概況

爲了對抗老化，世界上有著一群致力於研究細胞老化的研究者對於發生細胞老化之原因在努力的探究著。現階段，這些研究者認爲細胞的老化是因爲細胞內的某些基因被活化後被啓動調控細胞內的訊息傳導，進而造成細胞老化。像是當受到紫外線（ultraviolet, UV）照射後 Stratifin（SFN）基因表現會被升高而造成皮膚細胞老化（Adachi 等人，2014），或者是當耳熟能詳的 p53 及 p21 基因被活化時，細胞週期（cell cycle）會因而被抑制，造成細胞老化（Bringold 與 Serrano，2000）。

當這些研究者在深究老化原因的同時，他們必須要利用培養細胞以及其研究方法如紫外線照射、加入自由基藥物等來進行實驗。此外，除了基因學家，進行老化研究的組織工程學者也常使用生醫高分子對於細胞進行研究。但是，這些研究的過程，由於需要進行細胞培養，因此一定會需要進行繼代培養（passage）的動作以得到大量的細胞，而這些例行性的繼代培養，也會使得細胞因複製而漸漸的老化。然而，不論是基因學家或是組織工程學者等在研究老化時，最重要的目的即是探討本身所使用的方法、藥物、材料是否會影響細胞老化，若是同時間存在著細胞因複製性老化的變因時，有時會影響到研究的結果；此外，有時進行研究的細胞是由臨床檢體而來，取之不易，若是又因複製過程造成老化，造成細胞缺乏，那麼可能就會嚴重影響研究進展。

## 18-4-2　抗老化薄膜

爲了解決細胞因複製而造成的複製性老化，本節提出一是否利用高分子薄膜表面的物理化學特性來調控細胞，使之延緩或減低複製性老化現象之概念。而在本節之中，將利用人類纖維母細胞（fibroblast），以及共聚乙烯乙烯醇（poly(vinyl alcohol-co-ethylene), EVAL）作爲一簡單模型來研究如何延緩或減低複製性老化現象。首先，由圖 18-14 可知纖維母細胞具有良好活性時，其基本形態為紡錘狀，一旦細胞開始出現老化現象時，其形態則會開始呈現較扁平或圓球狀。由於共聚乙烯乙烯醇同時具有疏水（hydrophobic）及親水（hydrophilic）鏈段（如圖 18-15）加上先前的研究指出此材料由於容易控制其材料特性，可引起細胞產生不同的貼附及生長行為（Chen 等人，2005；Li 等人，2013；Wang 等人，2007），因此本節使用此材料作為培養基材。

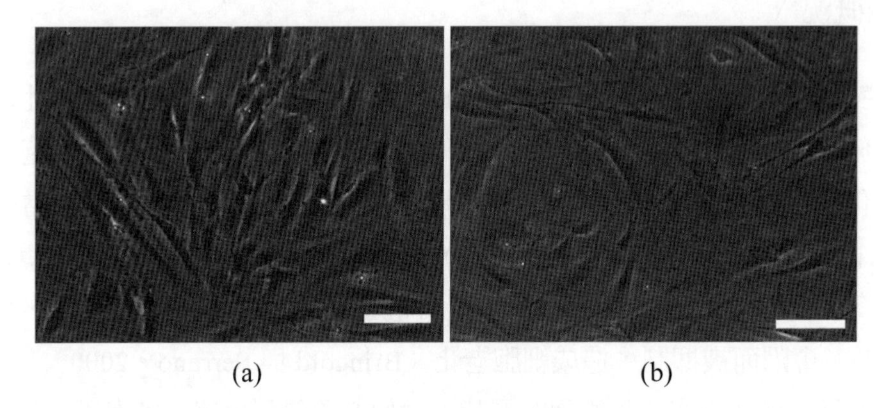


圖 18-14　(a) 年輕及 (b) 老化纖維母細胞之形態（Scale bar = 100 μm）

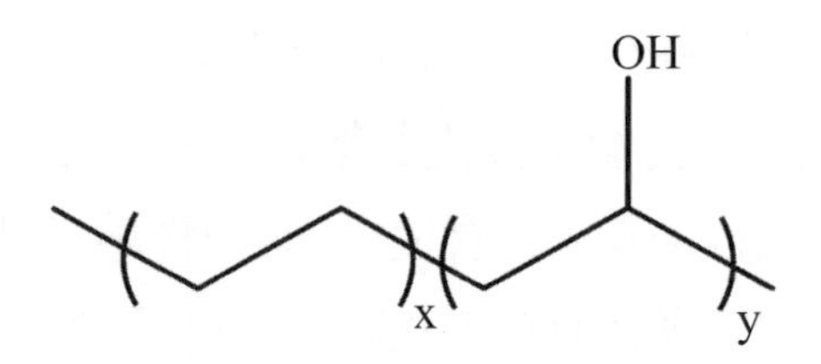


圖 18-15　共聚乙烯乙烯醇結構式

接下來，當我們利用共聚乙烯乙烯醇薄膜作為基材來培養細胞並於每一次繼代時更換新的薄膜後，與每次均更換新的一般培養皿（tissue culture polystyrene, TCPS）相比，從圖 18-16 中發現細胞在共聚乙烯乙烯醇薄膜上之形態明顯較圓與肥大，其細胞倍增時間（population doubling time）也低於一般的培養皿。這代表著共聚乙烯乙烯醇薄膜本身會造成細胞加速老化；而從細胞衰老 $\beta$- 半乳糖染色（SA-$\beta$-galactosidase）試劑定量結果也可確定細胞於共聚乙烯乙烯醇薄膜較容易老化。在此推測有可能是共聚乙烯乙烯醇薄膜因含有乙烯醇的官能基使得薄膜親水性相較於培養皿高，根據先前的研究指出，當貼附型細胞在親水性較高的材料上因貼附力較小而造成貼附不緊密時，容易造成細胞老化、死亡（Chen Hsu Lin Chen 與 Young，2005；

Wang Lu 與 Young，2007；Young 與 Hung，2005）。

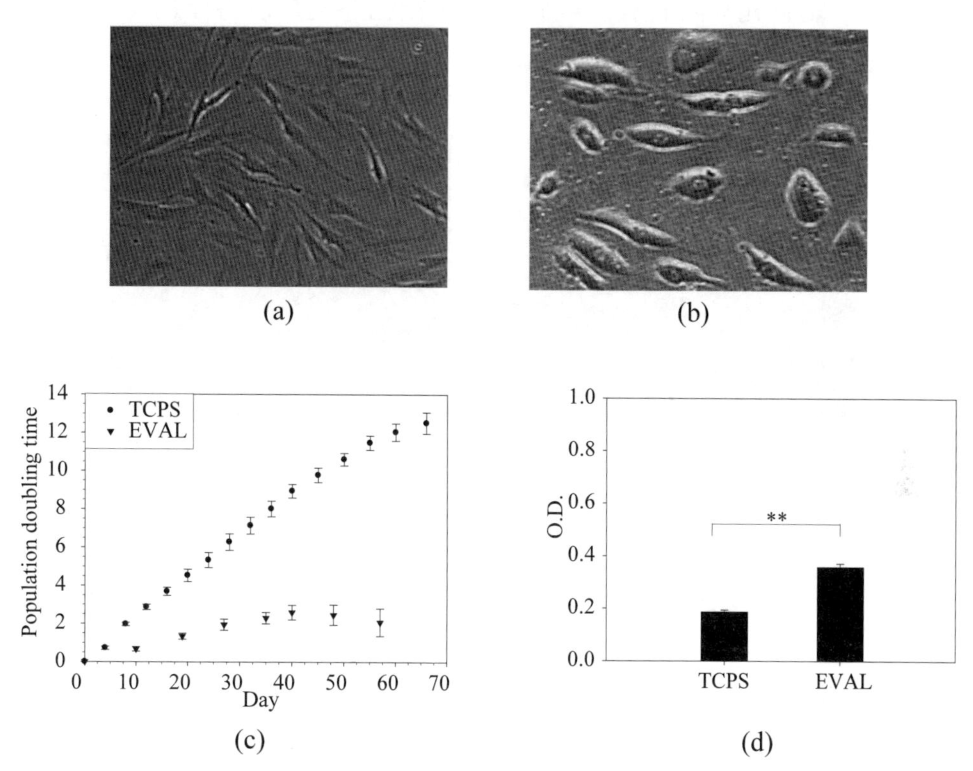


圖 18-16　纖維母細胞培養於 (a) 培養皿或 (b) 共聚乙烯乙烯醇薄膜上 42 天後之形態，及其 (c) 細胞倍增時間與 (d) 細胞衰老 $\beta$- 半乳糖染色之結果

然而，雖然上述的結果無法成功地延緩細胞老化，但是搜尋文獻尋找原因的同時，發現到身體中細胞外基質（extra-cellular matrix, ECM）的組成與性質會可能影響細胞的老化，而文獻上也利用不同的細胞外基質去培養細胞以分析對細胞老化的影響（Volloch 與 Kaplan，2002）。基於這樣的訊息，我們可以假設，當細胞初遇到新的培養基材時，若屬於惡劣的環境（如不易貼附），此時順利貼附上的細胞會分泌有利於存活與生長的細胞外基質覆蓋於基材上；而每次繼代均更換新基材時，細胞必須先經過惡劣環境的刺激後才能生長，但同時間會先受到損傷進而造成老化。因此，若是繼代時，培養的基材不做更換，那麼細胞則會貼附於附有適合生長的細胞外基質上，如此一來，或許能藉由減低環境刺激而延緩老化。

由圖 18-17 可證明上述假設之結果，確實若當細胞繼代培養時，培養於原有已培養過細胞的共聚乙烯乙烯醇薄膜上，那麼不論是細胞在約 60 天後的形態，或是其細胞倍增時間與細胞衰老 $\beta$- 半乳糖染色之結果均與一般培養皿相同。這樣的結果也代表藉由高分子基材先吸附有利於細胞生長之細胞外基質後再作爲繼代培養之基材時，可有利於延遲細胞複製性老化之現象。

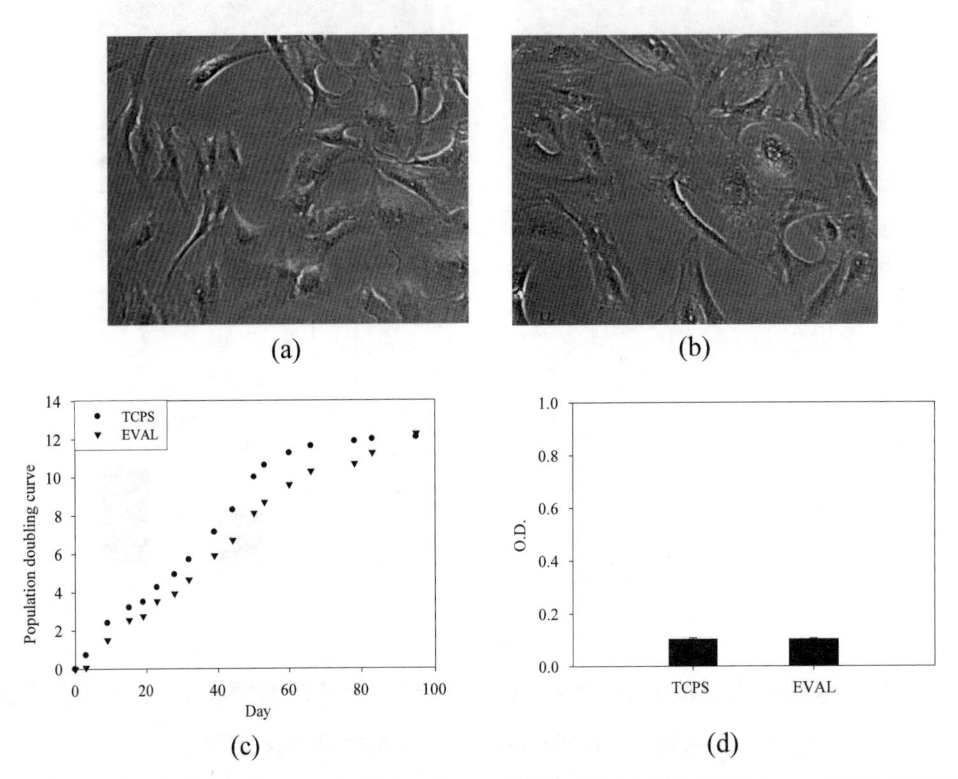


圖 18-17　纖維母細胞培養於 (a) 培養皿或 (b) 共聚乙烯乙烯醇薄膜上 60 天後之形態，及其 (c) 細胞倍增時間與 (d) 細胞衰老 $\beta$- 半乳糖染色之結果

本節主要目的於提供一延遲細胞複製性老化之方法，以利於抗老化研究者減少細胞於繼代培養過程中所造成的變因。如圖 18-18 所示，當繼代培養時，若不更換新的培養基材時，可有效地延遲細胞的複製性老化。然而，本節雖未更進一步地探討薄膜上所吸附細胞外基質之種類，但相信藉由本節之概念，能夠提供想法給抗老化研究者來利用高分子薄膜之表面特性調控吸附各種不同細胞外基質，進而促進細胞生長，甚至可達到回春之功效以應用於抗老化工程。

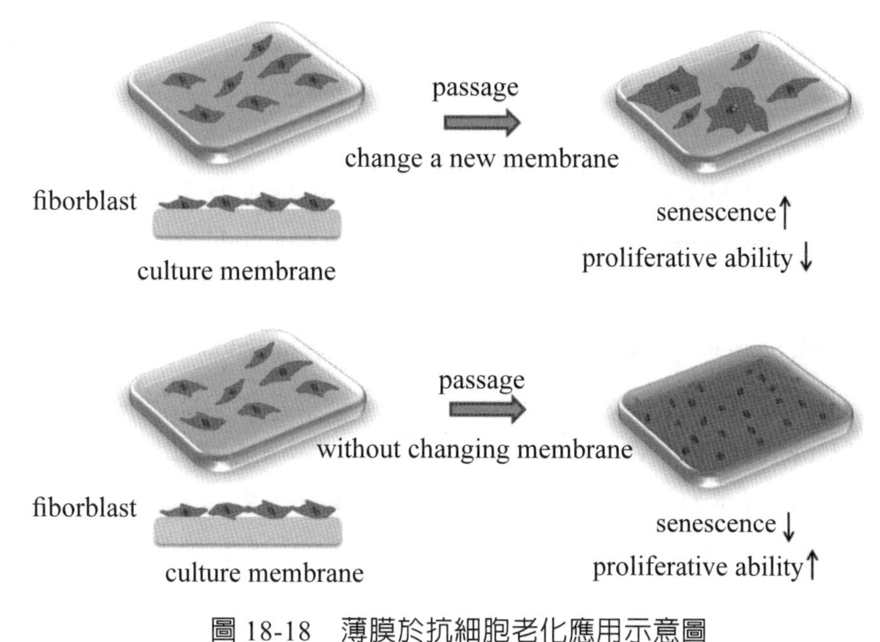


圖 18-18　薄膜於抗細胞老化應用示意圖

# 習　題

1. 試解釋糖尿病發生機制及臨床上常見糖尿病之類型，及三種人工蘭氏小島設計上的差別。
2. 試說明傳統神經嫁接術的原理，並比較高分子神經導管與傳統神經嫁接術的優缺點。
3. 試說明分節型（segmental）及非分節型（non-segmental）白斑症差別，及說明如何研究細胞於薄膜上成球的動力學。
4. 試解釋細胞老化機制，及材料表面親疏水性對於抗細胞老化的影響。

# 參考文獻

1. Adachi, H., Y. Murakami, H. Tanaka, S. Nakata, Increase of stratifin triggered by ultraviolet irradiation is possibly related to premature aging of human skin, *Exp. Dermatol.*, 23 Suppl 1(2014)32-36.
2. Association, M. D., Patient fact sheet. Diabetes and your oral health, *J. Mich. Dent. Assoc.*, 89

(2007)17.

3. Beal, C.C., Gender and stroke symptoms: A review of the current literature, *J. Neurosci. Nurs.*, 42 (2010)80-87.
4. Bodnar, A.G., M. Ouellette, M. Frolkis, S.E. Holt, C.P. Chiu, G.B. Morin, C.B. Harley, J.W. Shay, S. Lichtsteiner, W. E. Wright, Extension of life-span by introduction of telomerase into normal human cells, *Science*, 279(1998)349-352.
5. Bringold, F., M. Serrano, Tumor suppressors and oncogenes in cellular senescence, *Exp. Gerontol.*, 35(2000)317-329.
6. Chappell, J.L., R.M. Halder, Vitiligo update, *Semin. Cutan. Med. Surg.*, 28(2009)86-92.
7. Charles-de-Sa, L., N. F. Gontijo-de-Amorim, C. Maeda Takiya, R. Borojevic, D. Benati, P. Bernardi, A. Sbarbati, G. Rigotti, Antiaging treatment of the facial skin by fat graft and adipose-derived stem cells, *Plast. Reconstr. Surg.*, 135(2015)999-1009.
8. Chen, M.H., Y.H. Hsu, C.P. Lin, Y.J. Chen, T.H. Young, Interactions of acinar cells on biomaterials with various surface properties, *J. Biomed. Mater. Res. Part A*, 74A(2005)254262.
9. Cerasi, E., G. Fick, M. Rudemo, A mathematical model for the glucose induced insulin release in man, *Eur. J. Clin. Invest.*, 4(1974)267-278.
10. Chiu, C.P., C.B. Harley, Replicative senescence and cell immortality: The role of telomeres and telomerase, *Exp. Biol. Med.*, 214(1997)99-106.
11. Christian, P., C.P. Stewart, Maternal micronutrient deficiency, fetal development, and the risk of chronic disease, *J. Nutr.*, 140(2010)437-445.
12. Ezzedine, K., V. Eleftheriadou, M. Whitton, N. van Geel, Vitiligo, *Lancet*, 386(2015)74-84.
13. Grodsky, G.M., A threshold distribution hypothesis for packet storage of insulin and its mathematical modeling, *J. Clin. Invest.*, 51(1972)2047-2059.
14. Guerra, L., S. Capurro, F. Melchi, G. Primavera, S. Bondanza, R. Cancedda, A. Luci, M. De Luca, G. Pellegrini, Treatment of "stable" vitiligo by Timedsurgery and transplantation of cultured epidermal autografts, *Arch. Dermatol.*, 136(2000)1380-1389.
15. Hameed, I., S.R. Masoodi, S.A. Mir, M. Nabi, K. Ghazanfar, B.A. Ganai, Type 2 diabetes mellitus: From a metabolic disorder to an inflammatory condition, *World J. Diabetes*, 6(2015)598-612.
16. Heath, C.A., G.E. Rutkowski, The development of bioartificial nerve grafts for peripheral-nerve

regeneration, *Trends Biotechnol.*, 16(1998)163-168.

17. Jaffrin, M.Y., G. Reach, D. Notelet, Analysis of ultrafiltration and mass transfer in a bioartificial pancreas, *J. Biomech. Eng.*, 110(1988)1-10.

18. Jimbo, N., C. Kawada, Y. Nomura, Herb extracts and collagen hydrolysate improve skin damage resulting from ultraviolet-induced aging in hairless mice, *Biosci. Biotechnol. Biochem.*, 79(2015)1-5.

19. Kakleas, K., A. Soldatou, F. Karachaliou, K. Karavanaki, Associated autoimmunity diseases in children and adolescents with type 1 diabetes mellitus (T1DM), *Autoimmun. Rev.*, 14(2015)781-797.

20. Lemmon, V., S.M. Burden, H.R. Payne, G.J. Elmslie, M.L. Hlavin, Neurite growth on different substrates: Permissive versus instructive influences and the role of adhesive strength, *J. Neurosci.*, 12(1992)818-826.

21. Li, Y.C., L.K. Tsai, J.H. Wang, T. H. Young, A neural stem/precursor cell monolayer for neural tissue engineering, *Biomaterials*, 35(2014)1192-1204.

22. Li, Y.C., Y.T. Liao, H.H. Chang, T.H. Young, Covalent bonding of GYIGSR to EVAL membrane surface to improve migration and adhesion of cultured neural stem/precursor cells, *Colloid. Surf. B-Biointerfaces*, 102(2013)53-62.

23. Lin, S.J., S.H. Jee, W.C. Hsaio, S.J. Lee, T.H. Young, Formation of melanocyte spheroids on the chitosan-coated surface, *Biomaterials*, 26(2005)1413-1422.

24. Matsuzaki, S., K.M. Humphries, Selective inhibition of deactivated mitochondrial complex I by biguanides, *Biochemistry*, 54(2015)2011-2021.

25. McDonald, J.W., Repairing the damaged spinal cord, *Sci. Am.*, 281(1999)64-73.

26. Mi, F.L., S.S. Shyu, Y.B. Wu, S.T. Lee, J.Y. Shyong, R.N. Huang, Fabrication and characterization of a sponge-like asymmetric chitosan membrane as a wound dressing, *Biomaterials*, 22(2001)165-173.

27. Morales, A., K.M. Thrailkill, GAD-alum immunotherapy in Type 1 diabetes mellitus, *Immunotherapy*, 3(2011)323-332.

28. Morran, M.P., A. Vonberg, A. Khadra, M. Pietropaolo, Immunogenetics of type 1 diabetes mellitus, *Mol. Aspects Med.*, 42(2015)42-60.

29. Mullon, C.J., C.A. Norton, A mathematical analysis of the U-shaped hybrid artificial pancreas--a

novel insulin release rate equation, *Biomater. Artif. Cells Artif. Organs*, 18(1990)43-57.

30. Nath, S.K., P.P. Majumder, J.J. Nordlund, Genetic epidemiology of vitiligo: Multilocus recessivity cross-validated, *Am. J. Hum. Genet.*, 55(1994)981-990.
31. Njoo, M.D., W. Westerhof, J.D. Bos, P.M. Bossuyt, The development of guidelines for the treatment of vitiligo. Clinical epidemiology unit of the Istituto Dermopatico dell'Immacolata-Istituto di Recovero e Cura a Carattere Scientifico (IDI-IRCCS) and the archives of dermatology, *Arch Dermatol.*, 135(1999)1514-1521.
32. Nomura, M., M. Shichiri, R. Kawamori, Y. Yamasaki, N. Iwama, H. Abe, A mathematical insulin-secretion model and its validation in isolated rat pancreatic islets perifusion, *Comput. Biomed. Res.*, 17(1984)570-579.
33. Prikhnenko, S., Polycomponent mesotherapy formulations for the treatment of skin aging and improvement of skin quality, *Clin. Cosmet. Investig. Dermatol.*, 8(2015)151-157.
34. Prowse, K.R., C.W. Greider, *Developmental and tissue-specific regulation of mouse telomerase and telomere length*, Proc. Natl. Acad. Sci. USA, 92(1995)4818-4822.
35. Rao, S.B., C.P. Sharma, Use of chitosan as a biomaterial: Studies on its safety and hemostatic potential, *J. Biomed. Mater. Res.*, 34(1997)21-28.
36. Ripsin, C.M., H. Kang, R.J. Urban, Management of blood glucose in type 2 diabetes mellitus, *Am. Fam. Physician*, 79(2009)29-36.
37. Riserus, U., W.C. Willett, F.B. Hu, Dietary fats and prevention of type 2 diabetes, *Prog. Lipid Res.*, 48(2009)44-51.
38. Rivkin, A., W.J. Binder, Long-term effects of onabotulinumtoxinA on facial lines: A 19-year experience of identical twins, *Dermatol. Surg.*, 41 Suppl 1(2015)S64-S66.
39. Schmidt, C.E., J.B. Leach, Neural tissue engineering: Strategies for repair and regeneration, *Annu. Rev. Biomed. Eng.*, 5(2003)293-347.
40. Seal, B.L., T.C. Otero, A. Panitch, Polymeric biomaterials for tissue and organ regeneration, *Mater. Sci. Eng. R-Rep.*, 34(2001)147-230.
41. Shin, M.K., J.H. Lee, S.J. Lee, N.I. Kim, Platelet-rich plasma combined with fractional laser therapy for skin rejuvenation, *Dermatol. Surg.*, 38(2012)623-630.
42. Steuer, H., R. Fadale, E. Muller, H.W. Muller, H. Planck, B. Schlosshauer, Biohybride nerve guide for regeneration: degradable polylactide fibers coated with rat Schwann cells, *Neurosci.*

*Lett.*, 277(1999)165-168.

43. Sun, M., P.J. Kingham, A.J. Reid, S.J. Armstrong, G. Terenghi, S. Downes, *In vitro* and *in vivo* testing of novel ultrathin PCL and PCL/PLA blend films as peripheral nerve conduit, *J. Biomed. Mater. Res. Part A*, 93(2010)1470-1481.
44. Tangvarasittichai, S., Oxidative stress, insulin resistance, dyslipidemia and type 2 diabetes mellitus, *World J. Diabetes*, 6(2015)456-480.
45. Volloch, V., D. Kaplan, Matrix-mediated cellular rejuvenation, *Matrix Biol.*, 21(2002)533-543.
46. Wang, C.C., J.N. Lu, T.H. Young, The alteration of cell membrane charge after cultured on polymer membranes, *Biomaterials*, 28(2007)625-631.
47. Yaar, M., B.A. Gilchrest, Vitiligo: The evolution of cultured epidermal autografts and other surgical treatment modalities, *Arch. Dermatol.*, 137(2001)348-349.
48. Young, T.H., C.H. Hung, Behavior of embryonic rat cerebral cortical stem cells on the PVA and EVAL substrates, *Biomaterials*, 26(2005)4291-4299.
49. Young, T.H., N.K. Yao, R.F. Chang, L.W. Chen, Evaluation of asymmetric poly(vinyl alcohol) membranes for use in artificial islets, *Biomaterials*, 17(1996)2139-2145.
50. Young, T.H., W.Y. Chuang, N.K. Yao, L.W. Chen, Use of a diffusion model for assessing the performance of poly(vinyl alcohol) bioartificial pancreases, *J. Biomed. Mater. Res.*, 40(1998)385-391.
51. Yu, H.S., Melanocyte destruction and repigmentation in vitiligo: A model for nerve cell damage and regrowth, *J. Biomed. Sci.*, 9(2002)564-573.
52. Yu, H.S., C.S. Wu, C.L. Yu, Y.H. Kao, M.H. Chiou, Helium-neon laser irradiation stimulates migration and proliferation in melanocytes and induces repigmentation in segmental-type vitiligo, *J. Invest. Dermatol.*, 120(2003)56-64.

# 中英索引單字

## 第1章



## 第2章

## 第3章



## 第4章

## 第5章



## 第6章

## 第7章

## 第8章

## 第9章

## 第10章

## 第12章

## 第13章

## 第14章

## 第15章



## 第16章

## 第17章

## 第18章

國家圖書館出版品預行編目資料

薄膜科技概論／賴君義等編著. -- 初版. --
臺北市：五南, 2019.07
面； 公分
ISBN 978-957-763-344-6（平裝）

1.薄膜工程

472.16 108003718

5DK7

# 薄膜科技概論

Introduction to Membrane Science and Technology

主　　編 — 賴君義
作　　者 — 王大銘、呂幸江、阮若屈、李亦宸、李岳憲、李魁然、安全福、洪維松、胡蒨傑、孫一明、崔　玥、莊清榮、陳世雄、陳榮輝、高從堦、童國倫、黃書賢、游勝傑、楊台鴻、張　雍、劉英麟、賴君義、賴振立、鍾台生、韓　剛、羅　林（依姓氏筆畫排序）

發 行 人 — 楊榮川
總 經 理 — 楊士清
總 編 輯 — 楊秀麗
主　　編 — 王正華
責任編輯 — 許子萱
封面設計 — 蝶億設計
出 版 者 — 五南圖書出版股份有限公司
地　　址：106台北市大安區和平東路二段339號4樓
電　　話：(02)2705-5066　　傳　　真：(02)2706-6100
網　　址：http://www.wunan.com.tw
電子郵件：wunan@wunan.com.tw
劃撥帳號：01068953
戶　　名：五南圖書出版股份有限公司

法律顧問　林勝安律師事務所　林勝安律師

出版日期　2019年7月初版一刷
定　　價　新臺幣800元